# 分子生物学

## 经典理论与实用技术

主　编　周俊宜

副主编　袁　洁　骆晓枫　黄小荣

编　者（按姓氏笔画排序）

冯冬茹　朱兆玲　齐炜炜　周　倜　周俊宜
柏　川　骆晓枫　袁　洁　黄小荣　梁昌盛
谢金卫　蔡卫斌　潘超云

人民卫生出版社

·北　京·

图书在版编目（CIP）数据

分子生物学经典理论与实用技术 / 周俊宜主编 . —
北京：人民卫生出版社，2024.1
ISBN 978-7-117-35854-5

Ⅰ. ①分… Ⅱ. ①周… Ⅲ. ①分子生物学 Ⅳ.
①Q7

中国国家版本馆 CIP 数据核字（2024）第 018769 号



分子生物学经典理论与实用技术
Fenzi Shengwuxue Jingdian Lilun yu Shiyong Jishu

主　　编：周俊宜
出版发行：人民卫生出版社（中继线 010-59780011）
地　　址：北京市朝阳区潘家园南里 19 号
邮　　编：100021
E - mail：pmph @ pmph.com
购书热线：010-59787592　010-59787584　010-65264830
印　　刷：三河市宏达印刷有限公司
经　　销：新华书店
开　　本：787 × 1092　1/16　　印张：24
字　　数：584 千字
版　　次：2024 年 1 月第 1 版
印　　次：2024 年 2 月第 1 次印刷
标准书号：ISBN 978-7-117-35854-5
定　　价：65.00 元
打击盗版举报电话：010-59787491　E-mail：WQ @ pmph.com
质量问题联系电话：010-59787234　E-mail：zhiliang @ pmph.com
数字融合服务电话：4001118166　E-mail：zengzhi @ pmph.com

# 前 言

本书是中山大学中山医学院分子医学实验室在总结多年分子生物学技术教学实践经验的基础上编写而成，适用于高校本科生和研究生的分子生物学、分子免疫学、分子遗传学等领域的实验教学，并可用作生命科学研究的分子实验操作指南。

## 一、本书的主体内容

1. **分子生物学的经典理论和技术体系** 围绕分子生物学研究相关的技术领域，系统介绍基因检测、基因克隆、基因表达、蛋白质分析技术和分子免疫技术等经典理论和实用技术。内容全面详尽，既包括简明扼要的纲领性技术原理，又覆盖了分子生物学领域常见和实用的技术方法和实验方案，并辅以针对性的技术问题讨论和解决问题的策略。

2. **分子生物学前沿技术体系** 介绍广泛应用于现代科学研究的前沿技术和综合性技术体系的基本原理、技术流程和应用价值。内容涵盖基因及表型分析技术、蛋白质结构分析技术、蛋白质功能研究技术、基因编辑技术、组学技术等。

3. **分子生物学技术主要仪器使用指南和实用数据库** 介绍分子生物学技术常用的仪器设备的使用规程、试剂配制所需的基础数据指标等，并且把多年的教学经验与学科新发展有机结合，编撰了实验教学版的标准化操作规程，让实验课前准备、课中指导、课后整理等内容更加精细化和标准化。

## 二、本书的主要特色

1. **定位准确** 以服务于分子生物学实验课程体系的教学为目标，从教学实际出发，根据技术体系编写合适的实验方案和项目，并有详细的实验资料和数据，方便用于实验教学。

2. **系统性与先进性并重** 以分子生物学理论为指导，保持其技术体系的全面与系统，力图让学习和使用者能一览分子生物学技术的全貌，同时按技术体系分类纳入近年来兴起的热点前沿技术，保证教材的先进性。

3. **注重综合性与实用性** 理论与技术相结合，实验技能和科研素质训练综合于一体，不仅对实验方案和流程有详细论述，同时也有研究策略上的论述，以培养读者的科研思维。

4. **突出启发性** 通过医学领域的热点问题等引出技术与理论，引用科学发展史或经典研究策略，启发学习者，开展有针对性的技术问题讨论，开阔学生的视野。

综上所述，本书既能有效服务于分子生物学的实验教学，满足高等院校医学类及生命科学类专业实验教学的需求，又能作为开展分子生物学科学实验的工具书，力求成为兼具系统性和先进性的实用型教材和学习参考用书。

本书的编写得到了中山大学教务处和中山医学院领导和专家的支持，在此一并表示感谢。同时，由于编写过程中难免存在疏漏，恳请师生和读者提出宝贵意见，以帮助本书日臻完善。

**本书编写组**

**2023 年 11 月**

# 目 录



## 第一篇 核酸实验技术

## 第三篇 免疫实验技术

## 第四篇　分子生物学实验技术



## 第五篇　分子生物学前沿技术

## 第六篇　分子生物学技术数据库

## 附录　分子生物学技术常用数据表

# 内容总览

本书从分子生物学技术的实用性出发，以分子生物学技术总论为引导，以常规生化技术、基因技术、蛋白质技术、免疫学技术为核心内容主体，全面系统介绍了分子生物学实用技术体系。其中基因技术包括基因制备、基因检测、基因克隆、基因标记和探测；蛋白质技术包括蛋白质样本制备、蛋白质定量、蛋白质电泳和印迹、蛋白质纯化技术；免疫学技术包括常规实用的免疫实验相关技术流程和细节。

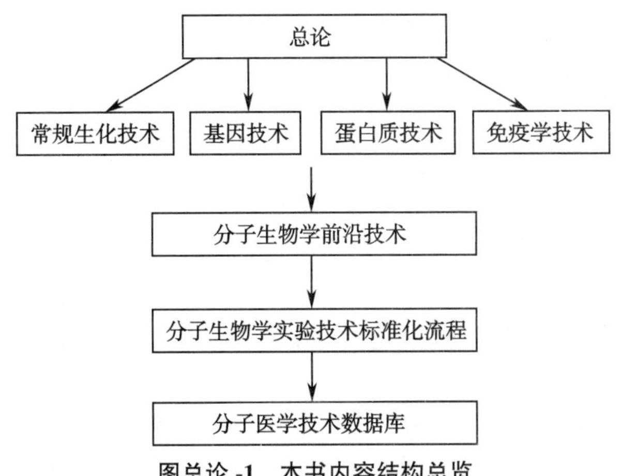

图总论 -1　本书内容结构总览

分子生物学技术体系的最大特点是对它的掌握不仅仅在于熟练的操作或动手能力的培训，更重要的是对其技术原理的融会贯通和对技术问题的解决能力。为此，本书在介绍技术流程和细节的同时，不但针对每一具体实验都详尽阐述了相关技术原理、注意事项及问题讨论，而且还建立了分子生物学实验技术标准化流程，以便使用者，尤其是初学者，在实验操作过程中，能"知其然，知其所以然"，及时地发现问题和解决问题，大大提高实验效率。

# 总　论

## 一、分子生物学技术

分子生物学技术是以基因或生物大分子为核心的生物技术体系，它使我们可以对基因的分离、切割、重组、转移等进行有效的操作，以下内容以基因为主题词对分子生物学技术进行归纳。

1. **基因获取**　获取目标基因常常是基因操作的首要步骤。常规方法有聚合酶链反应(polymerase chain reaction，PCR)法、基因文库或 cDNA 文库法、化学合成法，应根据具体的研究目的和实验条件选用合适的方法。

2. **基因检测**　对一个基因或一段脱氧核糖核酸片段进行检测鉴定是分子医学技术中最常用到的手段之一。基因检测的方法包括电泳检测、序列分析等。

3. **基因克隆**　作为分子医学中最重要、最基本的技术之一，是许多分子医学实验实施的基础，在基因诊断、治疗和预防中具有举足轻重的意义。

4. **基因表达**　是基因工程中的一个重要步骤。它模拟了生物学中心法则的原理，完成从基因到蛋白质的基因信息传递过程，包括上游的基因操作和下游的蛋白质纯化、鉴定等多种基本技术。

5. **基因标记**　是许多其他基因技术如基因探测或检测中必不可少的辅助技术。到目前为止，已有多种方法可对基因进行标记，可适应各种不同的实验要求。

6. **基因探测**　所依据的基本理论是核酸碱基互补原则，最常用的方法是核酸分子杂交，应用一段与目标基因碱基互补的核酸作为探针去探测待测样品。

7. **基因转移**　指将人基因转入动物受精卵或胚胎干细胞，把受精卵或胚胎干细胞植入雌性动物子宫，能发育成转基因动物。1982 年，科学家首次成功地建立了转基因“超级小鼠”，其方法是将大鼠生长激素的基因导入小鼠受精卵，所生小鼠不但生长速度加快而且体重增加。这一研究成果可以说是分子生物学的一个里程碑，因为建立转基因小鼠涉及基因的克隆、拼接、向受精卵的导入以及导入基因的检测等分子生物学技术。现在转基因动物技术已经被广泛用于医学研究的各个领域，其中应用最多的是转基因小鼠。用转基因小鼠的方法建立的人类疾病动物模型使医学研究进入了分子医学的新时期。

8. **基因信息技术**　生物信息学是一门伴随着基因组研究而产生的交叉学科。从广义上，它是一门与基因组研究有关的生物信息的获取、加工、储存、分配、分析和解释的学科。这个定义包含两层意思，即对海量数据的收集、整理以及对这些数据的应用。基因组学、蛋白质组学和生物芯片技术的发展，使得与生命科学相关的数据量呈线性高速增长。对这些数据进行全面、正确的解读，为阐明生命的本质提供了可能。连接生物数据与医学科学研究的是生物信息学，应用生物信息学研究方法分析生物数据，提出与疾病发生、发展相关的基因或基因群，再进行实验验证，是一条高效的研究途径。

## 二、分子医学的内容

分子医学的内容主要包括：发现控制正常细胞行为的基本分子；弄清基因异常表达、基因相互作用的紊乱与疾病发生的关系；通过检查和纠正这些异常基因对疾病进行诊断、治疗和预防。分子医学与传统医学的主要不同在于前者对疾病的认识和操作都是在分子和基因水平上进行的。

### （一）疾病的分子机制

分子生物学向医学广泛渗透首先是在基础研究方面。它阐明了一些调节细胞行为的分子系统，如一些重要的酶和生物分子的结构功能及其编码基因，癌蛋白、抑癌蛋白及其基因，以及细胞信息分子如细胞因子、神经肽等。这些知识的积累使我们对疾病发生的分子机制有了更深入的了解。

1898 年，加罗德的一个小男孩患了尿黑酸尿症（alkaptonuria）。这种患者的尿一旦接触空气就会变成黑色。接着，人们又发现使尿变黑的化学物质是由食物中所含的一种氨基酸（酪氨酸）转化而成的。现已明确，尿黑酸尿症是一种常染色体隐性遗传疾病，由于患者体内先天性缺乏尿黑酸氧化酶基因的表达，酪氨酸代谢过程中的中间产物（尿黑酸）不能被分解氧化而堆积增多并大量从尿中排出。

1949 年，Pauling 发现镰状细胞贫血（患者的红细胞为镰刀形）与血红蛋白结构异常相关。患者的血红蛋白所带的电荷不同于正常人的血红蛋白。在缺氧的情况下，这种异常蛋白的溶解度更低，会沉淀形成长针状结构，进而使红细胞变形成典型的镰刀状。这些红细胞将不能有效通过患者的毛细血管，会阻碍组织器官获得氧气。因为它们比正常红细胞更脆弱，所以容易导致患者出现溶血、贫血。在此同时，密歇根大学的遗传学专家 James Neel 发现镰状细胞贫血是一种遗传异常，表现出孟德尔遗传现象。后来，英国科学家 Vernon Ingram 等人发现引起该贫血症的突变是发生在一条单一肽链上的一个变化，这条肽链上的一个氨基酸被另一个氨基酸替换了。基因序列上一个碱基的改变导致了遗传密码的改变，最终导致了相应多肽链上一个氨基酸的变化。

1975—1985 年，一系列的实验表明，不论癌症产生的直接原因是什么，都是高度保守的被称为癌基因（oncogene）的基因家族通过修饰或过量表达被激活的结果。这些基因参与了细胞分裂的控制。它们的产物是细胞调节网络的组成部分，该网络将细胞外面的信号分程传递到细胞核中，使得细胞能够调整它们的分裂速度来适应机体的需要。这些发现便构成了所谓的“癌基因模式”。在接受癌基因模式时，大多数生物学家都承认研究这个基因家族是理解癌症转化的最佳途径。这些基因结构及功能的改变被认为是癌症发生的起因。这样，癌基因模式就是一个对象的集合（细胞癌基因和它们的产物）和鉴定这些癌基因及其产物的结构和功能的方法的集合。

### （二）疾病的基因诊断

总体而言，疾病的基因诊断主要可分为两类：①单基因疾病的诊断，一般可在临床症状出现之前作出诊断，不依赖临床表现；②有遗传倾向的复杂疾病易感基因的筛查，如高血压、冠心病、肥胖等。

许多疾病是基因结构和功能的改变引起的，最明显的是遗传病，如某些重症联合免疫缺陷病就是腺苷脱氨酶（adenosine deaminase，ADA）基因缺陷引起的。目前已知与基因改变有关的遗传病就有近 5 000 种。此外，癌症的发生、发展和转移都与特殊的基因变化有关，有些肿瘤，如乳腺癌等，具有明显的家族遗传性。这些疾病的基因变化在胚胎时期或症状没有出现时就已经发生，因此都可以用基因诊断的方法检查出来。

1967 年，美国副总统 Humphrey 在膀胱内发现了一个肿物，病理切片未发现癌细胞，于是他被诊断为“良性慢性增生性囊肿”，未进行手术治疗。9 年后，再次住院检查时，他被诊断为患有“膀胱癌”，两年后他便死于该病。1994 年，研究者用灵敏的 PCR 技术对 Humphrey 1967 年的病理切片进行了 *P53* 抑癌基因检测，发现那时的组织细胞虽然在形态上还没有表现出恶性变化，但其 *P53* 基因的第 227 个密码子已经发生了一个核苷酸的突变，就是这个基因的微小变化，使其抑癌功能受损，导致 9 年后细胞癌变的发生。这说明，在典型症状出现之前的很长时间，细胞癌变的信息已经在基因上表现出来了。因此，基因诊断不但特异度更高，而且灵敏度很高。一些外源性病原体，如病毒、细菌、寄生虫等引起的传染病，用 PCR 技术在感染的早期即可用少量标本（有时只需一个细胞）迅速准确地确定病原体的存在。目前已可对几十种传染病进行基因诊断。

现在确认与遗传相关的疾病越来越多，如高血压、冠心病、关节炎、糖尿病、精神病等。从广义上，大多数疾病的发生都可以从遗传物质的变化中寻找出原因。而从技术层面，只要找到了与疾病相关的基因，基因诊断便立即可以实现。目前正在实施的“人类基因组计划”是一个宏大的工程，它将破译人体生命的密码，从而大大加快疾病相关基因的发现与克隆。

### （三）疾病的基因治疗

基因治疗包括体细胞基因治疗和生殖细胞基因治疗。体细胞基因治疗主要是对病变细胞进行基因修饰或替代，因此一般不会影响后代的遗传性状。经过 20 多年在社会伦理学方面的讨论和技术上的不断改进后，体细胞基因治疗已开始在临床实施。从理论上讲，最适合基因治疗的是单基因缺陷的遗传病。

如血友病 B 是凝血因子Ⅸ缺乏引起的出血性疾病，将编码凝血因子Ⅸ的基因导入患者体细胞，并使之表达，即可治疗此病。我国薛京伦教授等已成功地将人凝血因子Ⅸ的基因经逆转录病毒载体导入患者自身的成纤维细胞，将此工程化的细胞经皮下注入患者体内，获得了凝血因子Ⅸ的成功表达，取得了一定的治疗效果。

从目前的实践看，基因治疗最常用于肿瘤患者的治疗。目前用于肿瘤基因治疗的基因种类很多，主要有细胞因子和造血因子的基因、耐药基因、抑癌基因、黏附分子的基因、组织相容性抗原的基因、胸苷激酶（thymidine kinase，TK）的基因、抗肿瘤抗体的基因、反义 RNA 等。这些基因导入肿瘤细胞后都不同程度地降低了细胞的成瘤性，增强了免疫原性，在实验动物研究中取得了一定的成功。

除遗传病和肿瘤外，艾滋病、心血管系统疾病也是可以采用基因治疗的疾病。随着基础研究的进展和技术的进步，可采用基因治疗的疾病范围将进一步扩大，基因治疗的重要性也将日显突出。

生殖细胞的基因治疗以校正生殖细胞中的缺陷基因为目标，因而是一种更彻底的基因治疗。但对生殖细胞进行遗传操作所产生的性状可以世世代代传下去，因而在安全性和伦理问题上一直存在很大的争议。目前我们对整个人体基因组的结构及其活动规律知之甚少，尤其对胚胎发育过程中的细胞分化、器官形成的调控机制还不是很清楚，生殖细胞的基因治疗在基础理论、技术水平，以及社会公众的接受程度上尚不成熟。

基因治疗得以实现，除了基础理论研究的进展以外，还得力于技术的发展。基因克隆技术的发展使确定和分离与疾病相关的基因成为可能，基因载体系统的不断完善使基因转移的效率大大提高。

### （四）疾病的基因预防

1990 年，Volf 等发现，将带有外源基因的质粒直接注射到小鼠的肌肉中，可使这种“裸露的 DNA”直接进入肌细胞，并表达出相应的蛋白质。随后的研究进一步发现，将带有甲型流感病毒核蛋白编码基因的质粒注射到小鼠肌肉内后，小鼠能经受致死剂量的甲型流感病毒的攻击。这种裸露的 DNA 通过滴鼻和肠道也可以进入细胞，并使细胞获得成功的保护性免疫。这种具有疫苗作用的裸露 DNA 被称为“基因疫苗”（gene vaccine）。传统疫苗的制备是一个耗资费时的复杂过程，基因疫苗显然可以大大地简化这种制作过程，具有很好的社会效益和经济效益。科学家们认为，基因疫苗的出现极大地改变了传统疫苗的概念，是现代疫苗学中激动人心的事件，它在艾滋病、肿瘤和多种传染病的预防上都可能有广阔的应用前景。

从广义上，疾病的基因预防还应包括对有遗传缺陷的胎儿进行人工流产。目前的技术已能对妊娠 8 周的胎儿进行基因诊断，几千种单基因缺陷的遗传病和更多的多基因缺陷的遗传病，都有可能在胚胎时期获得诊断而被“消灭”在萌芽时期，从而大大减轻家庭和社会的沉重负担。此外，基因预防在肿瘤上的应用近年来也在不断发展中。随着越来越多的疾病的分子机制被阐明，基因预防将会成为预防医学中的一种重要手段。

## 三、分子医学的社会、伦理问题

分子医学与传统医学最根本的区别在于前者可在基因水平上对疾病进行操作。对遗传物质的操作可能引发的后果一开始就是科学界和公众关注的问题。早在 20 世纪 70 年代初，基因重组技术刚开始出现的时候，以美国著名分子生物学家 Berg 为首的 11 名科学家曾共同呼吁禁止开展基因工程的研究，并得到了美国国立卫生研究院的赞同。

科学家们公开自己的研究工作可能产生的严重后果并唤起公众的注意，这在科学史上还是第一次，说明科学家对遗传物质操作的态度是极其谨慎的。在那以后，利用基因工程技术在大肠埃希菌中生产预定的蛋白质分子被证明是可行的，因而在 20 世纪 80 年代以来得到了迅速的发展，但将基因操作直接应用于人类疾病的治疗则与一般的基因工程不同。对于体细胞基因治疗，人们主要关心以下两个问题。

其一，是否会引起插入突变，因为外源基因随机插入缺陷细胞的基因组可能会破坏调节细胞生长的基因，从而导致不可预料的后果。此外，外源基因的插入也有可能导致细胞癌基因的激活，而有出现肿瘤的危险。

其二,是否会导致复制型病毒的产生。外源基因一般由病毒载体导入细胞,而这些病毒载体有可能通过同源重组产生新的复制型病毒。这种新病毒如果像人类免疫缺陷病毒那样不可控制,后果将不堪设想。通过大量的动物实验研究以及载体构建的不断完善,目前体细胞基因治疗已为公众理解和接受。

从目前的临床治疗的结果看,上述问题尚未发生,但其远期效果尚待观察。

生殖细胞基因治疗的社会伦理问题是一个不可避免,而又需要严重关切的问题。从医学的角度看,生殖细胞基因治疗可以从根本上纠正缺陷基因,切断其向后代传播的可能性,因而有其实施的必要性。此外,从分子生物学目前的发展速度看,生殖细胞基因治疗的理论和技术问题在不远的将来都会得到解决,因此在实践上将具有可能性。但它确实又是一把“双刃剑”,对生殖细胞的遗传操作一旦可以实现,它的潜力肯定将不只是限定在基因治疗这一小范围内。很显然,生殖细胞的基因操作一旦被滥用,其后果将会是极其严重的,因此必须进行充分的社会伦理方面的讨论,并进行大量严格的实验动物研究,在证明其安全可靠的基础上,根据严格制订的程序,有控制地进行。

## 四、分子医学在现代医学发展中的意义

分子生物学的迅速崛起使医学发展以前所未有的速度向前迈进,短短几十年间,人类医学知识库几乎全面翻新,当今的医学工作者所面临的压力和挑战也是前所未有的。如果说分子生物学彻底更新了生物医学的理论和概念,那么分子医学则将改变传统医学,尤其是临床医学的模式。

分子医学目前尚处于知识积累的早期,仍在不断地汲取其他相关学科的养分,尤其是用分子生物学理论和实践的最新成果,来逐步完善自身的学科体系。掌握分子医学这门前沿学科的基本理论和技能,将是现代医学教育不可缺少的组成部分。

### (一) 分子医学使临床思维方式不断更新

分子医学本身是一门十分复杂和深奥的学问,但利用它的理论和技术成果来指导临床工作,的确能使许多临床问题简单化,如发现病原体的特异基因,发现突变的癌基因,发现遗传病的缺陷基因等,疾病的诊断也就随之简单化了。许多疑难病症的诊断,依靠厚实的临床功底、敏锐的思维判断能力,以及博采众长的专家会诊形式,也许不及一滴血标本甚至是一个病变细胞的基因扩增结果来得可靠和迅速。医生在疾病诊断中对辅助检查手段的高度依赖已成为医学发展的必然趋势。

### (二) 分子医学促进实验医学和经验医学的融合

分子医学的发展将逐渐改变目前以经验医学为主导的局面。详细地采集病史,认真地视触叩听,密切地观察病情发展,谨慎地手术、用药,永远是医生的必备素质。但仅具备上述称之为经验医学的本领远远不能适应现代医学对临床医生的更高要求。分子医学是一类实验性、研究性要求很强的学科,对其学术原理和基本技能的掌握是未来医生必备的技能。所以,分子医学的发展正逐步使基础研究和临床应用更紧密地相互联系,使科研成果更快速地向临床转化,使实验医学和经验医学有机地融合起来。

## 参考文献

[1] 格林, 萨姆布鲁克. 分子克隆实验指南: 第 4 版 [M]. 贺福初, 译. 北京: 科学出版社, 2017.
[2] 冯作化, 药立波. 生物化学与分子生物学 [M]. 3 版. 北京: 人民卫生出版社, 2015.
[3] 周春燕, 药立波. 生物化学与分子生物学 [M]. 9 版. 北京: 人民卫生出版社, 2018.
[4] 莫朗热. 二十世纪生物学的分子革命: 分子生物学所走过的路 [M]. 昌增益, 译. 北京: 科学出版社, 2002.
[5] 来茂德. 医学科学研究中的生物信息学应用 [J]. 浙江大学学报 (医学版), 2004, 33 (2): 91-94.

（周俊宜）

# 第一篇
# 核酸实验技术

生命科学进入分子生物学的新时代后，以 DNA 为核心的核酸研究始终占据着分子生物学的中心地位。本篇以核酸和基因的常规技术为核心，全面阐述基因制备、基因检测、基因克隆、基因标记和探测等实验技术的基本原理和策略。分子生物学技术是一门在系统理论指导下的技能性学科，脱离了理论指导的“依葫芦画瓢”似的单纯操作是缺少科学意义的。因此，在学习和掌握这些实用技术的同时，我们只有深刻领会技术背后所蕴含的原理、要领和意义，才能在工作中得心应手、有的放矢、举一反三和融会贯通。

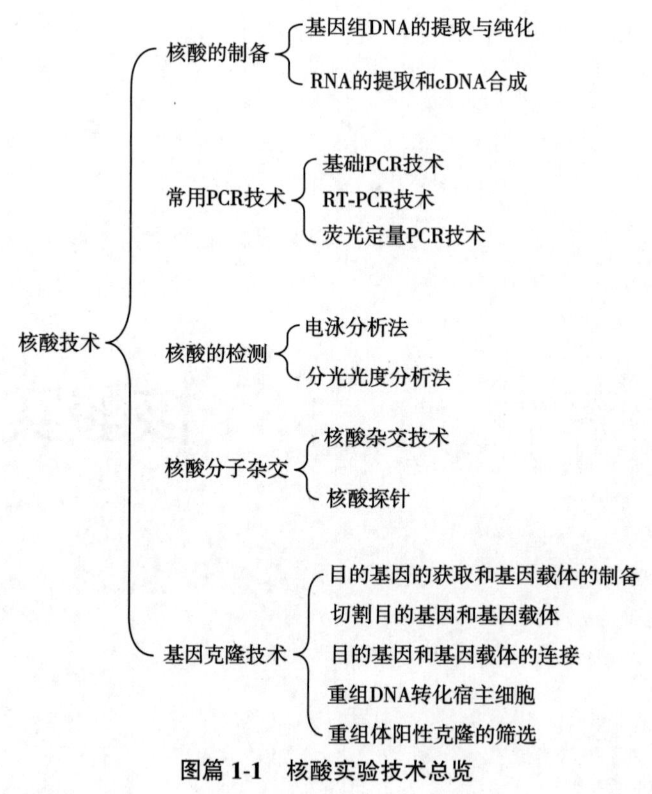


图篇 1-1　核酸实验技术总览

# 第一章
# 核酸的制备

核酸是脱氧核糖核酸（deoxyribonucleic acid，DNA）和核糖核酸（ribonucleic acid，RNA）的总称，是由许多核苷酸单体聚合成的生物大分子化合物，广泛存在于所有动植物细胞、微生物体内。核酸的分离与纯化是分子生物学技术中最基础的实验操作之一，核酸样品的质量将直接关系到后续实验的成败，因此制备过程中应做到：保证核酸一级结构的完整性；尽可能排除其他分子或物质的污染；核酸样品中不应存在对酶有抑制作用的有机溶剂和高浓度的金属离子等。

## 第一节　基因组 DNA 的提取与纯化

### 一、基因组 DNA 提取的基本过程

高质量的基因组 DNA 是研究核酸分子所必需的，通常用于构建基因组文库、DNA 印迹法（包括限制性酶切片段长度多态性分析）及 PCR 扩增基因等。不同生物（动物、植物、微生物）的细胞结构和所含成分都不同，提取基因组 DNA 的方法会有所差异，即使同一种生物的不同组织，提取方法也存在差别。以真核生物的有核细胞为例，基因组 DNA 与蛋白质结合成染色质而存在于细胞核中，在提取过程中，需要去除细胞中的各类蛋白质、RNA、糖类、脂类以及无机离子等物质，并尽可能保证基因组 DNA 的完整性，为后续研究提供良好基础。其基本过程可总结为以下步骤：①裂解细胞，如用十二烷基硫酸钠裂解细胞，用乙二胺四乙酸抑制核酸酶对 DNA 的降解；②去除其他物质，如用蛋白酶 K 水解蛋白质，用苯酚和氯仿 - 异戊醇抽提蛋白质；③分离 DNA，如乙醇使 DNA 从溶液中沉淀析出。

### 二、基因组 DNA 提取的基本策略

#### （一）有机溶剂法

基因组 DNA 提取与纯化方法有很多种，经典的方法是通过有机溶剂萃取样品来去除杂质，其中使用较多的是苯酚 - 氯仿抽提法。基本方法为先通过十二烷基硫酸钠（sodium dodecylsulfate，SDS）等表面活性剂裂解细胞，再通过蛋白酶 K 水解蛋白质，从而释放核酸，然后使用苯酚、氯仿等有机溶剂进行多次抽提，使蛋白质变性，离心后变性蛋白质沉淀在下层有机相与上层水相之间，而核酸保留在水相之中。对蛋白质起变性作用的主要是苯酚，氯仿则较弱。苯酚相对密度较低（1.07），单独使用会存在有机相与水相不易分离的问题，如果样品的溶质浓度较高，甚至会两相上下颠倒，苯酚 - 氯仿（1∶1）混合抽提可解决这一问题，因为氯仿相对密度较高（1.48），可加大有机相的相对密度，更有效地去除蛋白质，还能促使脂质部分进入有机相。此外，因为残留的苯酚会破坏后续实验中的酶类，用氯仿抽提可减少苯酚的残留。

水相中的 RNA 可通过加入核糖核酸酶（ribonuclease，RNase）去除。在水相中加入一定量的乙醇或异丙醇，高分子质量的基因组 DNA 容易聚合为纤维状絮团而漂浮，而细胞器内的 DNA 或质粒等小分子 DNA 则形成颗粒状沉淀附于容器壁上及底部，可先用移液器（tip）吸头或玻棒挑出絮团状的基因组 DNA，也可直接高速离心得到所有的 DNA。

SDS 和十六烷基三甲基溴化铵（cetyltrimethylammonium bromide，CTAB）是裂解细胞时常用的表面活性剂。SDS 是一种阴离子表面活性剂，在加热（55~65℃）的条件下能裂解细胞，使染色体离析，蛋白质变性；加进一定量的蛋白酶 K，可降解蛋白质，促进基因组 DNA 的释放。SDS 常用于哺乳动物细胞的裂解，但其去除多糖类杂质的能力较低，如样品为含多糖类成分较多的植物、微生物等，可使用 CTAB。CTAB 是一种阳离子表面活性剂，在高离子强度的溶液（>0.7mol/L NaCl）中，CTAB 能与蛋白质和多聚糖形成复合物，但不能沉淀核酸，可通过有机溶剂抽提，去除蛋白质、多糖、酚类等杂质后，加入乙醇沉淀核酸。

苯酚 - 氯仿抽取过程所产生的剪切力会使 DNA 发生机械断裂，最终制备的 DNA 长度通常小于 150kb。一般来说，用于构建基因组文库的 DNA，初始长度需要在 100kb 以上，否则酶切后带合适末端的有效片段很少；而用于限制性酶切片段长度多态性（restriction fragment length polymorphism，RFLP）和 PCR 分析时，DNA 长度可短至 50kb，可保证酶切后产生 RFLP 片段（长度在 20kb 以下），并可保证包含 PCR 所扩增的片段（一般长度在 2kb 以下）。因此制备基因组 DNA 时，应尽量在温和的条件下操作，如减少苯酚 - 氯仿抽提次数，混匀操作尽量轻缓等，以保证得到较长的 DNA。

在提取某种特殊组织的 DNA 时必须参照文献和经验建立相应的提取方法，以获得可用的 DNA 大分子。需要注意的是，组织中的多糖和酶类物质对随后的酶切、PCR 反应等有较强的抑制作用，因此用富含这类物质的材料提取基因组 DNA 时，应考虑除去多糖和酶类物质。

### （二）Chelex-100 法

Chelex-100 是一种螯合树脂，由苯乙烯和二乙烯基苯的共聚物组成，可以螯合多价金属离子，能抑制核酸酶，保护 DNA 不被降解，在低离子强度、碱性及煮沸的条件下，可以使细胞膜破裂，并使蛋白质变性，DNA 被释放到溶液中。离心除去变性蛋白、Chelex 颗粒及结合的物质、细胞碎片等，可得到含 DNA 的上清。Chelex-100 法可在同一试管中提取 DNA，丢失率低，操作简单，成本低廉，对试剂设备的要求低，被广泛用于对 DNA 提取量和纯度要求不高的实验中。

### （三）吸附柱和磁珠法

近年来出现了以硅基质、螯合树脂、离子交换柱等为材料制备的 DNA 吸附柱，据此开发

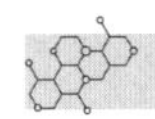

了多种商品化的 DNA 提取纯化试剂盒，实验不再需要使用有毒试剂，使得提取 DNA 像过滤一样简单。以硅基质材料为例，在高盐、低 pH 值的环境下，高浓度盐离子会破坏硅基质水分子结构，形成阳离子桥，特异性吸附 DNA；而在低盐、高 pH 值的环境下，再水化的硅石会破坏基质和 DNA 之间的吸引力，从而让 DNA 从硅基质上被洗脱下来，得到纯化的 DNA。

此外，依据与硅基质材料相同的原理，可以用纳米技术对超顺磁性纳米颗粒的表面进行硅质材料的表面修饰，制备成超顺磁性氧化硅纳米磁珠，这种磁珠能在微观界面上与核酸分子特异性地识别和高效结合。以磁珠法（图 1-1）为基础的高通量 DNA 提取产品，如自动化核酸提取仪，可用于 DNA、RNA 的提取纯化，具有严格的防交叉污染体系，能够实现自动化、大批量操作，可以在传染性疾病暴发时进行快速及时的应对。

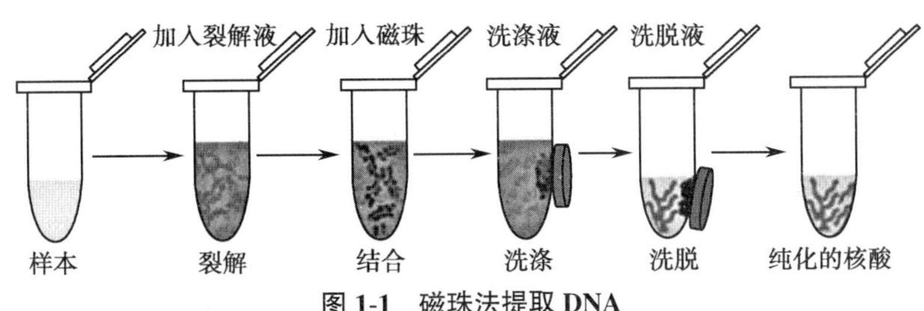

**图 1-1　磁珠法提取 DNA**

## 三、苯酚 - 氯仿抽提法提取基因组 DNA 的实验方案

### （一）动物组织和细胞 DNA 的提取

1. **材料**　动物细胞和组织。

2. **试剂**

（1）裂解缓冲液：100mmol/L Tris-HCl（pH 8.0）、50mmol/L EDTA-$Na_2$（pH 8.0）、200mmol/L NaCl、1% SDS。

（2）蛋白酶 K：通常配成 20mg/ml 储存液备用，-20℃保存。

（3）Tris 饱和酚：苯酚须用 pH 8.0 的 Tris-HCl 溶液进行饱和，防止酸性条件下 DNA 进入有机相。

（4）氯仿 - 异戊醇（24 : 1）：加入的异戊醇可减少气泡的产生。

（5）无水乙醇（也可用 95% 乙醇）和 70% 乙醇。

（6）TE 溶液：10mmol/L Tris-HCl、1mmol/L EDTA，pH 8.0。

3. **器材**　高速离心机、恒温水浴箱、微量移液器。

4. **操作步骤**

（1）细胞的处理：单层培养的细胞可通过胰蛋白酶的消化或细胞刮刀收集，悬浮培养的细胞直接低速离心收集，收集好的细胞用冰冷的磷酸盐缓冲液（phosphate-buffered saline，PBS）漂洗 1 次，加入 TE 溶液，重悬为 $5 \times 10^7$ 个 /ml 备用；每 0.1ml 细胞重悬液加入 1ml 裂解缓冲液，蛋白酶 K 加至终浓度为 100~200μg/m1，65℃温育 20~60min。

（2）组织的处理：切取动物组织约 100mg，放到含液氮的研钵中，用杵粉碎成粉状；转移粉状组织到离心管中，加入 1ml 预冷的裂解缓冲液，用匀浆器充分匀浆后，再加入蛋白酶 K 至终浓度为 100~200μg/ml，65℃温育 20~60min。

(3) 苯酚和氯仿-异戊醇抽提：加入与细胞裂解液（或组织匀浆液）等体积的 Tris 饱和酚进行抽提，也可加入等体积的 Tris 饱和酚-氯仿-异戊醇（25∶24∶1）混合液进行多次抽提，每次抽提时应不断来回倒转数分钟，然后 10 000r/min 离心 5min，小心转移上层水相到新的离心管中，最后用氯仿-异戊醇（24∶1）单独抽提一次。

(4) 乙醇沉淀：加 2 倍体积无水乙醇，轻轻来回倒转，可见白色丝状物，用 tip 吸头挑出（挑不出来可 12 000r/min 离心 10min 获取）；加 70% 乙醇洗一次，离心，去除乙醇。

(5) 开盖晾干 5min，加 TE 溶液 100~200μl 溶解，4℃保存备用。

### （二）全血基因组 DNA 的提取

1. **材料** 动物或人的抗凝血。

2. **试剂、器材** 同本节动物组织和细胞 DNA 的提取。

3. **操作步骤**

(1) 低渗溶血法获取白细胞：5ml 抗凝血室温下 2 000r/min 离心 5~7min，去上清；加 5 倍体积蒸馏水，混匀，室温下放置 5~10min；3 000~4 000r/min 离心 10~20min，去上清，经过生理盐水洗涤可得纯度较高的白细胞悬液。

(2) 静置分层法获取白细胞：5ml 抗凝血室温下静置 30~60min 后，血液分成明显 3 层，上层为淡黄色血浆，底层为红细胞，紧贴红细胞层上面的灰白色层为白细胞，轻轻吸取即得富含白细胞的细胞群，离心洗涤后加入少量蒸馏水，经短时间的低渗处理，使残余红细胞裂解，经过生理盐水洗涤可得纯度较高的白细胞悬液。

(3) 白细胞悬液离心后去上清，加入 1ml 裂解缓冲液，加蛋白酶 K 至终浓度为 100~200μg/ml，65℃温育 20~60min 后，然后按照“（一）动物组织和细胞 DNA 的提取”操作步骤“(3) 苯酚和氯仿-异戊醇抽提”方法进行苯酚-氯仿常规抽提，用乙醇沉淀。

### （三）细菌基因组 DNA 的制备

1. **材料** 细菌培养物。

2. **试剂**

(1) CTAB-NaCl 溶液：4.1g NaCl 溶解于 80ml 蒸馏水，缓慢加入 10g CTAB，加水至 100ml。

(2) 其他试剂：氯仿-异戊醇（24∶1）、Tris 饱和酚-氯仿-异戊醇（25∶24∶1）、异丙醇、70% 乙醇、TE（pH 8.0）、10% SDS、蛋白酶 K（20mg/ml）、5mol/L NaCl。

3. **器材** 高速离心机、恒温水浴箱、微量移液器。

4. **操作步骤**

(1) 100ml 细菌过夜培养液，5 000r/min 离心 10min，弃去上清液。

(2) 加 9.5ml TE 悬浮沉淀，并加入 0.5ml 10% SDS、50μl 20mg/ml（或 1mg 干粉）蛋白酶 K，混匀，37℃保温 1h。

(3) 加 1.5ml 5mol/L NaCl，混匀。

(4) 加 1.5ml CTAB-NaCl 溶液，混匀，65℃保温 20min。

(5) 用等体积 Tris 饱和酚-氯仿-异戊醇（25∶24∶1）抽提，5 000r/min 离心 10min，将上清液移至干净离心管。

(6) 用等体积氯仿-异戊醇（24∶1）抽提，取上清液移至干净管中。

(7) 加 1 倍体积异丙醇，颠倒混合，室温下静置 10min，沉淀 DNA。

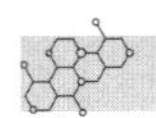

(8)用玻棒捞出 DNA 沉淀，用 70% 乙醇漂洗后，吸干，溶解于 1ml TE 溶液，-20℃保存。

**(四) 注意事项及常见问题分析**

1. 提取的 DNA 不易溶解，可能原因是含蛋白质或醇类等杂质较多，或者溶解液太少，导致浓度过高。

2. 电泳检测时 DNA 呈涂布状，可能原因是操作有强烈振荡、核酸酶污染等因素导致 DNA 降解。

3. 分光光度分析 DNA，其 $OD_{260}/OD_{280}$ 小于 1.8，可能原因是 DNA 不纯，含有蛋白质等杂质。

4. 酚和氯仿 - 异戊醇抽提后，其上清太黏，不易吸取，可能原因是含高浓度的 DNA，可加大抽提前抽提缓冲液的量或减少所取组织的量。

5. 所配试剂 pH 值要准确，否则会影响结果。

6. 蛋白酶 K 在正式使用前应做预实验，明确其活性大小。

7. 在进行酚 - 氯仿抽提时，尽量不要吸取蛋白质，以免影响后续实验。

8. 过于干燥的 DNA 难以溶解，故不要晾得太干，可加热促其溶解。

9. 不要加入过多的盐，以免造成后续实验的麻烦。

10. 苯酚、氯仿等试剂有强烈腐蚀性，避免接触皮肤，如接触到，应用大量清水冲洗。

11. 操作过程尽量轻缓，以保证得到较长的 DNA。

12. 最后要开盖晾干乙醇，残留的乙醇将影响 DNA 的溶解。

## 四、Chelex-100 法提取基因组 DNA 的实验方案

### (一) 毛发基因组 DNA 的提取

1. **材料**　动物或人的毛发。

2. **试剂**

(1) 10% Chelex-100：称取 10g Chelex-100 加入 100ml 灭菌蒸馏水，4℃保存。

(2) 蛋白酶 K：配成 20mg/ml 储存液备用，-20℃保存。

(3) 1mol/L 二硫苏糖醇(dithiothreitol，DTT)：100mg 的 DTT 加 0.65ml 的蒸馏水，分成小份，-20℃保存。

3. **器材**　高速离心机、恒温水浴箱、微量移液器、振荡器。

4. **操作步骤**

(1) 将 1~3 根毛发(包括毛囊)小心剪碎，放在 0.5ml 离心管中，用灭菌双蒸水洗一次。

(2) 加入 50μl 10% Chelex-100、2μl 蛋白酶 K(20mg/ml)、4μl DTT(1mol/L)，56℃温育 6h 以上。

(3) 振荡 30s 后 100℃保温 8min，取出振荡 30s，然后 13 000r/min 离心 3min，上清可用于 PCR 等实验，也可 4℃保存备用。

### (二) 微量血痕的基因组 DNA 提取

1. **材料**　动物或人的滤纸血痕。

2. **试剂**

(1) 5% Chelex-100：称取 5g Chelex-100 加入 100ml 灭菌蒸馏水，4℃保存。

(2) 蛋白酶 K：配成 20mg/ml 的储存液备用，-20℃保存。

3. **器材**　高速离心机、恒温水浴箱、微量移液器、振荡器。

4. **操作步骤**

（1）剪取 0.3cm × 0.3cm 的血痕，置于 0.5ml 的管内，加蒸馏水 400μl，高速振荡 5~10s，室温浸泡 20min，使滤纸沉淀，13 000r/min 离心 3min。

（2）倒去上清，沉淀中加入 100μl 5% Chelex-100 和 4μl 蛋白酶 K（20mg/ml），56℃温育 30min 以上。

（3）振荡 30s 后，100℃保温 8min，取出振荡 30s，然后 13 000r/min 离心 3min，上清可用于 PCR 等实验，也可 4℃保存备用。

### （三）注意事项及常见问题讨论

1. 配制的 Chelex-100 为悬浊液，使用前应充分振摇，使 Chelex-100 颗粒均匀悬浮。
2. 如提取效果不好，可延长 56℃温育时间。

# 第二节　RNA 的提取和 cDNA 合成

## 一、RNA 提取和 cDNA 合成的基本概念

RNA 主要存在于细胞质中，其中承担编码功能的信使 RNA（messenger RNA，mRNA）占总 RNA 的 2%~5%。为避免受细胞内丰富的 RNase 影响，RNA 的提取通常使用快速的单相裂解试剂（如 TRIzol），所制备的总 RNA 可用于逆转录聚合酶链反应（reverse transcription PCR，RT-PCR）、荧光定量 PCR 检测、Northern 印迹分析、mRNA 分离、体外翻译、cDNA 文库的构建等。从真核生物组织或细胞的总 RNA 中分离出 mRNA，逆转录合成 cDNA 的第一链，再通过酶促反应合成第二链，合成的双链 cDNA 与载体连接，转化扩增后可获得 cDNA 文库，用于真核生物基因的结构、表达和调控的分析，基因表达的功能鉴定，筛选目的基因等。比较 cDNA 和相应基因组 DNA 序列差异，还可帮助确定内含子的存在以及了解转录后加工等一系列问题。

## 二、RNA 提取的基本策略

### （一）总 RNA 的制备

RNA 极易被 RNase 降解，要获得结构完整的 RNA，提取的第一步就必须尽快将内源性的 RNase 灭活，以保证后续步骤正常进行。许多提取 RNA 的方法都用到强变性剂，如异硫氰酸胍或盐酸胍，使细胞破裂，同时使内源性的 RNase 变性、失活，这些强变性剂和酸性苯酚、酚醛增溶剂（如甘油）等组合为单相裂解试剂，可以快速获得 RNA 样品。TRIzol 是常用的单相裂解试剂之一，成分中有异硫氰酸胍、酸化的苯酚和 β- 巯基乙醇等，作用是使细胞裂解，蛋白质变性，蛋白质与核酸解聚，RNase 失活等。用 TRIzol 消化好样品后，加入氯仿，原来混合在一起的有机相和水相就得到了分层，由于溶液为酸性，离心后 DNA 分子就会沉淀在有机相和水相分界处，变性的蛋白质沉淀到下层的有机相中，只有 RNA 分子留在上层水相中。在水相中加入异丙醇，可以沉淀提取 RNA。此外，用乙醇沉淀中间相，可以回收得到

DNA(约 20kb 的片段),可用于 PCR 分析等;用丙酮或异丙醇沉淀有机相,可获得蛋白质,由于蛋白质已变性,一般只用于免疫印迹实验(Western blotting)。

### (二) mRNA 的纯化

我们可以利用 mRNA 3' 末端含有多聚 A 结构的特点,使用 oligo(dT)纤维素柱或 oligo(dT)磁珠进行 mRNA 的分离。当总 RNA 流经 oligo(dT)纤维素柱或 oligo(dT)磁珠时,在高盐缓冲液作用下,mRNA 被特异性吸附,然后降低盐溶液浓度,进行洗脱,在低盐溶液或蒸馏水中,mRNA 被洗下。

## 三、cDNA 合成的基本策略

### (一) cDNA 第一链的合成

所有合成 cDNA 第一链的方法都要用依赖于 RNA 的 DNA 聚合酶(逆转录酶)来催化反应。目前商品化的逆转录酶有从禽类成髓细胞瘤病毒(avian myeloblastosis virus,AMV)纯化得到的 AMV 逆转录酶和从表达克隆化的 Moloney 鼠白血病病毒(murine leukemia virus,MLV)逆转录酶基因的大肠埃希菌中分离到的 MLV 逆转录酶。AMV 逆转录酶包括两个具有若干种酶活性的多肽亚基,这些活性包括依赖于 RNA 的 DNA 合成,依赖于 DNA 的 DNA 合成以及对 DNA-RNA 杂交体的 RNA 部分进行内切降解(RNA 酶 H 活性)。MLV 逆转录酶只有单个多肽亚基,兼备依赖于 RNA 和依赖于 DNA 的 DNA 合成活性,但降解 RNA-DNA 杂交体中的 RNA 的能力较弱,且对热的稳定性比 AMV 逆转录酶差。MLV 逆转录酶能合成较长的 cDNA(如大于 2kb)。AMV 逆转录酶和 MLV 逆转录酶利用 RNA 模板合成 cDNA 时的最适 pH 值、最适盐浓度和最适温度各不相同,所以合成第一链时相应调整条件是非常重要的。

AMV 逆转录酶和 MLV 逆转录酶都必须有引物来起始 DNA 的合成,cDNA 合成最常用的引物是与真核细胞 mRNA 分子 3' 端多聚 A 结构结合的 12~18 个核苷酸长的 oligo(dT);如产物没有特异性要求且允许产生长短不一的 cDNA 分子,也可用随机六寡核苷酸作为引物。

此外,嗜热真细菌来源的 Tth DNA 聚合酶在 $Mg^{2+}$ 存在的条件下能扩增 DNA 模板,显示了 DNA 聚合酶活性,而在 $Mn^{2+}$ 存在的条件下能扩增 RNA 模板,显示了逆转录酶活性。但 Tth DNA 聚合酶的最适温度为 60~70℃,不能用于以 oligo(dT)、随机六寡核苷酸作为引物的反应,常用于一步法 RT-PCR。

### (二) cDNA 第二链的合成

cDNA 第二链的合成方法有两种。

1. **自身引导法** 合成的单链 cDNA 3' 端能够形成一短的发夹结构,这就为第二链的合成提供了现成的引物,当第一链合成反应产物的 DNA-RNA 杂交链变性后,利用大肠埃希菌 DNA 聚合酶 Ⅰ 的 Klenow 片段或逆转录酶合成 cDNA 第二链,最后用对单链特异性的 S1 核酸酶消化该环,即可进一步克隆。但自身引导合成法较难控制反应,而且用 S1 核酸酶切割发夹结构时,无一例外地将导致对应于 mRNA 的 5' 端序列出现缺失和重排,因而该方法目前很少使用。

2. **置换合成法** 该方法利用第一链在逆转录酶作用下产生的 cDNA-mRNA 杂交链,不用碱变性,而是在脱氧核糖核苷三磷酸(deoxyribonucleoside triphosphate,dNTP)存在下,利用 RNA 酶 H 在杂交链的 mRNA 链上造成切口和缺口，从而产生一系列 RNA 引物，使之成为合成第二链的引物，在大肠埃希菌 DNA 聚合酶 I 的作用下合成第二链。该反应有 3 个主要优点：非常有效；直接利用第一链反应产物，不需要进一步处理和纯化；不必使用 S1 核酸酶来切割双链 cDNA 中的单链发夹环。目前合成 cDNA 常采用该方法。

### （三）cDNA 的分子克隆

已经制备好的双链 cDNA 和一般 DNA 一样，可以插入质粒或噬菌体中，为此，首先必须连接上接头（linker），接头可以是限制性内切酶识别位点片段，也可以利用末端转移酶在载体和双链 cDNA 的末端接上一段寡聚 dG 和 dC 或 dT 和 dA 尾巴，退火后形成重组质粒，并转化到宿主菌中进行扩增。合成的 cDNA 也可以经 PCR 扩增后再克隆入适当载体。

## 四、RNA 提取和 cDNA 合成的实验方案

### （一）动物组织和细胞的总 RNA 提取的实验方案

**1. 材料**　动物细胞和组织。

**2. 试剂**

（1）TRIzol（或其他单相裂解试剂）、氯仿、异丙醇。

（2）无 RNase 水：用高温烘烤过的玻璃瓶（180℃干烤 2h）装蒸馏水，然后加焦碳酸二乙酯（diethyl pyrocarbonate，DEPC）至浓度为 0.01%（*V*/*V*），放置过夜后高压灭菌。

（3）70% 乙醇：用无 RNase 水配制 70% 乙醇，低温存放（配制及存放均须用高温烘烤过的玻璃器皿）。

**3. 器材**　高速离心机、恒温水浴箱、微量移液器。

**4. 操作步骤**

（1）单层培养细胞的处理：用冰冷的 PBS 漂洗一次，移除 PBS 后，每 100mm 培养皿加入 1ml TRIzol，在培养皿中直接裂解细胞，可用细胞刮刀刮取细胞，并用吸头吹打几次溶液，以充分裂解细胞。

（2）悬浮培养细胞的处理：直接低速离心收集，用冰冷的 PBS 漂洗一次后，每（5~10）× $10^6$ 个细胞加入 1ml TRIzol 裂解细胞，可用吸头或注射器反复吹吸，以充分裂解细胞。

（3）将组织在液氮中磨成粉末后，每 50~100mg 组织加入 1ml TRIzol 进行研磨，注意组织的总体积不能超过所用 TRIzol 体积的 10%（步骤 1~3 得到的样品可在 –70℃保存至少 1 个月）。

（4）上述细胞裂解液或组织研磨液室温放置 5min，然后以初始加入的每 1ml TRIzol 溶液加入 0.2ml 氯仿的比例，加入氯仿，进行分层，离心管盖紧后，用手摇荡离心管混匀 15s，并室温放置 2~3min。本步骤勿漩涡振荡混匀，否则易导致 DNA 污染。

（5）2~8℃，12 000g 离心 15min，溶液分为下层（苯酚 - 氯仿）、中间层（DNA 沉淀）和上层水相（RNA）。小心转移上层水相到新的离心管中，按初始加入的每 1ml TRIzol 加入 0.5ml 异丙醇的比例，加入异丙醇，沉淀 RNA，颠倒离心管数次，混匀，然后室温放置 10min，2~8℃，12 000g 离心 10min。

（6）弃去上清液，并用吸头去除残留液体，按初始加入的每 1ml TRIzol 加入至少 1ml 70% 乙醇的比例，加入乙醇，涡旋混匀，2~8℃，7 500g 离心 5min。

（7）完全去除乙醇，然后在空气中或真空条件下，干燥沉淀 5~10min（注意不要过分干

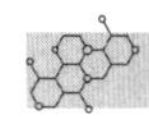

燥，否则会降低 RNA 的溶解度）。然后加入 20μl 无 RNase 水溶解 RNA，必要时可 55~60℃ 水浴 10min，然后尽快用于后续实验。

5. **注意事项**

（1）整个操作要戴口罩及一次性手套，并尽可能在低温下操作。

（2）TRIzol 试剂有毒性及强烈腐蚀性，应避免接触皮肤及吸入呼吸道，不能将含该试剂的废液直接倒入下水道。

（3）操作步骤（1）~（3）得到的裂解液可在 –70℃保存至少 1 个月，RNA 沉淀在 70% 乙醇或 100% 去离子甲酰胺中，在 4℃可保存 1 周，–20℃可保存 1 年。

### （二）mRNA 纯化的实验方案

1. **材料**　细胞或组织的总 RNA。

2. **试剂**

（1）无 RNA 酶的 DEPC 处理水、70% 乙醇：同本节动物组织和细胞的总 RNA 提取的实验方案。

（2）1× 层析柱加样缓冲液：20mmol/L Tris-HCl（pH 7.6）、0.5mol/L NaCl、1mmol/L EDTA（pH 8.0）、0.1% SDS。

（3）洗脱缓冲液：10mmol/L Tris-HCl（pH 7.6）、1mmol/L EDTA（pH 8.0）、0.05% SDS。

3. **器材**　层析柱相关设备、紫外分光光度计。

4. **操作步骤**

（1）用 0.1mol/L NaOH 悬浮 0.5~1g oligo（dT）纤维素。

（2）将悬浮液装入灭菌的一次性层析柱中或装入填有经 DEPC 处理并经高压灭菌的玻璃棉的巴斯德吸管中，柱床体积为 0.5~1.0ml，用 3 倍柱床体积的灭菌水冲洗柱床。

（3）用 1× 层析柱加样缓冲液冲洗柱床，直到流出液的 pH 值小于 8.0。

（4）将提取的总 RNA 溶液于 65℃温育 5min 后迅速冷却至室温，加入等体积 2× 层析柱加样缓冲液，上样，立即用灭菌试管收集洗出液，当所有 RNA 溶液进入柱床后，加入 1 倍柱床体积的 1× 层析柱加样缓冲液。

（5）测定每一管的 $OD_{260}$，当洗出液中 $OD_{260}$ 为 0 时，加入 2~3 倍柱床体积的灭菌洗脱缓冲液，以 1/3 至 1/2 柱床体积分管收集洗脱液。

（6）测定 $OD_{260}$，合并含有 RNA 的洗脱组分。

（7）加入 1/10 体积的 3mol/L NaAc（pH 5.2），2.5 倍体积的冰冷乙醇，混匀，–20℃放置 30min。

（8）4℃ 12 000g 离心 15min，小心弃去上清液，用 70% 乙醇洗涤，4℃ 12 000g 离心 5min。

（9）小心弃去上清液，在空气中使沉淀干燥 10min，或真空干燥 10min。

（10）用适量无 RNase 水溶解 RNA 液，即可用于 cDNA 合成。

5. **注意事项**

（1）mRNA 在 70% 乙醇中，–70℃下可保存 1 年以上。

（2）oligo（dT）纤维素柱用后可用 0.3mol/L NaOH 洗净，然后用层析柱加样缓冲液平衡，并加入 0.02% 叠氮钠（$NaN_3$），在冰箱中保存，重复使用。

### （三）cDNA 合成的实验方案

1. **所需的试剂**　蒸馏水（无 RNA 酶）、5× 逆转录反应缓冲液、dNTP 混合物（各

10mmol/L)、RNA 酶抑制剂(40U/μl)、多聚胸腺嘧啶 oligo(dT)20(10μmol/L)、M-MLV 逆转录酶(200U/μl)。

**2. 第一链合成的操作步骤**

(1)在冰浴的离心管中加入如下反应混合物。

| | |
|---|---|
| 总 RNA 或 Poly(A)+mRNA | 10pg~1μg |
| oligo(dT)(0.5μg/μl) | 1μl |
| 无 RNase 的蒸馏水定容至 | 12μl |

(2)混匀后离心 3~5s,反应混合物在 75℃温浴 5min 后,冰浴 30s,然后离心 3~5s。

(3)将离心管冰浴,再加入以下组分。

| | |
|---|---|
| 5× 反应缓冲液 | 4μl |
| RNA 酶抑制剂(40U/μl) | 1μl |
| dNTP 混合物(各 10mmol/L) | 2μl |
| M-MLV 逆转录酶(200U/μl) | 1μl |

(4)混匀后离心 3~5s,在 PCR 仪上按下列条件进行逆转录反应:cDNA 合成 42℃、30~60min,终止反应 70℃、10min(酶失活)。处理后,置于冰上。

**3. 第二链合成的操作步骤**

(1)取第一链反应液 20μl,再依次加入以下组分。

| | |
|---|---|
| 10× 第二链缓冲液 | 20μl |
| DNA 聚合酶Ⅰ | 23U |
| RNaseH | 0.8U |
| 无 RNase 的蒸馏水定容至 | 100μl |

(2)轻轻混匀,14℃温浴 2h(合成长度大于 3kb 的 cDNA,则须延长为 3~4h)。

(3)DNA 第二链合成离心管反应液 70℃处理 10min,低速离心后置于冰上。

(4)加入 2U T4DNA 聚合酶,37℃温浴 10min。

(5)加入 10μl 200mmol/L EDTA 终止反应。

(6)用等体积苯酚 - 氯仿抽提 cDNA 反应液,离心 2min。

(7)水相移至另一离心管,加入 0.5 倍体积的 7.5mol/L 醋酸铵(或 0.1 倍体积的 1.5mol/L 醋酸钠,pH 5.2),混匀后再加入 2.5 倍体积的冰冷乙醇(-20℃),-20℃放置 30min 后离心 5min。

(8)小心弃去上清液,加入 0.5ml 冰冷的 70% 乙醇,离心 2min。

(9)小心移去上清液,干燥沉淀。

(10)沉淀溶于 10~20μl TE 缓冲液。

### (四)注意事项及常见问题分析

1. 模板 mRNA 的质量会直接影响 cDNA 合成的效率。mRNA 分子的结构特点使其容易受 RNA 酶的攻击反应而降解,加上 RNA 酶极为稳定且广泛存在,因而在提取过程中要严格防止 RNA 酶的污染,并设法抑制其活性,这是本实验成功的关键。

2. 所有的组织中均存在 RNA 酶,人的皮肤、手指、试剂、容器等均可能被污染,因此全部实验过程中均须戴手套操作并经常更换(使用一次性手套)。所用的玻璃器皿须置于干燥烘箱中 200℃烘烤 2h 以上。

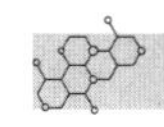

3. 凡是不能用高温烘烤的材料如塑料容器等，皆可用 0.1% 的 DEPC 水溶液处理，再用蒸馏水冲净。DEPC 是 RNA 酶的化学修饰剂，它会和 RNA 酶的活性基团组氨酸发生咪唑环反应，抑制酶活性。DEPC 与氨水溶液混合会产生致癌物，因而使用时须小心。试验所用试剂也可用 DEPC 处理，加入 DEPC 至浓度为 0.1%，然后剧烈振荡 10min，再煮沸 15min 或高压灭菌以消除残存的 DEPC，否则 DEPC 也能和腺嘌呤作用而破坏 mRNA 活性。DEPC 能与胺和巯基反应，因此含 Tris 和 DTT 的试剂不能用 DEPC 处理。Tris 溶液可用 DEPC 处理的水配制，然后高压灭菌。配制的溶液如不能高压灭菌，可用 DEPC 处理的水配制，并尽可能用未曾开封的试剂。除 DEPC 外，也可用异硫氰酸胍、钒氧核苷酸复合物、RNA 酶抑制蛋白等。此外，为了避免 mRNA 或 cDNA 吸附在玻璃或塑料器皿管壁上，所有器皿一律须经硅烷化处理。

## 参考文献

[1] 格林, 萨姆布鲁克. 分子克隆实验指南: 第 4 版 [M]. 贺福初, 译. 北京: 科学出版社, 2017.
[2] 周春燕, 药立波. 生物化学与分子生物学 [M]. 9 版. 北京: 人民卫生出版社, 2018.
[3] 魏春红, 门淑珍, 李毅. 现代分子生物学实验技术 [M]. 2 版. 北京: 高等教育出版社, 2012.
[4] 王凡, 洪葵. CTAB 法提取野野村菌基因组 DNA [J]. 微生物学通报, 2010, 37 (8): 1211-1215.
[5] 张弘, 陈虹帆, 安宇, 等. 指甲游离缘及毛发中核 DNA 抽提方法的探讨 [J]. 中国循证儿科杂志, 2009, 4(5): 431-435.
[6] 巴华杰, 刘冰泉, 马骏, 等. Chelex-100 法提取滤纸血痕 DNA 影响因素的比较 [J]. 法医学杂志, 2007, 23 (5): 347-348.

（周俊宜　骆晓枫）

# 第二章 聚合酶链反应

## 第一节 聚合酶链反应的基本原理

### 一、PCR 的基本概念

PCR 是 20 世纪 80 年代发展起来的分子生物学技术，能将微量的 DNA 目的片段扩增至十万乃至百万倍，具有特异度高、灵敏度强、产率高、快速简便、重复性好等优点，能从一根毛发、一滴血，甚至一个细胞中扩增出足量的 DNA 拷贝供分析研究和检测鉴定。

1971 年，Korana 最先提出核酸体外扩增的设想，1985 年，美国 PE-Cetus 公司的 Mullis 发明了具有划时代意义的 PCR 技术。耐热 DNA 聚合酶的发现和 PCR 热循环仪的发明使得 PCR 技术实现了自动化，PCR 技术开始广泛应用于生命科学研究领域。

如今，PCR 技术在基因突变检测、分子进化的研究、法医学鉴定、临床医疗诊断、疾病治疗监控等很多领域发挥着重要的作用。以 PCR 技术为基础还衍生形成了许多新型的 PCR 技术分析方法，丰富了 PCR 技术的内涵。目前，各种型号、功能的 DNA 扩增仪以及各种组合的 PCR 试剂盒得到了广泛的应用，PCR 技术正在向着越来越细致入微、迈向纵深的方向发展。

### 二、PCR 技术的基本原理

PCR 是一种类似 DNA 天然复制过程的选择性体外扩增 DNA 或 RNA 片段的方法，其特异性依赖于一对人工合成的寡核苷酸引物，该引物与靶序列的两端互补。

PCR 由变性、退火、延伸 3 个基本反应步骤构成（图 2-1）。

1. **模板 DNA 的变性**　模板 DNA 经加热变性后，模板 DNA 双链或经 PCR 扩增形成的双链 DNA 解离成为单链，以便它与引物结合，为下步反应做准备。

2. **模板 DNA 与引物的退火（复性）**　模板 DNA 经加热变性，变成单链后，温度下降至适宜温度（一般较 $T_m$ 低 5℃），使引物与模板 DNA 单链按碱基互补原则退火结合。

3. **引物的延伸**　将温度升至 72℃，DNA 模板 - 引物结合物在 Taq DNA 聚合酶的作用下，以 dNTP 为底物，以靶序列为模板，按碱基配对与半保留复制原理，合成一条新的与模板

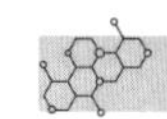

DNA 链互补的子链。

上述三个步骤称为一个循环，新合成的 DNA 分子继续作为下次循环的模板。每完成一个循环需 2~4min，经多次循环（25~30 次）后就能将待扩增的目的基因扩增放大几百万倍。

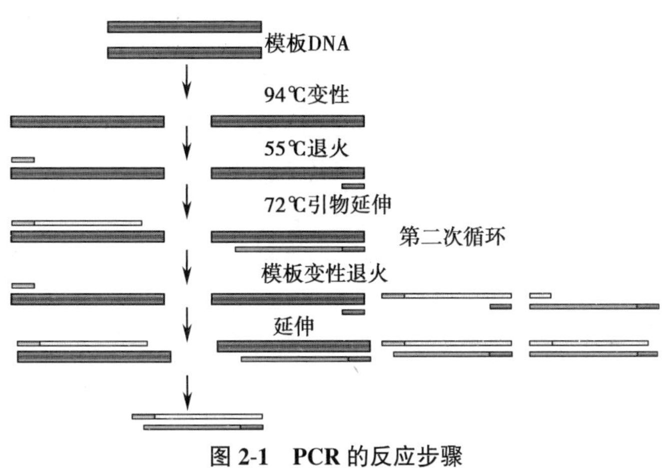


图 2-1　PCR 的反应步骤

# 第二节　常用 PCR 技术的实验策略

## 一、PCR 技术的主要类型

PCR 技术大多以大量 DNA 分子（一般为 $10^5$ 个以上）为模板进行 DNA 扩增，对常规 PCR 技术的不断改进衍生了多种 PCR 技术，下面简单介绍几种常用的类型。

### （一）RT-PCR

PCR 技术出现以前，RNA 研究方法以原位杂交最为敏感，然而由于这种方法过于复杂，不适用于大量样品的实验。PCR 技术用于 RNA 的扩增，使 RNA 研究在方法学上有了重大突破。这种方法首先以 mRNA 为模板合成 cDNA，然后再进行常规 PCR 扩增，所以该方法被称为逆转录 PCR（RT-PCR）。RT-PCR 使 RNA 检测的灵敏度提高了几个数量级，使一些极为微量的 RNA 样品分析成为可能。该技术主要用于分析基因的转录产物、获取目的基因、合成 cDNA 探针、构建 RNA 高效转录系统等。

### （二）复合 PCR

复合 PCR（multiplex PCR）是指使用多对引物同时扩增几条 DNA 片段的方法，又称为多重 PCR。这一方法最初是由 Chanberlain 等人在检测人的基因时发明的。Bej 等人发明了对环境样品中不同属细菌相关基因序列同时进行 PCR 扩增的检测方法。在复合 PCR 中，所有引物的 $T_m$ 值应相近，如果两对引物 $T_m$ 值差异超过 10%，会使扩增产物的量明显不同，甚至导致其中一种扩增产物很难被观察到。另外，PCR 产物的长度也应相近，差别太大时，短的 PCR 产物会优先扩增，产生不同产量的扩增产物。针对这一问题，可采用 DNA 摇摆扩增或加入不等量引物的方法进行解决。

复合 PCR 也可用于检测单拷贝基因异常。首先设计位于基因突变或缺失好发区域两侧的多对引物，每对引物之间的序列长度尽量不同，然后将多对引物加入同一反应体系中进行常规 PCR 扩增。如果基因发生异常改变，则 PCR 扩增产物长度变短甚至消失。

### （三）巢式 PCR

巢式 PCR（nested PCR，N-PCR）是为了提高检测灵敏度和特异度而设计的。巢式 PCR 设计两对引物，一对引物配对的序列在模板的外侧，称为外引物（outer primer），另一对引物配对的序列在同一模板的外引物的内侧，称为内引物（inter primer），外引物扩增的靶序列含有内引物扩增的靶序列。经过巢式 PCR 两次扩增的放大作用，可检测出单拷贝目的片段。

巢式 PCR 的优点是通过两次扩增的放大作用提高了灵敏度，而且外侧引物扩增产物是内侧引物扩增的模板，保证了反应的特异性。

巢式 PCR 分开进行两次 PCR 扩增，容易引起交叉污染，也可采用同一反应管，但所用的内外引物 $T_m$ 值应不同，外引物 $T_m$ 值要比内引物高。PCR 反应开始的若干循环采用较高的退火温度，在此退火温度下外引物可与模板结合，而内引物则不行，此时只扩增出外引物间序列。然后再采用较低退火温度进行后面的循环，则内引物也可与模板及外引物扩增产物结合，进行二次扩增。

### （四）原位 PCR

原位 PCR（in situ PCR）就是在组织细胞里进行 PCR 反应，由 Hasse 等人于 1990 年发明。原位杂交技术使组织细胞内特定的 DNA 或 RNA 序列能够被定位，但对低拷贝序列的检测存在困难。而原位 PCR 技术能使细胞内低拷贝或单拷贝的特定 DNA 或 RNA 得以进行定位及观察，它结合了具有细胞定位能力的原位杂交和高度特异敏感的 PCR 技术的优点，是细胞学科研与临床诊断领域里的一项有较大潜力的新技术。

原位 PCR 用的标本可以是新鲜组织、石蜡包埋组织、细胞等。其基本过程为：①将组织细胞固定于玻片上，并用多聚甲醛处理，再灭活除去细胞内源性过氧化物酶；②用蛋白酶 K 消化处理；③在固定好组织细胞的玻片上加 PCR 反应液，覆盖并加液体石蜡后，直接放在扩增仪的金属板上，进行 PCR 循环扩增。有的基因扩增仪带有专门用于原位 PCR 的装置。

### （五）不对称 PCR

不对称 PCR（asymmetric PCR）是用不等量的一对引物进行 PCR 扩增，产生大量的单链 DNA（single-stranded DNA，ssDNA）的一种技术。这对引物分别称为非限制性引物与限制性引物，其比例一般为 50∶1 到 100∶1。在 PCR 反应最初的 10~15 个循环中，其扩增产物主要是双链 DNA，但当限制性引物（低浓度引物）消耗完后，非限制性引物（高浓度引物）引导的 PCR 就会产生大量的单链 DNA。不对称 PCR 的关键是控制限制性引物的绝对量，限制性引物太多或太少，均不利于制备 ssDNA，须多次摸索优化两条引物的比例。还有一种方法是先用相同浓度的引物进行 PCR 扩增，制备双链 DNA（double-stranded DNA，dsDNA），然后以此 dsDNA 为模板，再以其中的一条引物进行第二次 PCR 以制备 ssDNA。产生的 dsDNA 与 ssDNA 由于分子量不同，可以在电泳中分开，通过凝胶回收方法可得到纯 ssDNA。

对引物进行荧光或生物素等标记，再进行不对称 PCR，可制备用来检测目的基因的特异性 DNA 探针。不对称 PCR 制备的 ssDNA 也可用于核酸序列测定，特别是用 cDNA 经不对称 PCR 进行 DNA 序列分析，是研究真核 DNA 外显子的好方法。

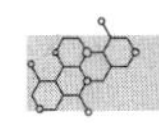

### （六）实时荧光定量PCR技术

实时荧光定量PCR（real time fluorescence quantitative PCR）技术的设想最早是在1992年由日本科学家Higuchi第一次提出的，1995年美国ABI公司推出第一台荧光定量PCR仪。该技术不仅实现了PCR技术由定性向定量的飞跃，还有效解决了PCR技术中常见的污染及假阳性问题。

实时荧光定量PCR技术是指在PCR反应体系中加入荧光基团，利用荧光信号积累实时监测整个PCR进程，最后通过标准曲线对未知模板进行定量分析的方法。在实时荧光定量PCR技术的发展过程中，两个重要的发现推动了荧光定量技术的大力发展：①发现Taq DNA聚合酶的5'端核酸外切酶活性，它能降解特异性荧光探针，因此使得PCR产物的间接检测成为可能；②荧光双标记探针的运用使在密闭的反应管中实时地监测反应全过程成为可能。这两个发现的结合以及相应的仪器和试剂的商品化发展推动了实时荧光定量PCR方法在研究工作中的运用。

## 二、基础PCR技术的实验方案

**1. 试剂及材料**

（1）引物：一般是用DNA自动合成仪化学合成的寡核苷酸链，待扩增的DNA目的片段不同，所用的引物亦不同，引物的设计将在后面具体讨论。

（2）Taq DNA聚合酶：从一种嗜热真菌中提取出来，能耐受高温（93~100℃）。

（3）10×PCR缓冲液：500mmol/L KCl、100mmol/L Tris-HCl（pH 8.3）、15mmol/L $MgCl_2$、1mg/ml明胶。

（4）5mmol/L dNTPs贮备液。

（5）模板：提取不同标本的模板所用方法和试剂都有所不同，根据具体情况而定。

**2. 器材** PCR扩增仪、微量离心机。

**3. 反应体系**

向微量离心管中依次加入以下试剂。

| | |
|---|---|
| 10×PCR缓冲液 | 1/10体积 |
| dNTPs | 50~200μmol/L |
| 引物 | 各20pmol |
| DNA模板 | $10^2$~$10^5$拷贝（约0.1μg基因组DNA） |
| Taq DNA聚合酶 | 1~2U |
| $ddH_2O$ | 补至终体积为25~100μl |

混匀后，离心30s使所加试剂集于管底。

**4. 反应程序** 在PCR扩增仪上设置，以下反应程序的参数为示例。

| | | |
|---|---|---|
| 预变性 | 97℃ 7min（染色体DNA）或5min（质粒DNA） | |
| 变性 | 96℃ 15s | 25~30个循环 |
| 退火 | 55℃ 30s | |
| 延伸 | 72℃ 90s | |
| 补延伸 | 72℃ 5min | |

**5. 注意事项** 如所用PCR扩增仪带有热盖功能，热盖温度应设置为高于反应程序

中最高温度，防止蒸发；如PCR扩增仪无热盖功能，运行前应在PCR反应管内加石蜡油50~100μl，可覆于反应液表面以防蒸发。

## 三、RT-PCR技术的实验策略

1. **cDNA第一链的合成** 参考第一章第二节cDNA合成的实验方案。

2. **PCR反应** 由于PCR反应中dNTPs的浓度不宜超过200μmol/L，因此逆转录反应产物可稀释5倍后用于PCR反应，而$Mg^{2+}$浓度在稀释后最好在2mmol/L左右。对于RT-PCR而言，PCR循环数不能太多，因这样可能会增加非特异性带的出现，一般采用出现最佳结果的最少循环数。以下是逆转录后的PCR反应体系。

(1)在20μl逆转录反应产物中加入上下游引物(10~50pmol)、10μl 10×PCR反应缓冲液和1~2U Taq DNA聚合酶，用$H_2O$补足体积至100μl，也可以采取以下的50μl反应体系。

| | |
|---|---|
| 逆转录反应产物(第一链cDNA) | 2μl |
| 上游引物(10μmol/L) | 2μl |
| 下游引物(10μmol/L) | 2μl |
| dNTP(2mmol/L) | 4μl |
| 10×PCR缓冲液 | 5μl |
| Taq DNA聚合酶 | 1~2U |

加入适量的dd$H_2O$，使总体积达50μl。轻轻混匀，离心。

(2)设定PCR程序，在适当的温度参数下进行28~32个PCR循环。

(3)反应结束后取5~10μl反应产物做凝胶电泳检测。

3. **一步法RT-PCR** 指为了检测低丰度mRNA的表达，利用同一种缓冲液，在同一体系中加入逆转录酶、引物、Taq DNA聚合酶、4种dNTP直接进行mRNA逆转录与PCR扩增的方法，省略了cDNA转到PCR之间的过程。用一步法扩增可检测出总RNA中小于1ng的低丰度mRNA，还可用于低丰度mRNA的cDNA文库的构建及特异cDNA的克隆，并有可能与Taq DNA聚合酶的测序技术相组合，使得自动逆转录、基因扩增与基因转录产物的测序能在一个试管中进行。

## 四、PCR实验的影响因素及讨论

### (一) PCR反应体系中的主要成分及其影响因素

1. **引物** PCR反应产物的特异性由一对上下游引物所决定。引物的好坏往往是PCR成败的关键。引物设计和选择目的DNA序列区域时可遵循下列原则。

(1)引物长度应为16~30bp，太短会降低退火温度，影响引物与模板配对，从而使非特异性增高，太长则比较浪费，且难以合成。

(2)引物中G+C的含量通常为40%~60%，可按下式粗略估计引物的解链温度：$T_m$=4×(G+C)+2×(A+T)。

(3)4种碱基应随机分布，在3'端不存在连续3个G或C，因这样易导致错误引发。

(4)引物的3'端最好与目的序列阅读框架中密码子第一或第二位核苷酸对应，以减少由于密码子摆动产生的不配对。

(5)在引物内，尤其在3'端，应不存在二级结构。

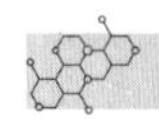

(6)两引物之间,尤其在 3' 端,不能互补,以防出现引物二聚体,减少产量。两引物间最好不存在 4 个连续的同源性或互补性碱基。

(7)引物的 5' 端对扩增特异性的影响不大,可在引物设计时加上限制酶位点、核糖体结合位点、起始密码子、缺失或插入突变位点以及标记生物素、荧光素、地高辛等,通常应在 5' 端限制酶位点外再加 1~2 个保护碱基。

(8)引物不与模板结合位点以外的序列互补。所扩增产物本身无稳定的二级结构,以免产生非特异性扩增,影响产量。

(9)简并引物应选用简并程度低的密码子,例如选用只有一种密码子的 Met,3' 端不应存在简并性。否则可能由于产量低而看不见扩增产物。

(10)一般 PCR 反应中的引物终浓度为 0.2~1.0μmol/L。引物过多会产生错误引导或产生引物二聚体,过低则降低产量。

2. **4 种 dNTP** 一般反应中每种 dNTP 的终浓度为 20~200μmol/L。理论上 4 种 dNTP 各 20μmol/L,足以在 100μl 反应中合成 2.6μg 的 DNA。当 dNTP 终浓度大于 50mmol/L 时,Taq DNA 聚合酶的活性会受到抑制,4 种 dNTP 的浓度应该相等,以减少合成中由于某种 dNTP 的不足出现的错误掺入。

3. **$Mg^{2+}$** $Mg^{2+}$ 浓度对 Taq DNA 聚合酶影响很大,它可影响酶的活性和真实性,影响引物退火和解链温度,影响产物的特异性以及引物二聚体的形成等。通常 $Mg^{2+}$ 浓度范围为 0.5~2mmol/L。新的 PCR 反应可以先用 0.1~5mmol/L 的递增浓度的 $Mg^{2+}$ 进行预备实验,选出最合适的 $Mg^{2+}$ 浓度。

4. **模板** PCR 反应必须以 DNA 为模板进行扩增,模板 DNA 可以是双链分子,也可以是单链分子;可以是线状分子,也可以是环状分子(线状分子比环状分子的扩增效果稍好)。就模板 DNA 而言,影响 PCR 的主要因素是模板的数量和纯度。一般反应中的模板数量为 $10^2$~$10^5$ 个拷贝,扩增单拷贝基因需要 0.1μg 的人基因组 DNA、10ng 的酵母 DNA、1ng 的大肠埃希菌 DNA。扩增多拷贝序列时,用量更少。灵敏的 PCR 可从一个细胞、一根头发、一个孢子或一个精子的 DNA 中分析目的序列。模板量过多则可能增加非特异性产物,DNA 中的杂质也会影响 PCR 的效率。

5. **Taq DNA 聚合酶** 在 100μl PCR 反应中,1.5~2U 的 Taq DNA 聚合酶就足以进行 30 轮循环。所用的酶量可根据 DNA、引物及其他因素的变化进行适当的增减。酶量过多会使产物非特异性增加,过少则使产量降低。

6. **反应缓冲液** 反应缓冲液一般含 10~50mmol/L Tris-HCl、50mmol/L KCl 和适当浓度的 $Mg^{2+}$。Tris-HCl 在 20℃时 pH 值为 8.3~8.8,但在实际 PCR 反应中,pH 值为 6.8~7.8。50mmol/L 的 KCl 有利于引物的退火。反应液可加入 5mmol/L 的 DDT 或 100μg/ml 的牛血清白蛋白(bovine serum albumin,BSA),它们可稳定酶活性。加入 T4 噬菌体的基因 32 蛋白则对扩增较长的 DNA 片段有利。各种 Taq DNA 聚合酶商品都有自己特定的缓冲液。

### (二) PCR 反应程序的参数及其影响因素

1. **变性** 在第一轮循环前,在 94℃下变性 5~10min 非常重要,这可使模板 DNA 完全解链,然后加入 Taq DNA 聚合酶(hot start),这样可减少聚合酶在低温下仍有活性从而延伸非特异性配对的引物与模板复合物所造成的错误。变性不完全,往往使 PCR 失败,因为未变性完全的 DNA 双链会很快复性,减少 DNA 产量。一般变性温度与时间为 94℃、1min。

在变性温度下,双链 DNA 完全解链只需几秒钟,所耗时间主要是为使反应体系完全达到适当的温度。对于富含 GC 的序列,可适当提高变性温度。但变性温度过高或时间过长都会导致酶活性的损失。

2. **退火** 引物退火的温度和所需时间的长短取决于引物的碱基组成、引物的长度、引物与模板的配对程度以及引物的浓度。实际使用的退火温度比扩增引物的 $T_m$ 值约低 5℃。一般当引物中 GC 含量高,长度长,并与模板完全配对时,应提高退火温度。退火温度越高,所得产物的特异性越高。有些反应甚至可将退火与延伸两步合并,只用两种温度(例如用 60℃和 94℃)完成整个扩增循环,既省时间又提高了特异性。退火一般仅需数秒钟即可完成,反应中所需时间主要是为使整个反应体系达到合适的温度。通常退火温度和时间为 37~55℃、1~2min。

3. **延伸** 延伸反应通常为 72℃,接近于 Taq DNA 聚合酶的最适反应温度 75℃。实际上,引物延伸在退火时即已开始,因为 Taq DNA 聚合酶的作用温度范围为 20~85℃。延伸反应时间的长短取决于目的序列的长度和浓度。在一般反应体系中,Taq DNA 聚合酶每分钟可合成约 2kb 长的 DNA。延伸时间过长会导致非特异性产物增加。但当目的序列浓度很低时,延伸反应的时间可适当延长。一般在扩增反应完成后,都需要一步较长时间(10~30min)的延伸反应,以获得尽可能完整的产物,这对以后进行克隆或测序反应尤为重要。

4. **循环次数** 循环次数一般为 25~30 个循环。在扩增后期,产物积累使原来呈指数扩增的反应变成平坦的曲线,产物量不再随循环数而明显上升,这称为平台效应。平台期会使原先由于错配而产生的低浓度非特异性产物继续大量扩增,达到较高水平。因此,应适当调节循环次数,在平台期前结束反应,减少非特异性产物。

## 五、PCR 常见问题及异常结果的分析

1. **PCR 产物的电泳检测** PCR 产物的电泳检测,一般应在 48h 以内完成,有些最好于当日完成,超过 48h 后,带型有可能不规则甚至消失。

2. **假阴性,不出现扩增条带** 影响 PCR 的因素很多,应充分了解 PCR 过程中的关键环节,尽量避免假阴性的出现。PCR 反应的关键环节有模板核酸的制备、引物的质量与特异性、酶的质量、PCR 循环条件等。寻找原因亦应针对上述环节进行分析研究。

(1)模板:①模板中含有杂蛋白质;②模板中含有 Taq 酶抑制剂;③模板中的蛋白质没有消化除净,特别是染色体中的组蛋白;④在提取制备模板时丢失过多,或吸入酚;⑤模板的核酸变性不彻底。在酶和引物质量好时,不出现扩增带,极有可能是标本的消化处理、模板核酸提取过程出了毛病,因而要配制有效而稳定的消化处理液,其程序亦应固定,不宜随意更改。

(2)酶失活:需更换新酶,或新旧两种酶同时使用,以分析是不是因为酶的活性丧失或不够而导致假阴性。需注意的是,有时是因为忘加 Taq DNA 聚合酶或溴乙锭而导致假阴性。

(3)引物:引物的质量、浓度是否合适,两条引物的浓度是否对称,是决定 PCR 能否得到理想结果的关键因素。有些批号的引物合成质量有问题,两条引物一条浓度高,一条浓度低,会造成低效率的不对称扩增。解决的对策为:①选定一个好的引物合成单位;②采用的引物浓度不仅要看光密度(optical density,OD)值,更要注重的是,用引物原液做琼脂糖凝胶

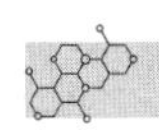

电泳，一定要有引物条带出现，而且两条引物带的亮度应大体一致，如一条引物有条带，一条引物无条带，此时做 PCR 有可能失败，应和引物合成单位协商解决，如一条引物亮度高，一条亮度低，在稀释引物时要平衡其浓度；③引物应高浓度、少量分装保存，防止多次冻融，或长期放于冰箱冷藏部分，导致引物变质，降解失效；④避免引物设计不合理的问题，如引物长度不够，引物之间形成二聚体等。

(4) $Mg^{2+}$ 浓度：$Mg^{2+}$ 浓度对 PCR 扩增效率影响很大，浓度过高可降低 PCR 扩增的特异性，浓度过低则会影响 PCR 扩增产量甚至使 PCR 扩增失败而不出现扩增条带。

(5) 反应体积的改变：通常进行 PCR 扩增采用的体积为 20μl、30μl、50μl 或 100μl，应用多大体积进行 PCR 扩增，是根据科研和临床检测的不同目的而设定的。在做小体积如 20μl 后，再做大体积时，一定要摸索条件，否则容易失败。

(6) 物理原因：变性对 PCR 扩增来说相当重要，如变性温度低，变性时间短，极有可能出现假阴性；退火温度过低，可致非特异性扩增，降低特异性扩增效率；退火温度过高会影响引物与模板的结合而降低 PCR 扩增效率。有时还有必要用标准的温度计，检测一下扩增仪或水溶锅内的变性、退火和延伸温度，温度不当也是 PCR 失败的原因之一。

(7) 靶序列变异：如靶序列发生突变或缺失，影响引物与模板的特异性结合，或靶序列某段缺失使引物与模板失去互补序列，PCR 扩增是不会成功的。

**3. 假阳性**　出现的 PCR 扩增条带与目的靶序列条带一致，有时其条带更整齐，亮度更高，可能有以下原因。

(1) 引物设计不合适：选择的扩增序列与非目的扩增序列有同源性，因而在进行 PCR 扩增时，扩增出的 PCR 产物为非目的性的序列。靶序列太短或引物太短，容易出现假阳性，须重新设计引物。

(2) 靶序列或扩增产物的交叉污染：这种污染有两种原因。一是整个基因组或大片段的交叉污染导致假阳性。这种假阳性可用以下方法解决：①操作时应小心轻柔，防止将靶序列吸入加样枪内或溅出离心管外；②除酶及不耐高温的物质外，所有试剂或器材均应高压消毒，所用离心管及进样枪头等均应一次性使用；③必要时，在加标本前，反应管和试剂用紫外线照射，以破坏存在的核酸。二是空气中的小片段核酸污染，这些小片段比靶序列短，但有一定的同源性，可互相拼接，与引物互补后，可扩增出 PCR 产物，而导致假阳性的产生，可用巢式 PCR 方法来减轻或消除。

**4. 出现非特异性扩增带**　PCR 扩增后出现的条带与预计的大小不一致，或大或小，或者同时出现特异性扩增带与非特异性扩增带。非特异性条带的出现，其原因有三种。一是引物与靶序列不完全互补，或引物聚合形成二聚体；二是 $Mg^{2+}$ 浓度过高，退火温度过低及 PCR 循环次数过多；三是酶的质和量不合适，往往一种来源的酶易出现非特异条带而另一来源的酶则不出现，酶量过多有时也会导致非特异性扩增出现。解决的对策有：①必要时重新设计引物；②减少酶量或调换为另一来源的酶；③降低引物量，适当增加模板量，减少循环次数；④适当提高退火温度或采用二温度点法（93℃变性，65℃左右退火与延伸）。

**5. 出现片状拖带或涂抹带**　PCR 扩增有时会出现涂抹带、片状带或地毯样带，往往是由酶量过多或酶的质量差，dNTP 浓度过高，$Mg^{2+}$ 浓度过高，退火温度过低，循环次数过多引起的。解决的对策有：①减少酶量，或调换为另一来源的酶；②减少 dNTP 的浓度；③适当降低 $Mg^{2+}$ 浓度；④增加模板量，减少循环次数。

# 第三节　实时荧光定量 PCR

## 一、实时荧光定量 PCR 技术的基本概念

### (一) 定量 PCR

常规的 PCR 技术只能对靶 DNA 的存在进行定性,许多情况,特别是在临床医疗中,准确测定靶 DNA 的含量显得更为重要,因此定量 PCR(quantitative polymerase chain reaction, qPCR)技术开始出现并逐渐发展成为理想的核酸定量方法。

由于 PCR 扩增是一个指数过程,反应体系中任一参数的微小变化都会显著影响产物量,因此 PCR 技术用于定量时须借助各种形式的参照物。参照物按其性质不同可分为内参照和外参照。内参照和外参照均是在定量 PCR 过程中的一种已知含量的标准品。内参照与待检样本一起加入同一扩增系统中,与待检样本共用同一对引物或采用另一对不同引物。内参照若与待检样本共用同一对引物,两模板的扩增存在竞争性,则内参照又称为竞争性参照物,这种条件下进行的定量 PCR 又称竞争性定量 PCR。内参照与待检样本并不共用同一对引物时,这种定量 PCR 因不存在竞争性,故属于非竞争性定量 PCR。与内参照不同,外参照独立于待检样本定量 PCR 扩增系统之外,常采用系列稀释的已知含量标准品。在非竞争性定量 PCR 中,通过外参照单独扩增,建立标准品初始含量与最终产物之间的标准曲线,可用于未知样本的类推定量。

### (二) 实时荧光定量 PCR 技术

实时荧光定量 PCR 技术是指在 PCR 反应体系中加入荧光基团,利用荧光信号积累实时监测整个 PCR 进程,最后通过标准曲线对未知模板进行定量分析的方法。实时荧光定量 PCR 技术可用于 mRNA 表达研究、DNA 拷贝数的检测、单核苷酸多态性(single nucleotide polymorphism, SNP)测定等,在基因表达研究、转基因研究、药物疗效评价、病原体检测等很多领域正发挥着越来越重要的作用。

## 二、实时荧光定量 PCR 技术的基本原理和策略

### (一) 荧光扩增曲线

在实时荧光定量 PCR 反应中,研究者可以对整个 PCR 反应扩增过程进行实时的监测,并能连续地分析扩增相关的荧光信号,随着反应时间的推移,监测到的荧光信号的变化可以绘制成一条曲线(图 2-2)。在 PCR 反应早期,产生荧光的水平不能与背景明显地区分开来,而随着反应的进行,荧光的产生进入指数期、线性期和最终的平台期,可以在 PCR 反应处于指数期的某一点上时来检测 PCR 产物的量,并且由此来推断模板最初的含量。

### (二) Ct 值、基线、阈值

1. **Ct 值**　在实时荧光定量 PCR 技术中有一个很重要的概念——Ct 值。C 代表 cycle, t 代表 threshold, Ct 值表示每个 PCR 反应管内荧光信号到达设定的阈值时所经历的循环数。

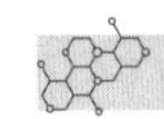

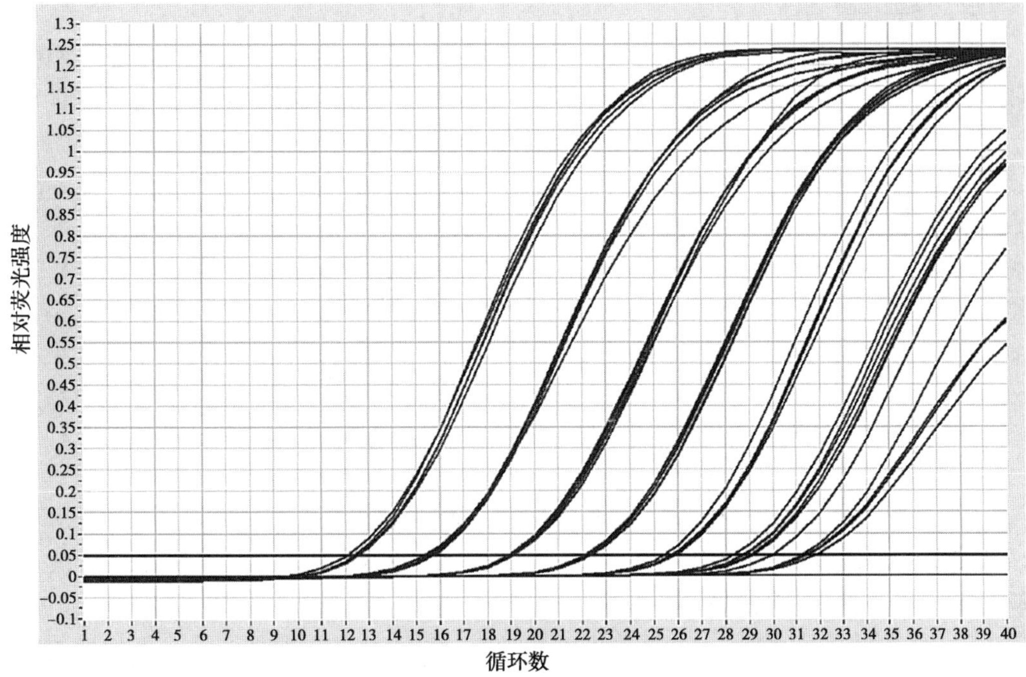


**图 2-2　荧光扩增曲线图**

2. **基线**　在 PCR 扩增反应的最初数个循环里，荧光信号变化不大，接近一条直线，这样的直线即是基线（baseline）。

3. **阈值**　一般将 PCR 反应前 15 个循环的荧光信号作为荧光本底信号，荧光阈值（threshold）是 PCR 3~15 个循环荧光信号标准差的 10 倍，荧光阈值设定在 PCR 扩增的指数期。

研究表明，每个模板的 Ct 值与该模板的起始拷贝数的对数存在线性关系，起始拷贝数越多，Ct 值越小，反之亦然。利用已知起始拷贝数的标准品可作出标准曲线（图 2-3），其中横坐标代表起始拷贝数的对数，纵坐标代表 Ct 值。因此，只要获得待测靶 DNA 的 Ct 值，即可从标准曲线上计算出该样品的起始拷贝数。

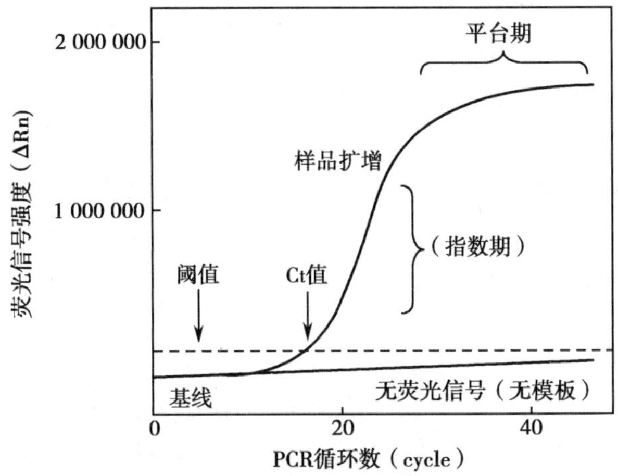


**图 2-3　荧光定量 PCR 原理示意图**

### （三）荧光化学方法

目前实时荧光定量 PCR 所使用的荧光化学方法主要有 5 种，分别是 DNA 结合染色、水解探针、分子信标、荧光标记引物、杂交探针。它们又可分为扩增序列特异和非特异的检测两大类。

1. **扩增序列非特异性检测**　该方法的基础是 DNA 结合的荧光分子，如 SYBR-Green Ⅰ等荧光染料。实时荧光定量 PCR 发展早期就是运用这种最简单的方法，在 PCR 反应体系中加入过量 SYBR-Green Ⅰ荧光染料，SYBR-Green Ⅰ荧光染料特异性地掺入 DNA 双链后，会发射荧光信号。荧光染料的优势在于它能监测任何 dsDNA 序列的扩增，不需要探针的设计，使检测方法变得简便，同时也降低了检测的成本。然而正是由于荧光染料能和任何 dsDNA 结合，因此它也能与非特异的 dsDNA（如引物二聚体）结合，使实验容易产生假阳性信号。引物二聚体的问题目前可以用带有熔解曲线（melting curve）分析的软件加以解决。

2. **扩增序列特异性检测**　该方法是在 PCR 反应中利用标记荧光染料的基因特异寡核苷酸探针来检测产物，它又可分为直接法和间接法。下面介绍目前在实时荧光定量 PCR 中最广泛使用的 TaqMan 探针法。

TaqMan 探针属于直接法，PCR 扩增时在加入一对引物的同时加入一个特异性的荧光探针，该探针为一寡核苷酸，两端分别标记一个报告荧光基团和一个猝灭荧光基团，此时 5’ 端的荧光基团吸收能量后将能量转移给邻近的 3’ 端的猝灭荧光基团，这个过程称为荧光共振能量转移（fluorescence resonance energy transfer，FRET）。因此探针完整时，仪器检测不到该探针 5’ 端荧光基团发出的荧光。但在 PCR 扩增中，溶液中的模板变性后低温退火时，引物与探针同时与模板结合，在引物的介导下，DNA 链沿模板向前延伸至探针结合处，发生链的置换。Taq 酶具有 5’ → 3’ 外切酶活性（此活性是双链特异性的，游离的单链探针不受影响），可将探针 5’ 端连接的荧光基团从探针上切割下来，让荧光基团游离于反应体系中，从而脱离 3’ 端猝灭荧光基团的屏蔽，接受光刺激发出荧光信号，即每扩增一条 DNA 链，就有一个荧光分子形成，荧光信号的累积与 PCR 产物的形成完全同步。

### （四）定量方法

在实时荧光定量 PCR 中，模板定量有两种策略：绝对定量和相对定量。绝对定量指的是用已知的标准曲线来推算未知的样本的量，相对定量指的是分析在一定样本中靶序列相对于另一参照样本的量的变化。

1. **绝对定量法**　使用绝对定量法（标准曲线法）时，可以基于已知数量对未知数量进行定量。利用已知起始拷贝数的标准品可做出标准曲线，其中横坐标代表起始拷贝数的对数，纵坐标代表 Ct 值。因此，只要获得待测靶 DNA 的 Ct 值，即可从标准曲线上计算出该样品的起始拷贝数（图 2-4）。临床上常用此法检测人感染病毒的拷贝数，并与疾病状态建立关联。

2. **相对定量法**　可以用于分析特定样品相对于参考样品（比如未处理的对照样品）某个基因表达量的变化，常用的有标准曲线法的相对定量法与比较 Ct 法。

标准曲线法的相对定量法采用的是相对于基础样品（称为校准品）的表达量。所有的实验样品都可以从标准曲线确定靶标量，用靶标量除以校准品的靶标量，可以得到一个数值。校准品为 1× 样品，所有其他的量则以 n 倍校准品来表示。这种方法在不同的反应管中进

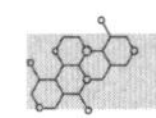

行目标分子和内源性对照的扩增时，采用标准曲线法进行分析，所需要优化和验证的操作最少。

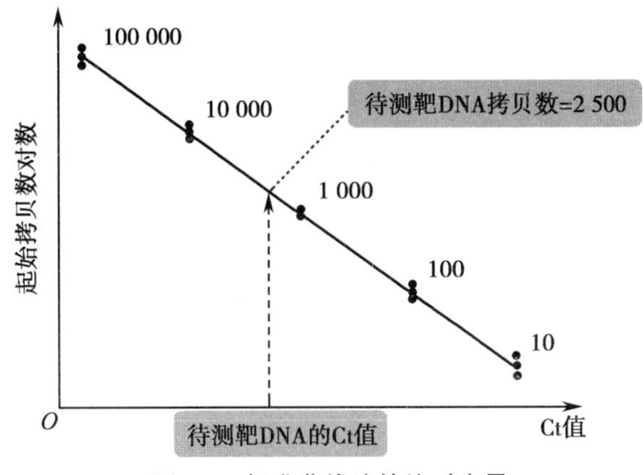


图 2-4　标准曲线法的绝对定量

比较 Ct 法是在单个样品中比较靶基因与另一参照基因（例如管家基因）的 Ct 值。常用的是 $2^{-\Delta\Delta Ct}$ 法，定量时首先对所有的待测样本和校准样本，用参照基因的 Ct 值归一靶基因的 Ct 值。

ΔCt（待测样本）=Ct（靶基因，待测样本）–Ct（参照基因，待测样本）

ΔCt（校准样本）=Ct（靶基因，校准样本）–Ct（参照基因，校准样本）

然后用校准样本的 ΔCt 值归一待测样本的 ΔCt 值。

ΔΔCt=ΔCt（待测样本）–ΔCt（校准样本）

最后，计算待测样本相对于校准样本的靶基因表达水平比率。

$2^{-\Delta\Delta Ct}$= 表达量的比值

$2^{-\Delta\Delta Ct}$ 法不需要标准曲线，可以消除创建标准曲线样品时出现的稀释错误，而且可以在同一管内对靶标和内源性对照品进行扩增，可提高通量并减少移液错误。使用 $2^{-\Delta\Delta Ct}$ 法时，靶基因和参照基因应具有相似的扩增效率及动力学范围，扩增效率应接近 100%，且差异不能超过 5%。

## 三、实时荧光定量 PCR 技术的实验方案

### （一）实时荧光定量 PCR 技术检测病原体核酸的实验方案

1. **实验原理**　本实验以乙型肝炎病毒（hepatitis B virus，HBV）基因组中相对保守区为靶区域，设计特异性引物及荧光探针，在样本核酸纯化之后，通过 PCR 对 HBV DNA 进行快速定量检测。另外，试剂盒还带有内标物质，用于对核酸提取的整个过程进行监控，减少假阴性结果的出现。

2. **材料**　人血清。

3. **试剂**　HBV-DNA 检测试剂盒（PCR- 荧光探针法），试剂盒组成见表 2-1。

4. **器材**　实时荧光定量 PCR 仪。

**表 2-1　HBV-DNA 检测试剂盒(PCR- 荧光探针法)主要组成成分**

| 组分名称 | | 规格 |
|---|---|---|
| 核酸提取试剂(适用于单管单人份、大包装) | DNA 提取液Ⅰ | 4.5ml/ 瓶 |
| 质控品及阳性定量参考品(适用于单管单人份、大包装) | 阴性质控品 | 250μl/ 管 |
| | HBV 强阳性质控品 | 250μl/ 管 |
| | HBV 临界阳性质控品 | 250μl/ 管 |
| | HBV 阳性定量参考品($2.0 \times 10^6$IU/ml) | 250μl/ 管 |
| | HBV 阳性定量参考品($2.0 \times 10^5$IU/ml) | 250μl/ 管 |
| | HBV 阳性定量参考品($2.0 \times 10^4$IU/ml) | 250μl/ 管 |
| | HBV 阳性定量参考品($2.0 \times 10^3$IU/ml) | 250μl/ 管 |
| PCR 检测试剂(适用于单管单人份) | HBV 内标溶液 | 100μl/ 管 |
| | HBV-PCR 反应管 | 每管 1 人份 |
| PCR 检测试剂(适用于大包装) | HBV 内标溶液 | 100μl/ 管 |
| | HBV PCR 反应液 | 540μl/ 管 |
| | Taq 酶系 | 60μl/ 管 |

**5. 操作步骤**

(1)DNA 提取(样本制备区):将待测样本、阳性定量参考品、阴性质控品、HBV 强阳性质控品、HBV 临界阳性质控品进行同步处理。取上述样品各 200μl,各加入 450μl DNA 提取液Ⅰ和 4μl 的内标溶液,用振荡器剧烈振荡混匀 15s,瞬时离心数秒。100℃恒温处理 9~10min,12 000r/min 离心 5min,备用。

(2)加样(样本制备区):往上述 HBV 反应管中用带滤芯吸嘴分别加入提取后的待测样本核酸、HBV 阴性质控品、HBV 强阳性质控品、HBV 临界阳性质控品和阳性定量参考品的上清各 20μl。盖紧管盖,8 000r/min 离心数秒后转移至扩增检测区。

(3)PCR 扩增(扩增和产物分析区):打开 ABI7500 仪器,在实验类型中选择"Quantitation-Standard Curve",打开设置"Setup"窗口,按样本对应顺序设置阴性质控(NTC)、阳性质控以及未知样本(Unknow)、阳性定量参考品(Standard),并在"Sample Name"一栏中设置样本名称;探针检测模式设置为 Reporter Dye1:FAM,Quencher Dye1:none;Reporter Dye2:VIC,Quencher Dye2:none;Passive Reference:Rox。打开 instrument 窗口,设置循环条件如下:93℃ 2min,93℃ 45s → 55℃ 60s → 10 个循环,93℃ 30s → 55℃ 45s → 30 个循环。保存文件,运行。

(4)结果分析:反应结束后自动保存结果,根据分析后图像调节基线的起始值、终止值以及阈值,用户可根据实际情况自行调整,起始值可设为 3~15,终止值可设为 5~20,在 Log 图谱窗口设置阈值的 Value 值,使基线位于扩增曲线指数期,调整阴性质控品的扩增曲线,使其平直或低于阈值线,点击 Analysis 自动获得分析结果,在 Report 界面察看结果,记录未知样本数值(C)。

(5)质量控制:阴性质控品的 FAM 检测通路扩增曲线无对数增长期或 Ct 值等于 30,VIC 检测通路扩增曲线为明显对数增长期;HBV 阳性质控品的 FAM 检测通路扩增曲线有明显对数增长期且 Ct 值小于 30,HBV 强阳性质控品定值范围为 $2.0 \times 10^5$~$8.0 \times 10^6$IU/ml,

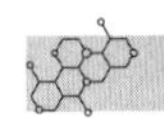

HBV 临界阳性质控品的定值范围为 $3.0 \times 10^2 \sim 1.0 \times 10^4$IU/ml；HBV 阳性定量参考品的 FAM 检测通路扩增曲线有明显对数增长期，呈典型 S 形曲线，Ct 值<29，且 $R_2 \geqslant 0.98$，以上要求须在同一次实验中同时满足，否则，本次实验无效，须重新进行。

(6) 结果判断：如果在 FAM 检测通道扩增曲线无明显对数增长期或 Ct 值等于 30，在 VIC 检测通道扩增曲线有对数增长期，则样品的 HBV DNA 浓度小于检测极限。如果在 FAM 检测通道扩增曲线有对数增长期且 Ct 值小于 30，则按以下方法判断：若样品的 C<100，则该样品的 HBV DNA 浓度<100IU/ml；若样品的 $100 \leqslant C \leqslant 5.00E+008$，则该样品的 HBV DNA 浓度 =CIU/ml；若样品的 C>5.00E+008，则该样品的 HBV DNA 浓度>$5 \times 10^8$IU/ml。如果需要精确定量结果，可将样品用阴性质控品稀释到线性范围后再检测，则该样品的 HBV DNA 浓度 =(C × 稀释倍数) IU/ml。

### (二) 实时荧光定量 PCR 技术检测重组基因表达的实验方案

1. **实验原理**　用 $2^{-\Delta\Delta Ct}$ 法计算待测样本的目的基因相对于校准样本的表达量比值。

2. **材料**　转染目的基因重组质粒的 293T 细胞及对照组细胞。

3. **试剂**　ChamQ qPCR SYBR Green Master、GPADH 内参引物、目的基因特异性引物。

4. **器材**　实时荧光定量 PCR 仪。

5. **操作步骤**

(1) 样品的处理：贴壁细胞（包括重组载体转染组、空载体转染组、无转染组）的总 RNA 提取（方法参见第一章第二节动物组织和细胞的总 RNA 提取的实验方案）。

(2) 合成 cDNA 第一链（参考第一章第二节 cDNA 合成的实验方案）。

(3) 加样：在荧光定量专用 96 孔 PCR 反应板或 PCR 八联管内加样，由于 cDNA 原液含有较高浓度的逆转录试剂（如 $K^+$ 等），可稀释 3~5 倍后使用；每个样品均做 3 复孔；为避免加样的误差，反应试剂除 cDNA 外均可采用合管分装的方式。

GPADH 内参对照组反应体系如下：

| | |
|---|---|
| 2 × SYBR qPCR Master | 10μl |
| cDNA | 1μl |
| GAPDH 上游引物（10μmol/L） | 0.4μl |
| GAPDH 下游引物（10μmol/L） | 0.4μl |
| 加 $ddH_2O$ 补足体积至 | 20μl |

目的基因组反应体系如下：

| | |
|---|---|
| 2 × SYBR qPCR Master | 10μl |
| cDNA | 1μl |
| 目的基因上游引物（10μmol/L） | 0.4μl |
| 目的基因下游引物（10μmol/L） | 0.4μl |
| 加 $ddH_2O$ 补足体积至 | 20μl |

(4) PCR 扩增设置：打开 ABI 7500 仪器，在实验类型中选择 “Quantitation-Comparative Ct（ΔΔCt）”，进入 Setup 下的 Plate Setup 界面，设置基因（Target）及样本（Sample），并在 Target Name 中编辑基因名称，Reporter 和 Quencher 中选择所标记的荧光基团为 SYBR，猝灭基团为 none；然后在 Assign Targets and Samples 界面中进行样品板的排布，选择反应孔，然后勾选左侧的基因及样本，同时在 Task 选项中指定该反应孔的类型（U 代表待测样本，S 代表校

准样本,N 代表阴性对照),其中空载体转染组设置为校准样本,重组载体转染组设置为待测样本,无转染组设置为阴性对照。打开 instrument 窗口,设置循环条件如下:95℃ 3min 后,95℃ 15s,55℃ 60s,45 个循环。保存文件,运行。

(5)结果分析:实验结束后,点击界面右上角的 Analyze 按钮,软件将会显示实验结果。查看相对表达量结果时,利用 Plot Settings 选项,以需要的方式显示表达量的结果。

**(周俊宜　骆晓枫)**

# 第三章 核酸的检测

通过各种方法获取了基因组DNA、特定的DNA片段或RNA样品以后，我们都须对其进行纯度、含量或碱基序列的检测和鉴定，常用的技术包括电泳分析、分光光度法分析以及DNA序列分析。

## 第一节　DNA的凝胶电泳检测

### 一、电泳的基本概念

#### （一）电泳迁移率

电泳是指带电粒子在电场中移动的现象。粒子移动的速度取决于带电的多少和分子的大小。不同粒子在同一电场中移动速度不同，常用迁移率（或泳动度）$\mu$来表示。它的计算方法如下。

$$\mu=\frac{v}{E}=\frac{d/t}{V/l}=\frac{dl}{Vt}\left[\mathrm{cm^2/(V\cdot s)}\right]$$

式中：$\mu$为迁移率，$v$为粒子的泳动速度，$E$为电场强度，$d$为泳动距离，$l$为支持物的有效长度，$V$为加在支持物两端的实际电压，$t$为通电时间。

测量$d$、$l$、$V$、$t$便可计算出各带电粒子的迁移率。

#### （二）影响生物分子电泳迁移率的主要因素

1. **电场强度**　匀强电场中，每厘米的电压值为电场强度，和电泳迁移率成正比关系。根据电场强度的大小，可将电泳分为常压电泳（100~500V，电场强度为2~10V/cm）和高压电泳（500~10 000V，电场强度为20~200V/cm）。常压电泳常用来分离核酸、蛋白质等大分子物质，高压电泳常用来分离氨基酸、肽、核苷酸等小分子物质。

2. **溶液的pH值**　决定带电粒子解离的程度，也决定其所带净电荷的多少。对两性电解质而言，等电点离溶液的pH值越远，其所带净电荷就越多，泳动速度也越快；反之则越慢。为了电泳有稳定的迁移率，溶液的pH值应恒定，故电泳时须采用缓冲液。

3. **溶液的离子强度** 离子强度代表所有离子产生的静电力，取决于溶液中离子的电荷总数。缓冲液的离子强度越高，带电粒子（生物分子）的泳动速度越慢，这是因为缓冲液的盐离子分载电流增多，带电粒子分载电流下降的缘故。反之，溶液的离子强度越低，带电粒子的泳动速度越快。过高的离子强度会导致总电流和产热增大，而过低的离子强度会导致带电粒子扩散。溶液 pH 值不稳定、离子强度过高或过低，均对电泳不利，一般电泳缓冲液最适合的离子强度为 0.02~0.2。

4. **电渗现象** 电渗（electroosmosis，EEO）是指电场中的液体相对于固体支持物的流动。如图 3-1 所示，固体支持物上带有负电荷，而与之接触的溶液因静电感应带有正电荷，在电场作用下就产生向负极移动的液流，所以这时溶液中带电粒子的实际移动速度是其理论泳动速度和电渗液流速度之和。因此，电泳时应尽量减少电渗现象，如使用低电渗水平的支持物等。

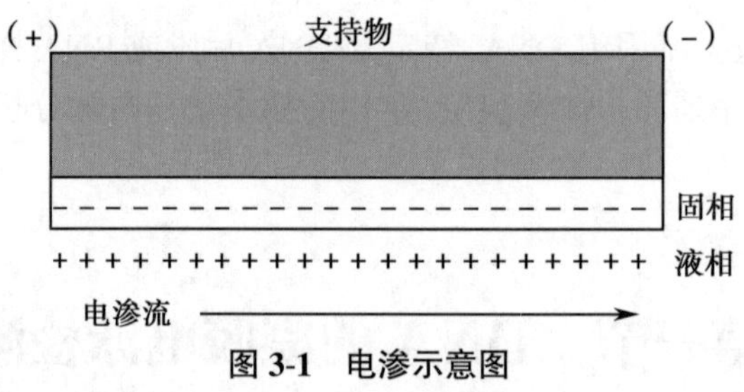


图 3-1 电渗示意图

## 二、琼脂糖凝胶电泳的原理和基本策略

琼脂糖凝胶电泳是分子生物学实验的基本技术之一，用于分离、鉴定和纯化 DNA 片段。作为电泳支持介质的琼脂糖（agarose）是从琼脂（agar）中分离得到的一种多聚半乳糖，而琼脂可以从海藻中提取。琼脂糖是由 D- 半乳糖和 3，6- 脱水半乳糖通过 α（1 → 3）和 β（1 → 4）糖苷键交替形成的链状聚合物，每条链约含 800 个半乳糖残基。琼脂糖在水中加热到 90℃以上可以溶解，当温度下降为 35~40℃时，又会凝结，形成半固体状的凝胶。加热溶解后的琼脂糖呈无规则线团状；凝结初期，由于氢键的作用，琼脂糖长链间以双螺旋形式相互缠绕，形成三维网状结构；随着温度进一步降低，双螺旋体逐渐聚集排列直至最后固化，形成直径范围在 50~200nm 的三维空间结构。溶液中琼脂糖的浓度越大，形成的三维空间结构的孔径越小。

由于琼脂糖链间的连接靠氢键的作用，一切会破坏氢键形成的因素（例如过酸或过碱）都会影响凝胶的形成。在配制凝胶时加入终浓度为 6mol/L 的尿素，琼脂熔化后降温至 20℃放置 1h 都不凝结，这是因为尿素破坏了氢键的作用。琼脂糖中常见的杂质是硫酸盐、丙酮酸盐等，这些杂质的存在除了会影响凝胶的熔化与凝结温度外，还会造成凝胶的电渗现象，降低电泳的分辨率。

随着实验技术的发展，除了普通的品类，人们还发展出各种专门用途的琼脂糖凝胶。

1. **低熔点胶** 凝胶中的硫酸盐含量极低，凝胶可在 65℃熔化，且凝胶中没有抑制酶作用的物质，可在凝胶中进行酶切、连接、标记等操作。

2. **高凝点胶** 在高于 42℃时凝结，具有非常高的强度，为在凝胶上直接操作提供方便。

3. **高熔点胶** 凝胶的熔点高于 90℃,可分离小于 1kb 的 DNA 片段,专用于 PCR 产物的分析。

4. **快速胶** 这也是一种高强度的凝胶,在正确选择凝胶浓度与缓冲液的条件下电泳,将比使用一般的凝胶泳动速度加快约 50%,可节约大量时间。

### (一) 影响 DNA 电泳迁移率的主要因素

1. **DNA 分子质量** DNA 带有磷酸根残基,常规电泳条件(pH 值为 8.0)下带负电荷,会在电场作用下向正极泳动。电泳中 DNA 的分离主要依靠与分子大小相关的分子筛效应,这是因为 DNA 分子的荷质比始终是一个常数,DNA 链上负电荷的增加伴随着 DNA 分子质量的增加。因此,DNA 分子越大,电泳时受到的凝胶中的琼脂糖链形成的孔径的摩擦阻力就越大,泳动速度也越慢。

2. **DNA 构象** 不同构象的 DNA 在电泳时受到的阻力不同,最终造成泳动速率的不同。常规电泳条件下,分子质量相当的分子,其电泳迁移率:共价闭环 DNA 分子>线性 DNA>开环的双链 DNA。

3. **凝胶浓度** 凝胶的浓度越高,DNA 分子泳动时遇到的阻力越大;凝胶的浓度越低,DNA 片段分子质量与迁移率呈线性关系的范围越大,所以电泳时要根据分离片段的大小以及构象选择合适的凝胶浓度(表 3-1)。

**表 3-1 琼脂糖凝胶浓度与分辨率**

| 琼脂糖凝胶浓度 /% | 可分辨的线性 DNA 大小范围 /kb |
|---|---|
| 0.3 | 5.0~60.0 |
| 0.6 | 1.0~21.0 |
| 0.7 | 0.8~10.0 |
| 0.9 | 0.5~7.0 |
| 1.2 | 0.4~6.0 |
| 1.5 | 0.2~4.0 |
| 2.0 | 0.1~3.0 |

4. **电场强度** 低电场强度下,线性 DNA 分子的电泳迁移率与所用的电压成正比。琼脂糖凝胶电泳的电场强度一般不超过 8V/cm。采用同一浓度的凝胶,降低电场强度可提高分辨率,但会使电泳时间延长。小片段 DNA 可选用较高的电场强度,以减少扩散;大片段 DNA 则应选择较低电场强度,以免发生拖尾。

精确测定分子质量的高分辨率电泳,其电场强度应低至 1V/cm,这样分子质量与迁移率之间能得到好的线性关系。电场强度越高,分辨率越低,线性关系越差。电压过高还会引起凝胶发热甚至熔化,造成实验失败。

5. **离子强度** 电泳缓冲液的组成及其离子强度会影响 DNA 的电泳迁移率。在没有离子存在时(如误用蒸馏水配制凝胶),缓冲液的电导率最低,DNA 几乎不移动,高离子强度的缓冲液(如误加 10 × 电泳缓冲液)的电导率则很高,并且缓冲液会明显产热,严重时会引起凝胶熔化或 DNA 变性。

6. **凝胶中的染料**　荧光染料溴化乙锭（ethidium bromide，EB）能嵌入 DNA 双链之中，造成 DNA 的刚性和长度增加。因此，线性 DNA 与 EB 结合后，电泳迁移率下降约 15%。对于负超螺旋 DNA，EB 分子开始嵌入时，负超螺旋状态向共价闭合环状转变，电泳迁移速度变慢；当嵌入的 EB 分子进一步增加时，DNA 分子又由共价闭合环状向正超螺旋状态转变，这时电泳迁移速度又由慢变快。

**（二）电泳缓冲液**

缓冲液在电泳过程中的作用之一是维持合适的 pH 值。电泳时正极与负极都会发生电解反应，正极发生的是氧化反应（$4OH^{-}-4e \rightarrow 2H_2O+O_2$），负极发生的是还原反应（$4H^{+}+4e \rightarrow 2H_2$），长时间的电泳将使正极变酸，负极变碱。一个好的缓冲系统应有较强的缓冲能力，使溶液两极的 pH 值保持基本不变。

电泳缓冲液的另一个作用是使溶液具有一定的导电性，以利于 DNA 分子的迁移，例如一般电泳缓冲液中应含有 0.01~0.04mol/L 的 $Na^{+}$。$Na^{+}$ 浓度太低时电泳速度明显变慢；太高时就会造成过大的电流，使凝胶发热甚至熔化。

电泳缓冲液中还有一个组分是乙二胺四乙酸（EDTA），加入浓度为 1~2mmol/L，目的是螯合 $Mg^{2+}$ 等，防止电泳时激活 DNA 酶。

对于双链 DNA，常用的 3 种电泳缓冲液有 TAE、TBE、TPE，一般配制成浓缩母液，储存于室温。

1. TAE　使用最广泛的缓冲系统，由 Tris、乙酸和 EDTA 钠盐组成。TAE 缓冲液的优点是双链线状 DNA 在其中的迁移速率较其他 2 种缓冲液约快 10%，超螺旋 DNA 在其中电泳时表现更符合实际分子质量（在 TBE 中电泳时表现分子质量大于实际分子质量），大于 13kb 的片段用 TAE 缓冲液将取得更好的分离效果。此外，回收 DNA 片段时也宜用 TAE 缓冲液进行电泳。TAE 的缺点是缓冲容量小，长时间电泳（如过夜）不可选用。

2. TBE　由 Tris、硼酸与 EDTA 钠盐组成，特点是缓冲能力强，可用于长时间电泳，并且当用于小于 1kb 的片段电泳时其分离效果更好。TBE 用于琼脂糖凝胶电泳时易造成高电渗现象，并且易生成四羟基硼酸盐复合物而使 DNA 片段的回收效率降低，所以不宜在回收 DNA 电泳中使用。

3. TPE　由 Tris、磷酸与 EDTA 钠盐组成，缓冲能力较强，但由于磷酸盐易在乙醇沉淀过程中析出，所以不宜在回收 DNA 片段的电泳中使用。

**（三）上样缓冲液**

DNA 加样过程中须以一定的比例加入 6× 或 10× 的上样缓冲液（loading buffer）（为样品体积的 1/6 或 1/10）。上样缓冲液中各组分的作用分别如下。

1. **10mmol/L 的 EDTA**　作用是螯合 $Mg^{2+}$，防止电泳过程中 DNA 被降解。

2. **质量浓度为 300g/L 的聚蔗糖，或 400~500g/L 的蔗糖、甘油**　目的在于使样品的相对密度增大，防止样品在加样孔中扩散，聚蔗糖还可减少 DNA 条带的弯曲与拖尾现象，这一点在大片段电泳或是制备性电泳大量加样时尤为重要。

3. **迁移指示剂**　带有负电荷的小分子有色物质，用于监测电泳的行进过程，可选用的有溴酚蓝与二甲苯青 FF。溴酚蓝在凝胶中的迁移速度很快，在 1% 的琼脂糖凝胶中以 TAE 为缓冲液电泳时约相当于 0.37kb 的 DNA 片段，二甲苯青 FF 约相当于 4kb 的 DNA 片段。一般说来，溴酚蓝的迁移速度约为二甲苯青 FF 的 2.2 倍。

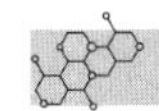

### （四）琼脂糖凝胶中 DNA 的观察

1. **EB 染色法**　EB 属于芳香族荧光化合物，含有一个三环平面基团，能插入双链 DNA 的碱基对中并与之结合（图 3-2）。当紫外线照射 EB-DNA 复合物时，DNA 将吸收的 260nm 波长的紫外线传递给 EB，EB 本身也可吸收 302nm 和 366nm 波长的紫外线，然后 EB 把所吸收的能量以 590nm 的波长发射出来，即出现可见的橙红色荧光。EB-DNA 复合物的荧光强度比游离的 EB 高 20 至 30 倍，因此能检测出低至 10ng 的 DNA。

EB 通常配成 10mg/ml 的储存液，室温避光保存，电泳前加在熔化的琼脂糖凝胶中或电泳缓冲液中，终浓度为 0.5μg/ml，电泳后凝胶可直接用紫外检测仪观察；也可不添加 EB 在凝胶或电泳缓冲液中，电泳结束时转移凝胶到 0.5μg/ml 的 EB 溶液中浸泡 30min 后用紫外检测仪观察。

EB 可穿透细胞膜，与核内 DNA 嵌合后能影响 DNA 的复制，具有强诱变致癌性，因此应避免接触皮肤，并且含 EB 的废液应禁止倒入下水道。

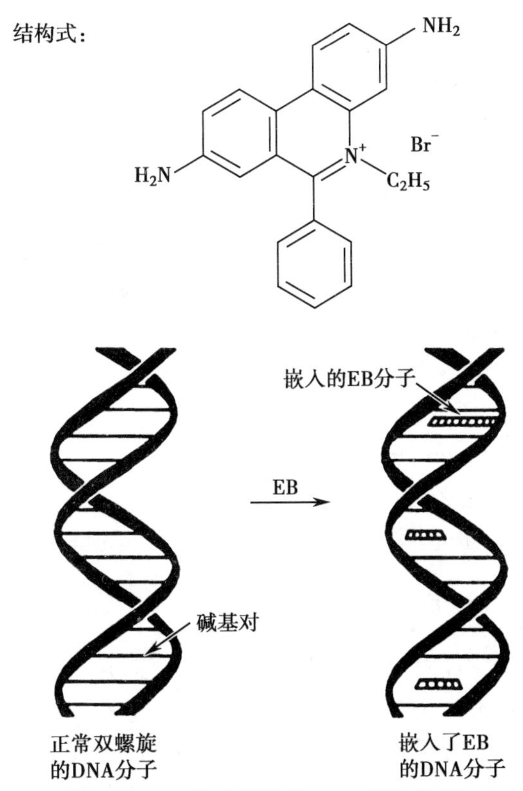


**图 3-2　EB 分子结构及 DNA 插入机制**

2. **替代 EB 的低毒 DNA 染料**　SYBR 系列荧光染料是一类新型、高度灵敏的核酸染料，其化学本质是一种非对称花菁类化合物，与 DNA 结合的亲和力很高，但与 EB 的原理不同，致癌性降低了很多。其中 SYBR Gold 灵敏度最高，与 DNA 结合后产生的荧光信号增强度比 EB 高上千倍，因此 SYBR Gold 染色可检出少于 20pg 的双链 DNA。SYBR Green Ⅰ 的灵敏度稍低，可检出少至 60pg 的双链 DNA。SYBR Gold 的最大激发波长为 495nm，同时在 300nm 有第二个激发峰，其荧光发射波长为 537nm；SYBR Green Ⅰ 的最大激发波长为 497nm，同时在 284~312nm 有其他激发峰，其荧光发射波长为 520nm。因此两种染料既可用于普通紫外检测仪，也可用于激发光源为蓝色可见光的凝胶成像系统，可避免紫外线对 DNA 样品的损伤和对实验人员健康的危害。

SYBR Gold 和 SYBR Green Ⅰ通常以 10 000× 的浓度储存在无水的二甲基亚砜（dimethyl sulfoxide，DMSO）中，用 1× 电泳缓冲液按 1∶10 000 稀释为工作液，电泳后凝胶在工作液中浸泡 30min（也可将染料加在凝胶或电泳液中进行电泳，但有可能影响 DNA 电泳迁移率），在紫外或蓝色可见光下观察。

GelRed 和 GelGreen 属于油性大分子，与游离的 DNA 有很强的结合力，但特殊的化学结构使其难以穿透细胞膜进入细胞，这一特性降低了其致癌性。GelRed 具有红色荧光，紫外线下检测 DNA 的灵敏度类似 EB，但蓝色可见光下的灵敏度不高；GelGreen 具有绿色荧光，适合在蓝色可见光下使用。GelRed 和 GelGreen 的灵敏度虽然比 SYBR 系列荧光染料低，但稳定性比 SYBR 系列好，使用时不易分解，在室温中可以长期保存。一般用于凝胶电泳后染色，在用于预制凝胶时，应考虑其大分子量对 DNA 电泳迁移率的影响。

### （五）实验方案

**1. 1% 琼脂糖凝胶板的制备（图 3-3）** ① 1g 琼脂糖干粉溶于 100ml 1×TAE，置于微波炉或沸水浴中，直至其完全融化，冷却至约 50℃；②装好电泳板，保证四周围封，平置，倒胶（避免气泡），插梳；待凝胶凝固后，取梳，将含凝胶的电泳板移入电泳槽（如用胶带围封应撕去），保证加样孔端在负极，加 1×TAE 至覆盖凝胶面。

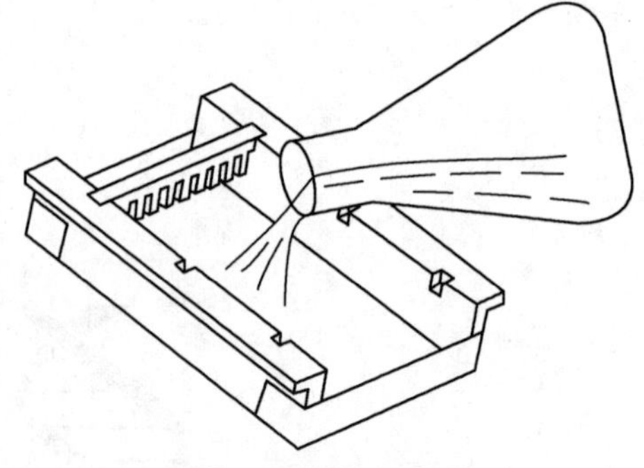

图 3-3 制胶示意图

**2. 电泳样品液的准备** 取 DNA 样品液 5~10μl，加入 10× 上样缓冲液 0.5~1μl，混匀。

**3. 电泳** ①用微量加样器吸取样品液加入样品孔内；②通入直流电，3~4V/cm，电泳 1h。

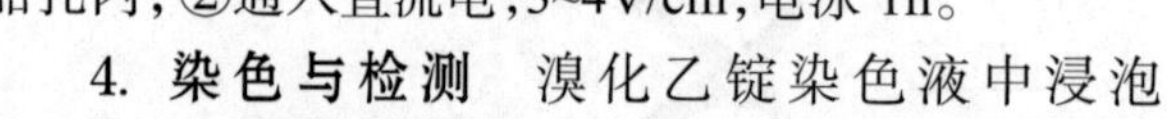

**4. 染色与检测** 溴化乙锭染色液中浸泡 30min；然后蒸馏水中漂洗 5min；取出置于紫外检测仪（事先铺上一层保鲜膜）上；开启紫外灯，观察电泳结果。

### （六）注意事项

1. 溴化乙锭有致癌作用，使用时不能直接接触人体，应注意防护；紫外线对人体有危害，要透过玻璃或防护眼镜进行观察，避免照射到皮肤，开灯时间不要太长。

2. DNA 条带形状模糊，可考虑 DNA 加样过多、电压太高、凝胶中有气泡等因素。

3. 配琼脂糖时应使其完全熔化后方可制胶；琼脂糖凝胶易破碎，操作时要轻缓；电泳时注意电源线路，以防触电。

### （七）结果讨论与常见问题分析

1. 不同的 DNA 分子因分子量大小和构象不同，在同一电场中的泳动速度不同而分离，通过将分子量标准参照物和样品一起进行电泳，可推测出样品的分子量。

2. DNA 电泳迁移率与线状双链 DNA 分子质量的对数值成反比。

3. 琼脂糖凝胶电泳适用于分离大小为 0.2~50kb 的 DNA 片段，与另一常用的聚丙烯酰胺电泳法相比，琼脂糖电泳在分离度上要差一些，但在分离范围上要广一些，且操作

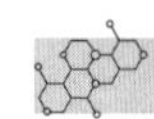

简捷。

4. 电压越高，迁移越快。在低电压的情况下，线性 DNA 分子的电泳迁移率与电压成正比，但电压升高，分辨力下降。

5. 观察 DNA 离不开紫外透射仪，但紫外光对 DNA 能产生损伤，如需要从凝胶上回收 DNA，应尽量缩短光照时间并采用长波长紫外灯(300~360nm)，以减少紫外光的损害。

6. EB 是强诱变剂并有中等毒性，配制和使用时都应戴手套，并且不要把 EB 洒到桌面或地面上，凡是被 EB 沾污的容器或物品必须经专门处理后才能清洗或丢弃。

7. 当 EB 太多，凝胶染色过深，DNA 条带看不清时，可将凝胶放入蒸馏水中冲泡 30min 后再观察。

## 三、聚丙烯酰胺凝胶电泳检测 DNA

### (一) 原理

聚丙烯酰胺凝胶电泳(polyacrylamide gel electrophoresis，PAGE)的支持介质是由丙烯酰胺单体和交联剂甲叉双丙烯酰胺在催化作用下形成的三维网状结构。三维网状结构的孔径大小取决于单体和交联剂的浓度，浓度越高，孔径越小。聚丙烯酰胺凝胶电泳可用于分离分子质量不同的双链 DNA，也可用于分离大小或构象不同的单链 DNA。和琼脂糖凝胶相比，聚丙烯酰胺凝胶不易制备，操作烦琐，而且分离范围较窄，仅适合对 10~1 000bp 的 DNA 小片段进行分析(表 3-2)。它的优点包括：电泳分辨率高，在分离范围内，仅相差 1bp 的 DNA 分子也能被清晰地分开；载样量大，多达 10μg 的 DNA 可加样于一个 1cm × 1cm 的标准加样孔中，分辨率不会受到明显影响；回收 DNA 的纯度很高，可不必再做任何处理。

**表 3-2　两种凝胶电泳的使用范围**

| 特点 | 琼脂糖凝胶 | 聚丙烯酰胺凝胶 |
|---|---|---|
| 操作 | 简便 | 需要聚合 |
| 分辨力 /bp | 150~880 000 | 10~1 000 |
| 凝胶浓度 /% | 0.1~2.5 | 3.0~20.0 |
| 设备 | 水平式电泳槽 | 垂直型电泳槽 |

### (二) 电泳迁移率的影响因素

1. **非变性聚丙烯酰胺凝胶电泳**　主要用于双链 DNA 的分离和纯化，电泳迁移率主要与分子质量大小相关，但碱基组成也会成为影响因素，分子大小相同、碱基组成不同的 DNA，迁移率可相差 10%。

2. **变性聚丙烯酰胺凝胶电泳**　主要用于单链 DNA 的分离和纯化，凝胶中加入尿素或甲酰胺，可抑制碱基配对，变性的 DNA 其迁移率只与分子质量有关。

### (三) 染色

1. **EB 及替代染料的染色**　EB 不能在聚丙烯酰胺凝胶灌制时加入，因为会影响凝胶的聚合。可以用电泳缓冲液配成 0.5μg/ml 的 EB 溶液，电泳后用来浸泡凝胶，然后在紫外透射仪下观察；SYBR 类染料也不建议在配胶时加入，因为会影响 DNA 的电泳迁移率，导致条带变形，也应配成溶液，在电泳后浸泡染色。因为聚丙烯酰胺对荧光有猝灭作用，EB 及替代染料在这类凝胶中检测 DNA 的灵敏度会稍微下降。

2. **银染法**　银染色液中的银离子（$Ag^+$）在酸性条件下可与 DNA 形成稳定的复合物，然后用还原剂，如甲醛，使 $Ag^+$ 还原成银颗粒，被结合的 DNA 就会呈现为黑褐色条带。银染法主要用于聚丙烯酰胺凝胶电泳染色，也用于琼脂糖凝胶染色，其灵敏度比 EB 高 200 倍，但银染色后，DNA 不宜回收。

3. **放射自显影检测**　待检测的 DNA 经放射性同位素标记后，凝胶电泳进行分离，然后通过凝胶上核酸样品的放射性在感光胶片上显影，进行定位或定量分析。

# 第二节　分光光度分析法

分光光度法是利用物质所特有的吸收光谱来鉴别物质或测定其含量的技术。分子对各个波长的光吸收程度不同，这是分子的结构特性所决定的。从一个有连续光谱的光源，逐步地分出各个波长的光，使其透过待测物的真溶液，测出待测物在不同波长时的光密度；然后以波长为横坐标，光密度为纵坐标，就可以得到待测物的吸收光谱曲线；由此找出其中吸收最强的波长，作为灵敏光波长，可对该物质未知液进行定量测定。

## 一、分光光度分析法的原理

### （一）相关光学原理

物质通过加热、放电、射线等方法被激发时，可以发出光来。物质所发射的光是具有电磁本质的物质，既有波动性，又有微粒性。

光波具有一定的频率。不同单色光的颜色不同，是其频率不同所致。不同频率的光波在真空中的传播速度相同。根据光的速度（$c$）和频率（$v$）可计算出它的波长（$\lambda$）：$\lambda=c/v$。

把电磁波按频率高低，从频率最低的无线电波到频率最高的 γ 射线排列，即为电磁波的波谱（图 3-4）。

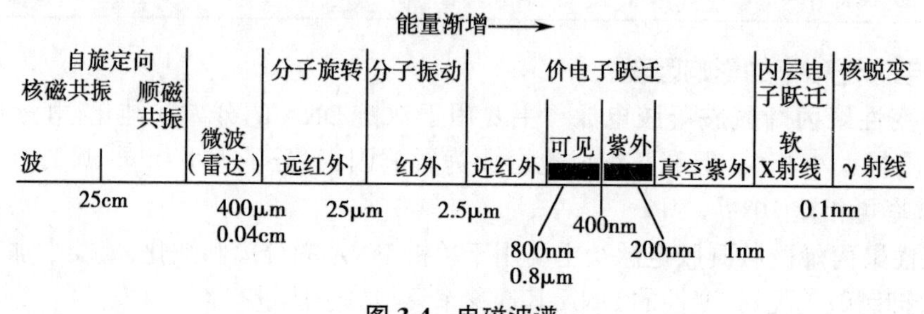


图 3-4　电磁波谱

当光线通过某种物质的溶液时，透过光的强度会减弱。因为光线被分成了 3 个部分，一部分光在溶液的表面反射或分散，一部分被组成此溶液的物质所吸收，其余便是透过光的强度（图 3-5）。即：入射光 = 反射光 + 分散光 + 吸收光 + 透过光。

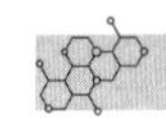

空白校正：在检测过程中，若用蒸馏水或待测溶液的溶剂作为空白校正，校正反射、分散等因素所造成的入射光的损失，入射光($I_0$)= 吸收光 + 透过光($I$)。

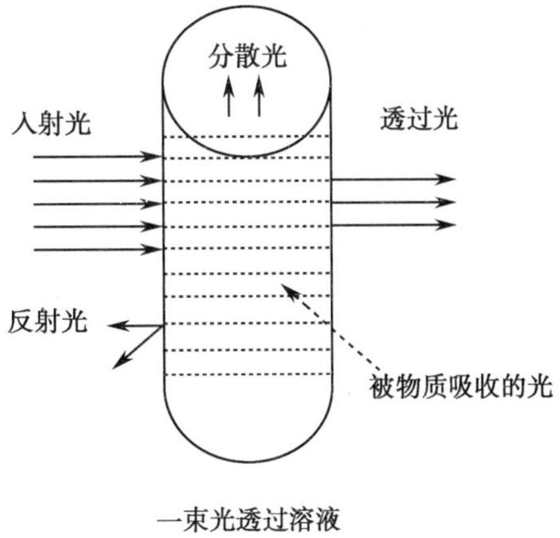

### (二) Lambert-Beer 定律

同一束光，在同样条件下(相同的比色杯、同样的温度条件等)，透过空白管的光强度和透过待测溶液后的光强度之比即为透光率($T$)：$T$(%)= 样品透光率 /“空白”透光率。

此时，空白管透过光的强度即为样品真正的入射光的强度，已消除了各种干扰因素。

一束光透过溶液

**图 3-5　光线通过溶液示意图**

那么，光密度($D$)代表什么呢？ $D$ 表示的是光被吸收的程度，它与透光率的关系是 $D$=lg1/$T$。在实际应用中，一般多采用光密度来表示光的吸收程度。

实验证明：当一束单色光通过透明溶液时，一部分波长的光被溶液吸收，在一定的溶质浓度范围内，被吸收光波的量与溶液中的溶质浓度成正比，即光密度值与溶液浓度成正比，这就是 Beer 定律：$D=Kc$($K$ 是比例常数，$c$ 是溶液浓度)。

此外，$D$ 值还与光通过该溶液的距离有关，即光通过溶液的距离越长，则光被吸收越多，$D$ 值也越高，这就是 Lambert 定律：$D=KL$($L$ 代表光通过溶液的距离)。

综合上述两个公式，即得 Lambert-Beer 定律：$D=KcL$($K$ 为消光系数)。

在实际应用中，可以根据 Lambert-Beer 定律，分别测定一种已知浓度溶液的光密度，以及同一溶质的未知浓度溶液的光密度，来求出未知溶液的浓度，即：

$$D_1=K_1c_1L_1 \quad D_2=K_2c_2L_2$$

$$D_1/D_2=K_1c_1L_1/K_2c_2L_2$$

对于相同溶质的溶液和相同规格的比色杯，$K_1=K_2$，$L_1=L_2$，即：

$$D_1/D_2=c_1/c_2$$

用这个公式就可以算出未知溶液 $c_2$ 的浓度。

### (三) 常用的分光光度计

1. **紫外 - 可见光分光光度计**　具有分析精密度高、测量范围广、分析速度快和样品用量少等优点，已经成为理化分析的重要仪器之一。要从远紫外到远红外的宽广波段内获得任一波段的吸收光谱已经不是一件太困难的事，但是迄今为止仍然没有一台分光光度计的工作波段可以覆盖整个光谱范围。习惯上，我们将工作范围在 200~780nm 的分光光度计称为紫外 - 可见光分光光度计。紫外 - 可见光分光光度计的基本结构包括光源、单色器、吸收池、检测器和信号显示系统 5 个部分。

2. **荧光分光光度计**　某些物质被光照射后，能够发出反映该物质特性的荧光，可以利用发出的荧光进行物质的定性分析或定量分析。荧光分光光度计就是利用这一特性进行物质分析的仪器。

3. **酶标仪**　酶联免疫吸附试验(enzyme-linked immunosorbent assay，ELISA)简称酶标法，是 20 世纪发展起来的一种较先进的免疫学试验方法。它具有灵敏度高、特异度强、重复性好、安全可靠、操作快捷等优点，被广泛应用于医药卫生、工农业等诸多领域。

酶标仪即酶联免疫检测仪（ELISA reader），是酶联免疫吸附试验的专用仪器，可被简单地分为半自动和全自动两大类，但其工作原理基本上都是一致的，核心组成部分是一个比色计，用比色法来分析抗原或抗体的含量。ELISA 测定一般要求测试液的最终体积在 250μl 以下，用一般光电比色计无法完成测试，因此对酶标仪中的光电比色计有特殊要求。

## 二、分光光度法检测 DNA 含量

核酸分子（DNA 或 RNA）由于含有嘌呤环和嘧啶环的共轭双键，在 260nm 波长处有特异的紫外吸收峰，其吸收强度与核酸浓度成正比。核酸分子的单链、双链之间的转换，对光吸收水平有一定影响，但其偏差可用特定的公式进行校正。

### （一）实验方案

1. 用 0.1×TE 对待测 DNA 样品按 1∶20 或合适倍数稀释。
2. 用 0.1×TE 作空白对照，在波长为 260nm、280nm 及 310nm 处调零时使用。
3. 测量稀释好的 DNA 溶液在 3 种波长处的 OD 值。
4. 根据 OD 值计算 DNA 浓度（μg/ml）。公式如下：

$$单链\ DNA = 33\times(OD_{260}-OD_{310})\times 稀释倍数$$

$$双链\ DNA = 50\times(OD_{260}-OD_{310})\times 稀释倍数$$

$$单链\ RNA = 40\times(OD_{260}-OD_{310})\times 稀释倍数$$

### （二）常见问题及注意事项

1. $OD_{310}$ 是背景，若溶液盐浓度越高，$OD_{310}$ 也越高。
2. DNA 的 $OD_{260}/OD_{280}$ 约为 1.8，若高于 1.8 则可能有 RNA 污染，低于 1.8 则可能有蛋白质污染。
3. RNA 的 $OD_{260}/OD_{280}$ 值大约为 2.0。

## 三、分光光度法检测 RNA 浓度

我们可以使用 DNA/RNA 浓度测定仪，测定样品的 $OD_{260}$ 和 $OD_{280}$ 值，根据 $OD_{260}/OD_{280}$ 的值，估测 RNA 质量。一般 $OD_{260}/OD_{280}$ 的值为 1.8~2.0，则实验要求可以满足。

测定 RNA 浓度按以下步骤进行操作。

1. 取 1μl RNA 原液，放在 0.5ml EP 管中，加入 249μl $ddH_2O$，用移液枪反复混匀。
2. 以 $ddH_2O$ 为空白对照，调节 $OD_{260}$ 零点。
3. 倒掉比色杯中的水，加入稀释并混合均匀的 RNA 样液，测定 $OD_{260}$ 值。倒掉比色杯中的 RNA 样液，用 $ddH_2O$ 冲洗比色杯，再调节 $OD_{280}$ 零点。
4. 倒掉比色杯中的水，加入稀释并混合均匀的 RNA 样液，测定 $OD_{280}$ 值。计算 $OD_{260}/OD_{280}$ 的值，若比值 ≥1.8，则实验要求可以满足。
5. RNA 原液浓度 $=OD_{260}\times$ 稀释倍数 ×40（ng/μl）。

（周俊宜）

# 第四章
# 核酸杂交与核酸探针

## 第一节　核酸杂交与核酸探针的基本原理

### 一、核酸杂交与核酸探针的基本概念

杂交（hybridization）是指互补的核苷酸序列通过碱基配对形成稳定的杂合双链分子的过程，杂交过程是高度特异性的。核酸探针（nucleic acid probe）是指能与特定核酸序列发生特异性互补的已知核酸片段，根据碱基互补原则制备已知靶序列的探针，可以检测出待测样品中特定的基因。

杂交的双方是所使用的探针与被检测的核酸，被检测的核酸可以是克隆化的基因组DNA，也可以是细胞总DNA或总RNA。根据使用的方法，被检测的核酸可以是提纯后的，也可以不经提纯，直接在细胞内杂交，即细胞原位杂交。探针必须经过标记，以便示踪和检测。传统的探针标记物是同位素，但由于同位素的安全性问题，科学家们近年来发展了许多非同位素标记探针的方法（图4-1）。

核酸分子杂交具有很高的灵敏度和特异度，因而该技术在分子生物学领域中已被广泛地使用于克隆基因的筛选，酶切图谱的制作，基因组中特定基因序列的定性、定量检测和疾病的诊断等方面。除了在分子生物学领域，核酸分子杂交技术在临床诊断上的应用也日趋增多。

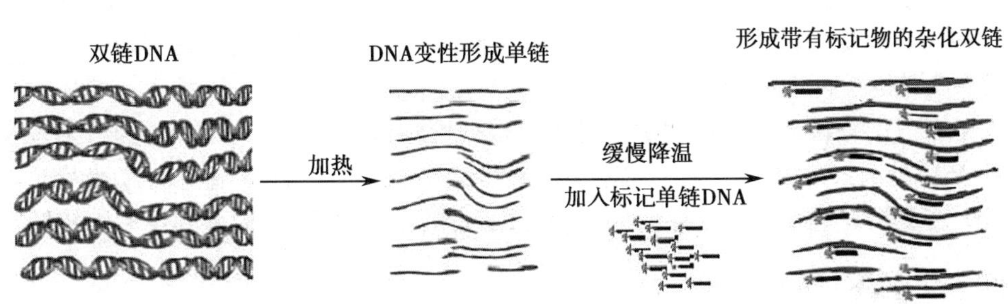


图4-1　核酸探针与核酸杂交

## 二、常用的核酸杂交方法

分子杂交是通过各种方法将核酸分子固定在固相支持物上，然后用标记好的探针与被固定的分子杂交，经显影后显示出目的 DNA 或 RNA 分子所处的位置。根据被测定的对象，分子杂交基本可分为以下几大类。

1. **Southern 杂交**　DNA 片段经电泳分离后，从凝胶中转移到硝酸纤维素（nitrocellulose，NC）滤膜或尼龙膜上，然后与探针杂交。被检对象为 DNA，探针为 DNA 或 RNA。

2. **Northern 杂交**　RNA 片段经电泳后，从凝胶中转移到硝酸纤维素滤膜上，然后用探针杂交。被检对象为 RNA，探针为 DNA 或 RNA。

3. **其他杂交**　根据杂交所用的方法，另外还有斑点（dot）杂交、狭槽（slot）杂交和菌落原位杂交等。

可用于杂交的固相支持物有 3 种：硝酸纤维素滤膜、尼龙膜和 Whatman541 滤纸。不同商标的尼龙膜需要进行不同的处理，在 DNA 固定和杂交的过程中要严格按生产厂家的说明书来进行。Whatman541 滤纸有很高的湿强度，最早用于筛选细菌菌落，该滤纸主要用于筛选一些基因文库。固定化 DNA 的杂交条件基本与使用硝酸纤维素滤膜时所建立的条件相同。Whatman541 滤纸与硝酸纤维素滤膜相比有一些优点：它更便宜，在杂交中更耐用，干燥过程中不易变形和碎裂等。然而若在变性过程中不小心，杂交信号的强度会明显弱于用硝酸纤维素滤膜时所得到的信号强度。因此，常规的细菌筛选和各种杂交仍选用硝酸纤维素滤膜作为固相支持物。

杂交的特点：① RNA-RNA 和 RNA-DNA 杂交体与 DNA-DNA 杂交体相比稳定性更高，杂交信号更强；②单链 RNA 分子由于不存在互补双链与待测核酸的竞争性结合，杂交效率较高。杂交后可用 RNA 酶 A 消化未杂交的探针。

## 三、核酸探针的种类

核酸探针根据其来源及性质，可分为基因组 DNA 探针、cDNA 探针（包括单链 DNA 探针）、RNA 探针及人工合成的寡核苷酸探针等。根据不同的目的，我们可以选择不同类型的核酸探针。值得注意的是，并不是任意一段核酸片段均可以作为探针使用。探针选择不当会导致杂交结果解释不清，结论不可信。

选择探针的基本原则是考虑探针是否有高度特异性，如基因组 DNA 探针要尽可能用基因的编码序列（外显子）作为探针，避免使用内含子及其他非编码序列。cDNA 探针不存在内含子及其他高度重复序列，是一种较为理想的核酸探针。其中单链 DNA 探针和传统的双链探针相比具有更大的优越性，由于不存在互补链，因此不会有探针的两条链重新退火，形成无效杂交体的可能性。

人工合成的寡核苷酸探针的优点是可以根据检测目的合成相应序列。寡核苷酸探针一般只有 15~30bp，即使其中有一个碱基不配对也会显著影响其解链温度（$T_m$），特别适合用于基因点突变分析。但寡核苷酸探针分子较短，所带的标记物也少，因此其灵敏度较低。

## 四、核酸探针的标记物

为了便于示踪和检测，探针必须进行标记，理想的探针标记物应具备以下特性：①高灵敏度；②标记物与核酸探针分子结合，应绝对不影响其碱基配对的特异性；③应不影响探针分子的主要理化特性，特别是杂交特异性和杂交稳定性，杂交体的解链温度（$T_m$）应无较大的改变；④用酶促方法进行标记时，应对酶促活性（$K_m$ 值）无较大的影响，以保证标记反应的效率和标记产物的比活性；⑤较高的化学稳定性；⑥对环境和生物体无或少有损害。

**1. 放射性同位素标记物**　放射性同位素是目前应用最多的一类探针标记物。放射性同位素的灵敏度极高，在最适条件下可以测出样品中少于 1 000 个分子的核酸含量。常用标记核酸探针的同位素有 $^{32}P$、$^{3}H$、$^{35}S$，在 Southern 印迹杂交中，$^{32}P$ 最常用，通过取代非放射性同系物而掺入探针的天然结构中。

**2. 非放射性标记物**　为了避免同位素的有害性，一些安全、可靠、灵敏度高的非放射性标记物被用于核酸分子杂交，并取得了一定的进展，其优点是无放射性污染，可以较长时间存放，从而更便于临床诊断等方面的应用。许多公司都有不同的非同位素标记探针的杂交系统出售，可根据这些公司所提供的操作步骤进行探针的标记和杂交。

（1）半抗原：生物素（biotin）和地高辛（digoxigenin，DIG）都是半抗原，可以利用这些半抗原的抗体进行免疫学检测，根据显色反应检测杂交信号。这两种物质是目前使用较普遍的非同位素标记物。

（2）配体：生物素与亲和素之间具有配体 - 受体的高亲合力结合以及多级放大效应，故可用这两者进行杂交信号的检测。

（3）荧光素：如异硫氰酸荧光素（fluorescein isothiocyanate，FITC）、罗丹明类等，可以发出紫荧光，主要适用于细胞原位杂交。

（4）化学发光探针：一些标记物可与某种物质反应产生化学发光现象，可以像同位素一样直接使 X 线胶片感光。

# 第二节　核酸探针的合成与标记

## 一、双链 DNA 探针

分子生物学研究中，最常用的探针为双链 DNA 探针，它被广泛应用于基因的鉴定、临床诊断等领域。双链 DNA 探针的合成方法主要有下列两种：切口平移法和随机引物合成法。

### （一）切口平移法的实验方案

切口平移法（nick translation）的实验方案是首先使用脱氧核糖核酸酶 Ⅰ（deoxyribonuclease Ⅰ，DNase Ⅰ）在双链靶 DNA 的两条链上产生随机位点的切口，然后使用 *E. coli* DNA 聚合酶 Ⅰ，将核苷酸连接到切口的 3' 羟基末端。*E. coli* DNA 聚合酶 Ⅰ 具有从 5' → 3' 的核酸外切酶活性，能从切口的 5' 端除去核苷酸的同时又在切口的 3' 端补上核苷酸，从而使切口沿着 DNA 链移动，用放射性标记的核苷酸代替原先无放射性的核苷酸，就可以将放射性同位素掺入合成新链中。最合适应用切口平移法的片段一般为 50~500 个核苷酸。

切口平移反应受以下几种因素的影响：①产物的比活性取决于［$\alpha$-$^{32}P$］dNTP 的比活性和模板中核苷酸被置换的程度；② DNase Ⅰ 的用量和 *E. coli* DNA 聚合酶的质量会影响产

物片段的大小；③ DNA 模板中的抑制物，如琼脂糖，会抑制酶的活性，故应使用仔细纯化后的 DNA。

1. **材料** 待标记的 DNA。

2. **设备** 高速台式离心机、恒温水浴锅等。

3. **试剂**

(1) 10 × 切口平移缓冲液：0.5mol/L Tris-HCl（pH 7.2）、0.1mol/L $MgSO_4$、10mmol/L DTT、100μg/ml BSA。

(2) 未标记的 dNTP 原液：除同位素标记的脱氧三磷酸核苷酸外，其余 3 种分别溶解于 50mmol/L Tris-HCl（pH 7.5）溶液中，浓度为 0.3mmol/L。

(3) [ α-$^{32}$P ]dCTP 或 [ α-$^{32}$P ]dATP：400Ci/mmol，10μCi/μl。

(4) *E. coli* DNA 聚合酶Ⅰ(4U/μl)：溶于 50μg/ml BSA、1mmol/L DTT、50% 甘油、50mmol/L Tris-HCl（pH 7.5）中。

(5) DNase Ⅰ：1mg/ml。

(6) EDTA：200mmol/L（pH 8.0）。

(7) $NH_4Ac$：10mol/L。

4. **操作步骤**

(1) 按下列配比混合试剂。

| | |
|---|---|
| 未标记的 dNTP | 10μl |
| 10 × 切口平移缓冲液 | 5μl |
| 待标记的 DNA | 1μg |
| [ α-$^{32}$P ]dCTP 或 dATP（70μCi） | 7μl |
| *E. coli* DNA 聚合酶Ⅰ | 4U |
| DNase Ⅰ | 1μl |
| 加水至终体积 | 50μl |

(2) 置于 15℃水浴 60min。

(3) 加入 5μl EDTA，终止反应。

(4) 反应液中加入醋酸铵，使终浓度为 0.5mol/L，加入两倍体积预冷无水乙醇，沉淀回收 DNA 探针。

5. **注意事项**

(1) $^{3}$H、$^{32}$P 及 $^{35}$S 标记的 dNTP 都可使用于探针标记，但通常使用 [ α-$^{32}$P ]dNTP。

(2) DNase Ⅰ的活性不同，所得到的探针比活性也不同，DNase Ⅰ活性高，则所得探针比活性高，但长度比较短。

### （二）随机引物法的实验方案

随机引物合成双链探针的实验方案是使寡核苷酸引物与 DNA 模板结合，在 Klenow 酶的作用下，合成 DNA 探针。合成产物的大小、产量、比活性依赖于反应中模板、引物、dNTP 和酶的量。通常，产物平均长度为 400~600 个核苷酸。

利用随机引物进行反应的优点包括：① Klenow 片段没有 5'→3' 外切酶活性，反应稳定，可以获得大量的有效探针；②反应时对模板的要求不严格，用微量制备的质粒 DNA 模板也可进行反应；③反应产物的比活性较高，可达 $4 \times 10^9$cpm/μg；④随机引物反应还可以在

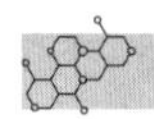

低熔点琼脂糖中直接进行。

1. **材料** 待标记的 DNA 片段。

2. **设备** 高速台式离心机、恒温水浴锅等。

3. **试剂**

(1) 随机引物：随机六聚体或断裂的鲑鱼精 DNA。

(2) 10× 随机标记缓冲液：900mmol/L HEPES (pH 6.6)、10mmol/L $MgCl_2$。

(3) Klenow 片段。

(4) 20mmol/L DTT。

(5) 未标记的 dNTP 溶液：dGTP、dCTP 和 dTTP 的浓度各为 5mmol/L。

(6) [ $\alpha$-$^{32}$P ]dATP：比活性 > 3 000Ci/mmol，10μCi/μl。

(7) 缓冲液 A：50mmol/L Tris-HCl (pH 7.5)、50mmol/L NaCl、5mmol/L EDTA (pH 8.0)、0.5% SDS。

4. **操作步骤**

(1) 200ng 双链 DNA (1μl) 和 7.5ng 随机引物 (1μl) 混合后置于 EP 管内，水浴煮沸 5min 后，立即置于冰浴中 1min。

(2) 与此同时，尽快在一个置于冰浴中的 0.5ml EP 管内混合下列化合物。

| | |
|---|---|
| 20mmol/L DTT | 1μl |
| 未标记的 dNTP 溶液 | 1μl |
| 10× 随机标记缓冲液 | 1μl |
| [ $\alpha$-$^{32}$P ]dATP (比活性 > 3 000Ci/mmol，10μCi/μl) | 3μl |
| dd$H_2O$ | 1μl |

(3) 将步骤 (1) EP 管中的溶液移到步骤 (2) 管中。

(4) 加入 5U (约 1μl) Klenow 片段，充分混合，在微型离心机中以 12 000g 离心 1~2s，使所有溶液沉于试管底部，在室温下保温 3~16h。

(5) 在反应液中加入 10μl 缓冲液 A 后，将放射性标记的探针保存在 −20℃下备用，同时计算放射比活性。

5. **注意事项**

(1) 引物与模板的比例应仔细调整，当引物高于模板时，反应产物比较短，但产物的累积较多；反之，则可获得较长片段的探针。

(2) 模板 DNA 应是线性的，如为超螺旋 DNA，则标记效率不足 50%。

## 二、单链 DNA 探针

用双链探针杂交，检测另一个远缘 DNA 时，探针序列与被检测序列间有很多错配，而两条探针互补链之间的配对却十分稳定，即形成自身的无效杂交，使检测效率下降。采用单链探针则可解决这一问题。

单链 DNA 探针的合成方法主要有下列两种：①以 M13 载体衍生序列为模板，用 Klenow 片段合成单链探针；②以 RNA 为模板，用逆转录酶合成单链 cDNA 探针。

### (一) 从 M13 载体衍生序列合成单链 DNA 探针的实验方案

合成单链 DNA 探针的基本方法：可将模板序列克隆到质粒或 M13 噬菌体载体中，以此为模板，以特定的通用引物或以人工合成的寡核苷酸为引物，在[$\alpha$-$^{32}$P]dNTP 的存在下，由 Klenow 片段作用合成放射标记探针，反应完毕后得到部分双链分子，在克隆序列内或下游，用限制性内切酶切割这些长短不一的产物，然后通过变性凝胶电泳（如变性聚丙烯酰胺凝胶电泳）将探针与模板分离开。双链 RF 型 M13 DNA 也可用于单链 DNA 的制备，选用适当的引物即可制备正链或负链单链探针。

1. **材料** 已制备好的单链 DNA 模板。

2. **设备** 高速台式离心机、恒温水浴锅等。

3. **试剂**

(1) 10 × Klenow 缓冲液：0.5mol/L NaCl、0.1mol/L Tris-HCl（pH 7.5）、0.1mol/L $MgCl_2$。

(2) 0.1mol/L DTT 溶液。

(3) [$\alpha$-$^{32}$P]dATP：3 000Ci/mmol，10μCi/μl。

(4) 40mmol/L 和 20mmol/L 的未标记的 dATP 溶液。

(5) dCTP、dTTP、dGTP 各 20mmol/L 的溶液。

(6) Klenow 片段（5U/ml）。

(7) 适宜的限制酶，如 *Eco*R Ⅰ、*Hin*d Ⅲ等。

(8) 0.5mol/L EDTA（pH 8.0）。

4. **操作步骤**

(1) 在 0.5ml EP 管中混合如下溶液。

| | |
|---|---|
| 单链模板（约 0.5pmol） | 1mg |
| 适当引物 | 5pmol |
| 10 × Klenow 缓冲液 | 3μl |
| 加水至 | 20μl |

(2) 将 EP 管加热到 85℃ 5min，然后 30min 内使温度降到 37℃。

(3) 依次加入以下试剂。

| | |
|---|---|
| DTT | 2μl |
| [$\alpha$-$^{32}$P]dATP | 5μl |
| 未标记的 dATP | 1μl |
| dGTP、dCTP、dTTP 混合液 | 1μl |

混合均匀后，稍离心，使之沉于试管底部。

(4) 加 1μl（5U）Klenow 酶，室温下反应 30min。

(5) 加 1μl 20mmol/L 未标记的 dATP 溶液，反应 20min。

(6) 68℃加热 10min，使 Klenow 片段失活。调整 NaCl 浓度，使之适合酶切。

(7) 加入 20U 限制性内切酶（如 *Eco*R Ⅰ，*Hin*d Ⅲ等），酶切 1h。

(8) 用酚 - 氯仿抽提 DNA，用乙醇沉淀以去除 dNTP，或加 0.5mol/L EDTA（pH 8.0）至终浓度为 10mmol/L。

(9) 用电泳的方法分离放射性标记的探针。

### （二）从 RNA 合成单链 cDNA 探针的实验方案

cDNA 单链探针主要用来分离 cDNA 文库中相应的基因。以 RNA 为模板合成 cDNA 探针所用的引物有两种：①以寡聚 dT 为引物合成 cDNA 探针，本方法只能用于带多聚 A

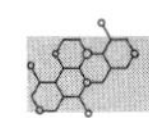

结构的 mRNA，并且产生的探针绝大多数偏向于 mRNA 3' 末端序列；②可用随机引物合成 cDNA 探针，该法可避免上述缺点，产生比活性较高的探针，但由于模板 RNA 中通常含有多种不同的 RNA 分子，所得探针的序列往往比以克隆 DNA 为模板所得的探针复杂得多，应预先尽量富集 mRNA 中的目的序列。

逆转录得到的产物 RNA-DNA 杂交双链经碱变性后，RNA 单链可被迅速地降解成小片段，经 Sephadex $G_{50}$ 柱层析即可得到单链探针。

1. **材料** 已提纯的 RNA 或 mRNA。

2. **设备** 高速台式离心机、恒温水浴锅等。

3. **试剂**

(1) 合适的引物：随机引物或 oligo（dT）15-18。

(2) 5mmol/L dGTP、dATP、dCTP、dTTP。

(3) [$\alpha$-$^{32}$P]dCTP（>3 000Ci/mmol，10mCi/ml）。

(4) 200 000U/ml 逆转录酶。

(5) 100mmol/L DTT。

(6) 250mmol/L $MgCl_2$。

(7) 1mol/L KCl。

(8) 0.5mol/L EDTA（pH 8.0）。

(9) 10% SDS。

(10) 40U/ml RNA 酶抑制剂（RNasin）。

4. **操作步骤**

(1) 在已置于冰浴中的灭菌离心管中加入下列试剂。

| | |
|---|---|
| RNA 或 mRNA | 10μl |
| 合适的产物（1mg/ml） | 10μl |
| 1mol/L Tris-HCl（pH 7.6） | 2.5μl |
| 1mol/L KCl | 3.5μl |
| 250mmol/L $MgCl_2$ | 2μl |
| 5mmol/L dNTP | 10μl |
| [$\alpha$-$^{32}$P]dCTP | 10μl |
| 100mmol/L DTT | 2μl |
| RNasin | 20U |
| 加水至 | 48μl |
| 逆转录酶（200 000U/ml） | 2μl |

混匀后，稍稍离心，37℃保温 2h。

(2) 反应完毕后加入下列试剂：0.5mol/L EDTA（pH 8.0）、10% SDS 2μl。

(3) 加入 3μl 3mol/L NaOH，68℃保温 30min 以水解 RNA。

(4) 冷却至室温后，加入 10μl 1mol/L Tris-HCl（pH 7.4），混匀，然后加入 3μl 2mol/L HCl。

(5) 用酚 - 氯仿抽提后，用 Sephadex $G_{50}$ 柱层析或用乙醇沉淀法分离标记的探针。

5. **注意事项** RNA 极易降解，因而实验中的所有试剂和器皿均应在 DEPC 处理后，灭菌备用。

### （三）寡核苷酸探针标记的实验方案

利用寡核苷酸探针可检测到靶基因上单个核苷酸的点突变，常用的寡核苷酸探针主要有两种：单一已知序列的寡核苷酸探针和许多简并性寡核苷酸探针组成的寡核苷酸探针库。单一已知序列的寡核苷酸探针能与它们的目的序列准确配对，可以准确地设计杂交条件，以保证探针只与目的序列杂交而不与序列相近的非完全配对序列杂交，对于一些未知序列的目的片段则无效。

可采用 T4 噬菌体多聚核苷酸激酶标记寡核苷酸探针，其原理是合成的寡核苷酸 5' 端缺少一个磷酸基，因此可用 T4 噬菌体多聚核苷酸激酶进行磷酸化反应，将［$\gamma$-$^{32}$P］ATP 转移至寡核苷酸的 5' 端。

最后利用凝胶过滤把高分子量 DNA 与小分子分开，最常用于将末端掺入的标记 dNTP 与通过切口平移或补平 3' 端凹缺而得到标记的 DNA 分开。操作方法有两种：一种是常规的柱层析法，适用于收集含有大小不同的各种成分的分子的洗脱组分；另一种方法是把凝胶基质填装于一次性注射器内，通过离心进行层析。

1. **材料** 待标记的寡核苷酸（10pmol/μl）。

2. **设备** 高速离式离心机、恒温水浴锅、层析柱（可用 5ml 玻璃吸管或巴斯德吸管代替，管底用灭菌的玻璃棉填堵）、盖革计数器。

3. **试剂**

（1）10 × T4 多聚核苷酸激酶缓冲液：0.5mol/L Tris-HCl（pH 7.6）、0.1mol/L $MgCl_2$、50mmol/L DTT、1mmol/L 盐酸亚精胺、1mmol/L EDTA（pH 8.0）。

（2）［$\gamma$-$^{32}$P］ATP（比活性 5 000Ci/mmol；10mCi/ml）。

（3）T4 噬菌体多聚核苷酸激酶（10U/ml）。

（4）Sephades $G_{50}$（中级 10g 可得到 160ml 悬浮液）：加入 500ml 烧杯中，用无菌蒸馏水反复洗涤溶胀的凝胶，以除去可溶性的葡聚糖，用 TE 溶液（pH 7.6）平衡凝胶，用 10bf/in$^2$（6.895 × 10$^4$Pa）的高压蒸汽灭菌后，室温保存。

（5）1 × TEN 缓冲液：10mmol/L Tris-HCl（pH 8.0）、1mmol/L EDTA（pH 8.0）、100mmol/L NaCl。

4. **操作步骤**

（1）100ng 寡核苷酸溶于 30μl 水中，置于 65℃变性 5min，然后迅速置于冰浴中。

（2）立即加入下列试剂。

| | |
|---|---|
| 10 × 激酶缓冲液 | 5μl |
| ［$\gamma$-$^{32}$P］ATP | 10μl |
| T4 噬菌体多聚核苷酸激酶 | 2μl |
| 加水至 | 50μl |

混匀后置于 37℃水浴 20min。

（3）再加入 20U T4 噬菌体多聚核苷酸激酶，置于 37℃水浴 20min 后立即置于冰浴中。

（4）68℃，10min，灭活 T4 噬菌体多聚核苷酸激酶，按 DE-80 滤膜吸收法测定寡核苷酸比活性。

（5）比活性太低时，补加 8U T4 噬菌体多聚核苷酸激酶，37℃继续温育 30min。重复操作。

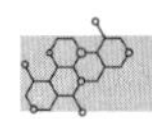

(6) Sephadex $G_{50}$ 柱层析：①层析柱中装填 Sephadex $G_{50}$ 凝胶，用数倍柱床体积的 1×TEN 缓冲液洗柱；②将 DNA 样品加于凝胶顶部（加样体积为 200μl 或以下），取约 100μl 1×TEN 缓冲液洗涤样品管，待样品进入凝胶后，补加 1×TEN 缓冲液洗涤；③用微量离心管收集流出液，每管约 200μl，注意补加 1×TEN，用盖革计数器监测放射性物质的进程；④合并第一放射活性峰的各组分，存放于 −20℃。

### （四）Klenow 片段法标记 DNA 探针 3' 末端的实验方案

线性双链 DNA 最简单的标记方法是利用大肠埃希菌 DNA 聚合酶 Ⅰ 的 Klenow 片段催化一个或多个［$\alpha$-$^{32}$P］dNTP 掺入 3' 端。先用适当的限制性内切酶消化双链 DNA，产生含有适宜的 3' 端凹缺的模板片段，再用 Klenow 片段催化含［$\alpha$-$^{32}$P］dNTP 的底物补平 3' 端凹缺。

1. **材料**　待标记的双链 DNA。

2. **设备**　高速台式离心机、水浴锅等。

3. **试剂**

(1) 3 种不含标记的 dNTP 各 2mmol/L。

(2) 合适的限制酶。

(3)［$\alpha$-$^{32}$P］dNTP：3 000Ci/mmol，10mCi/μl。

(4) Klenow 片段：5U/ml。

(5) 10×末端标记缓冲液：0.5mol/L Tris-HCl（pH 7.2）、0.1mol/L $MgSO_4$、1mmol/L DTT、500mg/ml BSA。

4. **操作步骤**

(1) 在 25~50μl 反应体系中，用合适的限制酶酶切 1μg 的 DNA。

(2) 按下列成分加入试剂并混匀。

| | |
|---|---|
| 已酶切的 DNA 1mg | 25μl |
| 10×末端标记缓冲液 | 5μl |
| 2mmol/L 3 种 dNTP | 1μl |
| ［$\alpha$-$^{32}$P］dNTP | 2~50μCi |
| 加水至 | 50μl |

(3) 加入 1~5U 的 Klenow 片段，室温下反应 30min。

(4) 加入 1μl 2mmol/L 第 4 种核苷酸溶液，室温保温 15min。

(5) 70℃加热 5min，终止反应。

(6) 用酚 - 氯仿抽提后，用乙醇沉淀法分离标记的 DNA，或用 Sephadex $G_{50}$ 柱层析法分离标记的 DNA。

5. **注意事项**

(1) 本方法可对 DNA 分子量标准进行标记，定位因片段太小而无法在凝胶中观察的 DNA 片段。

(2) 本方法对 DNA 的纯度要求不是很严格，少量制备的质粒也可进行末端标记合成探针。

(3) 末端标记还有其他的一些方法，如利用 T4 多聚核苷酸激酶标记脱磷的 5' 端突出的 DNA 和平末端凹缺的 DNA 分子，也可利用该酶进行交换反应，标记 5' 末端。

## 三、RNA 探针

许多载体，如 pBluescript、pGEM 等，均带有来自噬菌体 SP6、*E. coli* 噬菌体 T7 或 T3 的启动子，它们能特异性地被各自噬菌体编码的依赖于 DNA 的 RNA 聚合酶所识别，合成特异性的 RNA。若在反应体系中加入经标记的 NTP，则可合成 RNA 探针。

RNA 探针一般都是单链，它具有单链 DNA 探针的优点，又具有许多 DNA 单链探针所没有的优点：RNA-DNA 杂交体和 DNA-DNA 杂交体相比有更高的稳定性，所以在杂交反应中 RNA 探针比相同比活性的 DNA 探针所产生的信号要强；用 RNA 酶 A 对 RNA-RNA 杂交体进行酶切比用 S1 酶对 DNA-RNA 杂交体进行酶切容易控制，所以用 RNA 探针进行 RNA 结构分析比用 DNA 探针效果好。

噬菌体依赖 DNA 的 RNA 聚合酶所需的 rNTP 浓度比 Klenow 片段所需的 dNTP 浓度低，因而能在较低浓度放射性底物的存在下，合成高比活性的全长探针。用来合成 RNA 的模板能转录许多次，所以 RNA 的产量比单链 DNA 高。反应完毕后，用无 RNA 酶的 DNA 酶 I 处理，即可除去模板 DNA，而单链 DNA 探针则需要通过凝胶电泳纯化才能与模板 DNA 分离。

另外噬菌体依赖 DNA 的 RNA 聚合酶不识别克隆 DNA 序列中的细菌、质粒或真核生物的启动子，对模板的要求也不高，故在异常位点起始 RNA 合成的比率很低。因此，当将线性质粒和相应的依赖 DNA 的 RNA 聚合酶及 4 种 rNTP 一起保温时，所有 RNA 的合成都由这些噬菌体启动子起始。而在单链 DNA 探针合成中，若模板中混杂其他 DNA 片段，则会产生干扰。

但 RNA 探针也存在着不可避免的缺点。因为合成的探针是 RNA，它对 RNase 特别敏感，因此所用的器皿试剂等均应仔细地去除 RNase；另外如果载体没有受到很好的酶切，则等量的超螺旋 DNA 会合成极长的 RNA，它有可能带上质粒的序列而降低特异性。

# 第三节　杂交常规实验

## 一、原位杂交法进行重组质粒的筛选

### (一) 原理

原位杂交法是采用放射性标记的探针与含有质粒的细菌菌落杂交的方法，将待检菌落从主平板移到硝酸纤维素滤膜上与标记探针杂交，通过放射自显影技术等手段查出阳性菌落，再从主平板回收这些阳性菌落。对于大量转化子的筛选，此法较快速、准确。

### (二) 试剂

(1) 10% SDS。

(2) 变性液：0.5mol/L NaOH、1.5mol/L NaCl。

(3) 中和液：0.5mol/L Tris-HCl (pH 7.4)、1.5mol/L NaCl。

(4) 20 × SSC：NaCl 175.3g、柠檬酸三钠 82.2g，加 NaOH 调 pH 至 7.0，加 $ddH_2O$ 至溶液

体积为 1 000ml(稀释后为 2 × SSC 与 0.1 × SSC)。

(5) 预杂交液：50% 甲酰胺、6 × SSC、0.1% SDS、1 × Denhardt、100μg/ml 变性鲑鱼精 DNA。

(6) α-$^{32}$P 标记的双链 DNA 探针。

### (三) 实验方案

1. **菌落转移** ①用铅笔在 NC 膜上划好约 5mm 见方的小格(直径 60mm 的 NC 膜划 64 小格，直径 80mm 的 NC 膜划 100 小格)，将膜夹在两层普通滤纸之间，高压灭菌备用；②将灭菌后的滤膜平铺于合适的琼脂培养皿上，膜与琼脂之间不要有气泡；③用灭菌牙签挑取待检单菌落，按顺序涂到滤膜小格子中间，同时也将菌落作为阳性对照，涂一个仅含载体质粒的菌落作为阴性对照；④将两种培养皿置于 37℃培养箱中，倒置培养 10~14h，无滤膜的平板置于 4℃冰箱中保存待用，取下滤膜继续进行处理。

2. **膜处理** ①使长有菌落的膜面向上，将 NC 膜放到浸有 10% SDS 的普通滤纸上，勿使膜与纸间有气泡，室温放置 3min；②将滤膜移至用变性液浸透的滤纸上，室温放置 5min；③将滤膜移至用中和液浸透的滤纸上，室温放置 5min；④将滤膜移至用 2 × SSC 浸透的滤纸上，室温放置 5min；⑤将滤膜置于 80℃烤箱中，干烤 1~2h。

3. **杂交** ①将制备好的滤膜小心地置入杂交袋中，加入预杂交液，使膜全部浸入溶液中，用封口机封口，注意勿留气泡，42℃水浴摇床轻摇 4h；②将标记好的 α-$^{32}$P 双链 DNA 探针 100℃变性 5min，迅速冰浴冷却后，加入预杂交袋中，混匀后，仔细封口，勿使杂交液外泄，42℃水浴摇床杂交过夜；③将滤膜移至 2 × SSC、0.5% SDS 中，室温漂洗 5min，弃掉洗液，加入 0.1 × SSC、0.1% SDS，42℃漂洗 15min，再弃洗液，重复用第 2 次的洗液洗膜 2 次，去除游离的、非特异结合的探针，将滤膜移到干的滤纸上，室温晾干或 37℃烘干；④用保鲜膜将滤膜包好，置于暗盒中，暗室中压片，-20℃放射自显影 24~72h；⑤显影后，根据 X 光片黑色显印斑点的位置判断保留的培养皿中所对应菌落，并将其挑出，进一步扩增，制备质粒，酶切鉴定。

### (四) 注意事项

1. NC 膜严禁用手接触，以免影响结果。
2. 转移菌落时，必须有阳性菌落对照并做好位置标记。
3. 杂交操作时，杂交液严禁外泄，以避免造成放射性污染。

## 二、Southern 杂交

### (一) 原理

将待检测的 DNA 样品固定在固相载体上，与标记的核酸探针进行杂交，在与探针有同源序列的固相 DNA 的位置上会显示出杂交信号。Southern 杂交法可以判断被检测的 DNA 样品中是否有与探针同源的片段以及确定该片段的长度。该项技术被广泛应用在遗传病检测、DNA 指纹分析和 PCR 产物判断等领域。由于该技术的操作比较烦琐、费时，现在有一些其他方法，如 RFLP，可以替代，但 Southern 杂交也有一些独特之处，是目前其他方法所不能替代的。

### (二) 基因组 DNA 的制备

参见第一章。

### (三) 基因组 DNA 的限制酶酶切

酶切 DNA 的量应根据实验目的决定。一般 Southern 杂交中，每 1 个电泳通道需要

10~30μg 的 DNA。购买的限制性内切酶都附有相对应的 10 倍浓度缓冲液，并可从该公司的产品目录上查到最佳消化温度。为保证消化完全，一般用 2~4U 的酶消化 1μg 的 DNA。消化的 DNA 浓度不宜太高，以 0.5μg/μl 为宜。由于内切酶是保存在 50% 甘油内的，而酶只有在甘油浓度小于 5% 的条件下才能发挥正常作用，所以加入反应体系的酶体积不能超过 1/10。

具体操作如下。

1. 在 1.5ml 离心管中依次加入以下试剂。

| | |
|---|---|
| DNA（1μg/μl） | 20μg |
| 10 × 酶切缓冲液 | 10μl |
| 限制性内切酶（10U/μl） | 10μl |
| 加 $ddH_2O$ | 至 100μl |

在最适温度下消化 1~3h。

2. 消化结束时可取 5μl 溶液进行电泳，检测消化效果。如果消化效果不好，可以延长消化时间，但不宜超过 6h。也可放大反应体积，或补充酶后再消化。如仍不能奏效，可能的原因是 DNA 样品中有太多的杂质，或酶的活力下降。

3. 消化后的 DNA 加入 1/10 体积的 0.5mol/L EDTA，以终止消化。然后用等体积酚抽提一次，再用等体积氯仿抽提一次，最后用 2.5 倍体积乙醇沉淀，用少量 TE 溶解（参见 DNA 提取方法，但离心转速要提高到 12 000g，以防止小片段 DNA 的丢失）。

4. 如果需要用两种酶消化 DNA，而两种酶的反应条件一致，则两种酶可同时进行消化；如果反应条件不一致，应先用需要低离子强度的酶消化，然后补加盐类等物质调高反应体系的离子强度，再加第二种酶进行消化。

### （四）基因组 DNA 消化产物的琼脂糖凝胶电泳

琼脂糖凝胶电泳是目前分离核酸片段最常用的方法，制备简单，分离范围广（0.2~50kb），实验成本低。

1. **制备 0.8% 凝胶**　一般用于 Southern 杂交的电泳凝胶浓度取 0.8%。

2. **电泳**　电泳样品中加入 6 × 上样缓冲液，混匀后上样，留一或两个泳道加 DNA marker。电场强度调为 1~2V/cm，DNA 从负极泳向正极，溴酚蓝指示剂接近凝胶另一端时，停止电泳。取出凝胶，紫外灯下观察电泳效果。在凝胶的一边放置一把刻度尺，拍摄照片。正常电泳图谱呈现一连续的涂抹带，照片摄入刻度尺是为了判断信号带的位置，以确定被杂交的 DNA 长度。

### （五）DNA 从琼脂糖凝胶转移到固相支持物

转移就是将琼脂糖凝胶中的 DNA 转移到 NC 膜或尼龙膜上，形成固相 DNA。转移的目的是使固相 DNA 与液相的探针进行杂交。常用的转移方法有盐桥法、真空法和电转移法。这里介绍经典的盐桥法（又称为毛细管法）。

1. **试剂**

（1）变性液：0.5mol/L NaOH、1.5mol/L NaCl。

（2）中和液：1mol/L Tris-HCl（pH 7.4）、1.5mol/L NaCl。

（3）转移液（20 × SSC）：NaCl 175.3g、柠檬酸三钠 82.2g，加 NaOH 调 pH 至 7.0，加 $ddH_2O$ 至溶液体积为 1 000ml。

 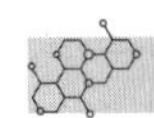

2. **操作步骤**

(1)碱变性：室温下将凝胶浸入数倍体积的变性液中 30min。

(2)中和：将凝胶转移到中和液中浸泡 15min。

(3)转移：按凝胶的大小剪裁 NC 膜或尼龙膜并剪去一角作为标记，用水浸湿后，浸入转移液中 5min。剪一张比膜稍宽的长条 Whatman 3mm 滤纸作为盐桥，再按凝胶的尺寸剪 3~5 张滤纸和大量的纸巾备用。从上往下以“盐桥 - 滤纸 - 凝胶 - 膜 - 滤纸 - 纸巾”的次序紧贴放置，盐桥延长端浸入转移液中，进行转移。转移过程一般需要 8~24h，每隔数小时换掉已经湿掉的纸巾，转移液用 20 × SSC，注意在膜与凝胶之间不能有气泡，整个操作过程中要防止膜上沾染其他污物。

(4)转移结束后取出 NC 膜，浸入 6 × SSC 溶液数分钟，洗去膜上沾染的凝胶颗粒，置于两张滤纸之间，80℃烘干 2h，然后将 NC 膜夹在两层滤纸间，保存于干燥处。

### (六) 探针标记

进行 Southern 杂交的探针一般用放射性同位素或地高辛标记。放射性标记灵敏度高，效果好；地高辛标记没有半衰期，安全性好(参见本章第二节)。

### (七) 杂交

Southern 杂交一般采取的是液 - 固杂交方式，即探针为液相，被杂交 DNA 为固相。杂交发生于一定条件的溶液(杂交液)中并需要一定的温度，可以用杂交瓶或杂交袋，并使液体不断地在膜上流动。杂交液可以自制或从公司购买，不同的杂交液配方相差较大，杂交温度也不同。下面给出的为一种杂交液的配方：聚乙二醇(polyethylene glycol，PEG) 6000 10%、SDS 0.5%、6 × SSC、甲酰胺 50%。该杂交液的杂交温度为 42℃。

1. **预杂交** NC 膜浸入 2 × SSC 中 5min，在杂交瓶中加入杂交液(8cm × 8cm 的膜加 5ml 即可)，将膜的背面贴紧杂交瓶壁，正面朝向杂交液。放入 42℃杂交炉中，使杂交体系的温度升到 42℃。取经超声粉碎的鲑鱼精 DNA(已溶解在水或 TE 中) 100℃加热变性 5min，迅速加到杂交瓶中，使其浓度达到 100μg/ml，继续杂交 4h。鲑鱼精 DNA 的作用是封闭 NC 膜上没有 DNA 转移的位点，降低杂交背景，提高杂交特异性。

2. **杂交** 倒出预杂交的杂交液，换入等量新的已升温至 42℃的杂交液，同样加入变性的鲑鱼精 DNA。将探针 100℃加热 5min，使其变性，迅速加到杂交瓶中。42℃杂交过夜。

### (八) 洗膜与检测

取出 NC 膜，在 2 × SSC 溶液中漂洗 5min，然后按照下列条件洗膜。

2 × SSC/0.1% SDS，42℃，10min；

1 × SSC/0.1% SDS，42℃，10min；

0.5 × SSC/0.1% SDS，42℃，10min；

0.2 × SSC/0.1% SDS，56℃，10min；

0.1 × SSC/0.1% SDS，56℃，10min。

在洗膜的过程中，不断振摇，不断用放射性检测仪探测膜上的放射强度。实践证明，当放射强度指示数值比环境背景高 1~2 倍时，洗膜就达到了终止点。上述洗膜过程中，无论在哪一步达到终点，都必须停止洗膜。洗完的膜浸入 2 × SSC 中 2min，取出膜，用滤纸吸干膜表面的水分，并用保鲜膜包裹，注意保鲜膜与 NC 膜之间不能有气泡。将膜正面向上，放入暗盒中(加双侧增感屏)，在暗室的红光下，贴覆两张 X 光片，每一片都用透明胶带固定，合上暗盒，置于 −70℃低温冰箱中曝光。曝光时间应根据信号强弱决定，一般为 1~3d。洗片时，先洗一张 X 光片，若感光偏弱，则多加 2d 曝光时间后，再洗第二张片子。

影响 Southern 杂交实验的因素很多，主要有 DNA 纯度、酶切效率、电泳分离效果、转移效率、探针比活性和洗膜终止点等。

### （九）注意事项

1. 要取得好的转移和杂交效果，应根据 DNA 分子的大小，适当调整变性时间。分子量较大的 DNA 片段（大于 15kb）可在变性前用 0.2mol/L HCl 预处理 10min，使其脱嘌呤。

2. 转移用的 NC 膜要预先在双蒸水中浸泡，使其湿透，否则会影响转膜效果；不可用手触摸 NC 膜，否则会影响 DNA 的转移及与膜的结合。

3. 转移时，凝胶的四周用 Parafilm 蜡膜封严，防止在转移过程中产生短路，影响转移效率，同时注意 NC 膜与凝胶及滤纸间不能留有气泡，以免影响转移。

4. 注意同位素的安全使用。

## 三、Northern 杂交

### （一）原理

RNA 印迹法（Northern 杂交）是一项用于检测特异性 RNA 的技术，首先按照 RNA 的大小和分子量将 RNA 混合物通过变性琼脂糖凝胶电泳加以分离，然后将分离出来的 RNA 转至硝酸纤维素膜或尼龙膜上，用放射性同位素或酶标记的 DNA 探针与固定的 RNA 进行杂交。杂交 RNA 的大小和密度可通过放射自显影术或酶促颜色检测来显示。

Northern 杂交常用于检测特异 RNA 的表达或定量。

### （二）材料和试剂

1. $^{32}P$ 标记的 DNA 或 RNA 探针。

2. **20 × MOPS 缓冲液** 41.86g MOPS、6.8g 乙酸钠、3.72g EDTA，加 $H_2O$ 至 500ml，pH 值调至 7.0。

3. 20 × SSC 3mol/L NaCl、0.3mol/L 柠檬酸钠，pH 7.0。

4. **用于硝酸纤维素膜的杂交溶液** 50% 甲酰胺（去离子）、6 × SSC、1% SDS、0.1% Tween20、100μg/ml tRNA 或鲑鱼精 DNA。

5. **用于尼龙膜的杂交溶液** 50% 去离子的甲酰胺、0.25mol/L $Na_3PO_4$（pH 7.3）、0.25mol/L NaCl、1mmol/L EDTA、7% SDS、7% 聚乙二醇（PEG，MW8000）、100μg/ml 鲑鱼精 DNA，最后加 SDS 和 PEG，于 45℃加热直至溶解。

6. 10% SDS。

7. 硝酸纤维素膜、尼龙膜或其他膜，3mm 滤纸，密封袋或容器转移装置，杂交温箱紫外交联仪或烘箱。

### （三）通过毛细管原理转移 RNA 至膜上的实验方案

1. 通过变性琼脂糖凝胶对细胞总 RNA 或 poly（A）RNA 进行电泳分离，确保包括一个分子量标准参照物。另外，也可以在一个外泳道上跑一个细胞总 RNA 的样品，切下这个泳道并用 EB 将凝胶染色。两个主要的核糖体 RNA（ribosomal RNA，rRNA）条带 18S（约 2.1kb）和 28S（约 4.5kb）能被用作分子量标准参照物。

2. 电泳后，用 1 × MOPS 缓冲液（pH 7.0）淋洗凝胶并将凝胶浸泡于 10 × SSC 中 30min。

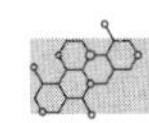

3. 切去凝胶的无用部分并测量尺寸，将一张硝酸纤维素滤膜放入水中，然后放入 10×SSC 中。戴上新手套，不要直接用手或脏手套触摸滤膜。

4. 将硝酸纤维素滤膜放入 20×SSC 中，用 20ml 20×SSC 浸泡印迹垫的底部。

5. 进行转移。滤膜与凝胶之间不要留有气泡。转移可以持续过夜。转移的原理是高盐溶液可运输单链多核苷酸（DNA 或 RNA）至滤膜上。在微毛细管转移过程中，核酸与滤膜会发生牢固的非共价结合。

6. 用 1×SSC 淋洗硝酸纤维素膜并晾干。用一台紫外交联仪（设定自动交联或 1~2min）或用真空炉于 80℃烘烤 10min，使 RNA 与膜发生交联。

7. 在 RNA 转移至硝酸纤维素膜之后，对 RNA 进行染色。将干燥的滤膜浸入 5% 冰乙酸中，于室温浸泡 15min。再将滤膜转至 0.5mol/L 乙酸钠（pH 5.2）和 0.04% 亚甲蓝溶液中，于室温浸泡 5~10min。

8. 用水淋洗滤膜 5~10min。可见 RNA 分子量标准参照物带型，总 poly（A）$^+$mRNA 为一模糊的涂布状带型，范围是 500~5 000bp，mRNA 的平均大小约为 2kb。

**（四）用标记的探针杂交和检测的实验方案**

1. 用 1×SSC 缓冲液将膜浸湿，并在容器或密封袋中加足量的杂交液直至没过膜。

2. 于 42℃预杂交 1~2h，以封闭非特异性结合位点。

3. 制备 $^{32}$P 标记的 DNA 或 RNA 探针，比活性应大于 $10^8$cpm/μg DNA 或 RNA，使用前于 90℃加热探针 3min。

4. 用含有（1~5）×$10^6$cpm DNA 探针的同体积的杂交液替换原来的杂交液。

5. 在最适温度（40~65℃）下杂交过夜。

6. 用 2×SSC/0.1% SDS 洗印迹两次，每次 15min。用 1×SSC/0.1% SDS 洗一次，再用 0.25×SSC/0.1% SDS 洗一次。

7. 用放射性测量计数器检查印迹，如果背景计数较高，应在更加严格的条件下（较低的盐浓度和较高的温度）再漂洗几次。

8. 晾干滤膜，用 Sara 包装膜包裹并加 X 光片曝光 1~2d。

**（五）注意事项**

1. 经典毛细管转移法是一种简单可靠的方法。

2. 在 Northern 杂交中，高质量的 RNA 样品和探针是关键，应严格按“无 RNA 酶环境”的技术要点进行操作。

3. 提高漂洗的严格性和特异性可明显提高杂交效率。严格的漂洗意味着低盐浓度（SSC）和高杂交温度，然而在高严格条件下特异性的结合也会下降。

4. 如果需要额外漂洗或再杂交，滤膜不应干涸。

5. 杂交和漂洗应在低于 $T_m$（5~15℃）的条件下进行操作。

（周俊宜）

# 第五章 基因克隆

基因克隆(gene cloning)是从生物体的组织、器官或细胞中制取目的基因或者人工合成目的基因,将目的基因与载体的 DNA 拼接,使重组体分子导入受体细胞,筛选和进行无性繁殖的技术。基因克隆是 20 世纪 70 年代发展起来的一项具有革命性的研究技术,最终目的在于通过相应技术手段,将目的基因导入宿主细胞,让目的基因在宿主细胞内被大量复制,可概括为以下主要步骤:分、切、接、转、筛(图 5-1)。

分:分离获取目的基因和制备载体,即从生物体复杂的基因组中分离出所需要克隆的目的 DNA 片段,以及制备合格的基因载体。

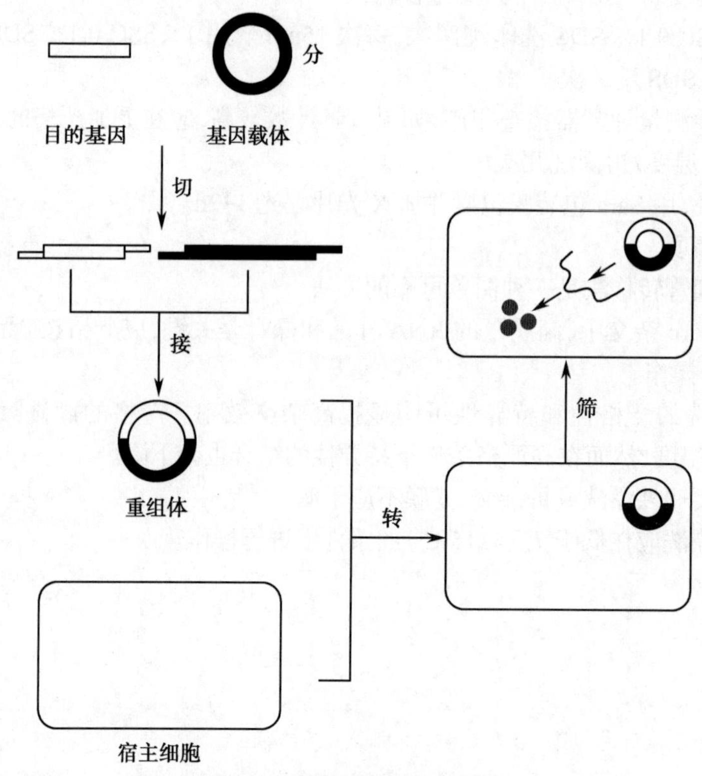


图 5-1　基因工程的主要步骤

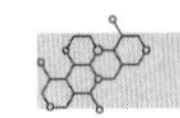

切：用限制性内切酶切割目的基因和基因载体，以利于将两者连接形成重组体。

接：连接目的基因和基因载体，即在体外将目的基因连接到能够自我复制的载体 DNA 分子上，形成重组 DNA（重组体）。

转：转化至宿主细胞，即将重组体引入（转化或转染）到宿主细胞（受体细胞）中。转化后的细胞进行扩增繁殖，获得大量的细胞繁殖群体。

筛：筛选阳性细胞克隆，即从大量的细胞繁殖群体中，筛选出转化成功（带有重组体）的阳性细胞克隆。

# 第一节　目的基因的获取和基因载体的制备

## 一、目的基因获取的基本策略

获取特定目的基因的方法有多种，应根据具体情况进行选择。操作时应按具体实验要求和实验条件，选用既简便易行又能达到目的的方法。

1. **化学合成法**　如果已知基因序列，可以利用 DNA 合成仪通过化学合成原理直接合成目的基因。这种方法一般用来合成数十个核苷酸长度的寡核苷酸片段。

化学合成法的用途：PCR 引物、测序引物、定点突变、杂交探针等的合成。

2. **基因文库法**　为了获取特定基因或对基因进行结构和功能分析，可先创建基因文库，当需要“钓取”目标基因时，可采用相应技术从基因文库中寻求。

基因文库可分为基因组 DNA 文库、cDNA 文库。

（1）基因组 DNA 文库：真核生物基因组 DNA 的结构基因被称为断裂基因，由内含子和外显子组成。分离提纯生物体的染色体 DNA，用限制性内切酶随机切割成许多片段，将它们与适当的载体连接成重组体，然后全部转化入宿主菌中保存，即为基因组 DNA 文库（G- 文库）。

（2）cDNA 文库：逆转录酶能以 RNA 为模板合成 DNA 片段。用细胞全部 mRNA 经逆转录制备成 cDNA 后建立的基因文库，称为 cDNA 文库（C- 文库）。采用适当的方法，如探针技术，可把所需要的目的基因从文库中筛选出来。

制备了基因文库以后，需要从文库中筛选所需目的基因的阳性克隆。常用的筛选方法有 3 种。

（1）核酸杂交：不同来源的 DNA 变性后，当有互补序列存在时，可相互结合形成杂化双链，利用 DNA 探针，根据碱基互补的原则进行核酸杂交，可鉴别出阳性克隆。DNA 探针的来源主要有 3 种：一是已知基因序列，可直接获取；二是异源探针，可根据同源序列获取；三是已知氨基酸序列，根据遗传密码系统，通过简并性序列获取。一般来说，核酸杂交过程中，稳定的结合需要在至少 50 个核苷酸的片段里有 80% 的碱基完全配对。

（2）蛋白免疫杂交：检测基因表达产物，利用抗原抗体反应的原理进行鉴定。

（3）蛋白活性鉴定：根据表达产物的生物活性特点，采用相应的方法进行活性鉴定。

3. **PCR 法**　PCR 法简便、快速，是最常用来获取目的基因的方法，内容详见第二章。

## 二、基因载体的基本概念

### （一）基因载体的作用

载体（vector）作为基因导入细胞的工具，可通过重组 DNA 技术携带目的基因送进宿主细胞中，从而发挥目的基因的特定功能。载体的主要作用有两点。

1. 目的基因进入宿主细胞内是实现其复制和表达的先决条件，载体能为目的基因提供进入受体细胞的转移能力。

2. 载体能为目的基因提供在受体细胞中的复制（或整合）能力和表达能力。在生物体内的基因组 DNA 中，要实现基因信息的传递过程，每一个结构基因都有一套相应的基因调控系统，包括复制起始点和基因调控区等。外源基因要在宿主细胞内获得扩增和表达，同样需要相应的调控系统，这是基因载体的又一重要作用。基因载体在与目的基因重组，获得重组体以后，重组体进入宿主细胞，有两条主要去路：一是作为独立于染色体以外的复制子存在；二是整合至宿主细胞的基因组 DNA 中，利用基因组 DNA 中的基因表达调控系统。

### （二）基因载体的特点

1. 载体在宿主细胞内具有独立的自我复制能力，这样才能使目的基因在细胞中大量扩增。

2. 载体在细胞中能大量繁殖，从而使目的基因得以大量扩增。

3. 载体具有适当的限制性内切酶识别和切割位点，便于目的基因的插入。

4. 载体具有供筛选用的遗传标记。

5. 载体还能利用宿主的酶系统，表达目的基因。

6. 载体的相对分子质量要小，以利于容纳较大片段的目的基因和提高重组体的转化率。

7. 载体在细胞内稳定性要高，以保证重组体的稳定遗传。

8. 载体具有可转移性，即为目的基因提供进入受体细胞的转移能力。

### （三）常用的基因载体

常用的载体有质粒、噬菌体和病毒，以及从这三者中分离出的原件组装而成的载体。具体操作时应根据实验的目的（如克隆、测序、原核表达、真核表达等），来选择合适的载体。

1. **质粒载体** 质粒（plasmid）是一种染色体外的稳定遗传因子，大小从 1kb 到 200kb 不等，为双链、闭环的 DNA 分子，并以超螺旋状态存在于宿主细胞中（图 5-2）。质粒主要存在于细菌、放线菌和真菌细胞中，具有自主复制和转录能力，能在子代细胞中保持恒定的拷贝数，并表达所携带的遗传信息。质粒的复制和转录要依赖于宿主细胞编码的某些酶和蛋白质，如离开宿主细胞则不能存活，而宿主即使没有它们也可以正常存活。质粒的存在使宿主具有一些额外的特性，如对抗生素的抗性等。F 质粒（又称 F 因子或性质粒）、R 质粒（抗药性因子）和 *Col* 质粒（大肠埃希菌素生因子）等都是常见的天然质粒。质粒通常含有编码某些酶的基因，其表型包括对抗生素的抗性，产生某些抗生素，降解复杂有机物，产生大肠埃希菌素、肠毒素以及某些限制性内切酶、修饰酶等。

质粒的基本特性如下。

（1）自主复制性：能独立于染色体 DNA 外自主复制。

（2）可扩增性：依据在细胞内的拷贝数的多少，质粒在细菌中的复制一般有两种形式，即严紧型复制和松弛型复制。

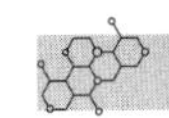

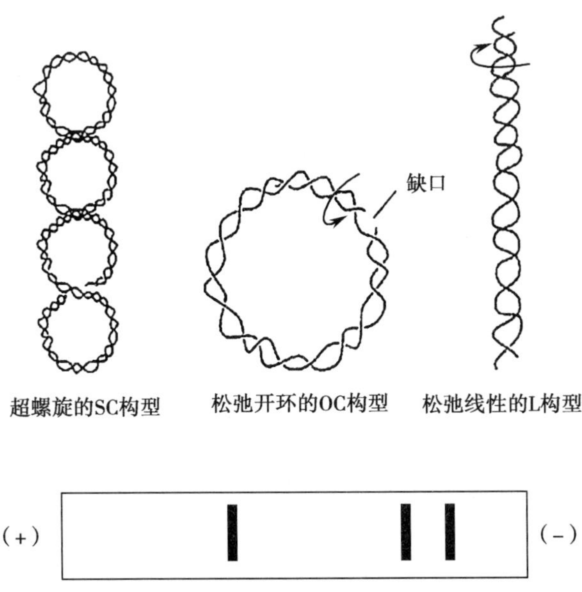


图 5-2 质粒 DNA 的电泳图谱

复制形式 { 严紧型复制：较低的拷贝数（复制 1~5 个拷贝）
松弛型复制：较高的拷贝数（复制数十个以上拷贝）}

严紧型复制的质粒只在细胞周期的一定阶段进行复制，当染色体不复制时，它也不能复制，通常每个细胞内只含有 1 个或几个质粒分子，如 F 因子。松弛型复制的质粒在整个细胞周期中随时可以复制，在每个细胞中有许多拷贝，一般在 20 个以上，如 *Col* 因子。在使用蛋白质合成抑制剂氯霉素时，细胞内蛋白质合成、染色体 DNA 复制和细胞分裂均受到抑制，紧密型质粒停止复制，而松弛型质粒继续复制，质粒拷贝数可由原来的 20 多个扩增为 1 000~3 000 个，此时质粒 DNA 占总 DNA 的含量可由原来的 2% 增加为 40%~50%。

(3) 可转移性：能通过细菌接合作用从一个宿主细胞转移到另一个宿主细胞。

(4) 不相容性：利用同一复制系统的不同质粒不能在同一宿主细胞中共同存在，当两种质粒同时导入同一细胞时，它们在复制及随后分配到子细胞的过程中彼此竞争，在一些细胞中，一种质粒占优势，而在另一些细胞中另一种质粒却占上风。当细胞生长几代后，占少数的质粒将会丢失，因而在细胞后代中只有两种质粒的一种，这种现象称为质粒的不相容性（incompatibility）。但利用不同复制系统的质粒则可以稳定地共存于同一宿主细胞中。

质粒载体是在天然质粒的基础上为适应实验室操作而进行人工构建的。与天然质粒相比，质粒载体通常带有一个或一个以上的选择性标记基因（如抗生素抗性基因）和一个人工合成的含有多个限制性内切酶识别位点的多克隆位点序列，并去掉了大部分非必需序列，使分子量尽可能减少，以便于基因工程操作。大多质粒载体带有一些多用途的辅助序列，这些用途包括通过组织化学方法肉眼鉴定重组克隆、产生用于序列测定的单链 DNA、体外转录外源 DNA 序列、鉴定片段的插入方向、外源基因的大量表达等。

一个理想的克隆载体大致应有下列特性：①分子量小、多拷贝、松弛控制型；②具有多种常用的限制性内切酶的单切点；③能插入较大的外源 DNA 片段；④具有容易操作的检测表型。常用的质粒载体大小一般在 1kb 至 10kb 之间。

2. **噬菌体载体**　噬菌体是一类细菌病毒的总称，依赖于细菌生长和复制。常用于基因重组的噬菌体载体主要有两类，即 λ 噬菌体和 M13 单链噬菌体。

噬菌体主要有 DNA 分子和外壳蛋白质两部分。其 DNA 部分最常见的是双链线状 DNA，含有复制起始点和编码多种蛋白质的基因。

（1）λ 噬菌体：大肠埃希菌温和型噬菌体，由外壳蛋白和 48.5kb 的双链线性 DNA 组成（图 5-3）。DNA 分子两端各有互补的黏性末端，在宿主细胞内，可连接形成环形双链 DNA 分子。野生型 λ 噬菌体改造成 λ 噬菌体载体，要去除多余的限制性内切酶位点和非必要区段（图 5-4）。λ 噬菌体载体常用的有插入型的和替换型两种（图 5-5）。

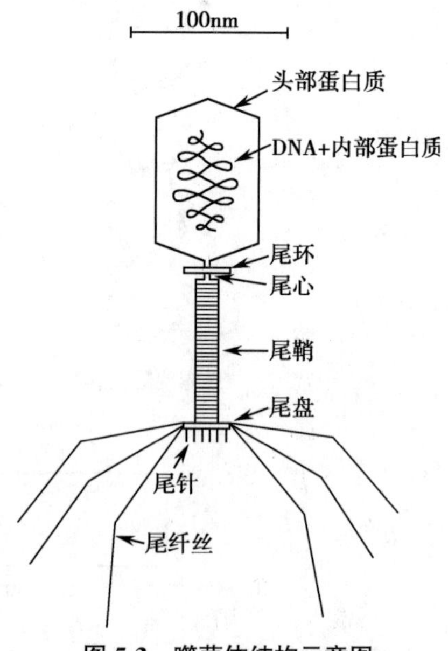


图 5-3　噬菌体结构示意图

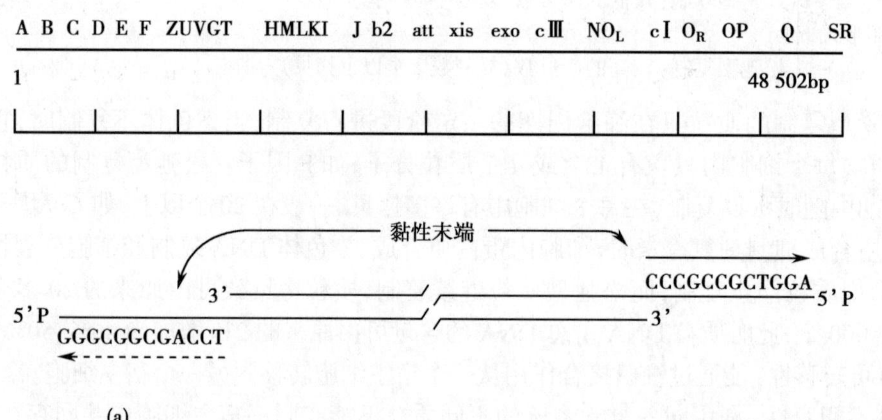


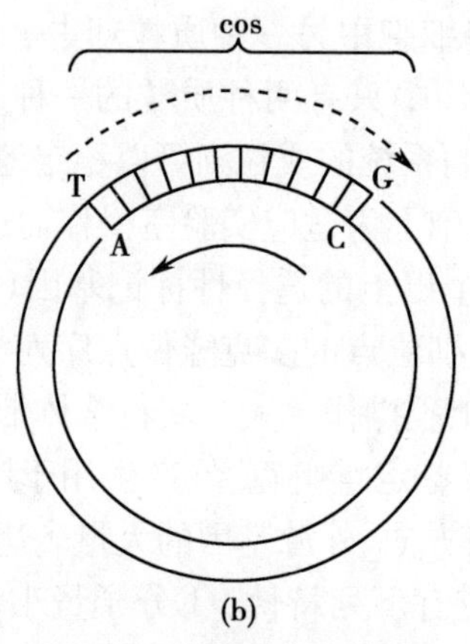


图 5-4　λ 噬菌体的基因图谱

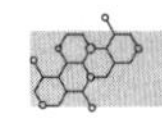

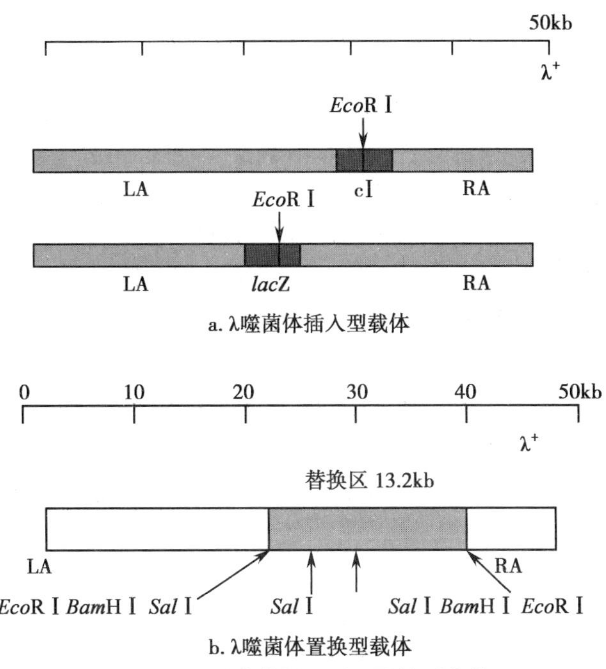

图 5-5 λ 噬菌体插入型和置换型载体

(2)M13 噬菌体：属于丝状大肠埃希菌噬菌体，含有 64kb 的单链环状 DNA。成熟的 M13 噬菌体只含有单链 DNA(ssDNA)，称为 DNA 正链，噬菌体感染细菌以后，会在细菌酶的作用下，以正链为模板，合成出互补的 DNA 负链，从而形成双链的 M13 DNA，称为复制型 DNA(RF DNA)。

由于其单链 DNA 的特点，M13 噬菌体作为克隆载体在 DNA 测序、定点突变等方面有重要意义。

3. **病毒载体** 质粒和噬菌体载体只能在细菌中繁殖和克隆，不能满足在动物细胞中表达真核蛋白以及基因治疗的需要。对感染动物的病毒进行基因组的操作和改造，消除致病性基因，保留其感染活性，可使之成为基因载体，即病毒载体。病毒载体携带上外源基因并被包装成病毒颗粒后就构成了基因导入系统。这类基因导入系统在动物细胞中不仅具有高水平的表达，而且由于利用了宿主细胞本身的表达元件，表达的蛋白更符合天然的生物学活性。常用的病毒载体来自腺病毒、腺病毒伴随病毒、疱疹病毒、猿猴空泡病毒 40、逆转录病毒和昆虫杆状病毒等。

(1)重组腺病毒(adenovirus，Ad)载体：腺病毒是无包膜的线性双链 DNA 病毒，在自然界分布广泛，其基因组长约 36kb，两端各有一个反向末端重复区(inverted terminal repeat，ITR)，ITR 内侧为病毒包装信号。基因组上分布着 4 个早期转录元(E1、E2、E3、E4)，承担调节功能，以及一个晚期转录元，负责结构蛋白的编码。一般将 E1 或 E3 基因缺失的腺病毒载体称为第一代腺病毒载体，此类型载体在未经过纯化时可引发机体产生较强的炎症反应和免疫反应，纯化后可以安全使用，体内表达周期可达 4 周。E2A 或 E4 基因缺失的腺病毒载体被称为第二代腺病毒载体，产生的免疫反应较弱，其载体容量和安全性方面有所改进，但病毒包装难度高及病毒滴度下降严重，所以应用较为局限。第三代腺病毒载体缺失了全部或大部分的腺病毒基因,仅保留ITR和包装信号序列,最大可插入35kb的基因,病毒蛋白表达引起的细胞免疫反应进一步减少,载体中引入核基质附着区基因可使得外源基因保持长期表达,并增加载体的稳定性。腺病毒载体的感染效率高达100%,可感染不同类型的细胞和组织,容易制得高滴度病毒载体,进入细胞内后,并不整合到宿主细胞的基因组中,仅瞬间表达,安全性高。因而,腺病毒载体在基因治疗方面有了越来越多的应用。

(2)腺相关病毒(adeno-associated virus,AAV)载体:腺相关病毒为无包膜的单链线状DNA病毒,只有在腺病毒或者疱疹病毒等辅助病毒协助下,宿主才能产生具有感染性的AAV,所以AAV被称作腺相关病毒。大多数AAV载体都是由2型AAV改造而来的,2型AAV的基因组长度约为4.7kb,包括2个ITR和两个读码框*Rep*和*Cap*。ITR对于病毒的复制和包装具有决定性作用,Cap蛋白为病毒衣壳蛋白,Rep蛋白参与病毒的复制和整合,Rep蛋白存在时,病毒基因组能定点整合到人类第19号染色体的特异位点上。重组腺相关病毒载体为非致病性,安全性好,宿主细胞范围广,免疫原性低,体内表达时效长,被视为最有前途的基因转移载体之一,在基因治疗和疫苗研究中得到广泛应用。

(3)慢病毒载体:以人类免疫缺陷病毒1型(human immunodeficiency virus type 1,HIV-1)为来源的一种病毒载体,为了避免有复制能力病毒的产生,在构建慢病毒载体时一般将HIV-1的基因组分装于多个质粒载体中,再共转染包装细胞,然后获得只有一次感染能力而无复制能力的HIV-1载体颗粒。载体可通过感染宿主细胞或活体组织,实现外源基因在细胞或活体组织中的表达。慢病毒载体具有感染范围广,可以有效感染分裂期和静止期细胞,外源基因长期稳定表达等优点,被广泛应用到各种细胞系的基因过表达、RNA干扰、microRNA研究以及活体动物实验中。

(4)逆转录病毒载体(retroviral vector,RV):大多数逆转录病毒载体是从莫罗尼氏鼠白血病细胞(Mo-MLV)中产生的,可以容纳的外源DNA的长度在10kb左右,能以很高的转染率感染宿主细胞,特别是分裂中的细胞。在制备逆转录病毒载体时,必须有一个辅助细胞系。这种细胞内有缺陷型病毒,可以提供包装用的外壳蛋白,但自身没有包装信号。这样,逆转录病毒载体就可利用这些外壳蛋白包装成病毒颗粒,在辅助细胞系内大量扩增。逆转录病毒载体一般用于基因治疗,由于它会整合到宿主细胞基因组内的随机位点上,具有可能的不安全性,所以这种载体还在不断改进之中。

## 三、质粒载体的制备

### (一)质粒提取的基本策略

1. **基本步骤** 从细菌中分离质粒DNA的方法都包括3个基本步骤:培养细菌使质粒扩增,收集和裂解细胞,分离和纯化质粒DNA。

2. **裂解的策略** 裂解细胞指的是破坏细菌的细胞壁与膜的过程,基本步骤是先加入溶菌酶破坏菌体细胞壁,破壁后可用煮沸法、非离子型去污剂法、SDS碱裂解法等方法使细胞膜裂解。非离子型去污剂法较温和,适用于抽提10kb左右的质粒;而煮沸法与SDS碱裂解法相对较剧烈,最好用于抽提小于10kb的质粒。

SDS是离子型去污剂,变性能力较强;非离子型去污剂的变性能力较弱,常用的有Brij-58、TritonX-100等,在选择去污剂类型时应根据变性剧烈程度的要求而定。

3. **质粒的纯化** 经溶菌酶和碱性SDS或Triton X-100处理后,细菌染色体DNA会缠

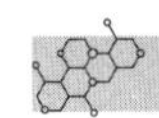

绕附着在细胞碎片上。细菌染色体DNA约有4 700kb长，易受机械力和核酸酶等的作用而被切断成不同大小的线性片段，当用高温或酸、碱处理时，线性的染色体DNA会变性解链；而质粒为共价闭合环状DNA（covalently closed circular DNA，cccDNA），其双链变性后不易彼此分离，因为它们在拓扑学上是相互缠绕的。当溶液环境恢复正常后，解链的染色体DNA片段难以复性，会与变性的蛋白质和细胞碎片等缠绕形成复合物，易于析出沉淀；而质粒DNA的双链能恢复原状，重新形成天然的超螺旋分子，以溶解状态存在于液相中，可通过乙醇、异丙醇或吸附柱等方法进行分离纯化。

在提取质粒过程中，超螺旋形式的质粒DNA还会产生其他形式的质粒DNA：如果质粒DNA两条链中有一条链发生一处或多处断裂，分子就能旋转而消除链的张力，形成松弛型的环状分子，称为开环DNA（open circular DNA，ocDNA）；如果质粒DNA的两条链在同一处断裂，则形成线状DNA（linear DNA）。当提取的质粒DNA电泳时，同一质粒DNA其超螺旋形式的泳动速度要比开环和线状分子的泳动速度快。

### （二）细菌培养的实验方案

**1. LB液体培养基的制备** 称取以下试剂放于试管中。

胰蛋白胨 10g

酵母提取物 5g

NaCl 10g

磁力搅拌至溶质完全溶解，用5mol/L NaOH（约0.2ml）调节pH值至7.0，定容至总体积为1L，高压灭菌20min。

**2. 含有琼脂的固体培养基的制备**

(1) 普通培养基：固体培养基是在液体培养基中加入1.5%琼脂制成的。先按LB配方配制液体培养基，然后加入15g/L的琼脂，高压灭菌20min，取出后在无菌状态下铺制平板。

(2) 选择性培养基：将消毒好的固体培养基置于室温状态下，待温度降至60℃时加入抗生素或其他必需的添加成分。摇匀后在无菌状态下，将其分别倒入预先灭菌好的平皿中铺平，培养基厚度为2~3mm，无菌状态下室温放至固化。

氨苄青霉素：50μg/ml，即每毫升培养基中加氨苄青霉素贮存液（50mg/ml）1μl。卡那霉素：30μg/ml，即每毫升培养基中加卡那霉素贮存液（30mg/ml）1μl。X-gal和异丙基硫代-β-D-半乳糖苷（isopropylthio-β-D-galactoside，IPTG）：2%的X-gal和20% IPTG直接涂布于培养基表面。

注意事项：固体培养基不能超过平皿厚度的三分之二；新制备的固体培养基较湿，铺上的液体不易吸收，可无菌状态下室温倒置过夜或在37℃温箱中倒置1h，然后置于4℃冰箱中，密封保存待用。

**3. 固体细菌培养** 固体细菌培养主要是用于单一菌落的挑选、转化后抗性菌落的筛选。

细菌接种方法：采用划痕法接种，用接种环从菌种（冻存或新鲜）中蘸取少量菌液，点到培养皿的边缘，以其为起点划1道划痕；将接种环灭菌后，通过第1道线划1条连续的波浪线；再通过第2条波浪线划第3条波浪线，不与以前的线交叉重叠，重复划线，直至划满。

**4. 液体细菌培养**

(1) 取灭菌的培养管，用无菌吸管加入3~5ml LB培养基，再加入50mg/ml氨苄青霉素3~5μl（如培养宿主菌则不加抗生素）。

(2)用无菌接种环挑取单菌落至培养液中，或取菌液 5~10μl，转入培养液中，封好管口。100~200r/min、37℃摇床培养至生长饱和，培养时间为 6~12h，可过夜培养。

(3)取 500ml 培养瓶，装已灭菌的 LB 液体培养基 100~200ml 及相应氨苄青霉素。以 0.5%~1% 的浓度接种菌液，100~200r/min、37℃摇床培养至 $OD_{600}$ 值为 0.6~0.8。

### (三) SDS 碱裂解法提取质粒的实验方案

**1. 基本原理**　大分子的大肠埃希菌的染色体 DNA 在细胞裂解的过程中会断裂成不同长度的线性双链 DNA 片段，当溶液的 pH 值调为大于 12 时，染色体 DNA 碱基对之间的氢键被破坏，双链被分离成单链，而超螺旋状态的质粒 DNA 的双链即使碱基配对被破坏也不会彼此分离，因为它们在拓扑学上是相互缠绕的。当再将溶液的 pH 值调回中性时，变性的染色体 DNA 会相互缠绕并且与变性蛋白质结合生成复合物；而超螺旋的质粒复性后仍是溶解状态的小分子，通过离心等方法很容易将其与染色体 DNA 分开，达到分离的目的。

实验使用的主要试剂有 3 种。

溶液Ⅰ：由葡萄糖、EDTA、Tris-HCl 组成。葡萄糖的作用是增加溶液的黏度，减少抽提过程中的机械剪切作用，防止破坏质粒；EDTA 的作用是与 $Mg^{2+}$ 等二价金属离子形成络合物，防止 DNA 酶对质粒分子的降解作用；Tris-HCl 能使溶菌液维持在溶菌作用的最适 pH 范围内。如果需要用溶菌酶可在临用前加入，抽提大肠埃希菌质粒时可不用溶菌酶。

溶液Ⅱ：由 SDS 与 NaOH 组成。SDS 的作用是解聚核蛋白并与蛋白质分子结合使之变性；NaOH（pH>12）的作用是破坏氢键，使 DNA 分子变性，为保证其强碱性，应注意 NaOH 要用新鲜配制的。

溶液Ⅲ：由 KAc 与 HAc 组成，$K^+$ 浓度为 3mol/L，$Ac^-$ 浓度为 5mol/L，是 pH 值为 4.8 的高盐溶液。溶液Ⅲ能中和溶液Ⅱ的碱性，使染色体 DNA 复性而发生缠绕，并使质粒 DNA 复性。$K^+$ 会与 SDS 形成溶解度很低的盐，并与蛋白质形成沉淀而将其除去。溶液中的染色体 DNA 也会与蛋白质 -SDS 形成相互缠绕的大分子物质，很容易与小分子的质粒 DNA 分离，此外，高盐溶液也有利于各种沉淀的形成。

**2. 设备及材料**　含 pBS 的 *E.coli* DH5α 或 JM 系列菌株，1.5ml 塑料离心管（EP 管），离心管架，微量取液器（10μl、200μl、1 000μl），台式高速离心机，恒温振荡摇床，高压蒸汽消毒器（灭菌锅），涡旋振荡器，恒温水浴锅等。

**3. 试剂**

(1)LB 液体培养基（见本节细菌培养的实验方案）。

(2)LB 固体培养基（见本节细菌培养的实验方案）。

(3)氨苄青霉素（ampicillin，Amp）母液：配成 50mg/ml 水溶液，-20℃保存备用。

(4)3mol/L NaAc（pH 5.2）：50ml 水中溶解 40.81g $NaAc \cdot 3H_2O$，用冰醋酸调 pH 至 5.2，加水定容至 100ml，分装后高压灭菌，储存于 4℃冰箱。

(5)溶液Ⅰ：50mmol/L 葡萄糖、25mmol/L Tris-HCl（pH 8.0）、10mmol/L EDTA（pH 8.0）。溶液Ⅰ可成批配制，每瓶 100ml，高压灭菌 15min，储存于 4℃冰箱中，使用时加入 RNA 酶 A 至终浓度为 20μg/ml。

(6)溶液Ⅱ：0.2mol/L NaOH（临用前用 10mol/L NaOH 母液稀释），1% SDS。

(7)溶液Ⅲ：5mol/L KAc 60ml，冰醋酸 11.5ml，$H_2O$ 28.5ml，定容至 100ml，并高压灭菌。

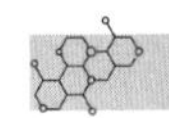

溶液终浓度为：$K^+$ 3mol/L，$Ac^-$ 5mol/L。

(8) RNA 酶 A 母液：将 RNA 酶 A 溶于 10mmol/L Tris-HCl（pH 7.5）、15mmol/L NaCl 中，配成 10mg/ml 的溶液，于 100℃加热 15min，使混有的 DNA 酶失活。冷却后用 1.5ml EP 管分装成小份保存于 -20℃。

(9) 饱和酚：市售酚中含有醌等氧化物，这些氧化物可引起磷酸二酯键的断裂及导致 RNA 和 DNA 的交联，应在 160℃用冷凝管进行重蒸。重蒸酚加入 0.1% 的 8- 羟基喹啉（作为抗氧化剂），并用等体积的 0.5mol/L Tris-HCl（pH 8.0）和 0.1mol/L Tris-HCl（pH 8.0）缓冲液反复抽提，使之饱和并使其 pH 值达到 7.6 以上，因为酸性条件下 DNA 会分配于有机相。

(10) 氯仿 - 异戊醇（24∶1）：按体积比加入氯仿和异戊醇。氯仿可使蛋白变性，并有助于液相与有机相的分开，异戊醇则可消除抽提过程中出现的泡沫。将上述溶液与饱和酚按体积比为 1∶1 混合，即得酚 - 氯仿（1∶1）。酚和氯仿均有很强的腐蚀性，操作时应戴手套。

(11) TE 缓冲液：10mmol/L Tris-HCl（pH 8.0）、1mmol/L EDTA（pH 8.0），高压灭菌后储存于 4℃冰箱中。

(12) STE：0.1mol/L NaCl、10mmol/L Tris-HCl（pH 8.0）、1mmol/L EDTA（pH 8.0）。

(13) 溶菌酶溶液：用 10mmol/L Tris-HCl（pH 8.0）溶液配制成 10mg/ml 的溶液，并分装成小份（如 1.5ml）保存于 -20℃，每小份一经使用后便丢弃。

**4. SDS 碱裂解法小量提取质粒的实验步骤**

(1) 将含有质粒 pBS 的 *E.coli* DH5α 菌种接种在 LB 固体培养基（含 50μg/ml Amp）中，37℃培养 12~24h。用无菌牙签挑取单菌落，接种到 5ml LB 液体培养基（含 50μg/ml Amp）中，37℃振荡培养约 12h。

(2) 取 1.5ml 培养液倒入 1.5ml EP 管中，4℃下 12 000g 离心 30s。

(3) 弃上清，将管倒置于卫生纸上数分钟，使液体流尽。

(4) 菌体沉淀重悬浮于 100μl 溶液Ⅰ中（须剧烈振荡），室温下放置 5~10min。

(5) 加入 200μl 新配制的溶液Ⅱ，盖紧管口，快速温和颠倒 EP 管数次，以混匀内容物（千万不要振荡），冰浴 5min。

(6) 加入 150μl 预冷的溶液Ⅲ，盖紧管口，并倒置离心管，温和振荡 10s，使沉淀混匀，置于冰浴中 5~10min，4℃ 12 000g 离心 5~10min。

(7) 上清液移入干净 EP 管中，加入等体积的酚 - 氯仿（1∶1），振荡混匀，4℃ 12 000g 离心 5min。

(8) 将水相移入干净 EP 管中，加入 2 倍体积的无水乙醇，振荡混匀后，置于 -20℃冰箱中 20min，然后 4℃ 12 000g 离心 10min。

(9) 弃上清，将管口敞开倒置于卫生纸上使所有液体流出，加入 1ml 70% 乙醇洗沉淀一次，4℃ 12 000g 离心 5~10min。

(10) 吸除上清液，将管倒置于卫生纸上使液体流尽，室温下干燥 10min。

(11) 将沉淀溶于 20μl TE 缓冲液（pH 8.0，含 20μg/ml RNaseA）中，储于 -20℃冰箱中。

SDS 碱裂解法小量提取质粒的注意事项包括以下几点。

(1) 提取过程应尽量保持低温。

(2) 提取质粒 DNA 过程中除去蛋白很重要，采用酚 - 氯仿去除蛋白效果比单独用酚或氯仿好，要将蛋白尽量除干净，需要多次抽提。

(3)沉淀DNA应使用预冷的乙醇，在低温条件下放置时间稍长可使DNA沉淀完全。也可用异丙醇在常温下沉淀，但这种方法易把盐沉淀下来，所以小量提取DNA还是适合用乙醇。

5. **SDS碱裂解法大量提取质粒的实验步骤**　在制作酶谱、测定序列、制备探针等实验中需要高纯度、高浓度的质粒DNA，为此需要大量提取质粒DNA。

(1)用无菌牙签挑取含有质粒pBS的DH5α菌种单菌落接种到30ml LB液体培养基(含50μg/ml Amp)中，37℃振荡培养至对数生长期晚期($OD_{600}$约为0.6)，然后取25ml该菌液接种至500ml LB液体培养基(含50μg/ml Amp)中，37℃振荡培养12~16h。

(2)先从500ml的菌液中取1~2ml至离心管中，4℃保存，其余菌液2 700g离心后收集细菌，沉淀重新悬浮于200ml用冰预冷的STE中，然后2 700g再离心，弃上清，收集细菌沉淀，-20℃保存。

(3)步骤(2)中取出的1~2ml菌液用前述的SDS碱裂解法小量提取质粒的方法纯化，然后通过酶切或测序的方法确认质粒的正确性。

(4)确认正确后，将步骤(2)中-20℃冻存的细菌解冻后，重新悬浮于18ml溶液Ⅰ中，充分悬浮菌体细胞，然后加入2ml新配制的溶菌酶(10mg/ml)。

(5)加入40ml新配制的溶液Ⅱ，盖紧瓶盖，缓缓地颠倒离心管数次，以充分混匀，室温放置5~10min。

(6)加入20ml用冰预冷的溶液Ⅲ，摇动离心管数次以混匀内容物，冰上放置10min，此时应形成白色絮状沉淀。

(7)4℃下20 000g离心30min。

(8)小心移取上清液至量筒中，量取体积后转移至干净离心管内，加入0.6倍体积异丙醇，室温放置10min。

(9)12 000g离心15min，弃去上清。

(10)用70%乙醇洗涤一次沉淀，12 000g离心10min后弃去上清，开盖，室温晾干10min。

(11)加入3ml TE缓冲液(pH 8.0，含20μg/ml RNaseA)溶解沉淀。

(12)上述得到的为质粒粗制品，可通过酚-氯仿法、柱层析法或氯化铯梯度离心法进行纯化。

SDS碱裂解法大量提取质粒的注意事项包括以下几点。

(1)步骤(3)的验证是有必要的，可避免因某些错误导致试剂及时间的大量浪费。

(2)提取过程中尽量保持低温，加入溶液Ⅱ和溶液Ⅲ后应轻缓混合，切忌剧烈振荡。

(3)由于RNA酶A中常存在有DNA酶，可利用RNA酶耐热的特性，使用时先对该酶液进行热处理(80℃ 1h)，使DNA酶失活。

6. **注意事项及常见问题分析**

(1)溶液Ⅰ中含有葡萄糖，易长菌，配好后应湿热灭菌，保存于4℃冰箱中。

(2)溶液Ⅱ配制时应注意：NaOH要用新鲜配制的，若放置时间较长，部分NaOH会吸收空气中的$CO_2$形成$Na_2CO_3$，影响溶液Ⅱ的碱性。

(3)去除蛋白质：细胞裂解液中的杂质除了染色体DNA外，还有各种细胞壁、细胞膜的碎片，各种酶与其他蛋白质、脂质类杂质以及RNA等，纯化步骤应有针对性地将它们去除。例如，用离心的方法去除各种细胞碎片；用酚处理，去除蛋白质，包括各种酶；用RNA酶处

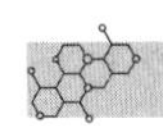

理，去除 RNA 等。常用的去除蛋白质的试剂有酚、酚 - 氯仿、氯仿 - 异戊醇，这 3 种试剂各有特点。酚是一种作用非常强烈的蛋白质变性剂，多在初步纯化过程中使用，能非常有效地使蛋白质变性进而将其去除。酚 - 氯仿也是一种高效的蛋白质变性剂，氯仿有强烈的溶脂性，对于同时去除脂质类杂质很有好处；氯仿 - 异戊醇使蛋白质变性的能力较弱，主要用于含酚试剂处理后的抽提，否则微量的酚对于以后的酶切、转化等过程都会产生不利影响。去除蛋白质杂质的正确处理过程应该是酚→酚 - 氯仿→氯仿 - 异戊醇，根据实验情况也可考虑省略第一或第二步，但不可将氯仿 - 异戊醇的处理步骤省略。

(4) 去除 RNA：可选用 RNA 酶进行处理，最常用的是牛胰 RNaseA。RNaseA 的最适作用温度为 65℃，65℃保温可更彻底地去除 RNA，可使 RNA 中某些 37℃时稳定的二级结构打开，有利于 RNaseA 的作用。

(5) 沉淀的溶剂：用乙醇沉淀 DNA 时一般须加入 2 倍体积(2*V*) 的乙醇，当沉淀不含 RNA 的小分子 DNA 时，也可将乙醇的体积增加为 2.5~3*V*，这样会使沉淀更加完全，沉淀 RNA 时则一般用 2.5*V* 的乙醇。用异丙醇沉淀 DNA 时，所需的体积为 0.6~1*V*。乙醇沉淀法的特点：盐等杂质不易在乙醇中沉下，所以沉淀过程可在 0℃进行，而且乙醇比异丙醇更易挥发，所以纯化后残余更少，但由于需要加入 2 倍体积以上的溶液，乙醇沉淀法适合用于提取小量质粒 DNA。异丙醇沉淀法的特点：盐等杂质易在异丙醇中沉下，所以沉淀要在室温下进行，并且时间不宜长于 15min，沉淀离心后还要用 70% 的乙醇洗涤，以去除盐类与挥发性较小的异丙醇等杂质。由于异丙醇沉淀时只需要加入 0.6~1*V* 的体积，使溶液增加的体积不多，所以适用于大量质粒 DNA 的初步抽提过程。

(6) 沉淀的温度和时间：低温有助于沉淀，沉淀时间一般为 15~30min，对于分子较小的或浓度较低的 DNA，增加沉淀时间会明显提高回收率。

(7) 离心条件：一般浓度的 DNA 沉淀用 12 000g 的离心力即可，能达到 16 000g 更好；一般离心时间为 20min 以内，再延长时间对提高回收率的作用并不明显，而离心机的发热现象却大大增加；传统的操作是在 4℃进行 DNA 沉淀的离心，但有研究表明，室温下离心并不会降低回收率。

### (四) 煮沸裂解法提取质粒 DNA 的实验方案

煮沸裂解法可用于提取小于 15kb 的质粒 DNA，提取菌液的体积可少至 1ml，多至 250ml，适用于大多数大肠埃希菌菌株。煮沸裂解法的特点是简便、快速，能同时处理多个样品，所得 DNA 可满足限制性内切酶消化、电泳分析的需要。

**1. 煮沸裂解法的原理**　细菌悬浮于含有 Triton X-100 和溶菌酶的缓冲液中，加热到 100℃使其裂解，加热除了破坏细菌外壁，还会使蛋白质变性和染色体 DNA 解链，而超螺旋状态的质粒 DNA 双链彼此不会分离，这是因为它们的磷酸二酯骨架具有互相缠绕的拓扑结构。当温度下降后，质粒 DNA 可重新形成超螺旋结构。离心除去变性的染色体 DNA 和蛋白质，就可从上清中回收质粒 DNA。

**2. 试剂及器材**

(1) STET：0.1mol/L NaCl、10mmol/L Tris-HCl (pH 8.0)、10mmol/L EDTA (pH 8.0)、5% Triton X-100。

(2) 溶菌酶溶液：用 10mmol/L Tris-HCl (pH 8.0) 溶液配制成 10mg/ml 的溶液，并分装保存于 –20℃。

(3) 3mol/L NaAc (pH 5.2): 在 50ml 水中溶解 40.81g NaAc·3$H_2O$,用冰醋酸调 pH 至 5.2,加水定容至 100ml,分装后高压灭菌,储存于 4℃冰箱。

(4) TE 缓冲液: 10mmol/L Tris-HCl (pH 8.0)、1mmol/L EDTA (pH 8.0),高压灭菌后储存于 4℃冰箱中。

(5) 设备: 沸水浴装置、离心机。

3. **操作步骤(小量提取)**

(1) 将 1.5ml 培养液倒入离心管中,4℃下 12 000g 离心 30s。

(2) 弃上清,将管倒置于卫生纸上几分钟,使液体流尽。

(3) 将菌体沉淀悬浮于 350μl STET 溶液中,涡旋混匀。

(4) 加入 25μl 新配制的溶菌酶溶液(10mg/ml),涡旋振荡 3s。

(5) 将离心管放入沸水浴中,50s 后立即取出。

(6) 4℃ 12 000g 离心 15min。

(7) 上清转移至新的离心管中,加入 40μl 3mol/L NaAc 和 420μl 异丙醇,混匀后室温放置 5min。

(8) 4℃ 12 000g 离心 10min,弃上清后,用 1ml 70% 乙醇洗涤沉淀一次,12 000g 离心 3min,弃上清,开盖晾干 5min。

(9) 沉淀溶于 20μl TE 缓冲液(pH 8.0,含 20μg/ml RNaseA)中,储存于 -20℃冰箱中。

4. **注意事项**

(1) 某些菌株如 HB101 及其衍生菌株(其中含有三酰甘油脂肪酶)能产生大量的碳水化合物,不推荐使用该法。

(2) 大肠埃希菌可从固体培养基上挑取单个菌落直接进行煮沸法提取质粒 DNA。

(3) 煮沸法中,添加的溶菌酶不能过多,溶菌酶浓度过高时,细菌裂解效果反而不好。

### (五) 纯化柱提取质粒 DNA 的实验方案

为了提高实验效率,商家开发了不同原理的质粒 DNA 提取试剂盒,可以快速高效地得到纯度较高、质量较好的质粒 DNA,其中以层析树脂和硅化吸附柱为基础的试剂盒居多。试剂盒的工作原理一般分两类:一类是以疏水反应进行纯化,另一类是利用混合离子交换和吸附反应进行纯化。以下简单介绍一种常用的柱式质粒 DNA 小量提取试剂盒的操作过程。

1. **试剂盒组成** 核酸纯化柱、buffer P1、buffer P2、buffer P3、wash solution、elution buffer、RNase A。

2. **提取原理** 通过改良的碱裂解法得到质粒粗提液,粗提液通过核酸纯化柱后,质粒 DNA 会特异地吸附于柱内,漂洗纯化柱后,可用洗脱缓冲液将质粒 DNA 洗脱下来。

3. **操作步骤**

(1) 挑取单菌落接种于 3ml 含相应抗生素的 LB 培养液中,置于摇床中,37℃、220r/min 摇菌过夜。

(2) 将过夜培养(37℃,12~16h)的菌液 1.5~5ml 于室温下 8 000g 离心 2min,彻底弃除上清。

(3) 加入 250μl buffer P1,充分混悬振荡或用枪头反复吹打,使细菌彻底分散悬浮。

(4) 加入 250μl buffer P2,轻轻上下颠倒混合 5~10 次,室温静置 2~4min,待细菌充分裂解,溶液变半透明为止。

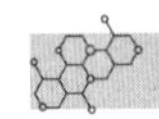

(5) 加入 350μl buffer P3,轻轻上下颠倒混合 5~10 次,充分混匀,避免剧烈振荡。室温下 12 000g 离心 10min。

(6) 小心吸取上清,转移到已插入收集管的吸附柱内,室温下 9 000g 离心 30s。倒掉收集管中的液体,将吸附柱重新插回同一收集管中。

(7) 加入 500μl wash solution 于吸附柱中,室温下 9 000g 离心 30s,弃除收集管中的废液,将离心后的吸附柱重新插回收集管中。

(8) 重复步骤(7)一次,然后将吸附柱重新插回收集管中,再次离心 1min,彻底除去残余漂洗液。

(9) 洗脱:小心取出吸附柱,将其套入一个干净的 1.5ml 离心管中。向吸附柱的硅胶吸附膜中央加入 50μl elution buffer,室温下放置 2min 后,9 000g 离心 1min,收集质粒 DNA 溶液。

**4. 注意事项**

(1) 应根据所需质粒的量来选择试剂盒(小提、中提、大提等)。

(2) 如果载体后期用于哺乳动物,应选用可同时去除内毒素的质粒提取试剂盒。

## 第二节　切割目的基因和基因载体

获取了目的基因和基因载体以后,必须在体外把目的基因重组到基因载体上,构建重组 DNA 分子。要达到这一目的,首先需要利用限制性内切核酸酶分别切割目的基因和基因载体,以形成相应的黏端或平端切口。

### 一、限制性内切酶的基本概念

限制性内切酶是来源于原核生物的一类内切核酸酶,能识别 DNA 的特异序列并在此位点或周围切割双链 DNA,根据酶来源的生物名称缩写命名:属名 - 种名 - 株名 - 发现先后次序。

#### (一) 限制性内切酶的分类

根据限制性内切酶的组成、作用方式等,可将其分为 3 种类型:Ⅰ类、Ⅱ类和Ⅲ类酶,重组 DNA 技术中所用的主要为Ⅱ类酶。

Ⅰ类和Ⅲ类酶在同一蛋白质分子中兼有切割和修饰(甲基化)作用且依赖于 ATP 的存在。Ⅰ类酶可结合于识别位点并随机地切割识别位点不远处的 DNA,而Ⅲ类酶可在识别位点上切割 DNA 分子,然后从底物上解离。

Ⅱ类酶有两种:一种为限制性内切核酸酶(限制酶),它可切割某一特异的核苷酸序列;另一种为独立的甲基化酶,它可修饰同一识别序列。绝大多数Ⅱ类限制酶能识别长度为 4 至 6 个核苷酸的回文对称特异核苷酸序列,有少数酶能识别更长的序列或简并序列。Ⅱ类酶的切割位点在识别序列中,有的切割位点在对称轴处,产生平末端的 DNA 片段(如 *Sal* Ⅰ: 5'-CCC↓GGG-3');有的切割位点在对称轴一侧,产生带有单链突出末端的 DNA 片段,即黏性末端,如 *Eco*R Ⅰ。

### （二）限制性内切酶的特点

1. **序列特异**　限制性内切酶可在DNA分子双链的特异性部位（识别序列）切断DNA分子，识别序列通常是含4~8个核苷酸的特定序列，常见的为四、六或八核苷酸序列。识别序列大多呈回文结构，即核苷酸序列呈二元旋转对称。如：

| | |
|---|---|
| *Eco*R Ⅰ的识别序列 | 5'-GAATTC-3'<br>3'-CTTAAG-5' |
| *Bam*H Ⅰ的识别序列 | 5'-GGATCC-3'<br>3'-CCTAGG-5' |

2. **切割方式**　限制性内切酶的切割方式主要有两种。一种产生黏端切口，大多数限制性内切酶为此类；另一种产生平端切口。常用的限制性内切酶的切割方式见表5-1。

**表5-1　常用的限制性内切酶**

| 名称 | 识别序列及切割位点 | 特点 |
|---|---|---|
| *Bam*H Ⅰ | 5'…G▼GATCC…3' | 切割后产生5'黏性末端 |
| *Bgl* Ⅱ | 5'…A▼GATCT…3' | |
| *Eco*R Ⅰ | 5'…G▼AATTC…3' | |
| *Hind* Ⅲ | 5'…A▼AGCTT…3' | |
| *Hpa* Ⅱ | 5'…C▼CGG…3' | |
| *Mbo* Ⅰ | 5'…▼GATC…3' | |
| *Nde* Ⅰ | 5'…GA▼TATG…3' | |
| *Apa* Ⅰ | 5'…GGGCC▼C…3' | 切割后产生3'黏性末端 |
| *Hae* Ⅱ | 5'…PuGCGC▼Py…3' | |
| *Kpn* Ⅰ | 5'…GGTAC▼C…3' | |
| *Pst* Ⅰ | 5'…GTGCA▼G…3' | |
| *Sph* Ⅰ | 5'…GCATG▼C…3' | |
| *Alu* Ⅰ | 5'…AG▼CT…3' | 切割后产生平末端 |
| *Eco*R Ⅴ | 5'…GAT▼ATC…3' | |
| *Hae* Ⅲ | 5'…GG▼CC…3' | |
| *Pvu* Ⅱ | 5'…CAG▼CTG…3' | |
| *Sma* Ⅰ | 5'…CCC▼GGG…3' | |

黏端切口：在识别序列相对两链之间的切口错开数个核苷酸，两个单链的断裂点不直接相对，从而产生具有互补性的单链延伸末端（黏性末端），如*Eco*R Ⅰ（图5-6）。

平端切口：在识别序列相对两链的同一水平切断DNA双链，产生平末端，如*Hpa* Ⅰ（图5-7）。

3. **同裂酶和同尾酶**

（1）同裂酶：来源不同的限制性内切酶具有同样的识别序列，切割DNA后产生同样的末端，如*Hpa* Ⅱ和*Msp* Ⅰ的识别序列：5'-CCGG-3'。

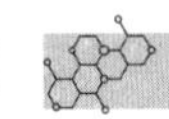

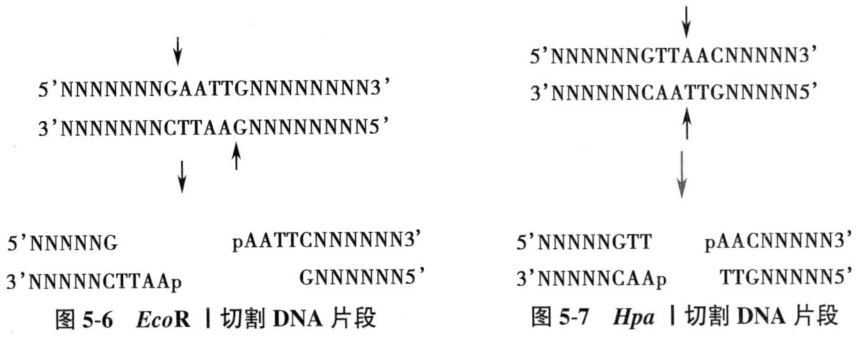

图 5-6　*Eco*R Ⅰ切割 DNA 片段　　图 5-7　*Hpa* Ⅰ切割 DNA 片段

(2) 同尾酶：来源不同、识别序列也不同，但产生出相同的黏性末端的限制性内切酶。同尾酶产生的 DNA 片段，相互间能通过其黏性末端的互补作用连接起来，产生所谓"杂种位点"，如 *Bam*H Ⅰ、*Bcl* Ⅰ、*Bgl* Ⅱ、*Sau*A Ⅰ、*Xho* Ⅱ切割 DNA 产生的黏性末端：5'-GATC-3'。

### （三）酶单位的定义

限制性内切酶的单位通常定义为：1U（单位）的酶能在约 50μl 合适的反应缓冲体系中，在 1h 内完全酶切 1μg 的 DNA。确定限制酶单位的具体操作方法是分别向 1μg 的底物中加入一系列浓度的酶，当电泳观察到酶切片段的条带不再发生变化时说明已作用完全，完全切割所需的最少酶量定为 1U 的酶量。

### （四）限制性内切酶的应用

限制性内切酶是基因工程中必不可少的一种工具酶，此外，它还能用于建立 DNA 限制性内切酶酶切图谱，又称 DNA 的物理图谱，由一系列位置确定的多种限制性内切酶酶切位点组成，以直线或环状图式表示。在 DNA 序列分析、基因组的功能图谱绘制、DNA 的无性繁殖、基因文库的构建等工作中，建立限制性内切酶酶切图谱都是不可缺少的环节，近年来发展起来的 RFLP 技术更是建立在它的基础上。

## 二、酶切反应的体系和基本策略

1. DNA 底物

(1) DNA 底物的纯度：DNase、蛋白质、EDTA、SDS、高浓度的盐离子、酚、氯仿、醇类等均有可能影响限制性内切酶的活性，应使用相应的措施去除样品里的各类杂质。

(2) DNA 底物的结构：DNA 的空间结构、识别位点的侧翼序列、DNA 来源、识别位点种类等对酶切活性均有不同程度的影响。

(3) DNA 识别序列的甲基化：限制性内切酶不能切割甲基化的核苷酸序列。

**2. 酶切缓冲液**　酶切反应需要多种成分的参与，其反应体系包括氯化镁、氯化钠或氯化钾、Tris-HCl、巯基乙醇或 DTT 以及 BSA 等各组分，作用分别如下。

(1) 氯化镁（10mmol/L）：为酶提供激活因子。

(2) 氯化钠或氯化钾（约 150mmol/L）：为保持酶的活性及特异性提供合适的离子强度。

(3) Tris-HCl（100mmol/L）：将酶反应体系的 pH 值维持在 7.5~8.5。

(4) DTT（1mmol/L）：保护还原性基团，维持酶活性的稳定。

(5) BSA（0.01%）：通过提高溶液中蛋白质的浓度，对酶起保护作用。

各种限制性内切酶都有其相应的酶切缓冲液，使每种酶获得最适反应条件。现在限制性内切酶的很多厂商能提供 4 至 10 种缓冲体系，其中各必需成分之间只有很小的差别，目的是使每种酶都发挥最大的作用。缓冲液一般配成 10 × 的浓度，使用时以 1/10 的比例加入，为了减少吸量误差也可自行配制 5 × 的缓冲液。

3. **内切酶的用量**　进行质粒 DNA 酶切反应时，限制性内切酶用量可按标准体系 1μg DNA 加 1U 酶，消化 1~2h 的标准。如要完全酶切，则必须增加酶的用量，但酶溶液的总体积不可超过反应总体积的 10%，反应时间也要适当延长。

4. **酶切温度**　大多数酶切反应都在 37℃下进行，但也有许多例外。为了达到最佳的酶切效果，最好根据所选用的酶，确定所需要的反应温度，酶的生产厂家一般都会在说明书中标出。

5. **反应时间**　常规的酶切反应一般控制在 60min 内进行，但也可以根据切割对象与所用的酶将保温时间延长至过夜。

6. **终止酶切反应的方法**　如果须对酶切片段进行连接或标记等操作，首先要将限制酶灭活，灭活的方法可分为 3 种。

(1) 向反应缓冲体系中加入终浓度为 10~12.5mmol/L 的 EDTA，原理是 EDTA 可与酶反应中所需的镁离子生成络合物。但这种方法会影响后续需要镁离子的酶反应。所以，一般加入 EDTA 后，要用乙醇沉淀法来更换缓冲体系，以除去 EDTA，但这样就会造成 DNA 的损失。

(2) 热失活：一般的酶，如 *Eco*R Ⅰ等，在 65℃下保温 60min 即会完全失活；另一些酶，如 *Hin*d Ⅲ等，须在 85℃下保温 30min 方能达到目的。热失活方法的特点是简便，并且未向体系中引入任何物质，特别适用于连续进行几个酶切反应；热失活法的另一个特点是不用更换体系，所以不会造成 DNA 的损失。

(3) 用酚和氯仿抽提使之失活，之后以乙醇沉淀 DNA 片段。这种方法的特点是处理条件剧烈，能使酶彻底失活。

## 三、酶切反应的实验方案

### (一) 单酶切反应

1. **材料**　重组质粒 DNA。

2. **试剂和器材**　*Bam*H Ⅰ和 *Bam*H Ⅰ 10 × 反应缓冲液、*Hin* Ⅲ和 *Hin* Ⅲ 10 × 反应缓冲液、蒸馏水、恒温水浴箱、琼脂糖凝胶电泳所需试剂和设备。

3. **操作步骤**

(1) 将清洁干燥并经灭菌的离心管编号，用微量移液枪按表 5-2 加样。加样顺序：先加入质粒 DNA 1μg 和相应的 10 × 反应缓冲液 2μl，再加入蒸馏水，使总体积为 19μl，将管内溶液混匀后，加入 1μl 酶液，用手指轻弹管壁使溶液混匀，也可用微量离心机甩一下，使溶液集中在管底。此步操作是整个实验成功的关键，要防止错加、漏加。使用限制性内切酶时应尽量保持低温，以免酶的活性降低。

(2) 混匀反应体系后，将 EP 管置于适当的支持物上（如插在泡沫塑料板上），37℃水浴保温 2~3h，使酶切反应进行完全。

(3) 每管加入 2μl 0.1mol/L EDTA（pH 8.0）混匀，以停止反应，也可加热使酶失活（温度应查阅酶的商品说明书），然后置于冰箱中保存备用或进行琼脂糖凝胶电泳观察结果。

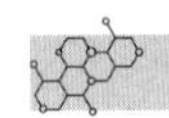

表 5-2 单酶切反应体系 单位：μl

| 试剂 | 试管编号 | | |
|---|---|---|---|
| | 1 | 2 | 3 |
| 质粒 DNA | 10 | 10 | 10 |
| *Hin*d Ⅲ反应缓冲液 | 2 | – | – |
| *Bam*H Ⅰ反应缓冲液 | – | 2 | 2 |
| *Hin*d Ⅲ | 1 | – | – |
| *Bam*H Ⅰ | – | 1 | – |
| $ddH_2O$ | 7 | 7 | 8 |

**4. 注意事项**

(1)酶切时所加 DNA 溶液体积不能太大，否则 DNA 溶液中其他成分会干扰酶反应。

(2)反应液中加入过量的酶是不合适的，除考虑成本外，酶液中的微量杂质可能干扰随后的反应。

(3)DNA 的浓度也会影响酶切效果，浓度过高就有可能发生酶切困难。

(4)如使用紫外透射仪观察 DNA 或从胶上回收 DNA，应尽量缩短光照时间并采用长波长紫外灯(300~360nm)，以减少紫外光对 DNA 的切割。

### (二) 双酶切反应

**1. 材料、试剂和器材** 材料、试剂、器材与单酶切反应相同。

**2. 操作步骤**

(1)当两种酶可使用相同的 10×反应缓冲液时，可按如下试剂进行加样。

质粒 DNA 1~2μg(1μg/μl) 2μl

10×酶切反应缓冲液 2μl

*Hin*d Ⅲ 1μl

*Bam*H Ⅰ 1μl

$ddH_2O$ 14μl

总体积 20μl

37℃下离心混匀 1~2h，进行电泳鉴定。

(2)反应条件不同时，需要分别进行酶切反应。

第一步酶切反应：

质粒 DNA1~2μg(1μg/μl) 2μl

*Hin*d Ⅲ反应缓冲液 2μl

*Hin*d Ⅲ 1μl

$ddH_2O$ 15μl

总体积 20μl

37℃下离心混匀 1h。

第一步酶切的产物通过乙醇沉淀法纯化，沉淀的 DNA 中加 $ddH_2O$ 17μl，再进行第二步的酶切反应。

第二步酶切反应：

| | |
|---|---|
| $ddH_2O$（含上一步沉淀的 DNA） | 17μl |
| *Bam*H Ⅰ反应缓冲液 | 2μl |
| *Bam*H Ⅰ | 1μl |
| 总体积 | 20μl |

37℃下离心混匀 1h，电泳鉴定。

**3. 注意事项**

（1）在同一反应体系中进行双酶切反应时，两种酶的最适条件应一致，包括缓冲液、反应温度及时间，否则会造成不完全酶切。

（2）两种酶切条件不同的，应分步酶切，顺序一般为先酶切低温要求的，再酶切高温要求的；先酶切低盐浓度要求的，再酶切高盐浓度要求的。

**（三）酶切实验的注意事项及常见问题与分析**

1. 限制性内切核酸酶需要保存于 -20℃，操作时应将酶保持在冰浴中，避免长时间置于冰箱外。

2. 限制性内切核酸酶的保存液中通常含有 50% 甘油，使其在 -20℃不至于冻结，加入反应管后，因酶液的相对密度较大，往往沉淀至溶液底部，所以要充分摇匀。

3. 注意酶的用量，酶量并不是越多越好，一般可参照说明书来确定。酶量过大（酶：DNA ≥ 25U/μg）时，有产生星活性（star activity）的可能，即在识别序列以外的位点进行切割。此外，反应体系中甘油终浓度大于 5%，缺少 NaCl，存在 $Mn^{2+}$ 等情况下，都有可能出现星活性，因此酶的加入总量不宜超过反应总体积的 1/10。

4. 具有互补性的黏性末端在使用 DNA 连接酶连接后，不能再用限制酶切割。

5. 如果酶切后电泳结果显示出不清晰条带或成为一片红色（术语称 smear）时，可能是 DNA 样品或反应体系中已经被 DNA 酶污染了。

6. 样品中含有大量 RNA 杂质时，酶的有效浓度会减少，因此影响酶切效果，可用 RNA 酶处理；某些杂蛋白质未除净而与 DNA 结合时，酶切效果也会受到影响，可用氯仿 - 异戊醇抽提；抽提过程中如有残存的氯仿、SDS、EDTA、酚、EB、乙醇、琼脂糖凝胶中的硫酸根离子等小分子物质时，可以通过乙醇沉淀 DNA，更换一个新的缓冲体系。

7. 微量的污染物进入限制性内切酶贮存液中时，会影响限制性内切酶的进一步使用，因此在吸取限制性内切酶时，每次都要用新的吸管头。

8. 酶切失败时除考虑 DNA 的因素以外，还应考虑其他因素，如无菌水、管子、吸嘴等的干净程度。

## 第三节　目的基因和载体的体外连接

### 一、目的基因和载体重组的基本策略

常用的连接方式主要有黏性末端连接法和平末端连接法，操作时主要根据目的基因末

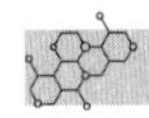

端的性质,以及质粒载体与目的基因上的酶切位点来做选择。

### (一) 黏性末端连接法

目的基因片段与载体 DNA 必须有同源性的黏性末端,才能进行黏性末端连接。所谓同源性的黏性末端有两种情况,一种是由不同限制性内切酶产生的非互补的不同黏性末端,另一种是由同一种限制性内切酶产生的黏性末端。

1. **不同黏性末端的连接(定向克隆)** 用两种不同的限制性内切酶进行消化,可以产生带有不同的黏性末端的 DNA 片段,这也是最容易克隆的 DNA 片段。一般情况下,常用的质粒载体均带有多个不同限制酶的识别序列组成的多克隆位点,因而几乎总能找到含有与外源 DNA 片段末端匹配的限制酶切位点的载体,从而将外源片段定向地克隆到载体上。也可在 PCR 扩增时,在 DNA 片段两端人为加上不同酶切位点以便与载体相连。

2. **带有相同的黏性末端** 用相同的酶或同尾酶处理可得到这样的末端。由于质粒载体也必须用同一种酶消化,得到同样的两个黏性末端,因此在连接反应中外源片段和质粒载体 DNA 均可能发生自身环化或几个分子串联形成寡聚体,而且正反两种连接方向都可能存在。所以,必须仔细调整连接反应中两种 DNA 的浓度,使正确的连接产物的数量达到最高水平,还可将载体 DNA 的 5’ 端磷酸基团用碱性磷酸酯酶去掉,最大限度地抑制质粒 DNA 的自身环化。带 5’ 端磷酸基团的外源 DNA 片段可以有效地与去磷酸化的载体相连,产生一个带有两个缺口的开环分子,在转入 *E.coli* 受体菌后的扩增过程中缺口可自动修复。

### (二) 平末端连接法

平末端是由能产生平末端的限制酶或核酸外切酶消化产生的,或由 DNA 聚合酶补平所产生的。平末端连接有几种常见的状况:同一限制酶切割位点的平端连接、不同限制酶切割位点的平端连接、黏性末端补齐或削平后产生的平端连接。

由于平端的连接效率比黏性末端要低得多,故在其连接反应中,T4 DNA 连接酶的浓度和外源 DNA 及载体 DNA 浓度均要高得多,通常还需要加入低浓度的聚乙二醇(PEG 8000)以促进 DNA 分子凝聚成聚集体,以提高转化效率。

### (三) 人工接头连接

特殊情况下,若外源 DNA 分子的末端与所用的载体末端无法相互匹配,可以有控制地使用 *E.coli* DNA 聚合酶Ⅰ的 klenow 大片段部分填平 3’ 端凹缺,使不相匹配的末端转变为互补末端或转变为平末端后,再进行连接,也可以在线状质粒载体末端或外源 DNA 片段末端接上合适的接头(linker)或衔接物(adapter)使其互相匹配。

可以使用人工合成的带有限制性内切核酸酶识别序列的寡核苷酸,即人工连接器,把它接到目的基因或载体上,可产生所需的黏性末端(图 5-8)。

### (四) 同聚物加尾连接

末端转移酶(terminal deoxynucleotidyl transferase, TdT)可以在 DNA 片段末端人工制造出黏性末端,如 poly(dT) 和 poly(dA),形成互补的黏性末端,然后可将黏性末端通过 DNA 连接酶进行连接。TdT 是从动物组织中分离得到的一种特异性 DNA 聚合酶,它能将核苷酸加到 DNA 分子末端的 3’-OH 基团上,不需要模板的存在(图 5-9)。

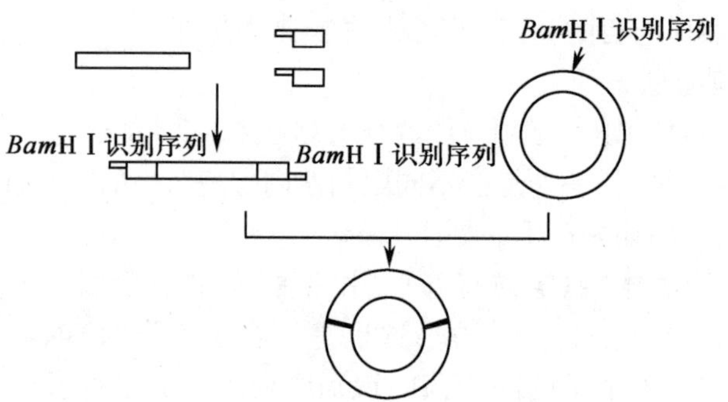


图 5-8　通过人工接头进行 cDNA 克隆

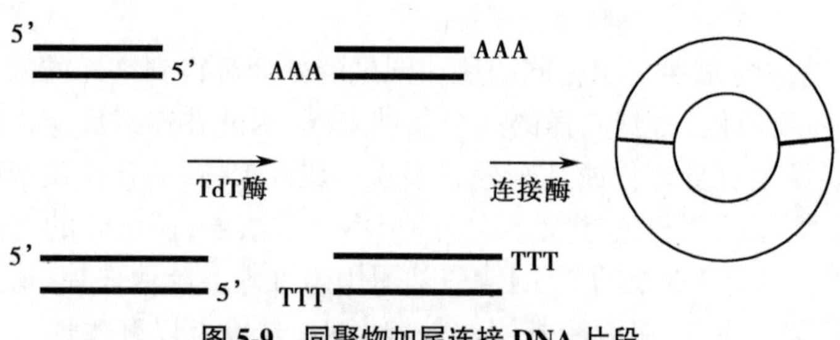


图 5-9　同聚物加尾连接 DNA 片段

## 二、目的基因和载体连接的工具酶

目的基因和载体链接时，使用的工具酶是 DNA 连接酶。

### （一）DNA 连接酶的基本概念

DNA 连接酶是指通过催化两条 DNA 链间磷酸二酯键的形成，从而将两段或数段 DNA 片段连接起来的酶（图 5-10）。

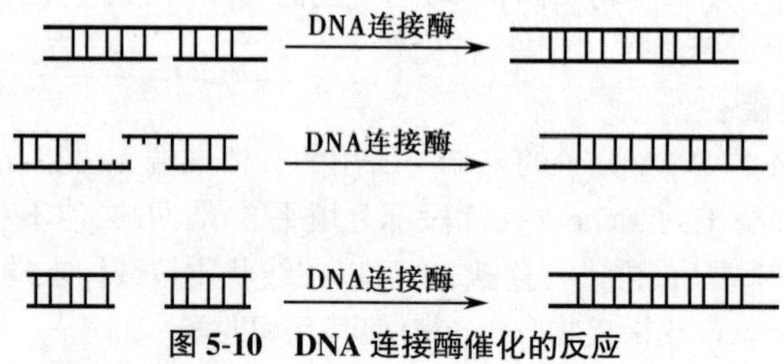


图 5-10　DNA 连接酶催化的反应

### （二）DNA 连接酶的作用机制及类型

DNA 连接酶的连接反应本质上是一种酶促生物化学过程，即催化相邻 DNA 的 3'-OH 和 5'- 磷酸基末端形成磷酸二酯键，并且把两段 DNA 拼接起来（图 5-11）。最常用的是来自大肠埃希菌 T4 噬菌体的 T4 DNA 连接酶和来自大肠埃希菌染色体编码的大肠埃希菌 DNA 连接酶，两类酶的作用机制类似，只是辅助因子不同（表 5-3）。

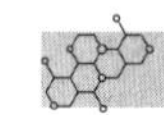

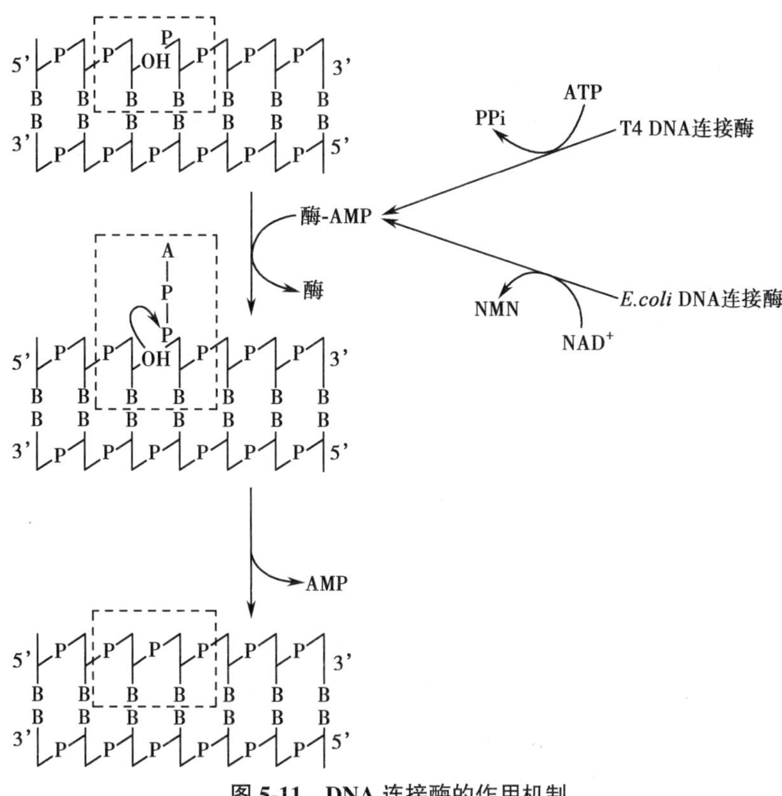

图 5-11 DNA 连接酶的作用机制

表 5-3 DNA 连接酶的类型和作用特点

| 特点 | T4 DNA 连接酶 | 大肠埃希菌 DNA 连接酶 |
|---|---|---|
| 作用机制 | 形成磷酸二酯键,连接两个 DNA 片段 | |
| 辅助因子 | ATP | $NAD^+$ |
| 反应类型 | 黏端连接、平端连接 | 黏端连接 |
| 最适温度 | 12~16℃ | |

## (三) 连接反应的体系与基本策略

**1. 连接缓冲液** 不同的公司提供的连接缓冲液可能有所不同,但一般都含以下组分。

Tris-HCl 20~100mmol/L

$MgCl_2$ 10mmol/L

DTT 1~20mmol/L

BSA 25~50μg/ml

ATP ≤ 1mmol/L

Tris-HCl 的 pH 值范围为 7.4~7.8,较多选用 pH 值为 7.8 的溶液,目的是提供酸碱度合适的连接体系;$MgCl_2$ 的作用是激活酶反应;DTT 较多选用 10mmol/L 的溶液,作用是维持还原性环境,使酶活性保持稳定;BSA 的作用是增加蛋白质的浓度,防止因蛋白质浓度过稀而造成酶的失活;与限制酶缓冲液不同的是连接缓冲液中还含有 0.5~4mmol/L 的 ATP,现多用 1mmol/L 的溶液,这是连接酶反应所必需的。

2. **连接反应的温度**　4~15℃（以不高于黏性末端的熔点为宜）。

3. **连接反应的时间**　T4 DNA 连接酶连接黏性末端的效率较高，在室温或 16℃下 1~3h 可完成反应；连接平末端的效率较低，通常需要在 16℃或 4℃下过夜，才能完成反应。近年来出现了嗜冷细菌来源的快速 DNA 连接酶，反应时间可以缩短至 5min，大大提高了实验效率。

4. **载体和目的基因的比例及其浓度**　加入的质粒载体和目的基因片段的摩尔比一般为 1∶1，DNA 终浓度约为 10ng/L。有时为了防止载体自身的环化等问题，可以把载体和目的基因的摩尔比调整为 1∶(3~10)，以增加目的基因片段和载体连接的机会，减少载体的自身环化。

## 三、目的基因和载体连接的实验方案

在操作连接反应时，应针对具体的实验条件，根据目的基因末端的性质，以及质粒载体与目的基因上的酶切位点来进行操作。

表 5-4 总结了几种常见的连接方式和注意事项，可作为参考。

**表 5-4　目的基因片段与载体 DNA 的连接**

| 外源 DNA 片段所带末端 | 重组的要求 | 说明 |
| --- | --- | --- |
| 平端 | 要求高浓度的 DNA 和连接酶 | (1)非重组体克隆的背景可能很高<br>(2)质粒和外源 DNA 接合处的限制酶切位点消失<br>(3)重组质粒会带有外源 DNA 的串联拷贝 |
| 不同的黏端 | 用两种限制酶消化后需要纯化质粒载体以尽量提高连接效率 | (1)质粒和外源 DNA 接合处的限制酶切位点常可保留<br>(2)非重组体克隆的背景较低<br>(3)外源 DNA 只以一个方向插入载体中 |
| 相同的黏端 | 线状质粒 DNA 常用磷酸酶处理 | (1)质粒和外源 DNA 接合处的限制酶切位点常可保留<br>(2)外源 DNA 会以两个方向插入载体中<br>(3)重组质粒会带有外源 DNA 的串联拷贝 |

### （一）材料

载体质粒（闭合环状）、目的基因片段（末端分别含有 *Eco*R Ⅰ和 *Bam*H Ⅰ酶切序列）。

### （二）试剂

*Eco*R Ⅰ和 *Bam*H Ⅰ限制性内切酶及相应缓冲液；T4 DNA 连接酶（T4 DNA ligase）及连接缓冲液；低熔点琼脂糖凝胶；溴化乙锭（或替代染料）；LMT 洗脱缓冲液（20mmol/L Tris pH 8.0，1mmol/L EDTA pH 8.0）；酚，氯仿；乙酸铵（10mol/L）；无水乙醇，70% 乙醇；TE（pH 8.0）。

### （三）器材

恒温装置、离心机、台式高速离心机、琼脂糖凝胶电泳装置、电泳仪、微量移液枪、微量核酸分析仪。

### （四）实验步骤

1. 用 *Eco*R Ⅰ和 *Bam*H Ⅰ限制性内切酶消化载体和目的基因片段（步骤参见本章第二节酶切反应的实验方案）。

2. 酶切产物进行琼脂糖凝胶电泳。

3. **DNA 回收** 在紫外灯下用手术刀片将含有消化好的载体和目的基因片段的凝胶块切下，称重后用约 5 倍体积（100mg 凝胶 =100μl 体积）的 LMT 缓冲液 65℃温浴，让凝胶熔化，室温下冷却后，经酚、酚 - 氯仿（1∶1）、氯仿各抽提一次，加入 0.2 倍体积乙酸铵和 2 倍体积无水乙醇进行沉淀，用 70% 乙醇洗涤后，溶于适当体积的 TE 溶液中。

4. 用微量核酸分析仪测定回收后的 DNA 的 OD 值，并计算 DNA 浓度；假定 1bp 相当于 660Da，计算载体及 DNA 片段的摩尔浓度。（OD 值为 1 的双链 DNA 约等于 50μg/ml，1 个 DNA 碱基对约为 660pg/pmol。）

5. 在离心管中依次加入以下试剂。

| | |
|---|---|
| 10×连接缓冲液 | 1μl |
| 酶切后的载体 | 约 100ng |
| 酶切后的目的基因 | 约 10ng |
| T4 DNA 连接酶 | 1μl |
| 双蒸水加至总体积 | 10μl |

12~16℃保温 8~16h。

另外设置多组对照，即在以上反应体系中分别用同等体积的双蒸水代替载体、目的基因片段以及连接酶，其余条件一样。

6. 连接产物进行琼脂糖凝胶电泳鉴定，或者进行后续的转化及筛选实验。

### （五）注意事项

1. 加入的质粒载体和目的基因片段的摩尔比一般为 1∶1，DNA 终浓度约为 10ng/μl。

2. 设置对照管是为了检验连接的效果，以及防止出现酶切不完全，载体自身环化导致假阳性克隆等问题。

3. 连接反应后，连接产物可在 0℃储存数天，在 –80℃储存 2 个月，但是在 –20℃冰冻保存将会降低转化效率。

4. 合适的 DNA 琼脂糖凝胶回收试剂盒也可用于纯化电泳后的载体和目的基因片段。

## 四、注意事项及常见问题分析

### （一）载体自身环化的问题

质粒载体是最常用的基因载体。在质粒载体上进行克隆的方法：用限制性内切酶切割质粒 DNA 和目的 DNA 片段后，使两者相连接，再用所得重组质粒转化细菌即可。但在实际工作中，区分插入外源 DNA 的重组质粒和未插入外源 DNA 而自身环化的载体分子是较为困难的。调整连接反应中外源 DNA 片段和载体 DNA 的浓度比例（外源片段 / 载体 =（2~10）/1），使用过量的外源 DNA 片段，有助于增加外源 DNA 和载体连接的机会，减少载体的自身环化。

也可以采取一些特殊的克隆策略，如通过载体去磷酸化来最大限度地降低载体的自身环化，或是用末端核苷酸转移酶处理载体分子的 3'- 羟基末端等。

### （二）影响连接反应的因素

除了载体和目的基因的浓度及其比例等因素外，影响连接反应的因素还有很多，如缓冲液组分、连接温度与时间、酶浓度、片段的大小及末端碱基序列等，这些因素都会影响连接反应的效率。

1. **DNA 连接酶用量** 一般而言，酶用量与 DNA 片段的性质有关，连接平末端，必须加大酶量，一般为连接黏性末端酶量的 10~100 倍。

根据 New England Biolabs 公司对 T4 DNA 连接酶的定义，1U 的酶可在 16℃下 30min 内连接 20μl 体系中 0.12μmol/L 的 λ-*Hin*d Ⅲ酶切片段（5' 黏性末端，DNA 质量浓度约为 300ng/μl）的 50%。日常使用的 DNA 浓度是酶单位定义状态下的 1/20~1/10，如果酶溶液体积不变的话，实际上相当于酶用量多了很多倍。

由于连接平末端时酶用量要比连接黏端时多 10~100 倍，厂商为了满足这一要求，往往会提供高浓度的酶（几百单位每微升），所以进行黏性末端连接时须先稀释酶液。除了立即用于反应的部分可用酶反应缓冲液稀释外，其余都应使用厂商提供的稀释液。稀释液的成分与酶保存缓冲液相同或类似，稀释液中的酶能在 -20℃下长时间保持活力，也便于随时取用。

2. **DNA 浓度** 在连接带有黏性末端的 DNA 片段时，DNA 浓度一般为 2~10mg/ml，在连接平末端时，需要加入的 DNA 浓度为 100~200mg/ml。

尽管有的实验手册上推荐使用 0.1~1pmol/L 的 DNA 浓度，但考虑到用质粒作为载体克隆时，最后要求得到环化的有效连接产物，所以 DNA 浓度不可过高，一般不会超过 20nmol/L。相比较而言，因为在以 λ 噬菌体、Cosmid 质粒为载体的克隆过程中，最后要求得到线性化的连接产物，所以 DNA 的浓度可以高些，至少应接近推荐的浓度。此外，在用大质粒载体进行大片段克隆时，以及双酶切片段的连接反应中，DNA 浓度还应降低，甚至 DNA 的总浓度要低至几纳摩尔每升。另外据研究，T4 DNA 连接酶对 DNA 末端的表观 $K_m$ 值为 1.5nmol/L，所以连接时 DNA 浓度不应低于 1nmol/L，DNA 末端浓度也应达到 2nmol/L。

3. **反应温度** 黏性末端形成的氢键在低温下更加稳定，所以尽管 T4 DNA 连接酶的最适反应温度为 37℃，在连接黏性末端时，反应温度以 10~16℃为宜，平末端则以 15~20℃为宜。过高的温度会破坏黏性末端的 DNA 双链间的氢键的稳定性，但不巧的是连接酶的最适温度又是 37℃。为了解决这一矛盾，在经过综合考虑后，传统上将连接温度定为 16℃，时间定为 4~16h。现经实验发现，一般的黏性末端在 20℃下反应 30min 就足以取得相当好的连接效果，当然如果时间充裕的话，在 20℃下反应 60min 能使连接反应进行得更完全。平末端的连接反应不用考虑氢键问题，可使用较高的温度，使酶活力得到更好的发挥。

4. **pH 值的影响** 一般将连接缓冲液的 pH 值调节为 7.4~7.8，较多用 7.8。有实验表明，若以 pH 值为 7.5~8.0 时的酶活力定为 100% 的话，那么体系偏碱（pH 值为 8.3）时酶活力仅剩下 65%，当体系偏酸（pH 值为 6.9）时酶活力仅剩下 40%。

5. **ATP 浓度的影响** 连接缓冲液中 ATP 的浓度为 0.5~4mmol/L 不等，较多用 1mmol/L。研究发现，ATP 的最适浓度为 0.5~1mmol/L，过浓反而会抑制反应。例如，5mmol/L 的 ATP 会完全抑制平末端连接，黏端的连接也有 10% 被抑制；还有报道称，当 ATP 的浓度为 0.1mmol/L 时，去磷载体的自环比例最大。由于 ATP 极易分解，所以当连接反应失败时，除了 DNA 与酶的问题外，还应考虑 ATP 的因素。含有 ATP 的缓冲液应于 -20℃保存，熔化取用后立即放回。连接缓冲液体积较大时，最好分小管贮存，防止反复冻融引起 ATP 分解。与限制酶缓冲液不同的是，含 ATP 的连接缓冲液长期放置后往往会失效，所以也可自行配制不含 ATP 的缓冲液（可长期保存），临用时加入新配制的 ATP 母液。

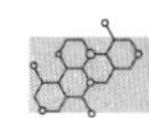

# 第四节 重组DNA转化宿主细胞

## 一、转化的基本概念

转化(transformation)是将外源DNA分子引入受体细胞,使之获得新的遗传性状的一种手段,它是微生物遗传、分子遗传、基因工程等研究领域的基本实验技术。在基因工程技术中,习惯上将重组体导入工程菌内(包括细菌、酵母等)称为转化,将重组体通过物理、化学等方法导入动物类真核细胞内称为转染(transfection)。

在基因工程中,当目的基因和基因载体构建成重组DNA以后,下一步的工作就是把重组体转化至宿主细胞中。一方面,带有外源DNA片段的重组DNA分子需要导入适当的寄生细胞中进行繁殖,才能获得大量的纯的重组DNA分子。另一方面,受体细胞必须具备使外源DNA进行复制的能力,而且还应能够表达由导入重组体所提供的某种表型特征,以便选择鉴定(图5-12)。

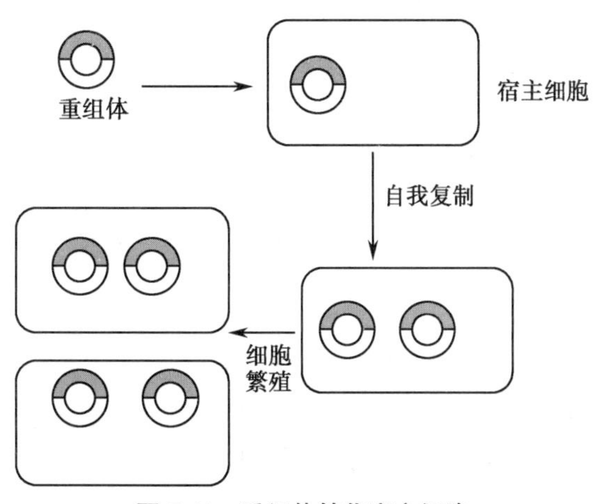


图5-12 重组体转化宿主细胞

## 二、转化实验的基本策略

### (一)受体细胞的选择

受体细胞的选择范围非常广泛,从简单的原核细胞(如大肠埃希菌)和真核细胞(如酵母菌),到高等的动植物细胞,均可作为基因克隆的受体细胞。但在具体运用上,应根据具体情况选择合适的受体细胞。选择受体细胞的一般原则如下。

1. 表达载体所含的选择性标志与受体细胞基因型应相匹配。
2. 受体细胞应具有较高的遗传稳定性,易于扩增。
3. 受体细胞应缺乏内源蛋白水解酶或含有较少的蛋白水解酶,利于外源蛋白表达产物积累。
4. 受体细胞能使外源基因高效表达。

5. 受体细胞应无致病性。

6. 受体细胞应具有好的转译后加工机制。

7. 受体细胞在遗传密码的应用上应无明显偏倚性。

8. 受体细胞对细胞培养的适应性应较强。

### （二）感受态细胞的制备

在自然条件下，很多质粒都可通过细菌接合作用转移到新的宿主内，但人工构建的质粒载体一般缺乏此种转移所必需的基因，因此不能自行完成从一个细胞到另一个细胞的接合转移。如需要将质粒载体转移进受体细菌，需要诱导受体细菌产生一种短暂的感受态以摄取外源 DNA。

转化过程所用的受体细胞一般是具有限制修饰系统缺陷的变异株，即不含限制性内切酶和甲基化酶的突变体（$R^-$、$M^-$），这种细胞可以容忍外源 DNA 分子进入体内，并能将外源 DNA 稳定地遗传给后代。受体细胞经过一些特殊方法处理后，如电击法、$CaCl_2$、RbCl（KCl）等物理或化学方法，细胞膜的通透性发生了暂时性的改变，成为能允许外源 DNA 分子进入的感受态细胞（competent cell）。进入受体细胞的 DNA 分子通过复制、表达实现遗传信息的转移，使受体细胞出现新的遗传性状。将经过转化后的细胞在筛选培养基中培养，即可筛选出转化子（transformant），即带有异源 DNA 分子的受体细胞。目前常用的感受态细胞制备方法有 $CaCl_2$ 和 RbCl（KCl）法，RbCl（KCl）法制备的感受态细胞转化效率较高，但 $CaCl_2$ 法简便易行，且其转化效率完全可以满足一般实验的要求，制备出的感受态细胞暂时不用时，可加入占总体积 15% 的无菌甘油，于 –70℃保存（半年），因此 $CaCl_2$ 法的使用更广泛。

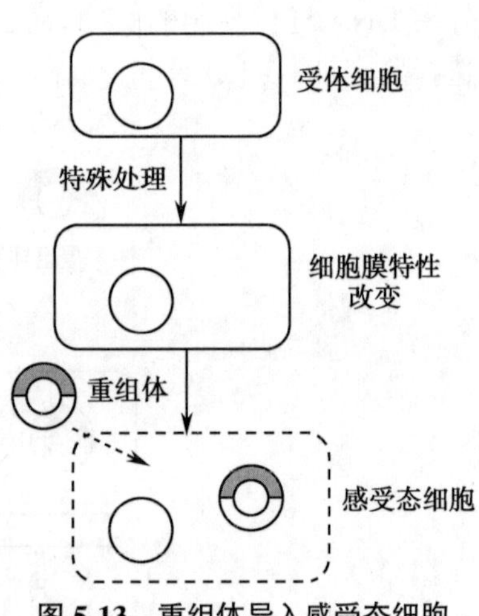

**图 5-13　重组体导入感受态细胞**

### （三）重组基因的导入方法

在一定条件下，将重组体与经过特殊处理的感受态受体细胞混合保温，可使重组 DNA 进入受体细胞（图 5-13）。导入的方法有多种，下面介绍一些常用的方法和原理。

**1. $CaCl_2$ 处理后的细菌转化（热休克法）**

受体细菌
↓ 50~100mmol/L 冰 $CaCl_2$ 处理
感受态细菌（具有摄取各种外源 DNA 的能力）
↓
重组基因转化感受态细菌（42℃短时间热冲击）

**2. 磷酸钙（或 DEAE- 葡聚糖）介导的转染**

重组 DNA+ 磷酸钙微粒
↓ 共沉淀
哺乳类受体细胞通过内吞作用使 DNA 进入细胞内

**3. 脂质体转染法**　以脂质体包裹重组 DNA，再与受体细胞融合，将 DNA 导入细胞内（图 5-14）。

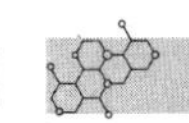

重组 DNA+ 脂质体
↓ 脂质体包裹 DNA
脂质体与受体细胞膜融合将 DNA 导入

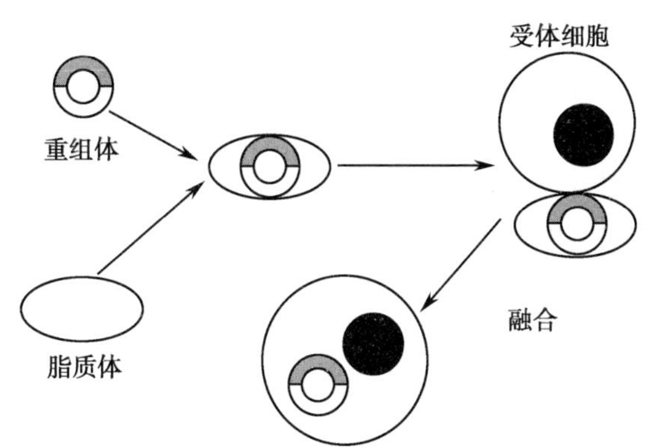


**图 5-14　脂质体与受体细胞膜融合将 DNA 导入细胞**

4. **高压电穿孔法**　利用脉冲电场将 DNA 导入受体细胞,常用于磷酸钙共沉淀法等不能导入的受体细胞。

5. **聚乙二醇介导的原生质体转化法**　常用于酵母(或其他真菌)细胞。

6. **胞核的显微注射法**　将目的基因重组体通过显微注射装置直接注入细胞核内。

7. **噬菌体体外包装**　噬菌体在转染前必须进行体外包装,使之成为具有感染活性的噬菌体颗粒。用于体外包装的蛋白质可直接从大肠埃希菌的溶原性变株中制备,已商品化。

**(四) 转化细胞的扩增**

转化细胞扩增是指宿主细胞经转化过程以后应培养一段时间。这主要有三方面的意义:使转化细胞大量增殖以利于筛选;使基因载体上的标记基因得以扩增和表达;使克隆的目的基因得以表达。

## 三、原核细胞转化的实验方案

下面以重组 DNA 转化大肠埃希菌为例,介绍原核细胞转化的实验方案。

**(一) 实验原理**

本实验以 *E.coli* DH5α 菌株为受体细胞,并用 $CaCl_2$ 处理,使其处于感受态,然后将受体细胞与 pBS 质粒共同保温,通过短时间的热冲击,实现转化。

受体细菌
↓ 50~100mmol/L 冰 $CaCl_2$ 处理
细菌进入"感受态"
↓ 42℃使细胞热休克
细菌的细胞膜通透性增加(具有摄取各种外源 DNA 的能力)
↓
重组 DNA 进入感受态细菌

由于 pBS 质粒带有氨苄青霉素抗性基因($Amp^r$),可通过 Amp 抗性来筛选转化子。如受体细胞没有转入 pBS,则在含 Amp 的培养基上不能生长。能在 Amp 培养基上生长的受体细胞(转化子)肯定已导入了 pBS。转化子扩增后,可将转化的质粒提取出来,进行电泳、酶切等进一步鉴定。

### （二）材料

*E.coli* DH5α 菌株、pBS 质粒 DNA。

### （三）试剂

1. LB 固体和液体培养基（参见本章第一节细菌培养的实验方案）。

2. **Amp 母液** 配成 50mg/ml 水溶液，-20℃保存备用。

3. **含 Amp 的 LB 固体培养基** 将配好的 LB 固体培养基高压灭菌后冷却至 60℃，加入 Amp 储存液（终浓度为 50μg/ml），摇匀后铺板。

4. **0.1mol/L $CaCl_2$ 溶液** 称取 1.1g $CaCl_2$（无水，分析纯），溶于 50ml 双蒸水中，定容至 100ml，高压灭菌或用 0.45μm 滤器过滤除菌。

5. **含 15% 甘油的 0.1mol/L $CaCl_2$** 称取 1.1g $CaCl_2$（无水，分析纯），溶于 50ml 重蒸水中，加入 15ml 甘油，定容至 100ml，高压灭菌。

### （四）设备

恒温摇床、电热恒温培养箱、台式高速离心机、无菌工作台、低温冰箱、恒温水浴锅、制冰机、分光光度计、微量移液枪、无菌弯头玻璃铺菌器。

### （五）受体菌培养的实验步骤

1. 用划线法将大肠埃希菌接种于基本培养基平皿上，于 37℃下倒置过夜。

2. 用无菌接种环从 LB 平板上挑取新活化的 *E.coli* DH5α 单菌落，接种于 3~5ml LB 液体培养基中，37℃下振荡培养 12h 左右，直至对数生长后期。将该菌悬液以 1∶100 左右的比例接种于装有 100ml LB 液体培养液的 500ml 烧瓶中，37℃振荡培养 2~3h，振速为 200~300r/min，$OD_{600}$ 为 0.3~0.5 时取出烧瓶，立即置于冰浴中 10~15min。

### （六）感受态细胞制备（$CaCl_2$ 法）的实验步骤

1. 将细菌培养液转入一个无菌而且用冰预冷的 50ml 离心管中，在冰上放置 10min，然后于 4℃ 4 000g 离心 10min。

2. 弃去上清，将管倒置 1min 以流尽残余的溶液。然后每 50ml 细菌培养液得到的细菌沉淀，加 5ml 预冷的 0.1mol/L $CaCl_2$ 溶液，轻轻重悬菌体，冰上放置 15~30min。

3. 4℃ 4 000g 离心 10min，弃去上清，将管倒置 1min 以除尽残余的溶液。

4. 加 2ml 用冰预冷的 0.1mol/L $CaCl_2$ 溶液，轻轻重悬菌体，按每管 200μl 分装菌体悬液到无菌的 1.5ml 离心管中后，可进行下一步实验。

5. 如需要保存，在步骤 4 中改为加入 2ml 用冰预冷的含 15% 甘油的 0.1mol/L $CaCl_2$ 溶液，轻轻重悬菌体，在冰上放置几分钟，即可得到感受态细胞悬液，按每管 200μl 分装菌体悬液到无菌的 1.5ml 离心管中，在 -70℃可保存半年。

### （七）重组 DNA 转化大肠埃希菌（热休克法）的实验步骤

1. 无菌状态下取新鲜感受态细胞悬液 200μl 置于无菌的 10ml 离心管中，或从 -70℃冰箱中取 200μl 感受态细胞悬液，在室温下或握于手中使其解冻，待其解冻后，立即置于冰上冷却 3~5min。

2. 感受态细胞中加入 pBS 质粒 DNA 溶液（含量为 50~100ng，体积不超过 10μl），轻轻旋转混合内容物，在冰上放置 30min。

3. 42℃水浴中热击 90s，热击后迅速置于冰上 1~2min，不要摇动离心管。

4. 向管中加入 800μl 无抗生素的普通 LB 液体培养基，混匀后在 37℃下温和振荡培养 1h（100~150r/min），使细菌恢复正常生长状态，并表达质粒编码的抗生素抗性基因（$Amp^r$）。

5. 将上述菌液摇匀后，取 100~200μl 用无菌弯头玻璃铺菌器涂布于含 Amp 的筛选平板上，正面向上放置 0.5~1h，待菌液完全被培养基吸收后倒置培养皿，37℃培养 12~16h 后可出现菌落。

6. 同时做两个对照。

对照组 1：以同体积的无菌双蒸水代替 DNA 溶液，其他操作与上面相同。此组正常情况下在含抗生素的 LB 平板上应没有菌落出现。

对照组 2：以同体积的无菌双蒸水代替 DNA 溶液，但涂板时只取 5μl 菌液涂布于不含抗生素的 LB 平板上，此组正常情况下应产生大量菌落。

**7. 转化过程中应注意** ①整个实验过程均须置于冰上；②整个实验均须无菌操作；③选用对数生长期细胞，$OD_{600}$ 不应高于 0.6；④从 -70℃取出的感受态细胞，如有剩余可弃去，不能再冻存复用。

**（八）计算转化率**

1. 统计每个培养皿中的菌落数。

2. 转化后在含抗生素的平板上长出的菌落即为转化子，根据此皿中的菌落数可计算出转化子总数和转化频率，公式如下：

转化子总数 = 菌落数 × 稀释倍数 × 转化反应原液总体积 / 涂板菌液体积

转化频率 = 转化子总数 / 质粒 DNA 加入量（mg）

感受态细胞总数 = 对照组 2 菌落数 × 稀释倍数 × 菌液总体积 / 涂板菌液体积

感受态细胞转化效率 = 转化子总数 / 感受态细胞总数

**（九）注意事项及常见问题分析**

1. 本实验方案也适用于其他 *E.coli* 受体菌株的不同的质粒 DNA 的转化，但它们的转化效率并不一定相同。有的转化效率高，需要将转化液进行多梯度稀释涂板才能得到单菌落平板，而有的转化效率低，涂板时必须将菌液浓缩（如离心），才能较准确地计算转化率。

2. 为了提高转化效率，实验中要考虑以下几个重要因素。

细胞生长状态和密度：不要用经过多次转接或储存于 4℃的培养菌，最好从 -70℃或 -20℃甘油保存的菌种中直接转接用于制备感受态细胞的菌液。细胞生长密度以刚进入对数生长期时为宜，可通过监测培养液的 $OD_{600}$ 来控制。DH5α 菌株的 $OD_{600}$ 为 0.5 时，细胞密度在 $5 \times 10^7$ 个 /ml 左右（不同的菌株情况有所不同），这时进行转化比较合适。密度过高或不足均会影响转化效率。

质粒的质量和浓度：用于转化的质粒 DNA 应主要是 cccDNA。转化效率与外源 DNA 的浓度在一定范围内成正比，但当加入的外源 DNA 的量过多或体积过大时，转化效率就会降低。1ng 的 cccDNA 即可使 50μl 的感受态细胞达到饱和。一般情况下，DNA 溶液的体积不应超过感受态细胞体积的 5%。

试剂的质量：所用的试剂如 $CaCl_2$ 等均应是最高纯度的（GR. 或 AR.），并用超纯水配制，最好分装保存于干燥的冷暗处。

防止杂菌和杂 DNA 的污染：整个操作过程均应在无菌条件下进行，所用器皿如离心管、tip 头等最好是新的，并经高压灭菌处理。所有的试剂都要灭菌，且注意防止被其他试剂、DNA 酶或杂 DNA 所污染，否则均会影响转化效率或导致杂 DNA 的转入，为以后的筛选、鉴定带来不必要的麻烦。

## 四、真核细胞转染的实验方案

下面以脂质体法为例，介绍真核细胞转染的实验方案。

### (一) 原理

脂质体（liposome）是一种特制的阳离子脂质试剂，可与靶 DNA 的磷酸骨架结合而生成复合物，具有能轻易透过细胞膜的特性，可转染 DNA、RNA 和寡核苷酸至各种细胞，适用于各种类型的贴壁和悬浮培养细胞（图 5-15）。

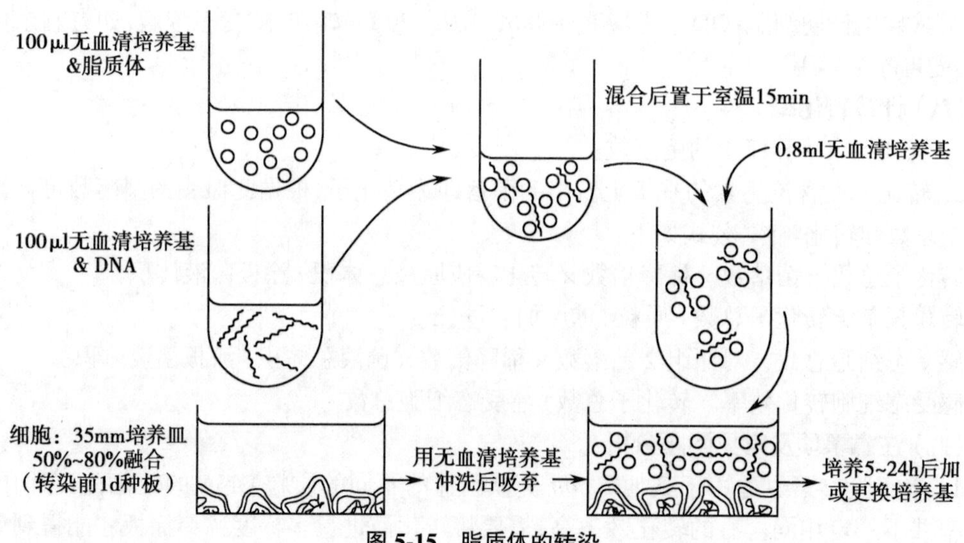


图 5-15　脂质体的转染

### (二) 材料、试剂及设备

待转染的重组质粒 DNA、脂质体试剂盒、细胞培养常规试剂与器械。

### (三) 贴壁细胞转染的实验步骤

1. 收获细胞，将 $1\times10^5$~$2\times10^5$ 细胞重悬于 2ml 完全培养基中，转种于 35mm 培养皿中。37℃培养 18~24h，使细胞融合度为 50%~80%。

2. 在无菌离心管中制备下列溶液。

溶液 A：2~20μg 质粒 DNA+100μl 无血清培养基

溶液 B：20μl 脂质体 +80μl 无血清培养基

3. 合并 A 和 B，轻轻混合，将该脂质体 -DNA 混合物置于室温下 15min。

4. 准备好的细胞弃去原培养基，用无血清培养基洗一次。

5. 加 0.8ml 无血清培养基至脂质体 -DNA 混合物中，混匀后，小心滴加至细胞上，轻轻混匀。37℃培养 5~24h，仔细观察，待细胞正常后，弃去转染液，加 2ml 完全培养液继续培养。

6. 转染后 48h 更换选择性培养基继续培养筛选。

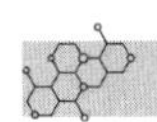

**（四）注意事项及常见问题分析**

1. 转染时给细胞更换的培养基均应预先 37℃预热，可提高转染率。

2. 混合含有脂质体的溶液时动作均应轻缓，禁止用振荡器混匀。

3. 脂质体具有细胞毒性，脂质体 -DNA 混合物滴加至细胞上时应注意均匀分布，逐滴加入并轻轻摇匀，防止局部的脂质体浓度过高，影响细胞生长。

4. 脂质体转染法最重要的就是减少脂质体的毒性，因此脂质体与质粒的比例、细胞密度、转染的时间长短以及培养基中血清的含量等都是影响转染效率的重要问题，通过实验摸索合适的转染条件可以提高转染效率。

5. 外源基因导入细胞有多种方法，如电击法、磷酸钙法、脂质体法、病毒法等。电击法是在细胞上短时间暂时性穿孔，让外源质粒进入；磷酸钙法和脂质体法是利用不同的载体物质携带质粒，直接穿过细胞膜或者与细胞膜融合，使外源基因进入细胞；病毒法是利用包装了外源基因的病毒感染细胞，使外源基因进入细胞。由于电击法和磷酸钙法的实验条件控制较严、难度较大，病毒法的前期准备较复杂，而且可能对于细胞有较大影响，很多普通的细胞系一般的瞬时转染多采用脂质体法。

## 第五节　重组体阳性克隆的筛选

### 一、阳性克隆筛选的基本策略

一个重组基因转化受体细胞以后，会产生许许多多的转化子菌落，但由于重组率和转化率都远不可能达到 100% 的理想极限，并不是每一个菌落都带有重组 DNA 的细菌，转化后可能包含的状况有以下几种（图 5-16）。所以要从这一混合细胞体系中得到重组 DNA 阳性细胞，就必须进行一个筛选过程。

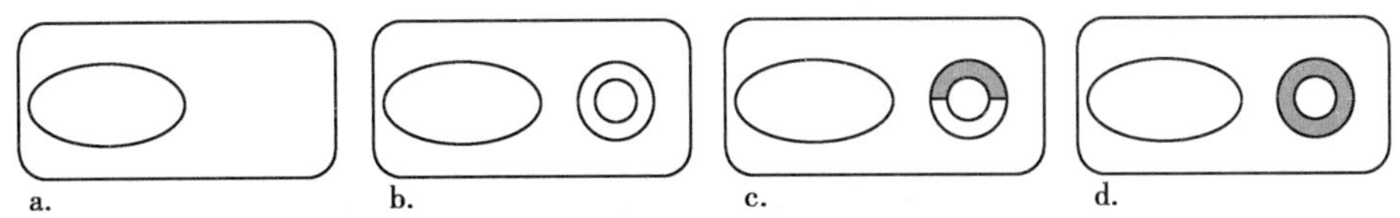


a. 没有质粒转入；b. 转入了非重组质粒；c. 转入了重组质粒；d. 其他。

**图 5-16　转化的混合细胞体系**

筛选的方法很多，应根据基因载体、受体细胞特性及外源基因的表达情况等选择合适的筛选方法。

**（一）遗传检测法**

该类方法是根据载体或插入序列的表型特征来选择重组体的直接选择法。

1. **抗药性标志选择**　载体分子上带有某种抗药性基因，将转化的细胞培养在含有该抗生素的生长培养基中，只有带有该载体的细胞才能生长，由此可检测出获得了此种载体的转化子细胞。典型的方法是“抗药性基因的插入失活效应”，外源基因插入抗四环素基因部位，使重组体丧失抗四环素作用。

2. **β- 半乳糖苷酶显色反应选择法**　载体上含有 β- 半乳糖苷酶基因(*LacZ*),外源 DNA 插入载体的 *LacZ* 基因上以后,将造成 β- 半乳糖苷酶失活效应,不能分解培养基中的 X-gal,不能产生蓝色产物,其结果可通过大肠埃希菌转化子菌落在 X-gal-IPTG 培养基中的颜色变化直接观察出来(图 5-17)。

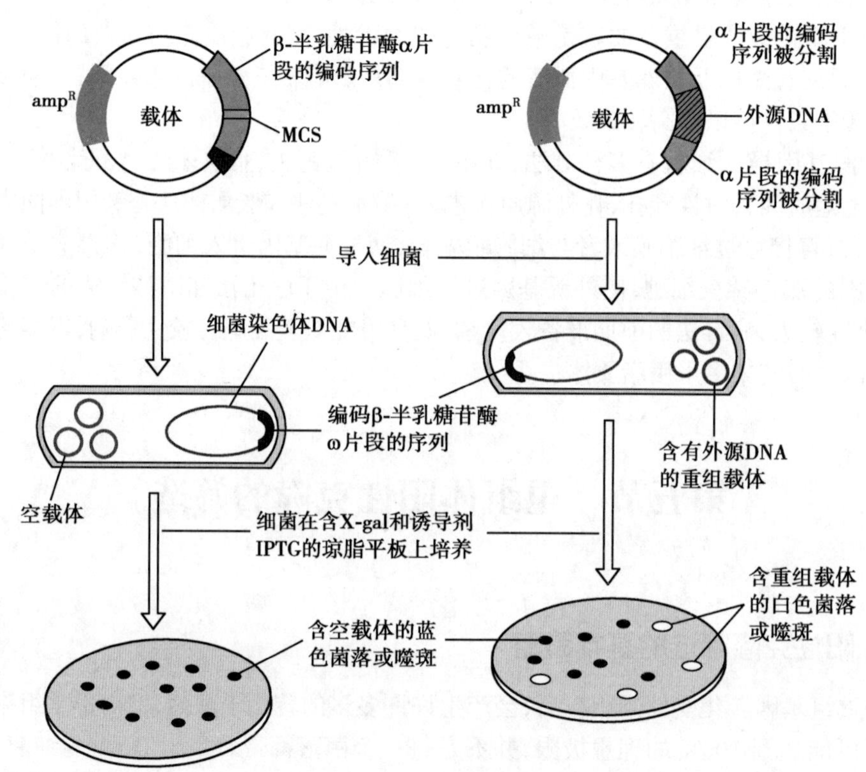


图 5-17　β- 半乳糖苷酶显色法

3. **根据插入片段的表型特征筛选**

插入的外源基因片段

↓

对宿主菌所具有的某些突变特征发生抑制或互补效应

(如外源片段对宿主菌的不可逆营养缺陷突变的互补作用)

↓

使宿主菌表现出外源基因编码的表型特征

### (二)凝胶电泳检测法

凝胶电泳检测法是利用重组质粒分子量的增加、凝胶电泳时迁移率的改变,以及限制性内切酶酶切图谱来区分的方法(图 5-18)。

### (三)菌落杂交筛选法

菌落杂交筛选法是应用放射标记的特异性 DNA 或 RNA 探针,与菌落进行原位杂交,筛选重组体菌落(图 5-19)。

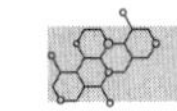

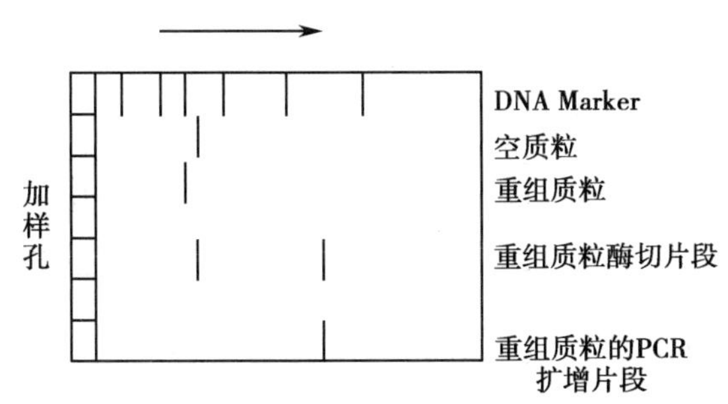


**图 5-18 凝胶电泳检测选择法**

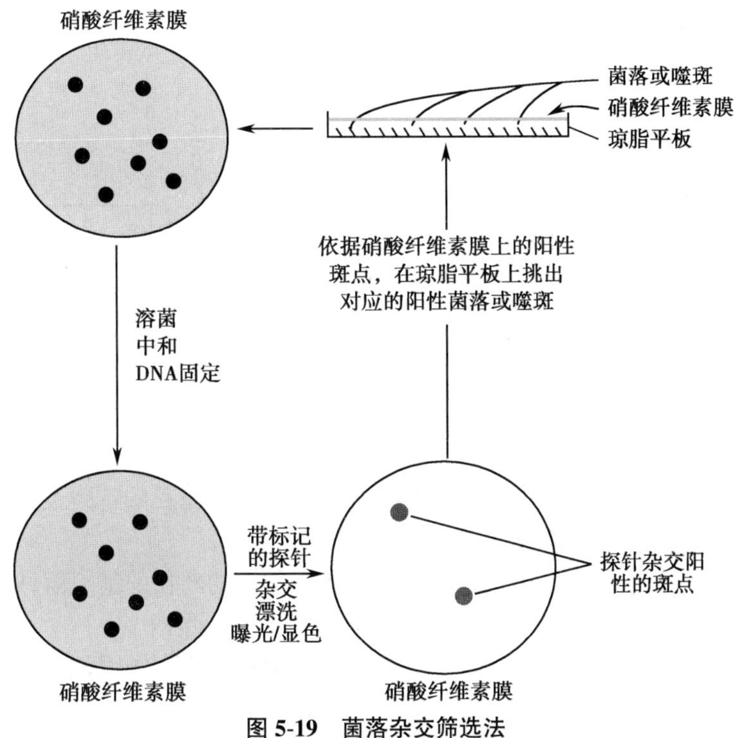


**图 5-19 菌落杂交筛选法**

### （四）免疫化学检测法

免疫化学检测法是应用特异性抗体鉴定产生了外源基因片段编码的抗原的菌落，主要有放射性抗体检测法（图 5-20）和免疫沉淀检测法（图 5-21）。

### （五）DNA- 蛋白质筛选法

表达融合蛋白的重组 DNA 分子

↓

编码一种特异的 DNA 结合蛋白

↓

和放射性标记的特异性 DNA 探针杂交

### （六）PCR 法确定重组体

PCR 法是利用合适的引物，从初步筛选出来的阳性克隆中提取出质粒作为模板进行 PCR，扩增出特异性片段来确定重组体中的目的基因（图 5-22）。

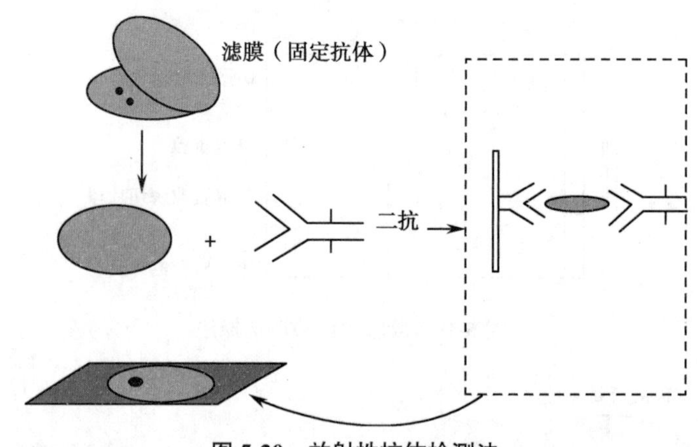


图 5-20 放射性抗体检测法

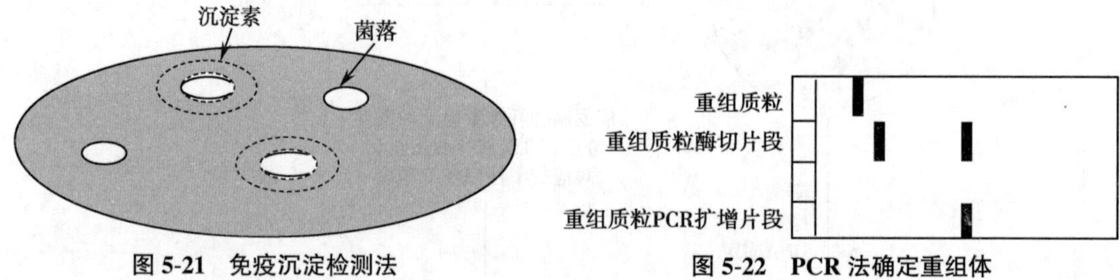


图 5-21 免疫沉淀检测法

图 5-22 PCR 法确定重组体

### （七）DNA 序列分析

通过 DNA 序列分析技术对研究对象进行序列分析是确定目的基因最准确的方法。

### （八）真核宿主细胞的筛选标记

用真核细胞做宿主时，常以对抗某种具有细胞毒作用的药物的基因信息作为筛选标记。转入的外源 DNA 能表达该基因对抗外来药物，从而使细胞存活下来。

1. **新霉素类药物 G418 筛选法** G418 对真核细胞具有杀伤作用，基因载体上带有抗新霉素基因，能使 G418 灭活，让细胞得以存活。

2. **氨基蝶呤筛选法** 真核细胞中核酸合成有两种方式，即从头合成途径和补救合成途径。氨基蝶呤能抑制核酸的从头合成途径，而核酸的补救合成需要 TK 酶的存在。在 TK（–）的宿主细胞中，导入的外源 DNA 所带的 *TK* 基因能提供补救合成所需的 TK 酶，从而使细胞得以生存。

## 二、重组质粒转化大肠埃希菌及蓝白筛选的实验方案

### （一）实验原理

本实验所使用的载体质粒 DNA 为 pBS，转化受体菌为 *E.coli* DH5α 菌株。由于 pBS 上带有 $Amp^r$ 和 *lacZ* 基因，故重组体的筛选采用 Amp 抗性筛选与 α- 互补现象筛选相结合的方法。因 pBS 带有 $Amp^r$ 基因而外源片段上不带该基因，故转化受体菌后，只有带有 pBS DNA 的转化子才能在含有 Amp 的 LB 平板上存活下来，而只带有自身环化的外源片段的转化子则不能存活。此为初步的抗性筛选。

pBS 上带有 β- 半乳糖苷酶基因（*LacZ*）的调控序列和 β- 半乳糖苷酶 N 端的 146 个氨基

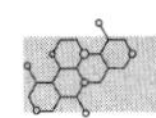

酸的编码序列，在该编码区中插入了 1 个多克隆位点，但并没有破坏 *lacZ* 的阅读框架，所以不会影响它的正常功能。*E.coli* DH5α 菌株带有 β- 半乳糖苷酶 C 端部分序列的编码信息。在各自独立的情况下，pBS 和 DH5α 编码的 β- 半乳糖苷酶的片段都没有酶活性。但 pBS 和 DH5α 融为一体时，可形成具有酶活性的蛋白质。这种 *lacZ* 基因上缺失近操纵基因区段的突变体与带有完整的近操纵基因区段的 β- 半乳糖苷酶阴性突变体之间实现互补的现象叫 α- 互补。由 α- 互补产生的 $Lac^+$ 细菌较易识别，它在生色底物 X-gal（5- 溴 -4- 氯 -3- 吲哚 -β-*D*- 半乳糖苷）的存在下会被 IPTG 诱导，形成蓝色菌落。外源片段插入 pBS 质粒的多克隆位点上，会导致读码框架改变，表达蛋白失活，产生的氨基酸片段失去 α- 互补能力，因此在同样条件下含重组质粒的转化子在生色诱导培养基上只能形成白色菌落。在麦康凯培养基上，α- 互补产生的 Lac+ 细菌由于含 β- 半乳糖苷酶，能分解麦康凯培养基中的乳糖，产生乳酸，使 pH 值下降，因而产生红色菌落；而当外源片段插入后，α- 互补能力失去，因而细菌不产生 β- 半乳糖苷酶，无法分解培养基中的乳糖，菌落呈白色。由此可将重组质粒与自身环化的载体 DNA 分开。此为 α- 互补现象筛选。

**（二）材料**

1. **外源 DNA 片段**　自行制备的带限制性酶切位点黏性末端的 DNA 片段，浓度已知。

2. **载体 DNA**　pBS 质粒（$Amp^r$，*lacZ*），自行提取纯化，浓度已知。

3. **宿主菌**　*E.coli* DH5α 或 JM 系列等具有 α- 互补能力的菌株。

**（三）试剂**

1. 10 × T4 DNA 连接酶缓冲液：0.5mol/L Tris-HCl（pH 7.6）、100mol/L $MgCl_2$、100mol/L DTT（过滤灭菌）、500μg/ml BSA（组分 V，Sigma）（可用可不用）、10mol/L ATP（过滤灭菌）。

2. T4 DNA 连接酶：购买成品。

3. X-gal 储液（20mg/ml）：用二甲基甲酰胺溶解 X-gal，配制成 20mg/ml 的储液，包以铝箔或黑纸，以防止储液受光照被破坏，储存于 −20℃。

4. IPTG 储液（200mg/ml）：在 800μl 蒸馏水中溶解 200mg IPTG 后，用蒸馏水定容至 1ml，用 0.22μm 滤膜过滤除菌，分装于 EP 管中，并储存于 −20℃。

5. 麦康凯选择性培养基（MacConkey agar）：取 52g 麦康凯琼脂加蒸馏水 1 000ml，微火煮沸至琼脂完全溶解，高压灭菌，待冷至 60℃左右，加入 Amp 储存液，使终浓度为 50mg/ml，然后摇匀后涂板。

6. 含 X-gal 和 IPTG 的筛选培养基：在事先制备好的含 50μg/ml Amp 的 LB 平板表面加 40μl X-gal 储液和 4μl IPTG 储液，用无菌玻棒将溶液涂匀，置于 37℃下放置 3~4h，使培养基表面的液体被完全吸收。

**（四）设备**

恒温摇床、台式高速离心机、恒温水浴锅、琼脂糖凝胶电泳装置、电热恒温培养箱、电泳仪、无菌工作台、微量移液枪。

**（五）连接反应的操作步骤**

1. 取新的经灭菌处理的 0.5ml 离心管，编号，将 0.1μg 载体 DNA 转移到无菌离心管中，加等摩尔量（可稍多）的外源 DNA 片段，加蒸馏水至体积为 8μl，于 45℃保温 5min，以使重新退火的黏端解链。将混合物冷却至 0℃。

2. 加入 10 × T4 DNA 连接酶缓冲液 1μl、T4 DNA 连接酶 0.5μl，混匀后用微量离心机将液体全部甩到管底，于 16℃保温 8~24h。

3. 同时做二组对照反应，其中对照组一只有质粒载体而无外源 DNA，对照组二只有外源 DNA 片段而没有质粒载体。

### （六）*E.coli* DH5α 感受态细胞的制备及转化

制备 *E.coli* DH5α 感受态细胞，每组连接反应混合物各取 2μl 转化 *E.coli* DH5α 感受态细胞（参见本章第四节感受态细胞制备 $CaCl_2$ 法实验步骤和重组 DNA 转化大肠埃希菌热休克法实验步骤）。

### （七）重组质粒筛选的操作步骤

1. 上一步骤每组转化后的细菌培养液取 100μl 用无菌玻棒均匀涂布于含 X-gal 和 IPTG 的筛选培养基和麦康凯选择性培养基上，37℃下培养 30min 以上，直至液体被完全吸收。

2. 倒置平板于 37℃继续培养 12~16h，待出现明显而又未相互重叠的单菌落时拿出平板。

3. 放于 4℃数小时，使显色完全（此步骤麦康凯培养基不做）。

4. 筛选结果观察及分析：不带有 pBS 质粒 DNA 的细胞，由于无 Amp 抗性，不能在含有 Amp 的筛选培养基上成活。带有 pBS 载体的转化子由于具有 β- 半乳糖苷酶活性，在麦康凯筛选培养基上呈现为红色菌落，在 X-gal 和 ITPG 培养基上为蓝色菌落。带有重组质粒的转化子由于丧失了 β- 半乳糖苷酶活性，在麦康凯选择性培养基以及 x-gal 和 ITPG 培养基上均为白色菌落。

### （八）酶切鉴定重组质粒

用无菌牙签挑取白色单菌落接种于含 50μg/ml Amp 的 5ml LB 液体培养基中，37℃下振荡培养 12h。将用煮沸法快速分离的质粒 DNA 直接电泳，同时用以煮沸法抽提的 pBS 质粒作为对照，有插入片段的重组质粒电泳时的迁移率比 pBS 质粒慢。再用与连接末端相对应的限制性内切酶进一步进行酶切检验。此外，还可用杂交法、测序法筛选重组质粒。

### （九）注意事项及常见问题分析

1. 在含有适当抗生素的麦康凯选择性琼脂组成的平板上，携带载体 DNA 的转化子为淡红色菌落，而携带插入片段的重组质粒转化子为白色菌落。该产品筛选效果与蓝白斑筛选相同，且价格低廉，但需要及时挑取白色菌落，当培养时间延长，白色菌落会逐渐变成微红色，影响挑选。

2. X-gal 是 5- 溴 -4- 氯 -3- 吲哚 -D- 半乳糖以半乳糖苷酶水解后生成的吲哚衍生物，显蓝色。IPTG 为非生理性的诱导物，它可以诱导 *lacZ* 的表达。

3. 在含有 X-gal 和 IPTG 的筛选培养基上，携带载体 DNA 的转化子为蓝色菌落，而携带插入片段的重组质粒转化子为白色菌落，平板如在 37℃培养后放于冰箱 3~4h，可使显色反应充分，蓝色菌落明显。

4. 连接反应后，反应液在 0℃可储存数天，–80℃可储存 2 个月，但是在 –20℃冰冻保存将会降低转化效率。

5. 黏性末端形成的氢键在低温下更加稳定，所以尽管 T4 DNA 连接酶的最适反应温度为 37℃，在连接黏性末端时，反应温度以 10~16℃为宜，平末端则以 15~20℃为宜。

## 三、真核转染细胞筛选的实验方案

下面以 G418 筛选法为例，介绍真核转染细胞筛选的实验方案。

### (一) 实验原理

已克隆的 DNA 被转染导入真核细胞时，只有一小部分细胞能将外源 DNA 稳定地整合进入其基因组，所以必须对转染细胞进行筛选。为鉴定稳定的重组体，被克隆的外源 DNA 上必须具有一个能在这些细胞的表型中产生可选择的变化的显性遗传标志。G418 筛选法就是目前常用的真核转染细胞筛选方法。

这种方法的机制是基于细胞对氨基糖苷类抗生素（Geneticin 或 G418）的敏感性。G418 可通过影响 80S 核糖体的功能和蛋白质合成而使细胞死亡，而细菌磷酸转移酶（neo）可使 G418 失活。所以在筛选过程中，如果转入的重组体中含有 *neo* 基因的编码序列并能有效表达，其编码的转移酶可使 G418 磷酸化而失去活性，稳定转染的细胞就能在含有 G418 的培养基中存活，而未转染的细胞则会死亡。

该选择系统的特点：不同的真核细胞所需培养基的 G418 浓度为 100~1 000μg/ml，呈现出广泛的差异性，必须对各细胞系进行单独测定，以选择所需 G418 量。确定适宜水平的一种简便方法是在含一系列不同浓度 G418 的多孔板的培养基上让细胞生长。适宜的 G418 浓度水平是在 10~14d 杀死真核细胞的最低浓度。通常细胞分裂越快，越容易在 G418 选择中被杀死。

### (二) 材料

1. 50mg/L G418。

2. **细胞培养常规试剂**　0.25% 胰蛋白酶消化液、G418 选择培养基、消毒镊子、3mm 滤纸制备的 5mm$^2$ 方形滤纸块（装入平皿内，6.81kg 高压灭菌 15min）、24 孔细胞培养板。

### (三) G418 筛选的操作步骤

1. 转染用质粒必须克隆有 *neo* 基因，或在转染时加入 1~2μg *neo* 基因。转染后经 48~72h，接近融合时按 1∶4 的密度传代。

2. 继续培养，至细胞密度为 50%~70% 融合。弃培养液，更换浓度为 200~800μg/ml 的 G418 培养液进行筛选（G418 浓度可通过预实验来确定），同时用未加转染液的细胞作对照。

3. 将移有克隆细胞的 24 孔细胞培养板，继续置于 37℃的 5% $CO_2$ 培养箱中培养 2~5d。

4. 当对照细胞大部分死亡时（3~5d 后），再换一次筛选液，G418 浓度可降为 150~250μg/ml，以维持筛选作用。

5. 10~20d 后，可见有抗性克隆形成，待其逐渐增大后，将其移至 24 孔细胞培养板继续培养。

### (四) 转移与扩增的操作步骤

1. 将已形成克隆的培养皿置于显微镜下，观察克隆位置，并将各个克隆位置进行标记。在超净台内换液。弃去培养皿内的培养液。

2. 用镊子夹取一块滤纸块，用 0.25% 胰蛋白酶消化液浸湿。置于所标记的克隆位置处 5~20s。

3. 将 24 孔培养板中的每孔加 G418 选择培养基 2ml。用镊子取出已黏附克隆细胞的滤纸块，置于一个孔中的培养基中，刷洗滤纸块数次，以使黏附的细胞脱下。镜下观察，确认细胞已脱落后，将滤纸块取出弃掉。

4. 将移有克隆细胞的 24 孔板继续置于 37℃的 5% $CO_2$ 培养箱中培养 2~5d。

5. 待细胞长满后，用 0.25% 胰蛋白酶消化，并将细胞转移至 6 孔板继续培养，或转入多个培养瓶中扩增。

**(五) 注意事项**

1. 转染过程应严格无菌操作,防止污染是关键。

2. 用滤纸块黏附细胞克隆的时间要适当,时间过短可导致克隆黏附不到滤纸上,时间过长则会导致细胞变性或死亡。

3. G418 用量是否恰当很重要。

4. 如细胞贴壁后,细胞分散不好,仍呈克隆生长状态,可在原孔内用消化液消化,使细胞分散,再加选择培养基继续培养。

# 第六节 外源基因在宿主细胞中的表达

## 一、概论

基因工程技术的一项重要任务,就是要使外源基因在一定的宿主细胞内高表达有特定生物学意义的活性蛋白质(图 5-23)。要达到这一目的,涉及目的基因、表达载体、宿主细胞以及基因的转录、翻译和翻译后加工等多方面的因素。

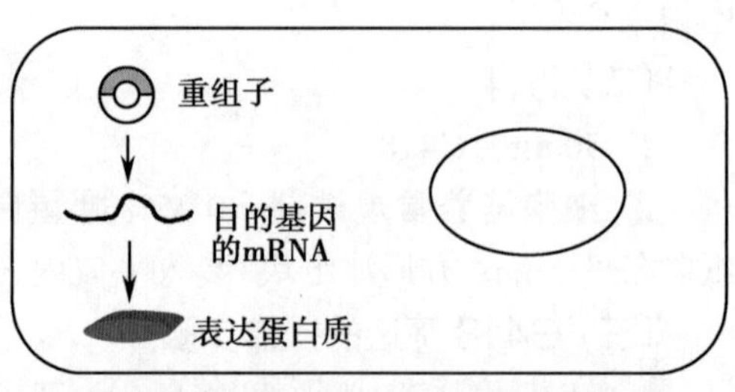


**图 5-23 外源基因在宿主细胞中的表达**

## 二、宿主细胞

**(一) 原核表达体系**

宿主菌的选择是非常重要的,它关系到表达蛋白在细胞内是否容易被宿主菌的蛋白酶水解掉。*E.coli* 是当前采用得较多的原核表达体系,因为其培养方法简单、迅速、经济,且适合大规模生产。但它有 3 个缺点。

1. *E.coli* 缺乏转录后的加工机制,所以只适合用于表达克隆的 cDNA,不适合用于表达真核基因组 DNA。

2. *E.coli* 缺乏适当的转录翻译后加工机制,表达的蛋白质不能形成适当的折叠和糖基化。

3. *E.coli* 很难大量表达可溶性活性蛋白质,表达的蛋白质常常形成不溶性的包涵体,需要经过复性处理。

**(二) 真核表达体系**

真核表达体系如酵母、昆虫、哺乳类动物细胞等,具有较大的优越性,能弥补上述原核表达体系的不足之处,但有技术较难、不经济、费时等缺点。

## 三、表达载体

基因工程的表达系统分为原核表达和真核表达,这里主要介绍目前了解较深入、应用广

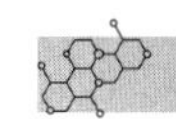

泛的原核表达系统的载体。原核表达载体一般应具有以下特点。

1. 原核表达载体应具有强的原核启动子及两侧的调控序列。细菌的 RNA 聚合酶不能识别真核基因的启动子,必须用原核启动子启动真核基因在原核细胞中的表达;原核启动子的转录常常是可调控的,一般情况下不转录,受诱导时就能高效表达。

2. 载体的 SD 序列与起始密码之间应有合适距离。SD 序列位于读码框架的上游。在翻译过程中,核糖体与 mRNA 的结合取决于 SD 序列及其与起始密码子之间的距离(一般为 4~11 个核苷酸),所以真核基因在原核细胞中的表达量高低与之密切相关。

3. 目的基因与启动子之间要有正确的阅读框架。

4. 目的基因下游应加入一段强的不依赖 ρ 因子的转录终止区,以避免目的基因干扰载体的稳定性,防止"通读"现象。

5. 载体应具有合适的选择标志和多克隆位点,例如载体 pBV220(图 5-24)。

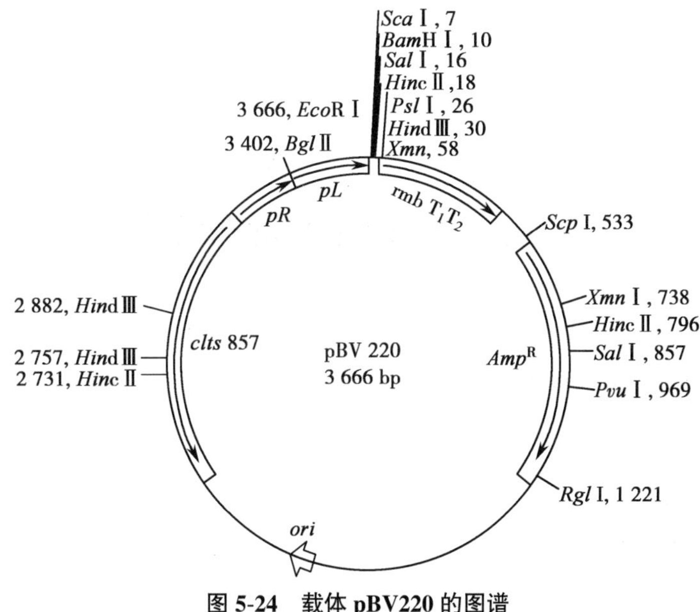


**图 5-24　载体 pBV220 的图谱**

pBV220 的遗传图谱具有以下特点:① *clts*857 抑制子基因与 *pL* 启动子同在一个载体上,可以转化任何菌株;② SD 序列后面紧跟多克隆位点,便于插入带起始 ATG 的真核基因,有利于表达非融合蛋白;③强的转录终止可防止"通读"现象,有利于质粒 - 宿主系统的稳定;④整个质粒的长度以 3.66kb 为宜,以利于增加拷贝数及插入较大片段的真核基因;⑤ *pR* 与 *pL* 两个启动子串联,可能有增强表达的作用。

## 四、提高目的基因表达水平的基本策略

如何使目的基因在宿主细胞内获得高效表达是基因工程操作上的一个关键问题。影响表达的主要因素有 3 方面:强化蛋白质的生物合成,抑制蛋白质的降解,恢复蛋白质的空间构象。要提高表达水平,最主要的出发点是强化蛋白质的生物合成。

生物体内基因信息传递过程中的蛋白质表达过程可总结如图 5-25,从图中可以看到,要提高基因的表达水平,可以从基因表达及其调控过程相关的多个环节出发。

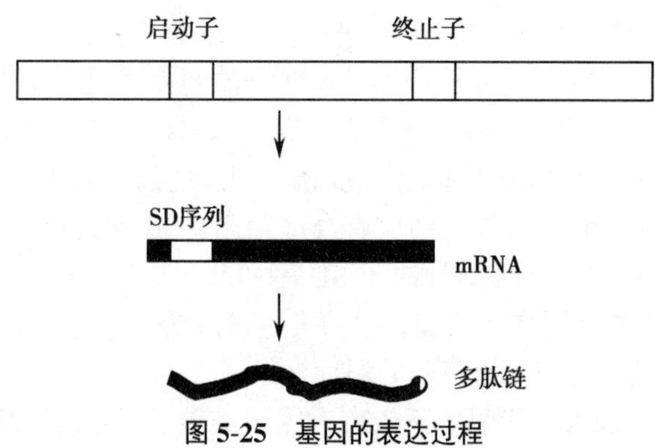

图 5-25　基因的表达过程

## (一) 启动子

启动子是基因表达过程中的重要调控序列，是 RNA 聚合酶在转录起始时的结合位点。启动子的强弱、启动子和转录起始点之间的作用距离等因素都可能影响到基因的表达状况(图 5-26)。

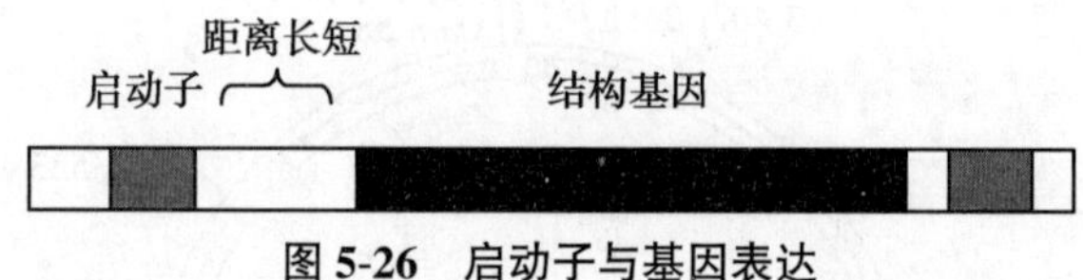

图 5-26　启动子与基因表达

所以，在选择表达载体时，应根据需要对载体的启动子状况予以筛选或改造，主要注意以下几点：①启动子的强弱程度；②启动子的可调控性；③启动子和转录起始点之间的最佳作用距离。

## (二) 终止子

终止子是转录终止的信号。终止子也有强弱之分，所以应根据启动子的状况选择与之相匹配的终止子(图 5-27)。

图 5-27　终止子与基因表达

选择时主要应考虑到终止子的强弱，避免转录过度。若转录过度，会导致：①影响目的基因的转录和翻译效率；②干扰基因载体的复制等生物学功能；③增加受体细胞的无效能量消耗。

## (三) SD 序列

SD 序列是 mRNA 起始密码上游的一段特异序列(图 5-28)，在蛋白质合成过程(翻译)中有重要作用，与翻译的效率密切相关。

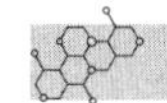

SD

mRNA

图 5-28　SD 序列与基因表达

SD 序列会影响翻译效率，主要应考虑：①SD 序列与 16SrRNA 的互补性；②SD 序列的后续序列的碱基组成；③SD 序列与起始密码之间的距离。

### （四）密码子

从遗传密码的简并性可知，代表一个氨基酸的常常不止一个密码子。但在蛋白质生物合成时对简并密码子使用的频率是不同的，有的密码子使用频率明显高于其他密码子，这种特性被称为遗传密码使用的偏倚性。

在基因表达过程中，使用偏倚密码能提高表达效率。另外，还要注意原核生物和真核生物密码子使用的差异性。

### （五）有关基因载体拷贝数及稳定性

不同的载体在宿主细胞中的拷贝数有差异，一般而言，高拷贝数的载体能增加所携带目的基因在细胞内的数量，从而提高其表达水平（图 5-29）。原核和酵母表达体系可以选择高拷贝数的质粒构建目的基因的表达载体；哺乳动物类细胞表达体系可以通过反式作用因子（如大 T 抗原）和复制起始点相互作用，使目的基因得到扩增，从而提高基因的表达水平。

表达载体的稳定性是维护基因表达的必需条件，而表达载体的稳定性不仅与表达载体的自身特性相关，也与受体细胞的特性密切相关。所以在实践中，要充分考虑两方面的因素，从而确定好的表达系统。

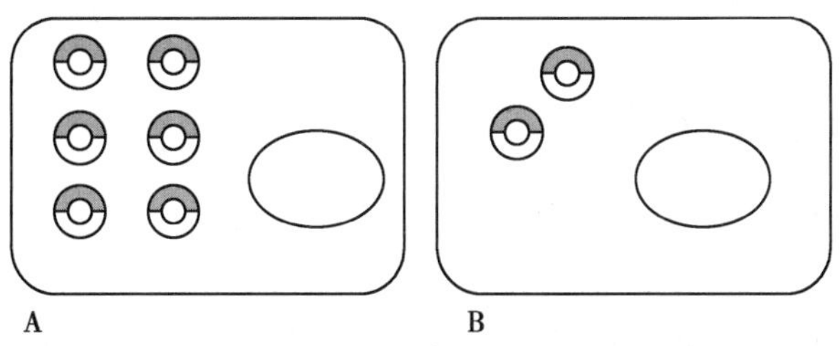


A：拷贝数多，效率高；B：拷贝数少，效率不如 A。

图 5-29　基因载体的拷贝数

### （六）提高目的基因表达水平的方法

根据上述因素，在进行高效表达的程序中，以下几种方法可提高目的基因的表达水平。

1. 根据需要适当调整 SD 序列与起始密码子之间的距离。
2. 消除 mRNA 的二级结构，提高翻译的完整性。
3. 可在目的基因下游加入某些特殊片段（如反转重复序列），提高 mRNA 的稳定性。
4. 在诱导表达过程中，人为地控制表达体系的状况。

总之，基因表达过程牵涉到基因载体、宿主细胞等多个因素，以及重组体构建、筛选鉴定等多个环节，是一个系统工程。在实验设计中需要全面衡量、综合考虑。

## 五、表达产物检测的基本策略

基因表达完成以后，下一步的工作就是要对表达的蛋白质进行分析鉴定。

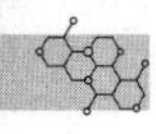



### (一) 聚丙烯酰胺凝胶电泳

将样品组和空白对照组(无表达产物)在同一聚丙烯酰胺凝胶上进行电泳,可鉴定有无特异性表达产物条带出现(图 5-30)。

### (二) 表达蛋白质生物学功能的检测

培养平板上的菌落若有特异性表达产物,在培养平板上加上相应抗体,抗原和抗体发生反应,会在阳性菌落周围出现一圈沉淀素。

## 六、表达蛋白质的分离纯化

检测到目的蛋白的表达后,需要对目的蛋白进行分离纯化(图 5-31)。纯化的方法有多种,在选择时需要考虑目的蛋白表达量的高低、分子大小、理化性质、生物活性等各种因素。

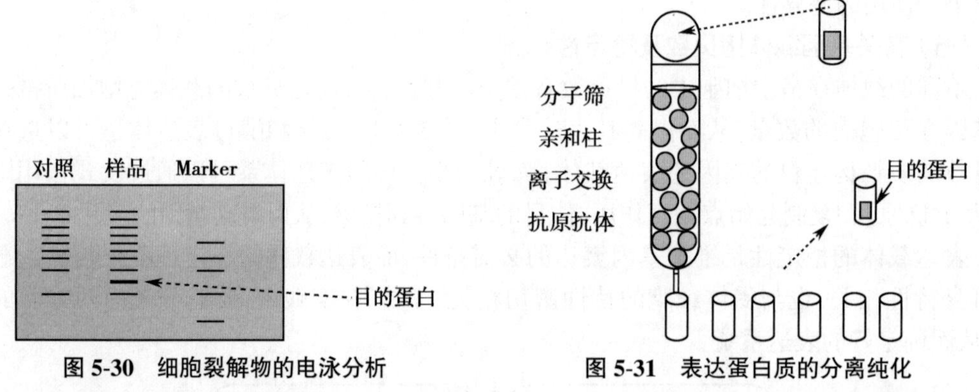


图 5-30　细胞裂解物的电泳分析

图 5-31　表达蛋白质的分离纯化

## 七、基因表达的实验方案

下面以在大肠埃希菌表达蛋白为例,介绍基因表达的实验方案。

### (一) 原理

1. **大肠埃希菌(*E.coli*)表达系统**　*E.coli* 是重要的原核表达体系。重组基因转化入 *E.coli* 菌株以后,通过对温度的控制,可诱导其在宿主菌内表达目的蛋白质,将表达样品进行聚丙烯酰胺电泳,可检测表达蛋白质。

2. **外源基因的诱导表达**　提高外源基因表达水平的基本手段之一,就是将宿主菌的生长与外源基因的表达分成两个阶段,以减轻宿主菌的负荷。常用的方法有温度诱导和药物诱导。本实验采用 IPTG 诱导外源基因表达。不同的表达质粒表达方法并不完全相同,因启动子不同,诱导表达要根据具体情况而定。

### (二) 外源基因的诱导表达

1. **试剂**

(1) LB 培养基。

(2) IPTG 储存液:2g IPTG 溶于 10ml 蒸馏水中,用 0.22μm 滤膜过滤除菌,分装成 1ml 每份,-20℃保存。

(3) 1×凝胶电泳加样缓冲液:50mmol/L Tris-HCl(pH 6.8)、50mmol/L DTT、2% SDS、0.1% 溴酚蓝、10% 甘油。

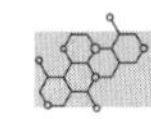

2. **实验步骤**

(1)用适当的限制性内切酶消化载体 DNA 和目的基因。

(2)按连接步骤连接目的基因和载体,并转化到相应的宿主菌。

(3)筛选出含重组体的转化菌落,提取质粒 DNA 作限制性内切酶图谱,进行 DNA 序列测定,确定无误后进行下一步。

(4)如果表达载体的原核启动子为 *pL* 启动子,则在 30~32℃培养数小时,使培养液的 $OD_{600}$ 为 0.4~0.6,然后迅速使温度升至 42℃,继续培养 3~5h;如果表达载体的原核启动子为 *tac* 等,则 37℃培养细菌数小时,达到对数生长期后加 IPTG 至终浓度为 1mmol/L,继续培养 3~5h。

(5)取上述培养液 1ml,1 000g 离心 1min,沉淀加入 100μl 1×凝胶电泳上样缓冲液后,做 SDS- 聚丙烯酰胺凝胶电泳检测。

### (三)大肠埃希菌的裂解

细菌裂解的常用方法有:①高温研磨法;②高压匀浆;③超声破碎法;④酶溶法;⑤化学渗透。前三种方法属机械破碎法,并且方法①、②已在工业生产中得到应用,后三种方法在实验室研究中应用较为广泛。下面介绍酶溶法和超声破碎法的实验步骤。

1. **酶溶法** 常用的溶解酶有溶菌酶、β-1,3 葡聚糖酶、β-1,6 葡聚糖酶、蛋白酶、壳多糖酶、糖苷酶等。溶菌酶主要对细菌类有作用,而其他几种酶对酵母作用显著。

用酶溶法裂解大肠埃希菌所需试剂如下。

(1)裂解缓冲液:50mmol/L Tris-HCl(pH 8.0)、1mmol/L EDTA、100mmol/L NaCl。

(2)50mmol/L 苯甲基磺酰氟(PMSF)。

(3)10mg/ml 溶菌酶。

(4)脱氧胆酸。

(5)1mg/ml DNase Ⅰ。

用酶溶法裂解大肠埃希菌的实验步骤如下。

(1)4℃下 5 000r/min 离心 15min,收集诱导表达的细菌培养液(100ml)。弃上清,约每克湿菌加 3ml 裂解缓冲液,悬浮沉淀。

(2)每克湿菌加 8μl PMSF 及 80μl 溶菌酶,搅拌 20min;边搅拌边在每克湿菌中加 4mg 脱氧胆酸(在冷室中进行)。

(3)37℃下用玻棒搅拌,溶液变得黏稠时,每克加入 20μl DNase Ⅰ。室温放置至溶液不再黏稠。

2. **超声破碎法** 声频高于 15kHz 的超声波在高强度声能输入下可以进行细胞破碎,在处理少量样品时操作简便,液体量损失较少,同时还可对染色体 DNA 进行剪切,大大降低液体的黏稠度。

用超声破碎法裂解大肠埃希菌所需试剂如下。

(1)TE 缓冲液。

(2)2×凝胶电泳加样缓冲液:100mmol/L Tris-HCl(pH 8.0)、100mmol/L DTT、4% SDS、0.2% 溴酚蓝、20% 甘油。

超声破碎法的操作步骤如下。

(1)收集 1L 诱导表达的工程菌,40℃下 5 000r/min 离心 15min;弃上清,约每克湿菌加 3ml TE 缓冲液。

(2)按超声处理仪厂家提供的功能参数进行破菌;10 000g 离心 15min,分别收集上清液和沉淀。

(3)分别取少量上清液和沉淀加入等体积的2×凝胶电泳加样缓冲液，进行SDS-PAGE检测。

(4)注意事项：超声破碎与声频、声能、处理时间、细胞浓度、菌种类型等因素有关，应根据具体情况掌握。超声破菌前，标本经3~4次冻融后更容易破碎。

### （四）大肠埃希菌包涵体的分离

蛋白质在细菌中的高水平表达，常形成相差显微镜下可见到的细胞质颗粒，即包涵体，经离心沉淀后可用Triton X-100/EDTA或尿素洗涤，若为获取可溶性的活性蛋白，须将洗涤过的包涵体重新溶解并进行重折叠。

#### 1. 试剂

(1)洗涤液Ⅰ：0.5% Triton X-100、10mmol/L EDTA（pH 8.0），溶于细胞裂解液中。

(2)2×凝胶电泳加样缓冲液。

#### 2. 操作步骤

(1)细胞裂解混合物进行离心，4℃下12 000g离心15min，弃上清，沉淀用9倍体积的洗涤液Ⅰ悬浮，室温下放置5min。

(2)4℃下12 000g离心15min，吸出上清，用100μl水重新悬浮沉淀。

(3)分别取10μl上清和重新悬浮的沉淀，加10μl 2×凝胶电泳加样缓冲液，进行SDS-PAGE检测。

### （五）大肠埃希菌包涵体的溶解和复性

#### 1. 试剂

(1)缓冲液Ⅰ：1mmol/L PMSF、8mol/L尿素、10mmol/L DTT，溶于前述裂解缓冲液中。

(2)缓冲液Ⅱ：50mmol/L $KH_2PO_4$、1mmol/L EDTA（pH 8.0）、50mmol/L NaCl、2mmol/L还原型谷胱甘肽、1mmol/L氧化型谷胱甘肽。

(3)KOH和HCl。

(4)2×凝胶电泳加样缓冲液。

#### 2. 操作步骤

(1)用100μl缓冲液Ⅰ溶解包涵体，室温放置1h。

(2)加9倍体积的缓冲液Ⅱ，室温放置30min。

(3)用KOH将pH值调到10.7；用HCl将pH值调至8.0，在室温下放置至少30min。

(4)室温下1 000g离心15min，吸出上清液并保留。

(5)用100μl 2×凝胶电泳加样缓冲液溶解沉淀，取10μl上清，加10μl 2×凝胶电泳加样缓冲液，与20μl重新溶解的沉淀进行SDS-PAGE。

### （六）注意事项

1. 不同的大肠埃希菌表达载体带有不同的启动子和诱导成分。实验者必须根据特定系统和用途决定相应的实验方案。

2. 表达和检测时，应设置对照组，如转化载体和非诱导细胞。

3. 由于大肠埃希菌中表达的重组蛋白质缺少哺乳动物细胞特异的翻译后加工，所以其生物活性无法与天然蛋白质相提并论。

（周俊宜）

# 第二篇

# 蛋白质实验技术

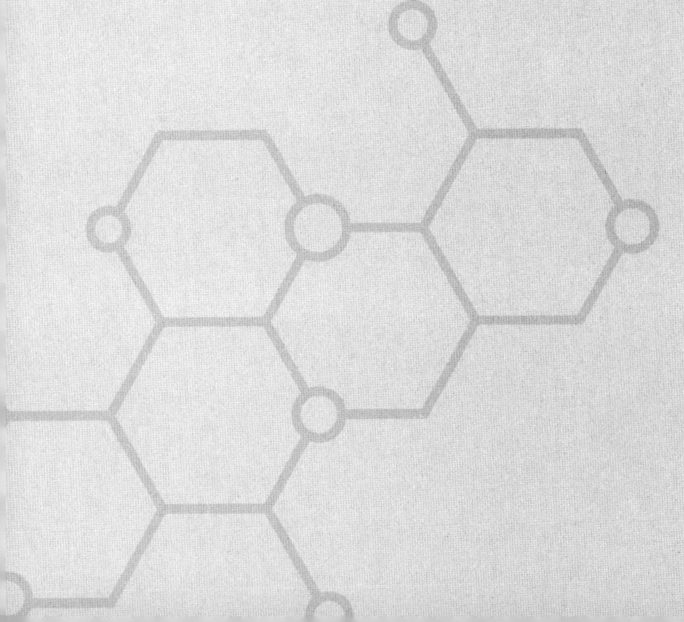

蛋白质作为一类生物大分子，是基因的表达产物，研究蛋白质的技术是分子生物学研究的核心技术之一。本篇从蛋白质样品的制备、蛋白质的定量检测，到蛋白质的电泳、免疫印迹检测，以及蛋白质的层析技术等，较全面地介绍了对蛋白质进行提取、鉴定和纯化的全过程，每一部分都有详细的原理描述，同时还提供了经典实用的实验方案和技术细节。

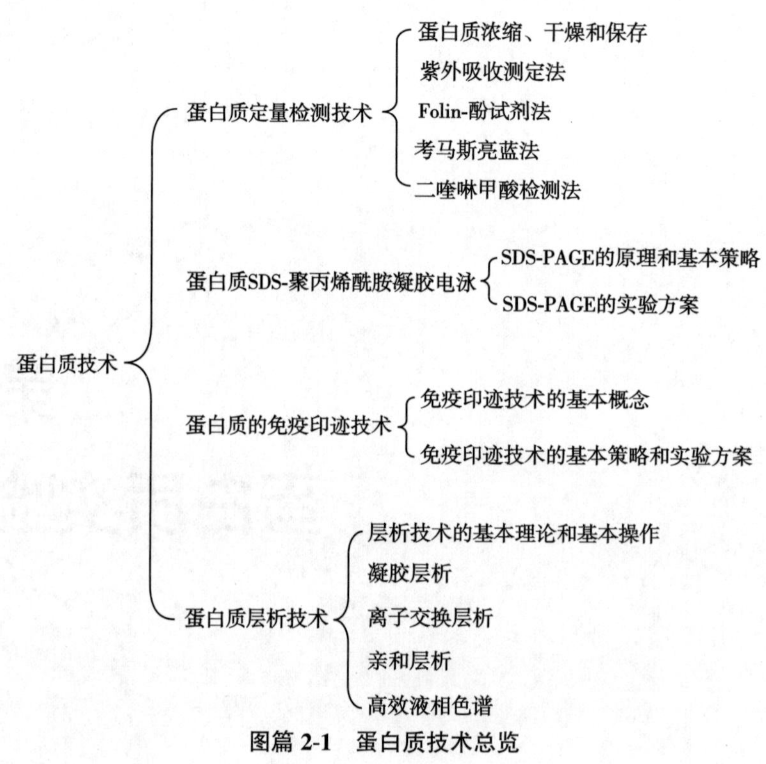


图篇 2-1　蛋白质技术总览

# 第六章
# 蛋白质样品的制备

研究蛋白质，首先要制备出高度纯化并具有生物活性的蛋白质样品。蛋白质制备的方法有很多种，归纳起来包括两个方面：①利用混合物中几个组分分配率的差别，把它们分配到可用机械方法分离的两个或几个物相中，如盐析、有机溶剂提取、层析和结晶等；②将混合物置于单一物相中，通过物理力场的作用使各组分分配于不同区域而达到分离目的，如电泳、超速离心、超滤等。在所有这些方法的应用中必须注意保存生物大分子的完整性，防止酸、碱、高温、剧烈机械作用而导致所提物质生物活性的丧失。蛋白质的制备一般分为四个阶段：选择材料和预处理，细胞的破碎及细胞器的分离，提取和纯化，浓缩、干燥和保存。

## 第一节　样品的处理

### 一、原材料的选择和预处理

微生物、植物和动物都可作为制备蛋白质的原材料，所选用的材料主要依据实验目的来确定。以微生物为材料时，应注意它的生长期，对数生长期时酶和核酸的含量较高。此外，除了菌体内含有很多生化物质如蛋白质、核酸和胞内酶等，菌体还会把很多代谢产物和胞外酶等分泌到培养基中。植物材料必须经过去壳、脱脂，还需要注意植物品种、生长发育状况和季节，这些因素会影响植物中所含生物大分子的量，而对于动物组织，必须选择有效成分含量丰富的脏器组织为原材料。

取到原材料后，要进行预处理，如进行绞碎、脱脂等处理，还要剔除结缔组织及脂肪组织。预处理好的材料，若不立即进行实验，应冷冻保存，对于易分解的生物大分子应选用新鲜材料制备。

### 二、细胞破碎的实验策略

对细胞及组织中的蛋白质分离提取，均须先将细胞破碎，使蛋白质充分释放到溶液中。不同生物体或同一生物体不同的组织，其细胞破碎难易不一，使用的方法也不完全相同。如动物胰、肝、脑组织一般较柔软，用普通匀浆器磨研即可；肌肉及心脏组织较韧，须预先绞碎再制成匀浆。常用的细胞破碎方法有3种。

1. **机械方法**　机械方法是指主要通过机械切力的作用使组织细胞破碎的方法。常用器械有两种。

(1) 高速组织捣碎机，转速可达10 000r/min，具有高速转动的锋利的刀片，适用于动物内脏组织的破碎。

(2) 玻璃匀浆器适用于少量材料的破碎，是用两个磨砂面相互摩擦将细胞磨碎，磨砂面的间隔小于1mm，对细胞的破碎程度比高速捣碎机高，机械切力对分子破坏较小。少量的材料也可用乳钵与适当的缓冲剂磨碎后进行提取，或者是加氧化铝、石英砂及玻璃粉磨细剂。但在磨细时局部往往会生热，导致蛋白质变性或pH值显著变化，磨细剂的吸附也可导致蛋白质损失。

2. **物理方法**　物理方法是指主要通过各种物理因素的作用，使组织细胞破碎的方法，常用的有4种。

(1) 反复冻融法：将组织细胞置于冷藏库中或使用干冰，于 –20~–15℃使之冻固，然后缓慢地融化，如此反复操作，使大部分细胞及细胞内颗粒破坏。渗透压的变化会使结合水冻结，产生组织的变性，冰片将细胞膜破坏，使蛋白质溶解，成为黏稠的浓溶液，但脂蛋白冻结后会变性失活。

(2) 冷热变替法：将材料投入沸水中，于90℃左右维持数分钟，然后立即置于冰浴中使之迅速冷却，绝大部分细胞会被破坏。

(3) 超声波破碎法：将细胞暴露于9~10kHz或10~500kHz的超声波所产生的机械振动下，使细胞急剧振荡破裂，此法多适用于微生物材料。用大肠埃希菌制备各种酶时，常选用的菌体浓度为50~100mg/ml，在1kHz至10kHz的频率下处理10~15min。超声波处理时应注意避免溶液中气泡的存在。处理过程会产生大量的热，还应注意采取相应降温措施。对一些易被超声波破坏的蛋白质酶、核酸等，应慎用此法。

(4) 加压破碎法：加一定气压或水压也可使细胞破碎。

3. **化学及生物化学方法**

(1) 有机溶媒法：粉碎后的新鲜材料在0℃以下加入5~10倍量的丙酮，迅速搅拌均匀，可使细胞膜破碎，破坏蛋白质与脂质的结合。蛋白质一般不会变性，而是被脱脂和脱水，成为干燥粉末。用少量乙醚洗后经滤纸干燥，部分物质如脱氢酶等，可保存数月而不失去活性。

(2) 自溶法：在一定pH值和适当的温度下，利用细胞自身的蛋白酶将细胞破坏，使细胞的内含物释放出来。自溶法须加少量甲苯、氯仿等，防止细菌污染，于温室30℃左右较早溶化。自体溶解过程中pH值会出现显著变化，要随时调节pH。自溶温度选在0~4℃，因自溶法所需时间较长，不易控制，所以制备活性蛋白质时较少用。

(3) 酶法：与前述的自溶法的原理相似，是用胰蛋白酶等蛋白酶除去变性的蛋白质。值得提出的是，溶菌酶能水解构成枯草菌等细菌的细胞壁的多糖类。溶菌酶的分布很广，在卵白中的含量尤其高，多易形成结晶。1g菌体中加1~10mg溶菌酶，在pH值为6.2~7.0时，1h内细菌可完全溶解。于生理食盐水或0.2mol/L蔗糖溶液中进行溶菌时，细菌虽然失去细胞膜，但原生质没有脱出。除溶菌酶外，蜗牛酶及纤维素酶也常用于破坏细菌及植物细胞。

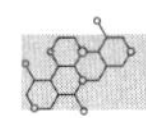

(4) 表面活性剂处理法：较常用的有十二烷基磺酸钠、氯化十二烷基吡啶及去氧胆酸钠等。

**4. 细胞破碎中的注意事项**　无论用哪一种方法将组织细胞破碎，都会使细胞内的蛋白质或核酸水解酶释放到溶液中，使生物大分子降解，导致天然物质量的减少。加入二异丙基氟磷酸（DFP）可以抑制或减慢自溶作用；加入碘乙酸可以抑制活性中心含有巯基的蛋白水解酶的活性；加入苯甲磺酰氟化物（PMSF）也能抑制蛋白水解酶的活性。这些方法都不能彻底抑制酶的活性，还应通过选择 pH 值、温度或离子强度等方法，使实验条件更合适，保护好提取的蛋白质。

# 第二节　蛋白质的提取和纯化

## 一、蛋白质提取的实验策略

大部分蛋白质都可溶于水、稀盐、稀酸或碱溶液，少数与脂类结合的蛋白质则溶于乙醇、丙酮、丁醇等有机溶剂，因此，可采用不同的溶剂提取分离和纯化不同的蛋白质及酶。

**1. 水溶液提取法**　稀盐和缓冲系统的水溶液对蛋白质稳定性好、溶解度大，是提取蛋白质最常用的溶剂，通常用量是原材料体积的 1~5 倍，提取时需要均匀的搅拌，以利于蛋白质的溶解。提取的温度要视有效成分的性质而定。一方面，多数蛋白质的溶解度随着温度的升高而增大，因此，温度高有利于溶解，能缩短提取时间。但另一方面，温度升高会使蛋白质变性失活，基于这一点考虑，提取蛋白质和酶时一般采用低温（4℃以下）操作。为了避免蛋白质在提取过程中的降解，可加入蛋白水解酶抑制剂（如二异丙基氟磷酸、碘乙酸等）。

**2. 有机溶剂提取法**　一些和脂质结合较牢或分子中非极性侧链较多的蛋白质，不溶于水、稀盐或稀碱液中，可用不同比例的有机溶剂提取。从线粒体（mitochondria）及微粒体（microsome）等含多量脂质的结构中提取蛋白质时，采用 Morton 的丁醇法效果较好，因为丁醇较少使蛋白质变性，且亲脂性强，易透入细胞内部，在水中也能溶解 10%，具有脂质与水之间的表面活性作用，可占据蛋白质与脂质的结合点，也能阻碍蛋白质与脂质的再结合，使蛋白质在水中的溶解能力大大增加。丁醇提取法的 pH 值及温度选择范围较广（pH 值为 3~10，温度为 -2~40℃）。国内研究者用该法曾成功地提取了琥珀酸脱氢酶。丁醇法对提取碱性磷酸酯酶的效果也是十分显著的。胰岛素既能溶于稀酸、稀碱，又能溶于酸性乙醇或酸性丙酮中，用 60%~70% 的酸性乙醇进行提取效果最好，不仅可抑制蛋白质水解酶对胰岛素的破坏，同时也能达到大量除去杂蛋白的目的。

**3. 表面活性剂的利用**　某些与脂质结合的蛋白质和酶，也可采用表面活性剂，如胆酸盐及十二烷基磺酸钠等进行处理。表面活性剂有阴离子型（如脂肪酸盐、烷基苯磺酸盐及胆酸盐等），阳离子型（如氯化苄烷基二甲基铵等）及非离子型（Triton X-100、吐温 60 及吐温 80）等。非离子型表面活性剂比离子型温和，不易引起酶失活，使用较多。膜结构上的脂蛋白现已广泛采用胆酸盐进行处理。脂蛋白和胆酸盐会形成带有净电荷的复合物，产生电荷再排斥作用，使膜破裂。近年来研究膜蛋白时，研究者较喜欢用非离子型表面活性剂进行提取。

4. **提取过程中的蛋白质保护**　提取时要注意防止细胞内的蛋白酶对蛋白质的水解。降低温度的目的之一就是防止蛋白水解酶的水解。多数蛋白水解酶的最适 pH 值为 3~5 或更高,较低的 pH 值可降低蛋白水解酶引起破坏的程度。在低 pH 值的条件下,许多酶的酶原在提取过程中不会被激活,而是保留在酶原的状态,不表现出水解活力。加入蛋白水解酶的抑制剂同样能起到保护作用,如以丝氨酸为活性中心的酶可加二异丙基氟磷酸,以巯基为中心的酶可加对氯汞苯甲酸等。在提取溶液中加入有机溶剂也能产生类似的作用。蛋白水解酶的性质变化很大,上述条件均应视具体实验对象而变化。某些蛋白质含有巯基,这些巯基可能是蛋白质实现活性所必需的。在提取这种蛋白质时,应注意不要带入金属离子和氧化剂,可往提取液中加金属螯合剂如 EDTA,以避免带入金属离子,可加入还原剂如抗坏血酸,以避免带入氧化剂。某些蛋白质带有非共价键结合的配基,提取时要注意保护,不要使配基丢失。

## 二、蛋白质分离纯化的实验策略

通过上述方法提取的蛋白质若纯度不高,还需要进一步纯化。纯化过程包括将蛋白质与非蛋白质分开,以及将各种不同的蛋白质分开。选择提取条件时,就要考虑怎样能尽量除去非蛋白质。一般总是有其他物质伴随蛋白质混入提取液中,但有些杂质(如脂肪)应事先除去,以便于以后的操作。

从异类物质中提纯蛋白质和酶时,常混有核酸或多糖,一般可用专一性酶水解、有机溶剂抽取及选择性部分沉淀等方法处理。小分子物质常在整个制备过程中通过多次液相与固相的转化被分离,或可在最后用透析法除去。而同类物质,如酶与杂蛋白、RNA 与 DNA 以及不同结构的蛋白质、酶、核酸之间的分离,情况则复杂得多。主要采用的方法有盐析法、有机溶剂沉淀法、等电点沉淀法、吸附法、结晶法、电泳法、超离心法及柱层析法等。其中盐析法、等电点法及结晶法用于蛋白质和酶的提纯较多,有机溶剂抽提和沉淀用于核酸的提纯较多,柱层析法、梯度离心法在蛋白质和核酸的提纯中应用十分广泛。蛋白质和蛋白质的相互分离主要是利用它们之间的各种性质的微小差别,诸如分子形状、分子量大小、电离性质、溶解度、生物功能专一性等。

### (一) 根据蛋白质溶解度的不同进行分离

1. **盐析**　中性盐对蛋白质的溶解度有显著影响,一般在低盐浓度下,随着盐浓度的升高,蛋白质的溶解度会增加,这种现象称为盐溶;当盐浓度继续升高时,蛋白质会出现不同程度的溶解度下降并先后析出,这种现象称为盐析。将大量盐加到蛋白质溶液中,高浓度的盐离子(如硫酸铵的 $SO_4^{2-}$ 和 $NH_4^+$)有很强的水化能力,可夺取蛋白质分子的水化层,使之“失水”,于是蛋白质胶粒就会凝结并沉淀析出。盐析时若溶液的 pH 值在蛋白质等电点则效果更好。由于各种蛋白质分子颗粒大小、亲水程度不同,故盐析所需的盐浓度也不一样,因此调节混合蛋白质溶液中的中性盐浓度可使各种蛋白质分段沉淀。

影响盐析的因素有以下几点。

(1) 温度:除对温度敏感的蛋白质在低温(4℃)下操作外,一般盐析可在室温中进行。一般温度降低,蛋白质的溶解度也会降低,但有的蛋白质(如血红蛋白、肌红蛋白、清蛋白)在较高的温度(25℃)比 0℃时溶解度低,更容易盐析。通常蛋白质盐析时对温度要求不太严格,但在中性盐中结晶纯化时，温度的影响则比较明显。

(2) pH 值：大多数蛋白质在等电点时在浓盐溶液中的溶解度最低。

(3) 蛋白质浓度：蛋白质浓度高时，欲分离的蛋白质常常夹杂着其他蛋白质一起沉淀出来（共沉现象），因此在盐析前，血清要加等量生理盐水稀释，使蛋白质含量为 2.5%~3.0%。

(4) 盐的饱和度：不同蛋白质盐析时盐的饱和度应不同，分离几种蛋白质组成的混合物时，盐的饱和度常由稀到浓渐次增加，每出现一种蛋白质沉淀，进行离心或过滤分离后，再继续增加盐的饱和度，使第 2 种蛋白质沉淀。

蛋白质盐析常用的中性盐，主要有硫酸铵、硫酸镁、硫酸钠、氯化钠、磷酸钠等。其中应用最多的是硫酸铵，它的优点是温度系数小而溶解度大（25℃时饱和溶液为 4.1mol/L，即 767g/L；0℃时饱和溶液为 3.9mol/L，即 676g/L），在这一溶解度范围内，许多蛋白质和酶都可以盐析出来；另外用硫酸铵进行分段盐析的效果也比其他盐好，不易引起蛋白质变性。硫酸铵溶液的 pH 值常为 4.5~5.5，当用其他 pH 值进行盐析时，需要用硫酸或氨水调节。

蛋白质在用盐析沉淀分离后，需要将其中的盐除去，常用的办法是透析，即把蛋白质溶液装入透析袋内（常用的是玻璃纸），用缓冲液进行透析，并不断地更换缓冲液，因透析所需时间较长，所以最好在低温下进行。此外也可用葡萄糖凝胶 G-25 或 G-50 过柱的办法除去溶液中的盐，所用的时间较短。

**2. 等电点沉淀法**　蛋白质在静电状态时颗粒之间的静电斥力最小，因而溶解度也最小，各种蛋白质的等电点有差别，可将溶液的 pH 值调节到某一蛋白质的等电点，使之沉淀，但此法很少单独使用，多与盐析法结合使用。

**3. 低温有机溶剂沉淀法**　低温有机溶剂沉淀法是用可与水混溶的有机溶剂，如甲醇、乙醇或丙酮等，使多数蛋白质溶解度降低并析出的方法，此法分辨力比盐析高，但蛋白质较易变性，应在低温下进行。

### （二）根据蛋白质分子大小的差别进行分离

**1. 透析**　透析是利用蛋白质等生物大分子不能透过半透膜的特性而进行纯化的一种方法，将含盐的生物大分子溶液装入透析袋内，并将袋口扎好，放入装有蒸馏水的大容器中，用搅拌的方法使蒸馏水不断流动，经过一段时间后，透析袋内除大分子外，小分子盐类透过半透膜进入蒸馏水中（图 6-1），膜内外的盐浓度达到平衡。如在透析过程中更换几次大容器中的液体，可以使透析袋内的溶液达到脱盐的目的。脱盐透析是应用最广泛的一种透析方法。

平衡透析也是常用的透析方法之一，将装有生物大分子的透析袋装入盛有一定浓度的盐溶液或缓冲液的大容器中，经过透析，袋内外的盐浓度（或缓冲液 pH 值）达到一致，从而有控制地改变被透析溶液的盐浓度（或 pH 值）。如将透析袋放入高浓度、吸水性强的多聚体溶液中，透析袋内溶液中的水便会迅速被袋外的多聚体所吸收，从而达到浓缩袋内液体的目的。这种方法称为“反透析”，可用来进行反透析的多聚体有聚乙二醇（polyethylene glycol，PEG）、聚乙烯吡咯烷酮（polyvinyl pyrrolidone，PVP）、右旋糖、蔗糖等。透析用的半透膜很多，玻璃纸、棉胶、动物膜、皮纸等都可用来制作半透膜。

**2. 超滤法**　超滤法是利用具有一定大小孔径的微孔滤膜，对生物大分子溶液进行过滤（常压、加压或减压），使大分子保留在超滤膜上面的溶液中，而小分子物质及水过滤出去，从而达到脱盐、更换缓冲液或浓缩的目的（图 6-2）。

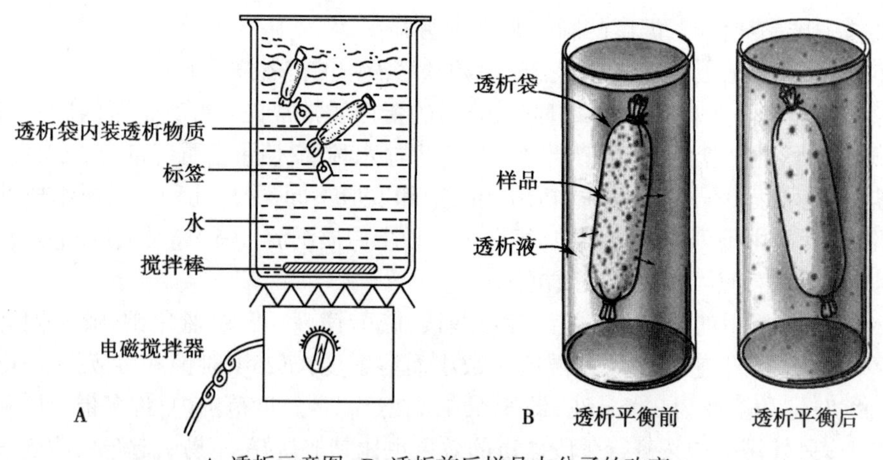


A. 透析示意图；B. 透析前后样品中分子的改变。

**图 6-1　透析**

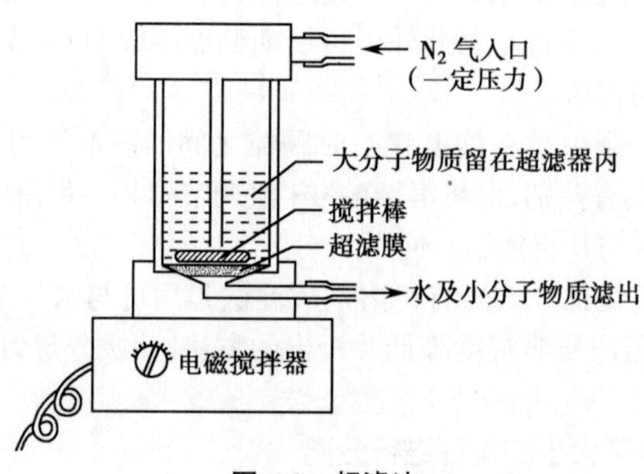


**图 6-2　超滤法**

3. **凝胶过滤法**　凝胶过滤法也称分子排阻层析或分子筛层析，是根据分子大小分离蛋白质混合物的最有效的方法之一。层析柱中最常用的填充材料是葡聚糖凝胶和琼脂糖凝胶。

### （三）根据蛋白质带电性质进行分离

蛋白质在不同 pH 值的环境中带电性质和电荷数量不同，可利用这种特性将其分开。

1. **电泳法**　各种蛋白质在同一 pH 值的条件下，因为分子量和电荷数量不同，所以在电场中的迁移率不同，可利用这种特性将其分开。值得重视的是等电聚焦电泳，这是利用两性电解质作为载体的一种方法，电泳时两性电解质会形成一个由正极到负极逐渐增加的 pH 梯度，当带一定电荷的蛋白质在其中泳动时，到达各自等电点的 pH 值的位置就会停止，此法可用于分析和制备各种蛋白质。

2. **离子交换层析法**　离子交换剂有阳离子交换剂（羧甲基纤维素、CM- 纤维素）和阴离子交换剂（二乙氨基乙基纤维素、DEAE- 纤维素），当被分离的蛋白质溶液流经离子交换层析柱时，带有与离子交换剂相反电荷的蛋白质会被吸附在离子交换剂上，随后用改变 pH 值或离子强度的办法可将吸附的蛋白质洗脱下来。

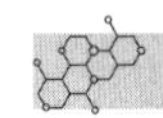

### (四) 根据配体特异性进行分离

亲和层析法(affinity chromatography)是分离蛋白质的一种极为有效的方法,经常只需要经过一步处理即可使某种待提纯的蛋白质从很复杂的蛋白质混合物中分离出来,而且得到的蛋白质纯度很高。这种方法利用的是某些蛋白质与另一种称为配体的分子能特异而非共价地结合的特性。

蛋白质在组织或细胞中是以复杂的混合物形式存在的,每种类型的细胞都含有上千种不同的蛋白质,因此蛋白质的分离、提纯和鉴定是生物化学中的重要的一部分,至今还没有单独或一套现成的方法能够把任何一种蛋白质从复杂的混合蛋白质中提取出来,往往需要几种方法联合使用。

## 三、蛋白质浓缩、干燥和保存的实验策略

因为生物大分子通常遇热不稳定,极易变性,所以浓缩和干燥生物大分子不能用加热蒸发的方法。减压浓缩和冷冻干燥已成为生物大分子制备过程中常用的浓缩干燥技术。低压冻干法是使蛋白质溶液在圆底烧瓶的瓶壁上冷冻,同时在真空中让液体升华,以得到冻干样品的方法。通过冷冻干燥所得的样品能够保持生物大分子物质的天然性质,还具有疏松、易于溶解的特性,便于保存和应用。这是保存生物大分子最常用和最好的方法。

### (一) 蛋白质的浓缩

生物大分子在制备过程中,过柱纯化后,样品会变得很稀,为了达到保存和鉴定的目的,往往需要将溶液进行浓缩。常用的浓缩方法包括以下几种。

1. **真空干燥法** 在相同温度下,由于周围空气压力的降低,被干燥物质所含水分或溶剂的蒸发速度会增加。真空度愈高,溶剂沸点愈低,蒸发愈快。其原理与真空浓缩(或称减压浓缩)相同。整个装置包括干燥器、冷凝器及真空泵 3 部分,干燥器顶部连接一带活塞的管道,接通冷凝器,气化后的蒸气由此管道通过冷凝管凝聚,冷凝器另一端连接真空泵,干燥器内常放一些干燥剂,如五氧化二磷、无水氯化钙等,以便干燥保存样品。

2. **冷冻真空干燥法** 除利用真空干燥的原理外,同时增加了温度因素。在相同的压力下,水蒸气压随温度的下降而下降。在低温低压的条件下,冰很容易升华为气体。操作时通常将待干燥的液体冷冻到冰点以下,使之变成固体,然后在低温低压下将溶剂变成气体而除去。样品干燥时先在培养皿内铺成薄层(厚度不超过 1cm 的液体),置于低温冰箱内冷冻固定。另在真空干燥器内用两个培养皿分别放置固体氢氧化钠和五氧化二磷,真空干燥器上端抽气,通过五氧化二磷干燥管与真空泵相连。当放进等待干燥的冻块后,立即封闭干燥器,开动真空泵,烘干 5~10h 后可得冷冻干燥品。也可将待干燥物质置于圆底容器中,然后浸入干冰、乙醇混合而成的冷却剂中,容器内液体会迅速冻成固体,抽真空后待干燥冻块内的水分子会升华变成气体,经过冷凝器凝结为霜。冰冻的样品逐渐失去水分,变成疏松的干燥粉末。

3. **冰冻法** 水在低温下会结成冰,盐类及生物大分子不会进入冰内而会留在液相中。操作时先将待浓缩的溶液冷却,使之变成固体,然后缓慢地熔化,利用溶剂与溶质熔点的差别而达到除去大部分溶剂的目的。如蛋白质和酶的盐溶液用此法浓缩时,不含蛋白质和酶的纯冰结晶会浮于液面上,蛋白质和酶则集中于下层溶液中,移去上层冰块,可得到蛋白质和酶的浓缩液。

4. **吸收法**　通过吸收剂直接吸收除去溶液中的溶剂分子使之浓缩。所用的吸收剂必须不与溶液起化学反应，不吸附生物大分子，易与溶液分开。常用的吸收剂有聚乙二醇、聚乙烯吡咯烷酮、蔗糖和凝胶等，使用聚乙二醇吸收剂时，先将生物大分子溶液装入半透膜的袋里，外加聚乙二醇覆盖，置于4℃下，袋内溶剂渗出即被聚乙二醇迅速吸去，聚乙二醇被溶剂饱和后要更换新的，直至达到所需要的体积。

5. **超滤法**　用一种特别的薄膜对溶液中各种溶质分子进行选择性过滤的方法，液体在一定压力下（氮气压或真空泵压）通过膜时，溶剂和小分子会透过，大分子则受阻保留。这是近年来发展起来的新方法，最适用于生物大分子，尤其是蛋白质和酶的浓缩或脱盐，并具有成本低，操作方便，条件温和，能较好地保持生物大分子的活性，回收率高等优点。应用超滤法的关键在于膜的选择，不同类型和规格的膜，水的流速、分子量截止值（即大体上能被膜保留的分子的最小分子量值）等参数均不同，必须根据工作需要来选用。另外，超滤装置形式、溶质成分及性质、溶液浓度等都对超滤效果有一定影响。

### （二）蛋白质的干燥

生物大分子制备得到的样品，为防止变质，易于保存，常需要干燥处理，最常用的方法是冷冻干燥和真空干燥。真空干燥适用于不耐高温，易于氧化物质的干燥和保存。此法干燥后的产品具有疏松、溶解度好、保持天然结构等优点。真空干燥法适用于各类生物大分子的干燥保存。

### （三）蛋白质的保存

生物大分子的稳定性与保存方法有很大关系。干燥的制品一般比较稳定，如制品含水量很低，在低温条件下，生物大分子的活性可在数月甚至数年无显著变化。贮藏方法也很简单，将干燥后的样品置于干燥容器内（内装有干燥剂）密封，保存于0~4℃的冰箱中即可。有时为了取样方便和避免取样时样品吸水和污染，可先将样品分装于许多小瓶中，每次用时只取出1瓶。

液态贮藏的优点是使样品免去干燥这一步骤，生物大分子的生理活性和结构破坏较少；缺点是需要较严格的防腐措施，贮藏时间不能太长，如样品量大时封装运输不方便，实验室常采取少量安瓿封存法。液态贮藏时应注意以下几点：①样品不能太稀，必须浓缩到一定浓度才能封装贮藏，样品太稀易使生物大分子变性；②一般需要加入防腐剂和稳定剂，常用的防腐剂有甲苯、苯甲酸、氯仿、百里酚等，蛋白质和酶常用的稳定剂有硫酸铵糊、蔗糖、甘油等，在酶中也可加入底物和辅酶，以提高其稳定性，此外，钙、锌、硼酸等溶液对某些酶也有一定保护作用，核酸大分子一般保存在氯化钠或柠檬酸钠的标准缓冲液中；③应在低温下贮藏，大多数生物大分子应在0℃左右的冰箱中保存，有的温度则要求更低，应视不同物质而定。

总之，在生物大分子的贮藏和保存过程中，温度和水分是影响稳定性的两个主要因素。其次，各种稳定剂的应用是否适当也很重要，实际应用时应全面加以考虑。

（蔡卫斌　周俊宜）

# 第七章
# 蛋白质定量检测技术

测定蛋白质含量的方法，目前常用的有紫外吸收法、Folin- 酚试剂法（Lowry 法）、二喹啉甲酸（bicinchoninic acid，BCA）检测法和考马斯亮蓝法（Bradford 法）。其中 Bradford 法和 Lowry 法灵敏度最高，比紫外吸收法灵敏 10~20 倍，比传统的 Biuret 法灵敏 100 倍以上。定氮法比较复杂，现已很少使用，但较准确，往往以定氮法测定的蛋白质作为其他方法的标准蛋白质。

值得注意的是，这些方法并不能在任何条件下适用于任何形式的蛋白质，因为一种蛋白质溶液用不同的方法测定，有可能得出不同的结果。每种测定法都不是完美无缺的，都有其优缺点。在选择方法时应考虑：①实验对测定所要求的灵敏度和精确度；②蛋白质的性质；③溶液中存在的干扰物质；④测定所要花费的时间。

## 第一节　紫外吸收测定法

### 【实验原理】

由于蛋白质分子中酪氨酸和色氨酸残基的苯环含有共轭双键，因此蛋白质有吸收紫外线的性质，吸收高峰在 280nm 波长处。在此波长范围内，蛋白质溶液的光密度（$OD_{280}$）与其含量成正比关系，可用作定量测定。

利用紫外吸收法测定蛋白质含量的优点是迅速、简便，样品可以回收利用，低浓度盐类不干扰测定。此法的缺点包括：①测定那些与标准蛋白质中酪氨酸和色氨酸含量差异较大的蛋白质时，有一定的误差，如浓度均为 1mg/ml 的不同蛋白质溶液，其 $OD_{280}$ 可以分布在 0 到 4 之间（见于少数富含酪氨酸的蛋白质）；②若样品中含有嘌呤、嘧啶等吸收紫外线的物质，会出现较大的干扰。因此，紫外吸收测定法一般作为蛋白质初步定量的依据。

蛋白质中的肽键对紫外光（ultraviolet light，UV）的最大吸收峰在波长为 190nm 处，这种强的吸收可以提高紫外吸收测定法的灵敏度，但是由于氧吸收干扰和传统分光光度计测量限制，目前多采用 $UV_{280nm}$ 进行蛋白质定量分析。

## 【实验方案】

1. **试剂**

(1)标准蛋白溶液：结晶 BSA 根据其纯度配制成 1mg/ml 的蛋白溶液。

(2)待测蛋白溶液。

2. **设备**　紫外分光光度计、石英比色杯、试管和试管架、微量移液管。

3. **标准曲线法测定蛋白质含量的操作步骤**

(1)标准曲线的绘制：按表 7-1 分别向每支试管加入各种试剂，摇匀。选用光程为 1cm 的石英比色杯，在 280nm 波长处分别测定各管溶液的 $OD_{280}$ 值。以 $OD_{280}$ 值为纵坐标，蛋白质浓度为横坐标，绘制标准曲线。

**表 7-1　紫外吸收法的标准曲线测定**

| 试剂 | 样品编号 | | | | | | | |
|---|---|---|---|---|---|---|---|---|
| | 1 | 2 | 3 | 4 | 5 | 6 | 7 | 8 |
| 标准蛋白质溶液 /ml | 0 | 0.5 | 1.0 | 1.5 | 2.0 | 2.5 | 3.0 | 4.0 |
| 蒸馏水 /ml | 4.0 | 3.5 | 3.0 | 2.5 | 2.0 | 1.5 | 1.0 | 0 |
| 蛋白质浓度 /(mg/ml) | 0 | 0.125 | 0.250 | 0.375 | 0.500 | 0.625 | 0.750 | 1.000 |

(2)样品测定：取待测蛋白质溶液 1ml，加入蒸馏水 3ml，摇匀，按上述方法在 280nm 波长处测定光密度值，并从标准曲线上查出待测蛋白质的浓度。

4. **经验公式计算蛋白质含量的操作步骤**　用生理盐水稀释蛋白质样品至合适浓度，在 280nm 和 260nm 两处波长分别测得光密度值，再按下列公式计算。

(1) $OD_{280}/OD_{260}<1.5$ 时，用 Lowry-Kalokar 公式：

样本蛋白质含量(mg/ml)$=1.5\times OD_{280}-0.75\times OD_{260}$

(2) $OD_{280}/OD_{260}>1.5$ 时，用 Lamber-Beer 定律计算：

样本蛋白质含量(mg/ml)$=OD_{280}/(K\times L)$

式中，K 为克分子消光系数，L 为溶液厚度。

## 【注意事项及常见问题分析】

1. $OD_{280}$ 尽可能分布在 0.05 到 1.0 之间，蛋白浓度太低($OD_{280}<0.05$)或太高($OD_{280}>1.0$)，则需要浓缩或稀释至适当浓度。

2. 不同蛋白质中的酪氨酸和色氨酸含量有差异，故标准管与测定管的蛋白质氨基酸组成应相似，以减小误差。

3. BSA 是常用的标准蛋白质，1mg/ml BSA 的 $OD_{280}$ 约为 0.66。

4. 传统认为用 1cm 的比色杯所测光密度值为 1.0 时，蛋白质溶液浓度大约为 1mg/ml，这是非常不精确的。

5. 玻璃和塑料在紫外吸收光范围内具有光密度值，因而不能用来进行蛋白质的定量。

# 第二节　Folin-酚试剂法

## 【实验原理】

Folin-酚试剂法最早是由 Lowry 等人建立的，现已在生物化学领域得到广泛的应用，是测定蛋白质含量最灵敏的方法之一。在碱性条件下，蛋白质分子中的酪氨酸、色氨酸、半胱氨酸等，能还原酚试剂（folin-ciocalteau）中的磷钼酸-磷钨酸，使之产生深蓝色（最大吸收峰为 750nm），蓝色的深浅与蛋白质的含量相关。由于蛋白质所含酪氨酸量的不同，显色就产生了差异。Lowry 等在试剂里加入碱性铜溶液后，发现显色强度比单独用酚试剂时增加了 3~15 倍，由蛋白质种类引起的显色偏差也变少了，这是在铜离子作用下蛋白质分子中肽键的显色效果发挥出来的缘故，如把待测液与标准蛋白液进行同样处理，显色后便可进行比色定量。

这种方法的显色原理与传统的双缩脲方法是相同的，在强碱性溶液中，蛋白质中的肽键与 $Cu^{2+}$ 通过双缩脲反应结合形成紫色络合物，加入 Folin-酚试剂后，其中的磷钼酸-磷钨酸被蛋白质中的酪氨酸和苯丙氨酸残基还原，产生深蓝色（钼兰和钨兰的混合物），增加了显色量，从而提高了检测蛋白质的灵敏度。

这种方法的优点：①是一种可靠的蛋白质定量方法，灵敏度高，比双缩脲法灵敏得多，可检测的最低蛋白质量达 5μg，通常测定范围是 10~100μg；②不同蛋白质之间的差别很小。缺点包括：①反应速度慢，费时较长，要精确控制操作时间，标准曲线也不是严格的直线形式；②专一性较差，干扰物质较多；③某些试剂不稳定。

对双缩脲反应产生干扰的离子，同样容易干扰 Lowry 反应，而且对后者的影响还要大得多。酚类、柠檬酸、硫酸铵、Tris 缓冲液、甘氨酸、糖类、甘油等均有干扰作用。浓度较低的尿素（0.5%）、硫酸钠（1%）、硝酸钠（1%）、三氯乙酸（0.5%）、乙醇（5%）、乙醚（5%）、丙酮（0.5%）等溶液对显色无影响，但这些物质浓度高时，必须作校正曲线。

## 【实验方案】

### 1. 试剂

（1）生理盐水：称取氯化钠 0.9g，溶于 100ml 蒸馏水中。

（2）蛋白质标准液（250μg/ml）：可用结晶 BSA 或酪蛋白，根据其纯度精确称重配成，用生理盐水溶解并稀释定容。

（3）A 液：无水碳酸钠 2g，溶于 100ml 0.10mol/L 氢氧化钠中。

（4）B 液：硫酸铜（$CuSO_4 \cdot 5H_2O$）0.5g 加水溶解，称取酒石酸钾钠 1.0g 加水溶解，两者混合后，加蒸馏水至 100ml。

（5）C 液：按 A 液与 B 液的比例为 49∶1 配成。

（6）D 液：酚试剂与蒸馏水的比例为 5∶4.7，用前现配。

（7）酚试剂：所用药品皆应为优级纯或分析纯。于 2 000ml 的圆底烧瓶中，放入钨酸钠

($Na_2WO_4·2H_2O$) 100g、钼酸钠($Na_2MoO_4·2H_2O$) 25g、蒸馏水 700ml、浓磷酸(85% *W*/*V*) 50ml 及浓盐酸 100ml，摇匀，加入沸石(用玻璃珠或毛细管防暴沸)，应用回流装置微沸 10h。除去回流装置，冷却后再加入硫酸锂($Li_2SO_4·H_2O$) 150g、蒸馏水 50ml 及溴 2~3 滴，在通风橱中(或开窗流通空气)加热煮沸 15min(不必回流)，以驱除过量的溴。冷却后加蒸馏水到 100ml，保存于玻璃塞棕色瓶中备用。制成的酚试剂应为淡黄色而不带绿色。本试剂主要成分是磷钨酸和磷钼酸。配制时加溴是为了氧化混合溶液中的还原性生成物，加硫酸锂是为了防止生成沉淀。

2. **设备**　721 分光光度计、玻璃比色杯、试管、坐标纸。

3. **操作步骤**

(1) 标准蛋白质曲线的绘制：取试管 6 支，编号，按表 7-2 操作。

**表 7-2　Folin- 酚试剂法的标准曲线测定**

| 试剂 | 试管编号 | | | | | |
|---|---|---|---|---|---|---|
| | 1 | 2 | 3 | 4 | 5 | 6 |
| 标准蛋白溶液 /ml | 0 | 0.1 | 0.2 | 0.3 | 0.4 | 0.5 |
| 生理盐水 /ml | 0.8 | 0.7 | 0.6 | 0.5 | 0.4 | 0.3 |
| C 液 /ml | 2.0 | 2.0 | 2.0 | 2.0 | 2.0 | 2.0 |
| D 液 /ml | 0.2 | 0.2 | 0.2 | 0.2 | 0.2 | 0.2 |
| 蛋白含量 /μg | 0 | 25 | 50 | 75 | 100 | 125 |

注：标准蛋白溶液的浓度为 250μg/ml。

加入 C 液混匀后放置 10min；加入 D 液后快速混匀，避光放置 45min，于 680nm 波长处比色。以各管光密度值为纵坐标，各管所含蛋白质量为横坐标，在方格坐标纸上画出各坐标点，连接各点，绘制成标准曲线。

(2) 蛋白含量测定：按表 7-3 操作。

**表 7-3　Folin- 酚试剂法的蛋白含量测定**　　单位：ml

| 试剂 | 测定管 | 空白管 |
|---|---|---|
| 待测液 | 0.1 | – |
| 生理盐水 | 0.7 | 0.8 |
| C 液 | 2.0 | 2.0 |
| D 液 | 0.2 | 0.2 |

加入 C 液混匀后放置 10min；加入 D 液后迅速混匀，避光放置 45min，在 680nm 波长处测定光密度值，查标准曲线求得样品液蛋白含量。样品液如经稀释，结果乘以稀释倍数。

## 【注意事项及常见问题分析】

1. 进行测定时，加酚试剂(D 液)要特别小心，因为该试剂只在酸性条件下保持稳定，而还原反应是在 pH 值为 10 时发生，故当酚试剂加到碱性铜 - 蛋白质溶液中时，必须立即混

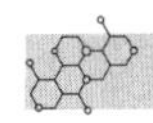

匀，以便在磷钼酸 - 磷钨酸被破坏之前，还原反应即能发生。

2. 在加入试剂 20~30min 后呈色达到饱和，此后每小时颜色信号减弱 1%。

3. 本法宜用于未知蛋白质浓度为 10~100μg/ml 的实验，如蛋白质含量过高，需要适当稀释。

4. 许多干扰物质会降低颜色反应，而去垢剂能引起颜色反应轻微升高。

5. 含硫酸铵的溶液，只需要加浓碳酸钠 - 氢氧化钠溶液，即可进行显色测定。若样品酸度较高，显色后颜色较浅，则必须将碳酸钠 - 氢氧化钠溶液的浓度提高 1~2 倍。

6. 此法也适用于酪氨酸和色氨酸的定量测定。

## 第三节　考马斯亮蓝法

### 【实验原理】

这种方法的原理是考马斯亮蓝 G250 有红、蓝两种不同颜色的形式，在一定浓度的乙醇及酸性条件下，可配成淡红色的溶液，当与蛋白质结合后，会产生蓝色化合物，反应迅速而稳定，反应化合物在 465~595nm 处有最大的光密度值，化合物颜色的深浅与蛋白质浓度的高低成正比关系，因此可检测 595nm 处的光密度值的大小，计算蛋白质的含量。

该方法的优点在于快速（反应时间仅需 2min）、敏感、几乎没有蛋白质损失；缺点是对不同的纯化蛋白质的相互作用有强有弱，还可引起蛋白质不可逆的变性，因此这也不是一种严格的定量方法。Bio-Rad 公司的蛋白质定量检测试剂盒就是以此法为依据的。

该方法的检测范围：蛋白质溶液浓度为 25~200μg/ml，最小测量体积为 0.1ml，最小测量蛋白质量为 2.5μg。

### 【实验方案】

1. **试剂**

（1）蛋白质染色液（含 0.01% 考马斯亮蓝 G250、4.7% 乙醇、0.5% 磷酸），储存在棕色瓶中可保存一个月。

（2）蛋白质标准液：先配制 0.5mg/ml 的 BSA 储存液，使用时稀释成 100~500μg/ml 的系列浓度。

（3）生理盐水。

2. **设备**　分光光度计、塑料比色杯、试管、吸管、移液器和枪头、振荡器。

3. **操作步骤**　标准曲线法：按表 7-4 将试剂及样品加至试管中，振荡混匀，在 5min 后测 $OD_{595}$ 值，测量应在 1h 内完成。

轻轻摇匀，5min 后以 0 号管调空白，在分光光度计于波长 595nm 处读取各管 OD 值。以 1~5 号管的 OD 值为纵坐标，蛋白质标准液的系列浓度（μg/ml）作为横坐标，作图得到标准曲线，然后在标准工作曲线上查找 6 号管待测样品的 OD 值所对应的蛋白质浓度，样品液如经稀释，结果乘以稀释倍数。

表 7-4　考马斯亮蓝法的标准曲线测定

| 试剂 | 试管编号 | | | | | | |
|---|---|---|---|---|---|---|---|
| | 0 | 1 | 2 | 3 | 4 | 5 | 6 |
| 实际蛋白量 /μg | – | 10.0 | 20.0 | 0.2 | 0.3 | 0.4 | 待测样品 |
| 蛋白标准液（系列浓度）/ml | – | 0.1 | 0.1 | 0.1 | 0.1 | 0.1 | – |
| 生理盐水 /ml | 0.1 | – | – | – | – | – | – |
| 蛋白质染色液 /ml | 5.0 | 5.0 | 5.0 | 5.0 | 5.0 | 5.0 | 5.0 |

## 【注意事项及常见问题分析】

1. 溶液会在反应 5min 后充分显色，但在 10~15min 后开始出现沉淀，尤其是高浓度蛋白质溶液，在酸性条件下易发生沉淀。在 10min 之内测完标准品和样品，则颜色损失误差将会小于 2%。

2. 应使用一次性的塑料比色杯，因为比色杯壁着色后很难洗净。如果用玻璃比色杯，可先用甲醇冲洗，然后用玻璃制品清洁剂洗涤，最后用水和丙酮冲洗，或者在浓 HCl 中浸泡过夜。

3. 如果待测样品的光密度值超过标准曲线的最大值，建议将样品稀释后重做。

4. 不同的纯化蛋白质测量结果不同，如果用目的蛋白来作标准曲线或用另一种方法来校正，则所测蛋白质浓度较准确。

5. 放置较久的试剂产生的光密度值较低。

# 第四节　二喹啉甲酸检测法

## 【实验原理】

这是一种改进的 Lowry 测定法，反应简单而且几乎没有干扰物质的影响。在碱性环境下蛋白质分子中的肽键结构能与 $Cu^{2+}$ 络合生成络合物，同时将 $Cu^{2+}$ 还原成 $Cu^{+}$。而 BCA 试剂可敏感特异地与 $Cu^{+}$ 结合，形成稳定的有颜色的复合物，在 562nm 处有高的光密度值。复合物颜色的深浅与蛋白质浓度成正比，可根据吸收值的大小来计算蛋白质的含量。

该法的优点是操作简单、准确灵敏，试剂稳定性好，抗干扰能力比较强，如去垢剂、尿素等对反应均无影响；缺点是反应时间较长，蛋白质会发生不可逆性的变性。

BCA 试剂的蛋白质测定范围是 20~200μg/ml，微量 BCA 的测定范围是 0.5~10μg/ml。

## 【实验方案】

1. 试剂

（1）试剂 A（100ml）：1% BCA 二钠盐、2% 无水碳酸钠、0.16% 酒石酸钠、0.4% 氢氧化钠、0.95% 碳酸氢钠，混合加水至 90ml，调 pH 值至 11.25，再加水至 100ml。

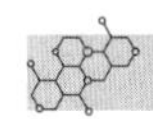

(2)试剂 B(100ml):4% 硫酸铜 4g 加水至 100ml。

(3)BCA 工作液:试剂 A 100ml 和试剂 B 2ml 混合。

(4)蛋白质标准液:BSA(1.5mg/ml)。

2. **设备**　分光光度计、恒温水浴箱、试管、移液器及枪头。

3. **操作步骤**　将 1 倍体积的样品与 20 倍体积的 BCA 工作液混合,37℃温育 30min,冷却至室温后在 562nm 处读取 OD 值,按表 7-5 的操作绘制标准曲线。

**表 7-5　BCA 检测法的标准曲线测定**

| 试剂 | 样品编号 | | | | | | |
|---|---|---|---|---|---|---|---|
| | 1 | 2 | 3 | 4 | 5 | 空白管 | 测定管 |
| 标准液 /μl | 20 | 40 | 60 | 80 | 100 | – | – |
| 双蒸水 /μl | 80 | 60 | 40 | 20 | 0 | 100 | – |
| 样品 /μl | – | – | – | – | – | – | 100 |
| BCA 工作液 /ml | 2 | 2 | 2 | 2 | 2 | 2 | 2 |

以测定管 OD 值,查找标准曲线,求出待测蛋白质浓度(mg/ml)。

## 【注意事项及相关问题讨论】

1. 为促进 BCA 法的反应过程,可将实验试管置于微波炉中孵育 20s 以内。

2. 在样品冷却至室温后,每 10min 光密度升高 2.3%。

3. BCA 法检测微量蛋白质的灵敏范围是 0.5~10μg/ml,应采用浓缩试剂,并需要在 60℃反应 60min。

4. 与 Lowry 法相比,采用 BCA 法时,如果样品中含有脂类物质,光密度值将明显提高。

5. 在含巯基试剂和去垢剂的缓冲液中,BCA 呈色会发生变化。

(蔡卫斌　周俊宜)

# 第八章
# 蛋白质的 SDS- 聚丙烯酰胺凝胶电泳

不连续 SDS- 聚丙烯酰胺凝胶电泳（SDS-polyacrylamide gel electrophoresis，SDS-PAGE）是根据分子量的不同对蛋白质进行分离的电泳方法，常用于蛋白质的检测和分析鉴定。SDS-PAGE 采用的电泳介质是聚丙烯酰胺（polyacrylamide）凝胶，是由丙烯酰胺和 N，N'- 亚甲基双丙烯酰胺人工聚合而成，具有电渗作用小，分辨率高，惰性材料不与样品相互作用，韧性好，不易断裂，无色透明，易于观察，人工合成，可以控制凝胶浓度和孔径等优点。

## 第一节　SDS-PAGE 的原理和基本策略

### 一、聚丙烯酰胺凝胶的制备

#### （一）凝胶的结构与合成原理

聚丙烯酰胺凝胶是由丙烯酰胺（acrylamide，Acr）和交联剂 N，N'- 亚甲基双丙烯酰胺（N，N'-methylene-bis-acrylamide，Bis）在催化剂的作用下，聚合交联成的含有酰胺基侧链的脂肪族大分子化合物，单体及聚合物的化学结构式见图 8-1。目前常用化学催化的方法制备聚丙烯酰胺凝胶，这种催化方式的原理是利用 Acr 和 Bis 具有不稳定的 C═C 键，在自由基的作用下易断裂成—C—C—键的特性，过硫酸铵（ammonium persulfate，AP）作为催化反应的引发剂，能自发地释放自由基 $SO_4^-$，使丙烯酰胺单体和双体中的 C═C 键断裂，成为自由基，作用于其他的单体和双体，形成级联放大反应，并聚合形成聚丙烯酰胺凝胶的立体网络状结构。四甲基乙二胺（N，N，N'，N'-tetramethyl-ethylene diamine，TEMED）是该催化反应的加速剂，它能在光照射下裂解成带有自由基的硫酸铵，通过自由基的传递，使丙烯酰胺成为自由基，发动聚合反应，加快引发剂释放自由基的速度。

聚丙烯酰胺聚合反应可受下列因素影响：①大气中的氧能猝灭自由基，使聚合反应终止，所以在聚合过程中要使反应液与空气隔绝；②某些材料如有机玻璃，能抑制聚合反应；③某些化学药物可以减慢反应速度，如赤血盐；④温度高时聚合速度快，温度低时聚合速度慢。

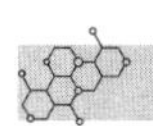

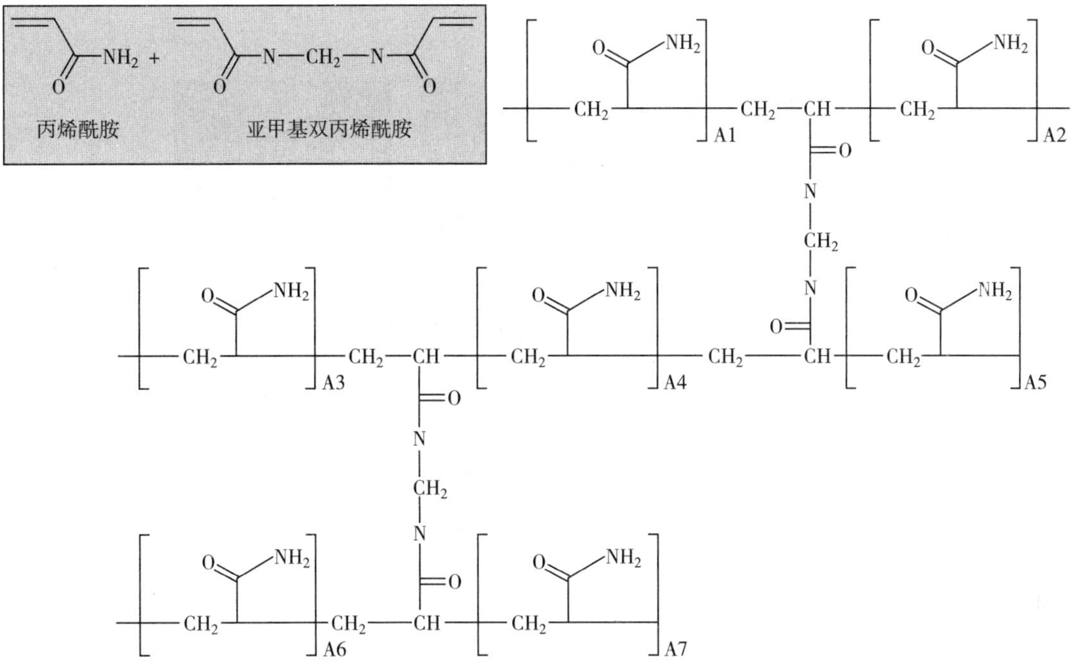

**图 8-1　聚丙烯酰胺凝胶的化学结构**

## （二）凝胶浓度和孔径的选择

SDS- 聚丙烯酰胺凝胶的有效分离范围取决于聚丙烯酰胺的浓度和交联度。每 100ml 凝胶溶液中含有单体和交联剂的总克数称为凝胶浓度，常用 T% 表达，凝胶溶液中交联剂占单体和交联体总量的百分数称为交联度，常用 C% 表示。在没有交联剂的情况下，聚合的丙烯酰胺会形成毫无价值的黏稠溶液，而经亚甲基双丙烯酰胺交联后，凝胶的刚性和抗张强度都有所增加，并会形成具有小孔的三维网状结构，对通过的 SDS- 蛋白质复合物产生分子筛效应。这些小孔的孔径随亚甲基双丙烯酰胺和丙烯酰胺的比率的增加而变小，比率接近 1∶20 时孔径达到最小值。SDS- 聚丙烯酰胺凝胶大多按亚甲基丙烯酰胺和丙烯酰胺的比例为 1∶29 配制，实验表明这种凝胶能分离大小相差只有 3% 的蛋白质。

在实际工作中根据被分离样品的大小选择合适的凝胶浓度和凝胶孔径十分重要，往往决定了蛋白质电泳的分离效果（图 8-2）。有些公式可以用来计算凝胶的孔径，但是这样的计算非常粗略，与实际情况有一定的差距。选择凝胶浓度行之有效的方法是通过系列凝胶浓度梯度进行预先实验，以选出最适凝胶浓度。凝胶孔径是灌胶时所用丙烯酰胺和双丙烯酰胺绝对浓度的函数。用 5%~15% 的丙烯酰胺所灌制凝胶的线性分离范围如表 8-1 所示。

**表 8-1　蛋白质分子量与凝胶浓度的关系**

| 凝胶浓度 /% | 线性分离范围 /kD |
|---|---|
| 15.0 | 12~43 |
| 10.0 | 16~68 |
| 7.5 | 36~94 |
| 5.0 | 57~212 |

注：双丙烯酰胺与丙烯酰胺的质量比为 1∶29。

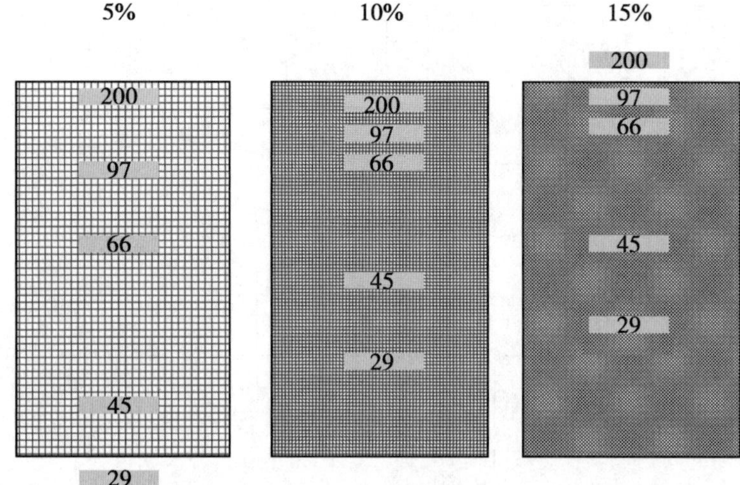


图 8-2　根据被分离样品的大小选择合适的凝胶浓度和凝胶孔径

## 二、SDS-PAGE 分离蛋白质

### (一) SDS 和巯基乙醇的作用

蛋白质在聚丙烯酰胺凝胶中电泳时,它的迁移率取决于它所带净电荷以及分子的大小和形状等因素。SDS 是一种阴离子型去污剂,在蛋白质溶解液中加入 SDS 和巯基乙醇后,巯基乙醇可使蛋白质分子中的二硫键还原,SDS 能使蛋白质的非共价键(氢键、疏水键)打开,并结合在蛋白质分子上,形成蛋白质 -SDS 复合物。由于 SDS 带有大量负电荷,当它与蛋白质结合时,所带的负电荷的量大大超过了蛋白质分子原有的电荷量,因而掩盖了不同蛋白质间原有的电荷差异。SDS 与蛋白质结合后还可以使蛋白质构象发生改变,蛋白质复合物的流体力学和光学性质表明,它们在水溶液中会形成近似“雪茄烟”形的长椭圆棒,不同蛋白质 -SDS 复合物的短轴长度都一样(约为 18Å,即 1.8nm),而长轴的长度则与蛋白质分子量成正比。这样的 SDS- 蛋白质复合物,在凝胶电泳中的迁移率,不再受蛋白质原有电荷和形状的影响,而只是取决于蛋白质分子量的大小(图 8-3)。

### (二) 缓冲系统的作用

在不连续 SDS-PAGE 中,样品和浓缩胶中含 Tris-HCl(pH 6.8)缓冲系统,上下槽缓冲液含 Tris- 甘氨酸(pH 8.3)缓冲系统,分离胶中含 Tris-HCl(pH 8.8)缓冲系统,各系统中所有组分都含有 0.1% 的 SDS。样品和浓缩胶中的 $Cl^-$ 形成移动界面的先导边界,而甘氨酸分子则组成尾随边界,在移动界面的两边界之间是一个电导较低而电位梯度较陡的区域,它能推动样品中的蛋白质前移并在浓缩胶与分离胶的界面处积聚。此处 pH 值较高,有利于甘氨酸的离子化,所形成的甘氨酸离子穿过堆集的蛋白质并紧随 $Cl^-$ 之后,沿分离胶泳动。从移动界面中解脱后,SDS- 蛋白质复合物形成一个电位和 pH 值均匀的区带,泳动穿过分离胶,并被筛分而依各自的大小得到分离。

### (三) 不连续系统的作用

SDS-PAGE 中存在三个不连续系统(图 8-4):①凝胶孔径的不连续,浓缩胶的浓度为 5%,是大孔径胶,分离胶的浓度是 12%,是小孔径胶;②缓冲液组成不连续,电泳缓冲液是

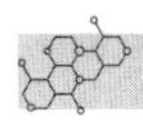

Tris-Gly，阴离子是 $Gly^-$，配制凝胶的缓冲液是 Tris-HCl，阴离子是 $Cl^-$；③缓冲液的 pH 值不连续，电泳缓冲液的 pH 值为 8.3，浓缩胶的 pH 值为 6.7，分离胶的 pH 值为 8.9。这三个不连续系统决定了不连续聚丙烯酰胺凝胶电泳的三个效应：浓缩效应、电荷效应和分子筛效应，这是不连续聚丙烯酰胺凝胶电泳具有较高分辨率的主要原因。

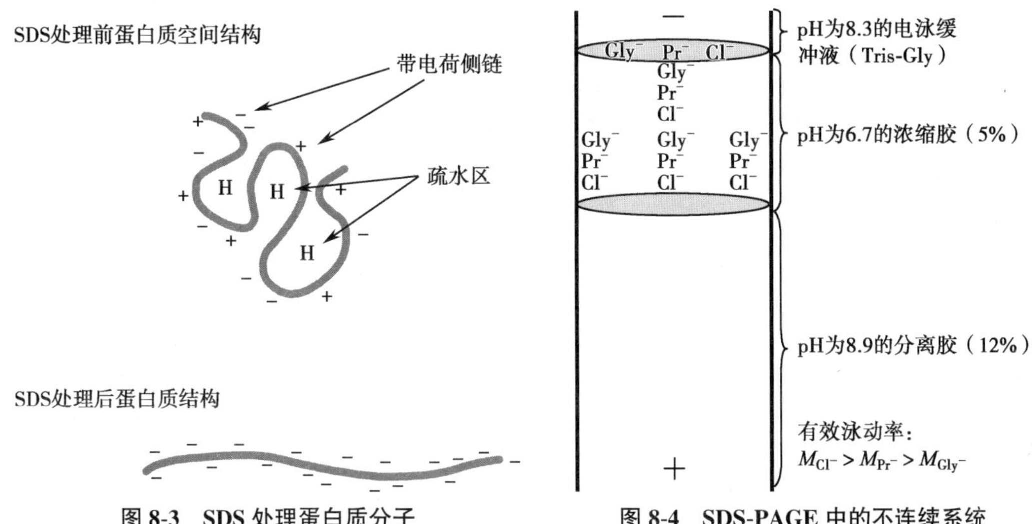


图 8-3 SDS 处理蛋白质分子　　图 8-4 SDS-PAGE 中的不连续系统

1. **浓缩效应** 在电泳系统中两种性质不完全一样的聚丙烯酰胺凝胶重叠起来。如图 8-4 所示，上层为浓缩胶，浓度为 5%，是大孔胶，配制时应用的是 pH 值为 6.7 的 Tris-HCl 缓冲液。下层是分离胶，凝胶总浓度为 12%，是小孔胶，也用 Tris-HCl 缓冲液，但 pH 值为 8.9。上下电极槽缓冲液是 Tris-Gly 缓冲液，pH 值为 8.3。通电后，向阳极泳动的阴离子有三种，即 $Cl^-$、蛋白质阴离子（$Pr^-$）和甘氨酸阴离子（$Gly^-$）。在样品胶及浓缩胶 pH 值为 6.7 的环境下，HCl 全部电离为 $Cl^-$，甘氨酸仅极少部分电离为 $Gly^-$（甘氨酸 pI=6.0），一般酸性蛋白质也解离为阴离子。$Cl^-$ 泳动最快（称为快离子），$Gly^-$ 泳动最慢（称为慢离子），蛋白质介于两者之间。通电后，快离子很快超过蛋白质离子和 $Gly^-$，泳动到最前面。于是，快、慢离子之间形成一个离子浓度低的区域，即低电导区域，低电导区域有较高的电压梯度。电压梯度会驱动慢离子加速泳动。这样，当快、慢离子移动速度相等时，就建立了一个不断向阳极移动的界面。$Pr^-$ 的泳动速度恰好介于快慢离子之间，因而被挤压在快慢离子之间形成一条窄带。这种浓缩作用可使蛋白质浓缩数百倍。

2. **电荷效应** 蛋白质样品在界面处被浓缩成一个狭窄的高浓度蛋白质区，但由于每种蛋白质分子所带的有效电荷不同，因而迁移率也不同，各种蛋白质就按迁移率快慢的顺序排列成有序区带。在进入分离胶时，电荷效应仍起作用。

3. **分子筛效应** 当被浓缩的蛋白质样品从浓缩胶进入分离胶时，pH 值和凝胶孔径突然改变，选择分离胶的 pH 值为 8.9，接近甘氨酸的 pKa 值（9.7~9.8），因此慢离子的解离度会增大，它的有效迁移率也会增加。此时，慢离子的有效迁移率超过了所有蛋白质的有效迁移率。这样，高电势梯度也就不存在了，各种蛋白质仅会由于其分子量或构型的不同，在一个均一的电势梯度和 pH 值的条件下，根据其通过一定孔径的分离胶时所受阻滞程度的不同，表现出不同的迁移率而被分开。

# 第二节 SDS-PAGE 分离蛋白质的实验方案

## 一、SDS-PAGE 的实验方案

1. **材料** 动物组织或细胞制备的蛋白质样品。

2. **试剂**

(1)丙烯酰胺和 N,N'- 亚甲基双丙烯酰胺:以温热(有利于溶解双丙烯酰胺)的去离子水配制含有 29%(*W/V*)丙烯酰胺和 1%(*W/V*)N,N'- 亚甲基双丙烯酰胺的贮存液,丙烯酰胺和双丙烯酰胺在贮存过程中会缓慢转变为丙烯酸和双丙烯酸,这一脱氨基反应是光催化或碱催化的,故应核实溶液的 pH 值,不能超过 7.0。这一溶液应置于棕色瓶中,贮存于室温,每隔几个月须重新配制。配制方法:29.2g Acr、0.8g Bis,加 60ml 双蒸水充分溶解后,再加双蒸水至 100ml。过滤后,于 4℃避光保存。(注意:丙烯酰胺和双丙烯酰胺具有很强的神经毒性并容易吸附于皮肤上。)

(2)SDS:可用去离子水配成 10%(*W/V*)贮存液保存于室温。

(3)TEMED:原液。

(4)过硫酸铵:提供驱动丙烯酰胺和双丙烯酰胺聚合所必需的自由基,常配制成 10% 过硫酸铵溶液,一般新鲜配制,4℃下存放时间不超过 2 周。

(5)1.5mol/L Tris-HCl,pH 值为 8.8(分离胶缓冲液):18.15g Tris 溶于 60ml 双蒸水中,用 1mol/L HCl 调 pH 值至 8.8,加双蒸水至 100ml,于 4℃保存。

(6)1mol/L Tris-HCl,pH 值为 6.8(浓缩胶缓冲液):6.0g Tris 溶于 60ml 双蒸水中,用 1mol/L HCl 调 pH 值至 6.8,加双蒸水至 100ml,于 4℃保存。

(7)Tris- 甘氨酸电泳缓冲液:25mmol/L Tris、250mmol/L 甘氨酸(pH 8.3)、0.1% SDS。

(8)样品处理液:50mmol/L Tris-HCl(pH 6.8)、100mmol/L DTT(或 5% 巯基乙醇)、2% SDS、0.1% 溴酚蓝、10% 甘油。

(9)蛋白质分子量标准品:高分子量和低分子量的标准品均有商品供应。

3. **设备**

(1)垂直板电泳装置:电泳槽。

(2)电泳仪。

(3)玻璃微量进样器。

4. **SDS- 聚丙烯酰胺凝胶灌制与上样的操作步骤**

(1)根据厂家说明书安装玻璃板。

(2)确定所需凝胶溶液体积,按表 8-2 给出的数值在一个小烧杯中按所需丙烯酰胺浓度配制一定体积的分离胶溶液。一旦加入 TEMED,丙烯酰胺会马上开始聚合,故应立即快速旋动混合物并进入下步操作。

(3)迅速在两玻璃板的间隙中灌注丙烯酰胺溶液,留出灌注浓缩胶所需空间(梳子的齿长再加 0.5cm),再在凝胶液面上小心铺上一层异戊醇或 0.1% SDS(2~3mm 高),以阻止氧气进入凝胶溶液和形成平整的界面。分离胶聚合完全后（约 30min，界线清晰），倾出覆盖层，用去离子水冲洗，再用滤纸吸净残留的水。

**表 8-2　配制 Tris- 甘氨酸 SDS- 聚丙烯酰胺凝胶电泳分离胶溶液**

| 凝胶浓度 /% | 成分 | 配制不同体积和浓度凝胶所需各成分的体积 /ml | | | | | | | |
|---|---|---|---|---|---|---|---|---|---|
| | | 5 | 10 | 15 | 20 | 25 | 30 | 40 | 50 |
| 6 | 水 | 2.6 | 5.3 | 7.9 | 10.6 | 13.2 | 15.9 | 21.2 | 26.5 |
| | 30% 丙烯酰胺混合液 <!> | 1.0 | 2.0 | 3.0 | 4.0 | 5.0 | 6.0 | 8.0 | 10.0 |
| | 1.5mol/L Tris（pH 8.8） | 1.3 | 2.5 | 3.8 | 5.0 | 6.3 | 7.5 | 10.0 | 12.5 |
| | 10% SDS | 0.05 | 0.10 | 0.15 | 0.20 | 0.25 | 0.30 | 0.40 | 0.50 |
| | 10% 过硫酸铵 <!> | 0.05 | 0.10 | 0.15 | 0.20 | 0.25 | 0.30 | 0.40 | 0.50 |
| | TEMED <!> | 0.004 | 0.008 | 0.012 | 0.016 | 0.020 | 0.024 | 0.032 | 0.040 |
| 8 | 水 | 2.3 | 4.6 | 6.9 | 9.3 | 11.5 | 13.9 | 18.5 | 23.2 |
| | 30% 丙烯酰胺混合液 <!> | 1.3 | 2.7 | 4.0 | 5.3 | 6.7 | 8.0 | 10.7 | 13.3 |
| | 1.5mol/L Tris（pH 8.8） | 1.3 | 2.5 | 3.8 | 5.0 | 6.3 | 7.5 | 10.0 | 12.5 |
| | 10% SDS | 0.05 | 0.10 | 0.15 | 0.20 | 0.25 | 0.30 | 0.40 | 0.50 |
| | 10% 过硫酸铵 <!> | 0.05 | 0.10 | 0.15 | 0.20 | 0.25 | 0.30 | 0.40 | 0.50 |
| | TEMED <!> | 0.003 | 0.006 | 0.009 | 0.012 | 0.015 | 0.018 | 0.024 | 0.030 |
| 10 | 水 | 1.9 | 4.0 | 5.9 | 7.9 | 9.9 | 11.9 | 15.9 | 19.8 |
| | 30% 丙烯酰胺混合液 <!> | 1.7 | 3.3 | 5.0 | 6.7 | 8.3 | 10.0 | 13.3 | 16.7 |
| | 1.5mol/L Tris（pH 8.8） | 1.3 | 2.5 | 3.8 | 5.0 | 6.3 | 7.5 | 10.0 | 12.5 |
| | 10% SDS | 0.05 | 0.10 | 0.15 | 0.20 | 0.25 | 0.30 | 0.40 | 0.50 |
| | 10% 过硫酸铵 <!> | 0.05 | 0.10 | 0.15 | 0.20 | 0.25 | 0.30 | 0.40 | 0.50 |
| | TEMED <!> | 0.002 | 0.004 | 0.006 | 0.008 | 0.010 | 0.012 | 0.016 | 0.020 |
| 12 | 水 | 1.6 | 3.3 | 4.9 | 6.6 | 8.2 | 9.9 | 13.2 | 16.5 |
| | 30% 丙烯酰胺混合液 <!> | 2.0 | 4.0 | 6.0 | 8.0 | 10.0 | 12.0 | 16.0 | 20.0 |
| | 1.5mol/L Tris（pH 8.8） | 1.3 | 2.5 | 3.8 | 5.0 | 6.3 | 7.5 | 10.0 | 12.5 |
| | 10% SDS | 0.05 | 0.10 | 0.15 | 0.20 | 0.25 | 0.30 | 0.40 | 0.50 |
| | 10% 过硫酸铵 <!> | 0.05 | 0.10 | 0.15 | 0.20 | 0.25 | 0.30 | 0.40 | 0.50 |
| | TEMED <!> | 0.002 | 0.004 | 0.006 | 0.008 | 0.010 | 0.012 | 0.016 | 0.020 |

续表

| 凝胶浓度 /% | 成分 | 配制不同体积和浓度凝胶所需各成分的体积 /ml | | | | | | | |
|---|---|---|---|---|---|---|---|---|---|
| | | 5 | 10 | 15 | 20 | 25 | 30 | 40 | 50 |
| 15 | 水 | 1.1 | 2.3 | 3.4 | 4.6 | 5.7 | 6.9 | 9.2 | 11.5 |
| | 30% 丙烯酰胺混合液 <!> | 2.5 | 5.0 | 7.5 | 10.0 | 12.5 | 15.0 | 20.0 | 25.0 |
| | 1.5mol/L Tris（pH 8.8） | 1.3 | 2.5 | 3.8 | 5.0 | 6.3 | 7.5 | 10.0 | 12.5 |
| | 10% SDS | 0.05 | 0.10 | 0.15 | 0.20 | 0.25 | 0.30 | 0.40 | 0.50 |
| | 10% 过硫酸铵 <!> | 0.05 | 0.10 | 0.15 | 0.20 | 0.25 | 0.30 | 0.40 | 0.50 |
| | TEMED <!> | 0.002 | 0.004 | 0.006 | 0.008 | 0.010 | 0.012 | 0.016 | 0.020 |

注：<!>表示该溶液具有刺激性。

（4）制备浓缩胶：按表 8-3 给出的数据，在另一小烧杯中制备一定体积及一定浓度的丙烯酰胺溶液，一旦加入 TEMED，丙烯酰胺会马上开始聚合，故应立即快速旋动混合物并进入下步操作。

**表 8-3　配制 Tris- 甘氨酸 SDS- 聚丙烯酰胺凝胶电泳 5% 浓缩胶溶液**

| 成分 | 配制不同体积凝胶所需各成分的体积 /ml | | | | | | | |
|---|---|---|---|---|---|---|---|---|
| | 1 | 2 | 3 | 4 | 5 | 6 | 8 | 10 |
| 水 | 0.68 | 1.40 | 2.10 | 2.70 | 3.40 | 4.10 | 5.50 | 6.80 |
| 30% 丙烯酰胺混合液<!> | 0.17 | 0.33 | 0.50 | 0.67 | 0.83 | 1.00 | 1.30 | 1.70 |
| 1.0mol/L Tris（pH 6.8） | 0.13 | 0.25 | 0.38 | 0.50 | 0.63 | 0.75 | 1.00 | 1.25 |
| 10% SDS | 0.01 | 0.02 | 0.03 | 0.04 | 0.05 | 0.06 | 0.08 | 0.10 |
| 10% 过硫酸铵 <!> | 0.01 | 0.02 | 0.03 | 0.04 | 0.05 | 0.06 | 0.08 | 0.10 |
| TEMED <!> | 0.001 | 0.002 | 0.003 | 0.004 | 0.005 | 0.006 | 0.008 | 0.010 |

注：<!>表示该溶液具有刺激性。

（5）在聚合的分离胶上直接灌注浓缩胶，立即在浓缩胶溶液中插入干净的梳子，小心避免混入气泡，再加入浓缩胶溶液以充满梳子之间的空隙，将凝胶垂直放置于室温下。

（6）等待浓缩胶聚合时，可对样品进行处理，在样品中按 1∶1 的体积比加入样品处理液，在 100℃加热 3min 以使蛋白质变性。

（7）浓缩胶聚合完全后（30min），小心移出梳子。把凝胶固定于电泳装置上，上、下槽各加入 Tris- 甘氨酸电极缓冲液，淹没电极并和凝胶接触。

（8）按预定顺序加样（图 8-5），加样量通常为 10~25μl（取决于胶的厚度）。

（9）将电泳装置与电源相接，凝胶上所加电场强度为 8V/cm。当染料前沿进入分离胶后，把电场强度提高到 15V/cm，继续电泳直至溴酚蓝到达分离胶底部上方约 1cm 处，然后关闭电源。

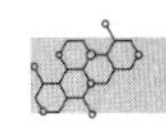

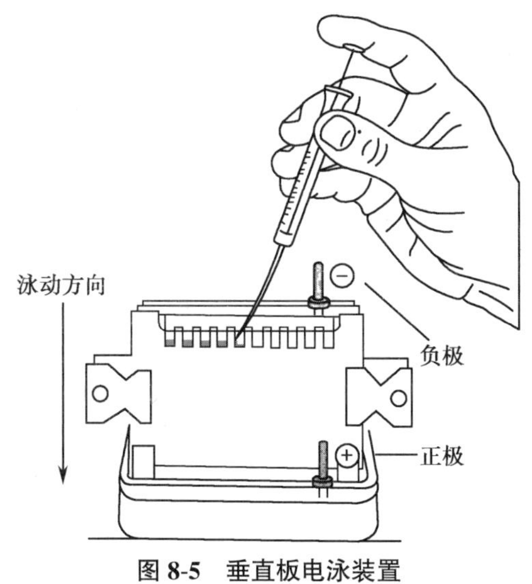


图 8-5　垂直板电泳装置

(10)从电泳装置上卸下玻璃板,用刮勺撬开玻璃板。从紧靠最左边的一孔(第一槽)凝胶下部切去一角,以标注凝胶的方位。

## 二、用考马斯亮蓝对 SDS- 聚丙烯酰胺凝胶进行染色的实验方案

1. **原理**　考马斯亮蓝是一种氨基三苯甲烷染料,可与蛋白质形成较强的非共价复合物,蛋白质对染料的吸附与蛋白质的量大致成正比,符合朗伯 - 比尔定律。此方法的检测灵敏度为 0.2~1.0mg。

2. **试剂**

(1)染色液:0.1% 考马斯亮蓝 R-250、40% 甲醇、10% 冰醋酸。

(2)脱色液:40% 甲醇、10% 冰醋酸。

3. **操作步骤**

(1)把电泳后剥出的凝胶浸泡在 5 倍体积的考马斯亮蓝染色液中,在缓动平台上平摇,室温染色至少 4h 或过夜。

(2)换用脱色液脱色,缓慢平摇脱色 4~8h,其间更换多次脱色液,直至背景清楚。

(3)脱色后,可将凝胶浸于水中,长期封装在塑料袋内而不降低染色强度。为永久性记录,可对凝胶进行拍照,或将凝胶干燥成胶片。

## 三、用银盐对 SDS- 聚丙烯酰胺凝胶进行染色的实验方案

1. **原理**　银离子与氨基酸侧链结合后其还原程度会发生改变,从而对蛋白质或多肽进行染色。所用的银盐有两种:银铵和硝酸银,前者配制困难且会产生易爆的副产物,目前多用硝酸银。银盐染色的灵敏度比考马斯亮蓝 R-250 染色要高出 100~1 000 倍,且能在一条带上检测出 0.1~1.0ng 的多肽,所以常用于其他染色方法不能检测出的微量蛋白的检测。

2. **试剂**

(1)硝酸银溶液:将硝酸银从 20% 储存液稀释至 0.1%,置于棕色瓶中室温下密闭保存。

(2)固定液:乙醇∶冰醋酸∶水为 30∶10∶60。

(3)显影液：2.5% 碳酸钠和 0.02% 甲醛的水溶液，使用时新鲜配制。

(4)其他试剂：1% 乙酸、30% 乙醇。

3. **操作步骤**

(1)将凝胶浸泡到 5 倍体积的固定液中，室温平摇 4~12h。

(2)弃去固定液，加入 5 倍体积的 30% 乙醇，室温平摇 30min。本步骤重复一次。

(3)弃去乙醇，加 10 倍凝胶体积的去离子水，室温平摇 10min。本步骤重复两次。

(4)弃去最后清洗用的水，戴手套加入 5 倍凝胶体积的硝酸银溶液，室温平摇 30min。

(5)弃去硝酸银溶液，用去离子水流漂洗凝胶两面，每面各 20s。

(6)加 5 倍凝胶体积的新鲜显影液，室温下轻柔搅动，同时观察凝胶的变化，在数分钟内会出现蛋白质的染色条带，继续保温直至达到所需的对比度。

(7)用 1% 乙酸洗涤凝胶表面数分钟，终止反应，再用去离子水漂洗数次，每次 10min。

(8)凝胶进行拍照，或将凝胶干燥成胶片。

## 四、SDS- 聚丙烯酰胺凝胶的干燥

凝胶在染色后保存或放射性标记自显影前必须预先干燥，干胶的常规操作步骤如下。

(1)染色后或固定后的凝胶放在一张比凝胶略大(比凝胶四周多出 0.5~1cm)的保鲜膜上，在湿胶上面放一张干燥的 Whatman 3mm 滤纸，滤纸的大小要适度，应在凝胶四周多出 1~2cm 宽的边缘。

(2)将做好的夹心凝胶(3mm 滤纸 - 凝胶 - 保鲜膜)放在干胶机上，3mm 滤纸在下面，保鲜膜在上面。

(3)关上干胶机盖，开始抽气，使上盖把凝胶四周封闭起来，若有加热器，可用 50~60℃的温度加热，以加速干燥。

(4)按干燥器推荐的时间(一般 0.75mm 厚的凝胶需要 2h)使凝胶干燥，如加热则应停止加热数分钟后再撤除真空，然后从干胶机上取下已黏附在 3mm 滤纸上的凝胶。

## 五、注意事项及常见问题分析

1. 制备凝胶应选用高纯度的试剂，否则会影响凝胶聚合与电泳效果。Acr 和 Bis 是制备凝胶的关键试剂，如其中含有丙烯酸或其他杂质，则会造成凝胶聚合时间延长，聚合不均匀或不聚合，应将它们分别纯化后方能使用；Acr 和 Bis 均为神经毒剂，对皮肤有刺激作用，实验表明它们对小鼠的半致死剂量为 170mg/kg，操作时应戴手套和口罩，纯化应在通风橱内进行；Acr 和 Bis 的贮液在保存过程中，会由于水解的作用而形成丙烯酸和 $NH_3$，虽然溶液放在棕色试剂瓶中，在 4℃下贮存能部分防止水解，但也只能贮存 1~2 个月，可通过测 pH 值(4.9~5.2)来检查试剂是否失效。

2. 与凝胶聚合有关的硅橡胶条、玻璃板表面不光滑洁净，在电泳时会造成凝胶板与玻璃板或硅橡胶条剥离，产生气泡或滑胶，拨胶时凝胶板易断裂，为防止此现象，所用器材均应严格清洗。硅橡胶条的凹槽、样品模槽板及电泳槽用泡沫海绵蘸取洗洁精仔细清洗。玻璃板浸泡在重铬酸钾洗液中 3~4h 或 0.2mol/L KOH 的酒精溶液中 20min 以上，用清水洗净，再用泡沫海绵蘸取洗洁精反复清洗，最后用蒸馏水冲洗，直接阴干或用乙醇冲洗后阴干。

3. 凝胶完全聚合后，必须放置 30min 至 1h，使其充分老化后才能轻轻取出样品模槽板，

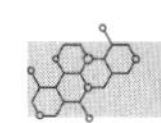

切勿破坏加样凹槽底部的平整，以免电泳后区带扭曲。

4. 为防止电泳后区带拖尾，样品中的盐离子强度应尽量低，含盐量高的样品可用透析法或凝胶过滤法脱盐。蛋白的最大加样量不得超过 100μg。

5. 在不连续电泳体系中，预电泳只能在分离胶聚合后进行，洗净胶面后才能制备浓缩胶。浓缩胶制备后，不能进行预电泳，以便充分利用浓缩胶的浓缩效应。

6. 电泳时，电泳仪与电泳槽间的正、负极不能接错，以免样品向反方向泳动，电泳时应选用合适的电流、电压，过高或者过低都会影响电泳效果。

7. 电泳后，应分别收集上、下贮槽的电泳缓冲液，在冰箱内贮存，可用 2~3 次。为保证电泳结果满意，最好使用新稀释的缓冲液。

8. 分离胶不要倒得太满，需要给浓缩胶留有一定的空间，否则起不到浓缩效果。

9. 凝胶通常在 0.5~1h 内凝集最好，过快表示 TEMED、过硫酸铵用量过多，此时凝胶太硬，易龟裂，而且电泳时容易烧胶，太慢则说明两种试剂用量不够或者试剂不纯或失效。

10. 电泳中常出现以下现象。

条带呈笑脸状：原因是凝胶不均匀冷却，中间冷却不好。

条带呈皱眉状：原因可能是装置不合适，特别是凝胶和玻璃挡板底部有气泡，或者两边聚合不完全。

拖尾：原因是样品溶解不好。

出现纹理（纵向条纹）：原因是样品中含有不溶性颗粒。

条带偏斜：原因是电极不平衡或者加样位置偏斜。

条带向两边扩散：原因是加样量过多。

（蔡卫斌　周俊宜）

# 第九章 蛋白质的免疫印迹技术

免疫印迹法(immunoblotting test,IBT)亦称酶联免疫电转移印斑法(enzyme linked immunoelectrotransfer blot,EITB),因与 Southern 早先建立的检测核酸的印迹方法(Southern blotting)相类似,亦被称为 Western blotting。免疫印迹技术(Western blotting)是在蛋白质电泳分离和抗原抗体检测的基础上发展起来的一项检测蛋白质的技术。

## 第一节 免疫印迹技术的基本原理

免疫印迹技术结合了 SDS-PAGE 的高分辨力与抗原抗体反应的特异性。典型的免疫印迹实验包括三个步骤:①蛋白质的电泳分离;②将电泳后凝胶上的蛋白质转移至固体膜上,用非特异性、非反应活性的分子封闭固体膜上未吸附蛋白质的区域;③免疫学检测。免疫印迹法克服了聚丙烯酰胺凝胶电泳后直接在凝胶上进行免疫学分析的弊端,极大地提高了其利用率、分辨率和灵敏度,使其成为使用最广泛的蛋白质定性和相对定量的检测方法。

第一阶段为 SDS-PAGE:抗原等蛋白样品经 SDS 处理后带负电荷,在聚丙烯酰胺凝胶中从阴极向阳极泳动,分子量越小,泳动速度就越快。此阶段分离效果肉眼不可见(只有在染色后才显出电泳区带)。

第二阶段为电转移:将在凝胶中已经分离的条带转移至硝酸纤维素膜或聚偏二氟乙烯膜(polyvinylidene fluoride,PVDF)上,选用低电压(100V)和大电流(1~2A),通电 45~60min,转移即可完成。此阶段分离的蛋白质条带肉眼仍不可见。

第三阶段为酶免疫定位:将印有蛋白质条带的硝酸纤维素膜或 PVDF 膜(相当于包被了抗原的固相载体)依次与特异性抗体和酶标第二抗体作用后,通过显色反应和化学发光显示蛋白区带。阳性反应的条带清晰可辨,并可根据 SDS-PAGE 时加入的分子量标准,确定各组分的分子量(图 9-1)。

免疫印迹技术不仅被广泛应用于分析抗原组分及其免疫活性,并可用于疾病的诊断。该法检测灵敏度高,辣根过氧化物酶(horseradish peroxidase,HRP)或碱性磷酸酶标记的抗体能检测 10pg 的蛋白质,用免疫金或 $^{125}$I 标记,可以检测 1pg 的蛋白质。抗原经电泳转移在

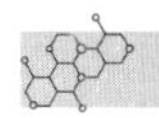

硝酸纤维素膜上后，将膜切成小条，配合酶标抗体及显色底物制成的试剂盒可方便地在实验室中供检测用，根据出现显色线条的位置，可判断有无针对抗原的特异性抗体。

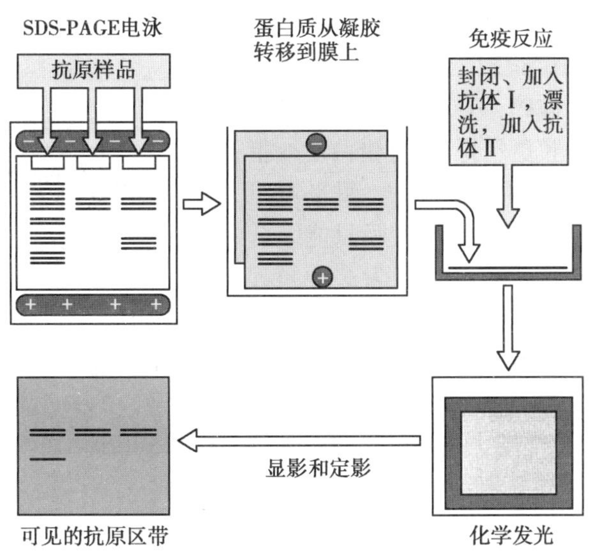


图 9-1　蛋白质的免疫印迹技术

# 第二节　免疫印迹技术的基本策略

## 一、蛋白质的 SDS-PAGE

实验方法参见第八章。

## 二、蛋白质从凝胶转移至膜

### (一) 实验原理

1. **电转移的方法**　将凝胶中的蛋白质转印至膜上的方法很多，目前常用的方法是电洗脱或电印迹法，其主要优点是转印迅速、完全。电洗脱有两种方法：一种是湿转印法，即将凝胶 - 膜夹层组合完全浸入转印缓冲液中；另一种是半干转印法，即将凝胶 - 膜夹层组合放在浸有转印缓冲液的吸水纸之间。前者是将夹层组合放入有铂丝电极的缓冲液槽中，而后者是将凝胶 - 膜夹层组合置于两个石墨平板电极之间。这两种转印的装置效果均较好，可根据实验室条件来选择。

2. **电转移的“三明治”模式**　电泳后蛋白质样品转移的方法包括半干式转移、湿式转移等。各种转移方法原理相似，都是将膜与凝胶放在中间，上下加滤纸数层，做成“三明治”样的转移单位，并且保证带负电荷的蛋白质向阳极转移，即膜侧连接阳极或面向阳极（连接方式如图 9-2 所示）。

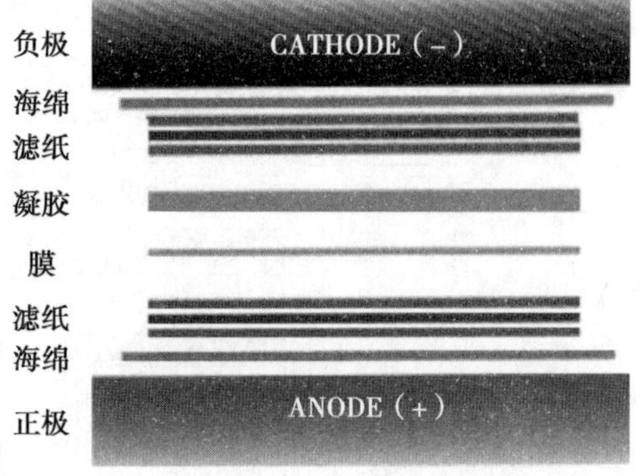

**图 9-2 蛋白质从凝胶转移至膜上**

3. **固相载体的选择** 可用于免疫印迹的固相载体有多种，包括硝酸纤维素膜、尼龙膜、带正电荷的尼龙膜及 PVDF 膜。硝酸纤维素膜最为常用，具有结合能力强，不需要活化，背景浅，能进行多次免疫检测并可用常规染色方法，功能基团寿命长等优点，但极易破碎，不易操作。尼龙膜软且结实，比硝酸纤维素膜更易操作，与蛋白质或蛋白质 - 去污剂混合物有很高的结合力，每平方厘米可结合 480pg 蛋白（而硝酸纤维素膜只能结合 80pg），因此灵敏度高，背景也高。因为这种膜具有高电荷密度，所以对其非结合区进行封闭较为困难。带正电荷的尼龙膜能有效地结合低浓度的小分子蛋白、酸性蛋白、糖蛋白和蛋白多糖，当转印液中有 SDS 时，蛋白质容易从膜上泄漏，用甲醇固定能提高蛋白质在尼龙膜上的保留指数。PVDF 膜在制备多肽供蛋白质化学分析的实验中最为常用。在进行蛋白质水解和序列分析时，通常是先将蛋白质结合在 PVDF 膜上。

**（二）实验方案**

1. **试剂**

（1）电泳凝胶。

（2）转移缓冲液，pH 值为 8.1~8.4：3.03g Tris、14.4g 甘氨酸、200ml 甲醇，充分溶解后，加双蒸水定容至 1 000ml。

（3）TBS 缓冲液：1.21g Tris、8.77g NaCl，加 HCl 调 pH 至 7.4，加水定容至 1 000ml。

（4）TBST 缓冲液：在 TBS 缓冲液中加入 0.1% Tween-20，4℃下保存 1 个月。

2. **器材**

（1）蛋白质转印膜：NC 膜、PVDF 膜或尼龙膜等均可。

（2）水平摇床。

（3）电泳凝胶转移仪。

（4）Whatman 3mm 滤纸。

（5）手套。

（6）塑料袋。

（7）塑料封口机。

3. **电转移的操作步骤**

（1）准备工作：配制 1L 转移缓冲液并冷却至 4℃，冷却装置中加入双蒸水，冰冻过夜。

（2）转移池和转移膜预处理：①将转移膜浸泡在转移缓冲液（30~40ml）中 15~20min，PVDF 膜须用甲醇预处理；②用双蒸水清洗缓冲液池；③插入转移电极，在缓冲液池中放入搅拌子，池中加一半缓冲液（约 40ml）；④插入冷却装置。

（3）聚丙烯酰胺凝胶 - 膜“三明治”：①打开转移盒并放置于浅盘中，用转移缓冲液将海绵垫完全浸透后将其放在转移盒壁上，海绵上再放置一张浸湿的 Whatman 3mm 滤纸；②小心将凝胶放置于滤纸上，避免产生气泡（用转移缓冲液润湿并戴手套）；③用转移缓冲液润湿胶面，小心将膜放在胶面上（从凝胶的一边开始轻轻放下可避免产生气泡，注意一定要戴手

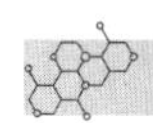

套或用镊子接触膜)；④在膜上放一张浸湿的 Whatman 3mm 滤纸，用一个干净的小试管轻轻滚过凝胶 - 膜“三明治”以消除所有气泡；⑤将另一块海绵用转移缓冲液浸透后放在凝胶 - 膜“三明治”上，关上转移盒并插入转移池；⑥转移池中注满转移缓冲液。

(4) 电转移：①将整个转移装置放在磁力搅拌器上并开始搅拌；②连接好电极；③恒压 100V 转移 1h，冷却的转移缓冲液开始时电流应为 0.2A，最终电流为 0.4A，若转移过夜，则应保持恒压 30V。

(5) 取出电转移后的膜，用蒸馏水洗两次后，在滤纸中干燥备用。

**4. 注意事项**

(1) 如采用 PVDF 膜，使用前应在甲醇中浸泡一下，再移至转移缓冲液中进行平衡。

(2) 如待分析的蛋白质分子量大，转移时间也须延长。

(3) 电泳转移操作时，保证滤纸、膜、凝胶之间无气泡存在是实验的关键步骤。因为即使有微小的气泡残留，电泳时局部温度升高，气泡膨胀也会严重影响印迹结果。

(4) 开始转移时一定要检查电流大小，过高的电流产生的热量会导致转移失败。通常高电流是由于转移缓冲液配制不当造成的，也可在恒流状态下以 200mA 转移 2h。

(5) 使用预先染色的蛋白质分子量标准品或转移后将凝胶染色，可检查转移是否彻底。

(6) 电转移最常遇到的问题是目的蛋白质转移效率低。转移效率可通过转移后对凝胶或膜染色来进行观察。若目的蛋白质转移效率低，可考虑用下列四种方法：①转移缓冲液中加入 20% 甲醇，尽管甲醇可降低蛋白质洗脱效率，但可增加蛋白质和硝酸纤维素膜的结合能力，甲醇可延长高分子量蛋白质的转移时间，但由于转移中 SDS 渗出，将降低高等电点蛋白质的转移效率，甲醇还可防止凝胶变形；②转移缓冲液中加入终浓度为 0.1% 的 SDS，可增加转移效率，但会降低膜结合某些蛋白质的能力；③使用小孔径(0.2μm)的硝酸纤维素膜；④转移后立即用戊二醛将蛋白质交联在硝酸纤维素膜上，可增加小分子酸性蛋白和膜结合的稳定性，否则小分子酸性蛋白会由膜上扩散出去，使用时将转移后的膜在含 0.2% 戊二醛的 TBS 中浸泡 45min。

## 三、印迹膜的蛋白染色

### (一) 实验原理

转印后有时需要将印迹膜剪成较小的片状进行单独处理，以监测转移效率，确定免疫化学法检出的条带。单个泳道可以泳动同一样品，待彼此分开后，可用不同的抗体并列检测。如以电泳方向剪膜，就可在同一样品中检测不同分子大小的抗原。为了简便而精确地找到泳道，电泳之后用丽春红 S(Ponceaus S)或印度墨汁对印迹膜进行染色，便可很快确定待测蛋白质的位置并将其剪下。用丽春红 S 染色的优点是操作简便、价廉和具有可逆性，在封闭过程中，染色易消褪，且不会干扰进一步的检测。

在某些情况下，需要用印迹膜中的较高分子量区域来检测一种抗原，用另一个区域来检测另一不同分子量的蛋白质。为了使印迹膜中不同的区域正好对应于相应分子量的范围，需要在对照泳道中加入已知分子量的蛋白质，这样就可以方便地在印迹膜中找到适当的区域，并将其剪下。使用预染的分子量标记，可为转印后切下所需印迹膜提供良好的指示，此类标记物已商品化，但是价格比丽春红 S 染色法昂贵。标记物中的颜色除了增加成本，对实验并无不良影响，而且在泳动时非常漂亮。

**（二）实验试剂**

1. **2% 丽春红 S 浓贮存液** 溶于 30% 三氯醋酸和 30% 磺基水杨酸中，可在室温下稳定存放 1 年以上。

2. **PBS** 称取 8g NaCl、0.2g KCl、1.44g $Na_2HPO_4$ 和 0.24g $KH_2PO_4$，加蒸馏水 800ml，用 HCl 调节溶液 pH 值至 7.4，加水至 1L，在 $1.034 \times 10^5$Pa 高压下蒸汽灭菌 20min，室温保存。

**（三）操作步骤**

1. 在染色之前，先配制丽春红 S 应用液，将 2% 丽春红 S 浓贮存液用 1% 醋酸按 1∶10 的比例稀释成应用液（如果使用硝酸纤维膜，须将丽春红 S 浓贮存液更换为用水按 1∶10 的比例稀释）。

2. 用丽春红 S 应用液将 PVDF 膜洗 1 次。

3. 加入新鲜稀释的丽春红 S 应用液，并在室温下搅动 5~10min。

4. 将 PVDF 膜放入 PBS 中漂洗数次，每次 1~2min，并更换 PBS。

5. 根据需要，将转印部位和分子量标准位置进行标记，至此，PVDF 膜可用于封闭和加入抗体。

**（四）其他染色方法**

1. **氨基黑染色** 用 1% 氨基黑 10B 与 25% 异丙醇、10% 乙酸的混合液染色 1min，用 25% 异丙醇与 10% 乙酸的混合液脱色 30min，以水或 TBS 洗膜，干燥。

2. **印度墨水染色** 用 5% Tween-20-TBS 洗膜两次，每次 5min，在 1μl/ml 的印度墨汁双蒸水溶液中染色至少 2h；在双蒸水中漂洗数次脱色，每次 5min。

**（五）总蛋白质染色注意事项**

1. 在甲醇溶液中，用阴离子染料染色可令硝酸纤维素膜变皱，印度墨水法无此效应。

2. 印度墨水染色会掩盖可检出的放射性猝灭现象。

3. 某些蛋白条带会因不同染色方法而出现差异着色，如酸性蛋白只在 pH 值为 3~5 时被胶体金着色。

4. 丽春红 S 染色的灵敏度较低，且红色不易照相，但丽春红染色后可以洗去，不影响继续进行的免疫检测。

## 四、印迹膜的免疫检测

**（一）实验原理**

1. **检测的抗原 - 抗体反应** 免疫检测的效果主要取决于抗原 - 抗体反应的特异性，特别是能够识别膜上变性的和固定化抗原的抗体。印迹膜上有非特异性吸附蛋白质的位点，因此需要进行封闭，以防止免疫试剂的非特异性吸附。将印迹膜与一定浓度的不参与特异性反应的蛋白质或去污剂溶液孵育，可实现封闭。然后通过抗体与膜上抗原的特异性结合来定位抗原。抗原可用易观察的标记的抗体进行检测。抗体本身可以进行标记，直接用于检测抗原，但更为常见的是，使用的抗体是非标记的，而用标记的二抗来进行抗原定位。

2. **结果显影的方法** 一般采用辣根过氧化物酶或碱性磷酸酶来标记二抗，催化底物的反应，进行显影（图 9-3）。常用的检测方法有二氨基联苯胺（diaminobenzidine，DAB）显色法、放射活性检测法、化学发光法等。化学发光法是近年来常用的方法，它比显色或放射活

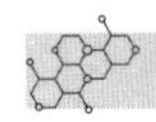

性检测法更加灵敏，一般认为它的灵敏度比 DAB 显色法大约增加了 20 倍，比放射活性检测方法约增加了 7 倍。

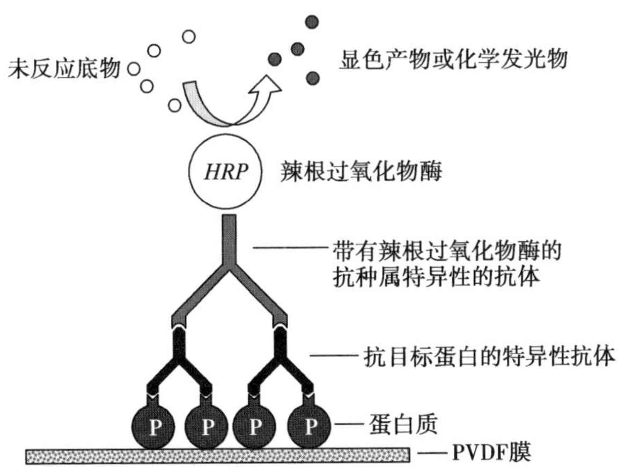


**图 9-3 采用辣根过氧化物酶或碱性磷酸酶来标记二抗**

在进行免疫检测操作之前，还应考虑到以下几点。

(1)印迹膜上非特异性蛋白质结合位点需要进行封闭，几乎适用于所有检测系统的两种封闭缓冲液是脱脂奶粉和牛血清白蛋白。若蛋白质封闭液造成本底过高或干扰检测，则可试用吐温 20 封闭液。

(2)可选用直接或间接的检测方法，直接法是指用标记的第一抗体（一抗）来进行检测的方法，用这种类型的抗体对膜上抗原进行免疫检测的本底较低，并且在同一张印迹膜上可同时使用来源或特异性不同的多种抗体，但灵敏度不如间接法。间接检测法是指先使用非标记的一抗，然后用可与一抗结合的标记的第二抗体（二抗）进行检测的方法。由于二抗分子是多价的，具有放大效应，因而灵敏度较高。因此，除非需要直接检测抗原的特异性，否则最好是选择间接法进行免疫印迹测定。通常选用与辣根过氧化物酶偶联的抗免疫球蛋白抗体（二抗）来检测一抗。一个实验室只须准备针对小鼠、大鼠、家兔和其他一抗的少数几种通用二抗，即可满足各种免疫印迹实验的要求。

**（二）实验方案**

**1. 试剂**

(1) PBS：称取 8g NaCl、0.2g KCl、1.44g $Na_2HPO_4$ 和 0.24g $KH_2PO_4$，加蒸馏水 800ml，用 HCl 调节溶液 pH 值至 7.4，加水至 1L，在 $1.034 \times 10^5$Pa 高压下蒸汽灭菌 20min，室温保存。

(2)封闭液：1.5g 脱脂奶粉溶于 50ml TBST 中，现用现配（用 1%~3% 的 BSA 或 10% 胎牛血清亦可）。

(3)一抗试剂和碱性磷酸酶或辣根过氧化物酶标记的二抗试剂（通常是用辣根过氧化物酶标记的抗免疫球蛋白抗体）。

(4)碱性磷酸酶底物溶液：① NBT（氮蓝四唑）溶液，在 10ml 70% 二甲基酰胺溶液中溶解 0.5g NBT；② BCIP（5- 溴 -4- 氮 -3- 吲哚磷酸）溶液，在 10ml 70% 二甲基酰胺溶液中溶解 0.5g BCIP；③碱性磷酸酶缓冲液，100mmol/L NaCl、5mmol/L $MgCl_2$、100mmol/L Tris-HCl（pH 9.5），置于密闭容器中保存，此溶液稳定；④取 66μl NBT 溶液与 10ml 碱性磷酸酶缓冲液混匀，加入 33μl BCIP 溶液。

（5）辣根过氧化物酶显色底物：DAB 显色试剂盒或电化学发光试剂盒。

2. **器材**

（1）孵育及显色用塑料盒。

（2）暗室、X 光片、X 光片显影液和定影液等。

3. **抗原 - 抗体检测的操作步骤**

（1）将膜放在塑料盒中，加入适量封闭液，于 37℃恒温振荡器上放置 1h，或 4℃过夜。

（2）将膜转入塑料袋中，加入用封闭液稀释的第一抗体，室温孵育 2~4h。

（3）剪开塑料袋，倾去第一抗体液体，用镊子将膜移至塑料盒中，加 TBS 洗 3 次，每次 15min。

（4）加入稀释好的酶标第二抗体，室温孵育 1h。

（5）用 TBS 漂洗膜 3 次，每次 15min，用于显色反应或化学发光。

4. **DAB 显色的操作步骤**

（1）基本原理：DAB 在辣根过氧化物酶和 $H_2O_2$ 作用下失去电子而产生褐色不溶物，这种褐色沉淀不溶于酒精和其他有机溶剂。该法灵敏度好，特异度高，对于必须使用传统复染和封固介质的免疫组化染色应用特别理想。缺点是需要现用现配，显色后光照数小时会褪色，不能永久保存，而且 DAB 有毒。

（2）操作方法：加底物显色液于已孵育二抗的膜上，避光显色 3~5min，最好即时观察，以控制显色程度，防止本底过高及出现非特异条带。可用双蒸水大量冲洗，终止反应，然后将膜放于双层滤纸中干燥保存。

5. **化学发光法的操作步骤**

（1）基本原理：辣根过氧化物酶在过氧化氢存在的条件下可催化鲁米诺（luminol），生成一种不稳定的中间产物，当其衰变时即可发光。试剂中含有增强剂，这使得发光增强了 1 000 倍，发出的光（425nm）可使标准 X 光片感光，产生较易识别的图像（图 9-4）。

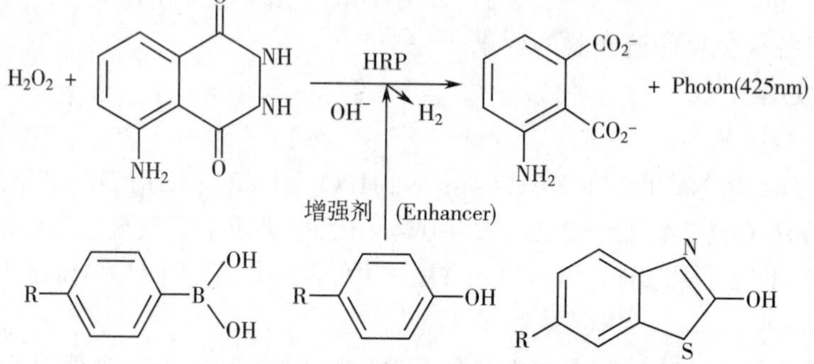

**图 9-4　鲁米诺及其衍生物的增敏化学发光系统**

（2）操作方法：①在压片前等量混合化学发光试剂中的 A 液和 B 液，混合后尽快使用；②将膜片置于混合液中，于室温下振荡温育 1min，每平方厘米膜片至少使用 0.125ml 混合液，以覆盖全膜片；③用平头镊钳住膜片，垂直置于吸水纸上以吸去过量试剂；④置膜片于二层保鲜膜之间，小心赶尽气泡；⑤将膜片吸附蛋白面朝上，置于 X 光片盒中，于暗室中压

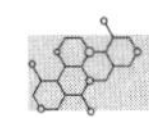

上 X 光片；⑥曝光 30s，使其显影；调节曝光时间，再次曝光显影。

(3) 注意事项：①加入一抗膜后不能再干燥；②适当地封闭和洗涤膜片至关重要；③使用前配制化学发光试剂，配制量足够覆盖膜片即可，弃去使用过的混合试剂；④使用干净取样头取用每种试剂；⑤第一张片子建议曝光 30s，观察结果后判断最佳曝光时间，时间可为 30s 至 2h 不等；⑥除了放射自显影片曝光和洗片处理外，所有步骤均不必在暗室中操作。

## 五、免疫印迹后膜的重复使用

在 Western blot 中，常需要对同一张蛋白转移膜进行多次免疫检测，这种情况多见于同一张膜上需要检测几种蛋白或检测内参蛋白时。在重新免疫检测前，需要将已结合的一抗和二抗（第一次检测）剥脱掉，以便重新封闭和用新的一抗和二抗结合，但剧烈处理可能造成某些表位丢失。

**1. 试剂**　消除缓冲液（100ml）：1mol/L 的 Tris-HCl（pH 6.8）溶液 6.25ml，10% SDS 溶液 20ml，终浓度为 100mmol/L 的 β- 巯基乙醇溶液 0.7ml，$H_2O$ 73ml。

**2. 操作步骤**

(1) 二抗显色或化学发光后及放射自显影前，室温下，在 5% 脱脂奶粉 -TBS 中孵育 PVDF 膜或硝酸纤维素膜 10min。

(2) 用吸水纸吸干水分，5min 后将膜放在另一张吸水纸上，防止膜粘在吸水纸上。

(3) 将干燥的膜在 70℃下，于清除缓冲液中孵育 30min，去除一抗和二抗。

(4) 用 TBS 洗膜两次，每次 10min。在重新免疫印迹前，PVDF 膜或硝酸纤维素膜应在 5% 脱脂奶粉 -TBS 中封闭 6h。

## 六、注意事项及常见问题分析

### (一) 抗体的性质与使用

影响免疫印迹成败的一个主要因素是抗原分子中可被抗体识别的表位的性质。只有那些能识别耐变性表位的抗体才能与抗原结合。多数多克隆抗血清中或多或少地含有这种类型的抗体，所以在免疫印迹实验中常选用多克隆抗体。相反，许多单克隆抗体不能与变性抗原反应，因为它们识别的表位依赖于抗原蛋白正确折叠所形成的三维空间构象。

抗体使用时的注意事项：①一抗和二抗使用时可稀释后分装，冰冻保存；②一抗和二抗浓度高时显色很深，但过高的抗体浓度可导致非特异性背景条带的产生；③抗体可用 0.5% BSA-TBS 稀释后储存在 –20℃，反复冻融可导致抗体聚集，活性丧失。

抗体的稀释：一抗变异大，一般的稀释比例为 1∶10 到 1∶10 000；二抗通常的稀释比例为 1∶500 到 1∶4 000。

### (二) 样品中待检测蛋白质的含量

另一个影响免疫印迹成败的因素是蛋白质原液中抗原的浓度。采用目前的技术，一般可以检测出浓度低至 0.1ng 的蛋白。含量极低的蛋白在进行凝胶电泳之前要进行部分纯化，用免疫沉淀的方法制备样品，能够扩大免疫印迹的检测范围。免疫印迹不需要高亲和力抗体。例如，某些在溶液中和抗原结合能力较弱的抗体，用于免疫印迹可获得满意效果，这是由于膜上局部抗原浓度较高，局部高浓度的抗原提供了较多的与抗体结合的机会，因此大大提高了相互作用的亲和力。增加抗原密度也有利于将低亲和力的抗体保留在膜上。由于反应的频率增强，脱离膜的抗体可与邻近的抗原位点重新结合。

### （三）背景问题

本底高和产生非特异性条带可能是由于抗体制剂中存在与印迹膜上其他蛋白质结合的抗体（非特异性抗体）。对于免疫印迹来说，理想的抗体应仅能特异性地识别待测抗原，但实情并非如此，印迹膜上总会出现一些额外的条带。这些条带的来源一般有两种：一种是由于制剂中存在非特异性抗体而产生的背景条带，另一种则是由于特异性抗体与含有和待测抗原类似的表位的多肽发生了交叉反应。这些抗体可与印迹膜上的同类抗原或密切相关的抗原结合产生额外的条带，致使特异性条带变得模糊不清。由于这种类型的污染是特异的，因此不可能用降低非特异性背景的一般方法来解决。

若是弥散性背景过高，首先应考虑二抗是否与背景有关，观察省去一抗时，二抗单独作用所产生的背景。若背景是由二抗产生的，可采用以下措施：①缩短一抗和二抗的孵育时间；②试用高浓度的蛋白质来吸附二抗，首先在二抗试剂内加入 3% BSA，若背景仍然存在，再试用抗原制品的原液（用丙酮粉较好）；③使用另外的二抗；④使用不同的封闭缓冲液，若无别的选择，可尝试用 5% 脱脂奶粉 - 吐温；⑤滴定一抗和 / 或二抗的效价，找到一个产生的信号强度可以接受的较低浓度；⑥每一步都用 RIPA 缓冲液（1% NP-40、0.5% DOC、0.1% SDS、150mmol/L NaCl、50mmol/L Tris，pH 8.0）冲洗印迹膜；⑦在一抗和二抗试剂中加入 1% NP-40 或 0.3% 吐温和 3% BSA；⑧延长每次清洗时间。

### （四）转印效率低

转印中常遇到转印效率低的问题。为了使转印有效进行，必须在电极和滤纸 - 凝胶 - 转印膜 - 滤纸夹层组合之间保持良好的电流通路。在整个电极的表面，电流分布必须是均匀的。这意味着电极必须保持洁净而且不黏附任何非导电物质。此外，两电极之间的任何直接连接、在滤纸 - 凝胶 - 转印膜 - 滤纸夹层组合内存在的任何气泡也会在局部阻止转印过程。

另一个常见的问题是大分子量蛋白质的转印比较困难。这是转印方法难以克服的问题。如果蛋白质在分离胶中移动较慢，它从凝胶中移出也将较慢。若是这种情况，应降低分离胶的浓度。如果研究的是多个不同大小的多肽，一个浓度的凝胶又不能满足要求时，可以考虑用不同浓度的丙烯酰胺配制两种分离胶。

### （五）设置对照与解释结果

免疫印迹从细胞裂解液开始，就必须设置两组对照，包括含有已知抗原的阳性对照样品和能与阴性对照抗体发生反应的细胞裂解物。阳性对照是含有已知的或标准量的待测抗原的样品，来源于细菌或杆状病毒超常表达系统或已鉴定的细胞系。它可提示免疫印迹是否成功，并能对抗原的相对分子量进行精确比较；如果阳性对照中抗原的量是已知的，可粗略估计出待测样品中抗原的含量。阴性对照给出的是非免疫抗体与待测样品的背景读数。若有可能，再设置一个不含待测抗原的细胞裂解液对照（例如来源于含无效基因的细胞）更利于解释结果。

### （六）免疫印迹技术的灵敏度

对于化学发光检测系统和多数抗体制剂来说，检测最低值可达到约 2fmol/L（$10^{-15}$）的水平，相当于 0.1ng 的 50 000kD 的蛋白质，高于此浓度的样品较易检出。一个标准的 SDS- 聚丙烯酰胺凝胶泳道的上样量为 150μg，如果上样量过大，条带会发生扭曲变形。若要检测更

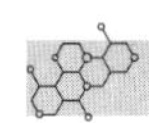

低水平的蛋白，需要对抗原进行部分纯化，可采用细胞分步分离、层析或免疫沉淀的方法进行。如果待测抗原的分子量与细胞中含量丰富的蛋白（例如肌动蛋白）相近，转膜将不会受到限制。常用于提高免疫印迹的灵敏度的方法有若干种，其中之一是在电泳之前应用免疫沉淀法将抗原进行纯化和浓缩。该法可浓缩浓度极低的抗原，并可在电泳和免疫印迹之前将其与无关的蛋白质分离，使对极低浓度抗原的研究成为可能。

**（蔡卫斌　周俊宜）**

# 第十章 蛋白质层析技术

层析技术又称为色谱法(chromatography),是一种基于被分离物质的理化性质(溶解度、吸附能力、分子形状、分子所带电荷的性质和数量、分子表面的特殊基团、分子量等)及生物学特性的不同,使它们在某种基质中移动速度不同而进行分离和分析的方法。

20 世纪初俄国植物学家 M.Tswett 首先建立了该技术方法,并利用 $CaCO_3$ 吸附层析将叶绿素中各成分进行分离,1906 年他将该方法正式命名为色谱法。1931 年层析法开始应用于复杂的有机混合物分离,使层析技术得到迅速发展。1941 年,英国生物学家 Martin 和 Synge 成功分离了氨基酸,建立了液液层析分析方法,因此获得了 1952 年的诺贝尔化学奖;1952 年,Martin 和 Synge 又创建了气液色谱法,并提出了塔板理论。1952 年气相色谱仪诞生了,给挥发性化合物的分离测定带来了划时代的变革;1967 年高效液相色谱(high performance liquid chromatography,HPLC)技术出现了,现在 HPLC 已成为生物化学与分子生物学、化学等领域不可缺少的分析分离工具之一。近年,毛细管电泳的兴起为生物大分子的分离检测开辟了一条新途径。

层析法的最大特点是分离效率高,它能分离各种性质极相似的物质,而且它既可以用于少量物质的分析鉴定,又可用于大量物质的分离纯化制备。因此,作为一种重要的分析分离手段与方法,它被广泛地应用于科学研究与工业生产上。现在,它在石油、化工、医药卫生、生物科学、环境科学、农业科学等领域都发挥着十分重要的作用。

## 第一节　层析的基本理论和基本操作

### 一、层析的基本概念

1. **固定相**　层析的基质,可以是固体物质(如吸附剂、凝胶、离子交换剂等),也可以是液体物质(如固定在硅胶或纤维素上的溶液),这些基质能与待分离的化合物进行可逆的吸附、溶解、交换等作用,对层析的效果起着关键的作用。

2. **流动相**　在层析过程中,推动固定相上待分离的物质朝着一个方向移动的液体、气

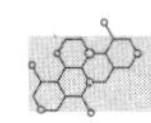

体或超临界体等，都称为流动相，一般也称为洗脱剂，是层析分离中的重要影响因素之一。

3. **分配系数**　是指在一定的条件下，某种组分在固定相和流动相中浓度的比值，常用 $K$ 来表示，$K=C_s/C_m$，其中 $C_s$ 表示固定相中的浓度，$C_m$ 表示流动相中的浓度。分配系数是层析中分离纯化物质的主要依据。分配系数主要与下列因素有关：①被分离物质本身的性质；②固定相和流动相的性质；③层析柱的温度。

4. **迁移率（比移值）**　是指在一定条件下，在相同的时间内某一组分在固定相移动的距离与流动相本身移动的距离之比值，常用 $R_f$ 来表示。相对迁移率是指在一定条件下，在相同时间内，某一组分在固定相中移动的距离与某一标准物质在固定相中移动的距离之比值。它可以小于等于1，也可以大于1。用 $R_x$ 来表示。不同物质的分配系数或迁移率是不同的。分配系数或迁移率的差异程度是决定几种物质采用层析方法能否分离的先决条件。差异越大，分离效果越理想。

5. **分辨率（分离度）**　是指相邻两个峰的分开程度，用 $R_s$ 来表示。$R_s$ 值越大，表示两种组分分离得越好。当 $R_s$=1 时，两种组分具有较好的分离，互相沾染约 2%，即每种组分的纯度约为 98%。当 $R_s$=1.5 时，两种组分基本完全分开，每种组分的纯度可达到 99.8%。如果两种组分的浓度相差较大，对分辨率的要求较高。

## 二、塔板理论

层析过程中，当待分离的混合物随流动相通过固定相时，由于各组分的理化性质存在差异，与两相发生相互作用（吸附、溶解、结合等）的能力不同，在两相中的分配（含量对比）不同，因此随着流动相向前移动，各组分会不断地在两相中进行再分配。与固定相相互作用力越弱的组分，随流动相移动时受到的阻滞作用越小，向前移动的速度越快。反之，与固定相相互作用越强的组分，向前移动速度越慢。分部收集流出液，可得到样品中所含的各单一组分，从而达到将各组分分离的目的。

塔板理论是 Martin 和 Synger 首先提出的色谱热力学平衡理论，它把层析中待分离的各组分在固定相和流动相中的分布平衡过程看成在分馏塔中的分馏过程，即各组分在塔板间隔内的分配平衡过程，并以理论塔板来评价层析分离效率和对层析进行定量。

塔板理论的基本假设包括以下内容。

1. 层析柱的内径和柱内的填料是均匀的，而且层析柱由若干层组成。每层高度为 $H$，称为一个理论塔板。塔板一部分被固定相占据，另一部分被流动相占据，且各塔板的流动相体积相等，称为板体积，以 $V_m$ 表示。

2. 每个塔板内溶质分子在固定相与流动相之间瞬间达到平衡，且忽略分子的纵向扩散。

3. 溶质在各塔板上的分配系数是一个常数，与溶质在塔板内的量无关。

4. 流动相通过层析柱的过程可以看成是脉冲式的间歇过程（不连续过程）。从一个塔板到另一个塔板的流动相体积为 $V_m$。当流过层析柱的流动相的体积为 $V$ 时，则流动相在每个塔板上越过的次数为：$n=V/V_m$。

5. 溶质开始加在层析柱的第零塔板上。根据以上假定，将连续的层析过程分解成了间歇的动作，这与多次萃取的过程相似，一个理论塔板相当于一个两相平衡的小单元。

虽然以上假设与实际色谱过程不符，如色谱过程是一个动态过程，很难达到分配平衡，各组分沿色谱柱轴方向的扩散是不可避免的，但是塔板理论导出了色谱流出曲线方程，成功地解释了流出曲线的形状、浓度极大点的位置，能够评价色谱柱柱效。

## 三、层析法的分类

从不同的角度可以把层析分成不同类型。

1. 根据固定相基质的形式分类，层析可以分为纸层析、薄层层析、柱层析和薄膜层析（表 10-1）。

表 10-1　根据固定相将层析法分类

| 名称 | 固定相基质的形式 |
|---|---|
| 柱层析法 | 固定相装于柱内，使样品沿着一个方向前移而达到分离的目的 |
| 薄层层析法 | 将适当黏度的固定相均匀涂铺在薄板上，点样后用流动相展开，使各组分分离 |
| 纸层析法 | 用滤纸作液体的载体，点样后用流动相展开，使各组分分离 |
| 薄膜层析法 | 将适当的高分子有机吸附剂制成薄膜，以类似纸层析的方法进行物质的分离 |

纸层析和薄层层析主要适用于小分子物质的快速检测分析和少量分离制备，通常为一次性使用，而柱层析是常用的层析形式，适用于样品分析、分离。生物化学中常用的凝胶层析、离子交换层析、亲和层析、高效液相色谱等通常采用柱层析形式。

2. 根据流动相的形式分类，层析可以分为液相层析和气相层析（表 10-2）。气相层析是指流动相为气体的层析，而液相层析指流动相为液体的层析。

表 10-2　根据流动相将层析法分类

| 固定相 | 流动相 | |
|---|---|---|
| | 液体 | 气体 |
| 液体 | 液 - 液层析法 | 气 - 液层析法 |
| 固体 | 液 - 固层析法 | 气 - 固层析法 |

气相层析测定样品时需要气化，大大限制了其在生化领域的应用，主要用于氨基酸、核酸、糖类、脂肪酸等小分子的分析鉴定。而液相层析是生物领域最常用的层析形式，适用于生物样品的分析、分离。

3. 根据分离的原理不同分类，层析主要可以分为吸附层析、分配层析、凝胶过滤层析、离子交换层析、亲和层析等（表 10-3）。

表 10-3　根据原理将层析法分类

| 名称 | 分离原理 |
|---|---|
| 吸附层析法 | 以吸附剂为固定相，根据待分离物与吸附剂之间吸附力的不同而达到分离目的 |
| 分配层析法 | 根据在一个有两相同时存在的溶剂系统中，不同物质的分配系数不同的原理而达到分离目的 |
| 离子交换层析法 | 以离子交换剂为固定相，根据物质带电性质的不同而进行分离 |
| 凝胶过滤层析法 | 以具有网状结构的凝胶颗粒作为固定相，根据物质的分子大小进行分离 |

续表

| 名称 | 分离原理 |
| --- | --- |
| 亲和层析法 | 根据生物大分子和配体之间的特异性亲和力(如酶和抑制剂、抗体和抗原、激素和受体等),将某种配体连接在载体上作为固定相,而对能与配体特异性结合的生物大分子进行分离的一种层析技术,是分离生物大分子最为有效的层析技术,具有很高分辨率 |

## 四、柱层析的基本装置及基本操作

柱层析是常见的层析形式,广泛用于蛋白质等生物大分子的分析、分离,在研究和应用中常用到的层析方法,如凝胶层析、离子交换层析、亲和层析、高效液相色谱等通常采用柱层析形式,下面简述柱层析的基本装置及操作方法。

### (一)柱层析的基本装置

柱层析的基本装置如图 10-1 所示,一般由六部分组成:样品或洗脱液、泵、层析柱、检测系统、记录装置和收集器。

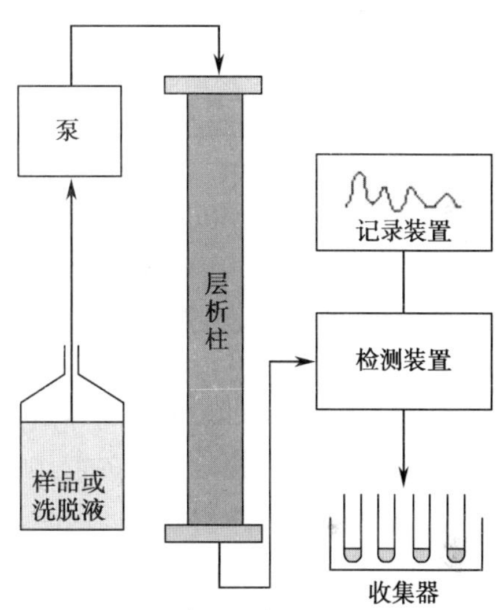


图 10-1 层析柱的基本装置示意图

### (二)柱层析的基本操作

1. **装柱** 装柱的质量好与差,是柱层析法能否成功分离纯化物质的关键之一。

(1)首先要选好柱子,应根据层析的基质和分离目的而定,一般柱子的直径与长度比为 1∶10 到 1∶50;凝胶柱可以选用 1∶100 到 1∶200 的,同时将柱子洗涤干净。

(2)将层析用的基质(如吸附剂、树脂、凝胶等)在适当的溶剂或缓冲液中溶胀,并用适当浓度的酸、碱、盐(0.5~1mol/L)溶液洗涤处理,以除去其表面可能吸附的杂质,然后用去离子水(或蒸馏水)洗涤干净并真空抽气(吸附剂等与溶液混合在一起),以除去其内部的气泡。

(3)关闭层析柱出水口,装入 1/3 柱高的缓冲液,并将处理好的吸附剂等缓慢地倒入柱中,使其沉降约 3cm 的高度。

(4)打开出水口,保持适当流速,使吸附剂等均匀沉降,并不断加入吸附剂溶液,注意不能干柱、分层,柱子要均匀,不能有气泡,否则必须重新装柱。

(5)最后使柱中基质表面平坦,并在表面上留有 2~3cm 高的缓冲液,同时关闭出水口。

2. **柱的平衡** 柱子装好后,要用所需的缓冲液(有一定的 pH 值和离子强度)平衡柱子,用恒流泵在恒定压力下过柱(平衡与洗脱时的压力尽可能保持相同)。平衡液体积一般为 3~5 倍柱床体积,以保证平衡后柱床体积的稳定及基质的充分平衡。如果需要,可用蓝色葡聚糖 2 000 在恒压下走柱,如色带均匀下降,则说明柱子是均匀的。

3. **加样** 加样量的多少直接影响分离的效果。加样量应尽可能少些,分离效果才会比较好。一般最大加样量需要在具体条件下多次实验后才能确定,这也与具体层析方法和所用材料有关。同时,加样时应缓慢小心地将样品溶液加到固定相表面,尽量避免冲击基质,以保持基质表面平坦。

4. **洗脱** 洗脱的方式可分为简单洗脱、分步洗脱和梯度洗脱三种。

(1)简单洗脱:柱子始终用同样的一种溶剂洗脱,直到层析分离过程结束为止。如果被分离物质对固定相的亲合力差异不大,其区带的洗脱时间间隔也不长,采用这种方法是适宜的,但选择的溶剂必须很合适,方能使各组分的分配系数较大。

(2)分步洗脱:用按照洗脱能力递增的顺序排列的几种洗脱液,进行逐级洗脱,主要在混合物组成简单,各组分性质差异较大或需要快速分离时适用,每次用一种洗脱液将其中一种组分快速洗脱下来。

(3)梯度洗脱:当混合物中组分复杂且性质差异较小时,一般采用梯度洗脱,它的洗脱能力是逐步连续增加的,梯度可以指浓度、极性、离子强度或 pH 值等,最常用的是浓度梯度,如图 10-2 所示,把高、低两种浓度的洗脱液按不同比例混合后能形成洗脱液浓度连续变化的梯度。

5. **收集、鉴定及保存** 一般采用部分收集器来收集分离纯化的样品。由于检测系统的分辨率有限,洗脱峰不一定能代表一个纯净的组分。因此,每管的收集量不能太多,一般为每管 1~5ml,如果分离的物质性质很相近,可低至每管 0.5ml,应视具体情况而定。在合并一个峰的各管溶液之前,还要进行鉴定。例如,合并一个蛋白峰的各管溶液时,我们要先用电泳法对各管溶液进行鉴定,如果是单条带,则认为已达电泳纯,应将溶液合并在一起。同时,为了保持所得样品的稳定性与生物活性,一般需要采用透析除盐,超滤或减压薄膜浓缩,再冰冻干燥,得到干粉,在低温下保存备用。

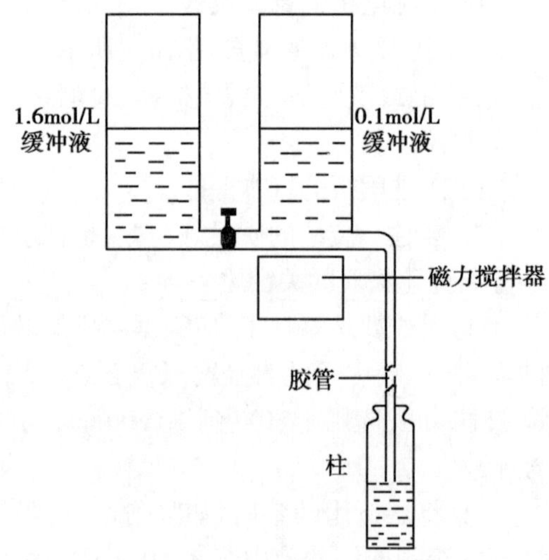


图 10-2 洗脱液浓度梯度的形成

# 第二节 凝胶层析

## 一、凝胶层析的基本原理

### (一)凝胶层析的基本原理

凝胶层析又称为凝胶排阻层析(gel exclusion chromatography)、分子筛层析(molecular sieve chromatography)、凝胶过滤(gel filtration)、凝胶渗透层析(gel permeation chromatography)等。它是以多孔性凝胶填料为固定相,按分子大小顺序分离样品中各个组分的液相色谱方法。1959 年,Porath 和 Flodin 首次用一种多孔聚合物——交联葡聚糖凝胶作为柱填料,分离水溶液中不同分子量的样品,这种技术被称为凝胶过滤。1964 年,Moore 制备了具有不同孔径的交联聚苯乙烯凝胶,能够进行有机溶剂中的分离,这种技术被称为凝胶渗透层析(流动相为

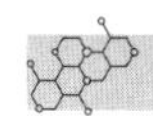

有机溶剂的凝胶层析一般称为凝胶渗透层析）。随后这一技术得到不断的完善和发展，目前已被广泛地应用于生物化学、高分子化学等很多领域。

凝胶层析是生物化学中一种常用的分离手段，它具有设备简单，操作方便，样品回收率高，实验重复性好，特别是不改变样品生物学活性等优点，因此被广泛用于蛋白质（包括酶）、核酸、多糖等生物分子的分离纯化，同时还被应用于蛋白质分子量的测定、脱盐、样品浓缩等。

凝胶层析是依据分子大小这一物理性质进行分离纯化的。凝胶层析的固定相是惰性的珠状凝胶颗粒，凝胶颗粒的内部具有立体网状结构，形成很多孔穴。当样品随流动相经过由凝胶组成的固定相时，混合物中各物质主要依据分子的大小进行层析分配，分子量大的物质，因分子的直径较大，不能进入凝胶颗粒的网孔内，而被排阻在凝胶颗粒外部，即只分布在凝胶颗粒的间隙中，沿着这些间隙流动，这样，它们的流速就较快，会在洗脱液的“冲洗”下，先被洗出柱外。那些分子量小的物质，因分子的直径较小，能够进入凝胶颗粒的网孔中，会被滞留在凝胶颗粒内部。在洗脱过程中，分子量小的物质会先在孔隙中间扩散，然后进入凝胶颗粒内部，再被洗至孔隙中，再进入颗粒内部，如此不断地入出和出入，直至这些物质被洗出柱外。由于洗脱的“路径”较长，因而它们会后被洗脱出来。总之在洗脱液的洗脱下，混合物中分子量最大的物质最先出柱，分子量最小的物质最后出柱；介乎中间的物质，则分子量愈大洗出愈快，分子量愈小洗出愈慢。这样，不同的物质就被分离了（图 10-3）。

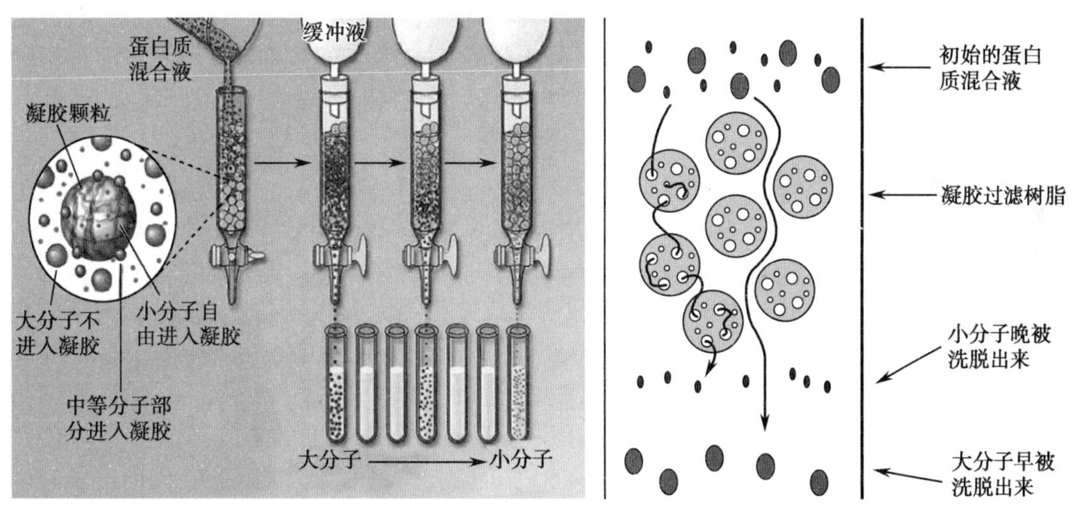


**图 10-3　凝胶层析的基本原理**

### （二）凝胶层析的相关概念和参数

1. **外水体积、内水体积、基质体积、柱床体积、洗脱体积**　外水体积（$V_o$）是指凝胶柱中凝胶颗粒周围空间的体积，也就是凝胶颗粒间液体流动相的体积；内水体积（$V_i$）是指凝胶颗粒中孔穴的体积，凝胶层析中固定相的体积就是指内水体积，可由凝胶重量（g）与得水值 Wa 的乘积（g·Wa）求得；基质体积（$V_g$）是指凝胶颗粒实际骨架的体积；柱床体积（$V_t$）就是指凝胶柱所能容纳的总体积；洗脱体积（$V_e$）是指将样品中某一组分洗脱下来所需洗脱液的体积，即被分离物质通过层析柱（完全洗脱出来）所需的洗脱液体积（ml），在实际工作中，是从加样开始算，到该组分最大浓度即洗脱峰顶出现，所需的洗脱液体积（图 10-4）。

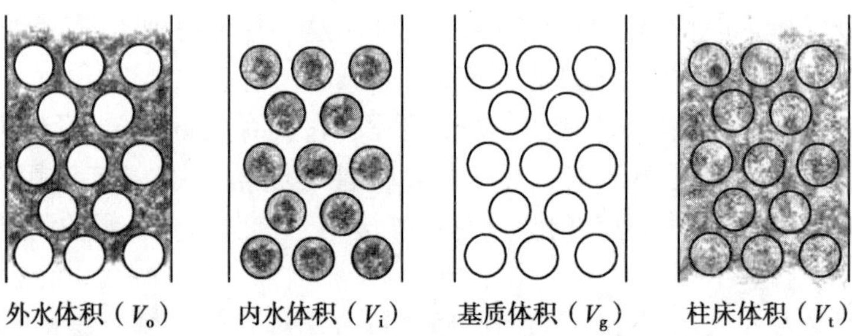


**图 10-4　外水体积、内水体积、基质体积和柱床体积**

这几个体积之间存在密切联系。$V_t$=$V_o$+$V_i$+$V_g$，由于 $V_g$ 相对很小，可以忽略不计，则有 $V_t$=$V_o$+$V_i$，$V_e$ 一般是介于 $V_o$ 和 $V_t$ 之间的。对于完全排阻的大分子，由于其不进入凝胶颗粒内部，而只存在于流动相中，故其洗脱体积 $V_e$=$V_o$；对于完全渗透的小分子，由于它可以存在于凝胶柱的整个体积内（忽略凝胶本身体积 $V_g$），故其洗脱体积 $V_e$=$V_t$；分子量介于二者之间的分子，它们的洗脱体积也介于二者之间。有时可能会出现 $V_e$>$V_t$ 的情况，这是由于这种分子与凝胶有吸附作用。柱床体积 $V_t$ 可以通过加入一定量的水至层析柱预定标记处，然后测量水的体积来测定。外水体积 $V_o$ 可以通过测定完全排阻的大分子物质的洗脱体积来测定，一般常用蓝色葡聚糖 -2000 作为测定外水体积的物质。因为它的分子量大（为 200 万），在各种型号的凝胶中都被排阻，并且它呈蓝色，易于观察和检测。

2. **分配系数（$K_d$）**　是指某个组分在固定相和流动相中的浓度比。对于凝胶层析，分配系数实质上表示某个组分在内水体积和在外水体积中的浓度分配关系或凝胶过滤层析的特性。

$$K_d=\frac{V_e-V_o}{V_i}$$

在凝胶层析中混合物各组分在凝胶柱内的洗脱行为和各自的分配系数 $K_d$ 有关。某一物质的 $K_d$ 值，只要测得其 $V_o$，就可通过上述公式求得。在洗脱过程中，被洗脱成分的洗脱行为有三种可能的情况：①$V_e$=$V_o$，表示被洗脱的某成分流经层析柱全程所需的洗脱液体积和凝胶颗粒间隙的总体积相等，也就是说，该成分的分子全部被排阻在凝胶颗粒的间隙中，而未进入凝胶颗粒内部，因而洗脱速度最快，被最先洗脱出来，即该成分的 $K_d$=0；②$V_i$=$V_e$–$V_o$，表示某成分被洗脱出来所需洗脱液的总体积和凝胶颗粒外部孔隙的总体积之差，等于凝胶颗粒内部的总体积，该成分不被排阻而可完成进入凝胶颗粒内部，即被滞留，因而洗脱速度最慢，被最后洗脱出来，即该成分的 $K_d$=1；③$K_d$ 值介于 0 到 1 之间，大多数被分离物质都属于这种情况，在此范围内，物质的洗脱速度随其 $K_d$ 值的增加而降低，$K_d$ 值越大，被排阻的程度越小，即被滞留的程度越大，洗脱速度越慢，反之，$K_d$ 值越小，被排阻在外的程度越大，洗脱速度越快。

3. **排阻极限**　是指不能进入凝胶颗粒孔穴内部的最小分子的分子量。所有大于排阻极限的分子都不能进入凝胶颗粒内部，直接从凝胶颗粒外流出，所以它们同时被最先洗脱出来。排阻极限代表一种凝胶能有效分离的最大分子量，大于这种凝胶的排阻极限的分子不能用这种凝胶得到分离。例如 Sephadex $G_{50}$ 的排阻极限为 30 000，它表示分子量大于 30 000 的分子都将直接从凝胶颗粒之外被洗脱出来。

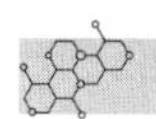

4. **分级分离范围**　表示一种凝胶适用的分离范围，对于分子量在这个范围内的分子，用这种凝胶可以得到较好的线性分离。例如 Sephadex $G_{75}$ 对球形蛋白的分级分离范围为 3 000~70 000，它表示分子量在这个范围内的球形蛋白可以通过 Sephadex $G_{75}$ 得到较好的分离。

5. **吸水率和床体积**　吸水率是指 1g 干的凝胶吸收水的体积或者重量，但它不包括颗粒间吸附的水分，所以它不能表示凝胶装柱后的体积；而床体积是指 1g 干的凝胶吸水后的最终体积。

6. **凝胶颗粒大小**　层析用的凝胶一般都呈球形，颗粒的大小通常以目数（mesh）或者颗粒直径（m）来表示。柱子的分辨率和流速都与凝胶颗粒大小有关。颗粒大，流速快，但分离效果差；颗粒小，分离效果较好，但流速慢。一般比较常用的是 100~200 目。

## 二、葡聚糖凝胶层析

能用作凝胶层析基质的物质很多，如浮石、琼脂、琼脂糖、聚乙烯醇、聚丙烯酰胺、葡聚糖凝胶等，其中以葡聚糖凝胶应用最广，其商品名是 Sephadex，型号很多，从 $G_{10}$ 到 $G_{200}$，它的主要应用范围包括：①分级分离各种抗原与抗体；②去掉复合物中的小分子物质，如除去盐、荧光素、游离的放射性同位素以及水解的蛋白质碎片；③分析血清中的免疫复合物；④分子量的测定。

### （一）葡聚糖凝胶的种类和性质

葡聚糖又名右旋糖酐，葡聚糖凝胶是在它们的长链间以三氯环氧丙烷交联剂交联而成的。葡聚糖凝胶具有很强的吸水性，交联度越大，吸水量越小，相反交联度越小，吸水量越大。葡聚糖凝胶的商品名以 Sephadex G 表示，G 值越小，交联度越大，吸水量越小，G 值越大，交联度越小，吸水量就越大，G 值大约为吸水量的 10 倍。由此可以根据床体积而估算出葡聚糖凝胶干粉的用量（表 10-4）。

**表 10-4　Sephadex 的种类与特性**

| 型号 | 分离范围（分子量） | 吸水量 /（ml/g） | 最小溶胀时间 /h | | 床体积 / 干凝胶 /（ml/mg） |
|---|---|---|---|---|---|
| | | | 20~25℃ | 100℃ | |
| $G_{10}$ | <700 | 1.0 ± 0.1 | 3 | 1 | 2.0~3.0 |
| $G_{15}$ | <1 500 | 1.5 ± 0.2 | 3 | 1 | 2.5~3.5 |
| $G_{25}$ | <5 000 | 2.5 ± 0.2 | 3 | 1 | 4.0~6.0 |
| $G_{50}$ | 1 500~20 000 | 8.0 ± 0.3 | 3 | 1 | 9.0~11.0 |
| $G_{75}$ | 3 000~70 000 | 7.5 ± 0.5 | 24 | 1 | 12.0~15.0 |
| $G_{100}$ | 4 000~15 000 | 10.0 ± 1.0 | 72 | 1 | 15.0~20.0 |
| $G_{150}$ | 5 000~800 000 | 15.0 ± 1.5 | 72 | 1 | 20.0~30.0 |
| $G_{200}$ | 5 000~300 000 | 20.0 ± 2.0 | 72 | 1 | 30.0~40.0 |

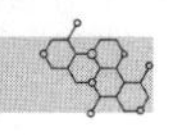



### （二）葡聚糖凝胶的预处理

凝胶使用前首先要进行处理。选择好凝胶的类型后，首先要根据选择的层析柱估算出凝胶的用量。由于凝胶处理过程以及实验过程可能有一定损失，所以一般凝胶用量要在计算的基础上再增加10%~20%。葡聚糖凝胶的处理首先是在水中膨化，不同类型的凝胶所需的膨化时间不同。一般吸水率较小的凝胶（型号较小、排阻极限较小的凝胶）膨化时间较短，在20℃条件下需十几个到几十个小时，如Sephadex $G_{50}$需3~4h；但吸水率较大的凝胶（型号较大、排阻极限较大的凝胶）膨化时间则较长，$G_{100}$以上的干胶膨化时间都要在72h以上。如果加热煮沸，则膨化时间会大大缩短，一般1~5h即可完成，而且煮沸也可以去除凝胶颗粒中的气泡。但应注意尽量避免在酸或碱中加热，以免凝胶被破坏。

膨化处理后，要对凝胶进行纯化和排出气泡。纯化可以反复漂洗，倾泻去除表面的杂质和不均一的细小凝胶颗粒，也可以在一定的酸或碱中浸泡一段时间，再用水洗至中性。排出凝胶中的气泡是很重要的，否则会影响分离效果，可以通过抽气或加热煮沸的方法排出气泡。

凝胶的保存一般是反复洗涤，去除蛋白等杂质，然后加入适当的抗菌剂，通常加入0.02%叠氮化钠，4℃下保存。如果需要较长时间的保存，则要将凝胶洗涤后脱水、干燥，可以将凝胶过滤抽干后浸泡在50%乙醇中脱水，抽干后再逐步提高乙醇浓度，反复浸泡脱水，直至用95%乙醇脱水后，将凝胶抽干，置于60℃烘箱中烘干，即可装瓶保存。注意膨化的凝胶不能直接高温烘干，否则可能会破坏凝胶的结构。

## 三、凝胶层析的应用

### （一）生物大分子的纯化

凝胶层析是依据分子量的不同来进行分离的，由于它的这一分离特性，以及它具有简单、方便、不改变样品生物学活性等优点，凝胶层析成了分离纯化生物大分子的一种重要手段，尤其是对于一些大小不同，但理化性质相似的分子，用其他方法较难分开，而凝胶层析无疑是一种合适的方法，例如对于不同聚合程度的多聚体的分离等。

### （二）分子量测定

在一定的范围内，各个组分的$K_{av}$以及$V_e$与其分子量的对数呈线性关系。对已知分子量的标准物质进行洗脱，作出$V_e$或$K_{av}$对分子量对数的标准曲线，然后在相同的条件下测定未知物的$V_e$或$K_{av}$，通过标准曲线即可求出其分子量。

凝胶层析测定分子量操作比较简单，所需样品量也较少，是一种初步测定蛋白质分子量的有效方法。这种方法的缺点是测量结果的准确性受很多因素影响。由于这种方法假定标准物和样品与凝胶都没有吸附作用，所以如果标准物或样品与凝胶有一定的吸附作用，那么测量的误差就会比较大；公式成立的条件是蛋白质基本是球形的，对于纤维蛋白等细长形状的蛋白质则不成立，所以凝胶层析不能用于测定这类分子的分子量；另外由于糖的水合作用较强，所以用凝胶层析测定糖蛋白时，测定的分子量会偏大，而测定铁蛋白时则发现测定值会偏小；还要注意的是标准蛋白和所测定的蛋白都要在凝胶层析的线性范围之内。

### （三）脱盐及去除小分子杂质

利用凝胶层析进行脱盐及去除小分子杂质是一种简便、有效、快速的方法，它比用透析的方法脱盐要快得多，而且一般不会造成样品较大的稀释，生物分子不易变性。一般常用的是 Sephadex $G_{25}$，另外还有 Bio-Gel P-6 DG 或 Ultragel AcA 202 等排阻极限较小的凝胶类型。目前已有多种脱盐柱成品出售，使用方便，但价格较贵。

**（四）去热源物质**

热源物质是指微生物产生的某些多糖蛋白复合物等使人体发热的物质。它们是一类分子量很大的物质，所以可以利用凝胶层析的排阻效应将这些大分子热源物质与其他相对分子量较小的物质分开，例如对于去除水、氨基酸、一些注射液中的热源物质，凝胶层析是一种简单而有效的方法。

**（五）溶液的浓缩**

利用凝胶颗粒的吸水性可以对大分子样品溶液进行浓缩。将干燥的 Sephadex（粗颗粒）加入溶液中，Sephadex 可以吸收大量的水，溶液中的小分子物质也会渗透进入凝胶孔穴内部，而大分子物质则被排阻在外。通过离心或过滤去除凝胶颗粒，即可得到浓缩的样品溶液。这种浓缩方法基本不改变溶液的离子强度和 pH 值。

## 四、葡聚糖凝胶层析纯化血清 γ- 球蛋白的实验方案

**（一）基本原理**

本实验的原理是利用硫酸铵分段盐析将血清中的 γ- 球蛋白与清蛋白、α- 球蛋白、β- 球蛋白等分离，再用凝胶过滤法除盐，得到比较纯的 γ- 球蛋白。

**（二）材料**

人血清、葡聚糖凝胶 $G_{50}$（Sephadex $G_{50}$）。

**（三）试剂**

1. **磷酸盐缓冲液 - 生理盐水（PBS）** 用 0.01mol/L 磷酸盐缓冲液配制的 0.9% NaCl 溶液，配制方法如下：

$$\left.\begin{array}{ll}0.2\text{mol/L } Na_2HPO_4 & 72\text{ml}\\ 0.2\text{mol/L } NaH_2PO_4 & 28\text{ml}\end{array}\right\}\text{混匀后稀释 20 倍}$$

2. **pH 值为 7.2 的饱和硫酸铵溶液** 用氨水将饱和硫酸铵溶液的 pH 值调到 7.2。

3. **纳氏试剂（Nessler's reagent）**

(1) 储存液：于 500ml 锥形瓶内加碘化钾（KI）150g、蒸馏水 100ml，溶解后加碘（$I_2$）110g，振摇至溶解后再加汞（Hg）150g，连续振摇 7~15min。在此过程中，碘的颜色逐渐变浅，溶液发热，可在冷水浴中连续振摇到溶液由棕红色（碘色）转变成浅黄绿色（碘化钾汞色）为止。将上清液倒入 2L 量筒内，并用蒸馏水洗锥形瓶内沉淀物数次，洗液全部倒入量筒内，再加水至 2L 后混匀。

(2) 应用液：取储存液 150ml 加 10% NaOH 溶液 700ml、蒸馏水 150ml 混匀，放入棕色瓶内静置数日后取上清液使用。此液要求酸碱度适宜。与 1.0mol/L HCl 滴定时，须加入此试剂 11.0~11.5ml，使酚酞指示剂变色为宜，否则须加以纠正。

4. **双缩脲试剂** $CuSO_4 \cdot 5H_2O$ 0.39g、酒石酸钾钠 1.2g 分别溶于 50ml 蒸馏水中，加 2.5mol/L NaOH 60ml、KI 0.2g，混匀后加水至 200ml。

**（四）器材**

玻璃层析柱（1.0cm × 12cm）、圆形尼龙布（直径 1.5cm）、凹孔白瓷板、试管、离心管、烧杯、滴管、螺旋夹等。

### (五) 蛋白粗提取的操作步骤(盐析)

1. 血清 1ml 放入离心管中,加入磷酸盐缓冲液 - 生理盐水(PBS)1ml 混匀,逐滴加入 pH 值为 7.2 的饱和硫酸铵溶液 1ml,边加边摇匀,静置 30min 后,3 000r/min 离心 10min,倾去上清液(上清中主要含清蛋白)。

2. 将离心管中的沉淀用 1ml PBS 搅拌溶解,再逐滴加入 pH 值为 7.2 的饱和硫酸铵溶液 0.5ml,边加边摇匀,静置 30min 后,3 000r/min 离心 10min,倾去上清液(上清中主要含球蛋白)。

### (六) 凝胶层析纯化的操作步骤(脱盐)

1. **装柱** 称取葡聚糖凝胶 $G_{50}$ 1g,放入 100ml 烧杯中,加蒸馏水 50ml,微火煮沸 1h(注意随时补充蒸馏水以免蒸干)。冷却后倾弃上清液,再加入 PBS 10ml,用玻璃棒轻轻搅拌,倾入有尼龙布堵住下口的玻璃层析柱内。于柱下口接一小段胶管,待全部凝胶倾入柱内且液面接近凝胶上表面时,将出口胶管夹紧。为使凝胶表面平坦,可用手指轻轻弹动层析柱,然后小心放松调节夹,使液体缓缓流出,流速为 8~10 滴 /min。同时检查流出液中是否有 $NH_4^+$ 存在,若有则用 PBS 洗至流出液中无 $NH_4^+$ 为止。当液面恰好与凝胶表面重合时,立即将出口胶管夹紧,装柱即结束(液面不得低于凝胶表面,且柱内不得有气泡)。

2. **脱盐** 向装有 γ- 球蛋白的离心管内加入 PBS 10 滴,用玻璃棒搅拌使之溶解。再用乳头吸管吸出 γ- 球蛋白液,加到层析柱内凝胶表面,然后稍打开流出口,使流速为 8~10 滴 /min。待 γ- 球蛋白液全部进入凝胶柱内时,再用乳头吸管小心加入约 1cm 高的 PBS,待大部分液体进入凝胶柱后,再继续加 PBS 直至洗脱完毕(加液时注意不要冲击凝胶表面)。在整个洗脱过程中不能让液面降至凝胶面以下。

3. **收集** 准备 12 支小试管用于收集流出液,从加样后开始,每管收集 1ml。收集 12 管后继续用 PBS 洗至无 $NH_4^+$ 时,停止洗脱,回收凝胶和尼龙布等。

4. **检测** 准备反应板两块。从 12 管收集液中各取 1 滴分别放入反应板的 12 个凹孔内。一块板的各孔内加纳氏试剂 1 滴,有 $NH_4^+$ 者呈黄色至橙色。可用 +、– 号表示有无呈色或颜色深浅。再向另一块板的各孔内加双缩脲试剂 1 滴,有蛋白者呈蓝紫色。亦可用 +、– 号表示有无呈色或颜色深浅。可将呈色最深的一管收集液保留,供醋酸纤维素薄膜电泳,检测本次实验所提 γ- 球蛋白的纯度。

## 第三节 离子交换层析

离子交换层析(ion exchange chromatography,IEC)是以离子交换剂为固定相,依据流动相中的组分离子与交换剂上的平衡离子进行可逆交换时的结合力大小的差别而进行分离的一种层析方法。1848 年,Thompson 等人在研究土壤碱性物质交换过程中发现了离子交换现象。20 世纪 40 年代,具有稳定交换特性的聚苯乙烯离子交换树脂出现了。20 世纪 50 年代,离子交换层析进入生物化学领域,应用于氨基酸的分析。目前离子交换层析仍是生物化学领域中常用的一种层析方法,广泛应用于各种生化物质如氨基酸、蛋白、糖类、核苷酸等的分离纯化。

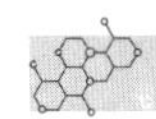

## 一、离子交换层析的基本原理

### （一）基本原理

离子交换层析是依据各种离子或离子化合物与离子交换剂的结合力不同而进行分离纯化的一种方法。离子交换层析的固定相是离子交换剂，它是由一类不溶于水的惰性高分子聚合物基质通过一定的化学反应共价结合上某种电荷基团形成的。离子交换剂可以分为三部分：高分子聚合物基质、电荷基团和平衡离子。电荷基团与高分子聚合物共价结合，形成一个带电的可进行离子交换的基团。平衡离子是结合于电荷基团上的相反离子，它能与溶液中其他的离子基团发生可逆的交换反应。平衡离子带正电的离子交换剂能与带正电的离子基团发生交换作用，称为阳离子交换剂；平衡离子带负电的离子交换剂与带负电的离子基团发生交换作用，称为阴离子交换剂。在一定条件下，溶液中的某种离子基团可以把平衡离子置换出来，并通过电荷基团结合到固定相上，而平衡离子则进入流动相，这就是离子交换层析的基本置换反应。在不同条件下进行多次置换反应，就可以对溶液中不同的离子基团进行分离（图 10-5）。

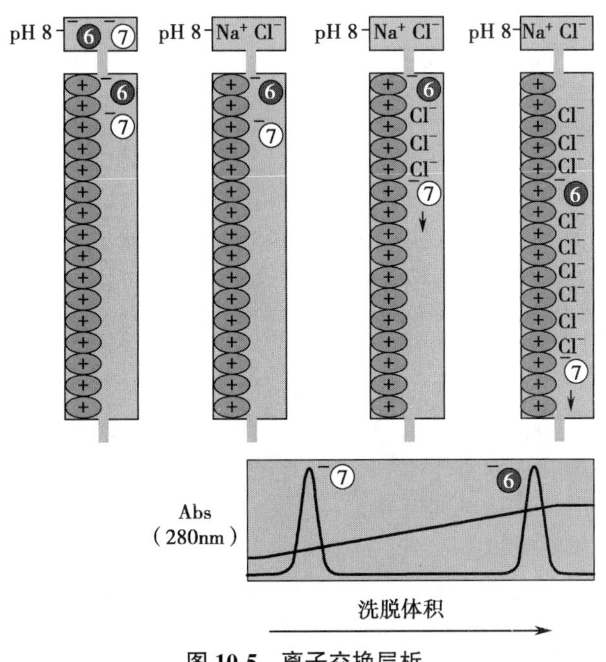


**图 10-5　离子交换层析**

各种离子与离子交换剂上的电荷基团的结合是由静电力产生的，是一个可逆的过程。结合的强度与很多因素有关，包括离子交换剂的性质、离子本身的性质、离子强度、pH 值、温度、溶剂组成等。离子交换层析就是利用各种离子本身与离子交换剂结合力的差异，并通过改变离子强度、pH 值等条件改变各种离子与离子交换剂的结合力而达到分离的目的。离子交换剂的电荷基团对不同的离子有不同的结合力。

蛋白质等生物大分子通常呈两性，它们与离子交换剂的结合与它们的性质及 pH 值有较大关系，蛋白质的等电点是进行离子交换层析的基础。以阴离子交换剂为例简单介绍蛋白质离子交换层析的基本分离过程：蛋白质进入阴离子交换柱后，与离子交换树脂无亲和力的蛋白质随流动相流出而被洗脱，余下的蛋白质均结合在树脂上，但各种蛋白质与树脂的亲和力各不相同，可逐渐增加洗脱液中 NaCl 的浓度，随着洗脱液离子强度的增加，洗脱液中的离子可以逐步与结合在离子交换剂上的各种负电蛋白质进行交换，而将各种蛋白质置换出来，随洗脱液流出。与离子交换剂结合力小的蛋白质先被置换出来，而与离子交换剂结合力强的需要较高的离子强度才能被置换出来，这样各种蛋白质就会按其与离子交换剂结合力从小到大的顺序逐步被洗脱下来，从而达到分离目的。

### （二）离子交换剂的种类和性质

离子交换剂的大分子聚合物基质可以由多种材料制成，如聚苯乙烯树脂、纤维素（cellulose）、球状纤维素（sephacel）、葡聚糖（Sephadex）、琼脂糖（Sepharose）等。根据与基质共价结合的电荷基团的性质，可以将离子交换剂分为阳离子交换剂和阴离子交换剂（表 10-5）。

**表 10-5 常见离子交换剂**

| 类型 | | 名称 | 功能基团 |
|---|---|---|---|
| 阳离子交换树脂 | 强酸型 | Dowex 50<br>国产强酸 1 × 7（732）<br>IR-120Zerolit 225 | 硫酸基，$—SO_3^-$ |
| | 弱酸型 | IRC-150Zerolit 226<br>国产弱酸 101 × 128（724） | 羟基，$—COO^-$ |
| 阴离子交换树脂 | 强碱型 | Dowex 1 Dowex 2<br>国产 201 × 7（713）<br>国产 201 × 4（714）<br>Zerolit FF<br>IRA-400 | 季胺基，$—N^+R_3$ |
| | 弱碱型 | IR-45<br>Dowex 3<br>国产弱碱 301（701）<br>Zerolit | 伯胺基，$—N^+H_3$<br>伯胺基，$—N^+H_2R$<br>伯胺基，$—N^+HR_2$ |
| 阳离子交换纤维素 | 强酸型 | 磷酸纤维素（P）<br>磺甲基纤维素（SM）<br>磺乙基纤维素（SE） | 磷酸基，$—O—PO_3^-$<br>磺甲基，$—O—CH_2—SO_3^-$<br>磺乙基，$—O—CH_2—CH_2—SO_3^-$ |
| | 弱酸型 | 羧甲基纤维素（CM） | 羧甲基，$—O—CH_2—COO^-$ |
| 阴离子交换纤维素 | 强碱型 | 三乙基氨基乙基纤维素（TEAE） | 三乙基氨基乙基，<br>$—O—CH_2—CH_2—N^+—(CH_2CH_3)_3$ |
| | 弱碱型 | 二乙基氨基乙基纤维素（DEAE）<br>氨基乙基纤维素（AE）<br>三羟乙基氨基纤维素（ECTEOLA） | 二乙基氨基乙基，<br>$—O—CH_2—CH_2—N^+H—(CH_2CH_3)_2$<br>氨基乙基，$—O—CH_2—CH_2—N^+H_3$<br>三羟乙基氨基，$—N^+—(CH_2CH_2OH)_3$ |

续表

| 类型 | | 名称 | 功能基团 |
|---|---|---|---|
| 阳离子交换葡聚糖凝胶 | 强酸型 | SE- 葡聚糖凝胶 G25<br>SE- 葡聚糖凝胶 G50<br>SP- 葡聚糖凝胶 G25<br>SP- 葡聚糖凝胶 G50 | 磺乙基，$—O—CH_2—CH_2SO_3^-$<br>磺丙基，$—CH_2SO_3^-$ |
| | 弱酸型 | CM- 葡聚糖凝胶 G25<br>CM- 葡聚糖凝胶 G50 | 羧甲基，$—O—CH_2—COO^-$ |
| 阴离子交换葡聚糖凝胶 | 强碱型 | QAE- 葡聚糖凝胶 A25<br>QAE- 葡聚糖凝胶 A50 | 二乙基(α- 羟丙基)氨基乙基 |
| | 弱碱型 | DEAE- 葡聚糖凝胶 A25<br>DEAE- 葡聚糖凝胶 A50 | 二乙基氨基乙基，<br>$—O—CH_2—CH_2—N^+H—(CH_2CH_3)_2$ |

交换容量是指离子交换剂能提供交换离子的量，它反映离子交换剂与溶液中离子进行交换的能力。通常所说的离子交换剂的交换容量是指离子交换剂所能提供交换离子的总量，又称为总交换容量，它只和离子交换剂本身的性质有关。在实际实验中关心的是层析柱与样品中各个待分离组分进行交换时的交换容量，它不仅与所用的离子交换剂有关，还与实验条件有很大的关系，一般又称为有效交换容量。影响交换容量的因素很多，主要可以分为两个方面：①离子交换剂颗粒大小、颗粒内孔隙大小以及所分离的样品组分的大小等；②其他影响因素如实验中的离子强度、pH 值等，主要影响样品组分和离子交换剂的带电性质。

### （三）离子交换树脂的选择

离子交换剂的种类很多，离子交换层析要取得较好的效果首先要选择合适的离子交换剂。

首先是对离子交换剂电荷基团的选择，是选择阳离子交换剂还是阴离子交换剂。这要取决于被分离的物质在其稳定的 pH 值下所带的电荷，如果带正电，则选择阳离子交换剂，如果带负电，则选择阴离子交换剂。例如待分离的蛋白等电点为 4，稳定的 pH 值范围为 6~9，由于这时蛋白带负电荷，故应选择阴离子交换剂进行分离。

其次是对离子交换剂基质的选择。聚苯乙烯离子交换剂等疏水性较强的离子交换剂一般常用于分离小分子物质，如无机离子、氨基酸、核苷酸等。而纤维素、葡聚糖、琼脂糖等离子交换剂亲水性较强，适用于分离蛋白质等大分子物质。纤维素离子交换剂价格较低，但分辨率和稳定性都较低，适用于初步分离和大量制备。葡聚糖离子交换剂的分辨率和价格适中，但受外界影响较大，体积可能随离子强度和 pH 值的变化有较大改变，影响分辨率。琼脂糖离子交换剂机械稳定性较好，分辨率也较高，但价格较贵。

最后是对离子交换剂颗粒大小的选择。离子交换剂的颗粒一般呈球形，颗粒的大小通常以目数（mesh）或者颗粒直径（m）来表示，目数越大表示直径越小。一般来说颗粒小，分辨率高，但平衡离子的平衡时间长，流速慢；颗粒大则相反。所以大颗粒的离子交换剂适用于对分辨率要求不高的大规模制备性分离，而小颗粒的离子交换剂适用于需要高分辨率的分析或分离。

## 二、离子交换层析的基本操作

### （一）离子交换树脂的预处理

干粉状的离子交换剂首先要进行膨化，将干粉树脂在大约十倍体积的样品缓冲溶液中浸泡（1g 树脂用 10ml 缓冲液），煮沸 1h 以上或浸泡若干小时到若干天，然后用水悬浮，去除杂质和细小颗粒。

需要注意以下几点：①不要让缓冲液被煮干；②在溶胀过程中要搅拌几次；③更换几次样品缓冲液，使树脂内的成分与样品缓冲液成分差别不大；④不要使用搅拌子。

### （二）柱的选择与装柱

离子交换层析要根据分离的样品量选择合适的层析柱，离子交换用的层析柱一般粗而短，不宜过长。直径和柱长比一般为 1∶10 到 1∶50 之间，层析柱安装要垂直。装柱时要均匀平整，不能有气泡。

### （三）平衡缓冲液

离子交换层析的基本反应过程就是离子交换剂平衡离子与待分离物质、缓冲液中离子间的交换，所以在离子交换层析中平衡缓冲液和洗脱缓冲液的离子强度和 pH 值的选择对于分离效果有很大的影响。平衡缓冲液是指装柱后及上样后用于平衡离子交换柱的缓冲液。平衡缓冲液的离子强度和 pH 值的选择首先要保证各个待分离物质如蛋白质的稳定，其次是要使各个待分离物质与离子交换剂有适当的结合，并尽量使待分离样品和杂质与离子交换剂的结合有较大的差别。平衡缓冲液中不能有与离子交换剂结合力强的离子，否则会大大降低交换容量，影响分离效果。选择合适的平衡缓冲液，可以去除大量的杂质，并使得后面的洗脱有很好的效果。

### （四）上样

离子交换层析上样时，应注意样品液的离子强度和 pH 值，上样量也不宜过大，一般以柱床体积的 1%~5% 为宜，以使样品能吸附在层析柱的上层，得到较好的分离效果。

### （五）洗脱缓冲液

在离子交换层析中一般常用梯度洗脱，通常有改变离子强度和改变 pH 值两种方式。改变离子强度通常是在洗脱过程中逐步增大离子强度，从而使与离子交换剂结合的各个组分被洗脱下来；而改变 pH 值的洗脱，对于阳离子交换剂一般是 pH 值从低到高进行洗脱，阴离子交换剂一般是 pH 值从高到低。由于 pH 值可能对蛋白的稳定性有较大的影响，故通常采用改变离子强度的梯度洗脱。洗脱液的选择首先也要保证在整个洗脱液梯度范围内，所有待分离组分都是稳定的；其次要使结合在离子交换剂上的所有待分离组分在洗脱液梯度范围内都能够被洗脱下来；另外可以使梯度范围尽量小一些，以提高分辨率。

### （六）洗脱速度

洗脱液的流速也会影响离子交换层析的分离效果，洗脱速度通常要保持恒定。一般来说洗脱速度慢比速度快的分辨率要好，但洗脱速度过慢会造成分离时间长、样品扩散、色谱峰变宽、分辨率降低等副作用，所以要根据实际情况选择合适的洗脱速度。如果洗脱峰相对集中在某个区域，造成重叠，则应适当缩小梯度范围或降低洗脱速度来提高分辨率；如果分辨率较好，但洗脱峰过宽，则可适当提高洗脱速度。

### （七）样品的浓缩、脱盐

离子交换层析得到的样品往往盐浓度较高，而且体积较大，样品浓度较低。所以一般离子交换层析得到的样品要进行浓缩、脱盐处理。

### （八）离子交换树脂的再生与储存

离子交换剂的再生是指对使用过的离子交换剂进行处理，使其恢复原来性状的过程。高浓度的 NaCl 溶液（1~2mol/L）可使大部分树脂再生，油脂等少数与树脂紧密结合的物质可采用低浓度酸碱交替浸泡的处理方法除去或用去垢剂洗去。

离子交换剂的转型是指离子交换剂由一种平衡离子转为另一种平衡离子的过程，如对阴离子交换剂用 HCl 处理可将其转为 Cl 型，用 NaOH 处理可将其转为 OH 型，用甲酸钠处理可将其转为甲酸型等等。离子交换剂的再生和转型的目的是一致的，都是为了使离子交换剂带上所需的平衡离子。

离子交换剂保存时，应首先洗净蛋白等杂质，并加入适当的防腐剂，一般加入 0.02% 叠氮钠，4℃下保存。

## 三、离子交换层析的应用

### （一）水处理

离子交换层析是一种简单而有效的去除水中的杂质及各种离子的方法，聚苯乙烯树脂被广泛应用于高纯水的制备、硬水软化以及污水处理等方面。纯水的制备可以用蒸馏的方法，但要消耗大量的能源，而且制备量小、速度慢，也得不到高纯度水。用离子交换层析的方法可以大量、快速制备高纯水。一般是将水依次通过 H 型强阳离子交换剂，去除各种阳离子及阳离子交换剂吸附的杂质；再通过 OH 型强阴离子交换剂，去除各种阴离子及阴离子交换剂吸附的杂质，即可得到纯水。再通过弱型阳离子和阴离子交换剂进一步纯化，就可以得到纯度较高的纯水。离子交换剂使用一段时间后可以通过再生处理重复使用。

### （二）分离纯化小分子物质

离子交换层析也广泛应用于无机离子、有机酸、核苷酸、氨基酸、抗生素等小分子物质的分离纯化。例如对氨基酸的分析，可使用强酸性阳离子聚苯乙烯树脂，将氨基酸混合液在 pH 值为 2~3 时上柱，这时氨基酸都结合在树脂上，再逐步提高洗脱液的离子强度和 pH 值，这样各种氨基酸将以不同的速度被洗脱下来，可以进行分离鉴定，目前已有全部自动的氨基酸分析仪。

### （三）分离纯化生物大分子物质

离子交换层析是依据物质的带电性质的不同来进行分离纯化的，是分离纯化蛋白质等生物大分子的一种重要手段。由于生物样品中蛋白的复杂性，一般很难只经过一次离子交换层析就达到高纯度，往往要与其他分离方法配合使用。使用离子交换层析分离样品时，要充分利用其按物质带电性质不同来分离的特性，只要选择合适的条件，通过离子交换层析就可以得到较满意的分离效果。

## 四、离子交换层析法分离血清蛋白质的实验方案

### （一）基本原理

DEAE 纤维素是阴离子交换剂，在 pH 值为 8 的溶液中，血清蛋白皆解离为阴离子，可交

换结合到 DEAE 纤维素离子交换层析柱上，然后用梯度洗脱法（参看第一章），即逐步改变洗脱液的 pH 值与离子强度使 DEAE 纤维素与蛋白质的亲和力降低，可使不同蛋白质按其亲合力的大小不同分步洗脱下来，从而达到分离提纯的目的。

**（二）材料**

血清蛋白、DEAE 纤维素 -22。

**（三）试剂**

0.5mol/L HCl、0.5mol/L NaOH、0.01mol/L $Na_2HPO_4$、0.5mol/L $NaH_2PO_4$。

**（四）器材**

751 型分光光度计、层析柱（1cm × 25cm）、梯度发生器、磁力搅拌器、量筒、漏斗、烧杯、试管、移液管、乳头吸管、玻璃棒、尼龙布、螺旋夹。

**（五）实验步骤**

1. 称取 DEAE 纤维素 -22 2.5g，倾洒在盛有 40ml 0.5mol/L HCl 的烧杯中。用玻璃棒轻轻搅拌，使纤维素粉下沉，浸泡 30min。加蒸馏水 60ml，用玻璃棒搅拌，静置 10min。倾弃上层液体。重复加水搅拌，静置，弃上清，重复上述步骤 1~2 次。使上层液体没有细的混悬物，然后倾入有 100 目尼龙滤布的漏斗中。用蒸馏水充分洗涤，直到流出液的 pH 值 ≥ 4（用 pH 试纸检查）。将纤维素放到 250ml 的烧杯中，加 0.5mol/L NaOH 40ml 浸泡 30min 后，倾弃上清。加蒸馏水 100ml 搅拌，然后倾入有 100 目尼龙滤布的漏斗中。用蒸馏水充分洗涤，直到流出液的 pH 值 ≤ 8，滤去水分。

2. 将上述纤维素放到 250ml 的烧杯中，加入 0.01mol/L $Na_2HPO_4$ 100ml 浸泡并搅拌。静置 10min 后倾弃上层液体，再加入 0.01mol/L $Na_2HPO_4$ 100ml 浸泡并搅拌。必要时重复操作到溶液 pH 值为 8。

3. **装柱** 在层析柱底部安上带有小圆尼龙布和细玻璃管的胶塞。细玻璃管下端出口套上细胶管，用螺旋夹扭紧。把层析柱夹在铁支架上，使柱竖直放好。柱中加数毫升 0.01mol/L $Na_2HPO_4$ 溶液。然后打开出口，排出气泡。待柱中液体只剩约 1cm 高时关闭出口。

4. 将处理好的 DEAE 纤维素混悬液用乳头吸管加入层析柱内，拧松下口螺旋夹，使液体流出。注意不要带入气泡。如悬液过浓，可加 0.01mol/L $Na_2HPO_4$ 溶液，适当稀释。将 DEAE 纤维素悬液均匀加到柱内，并注意保持表面平整。纤维素全加到柱内后待液面接近纤维素上界面（床面）时，关闭出口。

5. **安装梯度发生器** 把梯度发生器两筒间及出口胶管处的螺旋夹都拧紧。向有出口的一侧筒内加入 0.01mol/L $Na_2HPO_4$ 40ml，另一侧加 0.5mol/L $NaH_2PO_4$ 40ml。把此梯度发生器放到磁力搅拌器上，搅拌子放在出口侧的盛液筒中。此磁力搅拌器放在比层析柱高 30~50cm 处，使梯度发生器出口细胶管内充满液体。排出气泡，拧紧该螺旋夹，将细胶管下端连到层析柱上端胶塞上的连接管上。

6. **加样** 打开层析柱的上口，拧紧出口螺旋夹，待液面恰好到床顶表面时关闭出口。用吸管吸取血清 0.2ml 缓慢加入（不要搅动床面）。打开下口，让液体缓慢流出，流速调为 5~10 滴 /min。到全部血清恰好流入纤维素界面时，立即小心地加入 0.01mol/L $Na_2HPO_4$ 溶液 0.5ml。到液面接近纤维素界面时，拧紧下口胶管的螺旋夹，并把胶管连接到收集管上。

7. **洗脱** 拧松梯度发生器的两个盛液筒间的螺旋夹，开动磁力搅拌器，搅拌速度不宜

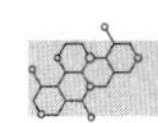

过快，以免空气卷入液内。将连接梯度发生器出口的细胶管连接到管上，使液体流入层析管内。拧松层析柱下端胶管的螺旋夹，流速控制为约 15 滴 /min，使洗脱液滴入收集管内，每管收集到约 3ml 时，换管。收集完为止。

8. **检测**　用紫外分光光度计测读各管的光密度值（波长为 280nm），以 0.01mol/L $Na_2HPO_4$ 溶液作空白管。光密度值作为纵坐标，管号为横坐标，用方格坐标纸绘出血清蛋白层析图谱，观察并判断结果。第 1 及第 2 号吸收高峰的溶液分别保留于试管内，标明光密度值，保存于冰箱中，以供下次实验用。

# 第四节　亲 和 层 析

亲和层析是利用生物分子间专一的亲和力而进行分离的一种层析技术，这种层析由于待分离物质能和固定相进行特异性结合，所以分离提纯的效率极高，提纯度可达几千倍，是当前最为理想的提纯方法。

## 一、亲和层析的基本原理

人们很早就认识到许多物质都具有和某种化合物发生特异性可逆结合的特性，例如酶与辅酶或酶与底物（产物或竞争性抑制剂等），抗原与抗体，凝集素与受体，维生素与结合蛋白，凝集素与多糖（或糖蛋白、细胞表面受体），核酸与互补链（或组蛋白、核酸多聚酶、结合蛋白）以及细胞与细胞表面特异蛋白（或凝集素）等，它们之间都能够专一而可逆地结合，这种结合力就称为亲和力。亲和层析的分离原理简单地说，就是将具有亲和力的两个分子中的一个固定在不溶性基质上，利用分子间亲和力的特异性和可逆性，对另一个分子进行分离纯化。被固定在基质上的分子称为配体，配体和基质是共价结合的，构成亲和层析的固定相，称为亲和吸附剂。亲和层析时首先选择与待分离的生物大分子有亲和力的物质作为配体，例如分离酶可以选择其底物类似物或竞争性抑制剂作为配体，分离抗体可以选择抗原作为配体等，并将配体共价结合在适当的不溶性基质上，如常用的 Sepharose-4B 等。将制备的亲和吸附剂装柱平衡，当样品溶液通过亲和层析柱的时候，待分离的生物分子就与配体发生特异性的结合，从而留在固定相上，而其他杂质不能与配体结合，仍在流动相中，并随洗脱液流出，这样层析柱中就只有待分离的生物分子。使用适当的洗脱液将其从配体上洗脱下来，就得到了纯化的待分离物质（图 10-6）。

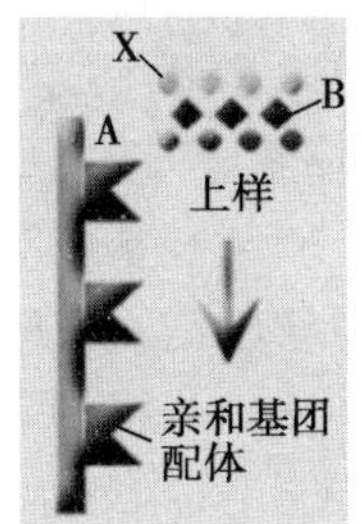


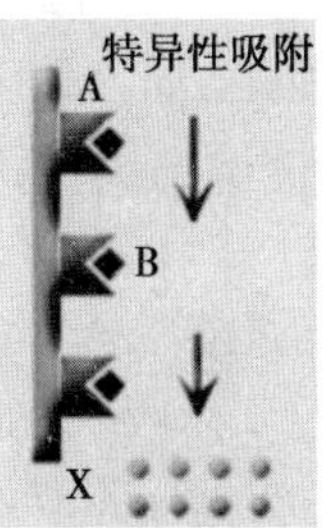


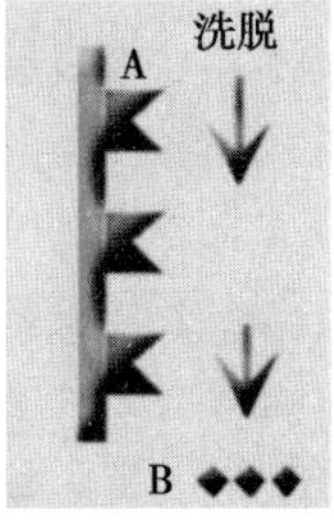


**图 10-6　亲和层析原理示意图**

常见的一些层析方法如吸附层析、凝胶过滤层析、离子交换层析等，都是利用各种分子间的理化特性的差异，如分子的吸附性质、分子大小、分子的带电性质等进行分离。由于很多生物大分子之间的这种差异较小，所以这些方法的分辨率往往不高，要分离纯化一种物质通常需要多种方法结合使用，这不仅使分离需要较多的操作步骤、较长的时间，而且会使待分离物的回收率降低，也会影响待分离物质的活性。亲和层析是利用生物分子所具有的特异的生物学性质——亲和力来进行分离纯化的。由于亲和力具有高度的专一性，亲和层析的分辨率很高，是分离生物大分子的一种理想的层析方法。亲和层析还可以从大量污染的物质中提纯少量所需成分以及从极度稀薄的液体中浓缩其溶质。

## 二、亲和层析的载体

### （一）载体的选择

使配体固相化的不溶性化合物称为载体。用于亲和层析的理想载体应该具备下述特性：①具有较好的物理化学稳定性，在与配体偶联、层析的过程中，在配体与待分离物结合以及洗脱时的 pH 值、离子强度等条件下，基质的性质都没有明显的改变；②能够和配体稳定结合，亲和层析的基质应具有较多的化学活性基团，通过一定的化学处理能够与配体稳定地共价结合，并且结合后不改变基质和配体的基本性质；③基质的结构应是均匀的多孔网状结构，以使被分离的生物分子能够均匀、稳定地通过，并充分与配体结合，基质的孔径过小会增加基质的排阻效应，使被分离物与配体结合的概率下降，降低亲和层析的吸附容量，所以一般来说，多选择较大孔径的基质，以使待分离物有充分的空间与配体结合；④基质本身与样品中的各个组分均没有明显的非特异性吸附，不影响配体与待分离物的结合，基质应具有较好的亲水性，以使生物分子易于靠近并与配体作用；⑤有良好的机械性能，利于控制层析速度，最好是均一的珠状颗粒。

选择并制备合适的亲和吸附剂是亲和层析的关键步骤之一，包括基质和配体的选择、基质的活化、配体与基质的偶联等。聚丙烯酰胺凝胶颗粒、葡聚糖凝胶颗粒以及琼脂糖凝胶颗粒都可以选用，其中以琼脂糖凝胶（Sephadex 4B）颗粒应用最广泛。亲和层析的关键是设法选择合适的配体并将此配体与载体连接起来，形成稳定的共价键，这需要在实际工作中根据需要加以选择和实验。

### （二）载体的活化

载体的活化是指通过对载体进行一定的化学处理，使基质表面上的一些化学基团转变为易于和特定配体结合的活性基团。配体和载体的偶联，通常首先要进行基质的活化。

**1. 琼脂糖的活化** 琼脂糖通常含有大量的羟基，通过一定的处理可以引入各种适宜的活性基团。琼脂糖的活化方法很多，溴化氰活化法是最常用的活化方法之一，活化过程主要是生成亚胺碳酸活性基团，它可以和伯胺基团（$—NH_2$）反应，主要生成异脲衍生物；环氧乙烷基也可以活化琼脂糖，用这类方法活化后的基质都含有环氧乙烷基，如在含有 $NaBH_4$ 的碱性条件下，1，4- 丁二醇二缩水甘油醚的一个环氧乙烷基可以与羟基反应，而将另一个环氧乙烷基结合在基质上。另外还有很多种活化方法，如 N- 羟基琥珀酰亚胺活化、三嗪（triazine）活化、高碘酸盐（periodate）活化、羰基二咪唑（carbonyl diimidazole）活化、2，4，6- 三氟 -5- 氯吡啶活化、乙二酸酰肼（adipic acid dihydrazide）活化、二乙烯基砜（divinyl sulfone）活化等。总之，目前对基质的活化方法很多，各有其特点，应根据实际需要选择适当的活化方法。

2. **聚丙烯酰胺的活化**　聚丙烯酰胺凝胶有大量的甲酰胺基，可以通过对甲酰胺基的修饰而对聚丙烯酰胺凝胶进行活化。一般有以下三种方式：氨乙基化作用、肼解作用和碱解作用。另外在偶联蛋白质配体时，通常会使用戊二醛活化聚丙烯酰胺凝胶。

3. **多孔玻璃珠的活化**　多孔玻璃珠等无机凝胶的活化通常采用硅烷化试剂与玻璃反应，生成烷基胺玻璃，在多孔玻璃上引进氨基，再通过这些氨基进一步反应引入活性基团，与适当的配体偶联。

## 三、亲和层析的间隔臂分子

在亲和层析中，由于配体结合在基质上，它在与待分离的生物大分子结合时，很大程度上要受到载体和待分离的生物大分子间的空间位阻效应的影响。尤其是当配体较小或待分离的生物大分子较大时，直接结合在载体上的小分子配体非常靠近载体，而待分离的生物大分子由于载体的空间障碍，与配体结合的部位无法接近配体，影响了待分离的生物大分子与配体的结合，造成吸附量的降低。解决这一问题的方法通常是在配体和载体之间引入适当长度的“间隔臂”，即加入一段有机分子，使载体上的配体离开基质的骨架向外扩展伸长，这样就可以减少空间位阻效应，大大增加配体对待分离的生物大分子的吸附效率。

引入间隔臂分子常用的方法是将适当长度的氨基化合物 $NH_2(CH_2)_nR$ 共价结合到活化的载体上，R 通常是氨基或羧基，n 一般为 2~12。另外也可以通过进一步活化处理，生成 N-羟基琥珀酰亚胺酯、环氧基等活性基团直接与各种配体偶联。引入间隔臂的载体与配体结合时，配体就可以离开载体一定的空间，从而可以减少空间位阻效应，使配体易于与待分离物质结合。

## 四、亲和层析的配体

亲和层析是利用配体和待分离物质的亲和力而进行分离纯化的，所以选择合适的配体对于亲和层析的分离效果是非常重要的。理想的配体应具有以下性质。

1. 配体与待分离的物质有适当的亲和力。亲和力太弱，待分离物质不易与配体结合，亲和层析的吸附效率会很低，而且吸附洗脱过程中易受非特异性吸附的影响，引起分辨率下降。但如果亲和力太强，待分离物质很难与配体分离，这又会造成洗脱的困难。

2. 配体与待分离的物质之间的亲和力要有较强的特异性，也就是说配体与待分离物质有适当的亲和力，而与样品中其他组分没有明显的亲和力，对其他组分没有非特异性吸附作用。这是保证亲和层析具有高分辨率的重要因素。

3. 配体能够与基质稳定地共价结合，在实验过程中不易脱落，并且配体与基质偶联后，对其结构没有明显改变，尤其是偶联过程不涉及配体中与待分离物质有亲和力的部分，对二者的结合没有明显影响。

4. 配体自身应具有较好的稳定性，在实验中能够耐受偶联以及洗脱时可能的较剧烈的条件，可以多次重复使用。

配体可以分为两类：特异性配体（specific ligand）和通用性配体（general ligand）。特异性配体一般是指只与单一或很少种类的蛋白质等生物大分子结合的配体，如生物素和亲和素、抗原和抗体、酶和它的抑制剂、激素和受体等；通用性配体一般是指特异性不是很强，能和某一类的蛋白质等生物大分子结合的配体，如各种凝集素（lectin）可以结合各种糖蛋白，

DNA 可以结合 RNA，RNA 可以结合蛋白质等。通用性配体对生物大分子的专一性虽然不如特异性配体，但通过选择合适的洗脱条件，也可以得到很高的分辨率，而且这些配体还具有结构稳定、偶联率高、吸附容量高、易于洗脱、价格便宜等优点，所以在实验中得到了广泛的应用。

## 五、亲和层析的基本操作及注意事项

### (一) 上样

亲和层析柱一般很短，通常为 10cm 左右。上样时应注意选择适当的条件，包括上样流速、缓冲液种类、pH 值、离子强度、温度等，以使待分离的物质能够充分结合在亲和吸附剂上。

一般生物大分子和配体之间达到平衡的速度很慢，所以样品液的浓度不宜过高，上样时的流速应比较慢，以保证样品和亲和吸附剂有充分的接触时间进行吸附。当配体和待分离的生物大分子的亲和力比较小或样品浓度较高，杂质较多时，可以在上样后停止流动，让样品在层析柱中反应一段时间。样品缓冲液的选择也要使待分离的生物大分子与配体有较强的亲和力，样品缓冲液中一般有一定的离子强度，以减小基质、配体与样品其他组分之间的非特异性吸附。生物分子间的亲和力是受温度影响的，通常亲和力随温度的升高而下降，所以在上样时可以选择适当较低的温度，使待分离的物质与配体有较大的亲和力，能够充分地结合。上样后用平衡洗脱液洗去未吸附在亲和吸附剂上的杂质，平衡洗脱液的流速可以快一些，但应注意，平衡洗脱液不应对待分离物质与配体的结合有明显影响，以免将待分离物质同时洗下。

### (二) 洗脱

亲和层析的另一个重要的步骤就是选择合适的条件使待分离物质与配体分开而被洗脱出来。亲和层析的洗脱方法可以分为两种：特异性洗脱和非特异性洗脱。

特异性洗脱是指利用洗脱液中的物质与待分离物质或与配体的亲和特性而将待分离物质从亲和吸附剂上洗脱下来。特异性洗脱也可以分为两种：一种是选择与配体有亲和力的物质进行洗脱，另一种是选择与待分离物质有亲和力的物质进行洗脱。前者在洗脱时，选择一种和配体亲和力较强的物质加入洗脱液，这种物质会与待分离物质竞争对配体的结合，在适当的条件下，如这种物质与配体的亲和力较强或浓度较大，配体就会基本被这种物质占据，原来与配体结合的待分离物质被取代而脱离配体，从而被洗脱下来。特异性洗脱方法的优点是特异性强，可以进一步消除非特异性吸附的影响，从而得到较高的分辨率。另外，对于待分离物质与配体亲和力很强的情况，使用非特异性洗脱方法需要较强烈的洗脱条件，很可能使蛋白质等生物大分子变性，有时甚至只有使待分离的生物大分子变性才能够将其洗脱下来，使用特异性洗脱则可以避免这种情况。

非特异性洗脱是指通过改变洗脱缓冲液的 pH 值、离子强度、温度等条件，降低待分离物质与配体的亲和力而将待分离物质洗脱下来。当待分离物质与配体的亲和力较小时，一般通过连续大体积平衡缓冲液的冲洗，就可以在杂质之后将待分离物质洗脱下来，这种洗脱方式简单，条件温和，不会影响待分离物质的活性，但洗脱体积一般比较大，得到的待分离物质浓度较低。如果希望得到较高浓度的待分离物质，可以选择酸性或碱性洗脱液，或较高的离子强度一次快速洗脱，这样在较小的洗脱体积内就能将待分离物质洗脱出来。但选择洗脱液的 pH 值、离子强度时，应注意尽量不影响待分离物质的活性，而且洗脱后应注意中和酸

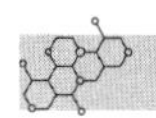

碱，透析去除离子，以免待分离物质丧失活性。待分离物质与配体结合非常牢固时，可以使用较强的酸、碱或在洗脱液中加入脲、胍等变性剂，使蛋白质等待分离物质变性，而从配体上解离出来，然后再通过适当的方法使待分离物质恢复活性。

# 第五节　高效液相色谱法

HPLC 是继气相色谱之后，20 世纪 70 年代初期发展起来的一种以液体做流动相的新色谱技术。高效液相色谱是在气相色谱和经典色谱的基础上发展起来的，基本概念和分离理论与经典的液相色谱法及气相色谱法一致。高效液相色谱法引用了气相色谱的理论，流动相改为高压输送（最高输送压力可达 $4.9 \times 10^7$Pa），色谱柱是以特殊的方法用小粒径的填料填充而成的，从而使柱效大大高于经典液相色谱（每米塔板数可达几万或几十万）；同时柱后连有灵敏度高的检测器，可对流出物进行连续检测。因此，高效液相色谱具有分析速度快、分离效能高、自动化等特点。

## 一、高效液相色谱法的基本原理

### （一）液相色谱分离原理及特点

和气相色谱一样，液相色谱分离系统也由两相——固定相和流动相组成。液相色谱的固定相可以是吸附剂、化学键合固定相（或在惰性载体表面涂上一层液膜）、离子交换树脂或多孔性凝胶，流动相是各种溶剂。被分离混合物由流动相液体推动进入色谱柱，根据各组分在固定相及流动相中的吸附能力、分配系数、离子交换作用或分子尺寸大小的差异进行分离。色谱分离的实质是样品分子（以下称溶质）与溶剂（流动相或洗脱液）以及固定相分子间的作用，作用力的大小决定色谱过程的保留行为。

液相色谱与气相色谱的差异主要有以下几方面。

1. 应用范围不同，气相色谱仅能分析在操作温度下能气化而不分解的物质，对高沸点化合物、非挥发性物质、热不稳定化合物、离子型化合物及高聚物的分离、分析较为困难，致使其应用受到一定程度的限制，据统计只有大约 20% 的有机物能用气相色谱分析；而液相色谱则不受样品挥发度和热稳定性的限制，它非常适合分子量较大、难气化、不易挥发或对热敏感的物质、离子型化合物及高聚物的分离分析，有 70%~80% 的有机物能用液相色谱分析。

2. 液相色谱能完成难度较高的分离工作，在液相色谱中，流动相液体也与固定相争夺样品分子，为提高选择性增加了一个因素，也可选用不同比例的两种或两种以上的液体作流动相，增大分离的选择性。液相色谱的固定相类型多，如离子交换色谱和排阻色谱等，进行分析时选择余地大。液相色谱通常在室温下操作，较低的温度一般有利于色谱分离条件的选择。

3. 由于液体的扩散性比气体小，因此溶质在液相中的传质速率慢，柱外效应就显得特别重要，而在气相色谱中，柱外区域扩张可以忽略不计。

4. 液相色谱制备样品简单，回收样品也比较容易，而且回收是定量的，适用于大量制备。

### （二）高效液相色谱仪

高效液相色谱仪由高压输液系统、进样系统、分离系统、检测系统、记录系统五大部分组成（图 10-7）。

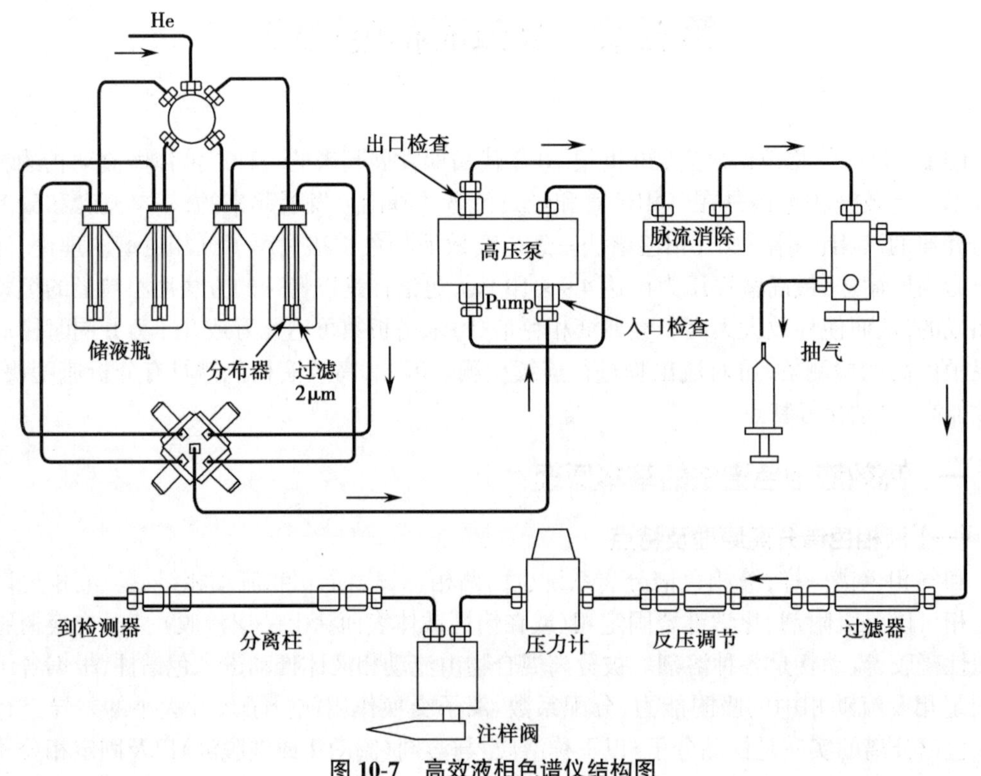


图 10-7 高效液相色谱仪结构图

1. **高压输液系统** 由溶剂贮存器、高压泵、梯度洗脱装置和压力表等组成。高压输液泵是高效液相色谱仪中的关键部件之一，其功能是将溶剂贮存器中的流动相以高压形式连续不断地送入液路系统，使样品在色谱柱中完成分离过程。由于液相色谱仪所用的色谱柱直径较细，所填的固定相粒度很小，因此对流动相的阻力较大，为了使流动相能较快地流过色谱柱，就需要用高压泵注入流动相。对泵的要求是输出压力高，流量范围大，流量恒定，无脉动，流量精度和重复性为 0.5% 左右。此外，高压泵还应耐腐蚀，密封性好。梯度洗脱装置分为两类：一类是外梯度装置（又称低压梯度），流动相在常温常压下混合，用高压泵压至柱系统，仅需一台泵即可；另一类是内梯度装置（又称高压梯度），将两种溶剂分别用泵增压后，按电器部件设置的程序，注入梯度混合室混合，再输至柱系统。梯度洗脱的实质是通过不断地变化流动相的强度，来调整混合样品中各组分的 k 值，使所有谱带都以最佳平均 k 值通过色谱柱。它在液相色谱中所起的作用相当于气相色谱中的程序升温，所不同的是，在梯度洗脱中溶质 k 值的变化是通过溶质的极性、pH 值和离子强度的变化来实现的，而不是通过改变温度（温度程序）来达到。

2. **进样系统** 包括进样口、注射器和进样阀等，它的作用是把分析试样有效地送入色谱柱上进行分离。

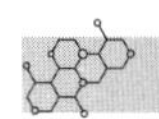

3. **分离系统** 包括色谱柱、恒温器和连接管等部件。色谱柱一般用内部抛光的不锈钢制成。其内径为2~6mm,柱长为10~50cm,柱形多为直形,内部充满微粒固定相。柱温一般为室温或接近室温。

4. **检测器** 是液相色谱仪的关键部件之一。对检测器的要求是灵敏度高、重复性好、线性范围宽、死体积小以及对温度和流量的变化不敏感等。在液相色谱中,有两种类型的检测器:一类是溶质性检测器,它仅对被分离组分的物理或物理化学特性有响应,属于此类检测器的有紫外、荧光、电化学检测器等;另一类是总体检测器,它对试样和洗脱液总的物理和化学性质有响应,属于此类检测器的有示差折光检测器等。

## 二、高效液相色谱的固定相和流动相

### (一) 固定相

高效液相色谱的固定相以承受高压能力来分类,可分为刚性固体和硬胶两大类。刚性固体以二氧化硅为基质,可承受 $7.0 \times 10^8$~$1.0 \times 10^9$Pa 的高压,可制成直径、形状、孔隙度不同的颗粒。如果在二氧化硅表面键合各种官能团,可扩大应用范围,它是目前使用最广泛的一种固定相。硬胶主要用于离子交换和尺寸排阻色谱,它由聚苯乙烯与二乙烯苯基交联而成,可承受的压力上限为 $3.5 \times 10^8$Pa。固定相按孔隙深度分类,可分为表面多孔型和全多孔型固定相。

### (二) 流动相

由于高效液相色谱中流动相是液体,它对组分有亲合力,并参与固定相对组分的竞争,因此,正确选择流动相会直接影响组分的分离度。对流动相溶剂的要求包括:①溶剂对于待测样品,必须具有合适的极性和良好的选择性;②溶剂与检测器匹配,对于紫外吸收检测器,应注意检测器波长要比溶剂的紫外截止波长长,溶剂的紫外截止波长指当小于截止波长的辐射通过溶剂时,溶剂会对此辐射产生强烈吸收,此时溶剂被看作是光学不透明的,它会严重干扰组分的吸收测量;③纯度高,由于高效液相色谱灵敏度高,对流动相溶剂的纯度要求也高,不纯的溶剂会引起基线不稳,或产生"伪峰";④化学稳定性好;⑤黏度低(黏度适中),若使用高黏度溶剂,势必增加压力,不利于分离,常用的低黏度溶剂有丙酮、甲醇和乙腈等,但黏度过低的溶剂也不宜采用,例如戊烷和乙醚等,它们容易在色谱柱或检测器内形成气泡,影响分离。

## 三、高效液相色谱的类型与应用

### (一) 液 - 固吸附层析

液 - 固吸附层析的固定相是具有吸附活性的吸附剂,常用的有硅胶、氧化铝、高分子有机酸或聚酰胺凝胶等。液 - 固吸附层析中的流动相依其所起的作用不同,分为底剂和洗脱剂两类,底剂起决定基本色谱的分离的作用,洗脱剂起调节试样组分的滞留时间长短的作用,并对试样中某几个组分具有选择性作用。流动相中底剂与洗脱剂成分的组合和选择,直接影响色谱的分离情况,一般底剂为极性较低的溶剂,如正己烷、环己烷、戊烷、石油醚等,洗脱剂则根据试样性质选用针对性溶剂,如醚、酯、酮、醇和酸等。本法可用于分离异构体、抗氧化剂与维生素等。

### (二) 液 - 液分配层析

液 - 液分配层析的固定相由单体固定液构成,将固定液的官能团结合在薄壳或多孔型硅胶上，经酸洗、中和、干燥活化，使表面保持一定的硅羟基，这种以化学键合相为固定相的液-液层析称为化学键合层析，另一种利用离子对原理的液-液分配层析为离子对分配层析。

**1. 化学键合层析**

(1) 极性键合层析：固定相为极性基团，包括氰基、氨基及双羟基三种，流动相为非极性或极性较小的溶剂，极性小的组分先出峰，极性大的后出峰，这称为正相层析法，适用于分离极性化合物。

(2) 非极性键合层析：固定相为非极性基团，如十八烷基（C18）、辛烷基（C8）、甲基与苯基等，流动相为强极性溶剂，如水、醇、乙腈或无机盐缓冲液，最常用的是不同比例的水和甲醇配制的混合溶剂，水不仅起洗脱作用还可掩盖载体表面的硅羟基，防止因吸附而致的拖尾现象，极性大的组分先出峰，极性小的组分后出峰，恰好与正相法相反，故称为反相层析，本法适用于小分子物质的分离，如肽、核苷酸、糖类、氨基酸的衍生物等。

**2. 离子对分配层析**

(1) 正相离子对层析：常以水吸附在硅胶上作为固定相，把与分离组分带相反电荷的配对离子以一定浓度溶于水或缓冲液中，涂渍在硅胶上，流动相为极性较低的有机溶剂，在层析过程中，待分离的离子与水相中的配对离子形成中性离子对，在水相和有机相中进行分配，而达到分离的目的，本法优点是流动相选择余地大，缺点是固定相易流失。

(2) 反向离子对层析：固定相是疏水性键合硅胶，如 C18 键合相，待分离离子和带相反电荷的配对离子同时存在于强极性的流动相中，生成的中性离子对在流动相和键合相之间进行分配，而得到分离，本法的优点是固定相不存在流失问题，流动相含水或缓冲液，更适用于电离性化合物的分离。

### （三）离子交换层析

离子交换层析的原理与普通离子交换相同。在离子交换 HPLC 中，固定相多用离子性键合相，故本法又称为离子性键合相层析。流动相主要是水溶液，pH 值最好在被分离酸、碱的 p$K$ 值附近。

**（蔡卫斌　周俊宜）**

# 第三篇

# 免疫实验技术

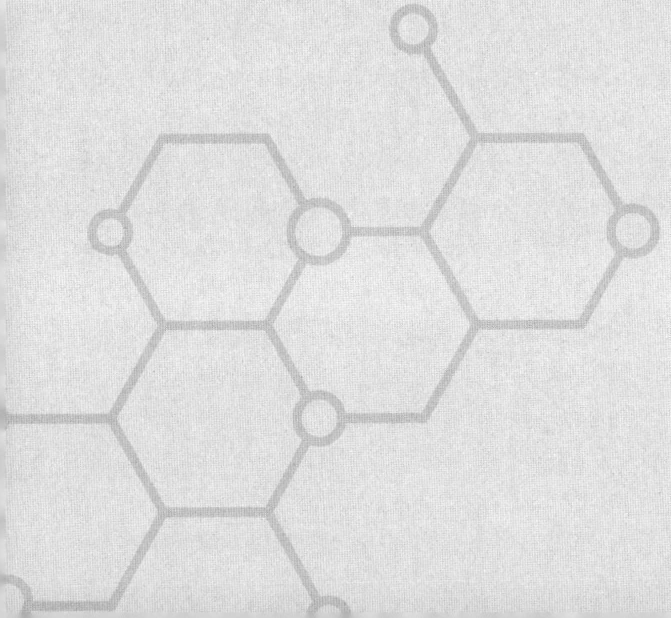

免疫学技术作为生命科学的基础研究手段之一，被广泛应用于现代生物医学的各个领域，成为分子医学研究与应用的基本技术体系和工具。本篇较全面地介绍了常用的免疫实验技术，其中既有基础的免疫学实验，又有新兴的分子免疫学技术，兼顾了实用性和前沿性，并以 SOP 流程对实验各阶段的具体工作进行细化和量化，制订涵盖实验前、实验中、实验后全过程的技术指导性文本，确保实验室每个人在 SOP 文件的指引下能及时、规范、独立地完成实验技术工作，达到“程序一致、标准一致”，确保了工作质量，有较好的参考价值。

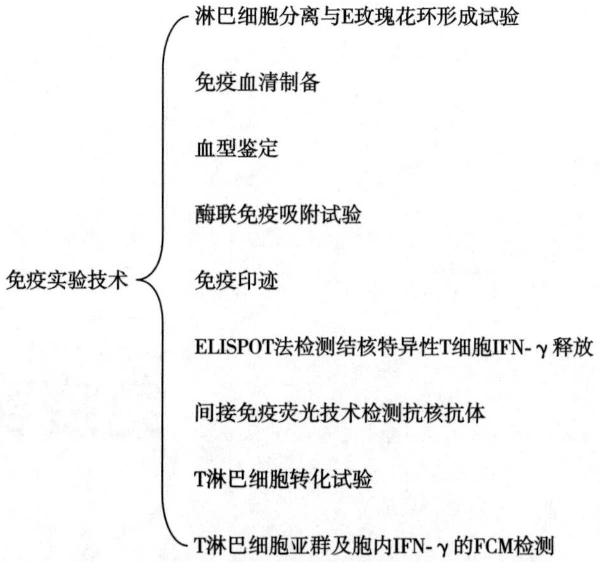

免疫实验技术
- 淋巴细胞分离与E玫瑰花环形成试验
- 免疫血清制备
- 血型鉴定
- 酶联免疫吸附试验
- 免疫印迹
- ELISPOT法检测结核特异性T细胞IFN-γ释放
- 间接免疫荧光技术检测抗核抗体
- T淋巴细胞转化试验
- T淋巴细胞亚群及胞内IFN-γ的FCM检测

图篇 3-1　免疫实验技术总览

# 第十一章
# 淋巴细胞分离与 E 玫瑰花环形成试验

适用范围：五年制、八年制临床医学专业分子医学技能实验课，硕士研究生细胞与分子免疫技术实验课。

学时数：4~6 学时。

实验分组：4 人 / 组，8 组 / 班。

## 【实验原理】

1. **密度梯度离心法分离淋巴细胞** 人外周血中各种细胞的密度不同，红细胞密度为 1.093，粒细胞为 1.092，淋巴细胞为 1.074 ± 0.001。密度梯度离心法根据各类血细胞的密度差异，利用相对密度介于某两类细胞之间的细胞分离液对抗凝血进行离心，使不同密度的血细胞依相应的密度梯度分布于不同的独立带，从而达到分离的目的。

常用的分层液主要是 Ficoll。Ficoll 是一种合成性蔗糖聚合物，无毒，其高浓度溶液不等渗，黏性高，易使细胞聚集。泛影葡胺与 Ficoll 以适当比例混合，配制成相对密度合适的细胞分层液（密度为 1.077 ± 0.001），称为 Ficoll-hypague 分层液或淋巴细胞分离液。

2. **E 玫瑰花环形成试验** 人 T 淋巴细胞表面的 CD2 分子，即绵羊红细胞受体（sheep erythrocyte receptor，ER），在一定的实验条件下，可与绵羊红细胞（sheep red blood cell，SRBC）结合，形成玫瑰花环，称为 E 玫瑰花环形成试验（erythrocyte-rosette formation test）。该试验可用于检测人外周血 T 淋巴细胞的数量和比例，间接反映机体的细胞免疫功能状态。

## 【实验目的和设计】

1. **实验目的**

（1）掌握人外周血淋巴细胞分离的方法及注意事项。

（2）掌握 E 玫瑰花环形成的实验原理。

（3）熟悉玫瑰花环形成的实验步骤。

2. **实验设计** 采集新鲜抗凝血→密度梯度离心法（Ficoll）分离单个核细胞，细胞计数→取分离的淋巴细胞与 SRBC 进行 E 玫瑰花环形成试验。

## 【实验前准备工作】

**1. 试剂耗材**

(1)1640 培养液：500ml/ 瓶，按每组 50ml 计算。

(2)淋巴细胞分离液：250ml/ 瓶。

(3)脱纤维绵羊血(100ml)、小牛血清(100ml)。

(4)4% 台盼蓝、1% 亚甲蓝。

(5)真空肝素采血管(5ml)：按每班 4 套计算。

(6)一次性静脉采血针：按每班 4 套计算。

(7)细胞计数板。

(8)盖玻片(24cm × 24cm)、载玻片(25cm × 75cm)。

(9)EP 管(1.5ml)、毛细吸管(3ml)。

(10)纱布、擦镜纸。

**2. 仪器设备**

(1)显微镜：每组 1 台。

(2)低速离心机(配 15ml 水平转头)：每班 2 部，注意配备平衡用的药物天平和烧杯。

**3. 试剂配制及物品准备**

(1)肝素抗凝血(1.5ml/ 组)：每班 1~2 位同学课前献血 10~12ml 并分装成 8~10 管。沾染血液的相关物品须浸泡于 84 消毒液中，采血针弃于针头回收盒中。

(2)1640 培养液(50ml/ 组，分装于 50ml 塑料离心管中)：GIBCO 1640 粉 1 包(10.4g)、$NaHCO_3$ 2g、丙酮酸钠 110mg、Hepes 2.38g、葡萄糖 2.5g，加蒸馏水至 1 000ml，充分溶解后过滤、分装。

(3)淋巴细胞分离液(2ml/ 组)：分装后避光 4℃存放。

(4)0.5% SRBC(0.2ml/ 组)：临时新鲜配制，无菌吸取脱纤维绵羊血 1ml，加入 1640 培养液至 5ml。轻轻混匀，2 000r/min 离心 10min，弃去上清，重复洗涤两次。在 10ml 1640 培养液中加入洗涤后的绵羊红细胞 50μl，轻轻混匀，即成 0.5% SRBC。限 1 周内使用，超过 10d 则玫瑰花环形成细胞减少。

(5)灭活小牛血清(0.1ml/ 组)：使用前 56℃灭活 30min，4℃分装保存 1~2 周。

## 【课中工作】

工作指引：每班各派 1~2 位同学课前 10min 抽取新鲜抗凝血 10~12ml，并分装成 1.5ml/ 管；新鲜配制 0.5% SRBC，并分装成 0.2ml/ 管，每组 1 支。

**1. 样本的采集及淋巴细胞的分离**　取肝素抗凝静脉血 1.5ml，加等量 1640 培养液稀释，匀速轻缓加入 45° 倾斜离心管的分离液中，注意不要冲破液面，2 000r/min 水平离心 25min(升速 2，降速 0)。由于细胞的相对密度不同，离心后试管下层为红细胞与粒细胞，上层为血浆，中层为分层液，在血浆与分层液之间的界面为单个核细胞层(图 11-1)，用毛细吸管小心将环状乳白色单个核细胞层吸至另一干净离心管中，加 1640 培养液至 5ml，混匀，1 000r/min 水平离心 10min，弃上清后重复一次，沉淀物用 1640 培养液配成细胞数为 $3 \times 10^6$/ml 的淋巴细胞悬液，分离的白细胞可混有少量红细胞，有利于淋巴细胞培养。

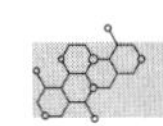

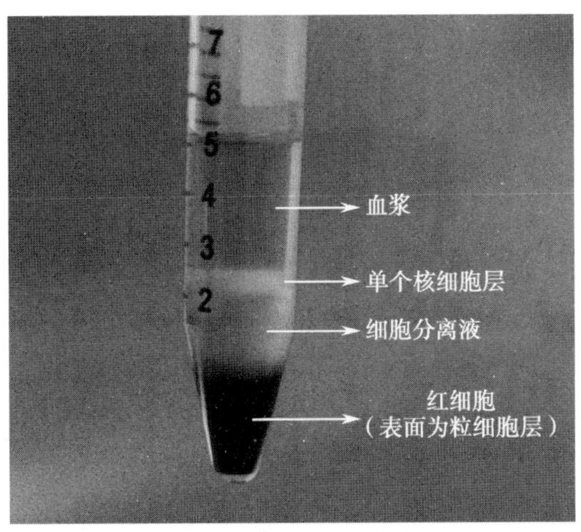


**图 11-1 低速离心后细胞分层图**

**2. 细胞计数**

(1) 细胞计数悬液制备：取一定量的细胞悬液到 EP 管中，加入相同体积的 0.4% 台盼蓝染液，轻轻混匀。显微镜下活细胞不被染色，死细胞则被染成蓝色。

(2) 将细胞计数板用擦镜纸擦拭干净，盖上盖玻片。

(3) 混匀后吸出少许细胞悬液，滴加在盖玻片边缘，使悬液自然流入盖玻片和计数板之间，充满计数池，注意动作要轻盈连贯，充液满而不溢。

(4) 静置 3min。

(5) 镜下观察，计算计数板四大格细胞总数，压线细胞只计左侧和上方细胞。按下式计算：(细胞悬液的细胞数)/ml=(四个大格子细胞数 /4) × 2 × $10^4$/ml。

式中，2 为稀释倍数(细胞悬液与染液的比例为 1 : 1)。

计数板中每一个大格的体积为：1.0mm(长) × 1.0mm(宽) × 0.1mm(高)=0.1$mm^3$(μl)。

**3. E 玫瑰花环形成试验**

肝素抗凝静脉血 1.5ml
↓ 加 1.5ml 1640 液稀释
置于 2ml Ficoll 分层液上
↓ 2 000r/min 水平离心 25min
吸取单个核细胞层液与分层液
↓ 用 1640 液洗 2 次(1 000r/min，10min)
用 1640 液配成 3 × $10^6$/ml 细胞悬液
↓ 取 0.1ml
加 0.1ml 等量灭活小牛血清
↓
加入 0.2ml 0.5% 绵羊红细胞
↓
混匀，37℃温箱放置 5min
↓
1 000r/min 低速离心 5min
↓

置于 4℃冰箱中 30~45min

↓

加 1 小滴 1% 亚甲蓝，轻轻混匀

↓

5min 后，取 1 滴于玻片上，加上盖玻片

↓

高倍镜下观察

4. **实验结果判断**　凡能结合 3 个以上绵羊红细胞者为 E 玫瑰花环阳性细胞（图 11-2），数 200 个淋巴细胞，求出百分率即为 T 细胞百分比。正常值为（68 ± 9.9）%。

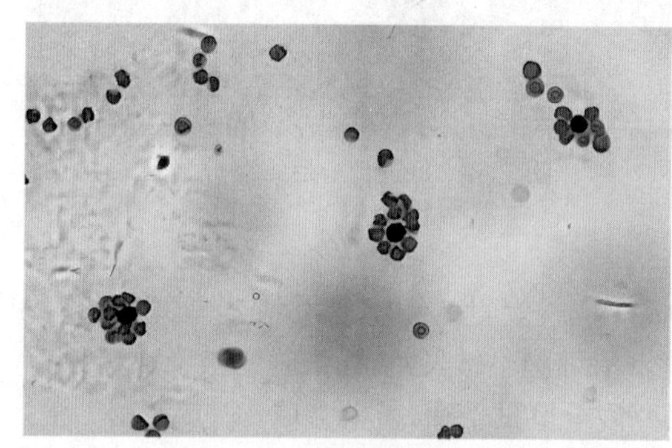

**图 11-2　E 玫瑰花环阳性细胞**

## 【实验注意事项】

1. 细胞悬液中的细胞要分散良好，否则会影响计数准确性。

2. 取样计数前，应充分混匀细胞悬液；充池时，注意不能有气泡，也不能让悬液溢出计数池，应做到满而不溢，否则须重新充液计数。

3. 细胞计数的原则是只数完整的细胞，聚集成团的细胞只按 1 个细胞计算。压线细胞采用计上不计下，计左不计右的原则。

4. 抗凝血液要新鲜，当天采血，即时分离淋巴细胞，以保证淋巴细胞的活性，否则会影响 E 玫瑰花环形成率。

5. 绵羊红细胞限 1 周内使用，超过 10d 会使 E 玫瑰花环阳性细胞减少。

（黄小荣　梁昌盛　朱兆玲）

# 第十二章
# 免疫血清制备

适用范围：五年制、八年制医学类专业分子医学技能实验课。

学时数：4~6 学时。

实验分组：8~10 组 / 班。

## 【实验原理】

具有免疫原性的抗原可诱导动物机体产生免疫应答，B 淋巴细胞经抗原刺激，增殖分化为浆细胞并分泌特异性抗体。从免疫动物中获得的血清称为免疫血清，它是一种针对抗原物质多种抗原决定簇的多克隆抗体，也是不同种类、亚类及型别的免疫球蛋白的混合物。虽然免疫血清特异性不高，易发生交叉反应，但制备相对简单，对抗原亲和力较好，在疾病诊断、防治以及科学研究中都有实际应用。

要制备特异性好、效价高的免疫血清，与以下因素密切相关。

(1) 抗原的性质，如可溶性或颗粒性、异物性、分子大小和结构等生物学特性，是获得高效价免疫血清的关键因素。因此，在动物免疫之前，必须获得良好的足量的纯化抗原。

(2) 必须综合考虑抗原与动物种属的关系、抗原反应性、免疫血清的需要量和用途等因素，选择适龄、适当体重的免疫动物。常用的免疫动物有小白鼠、家兔、绵羊或山羊、豚鼠、马、鸡等。

(3) 选用适当的免疫佐剂，与抗原进行充分混合乳化。免疫佐剂本身无免疫原性，当其与抗原混合并充分乳化成油包水状时，可提高特异性反应的效果。动物免疫中最常用的佐剂是弗氏佐剂，又可分为完全弗氏佐剂和不完全弗氏佐剂两种，完全弗氏佐剂是在不完全弗氏佐剂的基础上添加了卡介苗。

(4) 制订合理的免疫方案，这是获得高质量免疫血清的重要环节，包括免疫剂量、注射途径、免疫次数和间隔等。

免疫剂量：应根据抗原的免疫原性强弱、抗原来源难易程度、免疫周期等来选择抗原剂量。一定范围内，抗原量与免疫反应强度呈正相关，过大或过小易产生免疫耐受。在使用免疫佐剂的情况下，一次注入的剂量以 0.5mg/kg 为宜。

注射途径：一般情况下，初次免疫宜选择缓慢吸收的途径，以延长抗原刺激时间。主要注射途径对抗原的吸收速度如下：静脉>脾脏>淋巴结>腹腔>肌肉>皮下>皮内。

免疫间隔和次数：一般情况下，再次免疫宜在初次免疫后的2~3周，之后7~10d加强1次。

## 【实验目的和设计】

**1. 实验目的**

(1)掌握体液免疫中抗体产生的初次应答和再次应答规律以及影响机体免疫应答强度的因素，掌握动物免疫实验中选择实验动物的注意事项。

(2)熟悉免疫佐剂的制备和动物免疫的常用方法。

(3)了解检测抗体效价的常用方法。

**2. 实验设计** 以BSA为抗原，将其与等量的弗氏免疫佐剂进行混合乳化，对小鼠进行注射免疫，分别采集免疫一周和两周后的抗血清进行血清效价检测，分析初次应答和再次应答的规律。

## 【实验前准备工作】

工作指引：提前制订动物购买计划，实验动物采用雌性昆明小鼠(每只20g左右)。实验前一天将实验小鼠分组，并联系动物寄养事宜。

**1. 试剂耗材**

(1)完全弗氏免疫佐剂：规格为10ml，每班1瓶。

(2)BSA：实验前用PBS配制为4mg/ml。

(3)动物标记染色液：规格为50ml，每班1瓶。

(4)一次性吸管：规格为3ml，每组1支。

(5)棉签：每组1包。

(6)1ml注射器：每组1支。

(7)12号针头：每组1支。

(8)安尔碘消毒液：每组1瓶。

(9)抓鼠手套：每组1只。

(10)乳胶手套：每班1盒。

(11)弯头小镊子、记号笔。

**2. 仪器设备**

(1)电动免疫佐剂搅拌器：每组1台，提前1d充电、调试。

(2)搅拌针：与搅拌器配套使用，包装后消毒灭菌。

## 【课中工作】

工作指引：

(1)上课前带教老师必须对学生进行实验室生物安全教育，特别是做好正确抓取小鼠的示范教学。

(2)实验室要有被小鼠咬伤后的应急预案和处理流程，配备皮肤消毒剂、棉签和止血贴等物品，以应对个别学生被老鼠咬出血的突发状况。

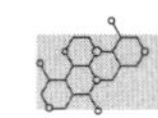

(3) 小鼠尸体冻存于冰箱中，按相关生物安全规定进行处理，禁止随意丢弃。

**1. 免疫佐剂制备及初次免疫（第 1 周）**

(1) 取 1ml BSA（4mg/ml）与 1ml 完全弗氏佐剂混合，用免疫佐剂搅拌器搅拌乳化均匀，直到乳化物滴于水中经久不散为止。

(2) 用 1ml 注射器和 12 号针头吸出完全乳化的抗原，用 4 号针头进行双后足垫接种，每足垫接种 0.01~0.02ml（约 50μg 抗原），接种处先用消毒液消毒。

(3) 余下乳化好的抗原，标记后在 4℃下保存，再次免疫时使用。

(4) 采集阴性对照血清（每班 1~2 只）：将一只未免疫小鼠尾静脉取血或眼眶放血，用 EP 管收集血样后，置于室温 30min，待其凝固后，5 000r/min 离心 10min，吸取血清置于 1.5ml EP 管中，标记后于 -20℃冻存备用。

**2. 再次免疫及血清采集（第 2 周）**

(1) 取初次免疫后的小鼠，用尾静脉取血或眼眶取血法采集血液，分离血清，冻存备用。

(2) 使用上次制备的乳化抗原腹腔注射免疫，每只鼠注射 0.5ml。

**3. 血清采集（第 3 周）**

用尾静脉取血或眼眶取血法采集再次免疫后的小鼠血液，分离血清，用 ELISA 法检测血清抗体效价。

## 【实验注意事项】

1. 免疫抗原必须与佐剂充分乳化后才能注射，否则将影响免疫效果。本实验使用的电动佐剂搅拌器搅拌时间为 10~15min。
2. 首次乳化好的抗原可标记后在 4℃下保存，供第二次免疫用。
3. 免疫方法也可以采用背部皮下多点注射法。
4. 采完血的小鼠断颈椎处死后放置于保鲜袋中，由实验室人员按生物安全相关规定进行处理。
5. 做完实验后请及时清点搅拌器和搅拌针，如数交回准备室，以免影响以后上课。

**（黄小荣　梁昌盛　朱兆玲）**

# 第十三章
# 血型鉴定

适用范围：五年制、八年制医学类专业分子医学技能实验课。

学时数：4~6 学时。

实验分组：8~10 组 / 班。

## 【实验原理】

颗粒性抗原(如细菌或红细胞)与其相应的抗体在一定浓度的电解质环境中混合时，一定时间内可出现肉眼可见的大小不等的凝集现象，称为凝集反应。根据检测条件的不同可分为玻片凝集法和试管凝集法，也可根据试验中抗原抗体的检测方式，分为直接凝集反应、间接凝集反应、协同凝集试验、间接凝集抑制试验等。因为凝集反应灵敏度较高，所以被广泛地应用于临床诊断和各种抗原性物质的分析检查中。

在人类 ABO 血型系统中，红细胞表面有 A 和 B 两种特异性抗原。A 型红细胞表面有 A 抗原，B 型红细胞表面有 B 抗原，AB 型红细胞表面则同时有 A 和 B 两种抗原，而 O 型红细胞表面既不存在 A 抗原也不存在 B 抗原。在血型鉴定中，用已知抗体的标准血清检查红细胞上未知的抗原，称为正向定型，用已知血型的标准红细胞检查血清中未知的抗体则称为反向定型。根据血清和红细胞出现凝集反应的情况，我们可将血液分为 A、B、AB、O 四型(表 13-1)。

ABO 血型鉴定常用盐水凝集法(直接凝集反应)。玻片凝集法操作简单，但反应时间长，如受试者血清抗体效价低，则不易引起凝集反应或凝集反应较弱，容易造成误判；试管凝集法可借助离心作用使红细胞接触紧密，可加速促进凝集反应，反应时间较短，目前临床多采用此法。

**表 13-1　ABO 血型定型**

| 正向定型 | | | 反向定型 | | | 血型 |
|---|---|---|---|---|---|---|
| 抗 A | 抗 B | 抗 AB | A 细胞 | B 细胞 | O 细胞 | |
| − | − | − | + | + | − | O |
| + | − | + | − | + | − | A |
| − | + | + | + | − | − | B |
| + | + | + | − | − | − | AB |

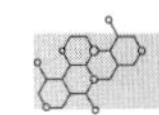

## 【实验目的和设计】

**1. 实验目的**

(1)掌握凝集反应的原理。

(2)熟悉 ABO 血型鉴定的实验步骤和临床意义。

**2. 实验设计** 由学生自行采集手指末梢血进行 ABO 血型鉴定。

## 【实验前准备工作】

**1. 试剂耗材**

(1)抗 A、B 血清:提前 3 个月预订。

(2)生理盐水。

(3)医用消毒棉球(酒精)、一次性采血针(带保护帽)、载玻片(25cm × 75cm)。

(4)牙签、记号笔。

**2. 仪器设备** 显微镜 8~10 部:血型鉴定结果如为阴性反应,需要在显微镜下进一步确认,以避免弱反应造成误判。

## 【课中工作】

工作指引:

(1)准备好食用葡萄糖等,以应对个别学生可能会发生晕血等突发状况。

(2)被血液污染的玻片和试管等物品须浸泡于 84 消毒液中,一次性采血针弃于锐器回收盒中。

**1. ABO 血型鉴定(玻片凝集法)实验步骤**

(1)取清洁玻片一张,用记号笔划分为三格,并做好标记。

(2)用 75% 酒精棉球消毒指端皮肤,采集手指末梢血 1~2 滴于盛有 1ml 无菌生理盐水的小试管中,摇匀成红细胞悬液。

(3)在玻片每格中分别滴加抗 A、抗 B 标准血清和生理盐水各 2 滴。

(4)在玻片每格中各加入红细胞悬液 1 滴,用 3 根牙签分别逐个混匀,置于室温 15min 后,观察有无凝集(图 13-1)。

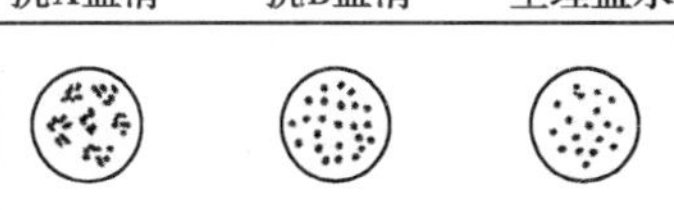


图 13-1 玻片凝集反应

(5)记录判断结果,有凝集记录为“+”,无凝集为“–”(表 13-2)。

表 13-2 人红细胞 ABO 血型鉴定表

| 受检红细胞与分型血清 | | 血型 |
|---|---|---|
| 抗 A | 抗 B | |
| + | – | A |
| – | + | B |
| + | + | AB |
| – | – | O |

**2. ABO 血型鉴定(试管凝集法)实验步骤**

(1)用 75% 酒精棉球消毒指端皮肤,采集手指末梢血液 1~2 滴于盛有 1ml 生理盐水的小试管中混匀,制成红细胞悬液(浓度约 5%)。

(2)取干净小试管两支,分别标明 A、B 字样。各加入标准血清与受检红细胞悬液各 1~2 滴,混匀,低速离心 1~2min(1 000r/min)。

(3)离心后取出试管,轻轻摇晃,使沉淀物漂起,观察结果。

(4)若有沉淀物成团漂起,表示发生凝集现象;若摇晃后沉淀物逐步散开,最后液体恢复红细胞悬液状态,则表示无凝集现象。

(5)将试管内液体滴于玻片上,显微镜下确认凝集状态。

## 【实验注意事项】

1. 玻片法反应时间不能少于 10min,否则可能造成假阴性。
2. 一般先加血清,然后再加红细胞悬液,以便核实是否漏加血清。
3. 结果判断困难时,可借助显微镜进行观察。
4. 用于试验的试管和牙签不得重复使用,以避免交叉污染。
5. 红细胞悬液及血清必须是新鲜的。

(黄小荣　梁昌盛　朱兆玲)

# 第十四章
# 酶联免疫吸附试验

适用范围：五年制、八年制临床医学专业分子医学技能实验课；硕士研究生细胞与分子免疫技术实验课。

学时数：4~6 学时。

实验分组：8 组 / 班。

## 【实验原理】

ELISA 是一种将抗原抗体的特异性反应与酶对底物的高效催化作用相结合的实验技术。其基本方法是将已知的抗原或抗体吸附在固相载体(聚苯乙烯微量反应板)上，借助酶标抗体与被吸附的抗原或抗体反应，结合的酶催化底物而出现颜色反应，其颜色的深浅与被检测的抗原或抗体量在一定条件下相关，故可根据反应孔颜色的深浅或光密度进行定性或定量分析。

本法具有敏感、特异、快速等优点。在实际应用中，根据不同的实验设计，常分为直接法、间接法、双抗体夹心法和竞争法等。

直接法：用抗原包被微孔板，然后再结合酶标记的该抗原的特异性抗体。

间接法：用抗原包被微孔板，然后加入该抗原的特异性抗体，最后加入酶标二抗。

双抗体夹心法：使用能与靶标抗原上的两个不同表位特异性结合的两种抗体，用捕获抗体包被微孔板，结合被检测抗原的一个表位，随后加入酶偶联的检测抗体结合抗原的不同表位(如果检测抗体未偶联酶，则再使用酶偶联的检测二抗进行反应)。

竞争法：用参照抗原包被微孔板，将样品和抗体加入孔中，如果样品中存在抗原，则它会与参照抗原竞争结合抗体。洗净未结合的物质，样品中存在的抗原越多，最终与孔底吸附的参照抗原结合的抗体就越少，信号就越弱。

本实验以间接 ELISA 法对小鼠免疫血清中的鼠抗 BSA 抗体效价进行定性检测分析，观察免疫血清制备中初次应答与再次应答的抗体产生规律。

## 【实验目的与设计】

### 1. 实验目的

(1) 掌握 ELISA 的原理、操作过程及注意事项。

(2)掌握初次免疫应答与再次免疫应答的抗体产生规律。

(3)了解 ELISA 法在临床科研工作中的应用。

**2. 实验设计**　以 BSA 为抗原包被酶标板→以鼠抗 BSA 免疫血清为一抗(倍比稀释)→以 HRP 标记羊抗小鼠免疫球蛋白 G(immunoglobulin G,IgG)为二抗→用四甲基联苯胺(tetramethyl benzidine,TMB)进行显色→终止反应后目测或用酶标仪检测光密度,判断抗血清效价。

## 【实验前准备工作】

**1. 试剂耗材**

(1)鼠抗 BSA 初次免疫血清、鼠抗 BSA 再次免疫血清:由学生自己在免疫血清制备实验中进行制备。

(2)可拆卸酶标板条(12 孔×8):每组 2 条,至少提前 1 天包被,包被抗原浓度为 10mg/L,即取 BSA10mg 溶于 1 000ml 包被液中,每孔 100μl,密封后 4℃过夜,用 PBS 洗涤 3 次后,用 1% 明胶室温下封闭 30min,再用 PBS 洗涤 3 次后拍干,拆装为每板 2 条 strips,置于搪瓷盘中 4℃备用。

(3)1% 明胶。

(4)稀释液、洗涤液(PBS-T)。

(5)阳性、阴性对照血清。

(6)HRP- 羊抗小鼠 IgG:0.1ml,1∶5 000 稀释。

(7)TMB 底物液。

(8)终止液(10% $H_2SO_4$)。

(9)吸水纸、毛细吸管、封板膜。

**2. 仪器设备**　本实验所需的仪器设备见表 14-1。

**表 14-1　酶联免疫吸附试验的仪器设备**

| 仪器名称 | 数量 | 备注 |
|---|---|---|
| 酶标仪 | 2 | 本实验结果只需要目测判断显色情况,不要求使用酶标仪进行光密度检测,但部分班级可能有此要求 |
| 高速离心机 | 每班 1~2 部 | 本实验血清可统一由准备室离心分离,也可由学生自己进行操作 |
| 洗板机 | 1 | 实验准备室用 |
| 恒温培养箱 | 每班 1 部 | 提前 1~2d 开机,并检查温度是否准确稳定,如为隔水式恒温培养箱,则须检查水位情况,如水位过低,请补充蒸馏水 |

**3. 试剂配方**

(1)包被缓冲液(pH 9.6,0.05mol/L 碳酸盐缓冲液):称取 $Na_2CO_3$ 1.59g、$NaHCO_3$ 2.93g,加蒸馏水至溶液体积为 1 000ml。缓冲液用时可加抗原 BSA 10mg(包被抗原浓度为 10mg/L),溶解后放于 4℃冰箱中,待包被之时使用,注意用标签注明“已加 BSA 10mg/ml”。

(2)洗涤缓冲液(pH 7.4,0.15mol/L PBS-T):所需的试剂见表 14-2。加入各试剂后,加蒸馏水至 1 000ml,用磁力搅拌器溶解备用,可配成 30× 储备液,用时以蒸馏水按 1∶29 稀释,再加吐温 20 备用。

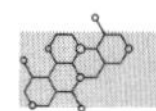

表 14-2　配制洗涤缓冲液所需的试剂

| 试剂名称 | 配制 1× 洗涤缓冲液的用量 | 配制 30× 洗涤缓冲液的用量 |
| --- | --- | --- |
| $KH_2PO_4$ | 0.2g | 6g |
| $Na_2HPO_4 \cdot 12H_2O$ | 2.9g | 87g |
| NaCl | 8.0g | 240g |
| KCl | 0.2g | 6g |
| 吐温 20（0.05%） | 0.5ml | – |

（3）稀释液：称取明胶 0.1g，加 PBS-T 至溶液体积为 100ml，用磁力搅拌器加热溶解（80℃以下），按每管 3ml 分装，置于 4℃备用。

（4）封闭液（1% 明胶）：称取明胶 1g，加 PBS-T 至溶液体积为 100ml，用磁力搅拌器加热溶解（80℃以下）后，4℃保存备用，用时在微波炉中高火加热 30s，注意不能沸腾，以免破坏明胶黏度，影响封闭效果。配制后室温放置太长时间容易导致明胶被细菌分解，影响使用。

（5）HRP- 羊抗小鼠 IgG：用前以 PBS-T 按 1∶5 000 稀释，按每管 3ml 分装，置于 –20℃备用，用时提前 1d 置于 4℃冰箱中熔化。

（6）终止液（2mol/L $H_2SO_4$）：取蒸馏水 178.3ml，逐滴加入浓硫酸（98%）21.7ml，分装备用。

（7）底物缓冲液（pH 5.0 磷酸柠檬酸）：取 25.7ml $Na_2HPO_4$ 溶液（0.2mol/L）、24.3ml 柠檬酸溶液（0.1mol/L），加入 50ml 蒸馏水，混合成总体积为 100ml 的溶液。

（8）TMB（四甲基联苯胺）使用液：配制方法见表 14-3。

表 14-3　TMB 使用液的配制方法

| 试剂 | 用量 | 备注 |
| --- | --- | --- |
| TMB（每 10mg TMB 与 5ml 无水乙醇混合） | 0.5ml | TMB 较难溶解，可提前配制成储备液后避光 4℃保存 |
| 底物缓冲液（pH 5.5） | 10ml | – |
| 0.75% $H_2O_2$ | 32μl | 30% $H_2O_2$ 2.5μl 加入 97.5μl 蒸馏水，即成 0.75% $H_2O_2$ |

## 【课中工作】

工作指引：

（1）将各实验室采集的小鼠静脉血 5 000~8 000r/min 离心 10min，分离血清。

（2）新鲜配制、分装 TMB 底物液并避光放置。

### 1. 实验步骤

（1）每孔加入包被液（BSA 10mg/L）100μl，置于湿盒内 4℃过夜。

（2）用 PBS-T 洗涤 3 次，每次 1min，在吸水纸上拍干。

（3）每孔加封闭液 100μl，室温下封闭 10~15min，洗涤 2 次。

（4）将待检血清按 1∶100 稀释后，再做倍比稀释到第 10 孔，每孔 100μl，第一排 1~10 孔为初次免疫血清，第二排 1~10 孔为再次免疫血清。第一排 11~12 孔分别加阳性、阴性血清

(各1孔,按1∶100稀释,先加98μl稀释液,再加2μl血清),第二排11~12孔为空白对照孔(不加血清,其他步骤相同),置于湿盒内,37℃反应30min(表14-4)。

**表14-4　倍比稀释**

| 1∶100 | 1∶200 | 1∶400 | 1∶800 | 1∶1 600 | 1∶3 200 | 1∶6 400 | 1∶12 800 | 1∶25 600 | 1∶51 200 | 阳性 | 阴性 |
|---|---|---|---|---|---|---|---|---|---|---|---|
| 1∶100 | 1∶200 | 1∶400 | 1∶800 | 1∶1 600 | 1∶3 200 | 1∶6 400 | 1∶12 800 | 1∶25 600 | 1∶51 200 | 空白 | 空白 |

倍比稀释方法:①每排第1孔加198μl稀释液,第2~10孔加100μl稀释液;②加2μl血清于第1孔中,充分混匀,然后在第1孔中吸取100μl液体至第2孔中,充分混匀,在第2孔中再吸取100μl液体至第3孔中,以此类推,到第10孔时,吸取100μl液体弃去。

(5)用PBS-T洗涤3次,在吸水纸上拍干。

(6)每孔加酶标抗体100μl,置于湿盒内,37℃反应30min。

(7)用PBS-T洗涤3次,拍干。

(8)每孔加底物100μl,37℃避光显色10min,加终止液1滴。

**2. 结果观察**　目测:显蓝色为阳性,无色为阴性。酶标仪机测:检测波长为450nm,以空白对照孔调零,检测各孔光密度。样品OD值/阴性对照OD值≥2.1为阳性,<2.1为阴性。

## 【实验注意事项】

1. 机测时,波长的选择应当准确。以TMB为底物时,检测波长为450nm,底物为OPD时,波长为492nm。

2. 实验前,应将试剂放置于室温下平衡30min,加样前试剂应混匀。

3. 洗涤时,每孔的液量要做到满而不溢,以避免交叉污染。

4. 请在加终止液后10min内完成结果判读。

5. 将取血后处死的小鼠冻存于冰箱中,按生物安全相关规定进行处理。

6. 实验结束后请将剩余底物液倒入有毒试剂回收瓶中。

**(黄小荣　梁昌盛　朱兆玲)**

# 第十五章 免疫印迹

适用范围：五年制、八年制医学类专业分子医学技能实验课。

学时数：4~6 学时。

实验分组：8~10 组 / 班。

## 【实验原理】

免疫印迹（immunoblotting）又称蛋白质印迹（Western blotting），是通过特异性抗体对凝胶电泳处理过的细胞或生物组织样品进行着色，通过分析着色的位置和着色深度获取特定蛋白质在所分析的细胞或组织中表达情况的检测技术，可分为电泳、转印、酶免疫测定 3 个步骤。该法先将经过聚丙烯酰胺凝胶电泳（PAGE）分离的蛋白质样品转移到固相载体（例如 NC 薄膜或 PVDF 膜）上，固相载体以非共价键形式吸附蛋白质且保持其生物学活性不变。随后，固相载体上的蛋白质或多肽与相应的特异性抗体结合，产生免疫反应，再与酶或同位素标记的第二抗体结合。最后，利用底物显色或放射自显影技术对特异性目的基因表达的蛋白成分进行显色定位分析。该技术结合了电泳的高分辨率和酶免疫测定的高灵敏度和特异度，是一种能用于分析样本组分的免疫学测定方法，被广泛应用于生物医学研究中蛋白水平表达的检测和研究。

## 【实验目的和设计】

### 1. 实验目的

（1）掌握免疫印迹的技术原理。

（2）熟悉免疫印迹的主要实验步骤。

**2. 实验设计** 本实验只做免疫印迹中酶免疫检测的部分，以人 IgG 为抗原，通过电转或人工的方式转印至 NC 膜上，经过封闭、一抗、二抗反应，最后用 TMB 底物进行显色。

## 【实验前准备工作】

### 1. 试剂耗材

（1）NC 膜：电转后切成条状或人工转印后，分装于小试管中，每组 1 条。

（2）羊抗人 IgG：规格为 0.1ml，分装于小试管中，每组 2ml。

(3) HRP-兔抗羊 IgG：规格为 0.1ml，按 1∶1 500 稀释，分装于小试管中，每组 2ml。

(4) 沉淀型 TMB 底物：每班 10ml。

(5) 5% 脱脂奶粉。

(6) PBS：每组 50ml，分装于离心管中。

(7) 大平皿、小镊子。

**2. 仪器设备**　恒温培养箱。

## 【课中工作】

工作指引：新鲜分装 TMB 底物液并避光放置。

**实验步骤**

(1) 封闭：将小试管中的 NC 膜（已转印）转移至含 5% 脱脂奶粉的小试管中，塞上小胶塞，摇动数次，使奶粉液充分覆盖 NC 膜，室温下温育 20min，期间注意平缓摇动数次。

(2) 打开胶塞，弃去封闭液，加入一抗溶液，轻轻摇动后，置于 37℃温育 40min，期间注意平缓摇动数次。

(3) 弃去一抗溶液，加入 PBS（2~3ml）漂洗 2 次，再加入 1ml 酶标二抗，轻轻摇动后 37℃下反应 30min，期间注意不时摇动。

(4) 将膜取出，放入大平皿中，用 PBS 漂洗 3 次，每次 3min。

(5) 将膜取出，加入底物液，避光显色 5~10min，取出后用 PBS 漂洗，观察结果。

## 【实验注意事项】

1. 应提前将试剂放置于室温下平衡 30min。
2. 实验结束后，请将剩余底物液倒入有毒试剂回收瓶中，严禁倒入水池中。
3. 酶底物显色法检测灵敏度不高，实际应用中一般采用灵敏度更高的化学发光法。

**（黄小荣　梁昌盛　朱兆玲）**

# 第十六章 酶联免疫斑点法检测结核特异性 T 细胞 γ 干扰素释放

适用范围：基础医学专业、八年制临床医学专业实验课。

学时数：8~12 学时。

实验分组：2~4 人 / 组。

## 【实验原理】

结核分枝杆菌感染的人体免疫应答以细胞免疫为主，T 淋巴细胞受结核分枝杆菌抗原刺激而致敏，形成活化的效应 T 细胞（包括 $CD4^+$ 和 $CD8^+$T 细胞），当接受结核相关抗原的再刺激后，活化的效应 T 细胞可分泌 γ 干扰素（interferon-gamma，IFN-γ）参与机体免疫。

本实验将人外周血中的单个核细胞（PBMCs）分离出来，加入结核特异性抗原培养滤液蛋白 10（culture filtrate protein 10，CFP-10）及早期分泌抗原 6（early secretory anti-gen-6，ESAT-6）进行刺激、培养，利用酶联免疫斑点技术（enzyme-linked immunospot，ELISPOT）原位捕获细胞产生的 IFN-γ，对分泌 IFN-γ 的细胞进行原位显色检测，通过观察计数分泌 IFN-γ 的细胞数量，并与对照组进行差异比对分析，可对肺结核和潜伏性感染进行辅助诊断。

## 【实验设计】

人外周血单个核细胞（PBMCs）分离→细胞计数、铺板，加入刺激物培养过夜→抗体孵育及斑点显色→斑点计数。

## 【实验前准备工作】

### 1. 试剂耗材

（1）结核感染 T 细胞检测试剂盒（免疫斑点法）28 人份 / 盒，试剂盒组分：①微孔培养板（由 12 × 8 孔的板条组成，包被有小鼠抗人的 γ 干扰素单抗）；②结核分枝杆菌特异混合多肽 A（ESAT-6）；③结核分枝杆菌特异混合多肽 B（CFP-10）；④阳性质控（PHA）；⑤浓缩标记抗体（碱性磷酸酶标记的小鼠的抗人 γ 干扰素单抗）；⑥显色底物溶液，含 BCIP 和 NBT。

（2）人外周血淋巴细胞分离液：200ml/kit，室温放置。

（3）1640 细胞培养液：500ml/ 瓶，使用前须预温至 37℃。

（4）无菌生理盐水：500ml/ 瓶，使用前须预温至 37℃。

（5）PBS 缓冲液：500ml/ 瓶，使用前须预温至 37℃。

（6）一次性静脉采血针、肝素抗凝管、皮肤消毒剂、无菌棉签。

**2. 仪器设备**

（1）恒温培养箱：每班 1 部，提前 1~2d 开机，并检查温度是否准确稳定，如为隔水式恒温培养箱，须检查水位情况，如水位过低，请补充蒸馏水。

（2）ELISPOT 读板仪：每班 1 部，如实验室没有此设备，可用体视镜或放大镜进行观察计数。

## 【课中工作】

工作指引：每组各派 1~2 位同学课前 10min 到实验准备室抽取新鲜抗凝静脉血 8ml（4ml/ 管 ×2 管）。

**1. 样本的采集及 PBMCs 的分离**

（1）准备两个 15ml 离心管，一个加入 4ml 注射用生理盐水，另一个加入 4ml 人外周血淋巴细胞分离液（加入体积与采血量相当）。

（2）每组采集新鲜肝素抗凝血约 5ml，取 4ml 与生理盐水混匀后，匀速轻缓加入 45° 倾斜离心管的分离液中，注意不要冲破液面。将分层混合液 1 800g 离心 30min，上升加速度为 2，下降加速度为 0。

（3）离心完成后，小心吸取第二层分离液中的环状乳白色淋巴细胞层至新的 15ml 离心管内，用无血清的 1640 培养液补齐至 12ml，1 500g 离心 10min。

（4）倒去上清，用移液器轻轻混匀细胞，加入 5ml 无血清的 1640 培养液再次洗涤一次，1 500g 离心 5min。

（5）倒去上清，用移液器吸干管口液体，加入 1ml 无血清培养液重悬细胞，计数。

（6）将细胞悬液浓度调整至 $2.5\times10^6$/ml。PBMCs 的计数方法见表 16-1。

（7）细胞重悬后，取 10μl 细胞悬液到 90μl 0.4% 台盼蓝染液中，混匀，取 10μl 台盼蓝细胞混合液充入血球计数板，静置 2min 后在显微镜下计数。

（8）用无血清培养液将细胞悬液浓度调整至 $2.5\times10^6$/ml。

**表 16-1　$2.5\times10^6$/ml 细胞悬液配制方法**

| 重悬 1640 培养液体积 /ml | 补加的培养液 /ml |
|---|---|
| 1 | N/100.0~1.0 |
| 0.5 | N/200.0~0.5 |

注：N 为血球计数板中 4 个大方格内的白细胞总数。

**2. 细胞接种，加入刺激物，培养（无菌操作）**

（1）在检测板条的 4 个孔中如图 16-1 所示，依次加入 50μl 无血清 1640 培养液、抗原 1（CFP-10）、抗原 2（ESAT-6）和阳性对照抗原（PHA），每个样本均需要用到 4 个检测孔。

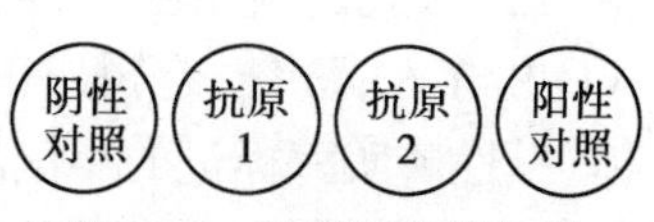


图 16-1　检测板条的加样

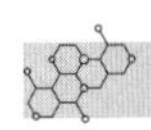

(2) 在 4 个孔中分别加入 100μl $2.5 \times 10^6$/ml 的细胞悬液，轻轻晃动使其与抗原液混匀，将板条放入培养皿中，在 37℃保持湿润的 5%$CO_2$ 培养箱中孵育 16~20h，培养期间避免移动、碰撞。

提示：①加入细胞悬液时必须保证彻底混匀，每孔加样后更换新的枪头以避免交叉污染；②在培养板的洗涤和斑点形成阶段，不要让枪头触碰反应孔底部的膜，以免产生凹痕，形成斑点假象。

**3. 培养后操作（无须无菌操作）**

(1) 取出 8 孔反应板条、抗原 A、抗原 B、阳性质控和底物显色溶液，恢复至室温待用。

(2) 准备按 1∶200 稀释的标记抗体工作液，计算标记抗体工作液的所需用量，在使用之前配制。

提示：①不能使用含有吐温（Tween）或其他去污剂成分的 PBS 缓冲液，否则可能导致高本底结果；②确保标记抗体工作液略有剩余，使用 8 孔板条时，可配制 500μl 标记抗体工作液，即取 2.5μl 的浓缩标记抗体加 497.5μl 的 PBS 缓冲液。

(3) 取出反应板条，弃去培养上清液，每个反应孔加入 200μl PBS 缓冲液。

(4) 弃去 PBS 缓冲液。用新鲜的 PBS 缓冲液重复洗涤至少 3 遍，每次 30s，最后一次洗涤结束后，在吸水纸上拍干反应孔。

(5) 每个反应孔加入 50μl 标记抗体工作液，4℃孵育 1h。

(6) 弃去标记抗体工作液，按上述步骤(3)和(4)进行洗涤。

(7) 每孔加入 50μl 底物显色溶液，室温孵育 7min。

(8) 用 dd$H_2O$ 彻底洗涤培养板，终止反应。

(9) 将培养板条置于 37℃温箱内干燥 4h 或于通风处室温下过夜，斑点会因干燥而变得清晰。

(10) 计算每孔的深蓝色清晰斑点数量。可采用放大镜、体视镜或 ELISPOT 读板仪计数斑点数量，每一个斑点代表一个分泌 γ 干扰素的 T 细胞（图 16-2）。

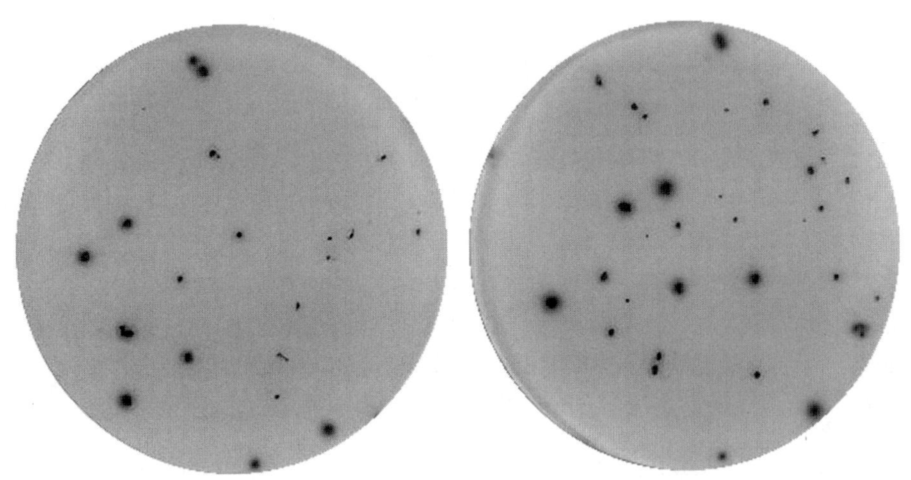

**图 16-2　实验结果示意图**

**4. 结果判断**　根据抗原 A 或 / 和抗原 B 孔的反应判断结果。

检测结果为“阳性”的，应符合以下标准。

(1) 阴性对照孔没有或不超过 10 个斑点而阳性对照孔斑点数超过 20 个。

(2) 阴性对照孔斑点数为 0~5 个，且抗原 1 或抗原 2 孔的斑点数减去空白对照孔斑点数大于等于 6。

(3) 阴性对照孔斑点数为 6~10 个，且抗原 1 或抗原 2 孔的斑点数 ≥ 2 × 空白对照孔斑点数。

如果不符合上述标准且阴、阳性对照孔正常时，则判断结果为“阴性”。

如果阴性对照孔斑点数超过 10 个或阳性对照孔斑点数少于 20 个时，检测结果被认为是“不确定”。

如果阴性对照孔斑点数为 0~5 个，且抗原 1 或抗原 2 孔的斑点数减去阴性对照孔斑点数等于 5~8 时，此结果被认为是“灰区”。

“阳性”结果表明样本中存在针对结核分枝杆菌的特异的效应 T 细胞；“阴性”结果表明样本中可能不存在针对结核分枝杆菌的特异的效应 T 细胞。

提示：①不同厂家试剂盒的结果判断标准稍有不同，具体以试剂盒说明书为准；②“不确定”或“灰区”的样本须重新进行试验以排除试剂或操作等因素引起的结果误差，具体解释参考产品说明书。

（黄小荣　梁昌盛　朱兆玲）

# 第十七章 间接免疫荧光技术检测抗核抗体

适用范围：五年制、八年制临床医学专业、基础医学专业实验课。

学时数：8~12 学时。

实验分组：2~4 人 / 组。

## 【实验原理】

免疫荧光技术（immunofluorescence technique）的原理是利用荧光素标记的抗体，在一定的条件下与标本中的抗原特异性结合，形成抗原抗体复合物，经激光光源激发后标本中结合的荧光素可发出特定波长的荧光光谱，其强度与被测抗原分子的表达密度成正比，可借荧光显微镜加以观察，根据具体操作方法的不同，又可分为直接法和间接法两种类型。

抗核抗体（antinuclear antibody，ANA）是以细胞核成分为靶抗原的自身抗体的总称，是多种自身免疫病，特别是 ANA 相关风湿性疾病诊断的重要血清标志物。以 Hep-2 细胞为基质的间接免疫荧光法是 ANA 检测的重要方法，该法将 Hep-2 细胞和灵长类动物肝脏切片固定在生物薄片上，加入待测血清与生物薄片上的细胞核抗原进行反应，温育洗涤后，再加入荧光素标记的抗人 IgG 抗体进行反应，可在荧光显微镜下观察到阳性标本的细胞核发出的黄绿色荧光。

## 【实验目的和设计】

### 1. 实验目的

（1）掌握免疫荧光技术的原理。

（2）熟悉免疫荧光法检测 ANA 的实验步骤。

（3）了解抗核抗体检测的临床意义。

**2. 实验设计**　在生物玻片上分别加入待测血清、阳性对照血清、阴性对照血清，孵育→洗涤，加入 FITC 标记抗体进行孵育反应→洗涤，封片，荧光显微镜下观察。

## 【实验前准备工作】

### 1. 试剂耗材

（1）Hep-2 细胞涂片和灵长类动物肝脏冰冻切片：可购买成套商品化试剂。

（2）FITC 标记羊抗人 IgG：100μl，可购买成套商品化试剂。

(3)待测血清,阳性对照、阴性对照血清。

(4)PBST(pH 7.2 PBS 缓冲液,0.2% 吐温 20):500ml。

(5)pH 8.4 磷酸盐缓冲甘油。

**2. 仪器设备** 正置荧光显微镜(每组 1 部):带绿色荧光、红色荧光激发滤光片,使用前提前开机预热 15min。

## 【课中工作】

工作指引:

(1)将生物薄片提前置于室温中放置。

(2)按试剂盒要求,提前配制 PBS-T,稀释抗体。

(3)观察结果前 30min 打开荧光显微镜电源,开机预热。

**1. 实验步骤**

(1)准备工作:检查清洁加样板,必要时使用湿纸巾擦拭或用清洁剂加流水清洗干净;当生物薄片达到室温后,方可打开包装,打开后注意不要触碰薄片表面。

(2)样品稀释:采用 PBS-T 缓冲液对待测血清进行稀释(一般按 1∶100,即取 10μl 血清用 1ml PBS-T 缓冲液稀释混匀);每次试验均须设阴性、阳性对照,对照血清混匀即可,无须稀释。

(3)加样:在加样板的每一反应区中加入 25μl 稀释血清,加样时注意不要产生气泡。

(4)孵育:将载玻片有生物薄片的一面朝下,准确盖于加样板凹槽里,确保每一样品和生物薄片反应区接触且反应区间互不接触,室温孵育 30min。

(5)洗涤:用 PBS-T 对生物薄片进行冲洗,然后置于装有 PBS-T 的平皿或烧杯中浸洗 5min 以上。

(6)加二抗:在洁净加样板的反应区中加入 20μl FITC 标记羊抗人 IgG。

(7)孵育:取出载玻片,用吸水纸吸干背面和边缘,将有生物薄片的一面朝下,覆于加样板的凹槽中,检查薄片与液滴是否接触良好,室温孵育 30min。

提示:不要擦拭反应区的间隙,以免破坏基质;避免阳光直射。

(8)洗涤:重复步骤(5),可在 150ml PBS-T 中滴加 10 滴伊文氏蓝进行复染。

(9)封片:在盖玻片上滴加磷酸盐缓冲甘油,每反应区加 10μl。取出载玻片,用吸水纸擦拭背面和边缘,将有生物薄片的一面朝下,覆于盖玻片上。

(10)镜下观察。

**2. 结果判读** 细胞核着色,发出黄绿色荧光者为阳性染色细胞,不发出荧光者为阴性(图 17-1);抗原片中出现阳性染色细胞者为 ANA 阳性,否则为阴性;阳性待检血清可进一步稀释后测定效价(表 17-1)。

**表 17-1 ANA 结果判定参考表**

| ANA 反应性 | 结果 |
| --- | --- |
| 1∶100 以下 | 阴性,标本中未检测到抗核抗体 |
| 1∶100 或以上 | 阳性,提示某种风湿性疾病或其他疾病 |

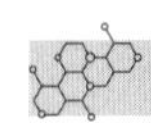

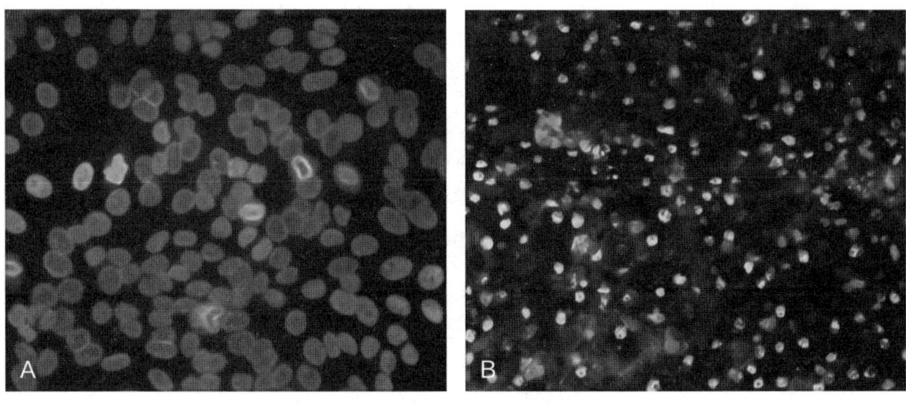


A. Hep-2 细胞；B. 猴肝切片。

**图 17-1　免疫荧光法检测 ANA 阳性结果**

## 【临床意义】

1. 总 ANA 检测是临床诊断和鉴别诊断中一项重要的筛选试验。阳性者可进一步检测各亚类 ANA 抗体，对明确诊断、临床分型、病情观察、预后及疗效评价有重要意义。

2. 绝大多数自身免疫性疾病均可呈阳性，其中未经治疗的活动性红斑狼疮的阳性率为 80%~100%，药物性狼疮为 100%，其他可呈阳性的自身免疫性疾病主要有重叠综合征、混合性结缔组织病、全身性硬皮病、皮肌炎、干燥综合征、自身免疫性肝炎、类风湿关节炎、桥本甲状腺炎、重症肌无力等。

（黄小荣　梁昌盛　朱兆玲）

# 第十八章
# T 淋巴细胞转化试验

适用范围：五年制、八年制临床医学专业实验课。

学时数：8~12 学时。

实验分组：2~4 人 / 组。

## 【实验原理】

T 淋巴细胞体外培养时，在非特异性促有丝分裂原或特异性抗原的刺激下，细胞代谢和形态可发生一系列的变化，如电荷改变，细胞内蛋白和 DNA 合成增加，细胞体积增大，胞质增多，染色质变得疏松，核仁变得明显等，并且细胞能转化为淋巴母细胞。

在体外利用刺激物刺激淋巴细胞，采用形态学方法或同位素掺入法测定细胞的转化程度，即可测定 T 淋巴细胞的应答功能。很多试剂均能特异或非特异地诱导 T 细胞活化和增殖，常见的 T 细胞激活剂主要有以下几类。

(1) 促有丝分裂原类，如植物血凝素(phytohemagglutinin，PHA)和伴刀豆凝集素 A (concanavalin A，ConA)等。

(2) 特异性抗原类，如破伤风类毒素、结核菌素等。

(3) 细胞抗原类，如同种异体非 -T 细胞、自体的非 -T 细胞等。

(4) 其他 T 细胞激活剂，如 Ionophone 类、佛波酯类、抗体类、细胞因子类等。

体外培养的刺激物中，以 PHA 应用最广，其所引起的淋巴细胞转化率大大超过特异性抗原的作用，可使正常人的 T 淋巴细胞几乎均被转化，但其反应属于非特异性转化。特异性抗原对相应抗原致敏的淋巴细胞的转化率一般为 5%~30%。

淋巴细胞转化的检测方法有形态学计数法和同位素计数法，前者将体外刺激培养后的淋巴细胞进行涂片染色，镜下观察并计算淋巴细胞转化率。后者将 $^{3}$H 胸腺嘧啶核苷($^{3}$H-TdR)加入刺激培养系统中，在细胞合成 DNA 时，$^{3}$H-TdR 会掺入 DNA 中，可通过计算淋巴细胞内的放射强度测定其转化程度。

形态计数法的优点是不需要特殊试剂和设备，但判读结果受主观因素影响较大，有测定效率低，重复性和稳定性较差等问题。但要了解被激活淋巴细胞的形态改变，则仍需要采用形态观察法。

同位素法的优点是可自动化操作，重复性和客观性较好，但需要放射性同位素及其检测

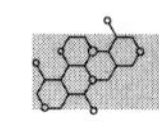

设备，对环境存在潜在污染，一般实验室不好开展。

## 【实验目的和设计】

**1. 实验目的**

(1) 掌握 T 淋巴细胞转化实验的原理。

(2) 熟悉能引起 T 淋巴细胞转化的常用抗原性物质及其特点。

(3) 了解淋巴细胞转化的形态学特征及其意义。

**2. 实验设计**　人外周血单个核细胞(PBMCs)分离→细胞计数、铺板，加入刺激物培养 72h →涂片染色→观察计数。

## 【实验前准备】

**1. 试剂耗材**

(1) PHA 溶液：有粗制品和精制品两种，粗制品是含多糖的蛋白质成分，名为 PHA-M，精制品为纯蛋白成分，名为 PHA-P。

(2) RPMI-1640 培养液。

(3) 小牛血清。

(4) 瑞氏 - 吉姆萨染液。

**2. 仪器设备**　超净工作台、$CO_2$ 培养箱、双目显微镜、低速水平离心机。

## 【课中工作】

工作指引：每班各派 1~2 位同学课前 10min 抽取新鲜抗凝血 10~12ml，并分装成每管 1.2ml。

**1. 实验步骤**

(1) 样本的采集及 PBMCs 的分离(具体方法同第十六章)。

(2) 将分离的 PBMCs 细胞用 10%RPMI-1640 培养液重悬，并调整细胞数为 $2.5 \times 10^6$/ml，分成 2 管，其中一管加入 PHA-P 5μg/ml，另一管作阴性对照。然后将细胞液分别加入 24 孔细胞培养板中，每孔 1~2ml，置于 $CO_2$ 培养箱中 37℃培养 72h，培养期间每天摇匀 2 次。

(3) 将培养物吹打混匀并吸取到离心管中，1 000r/min 离心 10min，弃上清。用枪头吹打使沉淀分散，吸取一滴细胞悬液于清洁玻片上，用滴管或推玻片将细胞液轻轻刮推向玻片一端，使各种细胞均匀分布，自然干燥。

(4) 滴加瑞氏 - 吉姆萨染液 2~3 滴，覆盖整个标本涂片 1~2min。

(5) 滴加等量 0.01mol/L 磷酸盐缓冲液(pH 值为 6.4~6.8)，轻轻晃动玻片，与瑞氏 - 吉姆萨染液充分混匀，染色 3~5min。

(6) 用 $ddH_2O$ 缓慢冲洗，吸干，镜下观察计数。

提示：①涂片厚薄适宜，涂片干透后固定，否则细胞在染色过程中容易脱落；②所加染液不能过少，以免蒸发而使染料沉淀。冲洗时间不能过久，以防脱色；③染色对 pH 值十分敏感，稀释染液必须用缓冲液，冲洗用水应接近中性，否则可能导致染色异常；④染色过淡时，可以复染，复染时应先加缓冲液，然后加染液；染色过深时，可用流水冲洗或浸泡，也可用甲醇脱色。

**2. 实验结果观察** 油镜下计数200个淋巴细胞，按下面的公式计算转化率。

$$转化率 = \frac{转化的淋巴细胞计数}{转化的淋巴细胞计数 + 未转化的淋巴细胞计数} \times 100\%$$

在正常情况下，PHA的淋巴细胞转化率为60%~80%，50%以下则为降低，未转化和转化淋巴细胞的形态学特征见表18-1。

**表18-1 未转化和转化淋巴细胞的形态学特征**

| 细胞类别 | 转化的淋巴细胞 | | 未转化淋巴细胞 |
|---|---|---|---|
| | 淋巴母细胞 | 过渡型淋巴细胞 | |
| 细胞直径/μm | 20~30 | 12~16 | 6~8 |
| 细胞大小、染色质 | 增大，疏松 | 增大，疏松 | 不增大，密集 |
| 核仁 | 清晰，1~4个 | 有或无 | 无 |
| 有丝分裂 | 有或无 | 无 | 无 |
| 细胞质及着色 | 增多，嗜碱 | 增多，嗜碱 | 天青色 |
| 胞内空泡 | 有或无 | 有或无 | 无 |
| 伪足 | 有或无 | 有或无 | 无 |

（黄小荣 梁昌盛 朱兆玲）

# 第十九章
# T 淋巴细胞亚群及胞内 γ 干扰素的流式细胞检测

适用范围：基础医学专业、八年制临床医学专业实验课。

学时数：8~12 学时。

实验分组：2~4 人 / 组。

## 【实验原理】

人 T 淋巴细胞（$CD3^+$）根据表面分化抗原的不同可分为 $CD4^+T$ 细胞和 $CD8^+T$ 细胞两大亚群。$CD4^+T$ 细胞可分为 Th1 细胞（主要分泌 IFN-γ 等细胞因子）和 Th2 细胞（主要分泌白介素 -4 等细胞因子）两个亚群，分别调控细胞免疫和体液免疫。$CD8^+T$ 细胞也有 Tc1 细胞和 Tc2 细胞两种亚群，两者具有类似于 Th 细胞的生物学特征。T 淋巴细胞亚群的平衡改变与许多免疫性疾病的预后转归相关，通过对淋巴细胞亚群比例、比率的分析，可以监测感染性疾病、免疫性疾病及肿瘤等疾病状态下机体的免疫状况，从而辅助诊断，判断病情变化。

流式细胞术（flow cytometry，FCM）是一种利用流式细胞仪对细胞等生物粒子的理化特性和生物学特性进行多参数分析的检测新技术。它借鉴了免疫荧光与血细胞计数的原理，同时利用免疫荧光、激光、单克隆抗体以及计算机技术，大大提高了检测速度和精确性，而且可以从同一个细胞中同时测得多种参数，是生物医学研究及临床检测中的强有力的分析手段。

本实验通过三色流式细胞术检测人的 T 淋巴细胞亚群以及刺激前后细胞内 IFN-γ 的分泌水平，对人外周血中 T 淋巴细胞亚群的比例分布进行评估，并观察抗原刺激前后细胞内 IFN-γ 分泌情况。

## 【实验目的与设计】

### 1. 实验目的

（1）根据 CD3 与 CD4 的表达情况对外周血单个核细胞进行分类，了解人外周血中 T 淋巴细胞亚群的分布比例。

（2）观察未刺激和刺激后的 T 细胞 IFN-γ 的分泌情况。

**2. 实验设计**　人外周血单个核细胞(PBMCs)分离→取一定数量的细胞与 anti-human CD3-PE、anti-human CD4-FITC、anti-Human IFN-γ-APC 进行反应→ FCM 分析。

## 【实验前准备工作】

**1. 试剂耗材**

(1) anti-human CD3-PE(100 tests)、anti-human CD4-FITC(100 tests)、anti-Human IFN-γ-APC(100 tests)、anti-human CD8-APC(100 tests)。

(2) 10%BSA PBS 缓冲液、1% 多聚甲醛固定液。

(3) permeabilization buffer、intracellar fixation buffer。

(4) PMA/ionomycin mixture(250×)、BFA/monensin mixture(250×)。

(5) 流式管、无菌 15ml 离心管、1.5ml EP 管。

**2. 仪器设备**　流式细胞仪(提前一周预约使用)。

## 【课中工作】

工作指引:

(1) 每组各派 1~2 位同学课前 10min 到实验准备室抽取新鲜抗凝静脉血 4ml。

(2) 巡视各实验室,对学生实验操作进行指导。

(3) 及时处理各实验室课中出现的各种问题。

**1. 样本的采集及 PBMCs 的分离**　实验操作同第十六章。

**2. 细胞刺激**

(1) 洗涤细胞:取大约 2ml $2.5 \times 10^6$/ml 的细胞液于 15ml 离心管中,加入 8ml PBS 并充分振荡混匀,1 600r/min 离心 5min 后弃去上清,重复一次。

(2) 加入 500μl 10%FBS RPMI-1640 培养液重悬,分别转移 100μl 细胞液于 96 孔培养板中(每孔 $1 \times 10^6$ 个细胞),分不刺激和刺激两组,并各自加入 1μl PMA/ionomycin mixture 和 1μl BFA/monensin mixture,轻微振荡混匀,37℃刺激 6h。

**3. 表面染色(CD3-FITC,CD4-PE;补偿用 CD8-APC)**

(1) 收获细胞:用 1%BSA PBS 1ml 洗涤一次(1 500r/min,10min),倾倒后用滤纸吸干管口液体。

(2) 加入预先配制好的表染抗体混合液(溶于 50μl 1%BSA PBS),用枪轻轻吹打充分混匀,4℃避光孵育 30min。

(3) 用 1%BSA PBS 1ml 洗涤一次(1 500r/min,10min),倾倒后用滤纸吸干管口液体。

**4. 胞内染色**

(1) 固定:加入 100μl IC fixation buffer,混匀,室温避光孵育 20min,每管加 1ml 1×permeabilization buffer,使细胞破膜。

(2) 4℃下 2 000r/min 离心 10min,用 1%BSA PBS 1ml 洗涤 1 次,2 000r/min 离心 10min,倾倒后用滤纸吸干管口液体。

(3) 破膜:加入 1×permeabilization buffer 1ml,混匀,4℃孵育 45min。

(4) 4℃下 2 000r/min 离心 10min,倾倒后用滤纸吸干管口液体。

(5) 加入 anti-human IFN-γ-APC(溶于 50μl 1×permeabilization buffer),4℃孵育 45min。

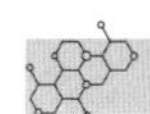

(6) 最后再用 1%BSA PBS 1ml 洗一次，倾倒后用滤纸吸干管口液体。

(7) 加入 500μl 1%BSA PBS，重悬细胞。

(8) 上机检测。

提示：细胞染色后若 8h 内检测可用 PBS 进行细胞重悬，若用 1%PFA 固定最好不超过 12h。

**5. 实验结果**　实验结果见图 19-1、图 19-2。正常参考值：$CD3^+$ 细胞 56%~86%；$CD4^+$ 细胞 33%~58%；$CD8^+$ 细胞 13%~39%；CD4/CD8 为 0.71%~2.78%。

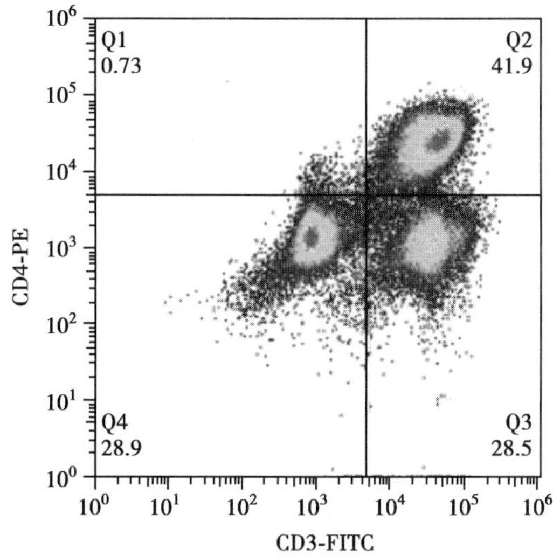


Q1：$CD3^-CD4^+$ 细胞 (0.73%)；Q2：$CD3^+$ $CD4^+$ 细胞 (41.9%)；
Q3：$CD3^-CD4^-$ 细胞 (28.9%)；Q4：$CD3^+$ $CD4^-$ 细胞 (28.5%)。

**图 19-1　人外周血 PBMCs 的 FCM 分析图**

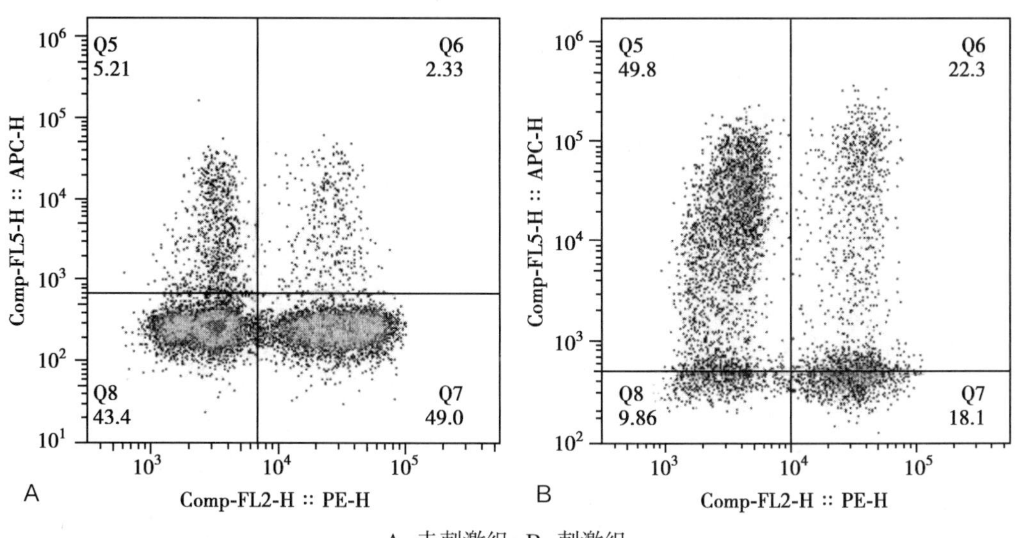


A：未刺激组；B：刺激组。

**图 19-2　未刺激组与刺激组 IFN-γ 表达的 FCM 分析图**

左右图比较可见，刺激组细胞 IFN-γ 表达量明显高于未刺激组，刺激组表达 IFN-γ 的细胞中 $CD4^+$ 细胞占 22.3%，$CD4^-$ 细胞占 49.8%（$CD8^+$ 细胞），未刺激组仅有少量 IFN-γ 表达。

## 【实验注意事项】

1. 因为细胞刺激需要 5h，因此应严格执行无菌操作。
2. 待检样本必须为单细胞悬液。
3. 荧光素是光敏物质，标记抗体应尽可能避光。
4. 抗体可适当过量，以保证细胞表面分子能充分与抗体结合。
5. 尽量当天操作，避免固定对细胞造成较大影响。

（黄小荣　梁昌盛　朱兆玲）

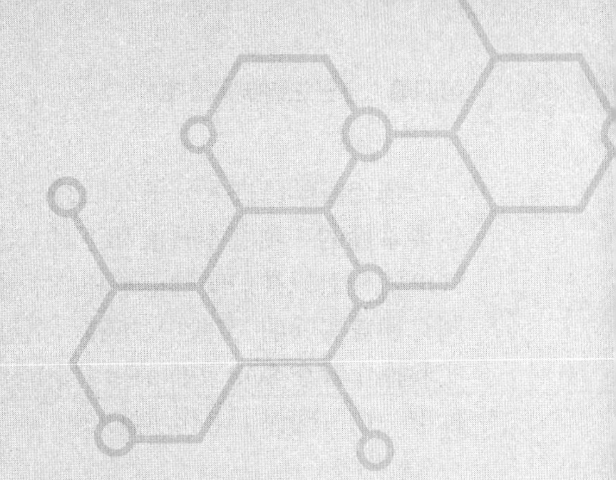

# 第四篇
# 分子生物学实验技术

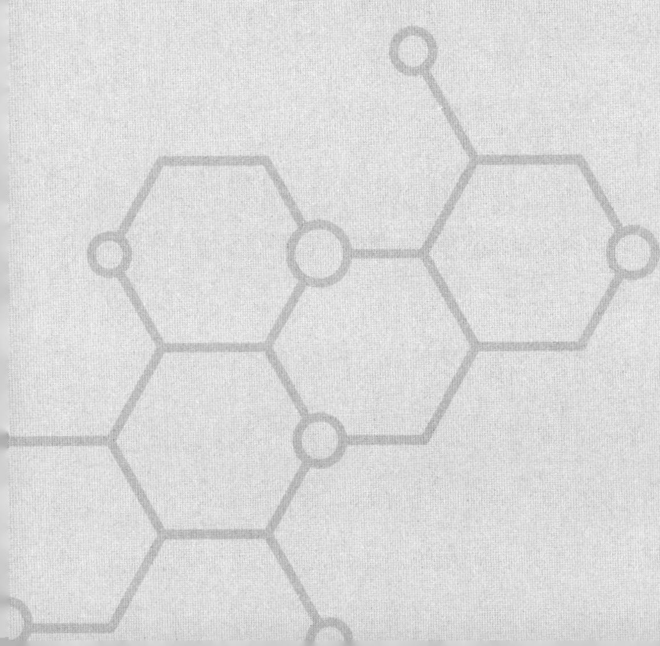

当今医学已进入分子水平,分子生物学技术已被广泛应用于医学的各个领域,成为医学生要掌握的一项基本技能和工具。本篇较全面地介绍了常用的分子生物学实验技术,并以SOP 流程对以往的实验记录和技术经验进行系统梳理,对实验各阶段的具体工作进行细化,制订涵盖实验前、实验中、实验后全过程的技术指导性文本,确保实验教学工作的延续性,使实验操作者在 SOP 文件的指引下能及时、规范、独立地完成实验技术工作,达到"程序一致、标准一致",确保了工作质量。

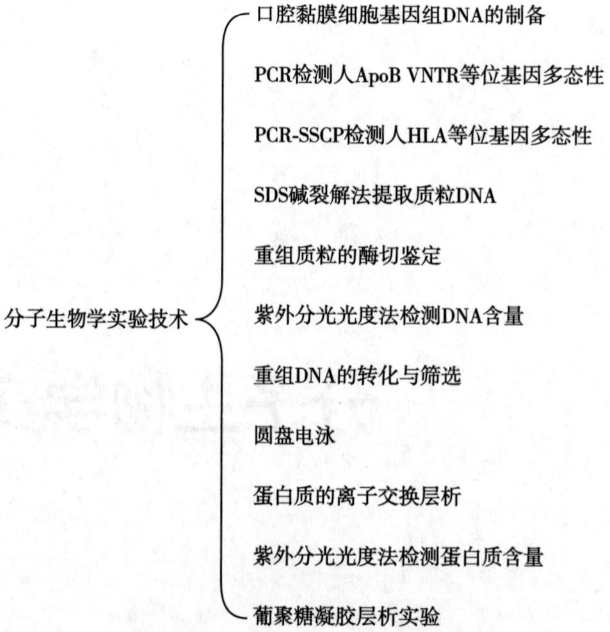

分子生物学实验技术

- 口腔黏膜细胞基因组DNA的制备
- PCR检测人ApoB VNTR等位基因多态性
- PCR-SSCP检测人HLA等位基因多态性
- SDS碱裂解法提取质粒DNA
- 重组质粒的酶切鉴定
- 紫外分光光度法检测DNA含量
- 重组DNA的转化与筛选
- 圆盘电泳
- 蛋白质的离子交换层析
- 紫外分光光度法检测蛋白质含量
- 葡聚糖凝胶层析实验

**图篇 4-1　分子生物学实验技术总览**

# 第二十章
# 口腔黏膜细胞基因组 DNA 的制备

适用范围：五年制、八年制临床医学专业分子医学技能实验课；硕士研究生生化与分子生物学技术实验课。

学时数：4~6 学时。

实验分组：3~4 人 / 组。

## 【实验原理】

苯酚 - 氯仿抽提法是基因组 DNA 纯化技术中比较经典的方法，本实验的实验材料为人口腔黏膜细胞，提取的基本原理为先通过裂解缓冲液中的 SDS 与蛋白酶 K 裂解细胞、消化蛋白、释放核酸，通过 EDTA 抑制核酸酶对 DNA 的降解；然后使用苯酚、氯仿等有机溶剂对细胞裂解液进行抽提，使蛋白质变性，高速离心后变性蛋白质沉淀在下层有机相与上层水相之间，而核酸保留在水相中。其中对蛋白质起变性作用的主要是苯酚，氯仿的作用为与苯酚共同去除蛋白质，促使有机相与水相分离，使脂质部分进入有机相，最后用氯仿进行抽提，可减少苯酚的残留。水相可通过加入一定量的无水乙醇进行 DNA 沉淀，其中基因组 DNA 聚合为纤维状絮团而漂浮，而细胞器内的 DNA 或质粒等小分子 DNA 则形成颗粒状沉淀附于容器壁上及底部，可先用 Tip 头或玻棒挑出絮团状的大分子基因组 DNA，也可直接高速离心得到所有的 DNA 沉淀。70% 乙醇用于洗涤 DNA 沉淀，可去除盐类杂质，最后加入 TE 溶解 DNA。

## 【实验目的和设计】

### （一）实验目的

1. 掌握苯酚 - 氯仿抽提法提取纯化基因组 DNA 的原理。
2. 熟悉口腔黏膜细胞基因组 DNA 制备的实验步骤。

### （二）实验设计

学生采集自身口腔黏膜细胞→用苯酚 - 氯仿抽提法提取纯化基因组 DNA。

## 【实验前准备工作】

### （一）需提前 1~2 周购买或补充的试剂耗材

**1. 氯仿、Tris 饱和酚（pH 8.0）、异戊醇** 500ml/ 瓶，腐蚀性有毒试剂，如需补充，需提前

1个月预订。

2. SDS、Tris、EDTA-$Na_2$、NaCl　分析纯。

3. **蛋白酶K**　100mg/瓶，-20℃保存。

4. **无水乙醇**　500ml/瓶。

5. **生理盐水**　可自行配制，保证洁净无菌。

6. **一次性塑料杯**　容量约200ml，用于分装生理盐水。

7. **塑料离心管**　15ml。

8. **吸头**　1 000μl、200μl。

9. **离心管**　1.5ml，高压消毒。

10. 薄膜手套、丁腈手套。

### （二）实验所需的仪器设备

本实验所需的仪器设备见表20-1。

**表20-1　口腔黏膜细胞基因组DNA制备的仪器设备**

| 仪器名称 | 数量 | 备注 |
| --- | --- | --- |
| 移液器（1ml、100μl） | 每组各1~2支 | 实验前应注意讲述移液器和离心机的正确使用方法 |
| 高速冷冻离心机 | 每班4~6台 | |
| 水浴箱（含离心管浮漂） | 每班1台 | 提前加入足量蒸馏水 |

### （三）实验前试剂及物品准备（以每班每组为单位，特别注明例外）

1. **抽提缓冲液**　每组1瓶，25ml。

2. **Tris饱和酚（pH 8.0）**　每组1瓶，25ml，可使蛋白质变性凝集，有效除去蛋白。

3. **氯仿-异戊醇（*V/V*为24∶1）**　每组1瓶，25ml，可进一步除去蛋白，同时可除去残留酚和脂类物质。

4. **无水乙醇**　每组1瓶，25ml，用于沉淀DNA。

5. **70%乙醇**　每组1瓶，25ml，用于去盐。

6. **TE缓冲液**　每组1瓶，25ml。

7. **15ml离心管**　每人1支。

8. **1.5ml离心管**　每组1盒。

9. **100μl、1 000μl吸头**　各每组1盒。

10. **1.5ml离心管标本盒**　每班1个，用于冷冻保存DNA样品。

11. **生理盐水**　每班5L。

12. 一次性杯每班40个，卷纸每班8卷。

13. **15ml、1.5ml离心管架**　每组1套。

14. **平衡天平及烧杯**　每班2套。

15. 100μl、1 000μl移液器各每组1支，薄膜手套每班4包，丁腈手套每班1盒，记号笔每组1支，课前由带教老师签名领取。

### （四）试剂的配制方法

1. **1mol/L Tris-HCl（pH 8.0）**　称量121.1g Tris置于烧杯中，加入约800ml的去离子水，充

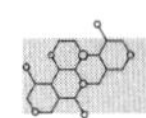

分搅拌溶解，加入浓盐酸调节 pH 至 8.0，定容到 1L。

**2. 0.5mol/L EDTA-$Na_2$（pH 8.0）** 称量 186.1g EDTA-$Na_2$·$2H_2O$ 置于烧杯中，加约 800ml 的去离子水，在搅拌的条件下用 NaOH 调 pH 至 8.0，完全溶解后定容到 1L。

**3. 蛋白酶 K（20mg/ml）** 称取 100mg 蛋白酶 K，加入 5ml 去离子水，充分溶解，−20℃保存。每 1ml 抽提缓冲液加入 1μl 蛋白酶 K。蛋白酶 K 可将蛋白质降解为小片段，加快消化速度。

4. 抽提缓冲液的配制方法见表 20-2。用时每瓶分装 25ml，加入 20mg/ml 蛋白酶 K 25μl（终浓度为 20μg/ml）。

**表 20-2　抽提缓冲液的配制方法**

| 名称 | 用量 | 终浓度 |
|---|---|---|
| 1mol/L Tris-HCl（pH 8.0） | 100ml | 100mmol/L |
| 0.5mol/L EDTA-$Na_2$（pH 8.0） | 100ml | 50mmol/L |
| NaCl | 11.7g | 200mmol/L |
| SDS | 10g | 1% |
| 去离子水 | 加至 1 000ml | - |

Tris-HCl（pH 8.0）提供合适的缓冲体系，防止酸碱的破坏；EDTA 可螯合 $Mg^{2+}$ 或 $Mn^{2+}$，抑制 DNA 酶活性；SDS 为阴离子去污剂，可破坏细胞膜与核膜，使基因组 DNA 与组蛋白分离。

5. TE 溶液的配制方法见表 20-3。

**表 20-3　TE 溶液的配制方法**

| 名称 | 用量 |
|---|---|
| 1mol/L Tris-HCl（pH 8.0） | 10ml |
| 0.5mol/L EDTA-$Na_2$（pH 8.0） | 2ml |
| 灭菌蒸馏水 | 至 1 000ml |

**6. 苯酚 - 氯仿混合液** 加入 250ml Tris 饱和酚、240ml 氯仿、10ml 异戊醇，充分混匀后，每瓶分装 50ml。

**7. 氯仿 - 异戊醇混合液** 加入 240ml 氯仿、10ml 异戊醇，充分混匀后每瓶分装 50ml。

## 【课中工作】

工作指引：

（1）检查水浴箱温度情况（65℃）。

（2）监督离心机重配平、对称放置等情况。

### （一）实验步骤

**1. 取材** 先用少许生理盐水清理口腔，然后口含生理盐水（15~30ml）2~3min，用一次性杯收集该漱口液，转入 15ml 离心管，平衡后 4 000r/min 离心 5min，收集漱口液中的细胞（若漱口液过多可同管多次离心)，弃上清。

2. 沉淀中加入 0.5ml 抽提缓冲液，用加样枪吹打重悬细胞(避免产生过多泡沫)，65℃温育 20min，中间振荡数次。

3. 转移至 1.5ml EP 管中，加入等体积的苯酚 - 氯仿混合液，充分颠倒混匀，注意不要振荡。

4. 12 000r/min 离心 5min，上层水相转移至新的 EP 管中。

5. 加入等体积氯仿 - 异戊醇，充分颠倒混匀。

6. 12 000r/min 离心 5min，上层水相转移到新的 EP 管中。

7. 加入 2 倍体积无水乙醇，颠倒混匀，12 000r/min 离心 10min，轻轻弃去上清。

8. 加入 1ml 70% 乙醇，颠倒混匀，12 000r/min 离心 3min，轻轻弃去上清。打开 EP 管盖，室温静置 10min。

9. 加入 50μl TE 溶液(或蒸馏水)溶解 DNA，-20℃下保存。

### (二) 注意事项

1. 加样枪分为 1 000μl、100μl、10μl 三种型号，各代表其加样的最大容量，可通过旋钮来调节加样容量，但要防止旋钮超过该型号的最大容量，以免损坏加样枪。

2. 苯酚、氯仿等试剂具有很强腐蚀性，应防止接触皮肤，不慎接触可用大量清水冲洗。

3. 使用离心机必须等重配平后对称放置离心管。

## 【课后工作】

1. 回收实验物品和试剂，搞好清洁卫生并洗涤相关试剂瓶等物品。

2. 关闭、清理离心机、水浴箱等仪器，高速冷冻离心机在关机状态下开盖晾干冷凝水后，再盖好。

(骆晓枫　谢金卫)

# 第二十一章 PCR 检测人 ApoBVNTR 等位基因多态性

适用范围：五年制临床医学专业分子医学技能实验课；硕士研究生生化与分子生物学技术实验课。

学时数：4~6 学时。

实验分组：3~4 人 / 组。

## 【实验原理】

### (一) PCR 原理

PCR 类似于 DNA 的天然复制过程，其特异性依赖于与靶序列两端互补的寡核苷酸引物。

PCR 由变性、退火、延伸三个基本步骤构成。

(1) 变性：模板 DNA 加热至 94℃左右，双链解离为单链，以便下轮反应与引物结合。

(2) 退火(复性)：模板 DNA 经加热解离为单链后，温度降至 55℃左右，引物与模板单链的互补序列配对结合。

(3) 延伸：DNA- 引物结合物在 Taq DNA 聚合酶的作用下，以 dNTP 为原料，靶序列为模板，按碱基配对与半保留复制原理，合成新的与模板 DNA 链互补的半保留复制链。

循环重复变性、退火、延伸三个过程，就可获得更多的"半保留复制链"，而且这种新链又可成为下次循环的模板。每完成一个循环需 2~4min，经 2~3h 就能将目的基因扩增放大几百万倍。PCR 的特点是扩增产物的特异性、扩增效率的灵敏度、扩增程序的简便性较高。引物及其与模板 DNA 结合的特异性是决定 PCR 反应结果的关键。

### (二) 人载脂蛋白 B 可变数目串联重复序列等位基因多态性

载脂蛋白 B(apolipoprotein B，ApoB)基因的 3' 端下游具有一个可变数目串联重复序列(variable number of tandem repeat，VNTR)，由 14~16bp 长、富含 AT 二核苷酸的重复序列串联而成。这些串联重复序列的拷贝数目以及内部结构的变化构成了 ApoB VNTR 等位基因的高度多态性。根据串联重复序列拷贝数目的不同，目前已发现 22 种等位基因，长度为 400~1 200bp。ApoB VNTR 所具有的高度多态性和高度杂合性，使其可以作为遗传性标志用于研究人类的起源、进化和迁徙，以及应用于亲权鉴定等法医学领域。此外，ApoB VNTR 等位基因在高胆固醇血症等疾病的基因连锁分析及流行病学研究上也有一定的意义。

### （三）琼脂糖凝胶电泳

琼脂糖凝胶电泳常用于分离、鉴定DNA、RNA，是以琼脂糖凝胶作为支持介质，利用DNA、RNA分子在电场中的电荷效应和分子筛效应，达到分离混合物的目的。DNA分子在电泳条件（pH值为8）下带负电荷，在电场作用下DNA向正极泳动。电泳中DNA的分离主要依靠与分子大小相关的分子筛效应，DNA分子越大，电泳时受到凝胶中琼脂糖链形成的孔径的摩擦阻力就越大，泳动也越慢，DNA分子的泳动速度与相对分子量成反比。

## 【实验目的和设计】

### （一）实验目的

1. 掌握PCR技术的方法和原理。
2. 了解和掌握琼脂糖凝胶电泳的原理和方法。
3. 熟悉PCR扩增人ApoB VNTR等位基因的实验步骤。
4. 熟悉琼脂糖凝胶电泳检测DNA的实验步骤。

### （二）实验设计

以学生提取的自身口腔黏膜细胞基因组DNA为模板→扩增ApoB VNTR等位基因→制备琼脂糖凝胶→ApoB VNTR等位基因的PCR扩增产物上样→电泳结果观察与分析。

## 【实验前准备工作】

### （一）需要提前1~2周购买或补充的试剂耗材

1. **ApoB引物** 提前1周合成。
2. 2 × PCR Mix。
3. **1 000μl、200μl、20μl的吸头** 高压消毒。
4. **0.2ml PCR管** 高压消毒。
5. 琼脂糖100g。
6. **Genefinder核酸染料** 500μl/支，为替代EB的低毒染料。
7. **6 × 上样缓冲液** 1ml/支。
8. **DNA marker** 250μl/支，100~1 200bp。
9. 薄膜手套、丁腈手套。

### （二）实验所需的仪器设备

1. 移液器（10μl、100μl、1 000μl）：每组各1支。
2. **掌上离心机** 每班4~6台，用于加样后液体的聚集。
3. **PCR仪** 每班1~2台。
4. **电泳仪** 每班4台。
5. **水平电泳槽（含制胶模具、插梳）** 每班4套。
6. **蓝光透射仪（与Genefinder配套）** 每班1台，EB染料使用紫外透射仪。

### （三）实验前试剂及物品准备（以每班每组为单位，特别注明例外）

**1. PCR试剂所包括的组分**

（1）ApoB引物（10μmol/L）：100μl，5支/班，保存于−20℃。

（2）2 × PCR Mix：1ml，5支/班，保存于−20℃。

(3) $ddH_2O$：1ml，5 支 / 班，保存于 4℃。

**2. 琼脂糖凝胶电泳试剂包括的组分**

(1) 1.5% 琼脂糖：400ml/ 班，电泳前 15min 由实验室人员配制，60℃时按 1∶10 000 加入核酸染料，混匀后在 60℃温箱中保温，临用前由学生到准备室领取。

(2) 1 × TAE 电泳缓冲液（pH 8.0）：500ml/ 组。

(3) 6 × 上样缓冲液：1 支 / 组。

**3. 所需的通用物品**

(1) 0.2ml PCR 管：每班 1 盒。

(2) 1 000μl、200μl、20μl 的吸头：各每组 1 盒。

(3) 卷纸：每班 8 卷。

(4) 0.2ml PCR 管架：每组 1 套。

(5) 10μl、100μl、1 000μl 的移液器：各每组 1 支，课前由带教老师到准备室签名领取。

(6) 薄膜手套每班 4 包，记号笔每组 1 支，课前由带教老师到准备室签名领取。

### （四）试剂的配制方法

50 × TAE 缓冲液（pH 8.0）的配制方法如下。

1. 称量 Tris 242g、$EDTA\text{-}Na_2 \cdot 2H_2O$ 37.2g，置于 1L 烧杯中。
2. 向烧杯中加入约 800ml 去离子水，充分搅拌溶解。
3. 加入 57.1ml 的冰乙酸，充分溶解。
4. 用 NaOH 调 pH 值至 8.0，加去离子水定容至 1L 后，室温保存。使用时稀释 50 倍，即为 1 × TAE 缓冲液。

## 【课中工作】

### （一）PCR 扩增实验步骤

**1. 配制 PCR 扩增反应体系（1 人做 1 份）**

以第二十章中提取的口腔黏膜细胞基因组 DNA（总 DNA）作为 PCR 反应的 DNA 模板，在 0.2ml PCR 反应管中依次加入以下组分。

| | |
|---|---|
| 2 × PCR Mix | 12.5μl |
| 3' 和 5' 端引物（10μmol/L） | 各 1μl（终浓度为 0.4μmol/L） |
| DNA 模板 | 2~6μl（约 1μg 基因组 DNA） |
| $ddH_2O$ | 补足至终体积为 25μl |

盖紧 PCR 反应管后，轻弹混匀，用掌式离心机离心 30s，使所加试剂集于管底，如所用 PCR 扩增仪无热盖，则加石蜡油 50~100μl 于反应液表面，以防反应液蒸发，最后在 PCR 仪上放置好。

**2. 进行 PCR 程序（两步法）**

94℃　5min

94℃　1min ⎫
60℃　4min ⎭ 30 个循环

60℃　5min

4℃保存

### （二）电泳实验步骤

**1. 1.5% 琼脂糖凝胶板的制备**　1.5g 琼脂糖干粉溶于 100ml 1 × TAE 中，置于微波炉或沸水浴中，直至其完全融化，冷却至约 60℃，按 1∶10 000 加入 GeneFinder 核酸染料。

2. 装好电泳板，保证四周围封，平置，倒胶（避免气泡），插梳。

3. 待凝胶凝固后，取梳，将含凝胶的电泳板移入电泳槽（如用胶带围封应撕去），保证加样孔端在负极，加 1 × TAE 至覆盖凝胶面。

4. 电泳样品液的准备：取 DNA 样品 5~10μl，加入 6 × 上样缓冲液 1~2μl，混匀。如 2 × PCR Mix 已含上样缓冲液成分，PCR 产物的电泳可省略本步骤。

**5. 加样**　用微量加样器吸取 6~10μl 电泳样品液加入加样孔内。

**6. 电泳**　电泳槽接通电泳仪，通入直流电 3~4V/cm，电泳 1~2h。

**7. 检测**　取出凝胶置于紫外或蓝光检测仪（事先铺上一层保鲜膜）中；开启光源，观察电泳结果。

### （三）注意事项

1. 加样时应避免试剂的加错或漏加，并防止试剂间的互相污染。

2. 注意移液器的正确使用，保证加样体积的精确。

3. 回收实验物品和试剂，反应后的 PCR 产物如不马上电泳，应保存于 4℃冰箱中。

## 【课后工作】

1. 回收实验物品和试剂，搞好清洁卫生并洗涤相关试剂瓶等物品。

2. 关闭、清理离心机、水浴箱等仪器，高速冷冻离心机在关机状态下开盖晾干冷凝水后再盖好。

3. 如使用 EB 染色，用过的琼脂糖凝胶不能随意丢弃，应按有毒废弃物处理。

**（骆晓枫　谢金卫）**

# 第二十二章
# 单链构象多态性分析法检测人 HLA 等位基因多态性

适用范围：八年制临床医学专业分子医学技能实验课。

学时数：4~6 学时。

实验分组：3~4 人 / 组。

## 【实验原理】

### （一）PCR 扩增

具体内容见第二十一章。

### （二）单链构象多态性分析法

单链 DNA 片段呈复杂的空间折叠构象，这种立体结构主要是由其内部碱基配对等分子内相互作用力来维持的，当有一个碱基发生改变时，会或多或少地影响其空间构象，使构象发生改变，空间构象有差异的单链 DNA 分子在聚丙烯酰胺凝胶中受排阻的大小不同。因此，通过非变性聚丙烯酰胺凝胶电泳（PAGE），可以非常敏锐地将构象上有差异的分子分离开。由于该法简单快速，因而被广泛用于未知基因突变的检测。单链构象多态性分析法（single-strand conformation polymorphism，SSCP）适用于检测致病基因内尚未明确的点突变，可将检测范围缩小至某一外显子或某一片段，再对外显子或片段进行测序，即可确定突变位点。

### （三）银染法

银染色液中的银离子（$Ag^{+}$）可与 DNA 形成稳定的复合物，然后用还原剂如甲醛，可使 $Ag^{+}$ 还原成银颗粒，把 DNA 电泳条带染成黑褐色。这种方法主要用于聚丙烯酰胺凝胶电泳染色，也用于琼脂糖凝胶电泳染色，其灵敏度比 EB 高 200 倍，但银染色后，DNA 不宜回收。

## 【实验目的和设计】

### （一）实验目的

1. 了解和掌握聚丙烯酰胺凝胶电泳以及 PCR-SSCP 的原理和方法。

2. 熟悉 PCR-SSCP 检测人类白细胞抗原（human leucocyte antigen，HLA）等位基因多态性的实验步骤。

**（二）实验设计**

以学生制备的口腔黏膜细胞基因组 DNA 为模板→扩增 HLA 等位基因→制备聚丙烯酰胺凝胶→ HLA 等位基因的 PCR 扩增产物变性及上样→电泳后银染→结果观察与分析。

## 【实验前准备工作】

**（一）试剂耗材（需要提前 1~2 周购买或补充）**

1. 过硫酸铵（AP）10g，须注意防潮。
2. 丙烯酰胺 500g，甲叉双丙烯酰胺 100g，有神经毒性，使用时注意防护。
3. TEMED 100ml，为挥发性有毒试剂，使用时注意通风。
4. 变性聚丙烯酰胺凝胶上样缓冲液，含 95% 去离子甲酰胺、20mmol/L EDTA-$Na_2$（pH 8.0）、0.05% 溴酚蓝、0.05% 二甲苯青。
5. 乙醇 500ml。
6. 硝酸 500ml，挥发性腐蚀性试剂，使用时注意防护。
7. 硝酸银 100g，注意避光保存。
8. 甲醛 500ml，挥发性有毒试剂，使用时注意通风。
9. $Na_2CO_3$（无水）500g。
10. 冰乙酸 500ml，挥发性腐蚀性试剂，使用时注意防护。
11. 1 000μl、200μl、20μl 吸头。
12. 250μl/ 支 DNA marker，100~1 200bp。
13. 染色盒、薄膜手套、丁腈手套。

**（二）仪器设备**

1. 移液器（1 000μl、100μl、10μl）：每组各 1 支。
2. **PCR 仪**　每班 1 部，用于电泳前 PCR 产物的高温变性。
3. **电泳仪**　每班 4 台。
4. 垂直电泳槽（含制胶模具、插梳等）：每班 4 套。
5. **脱色摇床**　每班 4 个。

**（三）试剂及物品准备（以每班每组为单位，特别注明例外）**

**1. PCR-SSCP 及银染法所需的试剂**

（1）变性聚丙烯酰胺凝胶上样缓冲液：4 支 / 班。

（2）30% 丙烯酰胺混合液：25ml/ 组。

（3）5 × TBE：25ml/ 组。1 × TBE：500ml/ 组。

（4）10% 过硫酸铵：25ml/ 组。

（5）TEMED：25ml/ 组。

（6）1% 硝酸：500ml/ 组。

（7）0.2% 硝酸银：500ml/ 组。

（8）3% 乙酸：500ml/ 组。

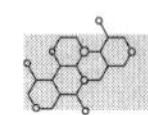

(9) 显色液：500ml/ 组。

(10) 10% 乙醇：500ml/ 组。

(11) 蒸馏水：500ml/ 组。$ddH_2O$：25ml/ 组。

**2. 实验所需的通用物品**

(1) 染色盒：每组 1 个。

(2) 毛细吸管：每组 1 支。

(3) 小烧杯：每组 1 个。

(4) 1.5ml 离心管：每组 1 盒。

(5) 1 000μl、200μl、20μl 的吸头：各每组 1 盒。

(6) 1.5ml、0.5ml 离心管架：每组 1 套。

(7) 10μl、100μl、1 000μl 的移液器：各每组 1 支，课前由带教老师到准备室签名领取。

(8) 薄膜手套每班 4 包，记号笔每组 1 支，课前由带教老师到准备室签名领取。

(9) 卷纸：每组 1 卷。

### (四) 试剂的配置方法

1. 5 × TBE 缓冲液 (pH 8.3) 的各组分浓度：450mmol/L Tris- 硼酸，10mmol/L EDTA。

称量 Tris 54g、硼酸 27.5g、0.5mol/L EDTA-$Na_2$ (pH 8.0) 20ml，置于 1L 烧杯中。

向烧杯中加入约 800ml 去离子水，充分搅拌溶解；用 NaOH 调 pH 值至 8.3，加去离子水定容至 1L 后，室温保存。

使用时稀释为 0.5 × TBE 缓冲液或 1 × TBE 缓冲液，超过 8h 的电泳推荐使用 1 × TBE 缓冲液，以确保有足够的缓冲能力。

**2. 30% 聚丙烯酰胺混合液 (29 : 1)**　丙烯酰胺 29g、甲叉双丙烯酰胺 1g，溶于 100ml $ddH_2O$ 中，4℃保存。

**3. 10% 过硫酸铵**　1g 过硫酸铵，溶 10ml $ddH_2O$ 中，4℃保存 (可用数周)。

**4. 变性聚丙烯酰胺凝胶上样缓冲液 (甲酰胺变性液)**　95% 去离子甲酰胺、20mmol/L EDTA-$Na_2$ (pH 8.0)、0.05% 溴酚蓝、0.05% 二甲苯青，PCR 产物加等体积的上样缓冲液。

## 【课中工作】

工作指引：

(1) 准备碎冰。

(2) 巡视各实验室，对学生的实验操作进行指导；及时处理各实验室课中出现的各种问题。

### (一) PCR 扩增 HLA 等位基因

1. 反应体系 (1 人做 1 份)

用口腔黏膜细胞基因组 DNA (总 DNA) 作为 PCR 反应的 DNA 模板，在 0.2ml PCR 反应管中依次加入以下组分。

| | |
|---|---|
| 2 × PCR Mix | 12.5μl |
| 3' 和 5' 端引物 (10μmol/L) | 各 1μl (终浓度 0.4μmol/L) |
| DNA 模板 | 2~6μl (约 1μg 基因组 DNA) |
| $ddH_2O$ | 补足至终体积为 25μl |

2. 盖紧PCR反应管后，轻弹混匀，用掌式离心机离心30s，使所加试剂集于管底。如所用PCR扩增仪无热盖，则加石蜡油50~100μl于反应液表面以防蒸发。

3. 放置于PCR仪上进行PCR反应，PCR反应程序如下。

94℃ 5min

94℃ 45s
55℃ 45s } 30个循环
72℃ 1min

72℃ 10min

4℃保存

### (二) 聚丙烯酰胺凝胶电泳SSCP法检测HLA等位基因多态性

**1. 非变性PAGE胶的准备**

(1) 用洗涤剂清洗玻璃板，用自来水反复冲净洗涤剂，用双蒸水冲洗3次，晾干，用95%乙醇擦拭，自然干燥(在准备室完成)。

(2) 将玻璃板装入密封胶条内，用2%琼脂糖(用TBE溶液配制)封住玻璃板下沿空隙，等琼脂糖凝结后，将玻璃板连同密封胶条装入电泳槽中，固定好，倒入1×TBE电泳缓冲液(在准备室完成)。

(3) 按以下组分配制8%非变性PAGE胶30ml，灌胶。

| | |
|---|---|
| 30%丙烯酰胺混合液 | 8ml |
| 去离子水 | 15.7ml |
| 5×TBE | 6ml |
| 10%AP | 280μl |
| TEMED | 20μl |

**2. PCR产物的变性处理、上样** 向PCR产物中加入25μl甲酰胺变性液，98℃加热10min(PCR仪上完成)，马上置于冰浴中，骤然冷却，然后取15μl样品进行电泳。上样时要注意不要有气泡冲散样品，而且速度要快，时间长了样品易扩散。

**3. 电泳** 上样后，先200V稳压电泳5min，然后调至170V电泳1~2h。

**4. 剥胶** 电泳结束后，倒弃电泳缓冲液，取下电泳胶玻璃，先用蒸馏水冲洗2次。再用塑料楔子从玻璃板底部一角小心分开玻璃，凝胶应附着在一块玻璃上，切去凝胶左上角，作为点样顺序标记。小心将凝胶剥离至盛有蒸馏水的染色盒中，用蒸馏水洗涤2~3次。

**5. 硝酸银染色**

(1) 用蒸馏水漂洗凝胶一次，吸出水后，用10%乙醇进行凝胶固定10min，轻摇。

(2) 吸出乙醇，加入1%硝酸，轻摇6min。

(3) 吸出硝酸，用蒸馏水漂洗2次。

(4) 加入0.2%硝酸银溶液，轻摇30min后，用蒸馏水漂洗3次。

(5) 吸出水后，加入显色液(1.5%NaOH和0.4%甲醛)，观察出现的区带，效果最佳时及时移除显色液，加入3%乙酸，终止反应，轻摇5min，观察结果。

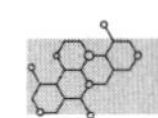

## 【课后工作】

1. 课后安排学生值日，并搞好清洁卫生。
2. 回收实验物品和试剂，搞好清洁卫生并洗涤相关试剂瓶等物品。

（骆晓枫　谢金卫）

# 第二十三章
# SDS 碱裂解法提取质粒 DNA

适用范围：五年制、八年制临床医学专业分子医学技能实验课；硕士研究生生化与分子生物学技术实验课。

学时数：4~6 学时。

实验分组：3~4 人 / 组。

## 【实验原理】

在有 EDTA、溶菌酶及 SDS 存在的条件下，用碱处理细菌，可以使细菌的细胞壁破裂，释放出细胞内容物（染色体 DNA、蛋白质和 RNA 等）。强碱环境可以使细菌线性分子染色体 DNA 的氢键断裂，双链解开变性，而质粒 DNA 的超螺旋共价闭合环状的双链并不会完全分离。

## 【实验目的和设计】

### （一）实验目的

1. 了解和掌握 SDS 碱裂解法提取质粒 DNA 的原理和方法。
2. 熟悉 SDS 碱裂解法提取质粒 DNA 的实验步骤。

### （二）实验设计

复苏及培养含重组质粒 pEGFP-C1 的 *E.coli* DH5α 菌株→ SDS 碱裂解法提取重组质粒 pEGFP-C1。

## 【实验前准备工作】

工作指引：提前 1~2d 复苏及培养含重组质粒 pEGFP-C1 的 *E.coli* DH5α 菌株。

### （一）试剂耗材（需要提前 1~2 周购买或补充）

1. **蛋白胨、酵母提取物、NaCl、琼脂**　规格为 500g。
2. **硫酸卡那霉素（Kana）**　规格为 100g。
3. **RNase A**　10mg/ml。
4. **Tris、EDTA、NaOH、醋酸钾、葡萄糖**　规格为 500g。
5. **SDS**　规格为 100g。

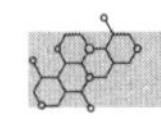

**6. 冰乙酸** 规格为 500ml，挥发性腐蚀性液体。

**7. $Na_2EDTA \cdot 2H_2O$** 规格为 500g。

**8. Tris 饱和酚** 规格为 500ml，使用时观察颜色，防止失效。

**9. 氯仿、无水乙醇** 规格为 500ml。

**10. 甘油** 规格为 100ml，保存菌种用。

**11. 一次性平皿（已灭菌）** 规格为 70mm 或 90mm。

12. 1 000μl、200μl、20μl 吸头，1.5ml 离心管，高压消毒。

13. 薄膜手套、丁腈手套。

**14. 工业酒精** 酒精灯使用。

15. 无菌毛细吸管，15ml、50ml 的无菌离心管。

**（二）仪器设备**

**1. 移液器（1 000μl、100μl、10μl）** 每组各 1 支。

**2. 高速冷冻离心机** 每班 4 部。

**3. 漩涡混合器** 每班 6 部，振荡混合用。

**（三）试剂及物品准备（以每班每组为单位，特别注明例外）**

**1. 质粒 DNA 提取所需的试剂**

（1）*E.coli* DH5α 菌液（带重组质粒 pEGFP-C1）：每管 1.5ml，每人 1 管，提前 3d 复苏、划线，实验前 2d 挑取单个菌落，37℃摇菌过夜，第 2d 分装成 1.5ml 每管。

（2）溶液Ⅰ：每瓶 25ml，每组 1 瓶，每班 6 组，由葡萄糖、EDTA、Tris-HCl 组成。

（3）溶液Ⅱ：每瓶 25ml，每组 1 瓶，每班 6 组，由 SDS、NaOH 组成。

（4）溶液Ⅲ：每瓶 25ml，每组 1 瓶，每班 6 组，由 KAc、HAc 组成。

（5）Tris 饱和酚（pH 8.0）：每瓶 25ml，每组 1 瓶，每班 6 组。

（6）氯仿 - 异戊醇（24∶1）：每瓶 25ml，每组 1 瓶，每班 6 组。

（7）无水乙醇：每瓶 25ml，每组 1 瓶，每班 6 组。

（8）70% 乙醇：每瓶 25ml，每组 1 瓶，每班 6 组。

（9）TE：每瓶 25ml，每组 1 瓶，每班 6 组。

**2. 实验所需的通用物品**

（1）1.5ml、0.5ml 离心管每组 1 盒。

（2）20μl、200μl、1 000μl 吸头：每组 1 盒。

（3）卷纸每班 8 卷。

（4）1ml 移液器每组 1 支，10μl、100μl 移液器每组 1 支，薄膜手套每班 4 包，记号笔每组 1 支，课前由带教老师到准备室签名领取。

**（四）试剂配制方法**

**1. 硫酸卡那霉素（100mg/ml）**

（1）称量 5g 硫酸卡那霉素置于 50ml 离心管中。

（2）加入 40ml 灭菌水，充分混合溶解后，定容至 50ml。

（3）用 0.22μm 过滤膜过滤除菌。

（4）小份分装（1ml/ 份）后，-20℃保存。

**2. LB-Kana 液体培养基**

(1)称取蛋白胨 10g、酵母提取物 5g、NaCl 10g，置于 1L 烧杯中。

(2)加入约 800ml 的去离子水，充分搅拌溶解，滴加 5mol/L NaOH(约 0.2ml)，调节 pH 值至 7.0。

(3)加去离子水将培养基定容至 1L，高温高压灭菌后，冷却至室温。

(4)加入 0.3ml 硫酸卡那霉素(100mg/ml)后均匀混合，4℃保存。

**3. LB-Kana 平板培养基**

(1)称取蛋白胨 10g、酵母提取物 5g、NaCl 10g，置于 1L 烧杯中。

(2)加入约 800ml 的去离子水，充分搅拌溶解。

(3)滴加 5mol/L NaOH(约 0.2ml)，调节 pH 值至 7.0。

(4)加去离子水将培养基定容至 1L，加入 15g 琼脂。

(5)高温高压灭菌后，冷却至 60℃左右。

(6)加入 0.3ml 硫酸卡那霉素(100mg/ml)后均匀混合。

(7)铺制平板，4℃避光保存。

**4. 1mol/L Tris-HCl(pH 8.0)**　Tris 121.14g 加少量 $H_2O$ 溶解，加入浓 HCl 约 45ml，调节 pH 值至 8.0，定容至 1 000ml，消毒备用。

**5. 5mol/L KAc**　KAc 196.28g 加蒸馏水定容至 400ml，消毒备用。

**6. 10% SDS**　称取 SDS 20g，加蒸馏水溶解并定容至 200ml，室温保存。

**7. 0.5mol/L EDTA-$Na_2$**　称取 EDTA-$Na_2$ 46.54g、NaOH 4.8g，加蒸馏水溶解，用 10mol/L NaOH 调 pH 至 8.0，定容至 250ml，消毒备用。

**8. 溶液Ⅰ**　称取 1mol/L Tris 10ml、0.5mol/L EDTA-$Na_2$ 8ml、葡萄糖 3.6g，加入无菌蒸馏水至溶液体积为 400ml。

葡萄糖的作用是增加溶液的黏度，减少抽提过程中的机械剪切作用，防止破坏质粒；EDTA 的作用是络合镁等二价金属离子，防止 DNA 酶对质粒分子的降解作用；Tris 能使溶菌液维持在溶菌作用的最适 pH 值范围。

**9. 溶液Ⅱ(临用前配制)**　称取 10% SDS 45ml、3.6g NaOH，先用蒸馏水溶解 NaOH，再加入无菌蒸馏水至溶液体积为 450ml。

SDS 的作用是解聚核蛋白并与蛋白质分子结合，使之变性；NaOH 的作用是破坏氢键，使 DNA 分子变性。

**10. 溶液Ⅲ**　称取 5mol/L KAc 200ml、冰乙酸 38.3ml，加入 342.3ml 无菌蒸馏水，加入约 40ml 的冰乙酸，调节溶液 pH 值至 4.8。

溶液Ⅲ能中和溶液Ⅱ的碱性，使染色体 DNA 复性而发生缠绕，并使质粒 DNA 复性。

**11. TE 溶液(pH 8.0)**　1mol/L Tris 5ml、0.5mol/L EDTA-$Na_2$ 1ml，加 dd$H_2O$ 至 500ml，高压灭菌后 4℃保存，临用前可加入 20μg/ml RNaseA。

**12. pEGFP-C1 质粒图谱(图 23-1)**

## 【课中工作】

工作指引：

(1)准备碎冰。

(2)巡视各实验室，对学生实验操作进行指导，及时处理各实验室课中出现的各种问题。

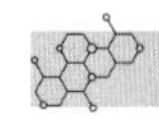

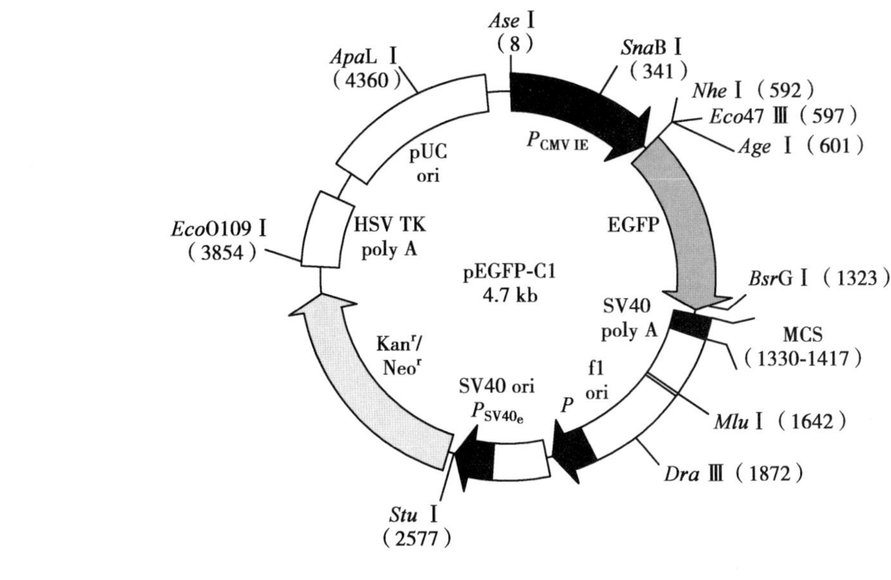


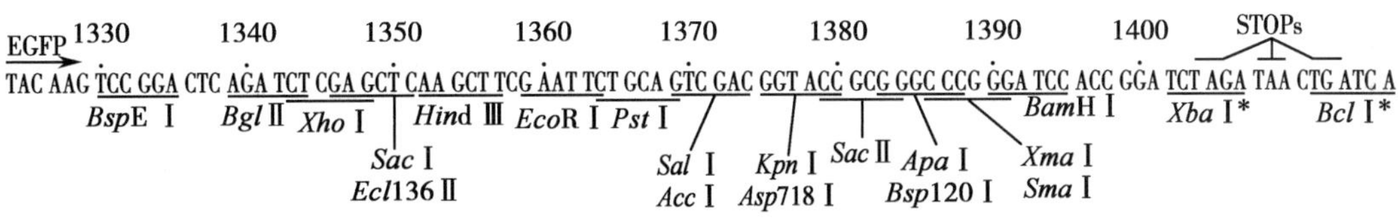


**图 23-1　pEGFP-C1 质粒图谱**

1. 将含有质粒 pBS 的 DH5α 菌种接种在 LB 固体培养基（含 30μg/ml Kana）中，37℃培养 12~24h。用无菌牙签挑取单菌落，接种到 5ml LB 液体培养基（含 30μg/ml Kana）中，37℃振荡培养约 12h。

2. 取 1.5ml 培养液倒入 1.5ml EP 管中，4℃下 12 000g 离心 30s。

3. 弃上清，将管倒置于卫生纸上数分钟，使液体流尽。

4. 菌体沉淀重悬浮于 100μl 溶液Ⅰ中（须剧烈振荡），室温下放置 5~10min。

5. 加入新配制的溶液Ⅱ 200μl，盖紧管口，快速温和颠倒 EP 管数次，以混匀内容物（千万不要振荡），冰浴 5min。

6. 加入 150μl 预冷的溶液Ⅲ，盖紧管口，并倒置离心管，温和振荡 10s，使沉淀混匀，冰浴 5~10min，4℃下 12 000g 离心 5~10min。

7. 上清液移入干净 EP 管中，加入等体积的酚 - 氯仿（1∶1），振荡混匀，4℃下 12 000g 离心 5min。

8. 上层水相转移至新的 EP 管中，加入等体积氯仿 - 异戊醇（24∶1），充分颠倒混匀，4℃下 12 000g 离心 5min。

9. 将水相移入干净 EP 管中，加入 2 倍体积的无水乙醇，振荡混匀后，置于 –20℃冰箱中 20min，然后 4℃下 12 000g 离心 10min。

10. 弃上清，将管口敞开倒置于卫生纸上，使所有液体流出，加入 1ml 70% 乙醇洗沉淀一次，4℃下 12 000g 离心 5~10min。

11. 吸除上清液，将管倒置于卫生纸上，使液体流尽，真空干燥 10min 或室温干燥。

12. 将沉淀溶于 20μl TE 缓冲液（pH 8.0，含 20μg/ml RNaseA）中，储于 –20℃冰箱中。

## 【课后工作】

1. 回收实验物品和试剂，搞好清洁卫生并洗涤相关试剂瓶等物品。
2. 剩余菌液及接触菌液的耗材均应高温灭菌后方能丢弃。

（骆晓枫　谢金卫）

# 第二十四章
# 重组质粒的酶切鉴定及紫外分光光度法检测 DNA 含量

适用范围：五年制、八年制临床医学专业分子医学技能实验课；硕士研究生生化与分子生物学技术实验课。

学时数：4~6 学时。

实验分组：3~4 人 / 组。

## 【实验原理】

**1. 限制性内切酶** 限制性内切酶是来源于原核生物的一类核酸内切酶，能够识别双链 DNA 分子中特定的核苷酸序列（4~8bp），并在此处切割 DNA 双链。

**2. 重组质粒的酶切鉴定** 常见的基因工程载体上具有多克隆位点（multiple cloning site，MCS），为包含多个限制性酶切位点（restriction site）的一段很短的 DNA 序列，是外源基因插入的位置。利用相应的限制性内切酶酶切重组质粒，切割出所插入的外源基因，并通过电泳图谱来鉴定其大小是否与预期一致。

**3. 紫外分光光度法检测 DNA 含量** 核酸分子含有嘌呤环和嘧啶环的共轭双键，在 260nm 处有特异的紫外吸收峰，其吸收强度与核酸浓度成正比。

## 【实验目的和设计】

**1. 实验目的**

（1）了解和掌握酶切鉴定重组质粒以及紫外分光光度法检测 DNA 含量的原理和方法。

（2）熟悉限制性内切酶切割 DNA 及琼脂糖凝胶电泳鉴定重组质粒酶切产物的实验步骤。

（3）熟悉紫外分光光度法检测 DNA 含量的实验步骤。

**2. 实验设计**

（1）限制性内切酶 *Eco*R I 及 *Bam*H I 切割 pEGFP-C1 →制备琼脂糖凝胶→ pEGFP-C1 的酶切产物（*Eco*R I 及 *Bam*H I）上样→电泳结果观察与分析。

（2）样品 DNA 的稀释→ 紫外分光光度计在波长为 260nm、280nm、310nm 处分别检测稀释后 DNA 样品的 OD 值→ DNA 样品的浓度计算及纯度评价。

## 【实验前准备工作】

**1. 试剂耗材(需要提前 1~2 周购买或补充)**

(1) 10 000U/ml 限制性内切酶 *Bam*H I, 10 000U/ml 限制性内切酶 *Eco*R I, 1ml/ 支 10× 酶切反应缓冲液, -20℃保存。

(2) 1ml/ 支 $ddH_2O$。

(3) 1ml/ 支 6× 上样缓冲液。

(4) 250μl/ 支 DNA marker, 100~1 200bp。

(5) 500μl/ 支 GeneFinder 核酸染料。

(6) 100g 琼脂糖。

(7) 0.2ml PCR 管。

(8) 1 000μl、200μl、20μl 吸头。

(9) 薄膜手套、丁腈手套。

**2. 仪器设备**

(1) 移液器(1ml、100μl、10μl): 每组各 1 支。

(2) PCR 仪: 每班 2 台, 用于进行酶切反应, 也可用水浴代替。

(3) 紫外分光光度计: 每班 4 台, 每台仪器配 1cm 石英比色杯 4 个。

(4) 电泳仪: 每组 1 台。

(5) 水平电泳槽(含制胶模具、插梳): 每组 1 套。

**3. 试剂及物品准备(以每班每组为单位, 特别注明例外)**

(1) 限制性内切酶切割重组质粒的酶切反应试剂: *Bam*H I、*Eco*R I、10× 酶切缓冲液、$ddH_2O$, 可按照每班人数合管后分装。

(2) 琼脂糖凝胶电泳: 1.5% 琼脂糖每班 400ml, 1× TAE 缓冲液(pH 8.0)每组 500ml, 6× 上样缓冲液每组 4 支, DNA marker(DL2000)每组 1 支, 质粒 DNA 及酶切产物。琼脂糖应在课前配制, 于 60℃温箱中保温, 临用前加入 Genefinder 40μl。

(3) 紫外分光光度法检测 DNA 含量: ① 0.1× TE 溶液 10μl/ 管, 每人 1 管; ② $ddH_2O$ 25ml/ 瓶; ③样品 DNA。

(4) 实验所需通用物品: ① 1.5ml 离心管每组 1 盒; ② 20μl、200μl、1 000μl 吸头每组 1 盒; ③卷纸每班 8 卷; ④ 1.5ml、0.5ml 离心管架每组 1 套; ⑤滤纸每组 1 盒; ⑥ 10μl、100μl、1 000μl 移液器每组 1 支, 薄膜手套每班 4 包, 记号笔每组 1 支, 课前由带教老师到准备室签名领取。

**4. 试剂配方** 50× TAE 缓冲液(pH 8.3)配制方法参考第二十一章试剂配方内容。

## 【课中工作】

工作指引:

(1) 准备碎冰。

(2) 巡视各实验室, 对学生实验操作进行指导, 及时处理各实验室课中出现的各种问题。

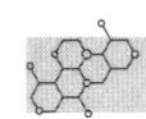

### （一）双酶切反应实验

按以下方法进行加样：

| | |
|---|---|
| 质粒 DNA 1~2μg（1μg/μl） | 2μl |
| 10× 酶切反应缓冲液 | 2μl |
| *Eco*R Ⅰ | 1μl |
| *Bam*H Ⅰ | 1μl |
| $ddH_2O$ | 14μl |
| 总体积 | 20μl |

离心混匀，37℃ 1~2h。

### （二）琼脂糖凝胶电泳鉴定重组质粒的酶切产物

1. 安装制胶板。
2. 放好梳子，插 2 个梳子，等凝胶稍稍冷却后灌胶。
3. 待凝胶凝固后，将制胶板放在电泳槽中，轻轻地拔掉梳子。
4. **加样**　每排第一个孔加 DNA marker 6μl，其余孔样品上样 10μl。

酶切组：20μl 酶切产物和 4μl 6× 上样缓冲液在离心管或胶带上混匀后上样。

对照组：10μl 质粒和 2μl 6× 上样缓冲液在离心管或胶带上混匀后上样。

5. 接通电源，开始电泳（50mA，50min）。
6. 蓝色指示剂条带快到终点时停止电泳。
7. 漂洗后在紫外灯或蓝光下观察结果（图 24-1、图 24-2）。

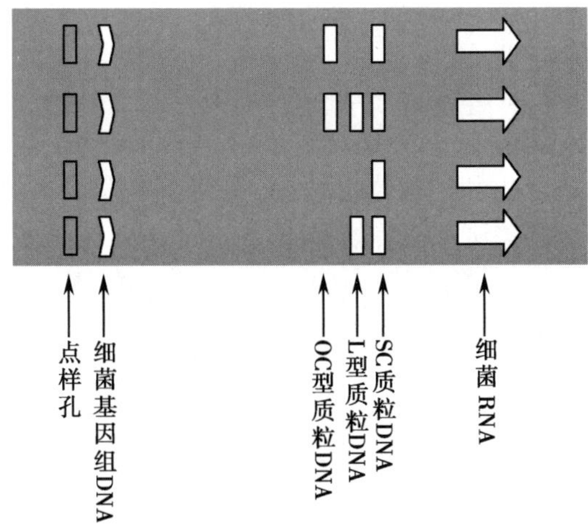


注：质粒的三种构型为超螺旋 DNA（SC DNA）、开环 DNA（open circular DNA，OC DNA）、线状 DNA（linear DNA，L DNA）。

**图 24-1　质粒电泳结果示意图**

### （三）紫外分光光度法检测 DNA

1. 取 10μl 样品 DNA，加入 4ml 0.1×TE 对待测 DNA 样品做 1∶400 稀释。

2. 0.1×TE 作为空白对照，在波长为 260nm、280nm、310nm 处调节紫外分光光度计读数至零，并在波长为 260nm、280nm、310nm 处分别检测稀释后 DNA 样品的 OD 值。

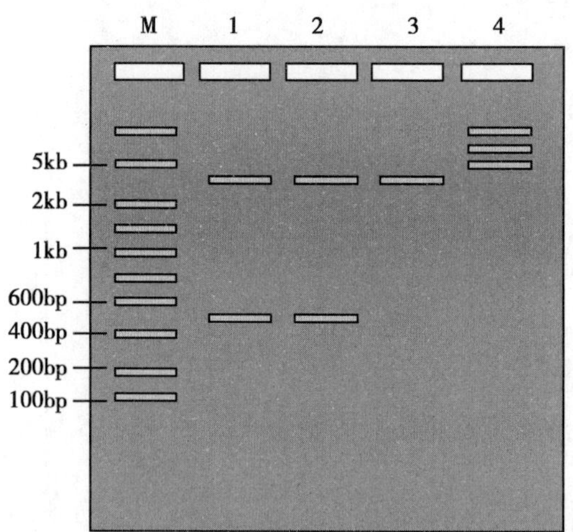


M：DNA marker；1：质粒酶切样品 1；2：质粒酶切样品 2；
3：质粒酶切样品 3；4：未酶切质粒。

**图 24-2　质粒酶切电泳结果示意图**

3. 根据 OD 值计算 DNA 浓度（μg/ml）。双链 DNA：[ dsDNA ]=50 ×（$OD_{260}$–$OD_{310}$）× 稀释倍数。

**4. DNA 的纯度鉴定**　DNA 的 $OD_{260}/OD_{280}$ 约为 1.8，若高于 1.8 则可能有 RNA 污染，低于 1.8 则可能有蛋白质污染。

## 【课后工作】

1. 酶切产物如不马上电泳，应放在 -20℃冰箱内保存。
2. 课后安排学生值日，并搞好清洁卫生。
3. 检查课后各实验室卫生和门窗水电情况，在实验室登记本上登记使用情况记录，回收实验物品和试剂，并洗涤相关试剂瓶等物品。

（骆晓枫　谢金卫）

# 第二十五章
# 重组 DNA 的转化与筛选

适用范围：八年制临床医学专业分子医学技能实验课，硕士研究生生化与分子生物学技术实验课。

学时数：4~6 学时。

实验分组：3~4 人 / 组。

## 【实验原理】

### （一）感受态细胞的制备

感受态细胞的制备常用冰预冷的 $CaCl_2$ 处理的方法，即用 $CaCl_2$ 低渗溶液在低温（0℃）时处理对数生长期的细菌，此时细菌会膨胀成球形。钙离子的作用是结合于细胞膜上，使细胞膜呈现一种液晶态，从而获得感受态细菌。外源 DNA 分子在此条件下易形成抗 DNA 酶的羟基 - 钙磷酸复合物，黏附在细菌表面，通过 42℃短时间热冲击处理，在冷热变化刺激下，液晶态的细胞膜表面会产生裂隙，促进了细胞对 DNA 复合物的吸收。

### （二）重组 DNA 的转化筛选（抗药性筛选和蓝白筛选）

本实验所使用的载体质粒 DNA 为 pBS，转化受体菌为 *E.coli* DH5α 菌株。由于 pBS 上带有 *Amp*$^r$ 和 *lacZ* 基因，故重组体的筛选采用 Amp 抗性筛选与 α- 互补现象筛选相结合的方法。因 pBS 带有 *Amp*$^r$ 基因而外源片段上不带该基因，故转化受体菌后只有带有 pBS DNA 的转化子才能在含有 Amp 的 LB 平板上存活下来，而只带有自身环化的外源片段的转化子则不能存活。此为初步的抗性筛选。

pBS 上带有 β- 半乳糖苷酶基因（*LacZ*）的调控序列和 β- 半乳糖苷酶 N 端的 146 个氨基酸的编码序列。在该编码区中插入了一个多克隆位点，但并没有破坏 *lacZ* 的阅读框架，所以不会影响它的正常功能。*E.coli* DH5α 菌株带有 β- 半乳糖苷酶 C 端部分序列的编码信息。在各自独立的情况下，pBS 和 DH5α 编码的 β- 半乳糖苷酶的片段都没有酶活性，但在 pBS 和 DH5α 融为一体时可形成具有酶活性的蛋白质。这种 *lacZ* 基因上缺失近操纵基因区段的突变体与带有完整的近操纵基因区段的 β- 半乳糖苷酶阴性突变体之间实现互补的现象叫 α- 互补。由 α- 互补现象产生的 $Lac^+$ 细菌较易识别，它在生色底物 X-gal 的存在下会被 IPTG 诱导形成蓝色菌落。外源片段插入 pBS 质粒的多克隆位点上后，读码框架会改变，表达蛋白失活，产生的氨基酸片段失去 α- 互补能力，因此在同样条件下，含重组质粒的转化子在生色诱导培养基上只能形成白色菌落。在麦康凯培养基上，α- 互补产生的 $Lac^+$ 细菌由于含 β- 半乳糖苷酶，能分解麦康凯培养基中的乳糖，产生乳酸，使 pH 值下降，因而产生红色菌落，而当外源片段插入后，细菌失去 α- 互补能力，因而不产生 β- 半乳糖苷酶，无法分解培养基中的乳糖，菌落呈白色。由此可将重组质粒与自身环化的载体 DNA 分开。此为 α- 互补现象筛选。

## 【实验目的和设计】

### （一）实验目的

1. 了解和掌握 $CaCl_2$ 法制备感受态细胞的原理和方法，了解和掌握重组 DNA 转化感受态细胞以及抗药性筛选和蓝白筛选的原理和方法。

2. 熟悉 $CaCl_2$ 法制备感受态细胞的实验步骤，熟悉抗药性筛选和蓝白筛选的实验步骤。

### （二）实验设计

制备具有 Amp 抗药性和蓝白筛选的平板→培养 *E.coli* DH5α 或 JM109 菌株→用冰预冷的 $CaCl_2$ 制备感受态细胞→重组质粒 pUC119-U6 转化感受态细胞→感受态细胞转化后在 Amp 抗药性和蓝白筛选的平板上生长→筛选结果观察与分析。

## 【课前准备工作】

### （一）试剂耗材（需要提前 1~2 周购买或补充的）

1. 500g 蛋白胨、500g 酵母提取物、500g NaCl、500g 琼脂、100g 氨卡青霉素（Amp）。
2. 70mm 或 90mm 一次性平皿。
3. X-gal、IPTG。
4. 0.2ml PCR 管。
5. **甘油**　保存菌种用。
6. **GeneFinder 核酸染料**　替代 EB 的低毒染料。
7. **DNA marker**　每支 250μl，100~1 200bp。
8. 6 × 上样缓冲液。
9. **1.5ml 离心管**　高压消毒。
10. **20μl、200μl、1 000μl Tips**　高压消毒。
11. 薄膜手套、丁腈手套。
12. **工业酒精**　酒精灯使用。
13. 无菌毛细吸管，10ml、25ml 无菌吸管。
14. 15ml、50ml 无菌离心管。
15. 0.22μm 一次性针头滤器，10ml 一次性注射器。

### （二）仪器设备

1. **移液器（1ml、10μl、100μl）**　每组各 1 支。
2. **摇床**　每班 1 部。
3. **高速冷冻离心机**　每组 1 部。
4. **电热恒温水浴箱（含 4 个泡沫）**　每班 1 部，实验前校准至 42℃。
5. **恒温箱**　每班 1 部，实验前校准至 37℃。

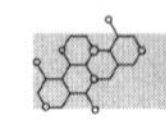

**6. 电泳仪**　每组 1 台。

**7. 水平电泳槽(含制胶模具、插梳)**　每组 1 套。

**(三) 试剂及物品准备(以每班每组为单位,特别注明例外)**

**1. 实验所需准备的试剂**　见表 25-1。

**表 25-1　重组 DNA 的转化与筛选的试剂准备**

| 名称 | 数量 | 备注 |
|---|---|---|
| 重组质粒 pUC119-U6 | – | 由学生自己制备或实验室提前制备好 |
| 质粒 pUC119 | – | |
| DH5α 或 JM109 菌液<br>LB 液体培养基(不含 Amp) | 每管 1.5ml,每人 1 管<br>每管 6ml,每组 1 管 | (1)提前 2d 配制 LB 液体培养基(不含 Amp)1 000ml,消毒<br>(2)取 300ml,用 7ml 塑料离心管进行分装,每管 6ml<br>(3)取 300ml,用于养菌<br>(4)先取 50ml LB 培养液,加入菌种 0.5~0.8ml,37℃摇菌过夜,第二天取出,置于 4℃ 3~5h,取 7ml 加入 300ml LB 培养液中,37℃剧烈振荡(200r/min)培养 3h,取出后冰浴 15min,放于 4℃中保存备用 |
| LB 平板(有 Amp) | 每人 1 个 | – |
| LB 平板(无 Amp) | 每组 1 个 | 对照用 |
| 0.1mol/L $CaCl_2$ | 每管 6ml,每组 1 管 | 分装后放置于 4℃中保存,用时置于冰浴中 |

**2. 实验所需准备的物品**

(1)涂抹棒每组 1 支。

(2)酒精灯每组 1 支。

(3)1.5ml 离心管(无菌)每组 1 盒。

(4)20μl、200μl、1ml 吸头(无菌)每组 1 盒。

(5)卷纸每班 8 卷。

(6)1.5ml、0.5ml 离心管架每组 1 套。

(7)10μl、100μl、1ml 移液器每组 1 支,薄膜手套每组 1 包,记号笔每组 1 支,课前由带教老师到准备室签名领取。

**(四) 试剂配制方法**

**1. Amp(100mg/ml)**　称量 5gAmp 置于 50ml 离心管中,加入 40ml 灭菌水,充分混合溶解后,定容至 50ml;用 0.22μm 过滤膜过滤除菌,小份分装(1ml/ 份)后,-20℃保存。

**2. IPTG(200mg/ml)**　称 10mg IPTG 置于 50ml 离心管中,加入 40ml 灭菌水,充分混合溶解后,定容至 50ml;用 0.22μm 过滤膜过滤除菌,小份分装(1ml/ 份)后,-20℃保存。

**3. X-gal(20mg/ml)**　称量 lg X-gal 置于 50ml 离心管中,加入 40ml 二甲基甲酰胺,充分混合溶解后,定容至 50ml;小份分装(1ml/ 份)后,-20℃避光保存。

**4. LB-Amp-IPTG-X-gal 平板培养基**

(1)称取蛋白胨 10g、酵母提取物 5g、NaCl 10g,置于 1L 烧杯中。

(2)加入约 800ml 的去离子水,充分搅拌溶解。

(3)滴加 5mol/L NaOH(约 0.2ml),调节 pH 值至 7.0。

(4)加去离子水将培养基定容至 1L 后加入 15g 琼脂。

(5)高温高压灭菌后,冷却至 60℃左右。

(6)加入 0.5ml Amp(100mg/ml)、0.2ml IPTG(200mg/ml)、2ml X-gal(20mg/ml)后均匀混合。

(7)铺制平板,4℃避光保存,须在 1~2 周内使用。

(8)0.1mol/L $CaCl_2$:称取无水 $CaCl_2$ 1.1g,加 dd$H_2O$ 定容至 100ml,过滤除菌,每管分装 6ml,-20℃保存备用。

## 【课中工作】

### (一)感受态的制备

1. 用划线法将大肠埃希菌接种于基本培养基平皿上,于 37℃下倒置过夜。用无菌接种环挑取一个单菌落,接种到含有 3ml LB 培养基的试管内。37℃振摇过夜。次日取菌液 1ml 接种至含有 100ml LB 培养基的 500ml 烧瓶中,37℃剧烈振荡 2~3h(振速为 200~300r/min),待 $OD_{600}$ 值为 0.3~0.4 时将烧瓶取出,立即冰浴 10~15min。

以下步骤均需无菌操作:

2. 转移细菌至一个无菌而且用冰预冷的 1.5ml 离心管中,4℃ 4 000g 离心 10min,弃去上清,将管倒置于滤纸上去除培养液。

3. 加入用冰预冷的 0.1mol/L $CaCl_2$ 溶液 300μl,重悬菌体,冰浴 30min。4℃ 4 000g 离心 10min,弃去上清,将管倒置于滤纸上 1min。

4. 再加入用冰预冷的 0.1mol/L $CaCl_2$ 溶液 120μl,重悬菌体。

5. 置于 4℃冰箱中。

### (二)细菌的转化与筛选

1. 无菌状态下取新鲜感受态细菌 200μl 置于无菌的 10m1 玻璃试管中。如果使用冻存的感受态细胞,则将其从 -70℃冰箱中取出,握于手中,待其解冻后立即吸取 200μl 转移至 10ml 无菌玻璃试管中,剩余的感受态细胞可弃去,不能再冻存复用。

2. 每管加质粒 50~100ng,轻轻旋转以混合内容物,在冰上放置 30min。

3. 42℃热休克 90s,不要摇动试管。每管加无抗生素的普通 LB 培养基 800μl,37℃摇床(100~150r/min),温和摇振 45min。

4. 转化后的细菌培养液取 100μl 用无菌玻棒均匀涂布于含 Amp、X-gal 和 IPTG 的筛选培养基上,37℃下培养 30min 以上,直至液体被完全吸收。

5. 倒置平板,于 37℃继续培养 12~16h,待出现明显而又未相互重叠的单菌落时拿出平板。

6. 放于 4℃数小时,使显色完全。

7. 筛选结果观察及分析:不带有质粒 DNA 的细胞,由于无 Amp 抗性,不能在含有 Amp 的筛选培养基上成活。带有 pUC119 质粒的转化子由于具有 β- 半乳糖苷酶活性,在 X-gal 和 ITPG 培养基上为蓝色菌落;带有 pUC119-U6 质粒的转化子由于丧失了 β- 半乳糖苷酶活性,在 X-gal 和 ITPG 培养基上均为白色菌落(图 25-1)。

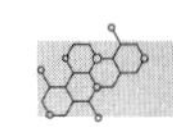

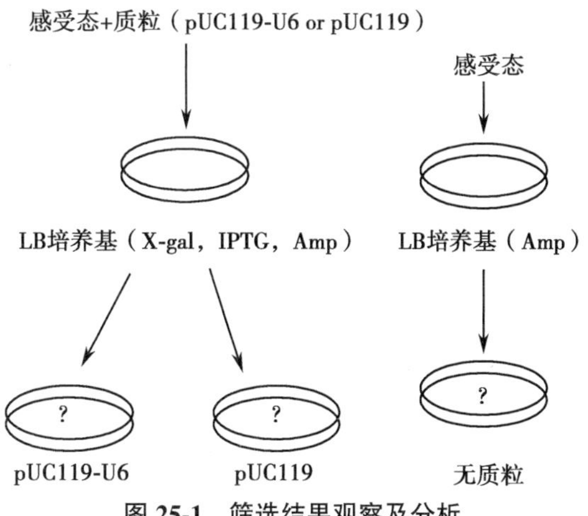


图 25-1　筛选结果观察及分析

## 【课后工作】

1. 课后安排学生值日，并搞好清洁卫生。
2. 剩余菌液及接触菌液的耗材均应高温灭菌后方能丢弃。
3. 第二天将培养结果取出放于无菌操作台上，供学生观察结果。

（骆晓枫　谢金卫）

# 第二十六章
# 圆盘电泳

适用范围：硕士研究生生化与分子生物学技术实验课。

学时数：4~6 学时。

实验分组：3~4 人 / 组。

## 【实验原理】

圆盘电泳（disc electrophoresis）名字中的 disc 原意为不连续（discontinuity），是指电泳过程中采用了不连续体系，即凝胶孔径大小（胶浓度）、缓冲液成分、pH 值均不连续；后因该电泳法是在圆柱形的支持物（聚丙烯酰胺凝胶）中电泳分离物质，其分离的组分形成了不连续的圆盘状（英文亦为 disc）区带而命名为圆盘电泳。Ornstein、Davis 在 1959 年首先建立了该方法。

圆盘电泳（图 26-1）是在小玻璃管内把性质不完全一样的聚丙烯酰胺凝胶重叠起来，包含浓缩胶和分离胶。上层浓缩胶是由核黄素催化合成的大孔胶，浓度为 5%，pH 值为 6.7；下层分离胶是过硫酸铵催化聚合成的小孔胶，凝胶总浓度为 12%，是小孔胶，pH 值为 8.9。上下电极槽缓冲液是 Tris-Gly 缓冲液，pH 值为 8.3。将含有这 2 种凝胶的玻璃管放在含有 Tris- 甘氨酸（pH 8.3）缓冲液的电泳槽内进行电泳，就是不连续的盘状聚丙烯酰胺凝胶电泳（图 26-2）。

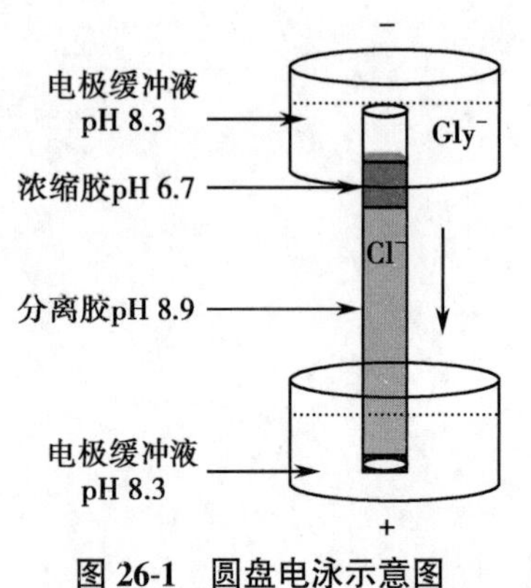

图 26-1　圆盘电泳示意图

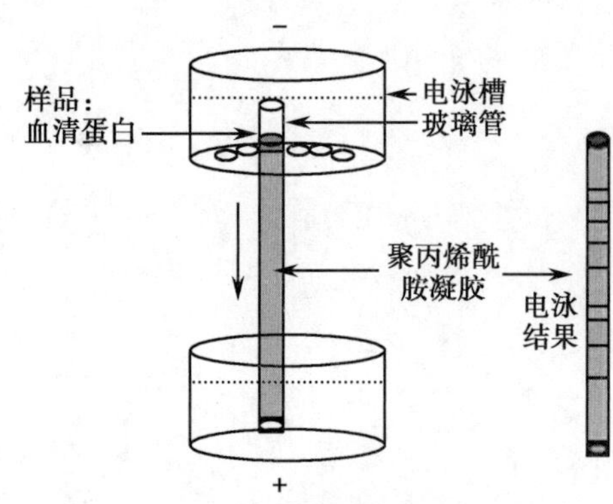

图 26-2　圆盘电泳装置

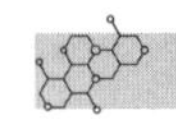

圆盘电泳的不连续体系产生了 3 个物理效应，提高了电泳分辨率。

**1. 浓缩效应** 在电泳系统中两种性质不完全一样的聚丙烯酰胺凝胶重叠起来，通电后，向阳极泳动的阴离子有三种，即 $Cl^-$、$Pr^-$ 和 $Gly^-$。通电后，快离子 $Cl^-$ 很快超过 $Pr^-$ 和慢离子 $Gly^-$，泳动到最前面，于是，快慢离子之间形成一个离子浓度低的区域，即低电导区域，低电导区域有较高的电压梯度。$Pr^-$ 的泳动速度恰好介于快、慢离子之间，因而被挤压在快、慢离子之间形成一条窄带，这种浓缩作用可使蛋白质浓缩数百倍。

**2. 电荷效应** 蛋白质样品在界面处被浓缩成一狭窄的高浓度蛋白质区，但由于每种蛋白质分子所带有效电荷不同，因而迁移率也不同，因此各种蛋白质就按迁移率快慢的顺序，排列成有序区带。在进入分离胶时，电荷效应仍起作用。

**3. 分子筛效应** 当被浓缩的蛋白质样品从浓缩胶进入分离胶时，各种蛋白质由于分子质量或构型的不同，通过一定孔径的分离胶时所受阻滞程度不同，会表现出不同的泳动率而被分开。

## 【实验目的和设计】

### （一）实验目的

1. 了解和掌握圆盘电泳的原理和方法。
2. 熟悉圆盘电泳的制胶、电泳、染色等实验步骤。

### （二）实验设计

分离胶的制备→浓缩胶的制备→圆盘电泳装置的安装→加样及电泳→电泳结束后凝胶的剥离及染色→结果观察与分析。

## 【课前准备工作】

### （一）试剂耗材（需要提前 1~2 周购买或补充）

1. 500g 丙烯酰胺、100g N，N'- 亚甲双丙烯酰胺，具有神经毒性，注意防护。
2. 500g Tris、100g SDS、10g 过硫酸铵。
3. 100ml TEMED，挥发性有毒试剂，注意通风。
4. 500g 甘氨酸、10g 核黄素、500g 蔗糖。
5. 500g 三氯醋酸，腐蚀性试剂。
6. 10g 氨基黑，1g 溴酚蓝。
7. 500ml 冰醋酸，500ml 浓盐酸，挥发性腐蚀性试剂。
8. 500ml 正丁醇。
9. **人血清** 应确认为健康人的血清。
10. **电泳玻璃管** 内径为 5~7mm，长 80~100mm，用碱性较弱的玻璃管。
11. **固定架** 制胶时用来垂直固定玻璃管。
12. 50ml 烧杯、1ml 毛细吸管。
13. 薄膜手套、丁腈手套。
14. 20μl、200μl、1 000μl 吸头。

### （二）仪器设备

圆盘电泳装置每组 1 套，电泳仪每组 1 台。

**（三）试剂及物品准备（以每班每组为单位，特别注明除外）**

**1. 实验所需要准备的试剂**　实验所需要准备的试剂见表 26-1。

**表 26-1　圆盘电泳的试剂准备**

| 名称 | 数量 |
|---|---|
| 配胶试剂（A~H） | 每组 1 套 |
| 电极缓冲液 | 每组 1 瓶 |
| 5% 三氯醋酸溶液 | 每组 1 份 |
| 0.5% 氨基黑染色液 | 每组 1 份 |
| 染色洗脱液 | 每组 1 瓶 |
| 饱和正丁醇 | 每组 1 瓶 |
| 上样液 | 每组 1 支 |

**2. 实验所需准备的物品**

（1）电泳玻璃管每组 12 支，固定架每组 1 个，烧杯每组 2 个，毛细吸管每组 3 支。

（2）封口胶每组 12 条，3cm × 6cm。

（3）注射器每组 1 支。

（4）20μl、200μl、1 000μl 吸头每组各 1 盒。

（5）10μl、100μl、1ml 移液器每组 1 支，薄膜手套每班 4 包，记号笔每组 1 支，课前由带教老师到准备室签名领取。

**（四）试剂配制方法**

**1. 1mol/L HCl**　浓盐酸（36%~38%）83ml，定容至 1 000ml。

**2. 配制以下配胶试剂（A~H）**

（1）A 液（分离胶缓冲液，pH 值为 8.9）：取 1mol/L HCl 48ml，Tris 36.6g，TEMED 0.4ml，调至 pH 值为 8.9，加蒸馏水至 100ml。

（2）B 液（浓缩胶缓冲液，pH 值为 6.7）：取 1mol/L HCl 48ml，Tris 5.89g，TEMED 0.4ml，调至 pH 值为 6.7，加蒸馏水至 100ml。

（3）C 液（单体溶液）：取丙烯酰胺（Acr）30g，N，N’ 二甲叉双丙烯酰胺（Bis）0.8g，加蒸馏水溶解至 100ml。

（4）D 液（单体溶液）：取 Acr 10g，Bis 2.5g，加蒸馏水溶解至 100ml。

（5）E 液（4% 核黄素液）：取 4mg 核黄素加蒸馏水溶解至 100ml（棕色瓶 4℃保存 2 周）。

（6）F 液（20% 蔗糖）：取蔗糖 20g，加蒸馏水溶解至 100ml。

（7）G 液（0.14% 过硫酸铵液）：取 140mg 过硫酸铵，加蒸馏水至 100ml（4℃保存 1 周）。

（8）H 液：蒸馏水。

**3. 电极缓冲液**　取 Tris 0.6g，甘氨酸 2.88g，加蒸馏水溶解至 1 000ml，调 pH 值至 8.3。

**4. 5% 三氯醋酸溶液（TCA）**　取 TCA 5g，加水到 100ml，混匀。

**5. 0.5% 氨基黑染色液**　取氨基黑 10B 0.5g，溶于 7% 乙酸 100ml。

**6. 染色洗脱液**　取 70ml 冰醋酸加蒸馏水至 1 000ml，混匀。

**7. 0.1% 溴酚蓝**　取 100mg 溴酚蓝，加 50% 甘油 100ml 溶解。

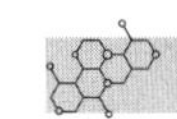

**8. 上样液**　人血清 5ml，20% 蔗糖 5ml，0.1% 溴酚蓝 2.5ml。

**9. 饱和正丁醇**　将正丁醇和蒸馏水混合（混合比例为 1：1），振摇，混匀，放置过夜，得到的混合液分层，上层即为饱和正丁醇。

## 【课中工作】

1. 制胶前先将玻璃管的一端封口以便灌胶，封口后垂直放置于固定架上（图 26-3）。

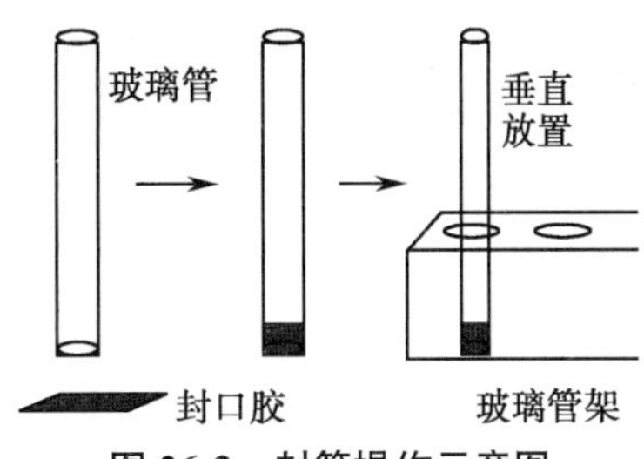


图 26-3　封管操作示意图

**2. 6% 分离胶的配制**　在烧杯中按 A 液：C 液：H 液：G 液 =1：2：2：5 的比例配制溶液，混匀后加进玻璃管内，液面高度为 80mm，然后滴进少许饱和正丁醇封顶。

**3. 3% 浓缩胶的配制**　等分离胶聚合后，倾去上层正丁醇，在新的烧杯中按 B 液：D 液：E 液：F 液 =1：2：1：4 的比例配制溶液，混匀后加进分离胶上，液面高度为 10mm，然后滴进 3mm 高的饱和正丁醇。

**4. 安装、加样、电泳**　制好胶后将其安装于电泳槽上，加样于浓缩胶上，使其成一薄层。按 2~3mA 每管通电至指示染料迁移到凝胶柱的下端附近时停止电泳，取出玻璃管（图 26-4）。

**5. 剥胶、染色**　取出玻璃管后，用注射器往玻璃管壁注水，剥出凝胶条，把剥出的凝胶条浸泡在 5% 三氯醋酸中固定 5~10min，然后浸泡在 0.5% 氨基黑染色液中染色 1~2min，用染色洗脱液漂洗至条带清晰后，观察结果（图 26-5）。

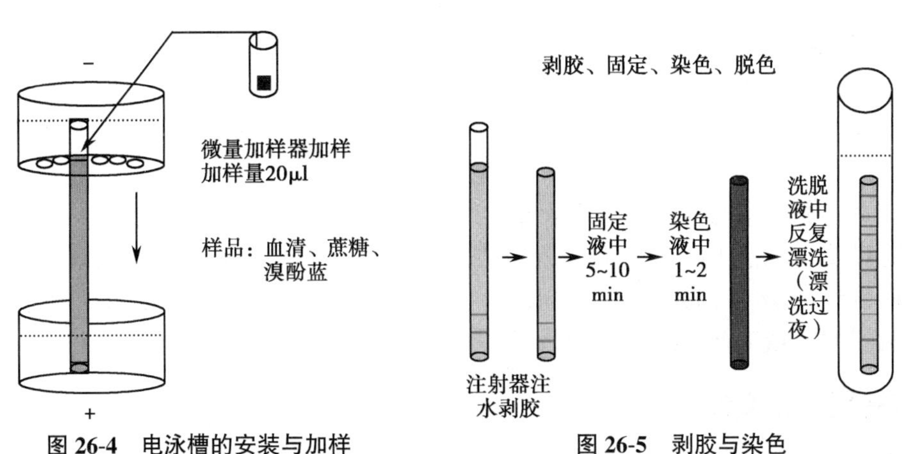


图 26-4　电泳槽的安装与加样　　图 26-5　剥胶与染色

## 【课后工作】

1. 实验完成后，凝胶条不能丢弃在水池中，容易堵塞管道。

2. 课后安排学生值日，并搞好清洁卫生；检查课后各实验室卫生和门窗水电情况，在实验室登记本上登记使用情况记录。

3. 回收实验物品和试剂，洗涤相关试剂瓶等物品。

（骆晓枫　谢金卫）

# 第二十七章
# 蛋白质的离子交换层析、紫外分光光度法检测蛋白质含量

适用范围：五年制医学专业分子医学技能实验课。

学时数：4~6 学时。

实验分组：3~4 人 / 组。

## 【实验原理】

**1. 离子交换层析** DEAE 纤维素是阴离子交换剂，大部分蛋白质的等电点低于 8，在弱碱性、弱离子强度的溶液中带负电荷，可以被交换结合到 DEAE 纤维素离子交换层析柱上。当增加缓冲液离子强度时，可以将结合的蛋白质成批量洗脱下来，从而达到将蛋白质分离或浓缩的目的。

**2. 紫外分光光度法检测蛋白质含量** 由于蛋白质分子中酪氨酸和色氨酸残基的苯环含有共轭双键，因此蛋白质有吸收紫外线的性质，吸收高峰在 280nm 波长处。在一定的条件范围内，蛋白质溶液的光密度值（$OD_{280}$）与其蛋白质含量成正比关系，并可通过 Lowry-Kalokar 经验公式或 Lamber-Beer 定律估算蛋白质含量。

## 【实验目的和设计】

### （一）实验目的

1. 了解和掌握离子交换层析的原理和方法，了解和掌握紫外分光光度法检测蛋白质含量的原理和方法。

2. 熟悉离子交换层析法浓缩蛋白质溶液的实验步骤，熟悉紫外分光光度法检测蛋白质含量的实验步骤。

### （二）实验设计

1. 纤维素 DE-52 的预处理→纤维素 DE-52 的装柱与平衡→样品过柱→样品洗脱与收集→紫外分光光度计测定洗脱液的 $OD_{280}$ 读数→结果分析。

2. 紫外分光光度计测定待测蛋白质溶液的 $OD_{280}$ 和 $OD_{260}$ 读数→根据公式计算蛋白质含量。

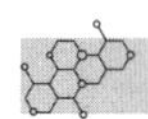

## 【课前准备工作】

### （一）试剂耗材

需要提前 1~2 周购买或补充。

**1. 100g 纤维素 DE-52**　应购买预溶胀的型号，不需要酸碱的预处理。

**2. 500g $Na_2HPO_4·12H_2O$**　应无吸潮、结块。

**3. 500g $NaH_2PO_4·2H_2O$**　应无吸潮、结块。

4. 500g NaCl。

5. 1cm × 15cm 玻璃层析柱及配件。

6. 200μl、1 000μl 吸头。

**7. 100g BSA**　化学纯。

8. 10ml 玻璃收集管，1ml 毛细吸管。

9. 100ml 烧杯，10ml 量筒。

10. 薄膜手套。

### （二）仪器设备

1. 1ml 移液器每组 1 支。

2. 紫外分光光度计及配套石英比色杯每班 2 台。

3. 层析柱及配件每组 1 套。

4. 自动部分收集器每组 1 套（也可改为手工收集）。

### （三）试剂及物品准备（以每班每组为单位，特别注明除外）

**1. 离子交换层析所需试剂（见表 27-1）**

**表 27-1　蛋白质的离子交换层析的试剂准备**

| 名称 | 数量 | 备注 |
|---|---|---|
| 上样缓冲液 | 每瓶 100ml，每组 1 瓶 | 低离子强度缓冲液：0.02mol/L 磷酸缓冲液 -0.02mol/L NaCl（pH 7.8） |
| 洗脱缓冲液 | 每瓶 100ml，每组 1 瓶 | 高离子强度缓冲液：0.02mol/L 磷酸缓冲液 -1mol/L NaCl（pH 7.8） |
| 待浓缩蛋白质溶液 | 每瓶 100ml，每组 1 瓶 | BSA 溶液，溶剂为 0.02mol/L 磷酸缓冲液 -0.02mol/L NaCl（pH 7.8） |

**2. 紫外分光光度法检测蛋白质含量所需准备的试剂**　BSA 溶液（溶剂为生理盐水）每瓶 100ml，每组 1 瓶。

**3. 所需准备的通用物品**

（1）1ml 吸头每组 1 盒，烧杯每组 2 个，量筒每组 1 个，毛细吸管每组 3 支，卷纸每组 8 卷，玻璃收集管每组 10 支。

（2）1ml 移液器每组 1 支，薄膜手套每班 4 包，记号笔每组 1 支，课前由带教老师到准备室签名领取。

### （四）试剂配制方法

**1. 上样缓冲液**

(1)称取 $Na_2HPO_4·12H_2O$ 6.56g、$NaH_2PO_4·2H_2O$ 0.27g、NaCl 1.16g，置于 1L 烧杯中。

(2)加入约 800ml 的去离子水，充分搅拌溶解。

(3)加去离子水定容至 1L。

**2. 洗脱缓冲液（pH 值为 7.8）**

(1)称取 $Na_2HPO_4·12H_2O$ 6.56g、$NaH_2PO_4·2H_2O$ 0.27g、NaCl 58.5g，置于 1L 烧杯中。

(2)加入约 800ml 的去离子水，充分搅拌溶解。

(3)加去离子水定容至 1L。

**3. 纤维素 DE-52** 称取 10g 纤维素 DE-52，预溶胀颗粒于烧杯中，加入约 50ml 的 0.02mol/L 磷酸缓冲液 -0.02mol/L NaCl（pH 7.8）中，用玻璃棒轻轻搅拌后浸泡 30min，倾弃上层液体。重复上述步骤 2~3 次，使上层液体没有细的混悬物，然后倾弃上层液体，留下少许缓冲液。

**4. 待浓缩蛋白质溶液** 称取 0.6g BSA 于 1L 烧杯中，加入约 800ml 的 0.02mol/L 磷酸缓冲液 -0.02mol/L NaCl（pH 7.8），充分搅拌溶解，加去离子水定容至 1L。

**5. 待测蛋白质溶液** 称取 0.35g BSA 于 1L 烧杯中，加入生理盐水，充分搅拌溶解后定容至 1L。

## 【课中工作】

### （一）离子交换层析法浓缩蛋白质溶液的实验步骤

**1. 安装玻璃层析柱** 把 1cm × 15cm 层析柱夹在铁支架上，使柱竖直放好，安装好含滤板膜的底部旋塞以及相连的出口细胶管，检查密封性，并用螺旋夹或止水阀夹紧出口细胶管。柱中加入约 5ml 上样缓冲液，然后打开出口，排出气泡，待柱中液体只剩约 1cm 高时关闭出口。

**2. 预装柱** 将处理好的纤维素 DE-52 搅拌成混悬液后，用毛细吸管均匀加入层析柱内，轻缓打开出口，使液体流出，注意不要带入气泡。如悬液过浓，可加上样缓冲液，适当稀释。等待纤维素上界面（床面）逐渐形成，装柱高度约为 10cm。装柱完成后，关闭出口。装柱完成后床面应是平整的，而且不能干柱。

**3. 柱的平衡** 用 1 个柱体积的上样缓冲液过柱，并在液面接近纤维素床面时，关闭出口。

**4. 浓缩前蛋白质浓度的测定** 取待浓缩的蛋白质溶液在紫外分光光度计上测定蛋白质的 $OD_{280}$ 值，以上样缓冲液调空白。

**5. 上样** 用毛细吸管轻缓加入待浓缩蛋白质溶液 30~50ml，注意保护胶面，并让样品全部进入纤维素柱床中。

**6. 平衡** 让 2 个柱体积的上样缓冲液流过柱子，除去杂质。

**7. 洗脱** 用 1 个柱体积的洗脱缓冲液过柱，按每管 3ml 收集洗脱液，收集 5~10 管。

**8. 测定蛋白浓度** 在收集的过程中测定每管溶液的 $OD_{280}$ 读数，以洗脱缓冲液调空白，选取浓度最高管为浓缩蛋白。

### （二）紫外分光光度法检测蛋白质含量的实验步骤

1. 用移液器吸取待测蛋白质溶液至石英比色杯，在 280nm 和 260nm 两处波长分别测

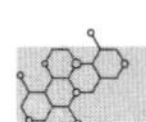

得光密度值。

**2. 按下列公式计算**　$OD_{280}/OD_{260}$<1.5 时，用 Lowry-Kalokar 公式：样本蛋白质含量（mg/ml）=1.5 × $OD_{280}$−0.75 × $OD_{260}$。$OD_{280}/OD_{260}$>1.5 时，用 Lamber-Beer 定律计算：样本蛋白质含量（mg/ml）=$OD_{280}$/（K × L）。

K：克分子消光系数；L：溶液厚度。

注：如 OD 值过大（>1）时，用生理盐水稀释待测蛋白质样品至合适浓度；本实验所用的 BSA 是常用的标准蛋白质，1mg/ml BSA 溶液用 1cm 石英杯测定的 $OD_{280}$ 值为 0.66。

## 【课后工作】

1. 层析实验完成后，纤维素柱床可回收，用高浓度的 NaCl 溶液（1~2mol/L）及低浓度酸碱交替浸泡，使其再生，重复使用。

2. 课后安排学生值日，并搞好清洁卫生；检查课后各实验室卫生和门窗水电情况，在实验室登记本上登记使用情况记录。

3. 回收实验物品和试剂，洗涤相关试剂瓶等物品。

（骆晓枫　谢金卫）

# 第二十八章
# 葡聚糖凝胶层析实验

适用范围：八年制医学类专业分子医学技能实验课。

学时数：4~6 学时。

实验分组：3~4 人 / 组。

## 【实验原理】

本实验将蓝色葡聚糖 2000（分子质量为 2 000kD），血红蛋白（分子质量为 64kD）和 DNP- 天门冬氨酸（分子质量为 0.3kD）的混合物通过葡聚糖凝胶 G-100（Sephadex G-100）的层析柱以蒸馏水为洗脱溶剂进行洗脱。蓝色葡聚糖 2000 分子质量最大，全部被排阻在凝胶颗粒的间隙中，而未进入凝胶颗粒内部，因而洗脱速度最快，最先流出柱，其 $V_e$=$V_o$，即 $K_d$=0。DNP- 天门冬氨酸分子质量最小，不被排阻而可完全进入凝胶颗粒内部，洗脱速度最慢，最后流出柱，其 $V_e$=$V_i$+$V_o$，即 $K_d$=1。血红蛋白在上述二者之间，其洗脱速度居中。可以直接从蓝、红、黄三种不同颜色观察到三种物质分离的情况，并通过洗脱体积计算 $V_i$、$V_o$ 和三种物质各自的 $K_d$。

## 【实验目的和设计】

### （一）实验目的

1. 了解和掌握凝胶层析的原理和方法。
2. 熟悉葡聚糖凝胶层析分离蛋白质的实验步骤。

### （二）实验设计

Sephadex G-100 的预处理→ Sephadex G-100 的装柱与平衡→样品上柱→样品洗脱与收集→结果观察与分析。

## 【课前准备工作】

### （一）试剂耗材（需要提前 1~2 周购买或补充）

本实验所需的试剂耗材见表 28-1。

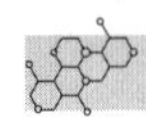

表 28-1　葡聚糖凝胶层析实验的试剂耗材

| 名称 | 规格 |
|---|---|
| Sephadex G-100 | 100g |
| Tris | 500g |
| 浓盐酸(浓度一般为 37.5%) | 500ml |
| 氯化钾 | 500g |
| 玻璃层析柱及配件 | 1cm × 25cm |
| Tips | 1 000μl |
| 蓝色葡聚糖 2000 | – |
| N-2,4-DNP- 天门冬氨酸 | – |
| 玻璃收集管 | 3ml |
| 毛细吸管 | 1ml |
| 烧杯 | 100ml |
| 注射器 | 20ml |
| 薄膜手套 | – |

### (二) 仪器设备

**1. 移液器(1ml)**　每组 1 支。

**2. 层析柱及配件**　每组 1 套。

**3. 蠕动泵及自动部分收集器**　每组 1 套,若手工收集则不需要自动部分收集器。

### (三) 试剂及物品准备(以每班每组为单位,特别注明除外)

**1. 实验所需要准备的试剂**

(1)洗脱剂:每瓶 100ml,每组 1 瓶,含 0.05mol/L Tris-HCl(pH 7.5)。

(2)上样液:每支 0.3ml,每组 1 支,含蓝色葡聚糖 2000、血红蛋白、DNP- 天门冬氨酸。

**2. 实验所需要准备的物品**

(1)1ml 吸头每组 1 盒,毛细吸管每组 3 支。

(2)烧杯每组 2 个,量筒每组 1 个。

(3)卷纸每班 8 卷。

(4)玻璃收集管每组 20~30 支。

(5)1ml 移液器每组 1 支,薄膜手套每班 4 包,记号笔每组 1 支,课前由带教老师到准备室签名领取。

### (四) 试剂配制方法

**1. 洗脱剂**　称取 Tris 6g、KCl 7.5g、浓盐酸约 3.6ml,置于 1L 烧杯中;加入约 800ml 的去离子水,充分搅拌溶解;用 1mol/L HCl 调整至 pH 值为 7.5,加去离子水定容至 1L。

**2. Sephadex G-100**　称取 2g Sephadex G-100 干粉于烧杯中,加入适量蒸馏水平衡几次,倾去上浮的细小颗粒,于沸水浴中溶胀 2h(此为加热法,如在室温下溶胀,须放置 6h)。溶胀后室温下冷却,静置 30min 后,小心倾去上层液,再加入蒸馏水搅拌,静置后倾去上层液,如此反复洗涤直至静置上层液中无细小颗粒(细小颗粒会影响层析流速)。溶胀完成后应观察凝胶内有无微小气泡，如有应抽气去除，然后4℃低温保存备用。

**3. 上样液**　称取1g蓝色葡聚糖2000干粉，加入洗脱剂30ml，充分溶胀；称取100mg N-2，4-DNP-天门冬氨酸，加入洗脱剂30ml，充分溶解；人抗凝血按1∶10的比例加入生理盐水，混匀后，2 500g离心20min，弃上清，重复洗2次，弃去上清，估算管内沉淀体积，加入3倍体积蒸馏水，破坏红细胞，然后5 000g离心5min，转移上清至干净容器中；将制备好的蓝色葡聚糖2000、血红蛋白、DNP-天门冬氨酸按照1∶1∶1的比例混合，即为上样液。

## 【课中工作】

**1. 安装玻璃层析柱**　把1cm×25cm层析柱夹在铁支架上，使柱竖直放好，安装好含滤板膜的底部旋塞以及相连的出口细胶管，检查密封性，并用螺旋夹或止水阀夹紧出口细胶管。层析柱的上端安装好塑料接口，然后在柱中加入适量洗脱剂，打开出口，排出层析柱滤板膜以下的空气，待柱中液体只剩约3ml时关闭出口。

**2. 装柱**　将处理好的Sephadex G-100搅拌成混悬液后，从塑料接口一次性倒入层析柱内，打开柱底部出口，接通蠕动泵，缓慢加入洗脱剂，调节流速至0.3ml/min，凝胶随柱内溶液缓慢沉降，均匀压缩，最后凝胶床的高度应为20cm。操作过程中注意洗脱剂要及时加入，不能让液面下降过多，以免导致凝胶床表面露出液面，层析床内出现“纹路”而不能使用。在凝胶表面可盖一圆形滤纸，以免加入液体时冲起凝胶。

**3. 加样**　用滴管吸去凝胶床表面上的溶液，使洗脱液恰好流到床表面，关闭出口，小心把0.3~0.5ml上样液沿内壁加至床表面，成一薄层（切勿搅动床表面），打开出口使上样液渗入凝胶内，开始收集流出液并计量体积，用1ml洗脱剂小心加至床表面，在尽量不稀释上样液的同时，使上样液全部进入凝胶内。

**4. 洗脱并收集**　上样液完全进入凝胶后，分三次加入少量洗脱剂，洗下柱壁上残余液体，然后接通蠕动泵，调节流速至0.3ml/min，仔细观察样品在层析柱内的分离现象，收集并量取流出液体积。待流出5ml后，用部分收集器收集，每管收集0.6ml。

**5. 绘制洗脱曲线**　以洗脱体积为横坐标，洗脱液的颜色度（–、+、++、+++）为纵坐标（相对指示出洗脱液内物质浓度的变化），在坐标纸上作图，即得洗脱曲线。

## 【课后工作】

1. 层析实验完成后，凝胶柱床可回收，用蒸馏水反复搅拌、沉降后倒去上清液，反复清洗多次去除杂质，然后加入适当的抗菌剂，通常加入0.02%的叠氮化钠，4℃下保存。

2. 课后安排学生值日，并搞好清洁卫生；检查课后各实验室卫生和门窗水电情况，在实验室登记本上登记使用情况记录。

3. 回收实验物品和试剂，洗涤相关试剂瓶等物品。

（骆晓枫　谢金卫）

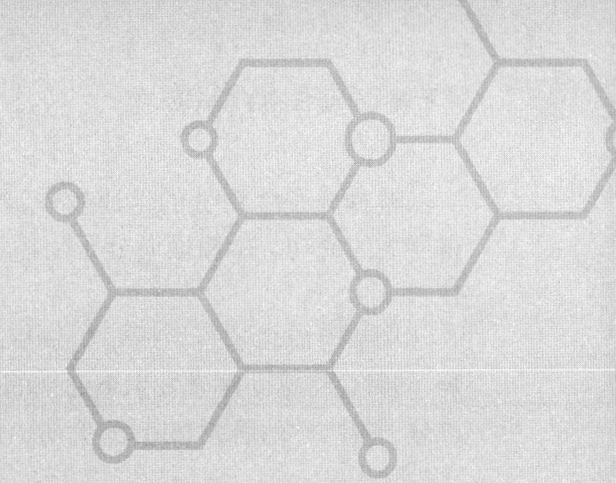

# 第五篇
# 分子生物学前沿技术

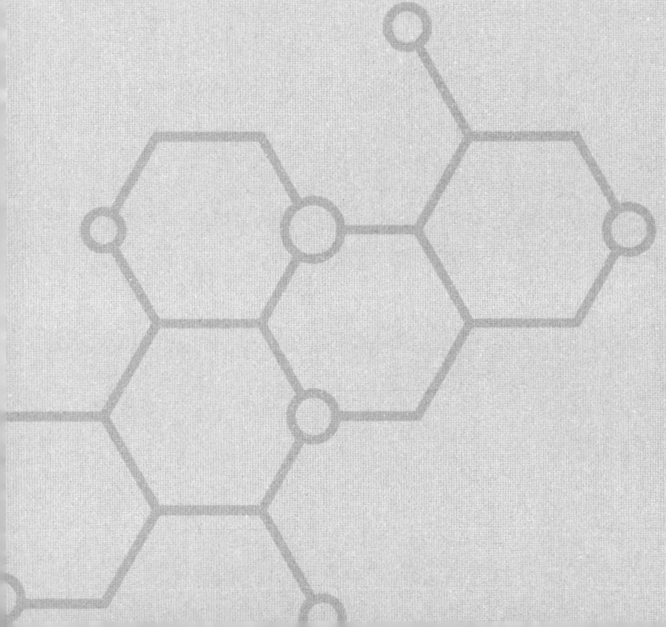

随着分子生物学的迅速发展，新成果、新技术不断地涌现，并在广阔的应用领域中取得巨大的成功。本篇面向分子生物学前沿领域，介绍了近年来处于研究热点中的几种新型技术。

从基因编辑到蛋白质结构解析，生物技术的发展和不断革新，在科学界产生了重大影响，同时也将推动医学发生革命性的变革。相信在未来的发展中，新技术的出现将更大地促进分子生物学的研究和应用，为防治严重危害人类健康的各种疾病做出贡献。

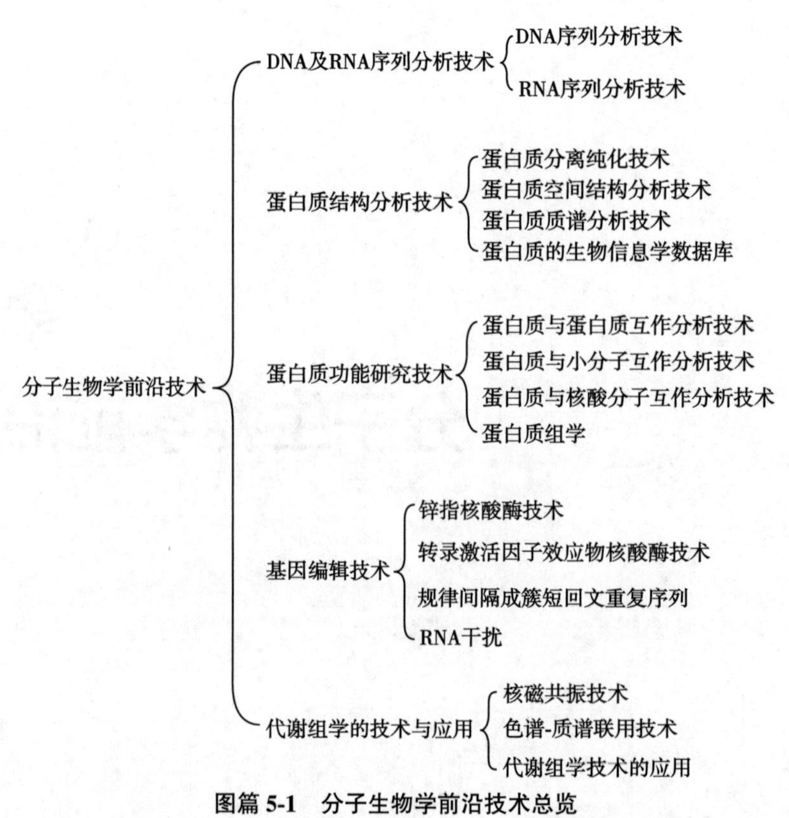

图篇 5-1　分子生物学前沿技术总览

# 第二十九章
# DNA 及 RNA 序列分析技术

## 第一节　DNA 序列分析技术

通常我们把测序技术分为以 Sanger 测序法为基本原理的经典测序技术和新一代的测序技术。前者又称为双脱氧链末端终止法测序，最初是由英国科学家 F.Sanger 创立的 DNA 测序技术。以此为原理的 DNA 测序技术经过几十年的进步和发展，不但大大促进了人类基因组计划的完成，而且实现了 DNA 测序技术的第一次飞跃，已经成为当前遍布全球的分子生物学实验室日常分析 DNA 序列的基本手段，被称为“第一代测序技术”，在此不再赘述。本节主要关注和介绍的是被称为“第二代测序技术”和“第三代测序技术”的新一代测序技术。

### 一、第二代测序技术

近年来，随着基因组学、转录组学和个体化医疗等领域的发展，DNA 测序技术也在不断革新、提升，“第二代测序技术”（second generation sequencing，SGS）又称为下一代测序技术（next-generation sequencing，NGS），因其精度高、并行分析能力强、数据内涵更为丰富，又被称为高通量测序（high-throughput sequencing，HTS）或深度测序（deep sequencing），在基因组分析和表达谱分析领域，逐渐取代了基因芯片分析技术，成为目前主流的高通量、研究型核酸数据分析工具。

从技术上讲，第二代测序技术突破了第一代测序技术的局限，摆脱了对电泳分离技术的依赖，并且通过对合成反应的微阵列化，降低了实验成本，指数级地提高了并行分析能力，实现了真正意义上的高通量测序和深度测序。

目前主流的第二代测序技术包括 Roche 公司的 454、Illumina 公司的 Solexa、ABI 公司的 SOLiD，它们的共同之处是都采用了循环微阵列法，但在具体技术细节和测序的核心原理上有所不同。

#### （一）Roche 454 焦磷酸法测序技术

2005 年 Roche 公司发布的 454 测序系统（Roche GS FLX sequencer）标志着测序技术进入了高通量并行测序的时代。这种测序技术是应用焦磷酸测序技术（pyrophosphate

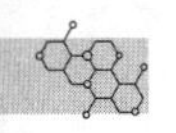


sequencing 或 pyrosequencing)边合成边测序(sequencing by synthesis,SBS),其测序过程大致如下。

**1. 测序之前的预处理**　将被测 DNA 样品打断成 300~800bp 的片段,然后在 3' 和 5' 端分别加上接头,这些接头会使 DNA 片段结合到微珠上。测序 PCR 反应就发生在固相的微珠上,并且整个 PCR 反应和相关的酶被油包水的液滴包裹,每个油滴系统只包含 1 个 DNA 模板,进行独立的 PCR 扩增,即平行扩增乳滴 PCR(emulsion PCR,emPCR)。扩增后,每个 DNA 分子可以得到富集,每个微珠只能形成一个克隆集落。454 测序仪的测序通道体积非常狭小,只能容纳一个微珠。

**2. 测序过程**　测序开始时,含有 T、A、C、G 四种不同碱基的 dNTP 依次循环进入测序微板,每次只进入一个碱基。在合成酶的作用下,如果发生碱基配对,就会释放一个焦磷酸盐(inorganic pyrophosphate,PPi)分子。PPi 在 ATP 硫酸化酶等酶系的催化下发出荧光。有一个碱基和测序模板进行配对,就会捕获到一分子的光信号,由此一一对应,就可以准确、快速地确定待测模板的碱基序列,读长可为 400~500bp。

这种测序技术最初由 454 公司推出,之后便被 Roche 公司收购,形成了 Roche 454 GS FLX 测序系统。相比于 Sanger 测序、Solexa 和 SOLiD 测序,454 测序仪可以提供中等的读长和适中的价格,适合 de novo 测序、转录组测序、宏基因组研究等。

### (二) Illumina Solexa 合成法测序技术

2006 年英国剑桥的 Solexa 公司推出基于 SBS 技术的高通量测序仪,后被 Illumina 公司收购。Solexa 测序的核心技术是 DNA 簇(DNA cluster)和可逆终止化学反应(reversible terminator)。这种高通量测序芯片表面连接有一层单链引物,两端连接测序接头的单链 DNA 片段可以与芯片表面的引物进行碱基互补结合,引物扩增成为双链后,使双链变性为单链,该单链 DNA 的一端就被固定在芯片上,而另一端随机和附近的另外一个引物互补,也被固定住,形成"桥"(bridge)。经过反复 30 轮扩增后,每个单分子得到约 1 000 倍扩增,成为单克隆 DNA 簇。然后加入经过改造的 DNA 聚合酶和带有 4 种荧光标记的 dNTP,这些核苷酸是"可逆终止子",其 3' 羟基末端带有可化学切割的部分,每个循环只允许掺入单个碱基。去除其他多余的 dNTP 后,用激光扫描反应板表面,读取每条模板序列第一轮反应所聚合上去的核苷酸种类。随后将这些基因化学切割,恢复 3' 端黏性,继续聚合第 2 个核苷酸。如此循环,直到每条模板序列都完全被聚合为双链。统计每轮收集到的荧光信号,就可得知模板 DNA 片段的序列。Solexa 的读长为 100~150bp,适合小 RNA 鉴定、甲基化和表观遗传学研究。

2010 年之后,Illumina 公司陆续推出 HiSeq2000、Hiseq2500 系列测序仪,具有高准确性、高通量、高灵敏度和低运行成本等突出优势,可以同时完成传统基因组学研究(测序和注释)以及功能基因组学(基因表达及调控、基因功能、蛋白 - 核酸相互作用)研究。在 2017 年,这些新技术使人类基因组测序成本降低到了 1 000 美元,率先实现了"一千美元测序一个人类基因组"的设想。

### (三) ABI SOLiD 连接法测序技术

2007 年 Applied BioSystem(ABI)公司推出了自主研发的 SOLiD 测序仪(ABI SOLiD sequencer)。SOLiD(sequencing by oligonucleotide ligation and detection)测序技术的第 1 阶段是制备 DNA 文库。SOLiD 技术支持两种测序文库,分别是片段文库(fragment library)和

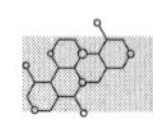

配对末端文库（mate paired library）。将待测的 DNA 分子打断，并在两端加上接头，则可组成片段文库。而配对末端文库则是先把 DNA 分子打断，在中间加入 *Eco*P15 酶切位点和中间接头后进行环化，然后用 *Eco*P15 酶切，使得接头的两端各有 27bp 的碱基，最后在两端加上接头，构成文库，适用于全基因组测序、SNP 分析、结构重排及拷贝数的分析等相关领域。第 2 个阶段与 454 焦磷酸测序法相同，加入磁珠等反应元件进行 emPCR 平行扩增，不同的是该方法的磁珠只有 1μm。在连接测序中，底物是 8 个碱基的八聚体单链荧光探针，在 5' 末端分别标记了 CY5、Texas Red、CY3、6-FAM 这 4 种荧光染料。3' 端的第 1、2 位碱基类别排序分别对应着一个固定的荧光染料，第 3、4、5 位碱基"n"是随机碱基，第 6、7、8 位碱基"z"是可以和任何碱基配对的特殊碱基。一次测序中包括了 5 轮连接反应。每轮连接反应首先是由 3 个碱基"n"介导，将八聚体连接在引物上，测序仪记录荧光染料信号，然后断裂掉碱基"z"，准备连接下一个八聚体。一次循环后，将引物重置，进行第 2 轮连接反应，反应位置和前一轮错开一位，这样引物上的每个碱基都会有两次与第 1、2 位碱基相连接，显著减小了测序误差。该技术的创新之处在于双碱基编码技术（two base encoding），通过两个碱基来对应一个荧光信号，这样每一个位点都会被检测两次，具有误差校正功能，能将真正的单碱基突变或者 SNP 与随机错误区分开来，降低错误率，可使准确率大于 99.94%。

这种测序方法除了对 DNA 序列进行测序，还可应用于转录组测序、RNA 定量、microRNA 分析、重测序、cDNA 末端快速扩增法、甲基化分析、染色质免疫沉淀（chromatin immunoprecipitation，ChIP）测序等相关领域的研究。

这场以 DNA 测序为主要技术目标的生命科学领域的技术竞赛，除了上述三家公司之外，还吸引了众多国家和众多测序公司的加入。2013 年，中国的华大收购了美国的 Complete Genomics（CG）公司，消化其核心技术，并研发出具有自主知识产权的小型测序仪。2015 年，华大推出第一代 BGISEQ-500 测序仪，将人类基因组测序成本降到 600 美元。接着，2018 年，华大推出了 T7 测序仪，这款仪器 1 天就能完成 60 个人类基因组测序。2020 年和 2021 年，华大又分别推出超高通量测序平台 DNBSEQ Tx 和快捷型测序仪 DNBSEQ-E5。

2021 年 12 月，美国的 Singular Genomics 公司推出了测序仪 G4。G4 系统利用专有的 4 色 SBS 技术，使用新型酶和核苷酸共同提供高度准确的配对读取测序，进一步提升了测序的准确性；更重要的是，G4 每小时的数据输出量是同期其他台式仪器的三倍，可在短短 16~19h 对多达 4 个人类基因组进行测序。G4 测序仪可应用于识别癌症相关基因突变，深度测序以检测循环无细胞 DNA 中的最小残留疾病，分析免疫系统，分析单细胞 RNA 转录，并快速进行外显子组和全基因组测序。

近年来，人类基因组大数据的资源价值越来越受到各国重视，纷纷推出了大人群基因组计划。2018 年 5 月，美国国立卫生研究院（National Institutes of Health，NIH）启动了名为"我们所有人"（All of Us）的人类基因组研究超大队列研究计划。该计划预计招募 100 万人以上的志愿者进行包括基因测序在内的精准医学研究，而主要使用的技术，就来自美国的两家测序仪公司——Illumina 和 PacBio。英国将基因组学比作引领工业革命的蒸汽机，正在开展世界最大样本量的"英国五百万人基因组项目"，2018 年 10 月，该项目的第 1 期已完成 5 万人的全基因组测序，预计将在 2025 年完成 500 万人全基因组测序，同时将基因检测纳入医保。2019 年 8 月，21 个欧盟国家共同签署协议，2022 年欧盟要联合起来完成百万人基因组项目的测序，同时要在欧盟成员国内部跨境共享数据。法国、丹麦、芬兰、新加坡、俄罗斯、阿联酋等国家也纷纷启动和开展各自的国别基因组计划。

## 二、第三代测序技术

第二代测序技术成功地把DNA测序引入了高通量测序时代，同时也把研究方向从单个基因位点扩展到全基因组研究的水平层面，并从人类应用扩展到各种生物的研究中。然而测序样本前期需要经过PCR扩增和逆转录，这一过程中，GC含量较高的区域无法利用PCR实现高效扩增，且可能引入PCR扩增错误，再加上第二代测序技术读长过短，不能够完全满足人们对于全基因组测序的需求。此外，虽然短读长（short reads）可以较为准确地检测单核苷酸变异（single nucleotide variation，SNV），但难以检测和表征结构变异（structural variation，SV）。

为了解决一代和二代测序技术的局限性，高通量、长读长且能实现无扩增的单分子DNA直接测序的第三代测序（third generation sequencing，TGS）技术逐渐在测序领域崭露头角。与第二代测序边合成边测序相比，第三代测序技术的特征在于单分子测序，能够对DNA或RNA直接测序，减少前期样本的逆转录和PCR扩增步骤，避免了PCR扩增引入的错误，克服了读长限制，实现了全长测序。同时，TGS可以检测例如DNA的甲基化等基因组修饰。目前第三代测序技术主要是太平洋生物科学公司（Pacific Biosciences，PacBio）的单分子实时（single-molecule real-time，SMRT）测序技术和牛津纳米孔技术公司（Oxford Nanopore Technologies，ONT）的纳米单分子测序技术。

### （一）单分子实时测序

2011年初，美国太平洋生物科学公司发布了利用SMRT技术发明的PacBio RS测序仪。SMRT测序技术需要使用双链DNA制备文库：将发夹结构的衔接子连接到DNA分子的两端，形成SMRTbell的环化测序模板。将测序文库加载到SMRT测序单元中，该单元包含零模波导孔（zero mode waveguides，ZMW）。ZMW是一种直径仅为几十纳米的纳米孔，每个ZMW底部都固定有聚合酶，可以与SMRTbell的任一发夹接头序列结合并开始复制。在SMRTbell中添加带有4种不同荧光基团的核苷酸，不同荧光基团被激活时会产生不同的发射光谱。当一个碱基与DNA聚合酶结合时，便会产生一个光脉冲，脉冲信号被记录下来，根据光的波长和峰值便能够识别这个碱基。PacBio的SMRT测序的一个关键是将反应信号与游离碱基的荧光背景区别出来，因为ZMW的孔径小于波长，从底部打上去的激光不直接通过孔径，但是可以在孔径处发生光的衍射，仅仅能够照射ZMW的底部区域。而DNA聚合酶就锁定在底部的这个区域，由于其只能被碱基携带的荧光基团激活并检测到发光，从而大大减少了背景荧光的干扰。PacBio的SMRT测序的另一个关键就是聚合酶的活性，它决定了测序的长度。DNA聚合酶的活性会在激光照射下逐渐减弱，因此不能无限长度地进行合成反应，所以DNA链的测序长度是有限的。在测序过程中可以实时检测核苷酸的掺入率，核苷酸掺入之间的时间称为脉冲间持续时间（interpulse duration，IPD），这段时间的长短随DNA表观遗传修饰的出现发生变化。因此，该系统还可用于直接鉴定甲基化。在测序过程中，DNA聚合酶每次持有大约12个核苷酸，因此单个核苷酸表观遗传水平的变化会影响周围核苷酸的掺入率，这种变化会形成“指纹”。不同的“指纹”对应不同的表观遗传修饰，比如m6A、m4C和m5C。此外，该测序系统还可以用于研究核糖体转移RNA动力学，以及进行RNA的直接测序。截至2019年，PacBio公司推出的Sequel Ⅱ测序平台让长序列的读取精确得到进一步提升，平均读长为13.5kb的长序列的读取精度可达99.8%。

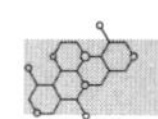

### （二）纳米单分子测序

牛津纳米孔技术（Oxford Nanopore Technologies，ONT）公司推出的 MinION 测序仪主要是基于纳米单分子测序技术（the single-molecule nanopore DNA sequencing）进行测序。2015 年，利用 ONT 公司的 MinION 测序仪，科学家成功拼接出了 *E.coli* 的基因组信息，准确率高达 99.4%。2020 年，利用纳米单分子测序技术直接实现 DNA 序列甲基化检测的深度学习算法开始出现。这种技术的实质是利用电信号测序，其原理是纳米孔内有共价结合的分子接头，当单个碱基或 DNA 分子通过纳米孔通道时，会使电荷发生变化，从而短暂地影响流过纳米孔的电流。由于化学结构的差异，A、C、G 和 T 这 4 种不同碱基通过纳米孔时会产生不同强度的电流，通过灵敏的电子设备可以检测到电流变化，进而可以识别 DNA 链上的碱基，完成测序。与上述 SMRT 测序方法相比，纳米单分子测序技术处理样品非常简单，也不需要脱氧核糖核苷酸，因此该测序方法的成本不是很高。而且纳米孔检测的序列长度不受技术本身的限制，测序的长度主要取决于 DNA 分子的长度，最大读长可达 1Mb；每条 DNA 或 RNA 在纳米孔测序平台中只会被检测一次，该特点可以实现对测序样本的定量；对 DNA 或 RNA 的直接测序减少了前期逆转录和扩增的步骤，不仅缩短了测序周期，还可实现核苷酸修饰的直接检测。然而，纳米单分子测序技术也有缺陷，由于 DNA 通过纳米孔极其迅速，电流特征性变化极可能不明显，从而使测序的准确度降低，故将单个核苷酸通过孔的速度降低成为这个技术拟解决的难题。另外，纳米单分子测序无法像 SMRT 测序一样对同一条链进行多次测序，这造成了其相对较高的测序错误率。据估计，R9.4 芯片的纳米孔测序数据错误率在 15% 左右。为了获得更高的测序准确性，ONT 开发了一种针对 dsDNA 分子进行测序的方法，即“1D2”系统，可先后依次对同一序列的两条互补链进行测序，将错误率降低为 3%，但时间因此也增加了一倍。

第三代测序技术由于能够直接对 RNA 测序，因此在病毒检测方面的应用非常有价值，而且可以实现病毒全基因组测序，有助于病毒进化的研究。2014 年，MinION 首次应用于西非埃博拉疫情的基因组检测。在资源条件不足的西非，多个团队利用纳米单分子测序技术完成了疫情的应急检测和未知病原体的鉴定。

## 三、单细胞全基因组测序技术

随着单细胞基因组测序技术的建立与发展，对细胞基因组特征的分析进入了单细胞水平。单细胞全基因组测序技术可用于揭示单细胞基因组结构差异，同时在肿瘤研究、发育生物学、微生物学等研究中发挥重要作用，并成为生命科学研究技术的热点之一。

单细胞的基因组分辨率不但使研究人员能够在单细胞尺度上分析肿瘤细胞的异质性，也使得传统上难以检测的稀有细胞的基因组研究成为可能。这些稀有细胞往往具有重要的生物学意义或临床价值，如癌症患者血液中循环肿瘤细胞（circulating tumor cell，CTC）的基因组检测或三代试管婴儿的植入前遗传学诊断与筛查（preimplantation genetic diagnosis/screening，PGD/PGS）。

单细胞基因组测序主要包括三个部分：单细胞获取、单细胞全基因组扩增和扩增产物测序及分析。

### （一）单细胞获取

研究中通常利用机械剪切结合酶解的方法将组织消化为单细胞悬液，再根据实际需要进行单细胞全基因组测序样本的制备。各种不同的制备方法各有优劣（表 29-1）。使用显微操作仪回收单细胞，可以借助显微镜直观地观察目标单细胞，可视化、准确、回收成功率高，但对操作人员技术要求较高，单细胞回收通量比较低，适用于目标细胞较少且珍贵的样本，如循环肿瘤细胞或辅助生殖移植前的胚胎细胞。利用荧光激活细胞分选技术（fluorescence-activated cell sorting，FACS）可对一群各自带有不同的荧光标记的细胞进行高通量、标准化的分选，缺点是 FACS 对细胞有一定损伤，对起始细胞数量有一定要求，细胞数量较少的细胞亚群或珍贵的样本不适合使用 FACS 进行单细胞回收。激光捕获显微切割（laser capture microdissection，LCM）技术通常被用于分离回收固定染色切片上的目标细胞样本，LCM 技术的优点是可以确定单细胞在组织样本中的空间位置，但设备操作者需要对组织样本非常熟悉，因为是从组织原位回收目标细胞，需要操作者分辨出目标细胞和非目标细胞，对操作者技术要求也比较高，LCM 是唯一能够获取目标细胞空间位置的技术。微流控芯片平台用于单细胞回收的优点是通量高，效率高，自动化程度高，与下游分子的生物学反应能够实现集成化，反应全部在微流控芯片上完成，能降低污染，降低人为操作导致的实验偏差，反应体积小，反应效率高，节约试剂使用量。但微流控平台对技术要求比较高，很多普通生物学实验室没有相关技术支持，无法自己搭建微流控芯片平台，而使用全自动商业化仪器，设备成本又较高。

**表 29-1　获得单细胞样本的主要方法**

| 分离方法 | 原理 | 优点 | 缺点 | 应用 |
|---|---|---|---|---|
| 荧光激活细胞分选技术 | 荧光标记特异分选 | 分选准确度高，高通量 | 分选机制复杂，设备昂贵，有气溶胶危险，不适用于珍贵小量样本 | 用于大量的，对细胞活性和形态要求较低的研究 |
| 激光捕获显微切割技术 | 激光定位切割 | 保证组织完整性 | 成本高，出错率高，细胞损坏严重 | 用于冰冻或石蜡包埋样品分离研究 |
| 微流控技术 | 微流体芯片平行分离 | 灵活选样，密闭操作空间 | 需要专门空间，操作较复杂 | 用于样品量少的分离研究 |

### （二）单细胞全基因组扩增

单细胞的基因组 DNA 大约为 5.6pg，满足不了测序要求，即使最新的三代测序技术对样本量的要求降低了很多，也需要对单细胞基因组进行预扩增。主要的全基因组扩增方法及各自特点见表 29-2。

引物延伸预扩增法（primer-extension preamplification，PEP）是一种出现较早的全基因组扩增技术。1992 年，研究者应用 PEP 方法实现单个单倍体细胞基因组的全扩增。这是一种基于 PCR 技术的全基因组扩增技术，主要使用含 15 个碱基的随机引物，对单细胞基因组以 PCR 方式进行扩增。

在上述技术的基础上，采用简并寡核苷酸引物进行基因组扩增，发展出了简并寡核苷酸引物 PCR 技术（degenerate oligonucleotide-primer PCR，DOP-PCR）。采用部分简并序列的寡核苷酸引物（引物中间部分含有 6 个随机碱基），在最初几个循环中，利用低初始退火温度（如 25℃）的 PCR 方案确保引物与模板结合，然后从给定基因组内的多个均匀分散的位点起始，进行较高退火温度（如 55℃）的常规多循环 PCR 反应。

表 29-2　主要的全基因组扩增方法及各自特点

| 全基因组扩增方法 | 扩增原理 | 引物组成 | 酶 | 产物长度 | 覆盖率 |
|---|---|---|---|---|---|
| 引物延伸预扩增法 | 基于 PCR 的完全随机引物扩增法 | 含 15 个碱基的随机引物 | DNA 聚合酶 | <2kb | <50% |
| 简并寡核苷酸引物 PCR 技术 | 基于 PCR 的部分随机引物扩增法 | 引物中含 6 个随机引物的简并引物 | DNA 聚合酶 | <2kb | <40% |
| 多重置换扩增 | 多重置换恒温扩增法 | 引物中含有 6 个随机引物 | phi29 DNA 聚合酶 | <100kb | <70% |
| 多重退火和基于环状循环的扩增技术 | 多重退火环状循环恒温扩增和部分随机引物 PCR 法结合 | 27 个通用引物和 8 个随机引物 | Bst 酶，Taq DNA 聚合酶 | <2kb | <90% |
| 通过转座子插入的线性扩增 | 线性扩增 | 包含 T7 启动子 | 转录酶，T7 RNA 聚合酶 | <400bp | <97% |
| 利用微流体反应器进行单链测序 | 多重置换恒温扩增法 | 引物中含有 6 个随机引物 | phi29 DNA 聚合酶 | <100kb | <70% |

以上两种技术，其核心技术依赖 PCR，因此具有一些技术缺陷，如基因组覆盖率低，有扩增偏差，导致扩增产物不均匀，甚至出现非特异性扩增产物。

多重置换扩增（multiple displacement amplification，MDA）技术是利用 phi 29 DNA 聚合酶在恒温条件下扩增单细胞基因组。phi 29 DNA 聚合酶具有很强的 DNA 合成活性和链置换活性，扩增产物可大于 10kb，能以新合成的 DNA 子链为模板，继续合成新的 DNA 子链，所以 MDA 反应后扩增产量高，而且 phi 29 DNA 聚合酶保真性好，与 PCR 反应使用的 DNA 聚合酶相比，扩增产物保真度提高了 1 000 倍，基因组扩增覆盖度更高。在此基础上研发的液滴多重置换扩增技术（droplet multiple displacement amplification，dMDA）可有效地进行 SNV 检测。MDA 扩增的人类 DNA 常用于遗传分析，包括单核苷酸多态性的基因分型、染色体绘制、DNA 印迹和限制性片段长度多态性分析、亚克隆和 DNA 测序等。

后续研究中，基于依赖 PCR 的全基因组扩增技术和 MDA 技术，科学家进一步开发了多重退火和基于环状循环的扩增技术（multiple annealing and looping-based amplification cycles，MALBAC）。该技术引入了拟线性预放大，以减少与非线性放大相关的偏差，以人的单细胞的 DNA 片段（10~100kb）作为模板，以一组随机引物启动扩增，每个引物具有 27nt 通用引物序列和 8nt 随机碱基，首先在具有链置换活性的 DNA 聚合酶作用下产生具有可变长度（0.5~1.5kb）的半扩增子，再经过一个循环后，半扩增子形成末端互补的全扩增子，把全扩增子作为模板，通过 PCR 指数扩增得到下一代测序所需的 DNA。在相同条件下，MALBAC 比 MDA 方法展现出更高、更均匀的基因组覆盖率，但同时也存在假阳性偏高的结果，所以 MALBAC 需要检测多个细胞基因组才能获得更为准确的结果。

通过转座子插入的线性扩增（linear amplification via transposon insertion，LIANTI）结合了 Tn5 转座和 T7 体外转录，用于单细胞基因组分析，将单个细胞的基因组 DNA 通过特异设计的包含 T7 启动子、LIANTI 转座子的 Tn5 转座，而实现随机片段化。由 T7 启动子标记的基因组 DNA 片段通过体外转录，线性扩增成数千个拷贝的 RNA，在逆转录和 RNA 酶消化后，合成第二条链，形成用于 DNA 文库制备的双链 LIANTI 扩增子。LIANTI 减少了其他单细胞全基因组扩增方法中使用的非特异性扩增和指数扩增，从而大大减少了扩增偏差和误差。

利用微流体反应器进行单链测序（single-stranded sequencing using microfluidic reactors，SISSOR）是利用微流体反应器进行单链测序的一种方法。该方法主要是用于精确的单细胞基因组测序和单元型分析。SISSOR 技术利用双链共有序列和长亚单倍体片段组装，同时提供比使用类似单细胞扩增和测序平台的其他技术更高的每碱基测序准确度和更长的单倍型。长片段读取方法通过比较来自许多细胞的多个单链文库的共有序列来减少错误，而 SISSOR 技术利用仅来自单个细胞的两个互补链的共识来进行错误校正，是迄今为止最精确的单细胞基因组测序技术。

利用上述全基因组扩增技术，可得到用于第二代测序的 DNA 模板，进而完成单细胞的基因组测序和分析工作。单细胞全基因组测序技术的发展在肿瘤、发育生物学、微生物学和神经科学研究中的应用取得了突破性的进展，丰富了人类对自然界生物进化和多样性的认识。目前单细胞研究技术存在一些问题，如扩增偏倚性、非特异性扩增、灵敏度不高、重复性差、操作失误率高、存在外来污染等，针对这些问题，如何提高扩增准确性、覆盖率，使技术实施更为便捷、低廉，是未来的研究方向。相信随着技术的不断进步，单细胞全基因组测序技术可以在更多的医学、生物学领域发挥作用，为科学研究提供坚实的基础。

## 四、甲基化修饰的检测技术

甲基化作为一种重要的表观遗传修饰方式，是指在不改变基因碱基排列顺序的情况下，通过甲基转移酶的作用将甲基基团（—CH3）修饰到特定碱基上的过程，包括 DNA 甲基化、RNA 甲基化等。在哺乳动物中 DNA 甲基化主要发生在胞嘧啶的第 5 个碳原子上，形成 5- 甲基胞嘧啶（5-methylcytosine，5-mC），RNA 甲基化主要包括 6- 甲基腺嘌呤（N6-methyladenosine，6-mA）、7-mG、5-mC、1-mA、Um 等几种类型，其中 6-mA 和 5-mC 是大多数真核生物中最丰富的 RNA 修饰类型。DNA 甲基化可抑制或促进基因的表达，进而引起机体生物学功能的改变，与胚胎正常发育、基因表达调控、雌性个体 X 染色体失活、寄生 DNA 序列的抑制、印迹基因及基因组的结构稳定等关系密切。特别是近几年研究发现，DNA 甲基化异常可导致基因表达的异常及基因组稳定性的降低，继而促进肿瘤发生和发展，基因组甲基化水平的异常可以作为肿瘤等各类疾病早期诊断、分类和治疗的新靶标，如鼻咽癌 *RASSF1A*、淋巴瘤 *PRDM1*、膀胱癌 *HOXA9* 等基因甲基化已经成为早期诊断的重要标志物。RNA 中 6-mA 和 5-mC 修饰水平的偏倚在生物钟的调控、胚胎干细胞多能性的维持，以及许多人类复杂疾病（例如白血病、乳腺癌、肺癌、心血管疾病、代谢性疾病、神经元疾病等）的发生发展过程中也扮演着重要的角色。因此，检测及分析 DNA 和 RNA 甲基化水平对甲基化紊乱导致的各种疾病的早期临床诊断和去甲基化治疗具有重要意义。

目前已建立的 DNA/RNA 甲基化分析技术种类繁多，可以大致分为两类：一类是以化学成分分析为主的甲基修饰定量分析；另一类是以高通量测序为核心的甲基化修饰定位分析。而且，第二类技术可以对于甲基化修饰的位点的深度测序数据进行分析，也可以对甲基化修饰进行更精细化的定量。

### （一）核酸修饰定量检测技术

表观遗传修饰的定量测定中，常用的检测技术主要有二维薄层色谱法（two-dimensional

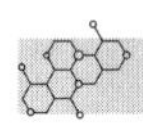

cellulose thin-layer chromatography，2D-TLC）、HPLC 以及液相色谱 - 串联质谱法（coupling of liquid chromatography to mass spectrometry，LC-MS/MS）。2D-TLC 需要首先将 DNA 或 RNA 分子酶解成单个核苷，根据甲基化核苷和非甲基化核苷在溶剂中的迁移率不同而进行分析，结合放射性同位素标记可以提高其检测灵敏度。HPLC 也是基于核苷的极性不同进行分离，之后利用紫外分光光度计对核苷的光密度进行检测，以实现核苷酸修饰的定量检测。基于 HPLC 发展起来的 LC-MS/MS 技术，则使用质谱而非紫外线对分离得到的核苷进行检测，可以实现高灵敏度的定量分析。

**（二）核酸修饰定位的检测方法**

这种方法主要是依赖多种不同理化方法对核酸样品进行预处理，然后进行深度测序（第二代测序），对测序获得的大数据进行核酸修饰定位的细节数据分析。根据预处理的方法不同，可分为三种：抗体富集法、化学反应法和酶识别反应法。带有修饰信号的 DNA/RNA 分子可以通过使用一种或多种策略的预处理来捕获，然后通过测序进行高通量分析。

**1. 抗体富集法**　是利用特异性比较好的抗体对有特异性修饰的 DNA 或 RNA 片段具有较高的亲和力的特性，通过后续的免疫共沉淀进行富集，从而获取修饰片段的信号。经过免疫沉淀后，富集片段和背景序列相比，有更多的修饰，再通过高通量测序，对富集片段与背景序列进行生物信息学分析，可以估计出修饰位点的峰值区域，在峰值区域内富集片段的读值明显大于背景序列的读值。

**2. 化学反应法**　是根据修饰碱基或未修饰碱基本身参与化学反应的特性进行区分的。例如，在修饰检测中运用最成功和最广泛的化学反应法是 5-mC 的重亚硫酸盐测序（bisulfite sequencing，BS-seq），它的作用原理是用化学试剂重亚硫酸盐处理后，胞嘧啶（C）被转化为尿嘧啶（U），经过逆转录和 PCR 扩增转化，尿嘧啶（U）会被识别为胸腺嘧啶（T），但不影响 5-mC，经过这个方法就可以分析得到基因组中 5-mC 的分布图谱。

**3. 酶识别反应法**　是利用天然的酶能识别体内某些修饰类型的特性，从而进行切割或者停止切割反应来区分修饰碱基和未修饰碱基的基序。例如，限制性内切酶属于限制修饰系统（restriction-modification system），利用修饰作为识别内源 DNA 和外来入侵物的标志。利用这一特性，研究者们已经建立了基于某些修饰敏感的限制性内切酶来绘制 5-mC 和 6-mA 的方法。

另外，第三代测序技术的发展为绘制 DNA 和 RNA 修饰提供了新的发展契机，它可以在碱基读取时直接检测修饰的存在，而且适合长片段测序，对于修饰检测具有巨大的潜能。但是由于目前三代测序的技术局限性，该方法有待于进一步优化。

## 第二节　RNA 序列分析技术

目前常用的 RNA 测序按被测的目标 RNA 分子的不同种类，可分为转录组测序、小 RNA 测序以及环状 RNA 测序。另外，根据研究目的的不同，对 RNA 的深度测序技术还有紫外交联免疫沉淀结合高通量测序技术（Crosslinking immunoprecipitation，CLIP-seq）、RNA 免疫沉淀测序技术（RNA immunoprecipitation，RIP-seq）等，可针对不同的应用需求进行选择。

## 一、以第二代测序技术为核心的 RNA 测序

### (一) 转录组测序

转录组(transcriptome)是指特定细胞或组织中全部转录产物,包括信使 RNA、核糖体 RNA、转运 RNA 以及非编码 RNA。在高通量测序技术普及应用之前,对转录组的研究主要是应用基于 cDNA 杂交荧光检测的高通量基因表达芯片(expression array)和基因表达系列分析技术(serial analysis of gene expression,SAGE)。转录组测序(RNA sequencing,RNA-seq)是近年来基于第二代高通量测序技术发展起来的一种分析细胞和组织样本中的 RNA 的种类和表达丰度的综合技术。RNA-Seq 主要针对线性的 mRNA 以及长链非编码 RNA(long non-coding RNA,lncRNA),它不仅能够检测与现有基因组序列相对应的转录本,并能发现和定量新的转录本,对选择性剪接事件、新基因和转录本以及融合转录本的研究更具优势,从而能更加系统地研究转录组学。

RNA-seq 主要包括文库构建、第二代测序(深度测序)和数据分析三个阶段。其中第二代测序阶段可参考上一节 DNA 的第二代测序,而数据分析属于生物信息学领域,又跟具体的研究目的直接相关,因此本书只对文库构建部分进行简要介绍。

进行转录组测序时,研究者提取样本中总 RNA 后,去除 rRNA,对目标 RNA 分子富集后进行测序文库的构建。测序文库分为非链特异性文库(non-strandspecific library)和链特异性文库(strand-specific library)两种。非链特异性文库是指 RNA 逆转录成双链 cDNA,随机加上接头,不区分 RNA 链的信息的文库,测序时以双链 cDNA 进行测序,无法区分 mRNA 的转录方向。链特异性文库可以分为两类,一种是以化学修饰标记一条链,比如通过重硫酸盐处理 RNA 分子,或者在第二链 cDNA 合成时引入 dUTP,然后降解含有 U 的链;另一种是以不同接头连接 RNA 分子或合成 cDNA 链的 5’ 和 3’ 末端,来区分正、反义链。在测序实践中,研究者对不同类型的链特性文库的复杂性、均匀性和覆盖连续性进行评价,并与已知基因组注释和表达谱的基因定量进行比较,再结合实验操作和计算的简便性,对上述两大类文库进行比较,认为用 dUTP 标记第二链的方法和 Illumina RNA 连接法效果较好。在转录组测序时,区分 RNA 分子链的来源能够避免基因反义链上的信息干扰,能够提高基因转录本鉴定和转录本定量的精确性,利用转录组数据进行从头拼接时,有助于划分转录本的边界,确定转录本的正义链信息。

### (二) 具有调控功能的小分子 RNA 的测序

小分子 RNA(small RNA)是指长度为 20~50nt 的 RNA 分子,包括微 RNA(miRNA)、干扰小 RNA(small interfering RNA,siRNA)、核仁小 RNA(small nucleolar RNA,snoRNA)和 Piwi 相互作用 RNA(Piwi-interacting RNA,piRNA)等,通过参与 mRNA 降解、抑制翻译过程、促进异染色质形成和 DNA 表观修饰等多种途径来调控生物学过程。可以根据小分子 RNA 的 5’ 端磷酸基和 3’ 端羟基的结构特点,连接测序接头并筛选小分子 RNA 测序文库,进行测序。miRNA 在物种间的生物学功能较为保守,是小分子 RNA 测序研究中的重点。进行 miRNA 测序时,通常将 miRNA 进行分离,单独建立小片段文库后再进行单向测序。

### (三) lncRNA 测序

lncRNA 是一类长度在 200nt 以上、无编码蛋白质功能的 RNA 分子,往往具有很强的物种、组织特异性。部分 lncRNA 位于基因的增强子区域,通过自身的转录而实现增强子

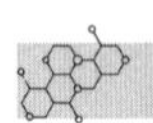

的功能。lncRNA调控方式多样且广泛存在于各类动植物细胞中，可以通过参与染色体结构形成以及与转录因子、蛋白质、RNA前体、miRNA结合等多种方式调节各类生物学分子的功能。大部分lncRNA含有多聚A尾结构，因而可参照mRNA的测序步骤，进行文库构建和第二代测序，获取lncRNA序列信息。目前对于lncRNA的研究，是从寻找差异表达的lncRNA分子入手，主要依据lncRNA与关键编码基因的位置关系，进一步预测两者之间的调控关系。

### (四) 环状RNA

环状RNA(circular RNA，circRNA)具有特殊的稳定性良好的成环结构，不容易被RNA酶降解，被认为在生物体内可以长效行使转录调控功能。同一段基因组序列可能会产生多种类型的circRNA分子，外显子和内含子的不同剪切组合使得circRNA可能包含多个外显子或内含子序列。circRNA具有吸附miRNA分子的“海绵”作用，可以介入miRNA对mRNA的调控过程。circRNA对相同基因组位置上的mRNA转录有竞争性抑制作用，含有外显子的circRNA还可能开环并重新翻译。circRNA测序与上述线状RNA分子有所不同，RNA提取之后，除了常规对rRNA进行捕获和去除之外，还需要利用RNase R分别对样本总RNA中的线性RNA进行消化处理，随后将剩余的RNA在高温条件下利用二价阳离子进行片段化，之后在逆转录酶的作用下，将片段化的RNA逆转录为cDNA，然后进入第二代测序的常规处理和测序环节。由于circRNA在生物体内稳定地行使功能，并具有组织特异性表达模式，与宿主基因表达不太相关，被认为在作为相关疾病的临床诊断、预防的分子标志物以及药物治疗靶点等方面具有极大的潜力。

## 二、RNA分子直接测序

在上一节中提到，第三代测序技术的发展使测序前的模板准备环节摆脱了对PCR的依赖，因此避免了扩增偏差等预处理措施对测序丰度和准确性的影响，同时也使测序的目标分子从DNA扩展到RNA。与DNA测序类似，目前应用到RNA测序上的第三代测序技术主要有单分子实时测序技术和纳米单分子测序技术。前者可将待测的RNA分子与固定在纳米孔底部的聚合酶结合，边合成边测序，测序长度可以高达50kb；后者将单个分子加载到流动槽中，在接头连接过程中加上的分子马达会与生物纳米孔结合。马达蛋白控制RNA链穿过生物纳米孔，引起电流变化，从而可以推测出经过的碱基序列，生成的测序读长为1~10kb。

造成全人类疾病大流行的冠状病毒SARS-CoV-2属于RNA病毒，具备极高的变异速度。为确定更稳定的SARS-CoV-2分子检测靶点，实时监测SARS-CoV-2的突变，研究人员等利用ONT公司的MinION进行单分子纳米孔测序，对病毒的RNA分子直接测序，鉴定临床样本中SARS-CoV-2基因组的高表达区域。鉴定后发现位于SARS-CoV-2基因5’端的非结构蛋白1(non-structural protein 1，nsp1)编码基因为高表达基因，并以此设计nsp1 RT-PCR，验证其在临床检测中的高灵敏度和特异度。

## 三、基因表达常用数据库

随着高通量测序技术和生物信息学技术的飞速发展，生物医学相关数据库逐渐成为广大科研工作者的必要工具。

### (一) 肿瘤基因组图谱数据库

肿瘤基因组图谱(The Cancer Genome Atlas,TCGA)计划是由美国国家癌症研究所(National Cancer Institute,NCI)和美国国家人类基因组研究所(National Human Genome Research Institute,NHGRI)于2006年联合启动的项目。

TCGA利用以大规模测序为主的基因组分析技术,从基因组、表观遗传组、转录组、蛋白质组等多个层次记录、分析相关数据,试图描绘一套完整的与所有癌症基因组改变相关的图谱,解析癌症的分子机制,提高人们对癌症发病分子基础的科学认识,进而提高我们诊断、治疗和预防癌症的能力。

作为目前最大的癌症基因信息的数据库,TCGA蕴藏着难以想象的宝贵信息。目前该数据库中包含了超过20000原发癌症和匹配正常样本的分子特征,涉及33种癌症类型,数据量超过2.5拍字节($2.5 \times 2^{50}$字节)。

TCGA的数据类型主要有以下几种。

**1. 临床数据**　包括患者的一般情况、诊治情况、TNM分期、肿瘤病理、生存情况等。

**2. 拷贝数**　SNP芯片、拷贝数芯片、低通量测序得到的肿瘤组织比对正常组织的染色体上各片段的拷贝数的数据。

**3. DNA数据**　全基因组、全外显子、SNP芯片和毛细管测序获得的DNA数据。

**4. 图像数据**　诊断学影像、组织切片、放射线影像等肿瘤诊断数据。

**5. 甲基化数据**　重亚硫酸盐测序、甲基化芯片等测得的甲基化数据。

**6. miRNA表达数据**　通过microRNA芯片或者microRNA-seq测得的microRNA表达量。

**7. mRNA表达数据**　通过mRNA芯片或者RNA-seq测得的mRNA表达量。

**8. 蛋白质表达数据**　通过蛋白芯片测得的超过1 000例患者癌与癌旁关键蛋白的表达量。

这些数据以不同的形式对全世界研究者开放,可按指定的渠道打包下载,供研究者们按自己的研究目的进行后续的深入分析。

### (二) GEO数据库

GEO数据库全称为Gene Expression Omnibus database,是由美国国家生物技术信息中心创建并维护的基因表达数据库。它创建于2000年,收录了世界各国研究机构提交的高通量基因表达数据。目前公开发表在各种学术期刊上的论文中涉及的基因表达检测的数据几乎都提交到了这个数据库。

GEO除了二代测序数据,还包含芯片测序、单细胞测序数据。与TCGA不同的是,数据库中的样本数据不限于肿瘤。但由于上传来源不同,GEO数据不像TCGA数据那么规整,需要进行ID转换、数据标准化、去批次效应后,才能进行数据分析,但利用GEO提供的分析工具,可较方便地完成不规整数据的预处理工作。GEO将提交的原始数据分为3个角度:平台(GEO Platform,GPL)、样本(GEO Sample,GSM)和系列(GEO Series,GSE)。平台记录是描述获取实验数据的技术、方法的信息;样本记录描述样品信息、来源、处理单个样品的条件、所经历的操作以及从中得到的测量结果,每个样本只能引用一个平台但可包含在多个系列中;系列表示出于某个研究目的,将一组相关样本集合在一起进行组内分析比较,包含实验设计、分析文件等信息。这些数据的一部分被GEO管理人员整理成了数据集记录(GEO

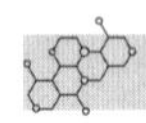

Dataset，GDS），它代表着生物学和统计学上可进行比较的样本集合，并且构成了 GEO 数据显示和分析功能的基础，比如基因表达差异的分析和聚类热图等。利用 GEO 提供的大量数据，研究者可通过挖掘感兴趣的信息进行深入的医学或生物学领域的研究。

### （三）基因本体数据库

基因本体数据库（gene ontology，GO）是基因本体联合会（Gene Onotology Consortium）所建立的数据库，是关于基因及其产物功能知识的综合资源数据库，旨在产生一个结构化、精确定义、受控的词汇表，用于描述基因和基因产物在任何生物体中的作用。它主要由两个部分组成：基因本体和基因本体注释。基因本体是给定领域内知识体系的正式形式，由一套描述基因和产物生物功能及其彼此之间关系的标准术语构成，GO 代表的领域由细胞组分（基因产物执行功能的细胞结构的相对位置）、分子功能（基因产物进行的分子级活动）、生物学过程（多种分子活动构成的"生物程序"）三个本体构成。

除上述主流的数据库之外，还有很多专业化数据库，如记录和分析正常组织的基因表达谱数据的数据库 RNA-Seq Atlas，商业化肿瘤生物信息数据库 Oncomine 等。这些数据库为人们的科研前准备提供了非常实用的、翔实的理论基础。科研人员可以通过大数据分析，寻找科研方向，发现海量数据的内在规律，为进一步探索未知的科研领域提供理论支撑。

## 参考文献


[1] MCCOMBIE W R, MCPHERSON J D, MARDIS E R. Next-Generation Sequencing Technologies [J]. Cold Spring Harbor Laboratory Press, 2019, 9 (11): a036798.

[2] VAN DIJK EL, JASZCZYSZYN Y, NAQUIN D, et al. The Third Revolution in Sequencing Technology [J]. Trends Genet, 2018, 34 (9): 666-681.

[3] LLORENS-RICO V, SIMCOCK J A, HUYS GRB, et al. Single-cell approaches in human microbiome research [J]. Cell, 2022, 185 (15): 2725-2738.

[4] STARK R, GRZELAK M, HADFIELD J. RNA sequencing: the teenage years [J]. Nat Rev Genet, 2019, 20 (11): 631-656.


（袁　洁）

# 第三十章
# 蛋白质结构分析技术

## 第一节　蛋白质分离纯化技术

蛋白质的分离技术要考虑的第一个问题是蛋白质的来源。蛋白质可以从细胞、组织、器官等来源获得,也可以从细菌、细胞等表达系统中获得。两种蛋白质来源的主要差别是目标蛋白质的浓度,目标蛋白质是否带有标签,目标蛋白质的活性如何保持,以及杂质的含量和种类等。虽然有基本通用的分离方法,但针对不同来源的蛋白质,应该采取不同的方法。

蛋白质分离技术必须考虑的第二个问题是蛋白质活性的检测方法。我们的实验目的通常是分离到有活性的蛋白质,或者处于天然状态(构象)的蛋白质。在分离过程中,目标蛋白质将经历与天然状态不同的环境与条件,其活性有可能降低甚至完全消失。我们必须获得并利用有效的蛋白质活性测试方法,来筛选出合适的分离方法。

### 一、蛋白质的分离方法

来源于组织和器官的样品,首先需要破坏其聚集的细胞或结缔组织,通常采用机械匀浆、冷冻破碎等方法。在这个过程中,需要注意用于匀浆的缓冲体系的选择,包括缓冲盐、金属离子、金属螯合剂、抗氧化剂、蛋白酶抑制剂等。其中缓冲盐体系必须与后面的分离纯化技术配合,例如 Tris 缓冲盐不适用于阳离子交换树脂,磷酸盐缓冲体系不适用于阴离子交换树脂。二价金属离子,例如钙离子、镁离子,对某些蛋白质的活性或溶解性具有显著影响。金属螯合剂有利于除去某些不利于蛋白质保持稳定或溶解的金属离子。最后,机械匀浆过程中可产生热,使样品局部温度过高,造成蛋白质变性,应该采取有效低温措施,并短时高频次地使用机械匀浆(图 30-1)。器官或组织来源应考虑其各部分的异质性,即目标蛋白质可能在某些组织或细胞中浓度较高,优先选取此类来源。

来源于细胞的蛋白质在分离过程中不必考虑结缔组织或细胞聚集成团的因素,可以采用比较温和的匀浆方法,如超声匀浆或用表面活性剂破裂细胞膜。

表面活性剂常用于分离蛋白质。表面活性剂是一类具有脂溶性基团和水溶性极性基团的化合物,例如 SDS 就是一种强表面活性剂。其脂溶性基团包括长链烷烃、苯基、甾体或其

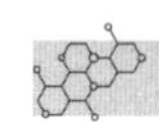

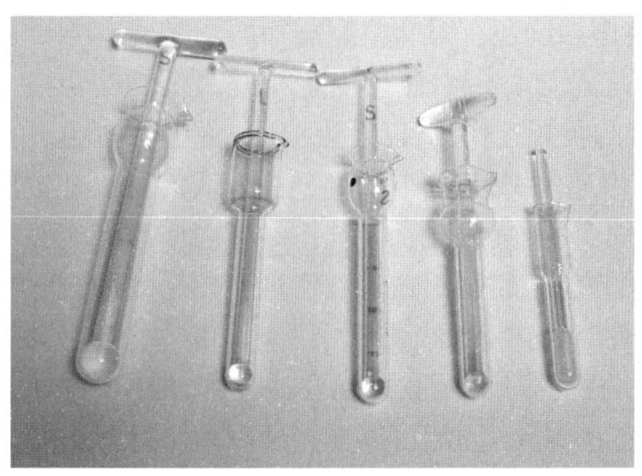

图 30-1　Dounce 匀浆器

他萜类化合物；其水溶性部分包括酸性基团（磺酸、羧酸等），糖类 / 多糖基团，胺类基团等。表面活性剂的作用有破坏细胞膜，形成胶束，有利于蛋白质溶解，也能够凭借其强电荷破坏蛋白质水化膜，从而沉淀蛋白质甚至导致其变性。因此，在分离蛋白质时应考虑目标蛋白质所在的细胞器性质，以及目标蛋白质自身对于不同表面活性剂的反应，来确定正确的表面活性剂，一般选择比较温和的表面活性剂。

纯化蛋白质的技术在操作上可分为层析法和非层析法。

非层析法主要有透析、沉淀、离心。离心法是利用蛋白质分子越大从而在溶液中的沉降系数越大的性质来分离目标蛋白质。蛋白质的沉降系数还与蛋白质的形状有一定关系，纤维状蛋白质的沉降系数小于同分子质量的球状蛋白质。为了区分不同分子质量的蛋白质，常用不同浓度的蔗糖来调整离心溶液的密度，也可以利用不同浓度的蔗糖溶液来进行梯度离心，目的是获得更高的分辨率，分离分子质量相近的蛋白质。

沉淀是用盐和有机溶剂破坏蛋白质的水化膜或者表面电荷，使目标蛋白质沉淀分离的一种方法。需要注意的是，这里的沉淀方法应该尽量少破坏蛋白质的稳定性，在复溶后恢复蛋白质的活性。因此，比较强的沉淀方法不适用于分离蛋白质，例如加热、强有机溶剂（如高浓度丙酮）、强电解质等。常见的沉淀试剂为弱电解质，如硫酸铵。不同浓度的硫酸铵可以分批沉淀不同的蛋白质，并且经除盐后，沉淀蛋白质往往可以复溶，并保持活性。

常用的除盐方法有透析和色谱法。透析实验中，把高盐的蛋白质溶液置于半透膜袋子中，然后放入纯水中，盐分会从蛋白质溶液流向水溶液，水分子会进入半透膜内的蛋白质溶液中，从而降低蛋白质溶液的盐浓度。需要注意的是，在透析过程中，半透膜内的蛋白质溶液体积会变大（由于水分子进入），因此半透膜袋子必须留出足够空间（图 30-2）。

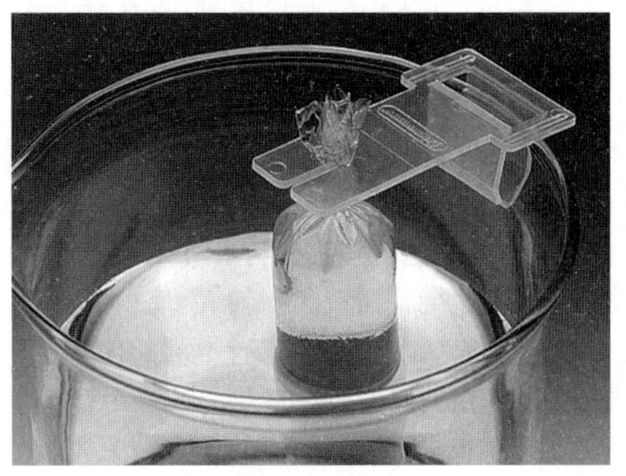

图 30-2　透析袋

色谱层析法是纯化蛋白质的重要手段，按照其原理可分为亲和色谱、分配色谱、体积排阻色谱、离子交换色谱等。色谱层析系统的主要组成有固定相和流动相。固定相是装在色谱柱内的固体分析材料，流动相是洗脱固定相的溶液。此外,色谱系统还有泵和检测器等。

亲和色谱利用的原理是目标蛋白质与固定相有一定的结合能力,例如小分子配体 - 蛋白质相互作用、核酸 - 蛋白质相互作用,以及蛋白质 - 蛋白质相互作用(包括抗原 - 抗体相互作用)。其中抗原 - 抗体相互作用最强,专一性最高。我们可以把抗原固定在树脂、磁珠等材料上,装进色谱柱,成为固定相,然后让含有抗体的蛋白质溶液流经固定相,那么抗体就与抗原结合而被固定相保留下来,杂质则跟随溶液流走。然后,利用低浓度的盐溶液洗去与抗原或者固定相产生非特异性结合的杂质。最后,用高浓度的盐溶液破坏抗原 - 抗体相互作用,把纯的抗体从固定相上洗脱,收集得到的纯抗体溶液。使用亲和色谱时首先要选择合适的固定相。固定相的吸附能力越强,固然可以更多地吸附目标蛋白质,但同时也需要更强的流动相将其洗脱(例如高浓度盐溶液),这一方面带来了较低回收率的问题,另一方面也提高了下一步的脱盐的难度。此外,要注意流动相应该具有较强的洗脱能力,以免目标蛋白质浓度过低;还应该注意选择尽可能弱的流动相,以免蛋白质失活。

分配色谱的原理是,目标蛋白质在固定相表面区域的溶解性较高或分配系数较高,使得目标蛋白质在流动相洗脱时,能够以高浓度存在于固定相表面上更长时间。常用的分配色谱是反相色谱。反相色谱的固定相为交联的硅胶,硅胶表面经处理后具有长链烷基,呈现疏水的"油层"性质。目标蛋白质的疏水区域在此长链烷基层有较高溶解性,分配系数更高。而疏水性较低亲水性较强的杂质蛋白质则不能较好吸附在固定相上,随流动相被冲走。反相色谱除了能够分离杂质蛋白质以外,还常用于蛋白质溶液脱盐或者提高蛋白质溶液浓度。

离子交换色谱的原理是固定相表面具有带正电荷或负电荷的基团,可以与流动相中的带相反电荷的蛋白质结合,那些不带电、带相同电荷或者带电数量较少的杂质不与固定相结合或者与固定相的结合能力弱,就随流动相被冲走。离子交换色谱实验首先应该注意的是,根据蛋白质等电点调整相应的流动相 pH 值,使目标蛋白质带上与固定相匹配的电荷(相反的电荷)。其次应该注意,离子交换树脂具有不同的强度,对相同电荷的吸附能力不同,强离子交换树脂固然可以更好地吸附目标蛋白质,但同时也需要更强的流动相(高浓度盐溶液)才能将目标蛋白质洗脱。最后,要注意离子交换树脂自带的对应反离子的种类,例如阳离子交换树脂的固定相上带有负电荷,而其对应反离子可以是氢离子或者钠离子。如果选择氢离子型,则在洗脱时流动相 pH 值会降低,可能不利于蛋白质保持稳定;选择钠离子型则洗脱时流动相的盐浓度会提高,同样有可能不利于蛋白质保持稳定。

体积排阻色谱的原理是,不同分子质量的蛋白质具有不同的体积,在固定相的不同大小形状的小孔中的运动轨迹和速度不同,从而能根据分子质量进行分离。常见的 SDS-PAGE 胶就是一种体积排阻色谱。在蛋白质分离实验中,常用的固定相是葡聚糖凝胶。葡聚糖凝胶颗粒中具有一定尺寸的孔道,体积大的蛋白质不容易进入这些孔道,会从葡聚糖凝胶颗粒的表面流过。而体积较小的蛋白质会进入这些孔道,孔道内流动相流速较慢,孔道路径更长,因此这些蛋白质在固定相中有更长时间的保留。使用葡聚糖凝胶需要注意的问题是,普通葡聚糖凝胶颗粒体积较大,使得其分辨率较低,只能区分分子质量差别较大的蛋白质。相应的葡聚糖凝胶商品具有不同的使用分子质量范围,要根据目标蛋白质与杂质蛋白质的分子质量差别选取合适的型号。在分离纯化蛋白质样品时,往往先用带有颜色的已知分子质量的标准样品测试填装的葡聚糖凝胶柱的死体积(蛋白质完全不保留的体积)和分离度,从而确定洗脱时间。葡聚糖凝胶柱除了分离蛋白质外,还可以用于除盐和测量蛋白质的分

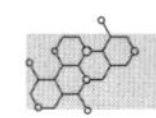

子量。

### 二、活性测试

分离纯化蛋白质在技术上基本是可行的，最主要的问题是如何在分离纯化过程中保持目标蛋白质的活性。因此，针对目标蛋白质的活性测试方法是设计分离纯化蛋白质实验时首先要考虑的问题。

如果目标蛋白质能够催化特定化学反应（酶），或者是一类蛋白质机器，能够分解或合成某些大分子（蛋白质、核酸等）或者小分子（代谢物）等，则可以根据这些反应特性设计活性测试方法。例如，针对某种核酸酶的纯化，可以用 $^{32}P$ 标记的寡核苷酸作为底物，通过凝胶电泳测定在分离纯化过程中包含该核酸酶的组分的活性或者比活性，从而确保所使用的分离纯化方法能够保持核酸酶的活性。

如果目标蛋白质能够与特定分子（蛋白质、核酸、多糖、小分子化合物等）结合，则可以利用免疫共沉淀实验、亲和力实验、共定位实验等确定目标蛋白质的活性。

需要注意的是，在蛋白质分离纯化实验中，缓冲液或其他溶液体系对蛋白质活性的影响往往最大。缓冲液中的金属离子、缓冲盐、金属螯合剂、沉淀蛋白质试剂、表面活性剂（尤其是针对膜蛋白质）的种类与浓度都可能对蛋白质活性有影响，值得深入细致地优化。对于有配体的蛋白质，配体可能对保持蛋白质活性有重要影响，透析和体积排阻层析等方法可以除去小分子配体，不利于保持蛋白质活性，应在实验过程中补充配体。

## 第二节　蛋白质谱分析技术

### 一、蛋白质谱技术

蛋白质谱分析技术分为自下而上（bottom-up）和自上而下（top-down）两类。自下而上技术中，蛋白质被水解为小片段肽段，质谱分析的对象是这些肽段，然后利用信息分析拼接成整体蛋白质的信息。在自上而下技术中，质谱分析的对象是不经水解的整体蛋白质。目前自下而上技术发展更成熟，使用范围更广。

在自下而上技术中，蛋白质样品首先被一种或几种蛋白酶水解（trypsin、chymotrypsin等），然后产生的肽段混合物利用色谱方法（凝胶色谱或 HPLC）分离成多个组分（fraction），最后经由高效液相色谱分成连续流分进入质谱检测。

在质谱仪中，上述蛋白质样品经离子源产生的多肽段母离子经过一级质谱分析，获得母离子的质荷比（m/z）。质谱仪根据母离子的质荷比，选取特定母离子在碰撞池（collision cell）进行碎裂（fragmentation），多肽段母离子主要在肽键以及其他键的位置断裂，产生更小的肽段甚至氨基酸，经过二级质谱分析，得到质荷比。综合一级质谱和二级质谱的数据，以及相关的基因组学信息，相关算法能够拼出整个蛋白质的信息，包括氨基酸序列、翻译后修饰等。

在自上而下技术中，蛋白质样品不经酶水解，以较完整的整个蛋白质的形式，经离子化后进入质谱，产生全蛋白质的质荷比信息。由于自上而下技术直接分析分子质量较大的全蛋白质，因此对质谱分辨率的要求较高（一般大于 100 万），同时带来的问题是分析时间较长，成本高昂。该方法的优点在于可准确获得全蛋白质分子质量信息、某些修饰和电荷特征，甚至蛋白质在接近生理条件下的某些结构性质。但是，该方法不能获得蛋白质序列（一级结构）的信息，也很难准确获得翻译后修饰的类型和位点的详细信息。

由于蛋白质是生物大分子，具有分子量大和容易在离子源被分解的性质，因此蛋白质质谱技术对离子源和质量分析器具有特殊要求。

首先，我们希望蛋白质在离子源尽可能多地形成分子离子，尽可能少地产生碎片离子，因为分子量是我们最关心的数据。为了达成这一目标，蛋白质质谱的离子源为“软电离”方式，即利用较小的能量，以较温和的方式把蛋白质分子离子化。较早开发出的蛋白质质谱离子源是基质辅助激光解吸电离（matrix assisted laser desorption ionization，MALDI）。该方法是把蛋白质样品与一些有机小分子基质混合，再用激光照射，有机小分子吸收激光的能量，转移到蛋白质分子上，使蛋白质分子获得电荷，从而离子化，产生可被质量分析器分析的蛋白质离子。这种方法多用于自上而下的蛋白质谱分析，可快速获得较完整的蛋白质分子离子。这种方法无法获得蛋白质的序列信息和准确的修饰信息，但是由于该方法制备样品方便快速，检测方法简单，目前应用于场景复杂的快速质谱中（图 30-3）。

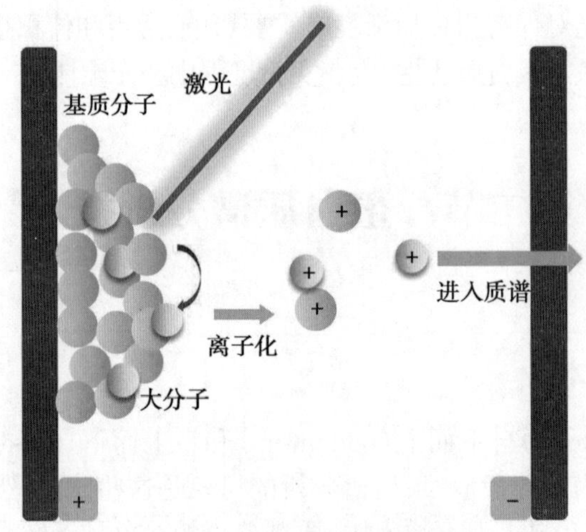


**图 30-3　MALDI 离子源原理**

目前应用最多的蛋白质离子源技术是电喷雾（electrospray ionization，ESI）。电喷雾技术起初主要是为了解决与质谱连用的高效液相产生大量的液态流动相，从而影响离子化效率的问题。随着技术发展，电喷雾的“软电离”优势使其广泛应用于蛋白质（多肽）的离子化中。电喷雾的原理是携带多肽样品分子的流动相在高压电源（数千伏）作用下带上电荷，然后流动相在喷雾口形成带电小液滴，同时在数百摄氏度的空气烘干下，这些带电小液滴的液体（水、甲醇等）挥发，体积缩小，小液滴所带电荷之间的距离变小，电荷之间的库仑力迅速增大，当库仑力大于表面张力时，小液滴分裂成更小的液滴，这个过程反复进行，最终液态成分挥发完全后，形成分子离子；也能在液态流动相完全蒸发前，在小液滴表面产生分子离子。电喷雾方法不仅除去了液态流动相，而且能形成大量分子离子，从而成为液质联用法的最常见离子源（图 30-4）。

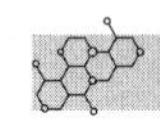

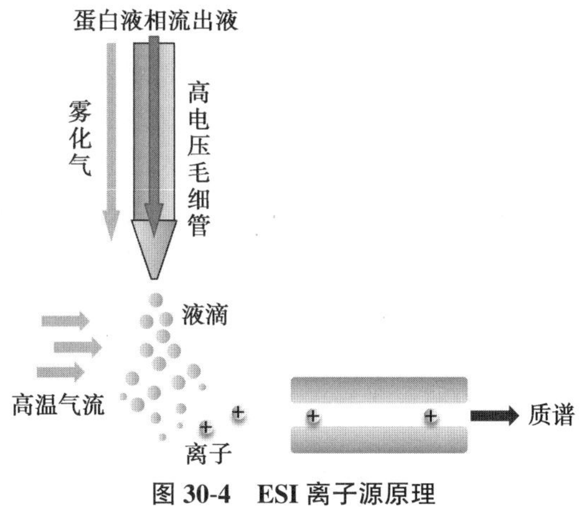

图 30-4　ESI 离子源原理

由于蛋白质是高分子质量的生物大分子，即便其水解为多肽后，这些多肽的分子质量也远大于普通的小分子化合物（如药物、代谢物等），因此就要求生物质谱必须具有足够高分辨率的质量分析器。同时，不同的离子源也对应着合适的质量分析器。上面讲到的 MALDI 技术的离子源，一般配以飞行时间（time of flight，TOF）质量分析器。飞行时间质量分析器的原理是离子在固定电磁场中的飞行速度与其质荷比呈线性反比关系，因此在固定长度的飞行管中，质荷比越大的离子飞行时间越长，反之亦然。精确测量离子在飞行管中的飞行时间，再根据标准样品的飞行时间，就可以计算出待测离子的质荷比。飞行时间质量分析器的优点是扫描速度快，分辨率中等（4 万左右），适用于含较多组分的复杂样品以及对分辨率要求不高的小分子样品，例如代谢物的研究。但是，对于分子质量较大的蛋白质或者多肽样品，该质量分析器的分辨率就显得不够了。另外，飞行时间质量分析器对环境温度非常敏感，要求恒温的仪器安装环境。为了去除环境温度波动对结果的影响，在分析过程中还需要用标准样品进行校正，这影响了分析的准确性（图 30-5）。

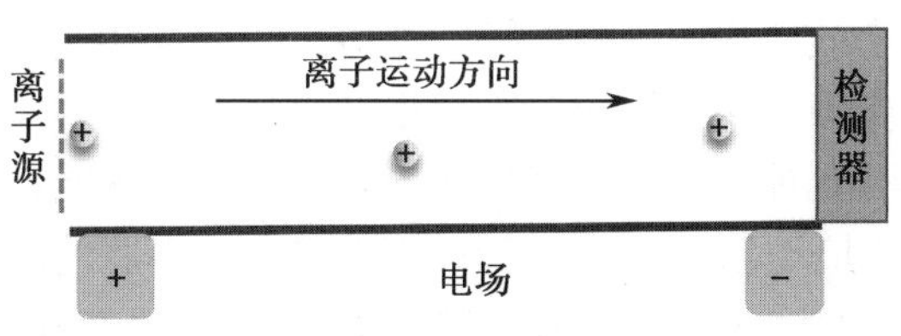

图 30-5　TOF 质量分析器

除了飞行时间质量分析器以外，离子阱质量分析器也能提供很高分辨率。离子阱质量分析器利用电磁场将一种或多种离子约束在离子阱内的空间中，并检测这些待测离子在一定变化的电磁场中的运动行为参数，从而计算出离子的质荷比。由于离子阱能够较长时间地把离子约束在离子阱内的空间中，使其获得了较长的分析时间（相比之下，飞行时间质量分析器的分析时间受到离子的飞行速度和飞行管长度限制，分析时间有限），因此可以获得很高的分辨率。目前常见的离子阱质量分析器有线性离子阱和轨道阱。线性离子阱由几根具有特殊形状的金属杆组成，金属杆之间的空间就是离子阱。线性离子阱的分辨率比飞行时间质量分析器略高。轨道阱是目前在蛋白质谱中应用最多的离子阱分析器。轨道阱由金属制成，内部有一个纺锤形的离子阱空间，并且空间内还有一条纺锤形的金属杆。它的原理是当离子进入轨道阱的纺锤形离子阱空间后，在轨道阱内部的变化电磁场作用下，离子绕着金属杆做圆周运动；同时离子还沿着金属杆的纵向方向做来回往复运动（与纺锤类似），离子的运动产生变化的电磁场，被离子阱检测，并计算出相应的质荷比。由于离子在轨道阱中的运动不是单纯的圆周运动或直线往复运动，而是二者的综合性复杂运动；同时由于离子在轨道阱内可以维持较长时间的运动，所以轨道阱可以提供很高的分辨率（一般可为 5 万 ~15 万，更高可为 20 万以上），同时还能兼顾较高的扫描速率（一般每秒 10 张图谱左右）。因此，轨道阱适合样品比较复杂、分子质量比较大的多肽样品分析，成为自下而上蛋白质质谱法的主流质量分析器（图 30-6）。

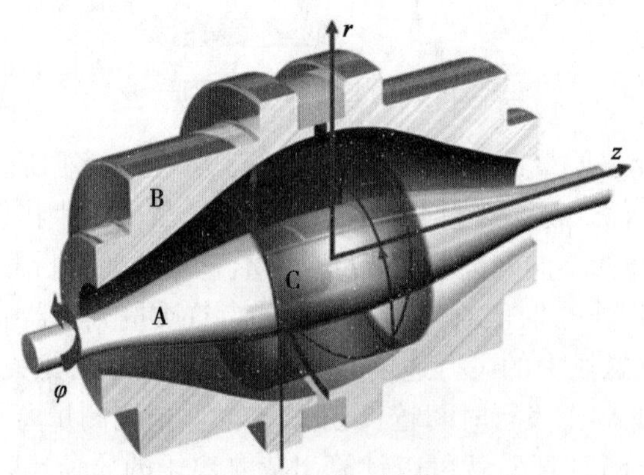


**图 30-6 Orbitrap 质量分析器**

在质谱联用方法中，常见的质量分析器还有三重四极杆。三重四极杆由四根金属杆组成，金属杆上有特定的变化电场，使四根金属杆中间的空间也有相应的变化电磁场。其原理是当离子以一定速度进入三重四极杆后，仪器通过设定一定的变化电场，只允许某种质荷比的离子通过，从而完成离子选择和质荷比检测。三重四极杆的分辨率比较低（检测精度只有不到 0.1D），因此它在蛋白质质谱中作为初级质量筛选器，不直接用于测量离子的质荷比。

在蛋白质质谱的质谱联用中，位于一级质谱和二级质谱的中间环节是裂解过程，由裂解池完成。裂解池的主要功能是把经一级质谱分析后的离子按照特定方式碎裂成更小的离子，供二级质谱检测。在蛋白质质谱中，一般碎裂的位点是多肽的肽键或主链上的其他共价键。特定的碎裂方式也能对某些翻译后修饰产生裂解，生成具有标志性的碎裂离子，可鉴定某些翻译后修饰类型（例如磷酸化修饰）。在蛋白质定量质谱中，裂解池还能够碎裂标记物上的某些特定键，产生标志性的碎片离子，从而通过这些标志性碎片离子的峰高对相应的多肽进行定量，继而推算出相应蛋白质的含量。

## 二、利用蛋白质谱可获得的结构信息

蛋白质质谱的二级质谱（MS2）数据能够得到多肽段的氨基酸和更小肽段的质荷比信息，可以结合基因组学数据，也可以不依赖基因组学数据，分析出蛋白质的氨基酸序列，也就是蛋白质一级结构。

当蛋白质的某些氨基酸残基有翻译后修饰，或者其他由药物产生的小分子修饰时，蛋白质质谱的二级质谱能够检测到这些“异常”的分子质量，经算法分析，可以与基因组数据对

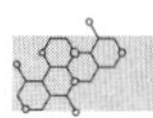

照，也可不依赖于基因组学数据，计算出相应的修饰类型或者修饰的分子式，也可同时确定被修饰的氨基酸位点。

检测蛋白质翻译后修饰的主要问题是蛋白质翻译后修饰作为生命体调控蛋白质含量和活性的重要方式，往往只发生在很少一部分相关蛋白质上，丰度很低。因此，一般检测蛋白质翻译后修饰需要对相关被修饰肽段进行富集。主要的富集方法有化学亲和富集，例如富集磷酸化肽段的二氧化钛。更重要的方法是基于抗体 - 抗原反应的富集方法，例如将针对乙酰化、琥珀酰化等修饰的抗体交联到树脂、磁珠等载体上，利用亲和层析富集相关被修饰的多肽，再进行质谱分析。

目前已经发现的蛋白质翻译后修饰有将近 300 种，但是新的蛋白质翻译后修饰仍然在被发现，例如琥珀酰化修饰、乳酸化修饰、苯甲酰化修饰等。上述新修饰都是通过生物质谱技术发现的，其富集技术为基于抗体 - 抗原反应的亲和层析，还有赖于对庞大的生物质谱数据的生物信息学分析。

# 第三节 蛋白质空间结构分析技术

## 一、晶体获得

蛋白质晶体主要是从过饱和的蛋白质溶液中，通过蛋白质结晶获得的。过饱和蛋白质溶液的制备方式包括缓慢蒸发蛋白质溶液溶剂，把溶解度高的溶剂替换为溶解度低的溶剂等方法，也可以将上述方法混合交替使用。针对不同蛋白质，不同的溶剂具有不同的溶解度，没有统一标准，需要通过详尽地筛查多种溶剂配比来获得最佳溶剂条件。这一过程已由高通量筛选仪器来完成。有的蛋白质形成结晶的条件是有晶核，晶核可以是蛋白质自身的小晶体，通过溶剂挥发等方法获得，也可以是某些盐类、玻璃等（图 30-7）。

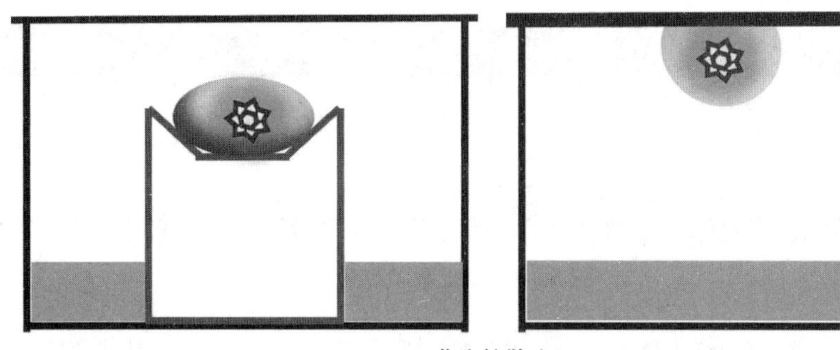

蒸汽扩散法

图 30-7 不同的蛋白质晶体制备方法和蛋白质结晶

## 二、结构解析技术

获得比较大的蛋白质晶体后，可以用 X 射线照射旋转的蛋白质晶体，从而得到衍射的 X 射线信号。如果蛋白质晶体较小且多，可以让悬浮小蛋白质晶体的溶液通过毛细管，同时让

X射线照射毛细管,这样悬浮在溶液中的小蛋白质晶体就可以以不同的方向照射到X射线,同样可以获得衍射数据。

X射线的衍射强度数据经处理后可获得晶体的对称性质。由于获得的X射线衍射数据是二维的,还需要确定相位才能推算出衍射X射线的电子云密度。获得相位的方法有重原子法和分子替换法等。重原子法是利用重原子的衍射强度更高的特点,在结晶过程中使重原子进入晶体结构中,根据X射线衍射中重原子的位置信息推测出晶体结构。分子替换法是根据相似的分子结构会产生类似的衍射数据的原理,利用一个已知晶体结构分子的结构信息和衍射数据,代入未知蛋白质产生的衍射数据中,推算出未知蛋白质的电子云密度。

获得电子云密度后,根据已知的各种原子和化学键的电子云性质,可以建立目标蛋白质分子的模型,进而根据衍射数据反复优化模型,即可得到晶体结构。需要注意的是,此类晶体结构本质是根据衍射数据构建的模型,不同质量的结构数据可能不包含结构的某些特征,例如活泼氢的位点。此外,高度动态结构不能形成稳定的晶格,无法提供有效的衍射数据,也很难用X射线衍射法获得其结构。

如果蛋白质分子质量巨大,或者形成动态的蛋白质复合物,又或难以形成结晶,目前可以利用冷冻电镜方法获得其结构。

## 第四节　蛋白质的生物信息学分析工具和数据库介绍

### 一、蛋白质结构数据库

生物信息学是指利用基因组、蛋白质组等组学信息,分析生物的基因、蛋白质(包括蛋白质翻译后修饰),以及代谢情况的变化,揭示其作用机制和网络,阐明其功能的方法。生物信息学依赖于组学研究产生的大规模数据,本节主要介绍蛋白质相关的数据库(图30-8)。

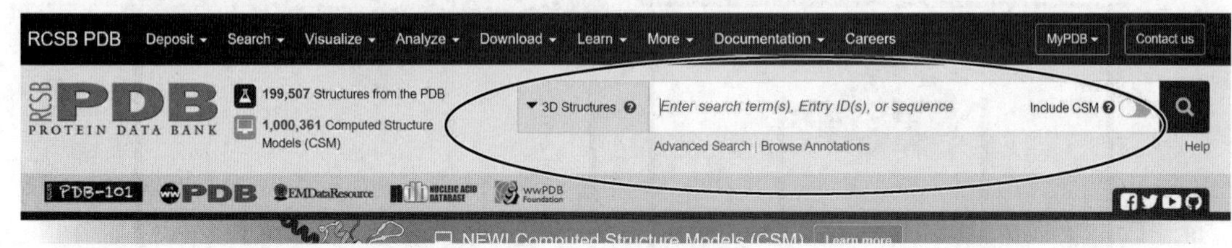


图30-8　搜索窗口

蛋白质结构数据库(Protein Data Bank,PDB)主要是提供蛋白质结构数据的数据库。在网站主页上方的搜索窗口中输入蛋白质名称或者PDB编号、结构报道者的姓名、文章标题等,可以获得相关的蛋白质结构(图30-9)。产生蛋白质结构的方法包括X射线衍射晶体结构、核磁共振结构和冷冻电镜结构。目前数量最多的是X射线衍射晶体结构。冷冻电镜结构的数量增长迅速。核磁共振结构可以提供一定的蛋白质在溶液中的动态结构信息,具有特殊价值。

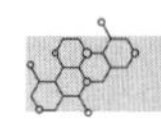

Display Files　Download Files

# 6LGX

Structure of Rabies virus glycoprotein at basic pH

PDB DOI: 10.2210/pdb6LGX/pdb

**Classification:** VIRAL PROTEIN
**Organism(s):** Rabies lyssavirus
**Expression System:** Trichoplusia ni
**Mutation(s):** No

**Deposited:** 2019-12-06 **Released:** 2020-02-19
**Deposition Author(s):** Yang, F.L., Lin, S., Ye, F., Yang, J., Qi, J.X., Chen, Z.J., Lin, X., Wang, J.C., Yue, D., Cheng, Y.W., Chen, Z.M., Chen, H., You, Y., Zhang, Z.L., Yang, Y., Yang, M., Sun, H.L., Li, Y.H., Cao, Y., Yang, S.Y., Wei, Y.Q., Gao, G.F., Lu, G.W.

**Experimental Data Snapshot**

**Method:** X-RAY DIFFRACTION
**Resolution:** 3.10 Å
**R-Value Free:** 0.285
**R-Value Work:** 0.242
**R-Value Observed:** 0.244

**wwPDB Validation**　3D Report　Full Report

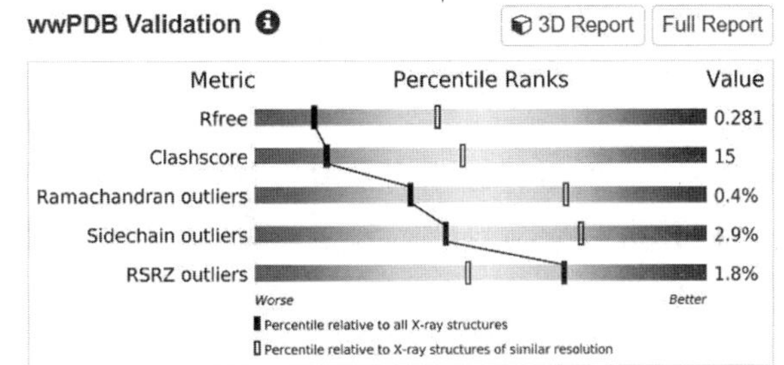


图 30-9　结果窗口

点击进入某个蛋白质结构页面后，我们可以看到结构的 PDB 编号，在引用或者说明结构数据来源时，需要标明这个四个字符长度的编号。结构数据可以用多种格式的文件来保存。结构数据的基本参数和质量也可以从网页上获得。如图 30-10 所示。

结构数据格式中最常用的是 PDB format，但是对于复杂蛋白质复合物的结构，应该参考 Biological Assembly 文件中的数据。需要注意的是，PDB 文档并不是原始数据，而是经过处理和注释的数据。其中主要包含了各个原子的类型和坐标，以及作者判定的存在的化学键类型、长度和方向。用文本编辑器打开 PDB 文档后可获得其中信息的详情，也可以对 PDB 文档中的数据进行编辑。

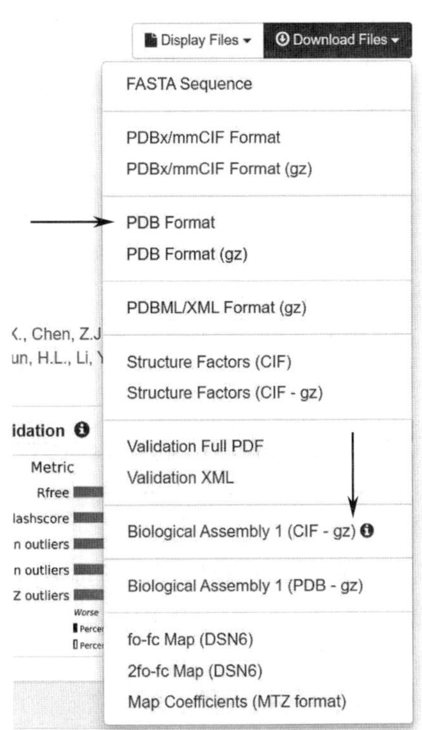


图 30-10　文件类型

大分子窗口提供了蛋白质分子的主要信息。如果需要详细信息，可点击链接获取这个蛋白质在 UniProt 数据库中的详细信息。如图 30-11 所示。

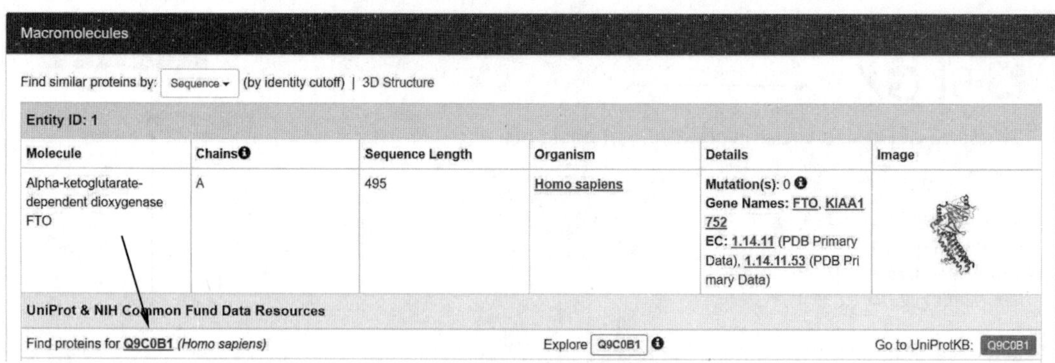

Macromolecules

Find similar proteins by: Sequence (by identity cutoff) | 3D Structure

Entity ID: 1

| Molecule | Chains | Sequence Length | Organism | Details | Image |
|---|---|---|---|---|---|
| Alpha-ketoglutarate-dependent dioxygenase FTO | A | 495 | Homo sapiens | Mutation(s): 0<br>Gene Names: FTO, KIAA1752<br>EC: 1.14.11 (PDB Primary Data), 1.14.11.53 (PDB Primary Data) | |

UniProt & NIH Common Fund Data Resources

Find proteins for Q9C0B1 (*Homo sapiens*)　Explore Q9C0B1　Go to UniProtKB: Q9C0B1

图 30-11　蛋白质主要信息

小分子窗口提供了这个蛋白质结构中的结合小分子的信息，包括金属离子、天然配体、药物等。需要注意的是，某些小分子与蛋白质形成了配位键或者共价键，在结构可视化软件中以直接相连的共价键形式表示。同时，蛋白质结构内部和外部都可能有大量水分子存在，在PDB网站上可选择显示或不显示水分子。某些水分子对蛋白质功能和结构很重要，分析时应与普通水分子区分。小分子配体的详细信息可以从蓝色链接中获取。如图30-12所示。

Small Molecules

Ligands 2 Unique

| ID | Chains | Name / Formula / InChI Key | 2D Diagram | 3D Interactions |
|---|---|---|---|---|
| HZX (Subject of Investigation/LOI)<br>Query on HZX<br>Download Ideal Coordinates CCD File<br>Download Instance Coordinates | C [auth A] | 2-[[6-[(4-nitrophenyl)amino]-3-oxidanyl-pyridin-2-yl]carbonylamino]ethanoic acid<br>$C_{14}H_{12}N_4O_6$<br>ITMKUXMZMOBJES-UHFFFAOYSA-N | | Ligand Interaction |
| ZN<br>Query on ZN<br>Download Ideal Coordinates CCD File<br>Download Instance Coordinates | B [auth A] | ZINC ION<br>Zn<br>PTFCDOFLOPIGGS-UHFFFAOYSA-N | $Zn^{+2}$ | Ligand Interaction |

图 30-12　配体信息

如果没有结构可视化软件，PDB网页提供了可视化窗口。请注意可视化窗口默认的数据文件目前是Biological Assembly。除了平面图以外，还有3D图供使用。如图30-13所示。

在3D窗口中，我们可以通过点击序列上的氨基酸残基进行观察和其他操作，也可以直接用鼠标拖动、缩放、旋转结构，进行观察。工具栏还提供截图和动画录制的功能。如图30-14所示。

sequence窗口提供了该蛋白质的序列的二级结构、结构有序程度等信息。相关参数的意义可以在Help或者鼠标悬停后产生的注释中获取。如图30-15所示。

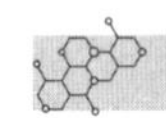

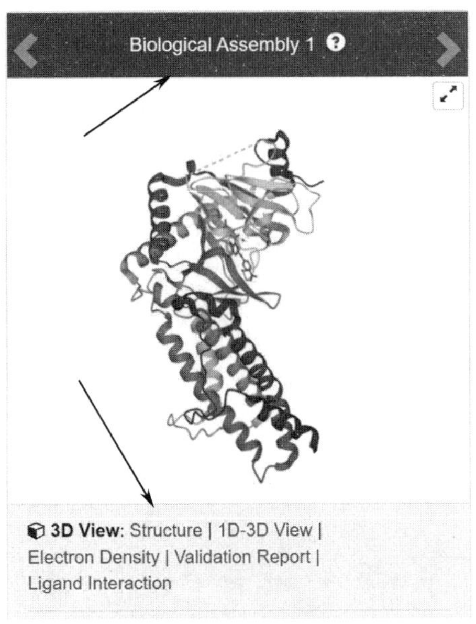


图 30-13　可视化窗口

7E8Z

Display Files　Download Files

Crystal structure of the human fat mass and obesity associated protein (FTO) in complex with SS81

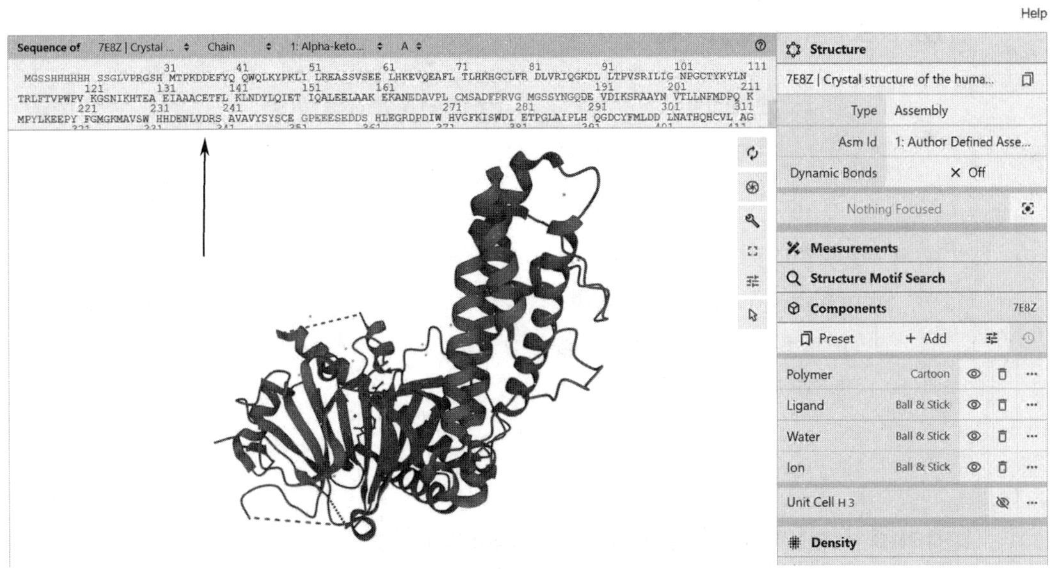


图 30-14　蛋白质三维结构窗口

需要注意的是,同一种蛋白质的结构数据可能有很多,包括不同的生成结构的方法,以及不同配体、突变体等。不同的研究目的有不同的选择标准,例如药物开发研究常用带有配体的结构,对动态特点的研究常选用磁共振(nuclear magnetic resonance,NMR)测定的结构。不论哪一种研究,都应该先考察结构数据的质量。各项质量参数的指标见 structure validation。如图 30-16 所示。

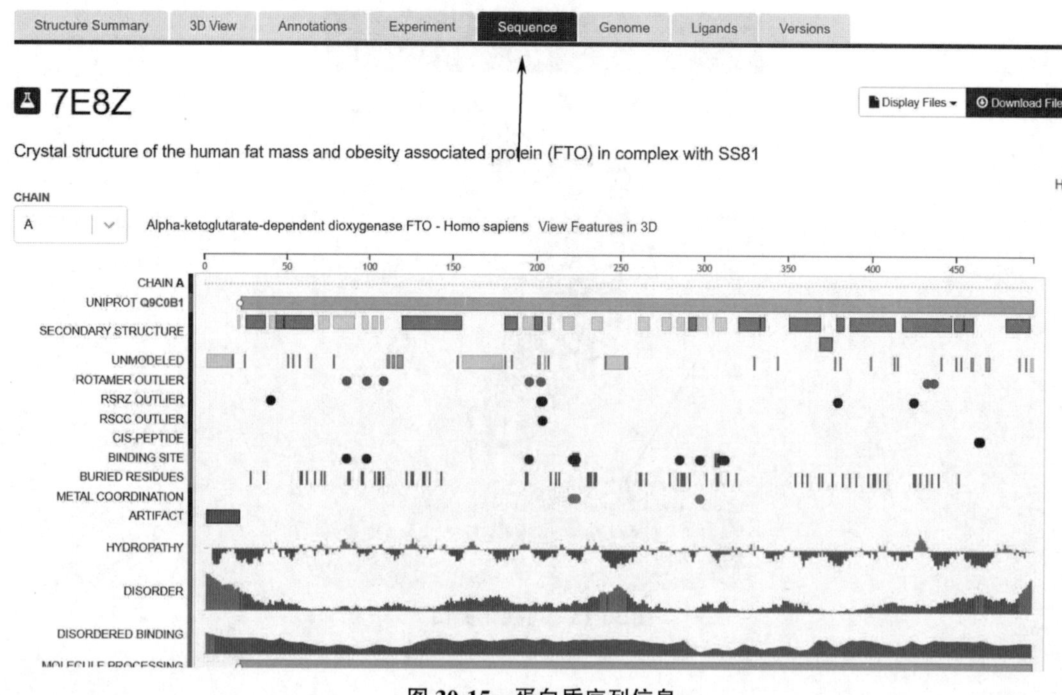


图 30-15　蛋白质序列信息

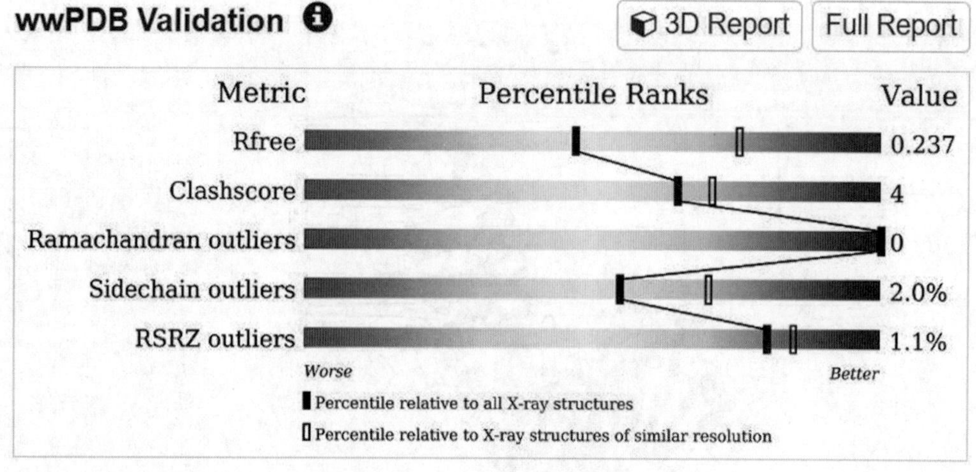


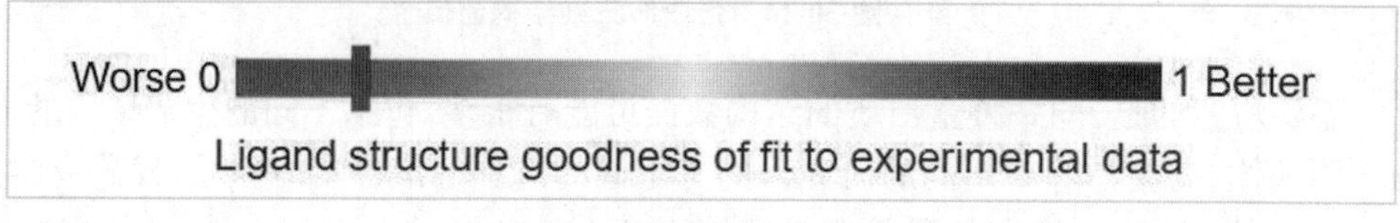


图 30-16　结构数据质量信息

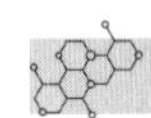

## 二、UniProt

UniProt 是一个提供蛋白质全面数据的数据库。在 UniProt 网页上方有搜索窗口，通过输入蛋白质名称、UniProt 的蛋白质编号等，可找到相应蛋白质的信息。如图 30-17 所示。

图 30-17　搜索主页

如果搜索信息不大专一(这是常见情况)，可查到多种蛋白质的结果。可以通过检查蛋白质来源的种属、基因，蛋白质长度，数据是否被审查等，确定所需的蛋白质信息。如图 30-18 所示。

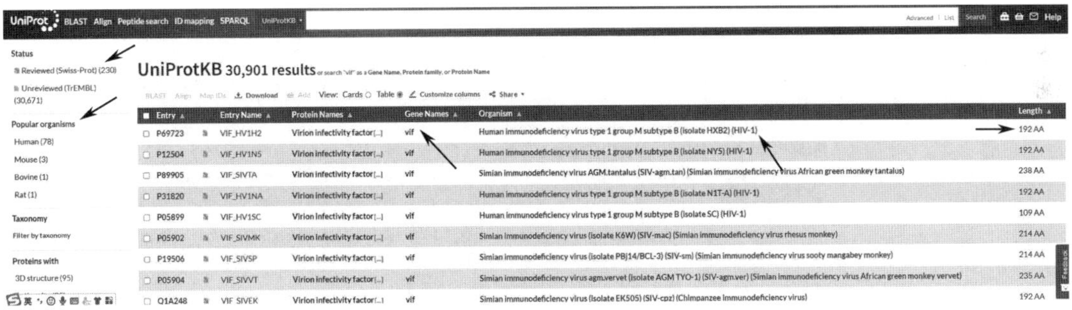

图 30-18　搜索结果

进入目标蛋白质的主页面后，在左上方有该蛋白质的 UniProt 编号，这个编号在多种数据库(包括 PDB)中可以使用(但并不是所有 UniProt 编号在其他数据库中都能查到)。在窗口左边的蓝色菜单是蛋白质信息的分类，可按照需要点击查询。如图 30-19 所示。

例如点击 Structure 菜单可查询该蛋白质的结构数据信息，主要是 PDB 数据库中的信息，并有相关链接。如图 30-20 所示。

如果还没有通过实验获得的结构信息，UniProt 数据库提供了 AlphaFold 预测的结构信息。需要注意的是，对于有序程度较高，或者类似结构区域已经有大量实验获得的结构数据的部分，预测准确度较高，否则准确度很低，参考价值有限。此外，该部分还可能提供其他数据库中的预测结构信息，需要经检查后谨慎使用。如图 30-21 所示。

再例如，在 sequence 菜单里，有该蛋白质的序列信息。需要注意的是，有的蛋白质存在不同的 isoforms，其序列稍有不同。该菜单里还有该蛋白质的 FASTA 文件可供下载。FASTA 文件记录了该蛋白质的特定名称和序列信息，在其他网站或数据库中可直接上传使用，也可以用文本编辑器打开，获取其中信息。该菜单还有 BLAST 连接，提供序列搜索功能。如图 30-22 所示。

UniProt 数据库和 PDB 数据库可配合使用。如果对目标蛋白质不大了解，可先使用 UniProt 数据库，确定其来源种属、序列和 Isoforms，以及相关的结构数据。如果有多种 PDB

结构数据(建议优先使用 RCSB-PDB),则可以利用结构数据的类型(X 射线、NMR 等)、分辨率(resolution)、所测序列长度和位置(positions)进行筛选,最后通过链接到 PDB 数据库获取结构信息和文件。如图 30-23 所示。

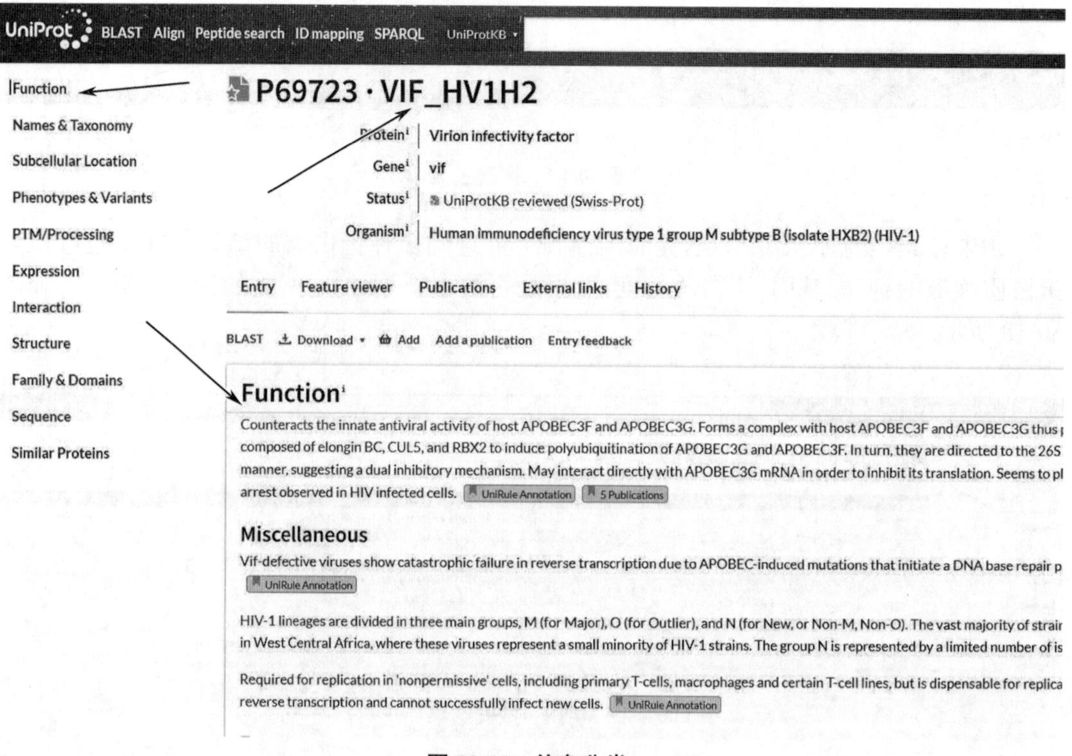


图 30-19　信息分类

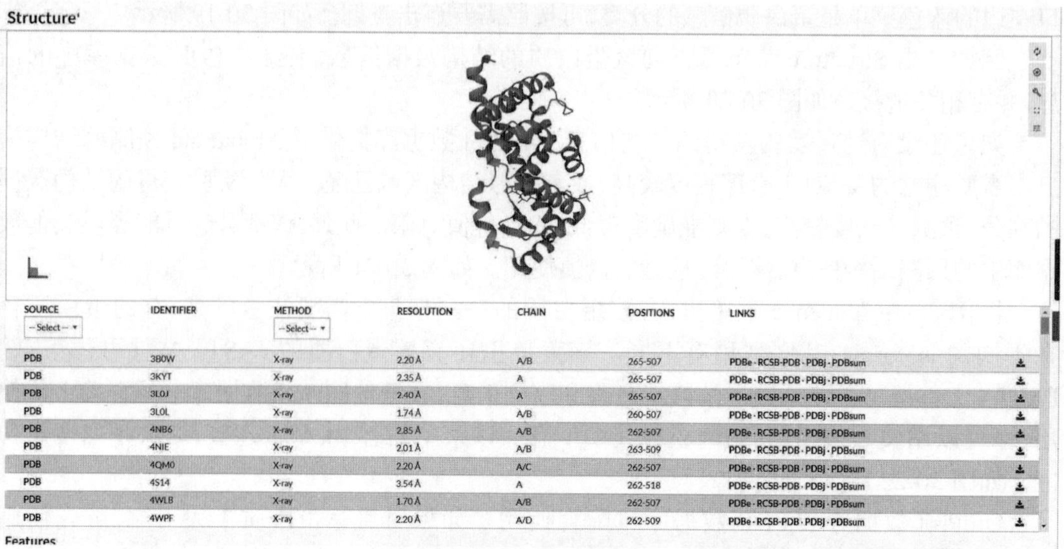

Structure

| SOURCE | IDENTIFIER | METHOD | RESOLUTION | CHAIN | POSITIONS | LINKS |
|---|---|---|---|---|---|---|
| --Select-- | | --Select-- | | | | |
| PDB | 3B0W | X-ray | 2.20 Å | A/B | 265-507 | PDBe · RCSB-PDB · PDBj · PDBsum |
| PDB | 3KYT | X-ray | 2.35 Å | A | 265-507 | PDBe · RCSB-PDB · PDBj · PDBsum |
| PDB | 3LOJ | X-ray | 2.40 Å | A | 265-507 | PDBe · RCSB-PDB · PDBj · PDBsum |
| PDB | 3L0L | X-ray | 1.74 Å | A/B | 260-507 | PDBe · RCSB-PDB · PDBj · PDBsum |
| PDB | 4NB6 | X-ray | 2.85 Å | A/B | 262-507 | PDBe · RCSB-PDB · PDBj · PDBsum |
| PDB | 4NIE | X-ray | 2.01 Å | A/B | 263-509 | PDBe · RCSB-PDB · PDBj · PDBsum |
| PDB | 4QM0 | X-ray | 2.20 Å | A/C | 262-507 | PDBe · RCSB-PDB · PDBj · PDBsum |
| PDB | 4S14 | X-ray | 3.54 Å | A | 262-518 | PDBe · RCSB-PDB · PDBj · PDBsum |
| PDB | 4WLB | X-ray | 1.70 Å | A/B | 262-507 | PDBe · RCSB-PDB · PDBj · PDBsum |
| PDB | 4WPF | X-ray | 2.20 Å | A/D | 262-509 | PDBe · RCSB-PDB · PDBj · PDBsum |

Features

图 30-20　结构数据

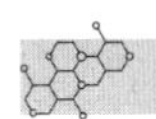

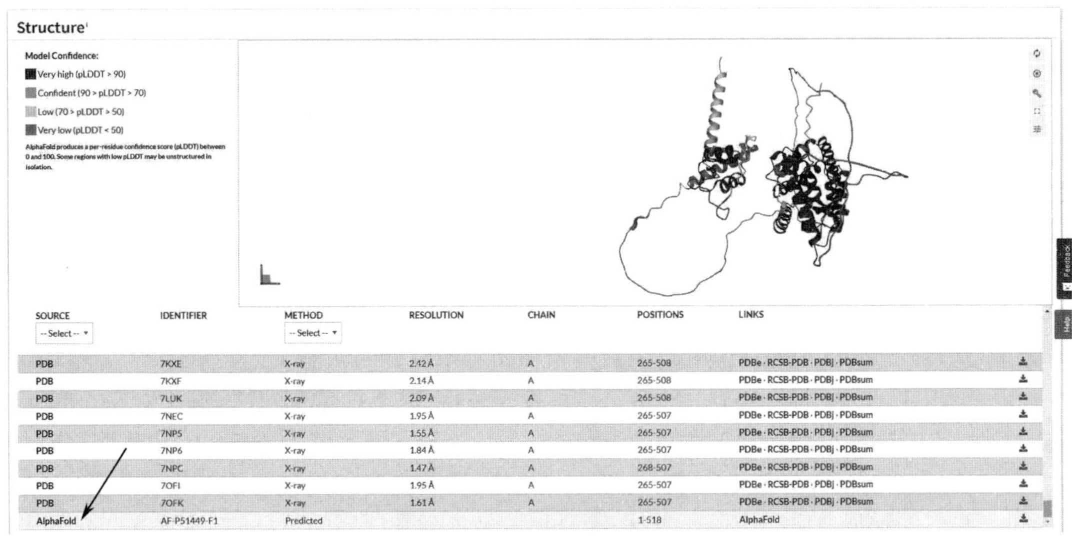


**图 30-21　预测结构数据**

**图 30-22　序列信息**

| SOURCE | IDENTIFIER | METHOD | RESOLUTION | CHAIN | POSITIONS | LINKS |
|---|---|---|---|---|---|---|
| -- Select -- |  | -- Select -- |  |  |  |  |
| PDB | 7KXE | X-ray | 2.42 Å | A | 265-508 | PDBe · RCSB-PDB · PDBj · PDBsum |
| PDB | 7KXF | X-ray | 2.14 Å | A | 265-508 | PDBe · RCSB-PDB · PDBj · PDBsum |
| PDB | 7LUK | X-ray | 2.09 Å | A | 265-508 | PDBe · RCSB-PDB · PDBj · PDBsum |
| PDB | 7NEC | X-ray | 1.95 Å | A | 265-507 | PDBe · RCSB-PDB · PDBj · PDBsum |
| PDB | 7NP5 | X-ray | 1.55 Å | A | 265-507 | PDBe · RCSB-PDB · PDBj · PDBsum |
| PDB | 7NP6 | X-ray | 1.84 Å | A | 265-507 | PDBe · RCSB-PDB · PDBj · PDBsum |
| PDB | 7NPC | X-ray | 1.47 Å | A | 268-507 | PDBe · RCSB-PDB · PDBj · PDBsum |
| PDB | 7OFI | X-ray | 1.95 Å | A | 265-507 | PDBe · RCSB-PDB · PDBj · PDBsum |
| PDB | 7OFK | X-ray | 1.61 Å | A | 265-507 | PDBe · RCSB-PDB · PDBj · PDBsum |
| AlphaFold | AF-P51449-F1 | Predicted |  |  | 1-518 | AlphaFold |

Features

**图 30-23　其他数据库**

## 三、蛋白质结构可视化和分析软件

绝大部分蛋白质结构数据的本质是描述蛋白质中各个原子在某个坐标中的参数,例如常用的 PDB 文档中的主体部分就是蛋白质中各个原子的坐标数据。常用的蛋白质结构可视化软件读取上述坐标数据后,用不同的图标表示各个原子,并在模拟的三维坐标中显示出来。

在上述结构数据的基础上,根据人类已经掌握的关于分子或原子相互作用的知识,建立不同的可描述蛋白质分子相互作用的数学模型,并利用这些模型预测蛋白质分子之间、蛋白质分子与小分子之间的相互作用过程,就是蛋白质分析软件的功能。

以 PyMOL 软件为例,它是一种蛋白质可视化软件,原本为免费软件,现在由 Shordinger 公司负责维护开发,对教育使用免费,可在 Shordinger 公司主页上下载,在发表数据时须注明。PyMOL 可读取 PDB 文档,并根据其中的原子类型和空间坐标绘制三维图形,所以 PyMOL 并不展示蛋白质结构原始数据,而是展示经处理和注释的数据,其中带有 PDB 文档作者的分析和观点,并非完全客观的数据。PyMOL 是用 Python 语言开发的,因此在软件中可使用 Python 语言的某些命令,也有一些开放的 Python 插件或脚本可供 PyMOL 使用,可极大拓宽 PyMOL 的功能(图 30-24)。PyMOL 软件自身不具备蛋白质分析功能,但某些第三方开发的脚本或程序可完成简单的蛋白质分析功能,如氨基酸的突变计算。

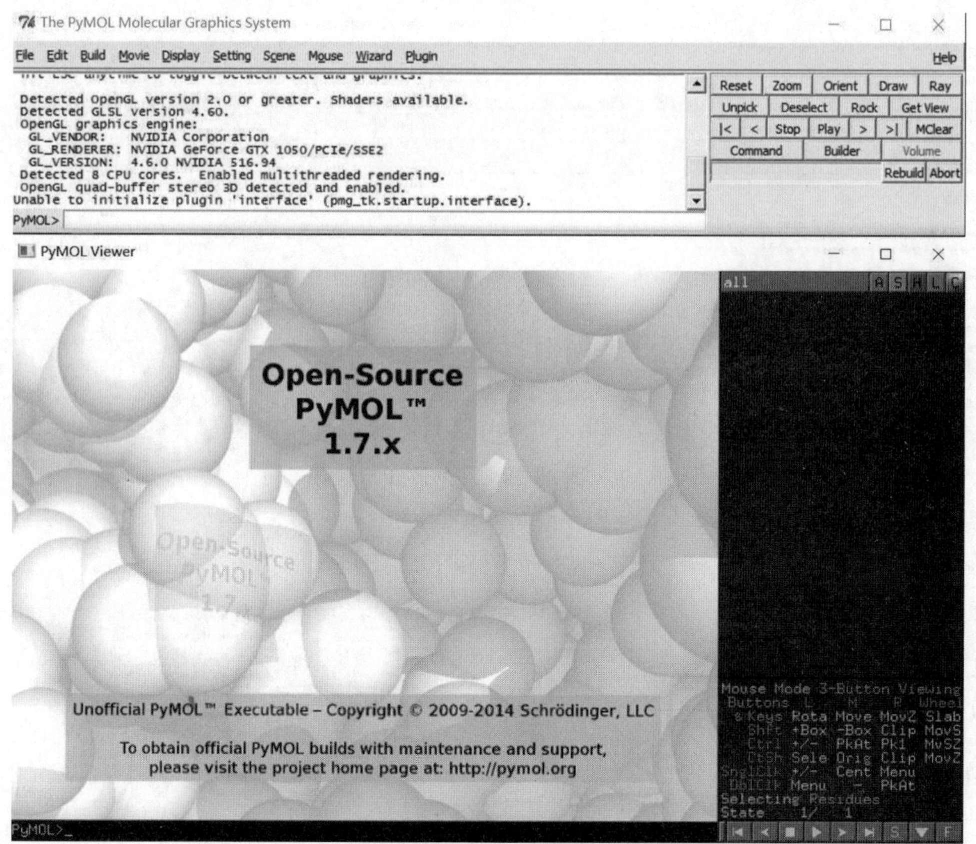

图 30-24　PyMOL 进入界面

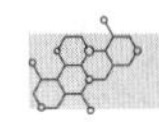

Chimera 是来自加利福尼亚大学旧金山分校的免费蛋白质分析软件。除了可以完成蛋白质可视化功能外，它还可以完成蛋白质序列对比、蛋白质结构相似度对比、同源模建等蛋白质结构分析工作（图 30-25）。

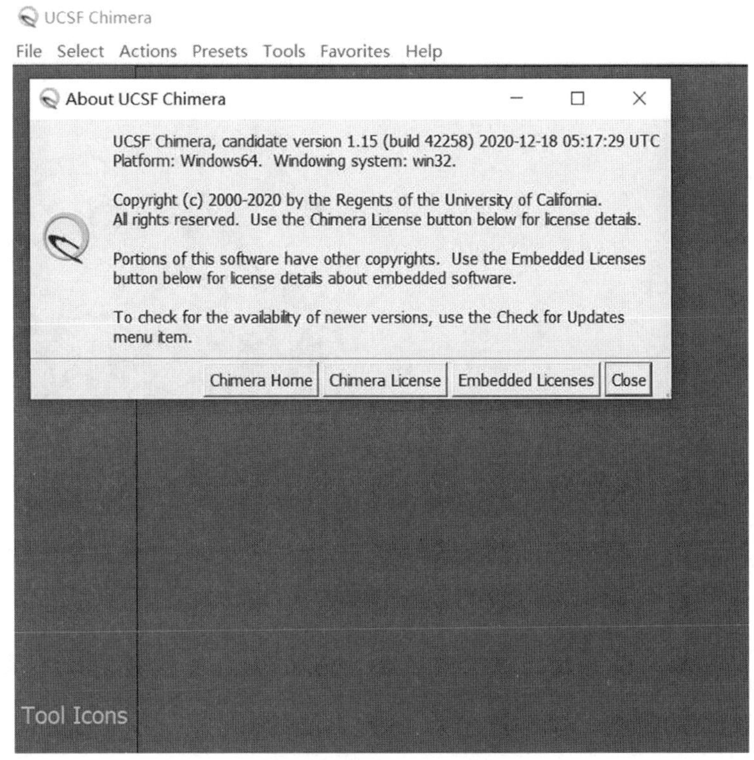


**图 30-25　Chimera 软件**

蛋白质结构分析的一大用途是研究小分子与蛋白质的相互作用，包括药物、小分子代谢物、辅基等小分子与蛋白质的结合机制和产生功能的机制。Ligandscout 软件是一款商业的蛋白质可视化、蛋白质分析、蛋白质 - 小分子相互作用分析的大型软件。它可以建立虚拟小分子库，进行构象优化、小分子与蛋白质的对接、虚拟筛选、小分子与蛋白质相互作用机制分析等工作（图 30-26）。

目前蛋白质结构可视化和分析软件还包括 Schrödinger、Discovery Studio 等大型商业软件包。上述软件的基本逻辑是利用不同的数学模型解读并推演蛋白质中各个分子或原子的相互作用。由于数学模型是对真实世界的简化，其产生的数据只是对真实世界的部分描述，不可避免地有错误和残缺，所以任何软件的设置和分析数据的解读都必须依赖于实验数据和基本科学原理，具备相应的化学和物理基础是正确使用上述软件的必备条件。

除了安装在本地的蛋白质结构分析软件外，还有一些课题组将其研究成果和工具在线上公开，使用者可在线上提交数据、任务和参数，完成相关的分析，例如预测蛋白质结构。当计算量随任务复杂度的提高而迅速提高时，研究者可能需要超算或云计算资源，大多数上述软件有相关版本，能满足相关需要。

图 30-26　Ligandscout 软件

## 参考文献

[1] 伯吉斯, 多依彻. 蛋白质纯化指南 [M]. 2 版. 陈薇, 译. 北京: 科学出版社, 2015.

[2] 林克, 拉巴厄. 生物实验室系列: 冷泉港蛋白质组学实验手册 [M]. 曾明, 王恒樑, 王斌, 等译. 北京: 化学工业出版社, 2012.

[3] AEBERSOLD R, MANN M. Mass-spectrometric exploration of proteome structure and function [J]. Nature, 2016, 537, 347-355.

[4] PETTERSEN E F, GODDARD T D, HUANG C C, et al. UCSF Chimera-A visualization system for exploratory research and analysis [J]. Journal of Computational Chemistry, 2004, 25, 1605-1612.

（柏　川）

# 第三十一章
# 蛋白质功能研究技术

## 第一节　蛋白质与蛋白质互作分析技术

### 一、免疫共沉淀技术

免疫共沉淀技术（CoIP）是以抗体抗原间的专一性结合作用为基础的用于研究蛋白质 - 蛋白质相互作用的经典方法，可以用来确定两种蛋白质在完整细胞内物理性的相互作用。

完整细胞内存在的许多蛋白质 - 蛋白质间的相互作用在非变性条件下裂解时能够被保留。基于蛋白质 - 蛋白质相互作用和抗体的特异性结合，可以用预先固化在琼脂糖珠上的蛋白质 A 的抗体免疫沉淀蛋白质 A，与蛋白质 A 在体内结合的蛋白质也能一起被沉淀，再通过蛋白质变性分离，用兴趣蛋白的特异性抗体通过 Western blot 检测是否含有兴趣蛋白，来证明两者间的相互作用。为了确保蛋白质 A 与兴趣蛋白的结合，通常情况下还需要进行 CoIP 相互印证，即用兴趣蛋白的抗体沉淀通过 Western blot 检测是否含有 A 蛋白（图 31-1）。

CoIP 的优点在于可以分离得到天然状态的相互作用的蛋白质复合物，相互作用的蛋白质都是经过翻译后修饰的，处于天然状态；蛋白质的相互作用是在自然状态下进行的，能避免人为的影响，因此符合体内实际情况，结果可信度高。它的缺点是可能检测不到低亲和力及瞬间的蛋白质 - 蛋白质相互作用；两种蛋白质的结合可能不是直接结合，可能是通过第三种蛋白质进行的间接结合；必须在实验前预测蛋白质 B 是什么，以便选择最后检测的抗体，若预测不正确，实验就得不到结果。

在 CoIP 的基础上发展形成了一些新的技术，其中二次免疫共沉淀可以用于分析 3 种蛋白质在细胞内是否形成复合物。在细胞裂解液中加入蛋白质 X 的抗体进行免疫沉淀，获得其抗原 - 抗体复合物。经过非变性洗脱之后，在复合物溶液中再加入蛋白质 Y 的抗体，再次收集免疫复合物进行蛋白质印迹分析或者放射自显影。两次免疫沉淀大大提高了判断蛋白质复合物的准确性，如果使用放射性标记则灵敏度更高。通常情况下，也可以使用标签抗体来检测已知蛋白质间是否存在相互作用。

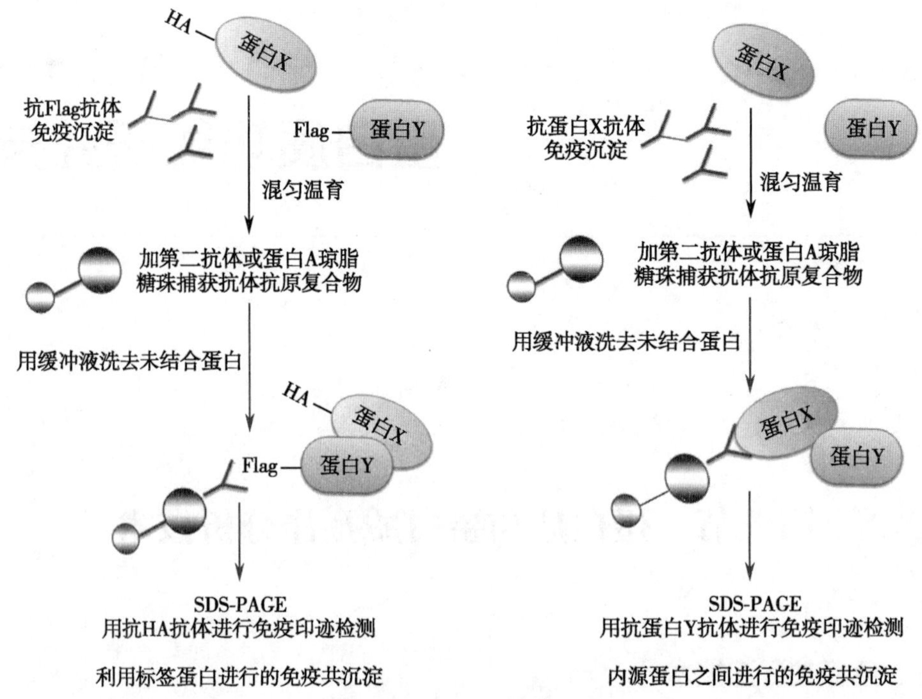


图 31-1　免疫共沉淀原理图

## 二、酵母双杂交技术

酵母双杂交技术也是分析细胞内未知蛋白质相互作用的主要手段。该技术的建立是基于对真核生物调控转录起始过程的认识,基因转录起始需要有反式转录激活因子参与。酵母转录激活因子 GAL4 分子由两个或两个以上的结构上可以分开,功能上相互独立的结构域(domain)构成,其中有 DNA 结合域(DNA binding domain,DBD)和激活域(activation domain,AD)。GAL4 分子的 DBD 和 AD 被分开后,会丧失对下游基因表达的激活作用,但是如果 DBD 和 AD 分别融合了具有配对相互作用的两种蛋白质分子后,就可以依靠所融合的蛋白质分子之间的相互作用而恢复对下游基因的表达激活作用(图 31-2)。

采用酵母双杂交技术检测 X-Y 蛋白质是否相互作用的具体方法:将"诱饵"蛋白 X 克隆至 DBD 载体中,表达 DBD-X 融合蛋白;待测试蛋白 Y 克隆至 AD 载体中,表达 AD-Y 融合蛋白;一旦 X 与 Y 蛋白间有相互作用,则 DBD 和 AD 也随之靠近,激活报告重组体中 *LacZ* 基因的表达。

酵母双杂交技术的优点是具有高灵敏度,主要体现在以下几点。

(1)系统采用高拷贝和强启动子的表达载体,使杂合蛋白过量表达。

(2)信号测定是在自然平衡浓度条件下进行的,不同于免疫共沉淀等物理方法为达到此条件需要进行多次洗涤,降低了信号强度。

(3)杂交蛋白间的稳定性可被激活域和 DNA 结合域结合形成的转录起始复合物增强,后者又与启动子 DNA 结合,三元复合体使其中各组分的结合更加稳定。

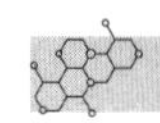

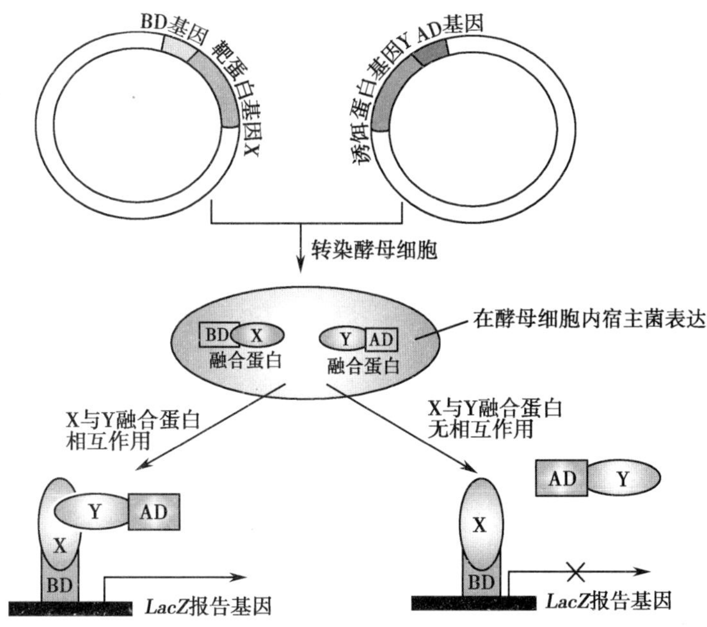


图 31-2　酵母双杂交技术

(4) 系统产生多种稳定的酶，使信号放大；X-Gal 及 His3 蛋白表达等检测方法均很敏感。

酵母双杂交系统可以用于以下方面。

(1) 证明两种已知基因序列的蛋白质是否相互作用。

(2) 分析已知存在相互作用的两种蛋白质分子的相互作用功能结构域或关键氨基酸残基。

(3) 将待研究蛋白质的编码基因与 BD 基因融合成为“诱饵”表达质粒，可以筛选 AD 基因融合的“猎物”基因的 cDNA 表达文库，获得未知的相互作用蛋白质。

## 三、免疫荧光技术

免疫共沉淀和酵母双杂交技术可以明确蛋白质 - 蛋白质相互作用，但不能明确其分布或定位。免疫荧光技术又称荧光抗体技术，是在免疫学、生物化学和显微镜技术的基础上建立起来的一项技术。免疫荧光技术是将抗原 - 抗体反应与荧光素标记技术结合，利用抗原 - 抗体反应进行组织或细胞内蛋白质互作的定位的一种技术。它是根据抗原 - 抗体反应的原理，先将荧光素结合到抗体分子上，然后用这种荧光标记抗体浸染待检的标本（可能含有抗原的细胞或组织切片），经洗涤后测定该标本，以此对含有相应抗原的标本进行鉴定或定位。荧光素受外来激发光的照射而产生明亮的荧光，利用荧光显微镜可以看见荧光所在的组织细胞，从而确定抗原或抗体的性质、定位，以及利用定量技术测定含量。检测蛋白质和蛋白质相互作用时，在同一组织细胞标本上，需要加入两种种属来源不同的抗体识别要研究的蛋白质 A 和 B，通常情况下，其中一种抗体用标记红色荧光的二抗识别，另外一种抗体用标记绿色荧光的二抗识别，进行双重荧光染色，如果蛋白质 A 和 B 有相互作用，就会呈现黄色。

## 第二节 蛋白质与小分子互作分析技术

蛋白质除了和生物大分子相互作用，也是代谢小分子或者药物小分子的靶点，因此阐明小分子和蛋白质的相互作用也是揭示发病机制和药理机制的重要途径。最常用的蛋白质与小分子互作分析技术是荧光偏振免疫分析法（fluorescence polarization immunoassay，FPIA）、等温量热滴定仪（isothermal titration calorimeter，ITC）、微量热泳动技术（microscale thermophoresis，MST）等。

### 一、荧光偏振免疫分析法

FPIA 是一种定量免疫分析技术，其基本原理是荧光物质经单一平面的蓝偏振光（485nm）照射后，吸收光能变为激发态，随后回复到基态并发出单一平面的偏振荧光（525nm）。偏振荧光的强弱程度与荧光分子的大小成正相关，与其激发时的转动速度成反相关。FPIA 最适用于检测小至中等分子质量的物质，常用于药物、激素的测定。

### 二、等温量热滴定仪

ITC 是一种量热或分析技术，它的原理是用一种反应物滴定另一种反应物，随着加入滴定剂的数量的变化，测量反应体系温度的变化。滴定一般在尽可能接近绝热的条件下进行，被滴定物可以是液体或悬浮的固体；滴定剂可以是液体或气体。温度变化是由滴定剂与被滴定物间的化学作用或物理作用（例如一种有机分子吸附于固体表面）引起的。在一次实验中可以测定结合的亲和力常数 $K$，结合反应中的焓变、熵变、结合位点，也可以测定有多个结合位点的样品。

### 三、微量热泳动技术

MST 是通过测量微观温度梯度场中的分子移动来分析生物分子间的相互作用的一种技术。该技术能够测量出分子大小、电荷以及水化层变化引起的移动速度的改变，具有极高的灵敏度。因此测定蛋白质与分子体外互作，会首选 MST，用该方法检测得到一种结果，再用 FPIA 或等温量热滴定仪进行验证。

## 第三节 蛋白质与核酸分子互作分析技术

### 一、电泳迁移率变动分析

电泳迁移率变动分析（electrophoretic mobility shift assay，EMSA）或称凝胶迁移变动分析（gel shift assay），是体外利用电泳迁移率的变化来分析 DNA 与蛋白质相互作用的一种特

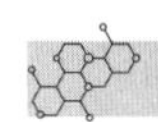

殊的凝胶电泳技术。目前这一技术也被用于研究 RNA 结合蛋白和特定 RNA 序列间的相互作用。

DNA 结合蛋白与特定 DNA 探针片段的结合会增大其分子质量，DNA- 蛋白质复合物和 DNA 单体在聚丙烯酰胺凝胶电泳（PAGE）中迁移率不同，在凝胶中的电泳速度慢于游离探针，即表现为条带相对滞后。通常用 $^{32}$P 标记 DNA 探针分子，再将标记好的探针与细胞核提取物温育一定时间，使其形成 DNA- 蛋白质复合物，然后将温育后的反应液进行非变性（不加 SDS，以免形成的复合物解离）聚丙烯酰胺凝胶电泳。电泳结束后，用放射自显影技术显现带有放射性标记的 DNA 条带位置。如果细胞蛋白提取物中不存在与放射性标记的 DNA 探针结合的蛋白质，由于迁移较快，所有放射性标记都将出现在凝胶的底部。如果细胞蛋白提取物中存在与 DNA 结合的蛋白，DNA- 蛋白质复合物迁移较慢，放射性标记的 DNA 条带就会出现在凝胶离加样端更近的部位。

有时候为了增加实验特异性，采用针对某种蛋白的特异抗体与蛋白 -DNA 形成复合物，此复合物的分子质量更大，因而迁移率更小，会形成超级迁移条带（图 31-3）。

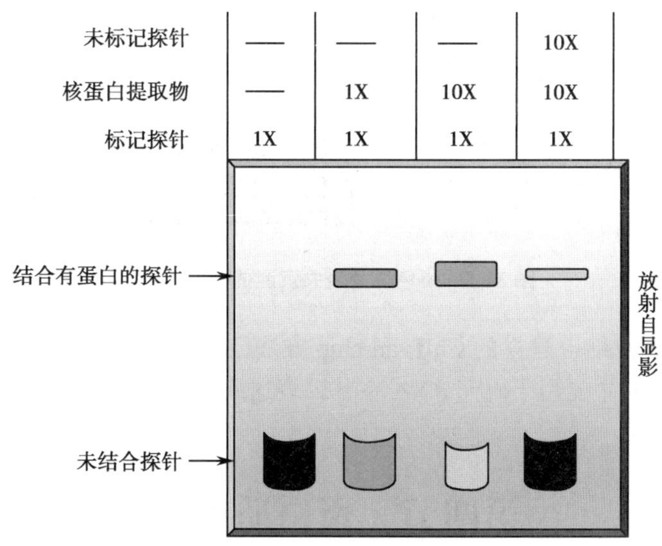


图 31-3　凝胶迁移实验结果示意图

## 二、染色质免疫共沉淀

真核生物的基因组 DNA 以染色质的形式存在。因此，阐明真核生物基因表达机制的重要途径是分析蛋白质与 DNA 在染色质环境下的相互作用。染色质免疫沉淀（chromatin immunoprecipitation assay，ChIP）技术是目前用于研究体内 DNA 与蛋白质相互作用的主要方法，广泛应用于体内转录调控因子与靶基因启动子上特异核苷酸序列结合的研究。它的基本原理是在活细胞状态下，用化学交联试剂固定蛋白质 -DNA 复合物，并将其随机切断为一定长度范围内的染色质小片段，然后通过目的蛋白质特异性抗体沉淀此复合体，特异性地富集目的蛋白结合的 DNA 片段，通过对目的片段的纯化与检测，从而判断蛋白质与 DNA 是否结合。

简单的实验流程：用甲醛处理细胞，固定蛋白质 -DNA 复合物；收集细胞，通过超声破碎获得不同长度的染色质小片段；加入目的蛋白抗体，捕捉靶蛋白 -DNA 复合物；加入蛋白质 A，结合抗体 - 靶蛋白 -DNA 复合物并沉淀；对沉淀下来的复合物进行清洗，除去一些非特异性结合；洗脱得到富集的靶蛋白 -DNA 复合物；解交联，纯化富集的 DNA 片段；通过 PCR 检测，分析是否含有 DNA 扩增片段（图 31-4）。

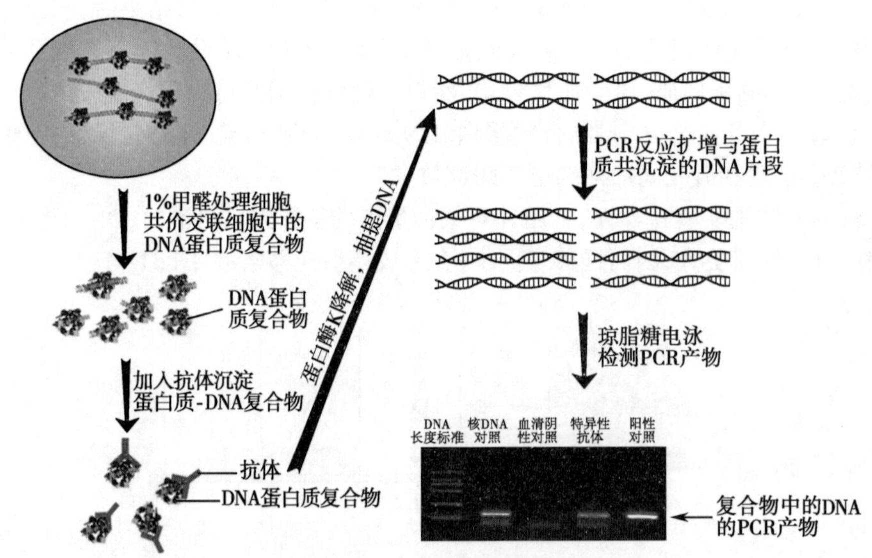


图 31-4　染色质免疫共沉淀的实验流程

ChIP 与基因芯片结合建立的 ChIP-on-chip 方法已广泛用于特定反式因子靶基因的高通量筛选，RNA-ChIP 主要用于研究 RNA 在基因表达调控中的作用。

## 第四节　蛋白质组学

### 一、蛋白质组学研究内容

蛋白质组学（proteomics）包括鉴定蛋白质表达及修饰形式、结构、功能和相互作用方式等，旨在阐明生物体全部蛋白质的表达模式及功能模式。蛋白质组学研究主要有蛋白质表达模式（或蛋白质组成）研究和蛋白质功能模式（目前集中在蛋白质相互作用网络关系）研究。

表达蛋白质组学（structural proteomics）是蛋白质组学研究的基础。研究内容包括蛋白质表达模式、蛋白质表达量、蛋白质氨基酸序列分析及空间结构的解析，比较、分析在不同的生理病理条件下蛋白质表达量的变化，翻译后修饰的类型和程度，蛋白质在亚细胞水平上定位的改变。

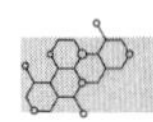

功能蛋白质组学(functional proteomics)是蛋白质组学研究的终极目标,主要研究细胞内蛋白质的功能及蛋白质之间的相互作用,如分子和亚基的聚合、分子杂交、分子识别、分子自组装、多酶复合体等。

## 二、蛋白质组学常用技术

蛋白质组分析主要涉及蛋白质的分离定量、蛋白质的鉴定和蛋白质相互作用等几个方面。蛋白质分离方法主要包括电泳(双向凝胶电泳、毛细吸管电泳等)和液相色谱技术(高效液相色谱、二维液相色谱)。蛋白质鉴定方法主要包括双向凝胶电泳技术、质谱鉴定技术和计算机图像数据处理与蛋白质组数据库。研究路线按分离方法的不同分为:①基于凝胶电泳分离的技术体系,先利用聚丙烯酰胺凝胶电泳进行一维或二维分离,将蛋白质条带或点切下进行胶内酶解,再利用质谱分析进行鉴定;②基于液相色谱分离的鸟枪法,先进行蛋白质酶解,经色谱分离,用串联质谱进行肽段分析,最后根据质谱图检索。

### (一) 双向凝胶电泳

双向凝胶电泳(two-dimensional gel electrophoresis,2-DE)是比较经典和成熟的蛋白质组分离的方法,基于蛋白质的等电点(pI)和相对分子质量的差异而将大量的蛋白质分离。但是2-DE技术在分离过大或过小的蛋白质、强碱性蛋白质和疏水性蛋白质时效果不佳,无法进行蛋白质表达变化的定量(图31-5)。

### (二) 生物质谱

质谱技术具有高灵敏度、准确、高通量、自动化等特点,成为蛋白质组学研究的重要技术。质谱的基本原理是带电粒子在磁场中运动的速度和轨迹依粒子的质量与携带电荷比的不同而变化,从而可以据其来判断粒子的质量及特性。当蛋白质分子离子化后就可以利用质谱进行鉴定,根据蛋白质酶解后得到的肽质量指纹谱(peptide mass fingerprint,PMF)、肽序列标签(peptide sequence tag,PST)去检索蛋白质或核酸序列数据库。PMF的基本方法是用特异性的酶解或化学水解的方法将蛋白质切成小片段,通过单级质谱检测混合物中多肽的相对分子质量,然后在相应数据库中搜索,寻找相似肽指纹谱,绘制出“肽图”。PMF适用于一种蛋白质或者简单混合物的测定。当存在部分酶解、残基修饰或者蛋白质翻译后可变修饰引起的多肽离子质量迁移时,搜索结果将受到影响,使PMF的应用受到一定限制。

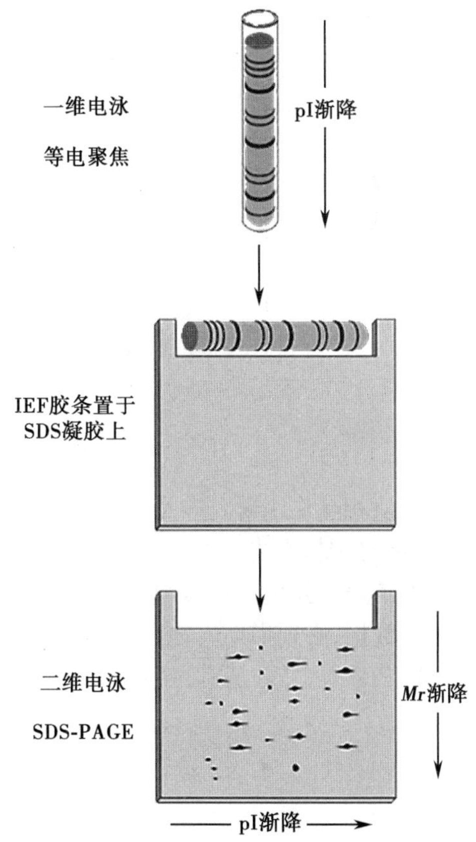


图31-5　蛋白质的二维电泳示意图

基于串联质谱的PST的基本方法是蛋

白质酶解后经高压液相色谱进行分离，离子化后进入质谱仪，经计算机计算选择并隔离肽段，进入下一轮的诱导碰撞断裂，再经过质谱检测获得多肽数据，最后通过数据库搜索比对将肽序列组装，获得蛋白质序列(图 31-6)。

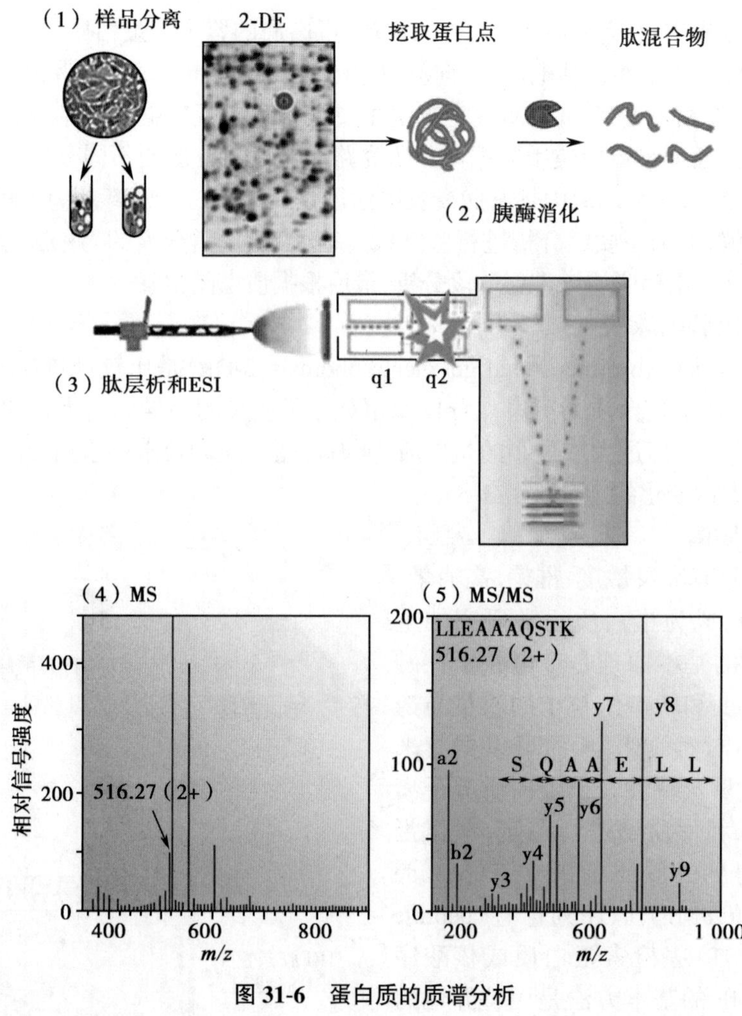


图 31-6　蛋白质的质谱分析

蛋白质相互作用研究涉及的技术包括酵母双杂交系统、噬菌体展示技术、表面等离子共振技术、蛋白质芯片技术等。

生物信息学技术蛋白质组研究的全过程离不开生物信息学分析。蛋白质组学研究中产生的大量数据，必须借助生物信息学技术进行分析和发布。主要的数据库有 SWISS-PROT、TrEMBL、PIR 等，另外还有一些二维胶的数据库和蛋白质相互作用数据库(表 31-1)。

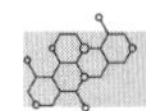

表 31-1　部分蛋白质相互作用数据库

| 名称 | 网址 | 特点 |
|---|---|---|
| Biomolecular Interaction Network Database（BIND） | http：//www.bind.ca | 除相互作用蛋白外，还收录了 DNA、RNA、糖等生物分子的相互作用 |
| Database of Interacting Proteins（DIP） | http：//dip.doc-mbi.uela.edu | 每个分子有 SwissPort、NCBI 等多个其他数据库连接 |
| Molecular INTeraction database（MINT） | http：//mint.bio.uniroma2.it/mint | 使用简便，图形化 |
| human protein reference database（HPRD） | http：//www.hprd.org | 只收录人的 PPIs |
| The Biological General Repository for Interaction Datasets（BioGRID） | http：//www.thebiogrid.org | 可使用图形界面检索，也可将程序下载后构建生物学通路 |
| Mammalian protein-protein interaction database（MIPS） | http：//minps.gsf.de/proj/ppi | 提供蛋白质名称、实验方法、物种等多种查询方式 |
| iSpot | http：//cbm.bio.umiroma2.it/ispot | 为用户蛋白序列预测与 PDZ、SH3 和 WW 结构域的结合力强弱 |
| Interdom | http：//interdom.lit.org.sg | 预测能够与用户提交的蛋白质序列结合的结构域 |
| IntAct | http：//www.ebi.ac.uk/intact/ | 该数据库除了可以检索蛋白等分子相互作用外，还可以检索文献中报道相互作用结果 |
| STRING | http：//string-db.org/ | 可以利用蛋白名或者序列等进行检索，同时可以一次输入多个蛋白进行检索，可快速呈现蛋白相互作用示意图 |
| DIP | http：//dip.doe-mbi.ucla.edu/dip/Main.cgi | 蛋白质相互作用数据库，可以利用蛋白名称、序列、motif 等进行检索查找相互作用的蛋白 |
| PIPs | http：//www.compbio.dundee.ac.uk/www-pips/ | 人类蛋白相互作用预测数据库 |
| PDZbase | http：//abc.med.comell.edu/pdzbase | 查询包含 PDZ 结构域的蛋白质相互作用数据库 |
| HPRD | http：//hprd.org/ | 人类蛋白参考资源，查找蛋白相互作用以及蛋白磷酸化位点等 |

## 参考文献

［1］韩骅, 高国全. 医学分子生物学实验技术 [M]. 4 版. 北京: 人民卫生出版社, 2020.
［2］周春燕, 药立波. 生物化学与分子生物学 [M]. 9 版. 北京: 人民卫生出版社, 2018.
［3］查锡良, 药立波. 生物化学与分子生物学 [M]. 8 版. 北京: 人民卫生出版社, 2013.

（周　倜）

# 第三十二章
# 基因编辑技术

人类对遗传物质的研究有着漫长的历史：从最初孟德尔豌豆杂交实验发现遗传因子和遗传定律，到格里菲斯肺炎双球菌转化实验证实遗传因子为 DNA，再到发现 DNA 双螺旋结构……基因就如同大自然为生物谱写的代码，随着对基因的结构、化学成分和功能等的了解不断深入，科学家们不仅揭开了基因神秘的面纱，也开始尝试通过基因编辑（gene editing）技术来改变自己的命运。

基因编辑是一种对目标基因进行敲除、替换和插入等操作，使被编辑对象产生新的功能或表型的技术。随着遗传学和生物技术的发展，基因编辑技术也在不断地更新和进步，从锌指核酸酶（zinc-finger nuclease，ZFN）技术、转录激活样效应因子核酸酶（transcription activator-like effector-based nucleases，TALEN）技术，再到如今的规律性重复短回文序列簇（clustered regularly interspaced short palindromic repeats/CRISPR associated 9，CRISPR/Cas9）技术。基因编辑在生物以及医学领域的应用越来越广泛。除了直接对基因进行编辑的技术，通过对 mRNA 水平进行调控的 RNA 干扰技术也是生物医学研究的重要手段。这些技术的出现，为人类更深入探究基因功能提供了更便捷的方式。

## 第一节　锌指核酸酶技术

### 一、锌指核酸酶的结构和作用机制

#### （一）锌指核酸酶的结构

锌指核酸酶又名锌指蛋白核酸酶，它是第一代人工合成的限制性内切酶，由锌指 DNA 识别域（zinc finger DNA-binding domain）与限制性内切酶的 DNA 切割域（DNA cleavage domain）融合而成，其中 DNA 识别域具有特异性，在 DNA 特定位点识别并结合，而限制性核酸内切酶则具备剪切功能，两者结合就可以在 DNA 特定位点进行定点断裂。

#### （二）锌指核酸酶的作用机制

锌指是能够形成介导蛋白质与核酸相互作用的特殊结构，每个锌指识别并结合 3’ 端到

5' 端方向 DNA 链上一个特异的三联体碱基以及 5' 端到 3' 端方向的一个碱基，将形成锌指的氨基酸序列的编码序列串联起来，所形成的蛋白能够特异性识别并结合 DNA，这种蛋白就是锌指蛋白（zinc finger protein，ZFP）。DNA 识别域是由一系列 Cys2-His2 锌指蛋白串联组成的，锌指蛋白只具有向导作用，没有切割作用。因此，科学家们将一种限制性内切酶 *Fok* I 的编码序列连接到锌指蛋白编码序列的 3' 端，得到一种锌指蛋白 C 端与 *Fok* I 相连的人工融合蛋白。一般一个锌指核酸酶具有三个锌指结构和一个 *Fok* I 的切割功能结构域，作用位点的 DNA 序列长度为 5~7bp。根据作用位点两侧的相邻链序列，筛选能分别与正链和负链特异性结合的两种 ZFN。当这两种 ZFN 与 DNA 结合后，其 C 端的 *Fok* I 切割结构域会在作用位点形成二聚体，并发挥功能，使双链断裂，这会造成非同源末端连接（non-homologous end-joining，NHEJ）和同源重组（homologous recombination，HR），于是作用位点的基因发生改变，完成基因编辑（图 32-1）。

总的来说，科学家们可以通过加工改造 ZFN 的锌指 DNA 结合域，靶向定位于不同的 DNA 序列，从而使得 ZFN 可以结合复杂基因组中的目的序列，并由 DNA 切割域进行特异性切割。此外，通过将锌指核酸酶技术和胞内 DNA 修复机制结合起来，科学家们还可以实现在生物体内对基因组进行编辑。

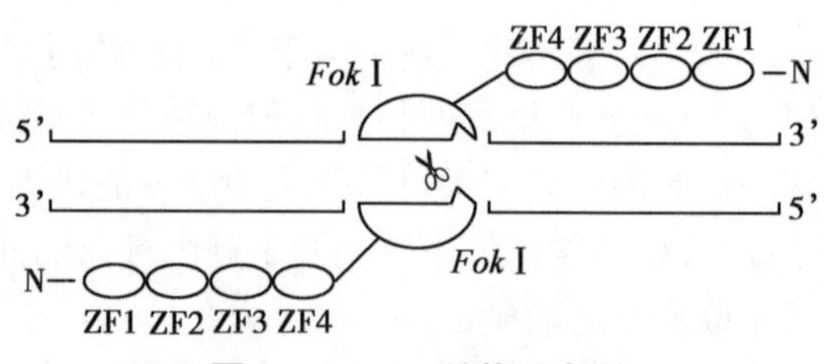

**图 32-1　ZFN 结构示意图**

## 二、锌指核酸酶技术的发展和应用

早期的 ZFN 技术一般采用普通的 *Fok* I -ZFN 二聚体形式来保证其切割效率，但使用过程中可能因同源二聚体效应（homodimerization）而导致脱靶，影响切割特异性。2007 年，科学家开发出了 *Fok* I 的变体，使得 ZFN 可以在异源二聚体（heterodimer）形式下使用，从而在保证切割效率的前提下大大提升了特异性，并减少了细胞毒性，具备更优良的科研和应用价值。早期的 ZFN 技术需要借助病毒或质粒载体的方式进入细胞，之后再表达形成具有功能的蛋白，但 ZFN 可以依靠自身锌指部分跨过细胞膜进入细胞并发挥作用，如此则可避免载体插入重要基因而引起突变等潜在风险。近年来，一系列应用 ZFN 所取得的振奋人心的科研成果相继发表在高水平杂志上，如使患有乙型血友病（hemophilia B）的小鼠恢复血液凝结功能；在干细胞领域，研究者使用 ZFN 技术精确修正基因突变，从而使与人体疾病相关的缺陷蛋白失活等。

目前，在大量植物、果蝇、斑马鱼、蛙、小鼠、大鼠及牛等物种中，ZFN 技术已被广泛应用于靶向基因的突变，人工修改基因组信息可以产生遗传背景被修改的新物种，而且能够稳定遗传。在基础科研领域，该技术既可用于基因的敲除失活，也可用于导入目标基因，使基因激活或阻断，或者人为改造基因序列，使之符合人们的要求。在医疗领域，经 ZFN 技术改造后导入治疗性基因的质粒或干细胞可被导入人体，实现基因治疗。此外，ZFN 技术也可以直接用于有害基因的修补替换或是删除，以达到相关治疗目的。ZFN 技术具有很好的特异性和效率，因此能将基因或基因组错误修改的风险降到最低。从理论上来说，科学家们甚至可以在任何物种中，对处于任意生长时期的细胞进行 ZFN 操作，可以自如地修改其基因，而且不破坏细胞状态。

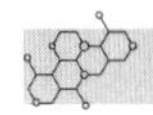

### 三、锌指核酸酶技术的优势与不足

ZFN 技术的优势在于具有很高的特异性，能够避免免疫应答，但是高度的特异性却带来了另一种弊端，即基因工程化锌指 DNA 结合蛋白本身体积庞大的性质及其环境依赖性结合的属性。

ZFN 对 DNA 的剪切需要两个 *Fok* Ⅰ切割区域的二聚化，并且需要至少一个识别单元结合 DNA。DNA 识别域虽然具有较强的特异性识别能力，但由于 ZFN 剪切的过程并不完全依赖同源二聚体的形成，因此一旦形成异源二聚体，就很可能会造成脱靶效应，并进一步导致 DNA 的错配和序列改变，最终产生较强的细胞毒性。当这些不良影响积累过多，超过细胞修复机制承受的范围时，便会引起细胞的凋亡。此外，ZFN 技术仍然受到现有生物学领域研究手段的限制，因此在细胞内部操作的精确程度和后果都较难预料，一旦引起了相关基因突变，则可能会导致一系列意想不到的后果，在与人体相关的应用领域，甚至可能引发癌症等。ZFN 技术作为基因治疗的手段之一，如果在生物体内使用，可能会引发免疫反应，现有的研究手段尚不能预测引入的 ZFN 蛋白是否会引起免疫系统的进攻。到目前为止，ZFN 技术只能应用于体外操作（*in vitro*），在对人体提取的细胞进行处理之后，再回输到患者体内，而直接向患者体内导入相关 ZFN 元件进行基因编辑处理则具有较大的潜在风险，而且效率不高。正因为存在以上诸多限制，人体相关的 ZFN 技术操作较为烦琐，难以推广应用。

## 第二节　转录激活因子效应物核酸酶技术

### 一、TALEN 技术

#### （一）TALEN 技术简介

TALEN 是第二代人工合成的核酸内切酶。TAL 效应因子（TAL effector，TALE）最初是在一种名为黄单胞杆菌的植物病原体中作为一种细菌感染植物的侵袭策略而被发现的。TALE 与锌指蛋白最大的不同在于它的编码序列中部包含一段很长的串联排列的重复序列，这段 DNA 序列编码的氨基酸能特异性地识别并结合到作用位点上。这些 TALE 通过细菌Ⅲ类分泌系统（bacterial type Ⅲ secretion system）被注入植物细胞中，通过靶定效应因子特异性的基因启动子来调节转录，来促进细菌的集落形成。由于 TALE 具有序列特异性结合能力，研究者通过将 *Fok* Ⅰ核酸酶与一段人造 TALE 连接起来，形成了一类具有特异性基因组编辑功能的强大工具，即 TALEN。

#### （二）TALEN 结构及基本技术原理

1. **TALEN 的典型结构**　由一个包含核定位信号（nuclear localization signal，NLS）的 N 端结构域、一个包含可识别特定 DNA 序列的典型串联 TALE 重复序列的中央结构域，以及一个具有 *Fok* Ⅰ核酸内切酶功能的 C 端结构域组成。不同类型的 TALEN 元件识别的特异性 DNA 序列长度有很大区别。一般来说，天然的 TALEN 元件识别的特异性 DNA 序列长度为 17~18bp；而人工 TALEN 元件识别的特异性 DNA 序列长度则为 14~20bp。

2. TALEN **技术的原理与步骤**　通过 DNA 识别模块将 TALEN 元件靶向特异性的 DNA 位点并结合，然后在 *Fok* Ⅰ核酸酶的作用下完成特定位点的剪切，并借助于细胞内固有的同源定向修复（homology-directed repair，HDR）或非同源末端连接途径（NHEJ）修复过程完成特定序列的插入（或倒置）、删失及基因融合（图 32-2）。

## 二、TALEN 技术的发展和应用

虽然 TALEN 技术的基本原理并不难理解，但其发现过程却较为曲折。从 1989 年首次发现 TALE 起，科学家们前后历时近 21 年才研究清楚 TALE 的工作原理。自 2010 年正式发明 TALEN 技术以来，全球范围内多个研究小组利用体外培养细胞、酵母、拟南芥、水稻、果蝇及斑马鱼等多个动植物体系验证了 TALEN 的特异性切割活性。

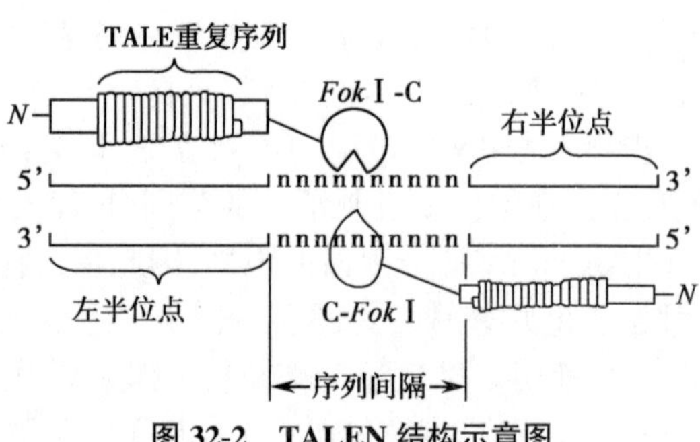

图 32-2　TALEN 结构示意图

### （一）TALEN 技术的发展

2011 年，北京大学的科学家首次使用 TALEN 技术在斑马鱼中成功实现了定向突变和基因编辑；而在 2012 年，艾奥瓦州立大学的科学家也以斑马鱼为模式动物，首次使用 TALEN 技术在活体内完成了特定 DNA 的删除、人工 DNA 插入等较为复杂的操作。随后 TALEN 技术在植物、大小鼠的基因组改造等方面的应用也顺利完成。紧接着在 2013 年，科学家们成功使用 TALEN 技术诱导了 DNA 双链断裂，提高同源定向修复效率，在斑马鱼中实现了同源重组基因打靶。经典的 TALEN 体系已经得到广泛应用，越来越多的实验室以及实验外包公司均能很好地完成 TALEN 相关实验，但是基本限于单基因的插入或敲除操作，而且主要用于单个基因功能的研究。2013 年，首尔大学化学系和国家基因工程创新举措研究中心建立了一个全基因组规模（genome-scale collection）的 TALEN 体系，他们系统地选取了人类基因组中高度特异性的序列作为靶位点以避开脱靶（off-target）效应，通过一种高通量克隆体系，一次性构建了 18 740 个编码蛋白的基因的 TALEN 质粒。在这项研究中，研究人员以一种巧妙的方式优化了 TALEN 质粒的结构，以检测插入靶位点后质粒对应位置上 EGFP 的表达的方式检测了 TALEN 靶位点的插入成功率。通过这一方式，他们可以研究不同间隔序列下特定靶位点的插入效率，从而针对每一个靶位点，都能选出最佳的 TALEN 体系结构。2014 年 2 月，北京大学生命科学学院依托于一种自主研发的 TALE 蛋白组装技术（ULtiMATE system）完成了全部 TALE 元件的解码工作。

### （二）TALEN 技术的应用

随着 TALEN 技术逐渐成熟，全球范围内的各实验室已广泛使用 TALEN 技术来完成基因打靶操作。TALEN 通过与显微注射以及慢病毒感染等技术手段相结合，跨越干细胞、基因治疗以及神经网络研究，被应用在动植物育种等多个领域，强力推动了生命科学的发展。

## 三、TALEN 技术的优势与不足

核酸酶的特异性对 TALEN 的广泛应用至关重要，通常来说，出现非特异剪切，即脱靶

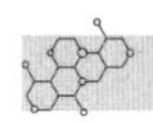

效应，会降低目标位点的基因修饰，进而导致细胞毒性的出现，存在一个脱靶位点就可能导致整个基因编辑的失败，如果用于临床疾病治疗，就可能因此产生严重的副作用。正因为在基因组上存在多个脱靶位点，ZFN 技术的发展及应用受到了很大的制约，相比之下，TALEN 技术在识别 DNA 序列的碱基变化方面具有高灵敏度，3~4 个碱基的突变便可阻止 TALE 与 DNA 的结合，因此 TALEN 发生脱靶效应的可能十分有限，而且已经有很多针对 TALEN 脱靶效应的研究，大部分研究结果显示 TALEN 技术比 ZFN 技术具备更高的特异度以及更小的细胞毒性。此外，与 ZFN 技术相比，其设计和工程没有十分复杂，也不会像 ZFN 那样容易受到周围连接环境绑定的影响，TALEN 运用起来更加简单，构建更加便捷，而且价格更低廉。但是装配 TALEN 编码质粒却是非常冗长及高强度的工作过程。

目前为止，酵母、植物、石斑鱼以及人类细胞系中 DNA 都能通过设计相应的 TALE 来靶定，研究人员通过结合 TALE 和限制性核酸酶来编辑基因。如前面提到的，与锌指核酸内切酶介导的基因敲除相比，TALEN 介导的基因敲除在针对不同目的基因设计转录激活子样效应因子模块时更加灵活，从而大大缩短了目的基因敲除的时间和减少了花费。此外，锌指核酸内切酶存在脱靶效应以及细胞毒性，其脱靶效应主要与锌指蛋白 DNA 结合结构域非特异性结合以及 *Fok* Ⅰ核酸酶二聚化有关，而 TALEN 也使用 *Fok* Ⅰ核酸酶，从而也具有脱靶效应。但是，研究表明其脱靶效应以及细胞毒性要明显低于锌指核酸内切酶。虽然如此，TALEN 介导的基因敲除也存在一些明显缺陷：①虽然利用 TALEN 技术，很多公司和研究机构成功构建了多个目的基因敲除的小鼠等动物模型，但科学家们对其背景缺乏基本了解，这就造成当构建的 TALEN 没有按研究者计划敲除目的基因时，研究者往往不知道从哪处着手解决问题；②与在自然界广泛存在的锌指蛋白相比，TALE 仅在植物病原体中发现，因此，理论上，相对于前者来说，后者会是一种更强的免疫原。

# 第三节　规律间隔成簇短回文重复序列

## 一、CRISPR/Cas 系统

CRISPR/Cas 系统是广泛存在于古细菌和细菌体内一种以 RNA 为导向的适应性免疫系统，是一种利用 RNA 来引导核酸酶与特定序列结合并切断的机制。在遭受病毒入侵时，细菌能够捕获外来遗传物质的片段并将其整合到自身基因组的 CRISPR 序列中，当病毒二次入侵时，CRISPR 系统可以识别出外源 DNA，并将它们切断，沉默外源基因的表达，抵抗病毒的干扰。

## 二、CRISPR/Cas 系统的结构和机制

### （一）CRISPR 序列的结构

CRISPR 座是一个广泛存在于古细菌和细菌基因组中的特殊 DNA 重复序列家族，是由成簇排列的来自噬菌体 DNA 的间隔序列（spacer）和宿主菌基因组的重复序列形成的阵列，在上游的前导区（leader）被认为是 CRISPR 序列的启动子。此外，CRISPR 座上游还有 Cas

基因，Cas 基因与 CRISPR 序列共同进化，形成了在细菌中高度保守的 CRISPR/Cas 系统(图 32-3)。

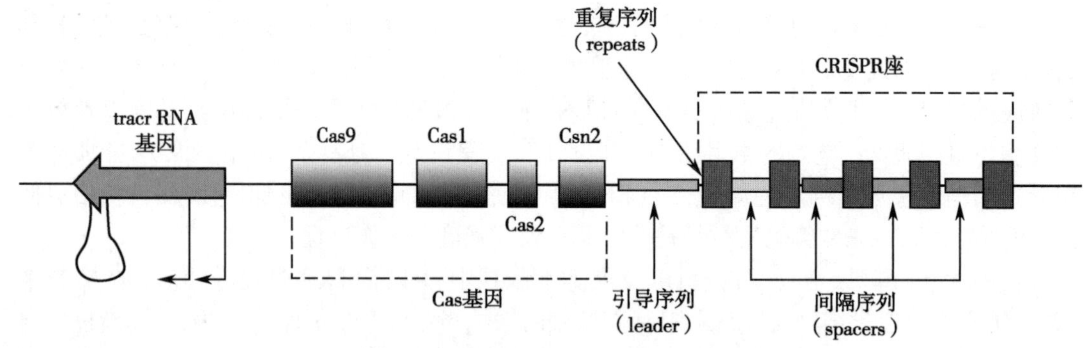


图 32-3　CRISPR 座与 Cas 基因结构特征

### (二) 外源 DNA 的识别与整合

当噬菌体病毒首次感染宿主菌后，噬菌体 DNA 进入宿主细胞内并复制，复制产生的 DNA 片段可被宿主细胞的 Cas1-Cas2 复合物识别捕获，最后将捕获的片段插入 CRISPR 座第一个位点。Cas1 在此过程中复制，将重复序列 5' 端切开，然后与 DNA 片段 3' 端连接，最后 DNA 会进行修复，将缺口封闭(图 32-4)。

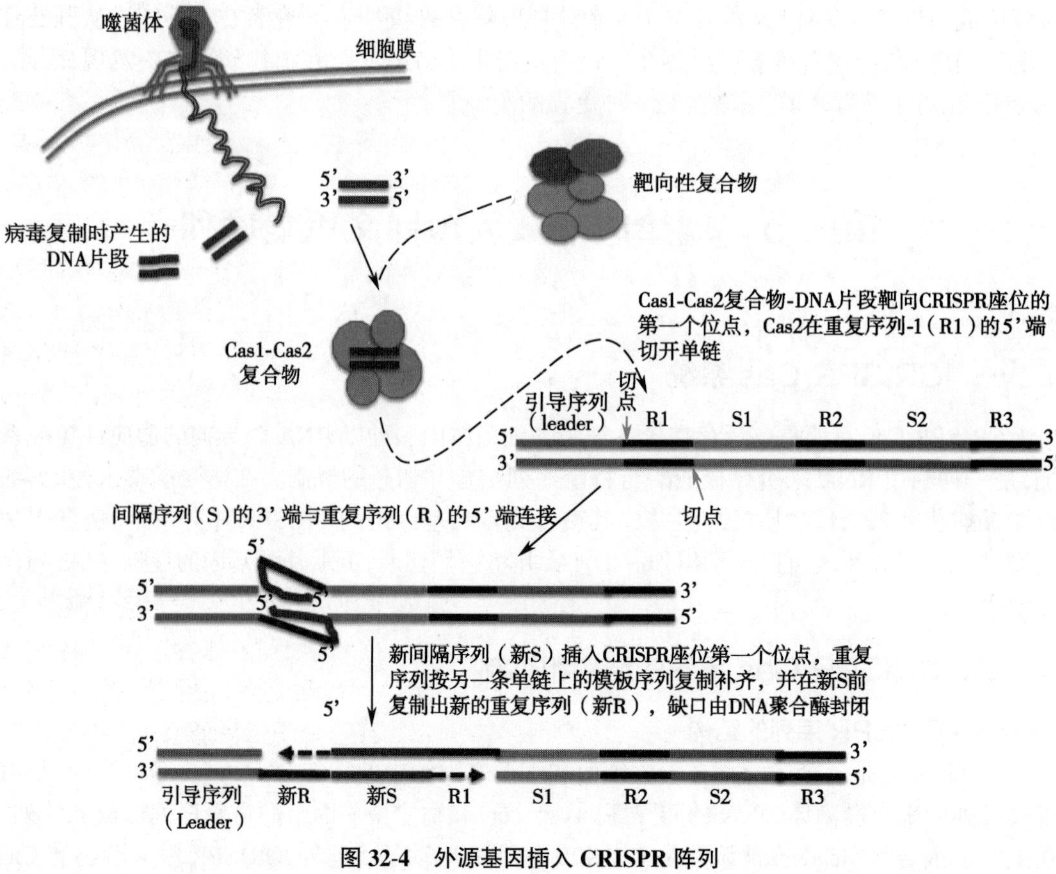

图 32-4　外源基因插入 CRISPR 阵列

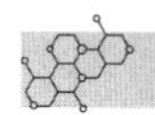

### （三）细菌受到二次感染时 CRISPR/Cas 系统启动防御机制

CRISPR/Cas 系统是由 *Cas* 基因编码的 Cas 蛋白和 CRISPR 转录产物配合，介导入侵 DNA 切割的过程，形成细菌抵抗病毒感染的机制。目前的研究发现 Cas 蛋白按功能可分为三种类型（Ⅰ型、Ⅱ型和Ⅲ型），其中Ⅱ型 CRISPR/Cas9 系统是研究最为清楚，且应用最广泛的 CRISPR/Cas 系统。下面以该系统为例进行介绍。

CRISPR 座会在引导序列的调控下转录出前 CRISPR RNA（pre-crRNA）和反式激活 crRNA（tracrRNA）。tracrRNA 和 pre-crRNA 的重复序列互补配对产生局部双链结构，再由 RNase Ⅲ识别并切割产生 gcrRNA（guide crRNA）。*Cas9* 基因表达的 Cas 蛋白与 gcrRNA 结合形成 Cas9-gcrRNA 复合物。当含有相同间隔序列的病毒再次感染宿主细胞时，Cas9-gcrRNA 复合物识别入侵 DNA 上的原间隔序列并解开 DNA 双链，crRNA 与互补链配对杂交，而另一条链则保持游离状态。随后，Cas9 蛋白发挥作用，剪切与 crRNA 互补的 DNA 链和非互补的 DNA 链，从而在入侵 DNA 上产生切口，破坏入侵 DNA。

## 三、CRISPR/Cas 系统广泛应用于基因编辑

CRISPR/Cas 系统可以精确地对基因进行定点切割，因此可以有效地实现对基因组的编辑。CRISPR/Cas9 是继 ZFN、TALEN 之后出现的“第三代基因编辑技术”，与前两代技术相比，具有便捷高效和成本低的优点。

### （一）CRISPR/Cas9 系统可利用 NHEJ 或 HDR 进行基因编辑

如果要实现基因敲除，可以在目的基因的上下游各设计一条向导 RNA（gRNA1、gRNA2），将其与含有 Cas9 蛋白编码基因的质粒一同转入细胞中，gRNA 通过碱基互补配对可以靶向前间隔序列临近基序（protospacer adjacent motif，PAM）附近的目标序列，Cas9 蛋白会使该基因上下游的 DNA 双链断裂。随后细胞启动 DNA 损伤修复的应答机制，即 NHEJ，将断裂上下游两端的序列连接起来，从而实现目标基因的敲除。如果在此基础上为细胞引入一个修复的模板质粒，即供体（donor）DNA 分子，细胞就会按照提供的模板启动 HDR，在修复过程中引入插入片段或点突变，这样就可以实现基因的替换或者突变（图 32-5）。

### （二）动物实验是 CRISPR 技术目前理想的探索途径

自从 CRISPR 的基因编辑机制被发现以来，其应用范围迅速扩大，尽管该技术尚处于发展的早期阶段，但大量的细胞实验和动物实验为我们提供了许多宝贵的经验，尤其是动物实验。哺乳动物中小鼠因为拥有与人类基因的相似程度高，繁育周期短等优点，常被用作动物疾病模型，也是 CRISPR 技术理想的实验对象。目前，科学家们在活体动物内通过 CRISPR 技术清除了其基因组的 HIV 基因。在亨廷顿病的模型小鼠中，使用 CRISPR 技术对疾病相关蛋白质的基因进行部分剪切，极大改善了小鼠的病症。迪谢内肌营养不良是一种 X 染色体隐性遗传病，通过 CRISPR 技术，科学家实现了对含有该基因突变的人类细胞和动物模型的突变修复。

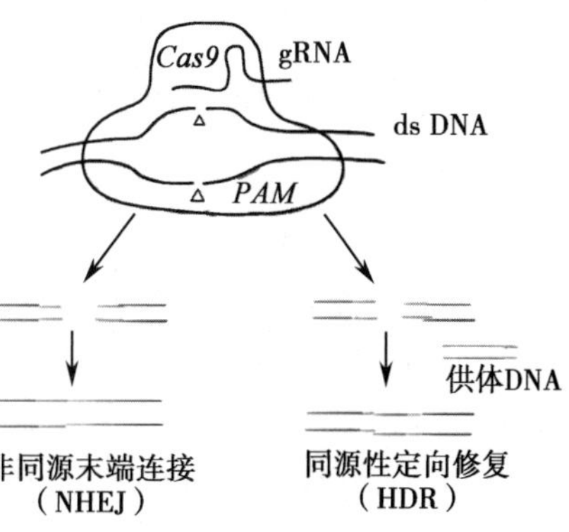


**图 32-5　CRISPR 利用 NHEJ 或 HDR 进行基因编辑**

### （三）CRISPR 技术的临床应用仍存在技术缺陷和伦理问题

目前 CRISPR 技术已经在多种生物，如人、小鼠、斑马鱼、拟南芥、大肠埃希菌和酵母等开展了相关应用，实现了单基因敲除、多基因敲除、外源基因插入、基因突变和表达调控等。虽然 CRISPR 技术在出现后不久便凭借着简便的操作和高效的编辑迅速成为分子生物学的热门技术，但是 CRISPR 技术的缺陷，如脱靶效应和安全性问题等，也成为其不能广泛应用于临床的限制因素。有研究发现人体对细菌来源的 Cas9 会产生免疫原性反应，CRISPR/Cas9 的基因编辑还会引起染色体大片段缺失等问题。此外，伦理问题也是 CRISPR 技术应用于临床的争议热点，尤其是在针对胚胎细胞相关的基因编辑研究。

尽管目前还存在技术和伦理的问题，但随着科学家和监管人员的不断努力，在该技术逐渐成熟以及伦理方面达成共识后，同时相关的监管制度和框架逐步地形成和完善，CRISPR 技术在基因治疗等方面的应用将会取得突破性进展。

# 第四节　RNA 干扰

## 一、RNA 干扰现象

RNA 干扰（RNA interference，RNAi）是一种由双链 RNA 诱发的基因沉默（silencing）现象。在此现象中，与双链 RNA 具有同源序列的 mRNA 被诱导降解，从而抑制了对应基因的表达。最初是在牵牛花进行转基因研究时发现的，被称作转录后基因沉默（post-transcriptional gene silencing，PTGS）。后来在线虫注射 RNA 阻断基因表达的实验中发现，单链 RNA 无论是有义链 RNA（sense RNA）或者是无义链 RNA（antisense RNA），均能抑制线虫基因的表达，但双链 RNA 比单链 RNA 更有效。然而在后续的研究中，制备和提纯 RNA 的技术得到了改善，证实了有义链 RNA 抑制基因表达的现象是由污染的微量双链 RNA 引起的，并将这一现象命名为 RNA 干扰。

## 二、RNA 干扰的机制

长双链 RNA（double-stranded RNA，dsRNA）在细胞内是由 Dicer 进行识别和切割。Dicer 是细胞内 RNase Ⅲ家族中的双链 RNA 特异性核酸内切酶。与其他 RNase Ⅲ家族成员不同，Dicer 多了 PAZ（Piwi-Argonaute-Zwille）结构域。贾第鞭毛虫 Dicer 含有 PAZ 结构域、RNase Ⅲa 和 RNase Ⅲb 结构域，人 Dicer 则含一个假定的螺旋酶（helicase）结构域、DUF283 结构域、PAZ 结构域、RNase Ⅲa、RNase Ⅲb 结构域和双链 RNA 结合域（double stranded RNA-binding domain，dsRBD）。Dicer 的 PAZ 结构域可识别剪切产物的末端，并将 RNase Ⅲb 固定在双链 RNA 前体茎部。

RNA 干扰过程主要分为两个步骤：dsRNA 被细胞内的 Dicer 识别并切割成 21~23bp 的短双链 RNA，称为干扰小 RNA（small interfering RNA，siRNA）；siRNA 与 RNA 诱导沉默复合物（RNA-induced silencing complex，RISC）结合，执行转录抑制或沉默的功能（图 32-6）。

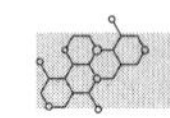

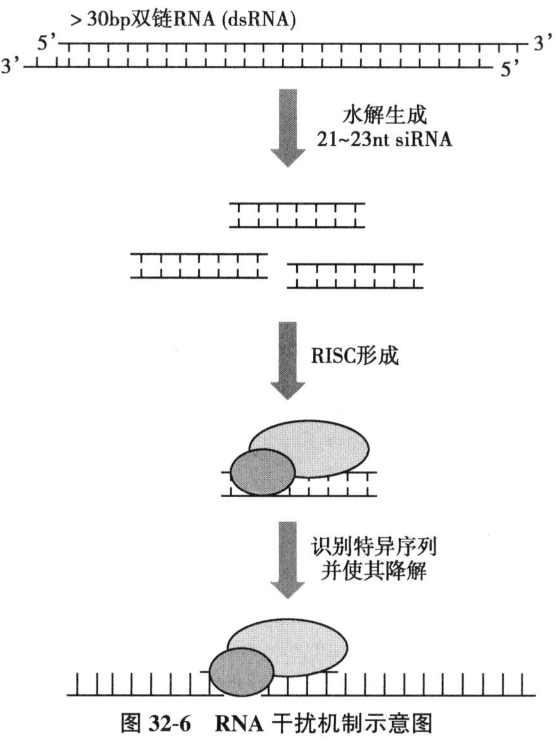


**图 32-6 RNA 干扰机制示意图**

siRNA 的发现使得人们对 RNA 干扰机制有了更深入的理解，同时也突破了使用双长链 RNA 在哺乳动物细胞中抑制基因表达时存在非特异抑制现象的瓶颈。生物体中的 siRNA 具有相似的结构特征：为 21~23bp 的双链 RNA，具有 5' 端单磷酸和 3' 端羟基末端，互补双链的 3' 端均有 1 个 2~3nt 的单链突出。使用人工合成的 siRNA 可特异性地抑制哺乳动物细胞中外源性或内源性基因的表达。siRNA 存在一个碱基错配即会失去原有的抑制活性，因此只有与 siRNA 高度同源的 mRNA 才会被降解，这一特性对于 RNA 干扰技术的应用极为重要。

## 三、RNA 干扰的应用

RNA 干扰现象普遍存在于生物界中，随着这种现象的机制和生物学功能逐渐被阐明，RNA 干扰的应用也有了理论基础。目前 RNA 干扰已经在功能基因组学、遗传学、微生物学和基因治疗等领域有了广泛的应用，在生物学和医学领域的应用有着广阔的前景。

### （一）功能基因组和遗传学

随着测序技术的不断发展，人类和各种模式生物的基因组序列的测序都已经完成。然而基因功能的研究却远落后于不断发展的测序技术和大量的测序信息。长期以来，基因功能的研究都依赖于基因敲除技术（gene knockout），基因敲除需要对研究的基因序列有详细的认识，且操作难度较大。RNA 干扰技术出现后，因其操作简便、特异性高、效果迅速的优点获得了科学家的青睐。RNA 干扰还可以同时抑制多个基因或基因家族，或者用于 mRNA 可变剪接的研究。在囊胚前期的蜜蜂卵中或初生蜜蜂腹内注射 dsRNA，抑制卵黄原蛋白（vitellogenin）基因的表达，成体分别有 15% 和 96% 的个体出现突变型，且在 15d 后仍可检测到 dsRNA。在肝脏疾病的研究中，为了明确 Fas 信号通路在其中起到的作用，在小鼠模型中通过 RNA 干扰技术抑制 *Fas* 基因的表达，能明显降低自身免疫性肝炎引起的肝衰竭和纤维化，阐明 Fas 在肝脏疾病中所起的作用。

### （二）基因治疗

目前 RNA 干扰技术主要运用于肿瘤和病毒性疾病的治疗。传统的基因治疗手段是反义 RNA 技术，这种技术没有放大作用，需要大量核酸，效果持续时间较短。肿瘤是多个基因相互作用的结果，反义 RNA 技术诱发单一癌基因的阻断，不可能完全抑制或逆转肿瘤的生长。RNA 干扰技术不仅持续时间长，效果明显，还可以利用同一个基因家族具有高度同源的保守序列这一特性，设计针对的 siRNA 分子，只使用一种 siRNA 便可抑制多个基因表达；也可以同时使用多种 siRNA 将多个序列不相关的基因剔除。RNA 干扰可用于治疗有异常基因表达的恶性肿瘤，如 KRAS 蛋白为多种肿瘤发生所必需的蛋白质，*bcr-abl* 融合基因与慢性髓细胞性白血病（chronic myelocytic leukemia，CML）相关，通过 RNA 干扰技术可阻断 KRAS 蛋白的表达，抑制肿瘤发生，或杀死有融合基因的异常白细胞。

在病毒性疾病方面，RNA 干扰技术主要应用于肝炎病毒和人类免疫缺陷病毒的治疗，通过相应的 siRNA 可以抑制病毒某些基因的表达，如 HIV 的 *p24*、*vif*、*nef*、*tat* 或 *rev*，阻碍病毒在细胞内的复制。RNA 干扰技术可以抑制 HIV 受体（CD4）或辅助受体（CXCR4 或 CCR5）的表达，阻碍 HIV 感染细胞。在其他病毒的治疗中，如脊髓灰质炎病毒、人乳头状瘤病毒、乙型肝炎病毒和丙型肝炎病毒等，也有相关的报道。siRNA 在病毒感染早期阶段能有效抑制病毒复制，病毒感染能被针对病毒基因和相关宿主基因的 siRNA 阻断，这些结果提示 RNA 干扰技术能运用于多种病毒性疾病的基因治疗。

## 参考文献

[1] CARROLL D. Genome Engineering With Zinc-Finger Nucleases [J]. Genetics, 2011, 188 (4): 773-782.

[2] HOSSAIN M A, BARROW J J, SHEN Y, et al. Artificial zinc finger DNA binding domains: versatile tools for genome engineering and modulation of gene expression [J]. J Cell Biochem, 2015, 116 (11): 2435-2444.

[3] ANGUELA X M, SHARMA R, DOYON Y, et al. Robust ZFN-mediated genome editing in adult hemophilic mice [J]. Blood, 2013, 122 (19): 3283-3287.

[4] HAMDAN M F, MOHD N S, ABD-AZIZ N, et al. Green Revolution to Gene Revolution: Technological Advances in Agriculture to Feed the World [J]. Plants (Basel), 2022, 11 (10).

[5] PALPANT N J, DUDZINSKI D. Zinc finger nucleases: looking toward translation [J]. Gene Ther, 2013, 20 (2): 121-127.

[6] WU J, KANDAVELOU K, CHANDRASEGARAN S. Custom-designed zinc finger nucleases: what is next？ [J]. Cell Mol Life Sci, 2007, 64 (22): 2933-2944.

[7] JOUNG J K, SANDER J D. TALENs: a widely applicable technology for targeted genome editing [J]. Nat Rev Mol Cell Biol, 2013, 14 (1): 49-55.

[8] KIM Y, KWEON J, KIM A, et al. A library of TAL effector nucleases spanning the human genome [J]. Nat Biotechnol, 2013, 31 (3): 251-258.

[9] YANG J, ZHANG Y, YUAN P, et al. Complete decoding of TAL effectors for DNA recognition [J]. Cell

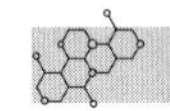

Res, 2014, 24 (5): 628-631.

[10] YIN H, KAUFFMAN K J, ANDERSON D G. Delivery technologies for genome editing [J]. Nat Rev Drug Discov, 2017, 16 (6): 387-399.

[11] AMITAI G, SOREK R. CRISPR-Cas adaptation: insights into the mechanism of action [J]. Nat Rev Microbiol, 2016, 14 (2): 67-76.

[12] MALI P, YANG L, ESVELT K M, et al. RNA-guided human genome engineering via Cas9 [J]. Science, 2013, 339 (6121): 823-826.

[13] DASH P K, KAMINSKI R, BELLA R, et al. Sequential LASER ART and CRISPR Treatments Eliminate HIV-1 in a Subset of Infected Humanized Mice [J]. Nat Commun, 2019, 10 (1): 2753.

[14] YANG S, CHANG R, YANG H, et al. CRISPR/Cas9-mediated gene editing ameliorates neurotoxicity in mouse model of Huntington's disease [J]. J Clin Invest, 2017, 127 (7): 2719-2724.

[15] MIN Y L, BASSEL-DUBY R, OLSON E N. CRISPR Correction of Duchenne Muscular Dystrophy [J]. Annu Rev Med, 2019, 70: 239-255.

[16] FIRE A, XU S, MONTGOMERY M K, et al. Potent and specific genetic interference by double-stranded RNA in Caenorhabditis elegans [J]. Nature, 1998, 391 (6669): 806-811.

[17] 查锡良, 药立波. 生物化学与分子生物学 [M]. 8 版. 北京: 人民卫生出版社, 2013.

[18] AMDAM G V, SIMOES Z L, GUIDUGLI K R, et al. Disruption of vitellogenin gene function in adult honeybees by intra-abdominal injection of double-stranded RNA [J]. BMC Biotechnol, 2003.

[19] SONG E, LEE S K, WANG J, et al. RNA interference targeting Fas protects mice from fulminant hepatitis [J]. Nat Med, 2003, 9 (3): 347-351.

[20] KARA G, CALIN G A, OZPOLAT B. RNAi-based therapeutics and tumor targeted delivery in cancer [J]. Adv Drug Deliv Rev, 2022, 182: 114113.

[21] UMBACH J L, CULLEN B R. The role of RNAi and microRNAs in animal virus replication and antiviral immunity [J]. Genes Dev, 2009, 23 (10): 1151-1164.

（齐炜炜）

# 第三十三章
# 代谢组学的技术与应用

1999 年，人类基因组测序工作的完成标志着后基因组时代的到来。基因功能研究逐渐成为生命科学领域的热点，同时带动了各大组学研究如转录组学、蛋白组学及代谢组学的蓬勃发展。

基因组学主要研究生物体的基因结构的组成。蛋白质组学主要研究蛋白质的表达及由外部刺激引起的差异，而代谢组学一方面是指通过研究生物体受刺激或扰动后其代谢产物的种类、数量变化及其变化规律来研究生物体系代谢途径的技术，另一方面，它也是对生物体受到病理生理刺激或基因修饰产生的代谢物质和量动态变化的研究。与基因组学和蛋白质组学研究不同，代谢组学的研究对象主要是分子质量小于 1 000Da 的代谢物。代谢物研究不仅具有表征基因和蛋白质表达的微小变化的优点，同时也能避免大规模的全基因组测序及序列标签蛋白标记的建库工作，并且代谢处于生命活动调控的末端，因此代谢组学比基因组学、蛋白组学更能表征生物系统的状态。

根据研究对象和目的不同，Oliver Fiehn 将对生物体系的代谢产物分析分为四个层次，即代谢物靶标分析、代谢轮廓分析、代谢组学、代谢指纹分析。代谢靶标分析是针对某个或几个特定代谢组分的分析。代谢轮廓分析是对少数预测代谢物的定量分析。代谢指纹分析是通过聚焦代谢物指纹谱图的差异来实现对样品快速分类的，而代谢组学则是在一定条件下对特定生物样品中所有内源性代谢组分进行定性或定量分析，相比于其他三个层次，更能表征生物体系代谢分子的动态变化，被广泛用于疾病筛查和诊断、生物标志物的开发、药物疗效评价和毒性等研究。

一般而言，代谢组学的研究离不开样品采集和制备、代谢物的测量及数据分析和处理等多个步骤。目前代谢组学主要的分析手段有核磁共振（nuclear magnetic resonance，NMR）、气相色谱 - 质谱联用技术（gas chromatography-mass spectrometry，GC-MS）、液质色谱 - 质谱法（liquid chromatography-mass spectrometry，LC-MS）和毛细血管电泳 - 质谱联用技术（capillary electrophoresis-mass spectrometry，CE-MS）等。总之，随着代谢组学技术不断更新和发展，代谢组学在新生儿筛查、肿瘤早期诊断和治疗、生物标志物的检测和开发、药物疗效及毒性评价、中药药物作用机制等方面有着广泛的应用。

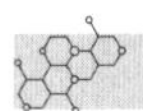

# 第一节　代谢组学技术

目前用于代谢组学的主要分析技术包括核磁共振技术（NMR）、傅里叶变换红外光谱（Fourier transform infrared spectroscopy，FTIR）、气相色谱 - 质谱联用技术（GC-MS）、液相色谱 - 质谱联用技术（LC-MS）、毛细血管电泳 - 质谱联用技术（CE-MS）、电化学检测器和直接注射质谱。其中 NMR 和 GC-MS 仍是应用最为广泛的代谢组学技术。

## 一、核磁共振技术

NMR 在代谢组学研究中被广泛应用。它主要是通过采集生物样品来制备核磁共振谱图以分析其内全部小分子代谢物的信息。在信息处理及分析的基础上，NMR 能够帮助科学家更好地了解生物体在功能基因组学、病理生理学等方面的状况及动态变化，更好地认识生命活动的发展规律。

核磁共振波谱是核磁共振技术开发和运用的基础。核磁共振波谱的原理是具有自旋性质的原子核在外磁场作用下，会吸附射频辐射而产生能级跃迁。核磁共振氢谱（$^{1}$H nuclear magnetic resonance，$^{1}$H-NMR）是目前研究最充分的波谱，能够实现对样品的非破坏性、非选择性分析，具有高灵敏度的特点。$^{1}$H-NMR 能提供化学位移、耦合常数、峰的裂分情况、峰面积等重要分子结构信息，其谱峰与样品中各化合物的氢原子是一一对应的，图谱中信号的相对强弱则反映了样品中各组分的相对含量。核磁共振碳谱（$^{13}$C nuclear magnetic resonance，$^{13}$C-NMR）提供分子骨架的最直接信息，对有机化合物结构鉴定具有重要意义。与 $^{1}$H-NMR 相同，化学位移、耦合常数是 $^{13}$C-NMR 的重要参数。核磁共振磷谱（$^{31}$P nuclear magnetic resonance，$^{31}$P-NMR）也是生命活性物质研究分析中常用技术，其灵敏度是 $^{13}$C 核的 377 倍。$^{31}$P 吸收带化学位移和相对强度的变化常可反映出生命活性物质的变化过程。高分辨率魔角旋转 NMR 光谱是一种强大的技术，可用于研究不同完整组织内的代谢物。

作为一种全面的代谢组学技术，NMR 具有同时测量生物样品中多个有机化合物的能力，并且对样品的损害小，不破坏样品的结构和性质，重复性高，但它对每个分子的化学和物理环境敏感，因此样品制备要求很高。同时，NMR 的动态范围有限，很难同时测定生物样品中的浓度相差较大的代谢物，只能在小摩尔水平上检测代谢物。

目前核磁共振波谱已被广泛应用于代谢指纹图谱、生物标志物发现和代谢通量分析。它被广泛应用于多种疾病的代谢组学分析和鉴别，包括新生儿遗传筛查、癌症、心血管疾病、阿尔茨海默病等。此外利用 NMR 谱可对不同癌症如肺癌、乳腺癌、卵巢癌等进行分类。值得关注的是，NMR 波谱还能够表征淋巴结中的转移性癌症。

## 二、色谱 - 质谱联用技术

与 NMR 不同，GC-MS 的优势在于能够提供较高的分辨率和检测灵敏度，并且有可供参考、比较的标准图库，在获取、分析代谢物定性结果方面具有简便性。

MS 是一种将分子电离成不同的带电荷离子，然后按照质荷比进行分离和检测，从而推断分子结构的方法，可用于测定化合物的分子质量、分子式以及提供分子结构信息。基于MS的代谢物分析可以使用直接注射质谱的霰弹枪的方法进行，也可以与前端分离技术结合进行。MS通常与气相色谱（GC）、液相色谱（LC）、离子色谱或毛细血管电泳（CE）相结合。在色谱-质谱技术联用系统中，色谱相当于质谱的分离和进样装置，依据组分理化性质及在两相吸附能力的不同而将各组分分离。质谱则相当于色谱的检测器，将分离出的组分进行数据分析，获取组分的分子结构等信息。两者联用既综合了色谱的高分辨率和质谱的高灵敏度的优点，又能够对物体液或组织样本中的数百至数千种代谢物进行准确且可重现的分析。

一般来说，人体代谢组由内源性代谢物、外源性代谢物（如药物、食物成分、植物化学物质）、内源性和外源性代谢物的代谢产物以及来自肠道微生物群的代谢物组成。通常，挥发性有机化合物、脂质和可衍生分子的分析使用GC-MS，大多数半极性代谢物使用LC-MS进行分析。

### （一）气相色谱-质谱联用技术

GC-MS主要由气相色谱仪、接口和质谱仪组成。其中气相色谱仪包括进样器、色谱柱和检测器，而质谱仪则由离子源、质量分析器和检测器三部分组成。当混合物进入气相色谱进样器后，样品在进样器中被加热气化。气化后各种组分在色谱柱中得以分离。被分离的组分经接口进入质谱仪的离子源被电离为带电离子，带电离子经加速器加速而通过质量分析器，检测器检测及收集的离子流经过放大器放大并被记录下来，通过计算机系统分析可得任何一个组分的质谱图。

### （二）液相色谱-质谱联用技术

LC-MS是将待测样品通过HPLC分离后，再按照离子的质荷比大小进行分析的一种方法。HPLC具有分离效能高、分析速度快、检测灵敏度高和应用范围广的特点。与GC-MS相比，LC-MS更适合高沸点、大分子和热稳定性差的化合物的分离分析。此外GC-MS主要靠改变固定相来改变选择性，而LC-MS的流动相也参与分离过程，图33-1展示了LC-MS或GC-MS进行样品采集及分析的流程。因此，LC-MS除了改变固定相，也可以通过改变洗脱剂来选择性分离组分。

但LC-MS技术也存在一定的局限性，包括如何电离由LC分离出的具有极性大、挥发度低、热稳定性差等特点的化合物以及怎样在样品进入质谱仪前去除LC流动相的大量溶剂等问题，在一定程度上限制了LC-MS的应用和发展。而新兴的电喷雾电离（electrospray ionization，ESI）和大气压化学电离（atmospheric pressure chemical ionization，APCI）很好地解决了这一难题。

ESI是指样品经LC柱分离后在金属毛细管受到雾化气和强电场的作用，使得溶液迅速雾化并产生高电荷液滴，喷射出去形成扇状喷雾。在真空界面，溶剂迅速蒸发，带电雾滴表面积不断变小，其表面电荷密度逐渐增大，最后雾滴发生“库仑爆炸”而分离成各种离子。

APCI的原理是将经LC分离后的样品流出毛细管并气雾化，后者在加热管中挥发，中性分子以及溶剂分子经放电电极电离，产生大量的离子，与样品的气态分子发生气相离子-分子反应，从而导致样品发生化学电离，并进入质谱仪，如图33-2所示。APCI主要产生单电荷离子，适合测定分析非极性和弱极性小分子化合物。

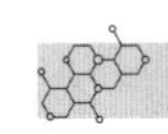

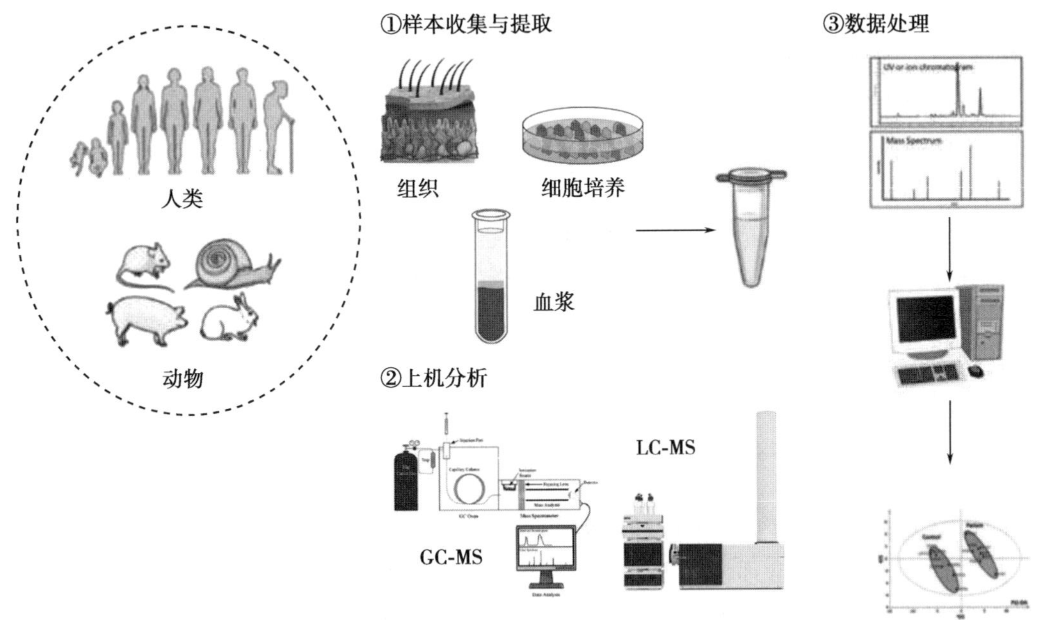

图 33-1　LC-MS 或 GC-MS 样品采集、数据分析处理的流程

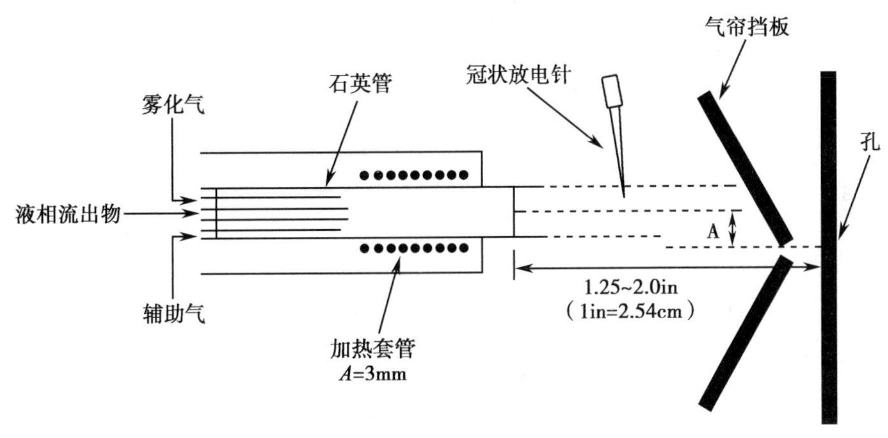

图 33-2　APCI 示意图

ESI 是迄今为止 LC-MS 接口的最佳选择。它具有“软电离”能力，能够通过溶液中的电荷交换产生大量离子和形成分子内所有离子，不仅有助于蛋白质等大分子物质的初步鉴定，同时也适用于极性化合物的检测，但在分析非极性和热稳定化合物方面，ESI 需要跟其他技术进行互补。开发更高代谢组覆盖率的双电离技术也是目前研究的热点。

### （三）全二维气相色谱

全二维气相色谱（comprehensive two-dimensional gas chromatography，GC × GC）的原理是采用分离机制不同的两维色谱柱构成的分离系统，将第一维色谱柱分离出的所有组分引入第二维色谱柱进行再次分离。与传统的一维色谱不同，全二维气相色谱能够解决分离复杂样品时，峰容量严重不足的问题。并且在相同的分析时间和检测限的条件下，全二维的峰容量可以达到传统一维色谱的10倍。GC × GC常用于分离蛋白质、多肽、聚合物、同分异构体、药物和天然产物中的疏水性物质。

### （四）串联质谱

串联质谱（tandem mass spectrometry，MS-MS）是为了解决LC-MS很少给出与样品结构有关的信息的问题而开发出的多级质谱技术，主要包括三部分：用于质量分离的MS1、碰撞活化离解室和用于质谱检测的MS2。当样品进入进样系统后，先经离子源离子化，后经质量分析器分离，选择需要分析鉴定的离子进入碰撞室，经碰撞活化后，样品进一步裂解，产生的子离子进入下一个质量分析器，进行分离，最后经过数据处理分析得到质谱图。目前常用的质谱技术包括傅里叶变换离子回旋共振质谱（Fourier transform ion cyclotron resonance MS，FTICR-MS）、三重四极杆质谱、离子阱技术、四极杆质谱与飞行时间质谱串联等。MS-MS的主要缺点是仪器价格昂贵，对使用者实验技能及操作要求比较高，对于同分异构体化合物较难区分。

### （五）超高效液相色谱 - 质谱联用技术

超高效液相色谱 - 质谱（ultra-performance liquid chromatography-mass spectrometry，UPLC-MS）的基本原理是降低柱内径和填充颗粒粒径可以提高液相色谱分离度。峰展宽降低，将会提高信噪比，从而提高灵敏度。色谱分辨率的提高也减少了代谢产物的共流出现象，进而减少了由此产生的离子抑制现象。因此UPLC-MS具有分离速度快、灵敏度高、峰容量高的优点及优秀的色谱性能，是代谢组学、复杂体系分离分析以及化合物结构鉴定的良好平台。

### （六）毛细血管电泳 - 质谱联用技术

CE-MS是以毛细管为分离通道、以高压直流电场为驱动力的新型液相分离分析技术。其常用的接口技术包括MALDI、ESI和APCI。CE-MS具有简单、快速、高效和微量的特点，主要用于多种化合物的分离如蛋白质、多肽、氨基酸、DNA等，同时它还适用于手性化合物分离、药物分析、环境分析等。尽管与GC-MS和LC-MS相比，CE的分离效率更高，但由于其重复性低，在代谢组学研究中并不常用。

# 第二节　代谢组学的应用

## 一、新生儿遗传代谢病筛查

新生儿遗传代谢病（inherited metabolic disease，IMD）是由基因突变直接或间接通过辅因子缺陷破坏特定代谢途径中的酶活性引起的，导致与这些途径相关的化合物水平发生变化。串联质谱是用于筛查先天性代谢缺陷的一项重大技术进步。它具有灵敏度高、对样本要求极低，且能同时进行多种疾病筛查的优势。

1990年，Millington博士首先提出利用串联质谱技术进行IMD的筛查。随后，Rashed等人利用电喷雾电离 - 串联质谱检测出丙酸血症、甲基丙二酸血症、短链及中链酰基辅酶A脱氢酶缺乏症等多种疾病，推动了IMD筛查的进展。此外，研究表明，使用自动电喷雾 - 串

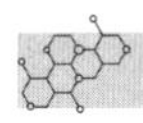

联质谱法分析 3 550 名先天性代谢缺陷儿童血液样本中的氨基酸和酰基肉碱水平，能够筛查出 113 名（3.2%）儿童患有代谢紊乱，61 名（54%）儿童患有氨基酸疾病，47 名（41.6%）儿童患有有机酸血症，5 名（4.4%）儿童患有脂肪酸氧化障碍，这些结果进一步通过临床诊断及生化检验得到了证实。鲁文冬等人联合 MS 及高通量测序技术对 56 例疑似 IMD 的患者进行筛查，发现经串联质谱筛查结果分析，阳性病例达 20 例，再次经高通量测序显示，16 例为阳性，符合率达 80.0%，意味着 MS 联合高通量测序可提高 IMD 筛查的准确度。

## 二、新型生物标志物的开发

先兆子痫是孕妇在妊娠后半期出现新发高血压并伴有蛋白尿或其他严重器官功能障碍的现象。1 型糖尿病（type 1 diabetes，T1D）和先兆子痫中脂蛋白异常的持续存在可能与患者在生命后期罹患心血管疾病有关。Amor 等人通过超声检查评估颈动脉内中膜厚度和斑块的情况，同时借助 NMR 技术评估了晚期脂蛋白谱的差异，借此探讨两种病因的存在和患者产生动脉粥样硬化的关联。其研究结果表明低密度脂蛋白颗粒数量和甘油三酯相关变量与有先兆子痫病史的女性的动脉粥样硬化直接相关，而高密度脂蛋白颗粒数量相关变量在 T1D 人群中与动脉粥样硬化呈负相关。因此，利用 NMR 分析 T1D 及先兆子痫高危个体的脂质代谢差异有助于预防心血管疾病的产生。

血液胆汁酸的动态变化能够反映肝功能损伤程度。Wang 等人使用超高效液相色谱 - 三重四极杆质谱联用（ultra-performance liquid chromatography coupled with triple quadrupole tandem mass spectrometry，UPLC-TQMS）技术，对 85 例乙型肝炎肝硬化患者和 88 例健康对照者的血液样本进行了胆汁酸代谢组学研究。研究结果表明甘氨鹅脱氧胆酸、甘氨胆酸、牛磺胆酸、牛磺鹅脱氧胆酸、甘氨脱氧胆酸、甘氨熊脱氧胆酸、甘氨猪胆酸、甘氨石胆酸、鹅脱氧胆酸、胆酸、熊脱氧胆酸、猪胆酸、牛磺熊脱氧胆酸、牛磺脱氧胆酸、牛磺猪胆酸以及牛磺石胆酸水平在肝硬化患者中显著升高，并且其中甘氨鹅脱氧胆酸、甘氨胆酸、牛磺胆酸、牛磺鹅脱氧胆酸以及甘氨熊脱氧胆酸能够反映乙型肝炎肝硬化患者的肝功能 Child-Pugh 分级。同时，该结果也能在新募集的 53 例乙型肝炎肝硬化患者和 50 例健康对照者的血液样本中进一步得到验证。

## 三、肿瘤早期诊断和治疗

卵巢癌血清代谢组分析有利于发现新的肿瘤标志物。研究人员采用 UPLC-MS 技术对 27 名健康妇女的血清样本、28 例卵巢良性肿瘤组织样本和 29 例卵巢上皮癌（epithelial ovarian cancer，EOC）组织样本进行代谢组学分析。对卵巢癌患者的血清进行代谢组学分析发现，27-5β- 降胆甾烷 -3，7，12，24，25- 五醇葡萄糖醛酸结合物（glucuronic acid conjugate，CPG）、甘胆酸、丙酰肉碱、苯丙氨酸及脱磷酸磷脂酰胆碱 5 种代谢物发生了显著的变化。利用 LC-MS 对 685 个血清样本进行有针对性的代谢组学分析，发现 CPG 在 EOC 组织中含量显著升高（P=0.000 5）。值得关注的是，CPG 含量在卵巢癌组织中上调，可作为卵巢癌筛查金标准“CA125”的辅助诊断物，并且其诊断价值不受其他的临床因素如非卵巢疾病、药物、妇科炎症和更年期状态的影响。

基于肺癌组织的代谢组学分析有助于肺癌分期及分型。Rocha 等人运用 $^{1}$HNMR 对 56 名经过手术切除的原发性肺癌患者的肿瘤组织及其邻近的对照组织进行代谢组学分析，筛选出 13 种显著不同的代谢物，其中磷酸胆碱、甘油磷酸胆碱、磷酸乙醇胺含量增加，乙酸盐含量降低，这说明腺癌表型与磷脂代谢和蛋白质代谢密切相关；鳞状细胞癌与葡萄糖和乳酸盐含量呈负相关，与谷氨酸和丙氨酸呈正相关，这说明糖酵解和谷氨酰胺对鳞状细胞癌表型更为重要。同时研究也表明了鳞状细胞癌中肌酸和谷胱甘肽显著增加，腺癌中牛磺酸和鸟苷酸明显增高。总之，该研究采用多种规模分析，对鳞状细胞癌和腺癌的分离率可达 94%。

邵志敏团队通过转录组谱及基因集富集分析发现三阴性乳腺癌患者存在 3 种代谢特征亚型（MPS），包括脂质代谢上调的脂源性亚型 MPS1、糖酵解亚型 MPS2、部分通路失调的混合亚型 MPS3，并且 3 种亚型存在明显的分子亚型分布和基因组差异，在此基础上设计相关上调代谢途径抑制剂类药物，将使针对独特的肿瘤代谢特征进行个性化治疗成为可能。

## 四、药物疗效及毒性评价

2 型糖尿病（type 2 diabetic melitus，T2DM）的发生的基本特征是以胰岛素抵抗为主，伴胰岛素相对不足，或以胰岛素分泌不足为主，伴胰岛素抵抗。目前降糖药物主要分为促胰岛素分泌剂（磺脲类和格列奈类）、双胍类、胰岛素增敏剂、葡萄糖苷酶抑制剂、胰岛素及其类似物和其他新型降糖药物。其中，双胍类药物治疗 2 型糖尿病的主要作用机制是抑制肝葡萄糖的输出。研究采用 UPLC/ESI-TOF-MS 技术进行二甲双胍连续治疗 8 周后 T2DM 大鼠血液的代谢组学分析，发现 17 个具有明显差异的化合物，包括溶血磷脂、磷脂酰胆碱、磷脂酸乙醇胺、3- 羟基己二酸、乙烯酰甘氨酸、二十四碳六烯酸、胆酸、去鹅氧胆酸、去猪氧胆酸、单酰甘油、葡萄糖 -6- 磷酸、醛固酮、三羟基缩水甘油三酯酸等，与脂肪酸代谢、胆酸代谢、胆固醇代谢、糖代谢以及磷脂代谢等重要代谢途径密切相关。

Kwon 等人利用 NMR 技术分析顺铂治疗的大鼠血液的代谢物变化，结果发现其中 10 只大鼠血尿素氮和肌酐的水平明显升高，并伴随有明显的肾小管和细胞形状变形，其余 5 只大鼠在血尿素氮、肌酐及肾脏组织病理学上与正常组没有差别。在此基础上研究人员将这两组大鼠分为顺铂毒性高响应组和低响应组。利用 NMR 检测大鼠给药前后的尿液样本发现，给药后顺铂毒性高响应组的代谢物水平与低响应组存在显著性差异，而低响应组与正常组之间则没有差异。此外，低响应组给药前后的代谢谱相似，说明顺铂对于低响应组的代谢并未造成影响。研究人员应用正交偏最小二乘法的方法，成功地将给药前的高响应组和低响应组区分开。利用全相关谱分析方法，研究人员找出 28 种将两组区分开的关键代谢物，并挑出了其中关联度最高的 4 种代谢物，分别是尿囊素、肌酐、琥珀酸和酮戊二酸，前三种代谢物在低响应组水平明显升高，而酮戊二酸在高响应组中水平升高。最后，利用留一法分析，研究人员发现给药前的代谢物对于顺铂毒性反应预测的准确率达到 66%，说明给药前的代谢物与动物对于顺铂毒性反应差异存在高度的相关性。

## 五、其他

Zheng 等人应用 GC-MS 和 LC-MS 技术对 204 种血清代谢物进行检测，并评估了它们与心力衰竭之间的相关性，发现其中 16 种代谢物与疾病有关，然而只有 6 种代谢物被定性，其中 4 种涉及氨基酸代谢，另外两种分别为二肽化合物和糖醇。

Graham 等人利用高分辨质谱（high resolution mass spectrum，HRMS）技术，以 16 例轻度认知功能障碍患者、19 例被诊断为轻度认知功能障碍后发展成为阿尔茨海默病的患者以及

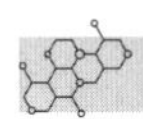

37 名年龄相匹配的健康人为研究对象，进行血浆代谢组学研究。研究者通过代谢数据库查找和代谢途径的富集分析，共发现 22 条生化代谢途径受到干扰，基于高分辨质谱法的非靶标代谢组学研究可以识别人体血液中的病理改变，并且与传统的临床诊断相比，该预测模型能够提前两年对轻度认知功能障碍患者发展为阿尔茨海默病的风险进行预测。

尼曼 - 匹克病 C 型（Niemann-Pick disease type C，NPD-C）是一种常染色体隐性遗传疾病，伴随着中枢神经系统逐渐退化，其发病年龄从围产期到成年期不等。Filipin 染色和 DNA 测序是目前 NPD-C 诊断的金标准。但前者容易出现假阴性，后者在诊断方面虽具有高灵敏度，但对仪器设备及成本要求比较高。因此诊断 NPD-C 的新型生物标志物及相关技术十分重要。研究表明，利用色谱 - 质谱联用技术能够定性和定量分析血浆中的氧甾醇、胆酸、鞘脂类、N- 棕榈酰 -O- 磷酸胆碱 - 丝氨酸，借此开发的新型生物标志物有助于提高 NPD-C 患者早期诊断、治疗及预后的水平。

## 参考文献

[1] JONES P. Bioinformatics in the post-genomic age [J]. World Patent Information, 2001, 23 (4): 349-354.

[2] FIEHN, OLIVER, KOPKA, et al. Metabolite profiling for plant functional genomics [J]. Nature Biotechnology, 2000.

[3] CHENG L L, MA M J, BECERRA L, et al. Quantitative neuropathology by high resolution magic angle spinning proton magnetic resonance spectroscopy [J]. Proceedings of the National Academy of Sciences, 1997, 94 (12): 6408-6413.

[4] MARIE P, HANS V. The Future of NMR Metabolomics in Cancer Therapy: Towards Personalizing Treatment and Developing Targeted Drugs？ [J]. Metabolites, 2013, 3 (2): 373-396.

[5] ZEKI Z C, EYLEM C C, REBER T, et al. Integration of GC-MS and LC-MS for untargeted metabolomics profiling [J]. Journal of Pharmaceutical and Biomedical Analysis, 2020: 113509.

[6] ZHANG A, SUN H, WANG P, et al. Modern analytical techniques in metabolomics analysis [J]. The Analytical Journal of the Royal Society of Chemistry: A Monthly International Publication Dealing with All Branches of Analytical Chemistry, 2012 (2): 137.

[7] Dunn W B, David B, Paul B, et al. Procedures for large-scale metabolic profiling of serum and plasma using gas chromatography and liquid chromatography coupled to mass spectrometry [J]. Nature protocols, 2011, 7 (7): 1060-1083.

[8] WILLIAMS M D, REEVES R, RESAR L S, et al. Metabolomics of colorectal cancer: past and current analytical platforms [J]. Analytical & Bioanalytical Chemistry, 2013, 405 (15): 5013-5030.

[9] ISMAIL, SHOWALTER, FIEHN. Inborn Errors of Metabolism in the Era of Untargeted Metabolomics and Lipidomics [J]. Metabolites, 2019, 9 (10): 242.

[10] NAGARAJA D, MAMATHA S N, DE T, et al. Screening for inborn errors of metabolism using automated electrospray tandem mass spectrometry: study in high-risk Indian population [J]. Clinical Biochemistry, 2010, 43 (6): 581-588.

[11] RASHED M S, OZAND P T, BUCKNALL M P, et al. Diagnosis of inborn errors of metabolism from blood spots by acylcarnitines and amino acids profiling using automated electrospray tandem mass spectrometry [J]. Pediatr Res, 1995, 38 (3): 324-331.

[12] 鲁文东, 王洪祥, 朱敏. 串联质谱技术联合高通量测序对新生儿遗传代谢病的筛查分析 [J]. 中国优生与遗传杂志, 2021, 29 (3): 3.

[13] American College of Obstetricans and Gynecologists, Task Force on Hypertension in Pregnancy. Report of the American College of Obstetricians and Gynecologists' Task Force on Hypertension in Pregnancy [J]. Obstetrics and Gynecology, 2013, 122 (5): 1122-1131.

[14] WEISSGERBER T L, MUDD L M. Preeclampsia and Diabetes [J]. Current Diabetes Reports, 2015, 15 (3): 9.

[15] AMOR A J, VINAGRE I, VALVERDE M, et al. Nuclear magnetic resonance lipoproteins are associated with carotid atherosclerosis in type 1 diabetes and pre-eclampsia [J]. Diabetes/Metabolism Research and Reviews, 2021, 37 (1): e3362.

[16] WANG X, XIE G, ZHAO A, et al. Serum Bile Acids Are Associated with Pathological Progression of Hepatitis B-Induced Cirrhosis [J]. Journal of Proteome Research, 2016, 15 (4): 1126-1134.

[17] CHEN J, ZHANG X, CAO R, et al. Serum 27-nor-5β-cholestane-3, 7, 12, 24, 25 pentol glucuronide discovered by metabolomics as potential diagnostic biomarker for epithelium ovarian cancer [J]. J Proteome Res, 2011, 10 (5): 2625-2632.

[18] ROCHA C M, BARROS A S, GOODFELLOW B J, et al. NMR metabolomics of human lung tumours reveals distinct metabolic signatures for adenocarcinoma and squamous cell carcinoma [J]. Carcinogenesis, 2015, 36 (1): 68-75.

[19] GONG Y, JI P, YANG Y S, et al. Metabolic-Pathway-Based Subtyping of Triple-Negative Breast Cancer Reveals Potential Therapeutic Targets [J]. Cell Metab, 2021, 33 (1): 51-64.

[20] 曾晓会, 卓俊城, 谢凯枫, 等. 二甲双胍治疗 2 型糖尿病大鼠的代谢组学研究 [J]. 中国药理学通报, 2021, 35 (9): 1212-1220.

[21] KWON H N, KIM M, WEN H, et al. Predicting idiopathic toxicity of cisplatin by a pharmacometabonomic approach [J]. Kidney International, 2011, 79 (5): 529-537.

[22] ZHENG Y, YU B, ALEXANDER D, et al. Associations between metabolomic compounds and incident heart failure among African Americans: the ARIC Study [J]. American Journal of Epidemiology, 2013, 178 (4): 534-542.

[23] GRAHAM S F, CHEVALLIER O P, ELLIOTT C T, et al. Untargeted metabolomic analysis of human plasma indicates differentially affected polyamine and L-arginine metabolism in mild cognitive impairment subjects converting to Alzheimer's disease [J]. PLoS One, 2015, 10 (3): e0119452.

[24] MAEKAWA M, IWAHORI A, MANO N. Biomarker analysis of Niemann-Pick disease type C using chromatography and mass spectrometry [J]. Journal of Pharmaceutical and Biomedical Analysis, 2020, 191: 113622.

（潘超云）

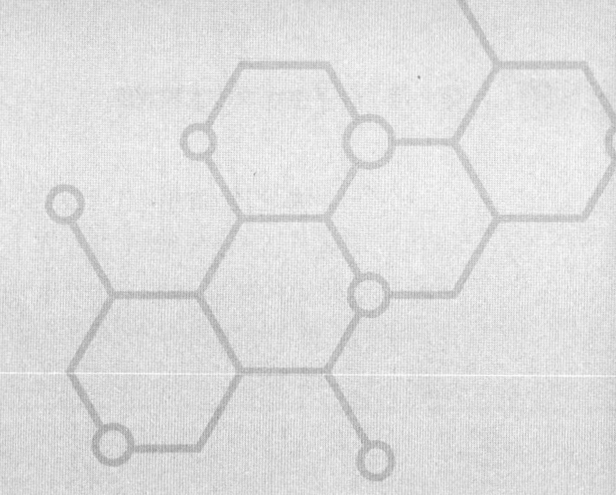

# 第六篇 分子生物学技术数据库

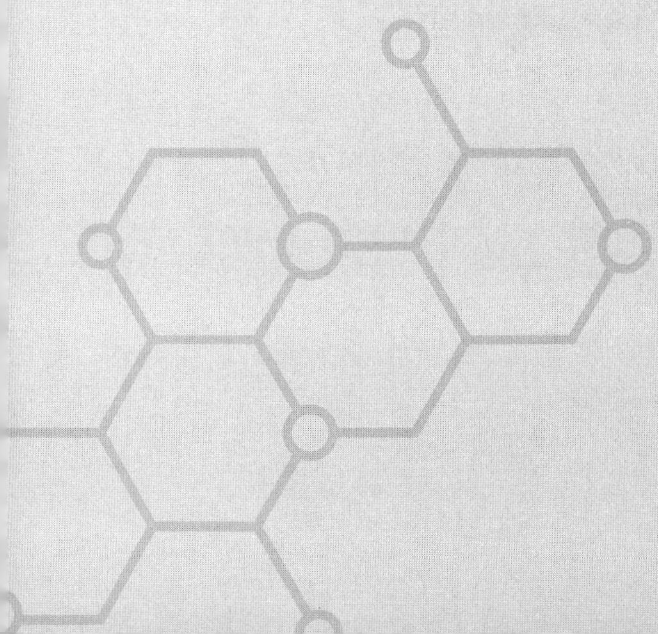

分子生物学技术的操作需要专业化的实验室，依托于实验室平台的建设、仪器设备的完善和正常运作，以及实验人员规范化的操作程序和对基本实验数据的掌握。本篇分为分子生物学实验室的基本要求、分子生物学常用仪器的介绍与使用、分子医学技术常用数据表等几部分，详细介绍了分子生物学实验技术的操作所需要具备的基本空间、主要设施及常规数据库。

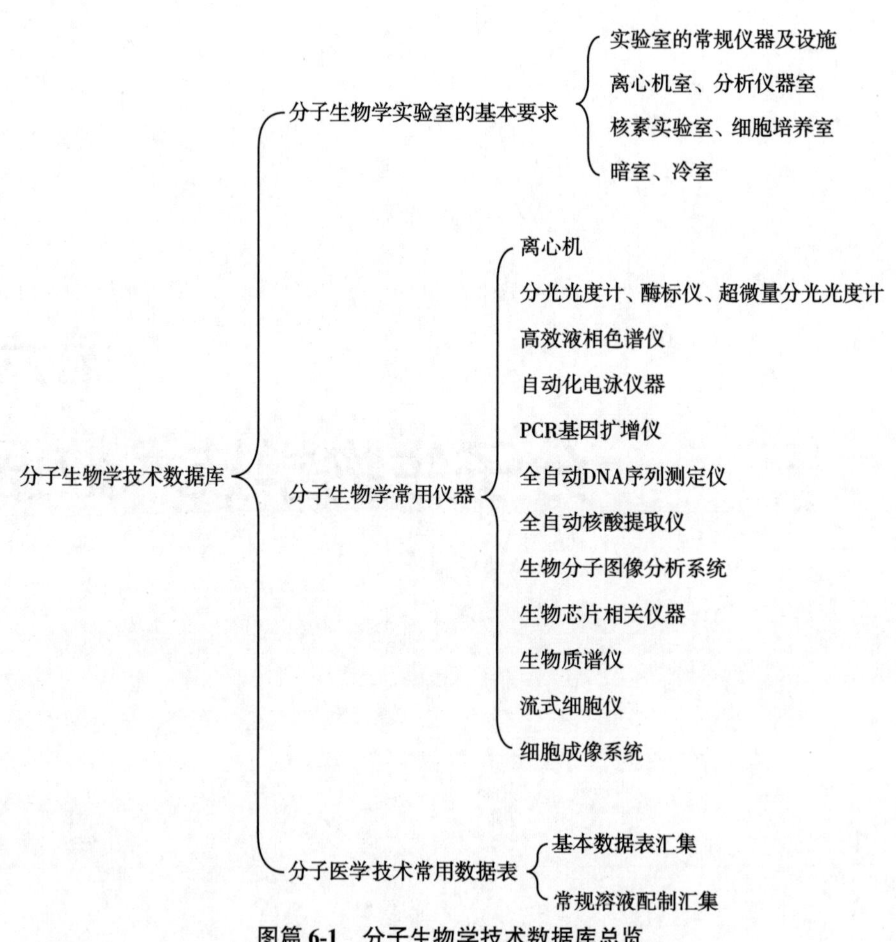


图篇 6-1　分子生物学技术数据库总览

# 第三十四章 分子生物学实验室的基本要求

一个标准的分子生物学实验室大致可以分为实验室、仪器分析室、离心机室、细胞培养室、放射性核素操作室、冷室、暗室、消毒室、洗涤室和动物饲养室等。

## 一、实验室的常规仪器及设施

### （一）温度控制系统

一个正规的分子生物学实验室应该是一个恒温、恒湿的环境，因为许多生物实验要在恒温、恒湿的条件下进行操作才较为理想，所以实验室应具备空调装置，有的还需要空气加湿器。但大多数实验室，尤其是仪器分析室要求保持干燥，这样才能保证一年四季不因温度和湿度的变化而影响实验的操作和实验结果。

根据药品、试剂以及多种生物制剂保存的需要，实验室必须具备不同控温级别的冰箱，其中最常使用的有 4℃、-20℃和 -80℃的冰箱。有些实验应在低温环境下进行操作，如电泳、层析、离心和保存琼脂菌板等，所以还须有一个体积较大的冷室或冷柜，温度以 0~10℃为宜。

某些实验材料，如细胞株、菌株、某些器官组织以及纯化的样品等，要求速冻和长期保存在超低温环境下，这就需要一个中等容量的液氮罐，比如 35L 和 50L 的液氮罐。由于 35L 和 50L 的液氮罐不便于移动，所以还需要准备一个 10L 的液氮罐，用于往大液氮罐中定期添加液氮，千万不要让液氮罐里的液氮干了或过少，以免实验材料变质。

37℃恒温箱主要用于细菌的固体培养和细胞培养；$CO_2$ 培养箱适用于培养各种细胞；利用 37℃恒温空气摇床可以进行液体细菌的培养；25~100℃水浴摇床可用于分子杂交试验、各种生物化学酶反应等试验的保温；25~100℃水浴箱可用于常规实验；循环式或恒温水浴箱是可以制冷也可以加热的水浴箱，主要用于 DNA 探针缺口标记、酶反应试验、电泳冷却循环用水等。

烤箱主要用于烘干实验器皿，有些用具需要高些的温度，有些用具需要低些的温度，如用于 RNA 方面的实验用具，就需要在 250℃的烤箱中进行烘干，而有些塑料用具只能在 42~45℃的烤箱中进行烘干。

### （二）水的净化装置

第一次蒸馏的水（单蒸水）常常难以满足实验要求，要进行第二次蒸馏（双蒸水），这可以去除水中的大部分有机杂质，但制作时间较长，而且水中的无机杂质仍然有很多。许多实验还需要去离子水，这就需要用阴阳离子交换树脂进行处理。目前，许多国家的实验室都使用高质量的超纯水。超纯水在高精度的仪器分析中是不可缺少的。这种高质量的超纯水适用于许多学科领域，如分子克隆、各种色谱分析、氨基酸分析、DNA 测序、酶反应、组织和细胞培养等实验。

### （三）消毒设备

细菌和细胞培养以及核酸等有关实验，所用的试剂、器皿及实验用具应严格灭菌，有的实验还要求没有核酸酶的污染，故应将实验器械、试剂等进行高压消毒。导入了 DNA 重组分子的菌株，操作后必须进行严格的高压消毒灭活处理，有些动物材料应在实验后进行焚毁。大批实验物品、试剂、培养基可以使用大型消毒器定时进行消毒，但是在实验中还经常需要 1 个 1.56kg/cm$^2$ 的高压消毒锅，以便随时消毒小批量的物品等。一些不能经受高压、高温消毒的试剂可用滤器滤膜除菌，器皿可用紫外线照射，用 75% 乙醇或 0.1% SDS 浸泡消毒。

所有的细胞培养、细菌培养的操作，都应在紫外线消毒后的超净工作台中进行。

### （四）计量系统

计量系统包括称量系统、pH 计、分光光度计等。

分子医学实验的反应体系通常很小，要在小小的离心管或微孔板里进行十几微升，甚至几微升的反应，精准加样有利于微量反应的顺利进行。其中，分子医学实验室里最常用的液体定量吸取工具就是移液器（pipette）。移液器的主要结构包括活塞组件、套筒、手柄和操作杆等组件（图 34-1）。

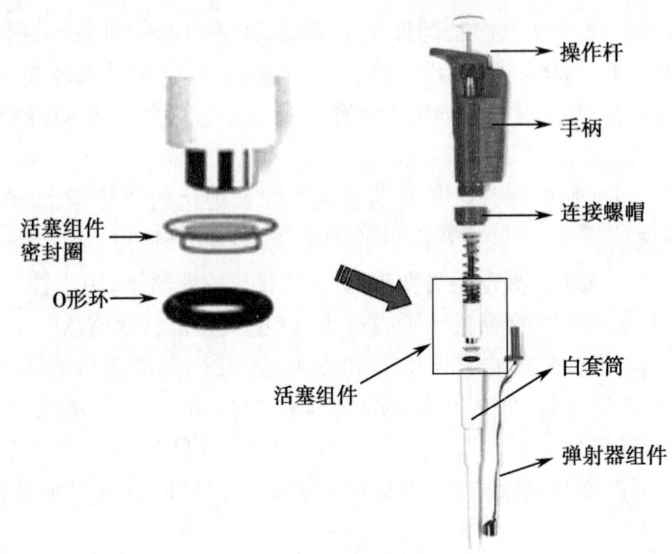


图 34-1　移液器的主要结构

在进行分析测试方面的研究时，一般采用移液器量取少量或微量的液体。

移液器的正确使用方法及一些细节操作如下（图 34-2）。

（1）量程的调节：在调节量程时，如果要从大体积调为小体积，则按照正常的调节方法，

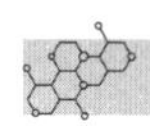

逆时针旋转旋钮即可；但如果要从小体积调为大体积，则可先顺时针旋转刻度旋钮至超过量程的刻度，再回调至设定体积，这样可以保证量取的最高精确度。在该过程中，千万不要将按钮旋出量程，否则会卡住内部机械装置而损坏移液器。

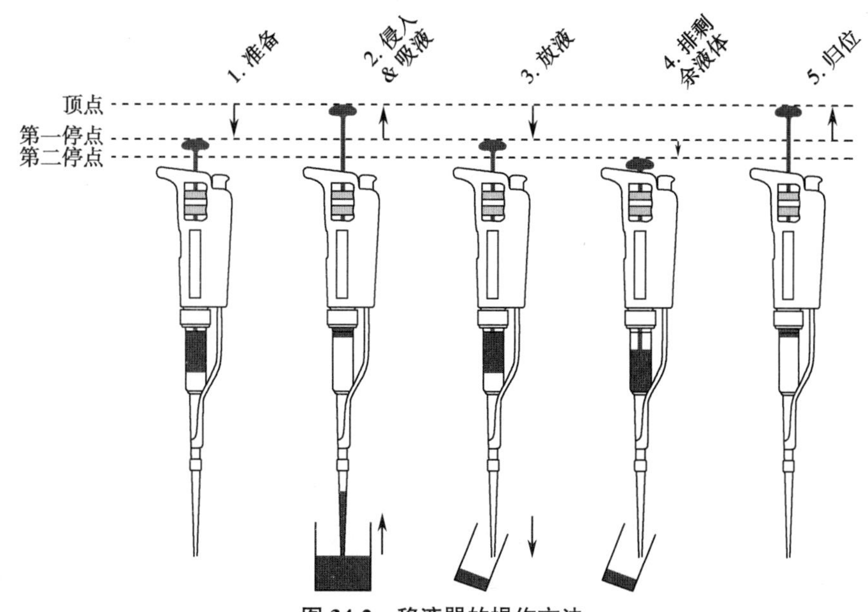


**图 34-2　移液器的操作方法**

（2）枪头（吸液嘴）的装配：在将枪头（pipette tips）套上移液器时，很多人会使劲地在枪头盒子上敲几下，这是错误的做法，因为这样会导致移液器的内部配件（如弹簧）因敲击产生的瞬时撞击力而变得松散，甚至会导致刻度调节旋钮卡住。正确的方法是将移液器垂直插入枪头中，稍微用力左右微微转动即可使其紧密结合。如果是多道（如 8 道或 12 道）移液器，则可以将移液器的第一道对准第一个枪头，然后倾斜地插入，往前后方向摇动即可卡紧。

（3）移液的方法：移液之前，要保证移液器、枪头和液体处于相同温度。吸取液体时，移液器保持竖直状态，将枪头插入液面下 2~3mm。在吸液之前，可以先吸放几次液体以润湿吸液嘴（尤其是要吸取黏稠或密度与水不同的液体时）。这时可以采取两种移液方法，一是前进移液法，用大拇指将按钮按下至第一停点，然后慢慢松开按钮使其回到原点，接着将按钮按至第一停点排出液体，稍停片刻继续按按钮至第二停点。吹出残余的液体，最后松开按钮；二是反向移液法，此法一般用于转移高黏液体、生物活性液体、易起泡的液体或极微量的液体，其原理就是先吸入多于设置量程的液体，转移液体的时候不用吹出残余的液体，先按下按钮至第二停点，慢慢松开按钮至原点，接着将按钮按至第一停点，排出设置好量程的液体，继续保持，按住按钮，使其位于第一停点（千万别再往下按），取下有残留液体的枪头，弃之。

（4）移液器的正确放置：使用完毕，可以将其竖直挂在移液器架上，但要小心别掉下来。当移液器枪头里有液体时，切勿将移液器水平放置或倒置，以免液体倒流，腐蚀活塞弹簧。

移液器须定时校准，校准可以在 20~25℃的环境中，通过重复几次称量蒸馏水的方法来进行。使用前还要检查是否有漏液现象，方法是吸取液体后悬空垂直放置几秒，看看液面是否下降。如果漏液，原因大致有以下几方面：①枪头不匹配；②弹簧活塞不正常；③如果是易挥发的液体（许多有机溶剂都如此），则可能是饱和蒸汽压的问题，可以先吸放几次液体，然后再移液。

平时使用的时候应当注意：①使用之后，容量计应调至最大值，使弹簧处于松弛状态以保护弹簧，将移液器垂直挂在支架上；②若不慎倒吸，可自行拆开，用蒸馏水、去离子水或酒精棉花擦洗干净，待晾干后再装好；③定期用酒精棉花（不用太湿）擦洗外表；④操作时要平稳，移液器不得倒转，吸嘴中有液体时不可平放；⑤ P5000 和 P10ML 移液器一定要加过滤芯；⑥使用强酸或其他腐蚀性溶剂后，应及时拆开移液器，用蒸馏水清洗活塞和密封圈；⑦最好定期清洗移液器，可以先用肥皂水或 60% 异丙醇清洗，再用蒸馏水清洗，自然晾干；⑧高温消毒之前，要确保移液器能适应高温。

(5) 其他设备：包括微波炉、真空加热干燥箱、紫外交联仪、电泳凝胶干燥器、冷冻干燥仪、制冰机等。

## 二、离心机室

在研究生物的结构与功能时，离心技术是不可缺少的一种物理技术手段。因为各种物质在沉降系数、浮力和质量等方面有差异，可利用强大的离心力场，使其分离、纯化和浓缩。目前有各式各样的离心机，可供少至 0.05ml，多至几升的样品离心之用。有些离心机的转速和温度控制是粗略的；有些则很精确，可将这些参数控制在 5% 以内。离心技术的应用相当广泛，包括收集和分离细胞、细胞器和生物大分子等。

应用差速离心、等密梯度离心、密度梯度离心等方法，可以分离制取线粒体、微粒体、染色体、溶酶体、质粒、肿瘤病毒等各种亚细胞物质；用强大的向心力、长时间的离心，可以获得具有生物活性的大分子核酸、各种与蛋白质合成有关的酶系和蛋白因子等；用分析性超离心可以检测生物大分子的构象变化、测定分子质量及计算沉降系数。因此，超离心的应用不仅为遗传工程、酶工程、蛋白质工程、细胞工程、分子生物学工程和生物工程的发展提供了物质基础，而且已成为生物化学、分子生物学理论发展的动力。

## 三、分析仪器室

仪器室是放置公用的大型或高精密仪器的场所。大多数仪器都怕热、怕阳光、怕灰尘、怕潮湿、怕震动。仪器室安装的玻璃窗都是双层的，而且还配有百叶窗帘、空调设备，有的仪器室还需要几道门，以缓冲不必要的空气流动和灰尘。分子生物学实验室的精密分析仪器一般有以下几种：电子分析天平、各种电泳装置、各种层析装置、DNA 合成仪、DNA 测序仪、多肽合成仪、氨基酸测序仪、激光扫描仪、分光光度计、酶标仪等。

## 四、核素实验室

人们把放射性核素作为示踪原子，应用于医学界，从而揭开了生物体内和细胞内的理化过程的奥秘，阐明了生命活动的物质基础。放射性核素可用于研究蛋白质的生物合成、核酸结构、生物大分子代谢转变的化学途径、转变的速度、代谢产物在体内及细胞内的位置，以及药物在体内的代谢途径。放射性核素是自显微镜发明以来，生物学领域研究的非常有效的工具之一，同时也是生物科学史上的一个里程碑，现在它不仅仅应用于医学、农林界，而且还

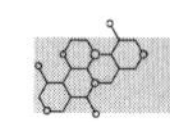

广泛地应用于工业、食品、国防等其他科学领域。

放射性核素具有极不稳定的原子核，能发射出射线，而且它又能很容易地被探测器所检测，可以利用这一特征来研究生命细胞的新陈代谢、物质的运动和规律。

标准的放射性核素实验室基本分为放射性核素操作实验室、放射性核素测定室。

放射性核素操作实验室的仪器设备一定要与一般实验室的仪器设备分开，单有自己的一套仪器设备。

## 五、细胞培养室

细胞培养室不同于其他实验室，由于细胞培养是在无菌条件下进行操作，这就要求工作环境和实验条件保证无微生物污染，并且不受其他有害因素的影响。

细胞培养实验室包括无菌操作室、实验培养室、清洗消毒室，如有必要的话还要增加同位素室和暗室。

由于许多实验室的条件有限，在一间房内划分几个不同功能区亦可进行实验操作，但要将无菌操作室设在室内较少走动的里道，实验和观察活动可与培养在同一室内进行，而清洗和消毒最好装置在另一室中，如难做到也应设在靠出入口侧。

## 六、暗室

在分子生物学的研究领域中，暗室不仅是处理照相乳胶和感光材料的场所，例如凝胶照相、冲洗放大和放射性自显影的 X 线片的处理；而且还能进行核酸与荧光物质溴化乙锭结合后在紫外线下的观察操作等。

暗室中用于分子生物学实验的仪器和用具有照相装置、放大机、曝光箱、翻拍仪、自动冲片机、紫外线照射设备、X 线曝光盒、计数器、显影罐和暗袋等。

## 七、冷室

某些生物化学和分子生物学实验，例如蛋白质等生物大分子的提取、分离、纯化，都要求在低温环境下进行操作，可以是在冰浴、冷柜中，有时空间不够，就需要一个冷室，一般冷室的温度为 4℃左右。

在冷室中可以进行柱层析、电泳、生物大分子的提取和分离、硫酸铵沉淀蛋白质、各种物质的透析以及暂时贮存生物制品等。

（冯冬茹）

# 第三十五章
# 分子生物学常用仪器

生命科学是21世纪最重要的学科之一，分子生物学是生命科学的重要组成部分。生命科学中一系列问题的解决离不开先进的仪器设备。分子生物学仪器的应用在生命科学的发展中起到了不可替代的重要作用，体现了当今生命科学技术发展的先进水平，如超速离心机、多功能检测仪(荧光、吸收光和发光)、高效液相色谱仪、自动化电泳仪器、PCR基因扩增仪、全自动DNA序列测定仪、核酸合成仪、生物分子图像分析系统、生物芯片相关仪器和生物质谱仪等先进的仪器设备，都是在分子生物学研究领域中不可缺少的。生命科学的发展推动着分子生物学仪器的发展，促使其不断推陈出新。从发展趋势来看，分子生物学仪器主要有以下几个特点。

(1)功能多样化：随着计算机技术在分子生物学仪器上的普及和应用，仪器的测试功能越来越多，这不但提高了仪器的使用效率，而且还能有效地利用仪器的有限空间，使结构更合理。

(2)操作智能化：虽然仪器测试的参数越来越多，但是智能化的程度也越来越高，操作步骤趋于简单。

(3)测定微量化：由于研究的生物分子含量非常稀少，因此检测的灵敏度要求非常高，需要高性能的仪器。

本章主要介绍当今国内外各类分子生物学的常用仪器，特别是自动化、智能化分子生物学仪器的基本结构、工作原理、发展概况和应用展望，同时还介绍具有一定代表性、先进性的各种分子生物学仪器的性能特点、技术指标等。

## 第一节 离 心 机

### 一、离心机的基本原理和结构

离心现象是指物体在离心力场中表现的沉降运动现象。离心技术就是利用离心沉降进行物质的分析和分离的技术，它被广泛应用于工业生产和实验室研究工作中。实现离心技

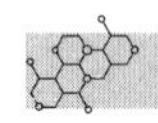

术的仪器就是离心机。

**(一) 基本原理**

1. **重力场中的沉降**　要把生物样品中的微粒从液体中分离出来，最简单的方法是将液体静置一段时间，液体中的微粒受到重力的作用，较重的微粒会下沉，移走上清液，微粒就会从液体中分离出来。微粒在介质中的沉降将受到介质的浮力、介质阻力及扩散现象的影响。根据阿基米德原理，物体在介质中受到浮力作用，其大小等于物体所排开同体积介质的重量。

$$\text{浮力}=V\cdot\rho_0\cdot g=\frac{m}{\rho}\cdot\rho_0\cdot g$$

式中，$V$ 为物体的体积，$m$ 为物体的重量，$\rho$ 为物体的密度，$\rho_0$ 为介质的密度，$g$ 为重力加速度。

使微粒下沉的力 F= 重力 – 浮力 $=V\rho\cdot g-V\rho_0\cdot g=Vg(\rho-\rho_0)$

若 $\rho>\rho_0$，F 向下，则微粒下沉；$\rho<\rho_0$，F 向上，则微粒上浮；$\rho=\rho_0$，F 为零，则微粒处于平衡悬浮状态。

沉降过程中，当微粒在介质中向下移动的速度增加时，微粒将与介质分子摩擦而受到阻力，其大小与物体的运动速度成正比，即：阻力 $=f\frac{dx}{dt}$。

式中，$f$ 为阻力系数，$\frac{dx}{dt}$ 为粒子的运动速度。

微粒在重力场作用下在介质中开始沉降时，其速度越大，阻力也越大。微粒进行加速度运动，当阻力增加到与微粒所受的重力相当时，微粒运动的加速度为零，此时微粒表现为等速运动。通常把微粒等速沉降运动时的速度称为沉降速度，可表达为：$m\left(1-\frac{\rho_0}{\rho}\right)g=f\frac{dx}{dt}$。

由此式可见，粒子的沉降速度 $\frac{dx}{dt}$ 与 $m\left(1-\frac{\rho_0}{\rho}\right)$ 成正比，与阻力系数 $f$ 成反比。

由上述公式可知，质量越大的微粒在重力场中的沉降速度越大，质量大小与微粒的沉降速度快慢呈线性相关。由于生物大分子扩散作用的存在，所以微粒不产生明显的沉降。微粒越小其扩散作用就越大。要将这些生物大分子通过沉降分离出来，只有在离心力场的作用下才可以实现，也就是说，要借助离心机，运用离心技术才能把这些小微粒沉降分离。

2. **离心力场中的沉降**　离心机运转时，离心管及管中的试样微粒绕离心转轴做圆周运动。微粒在离心管中表现的离心沉降是离心力场的作用，这个离心力场可以表示为：$F=ma=m\omega^2r=m\left(\frac{2\pi\cdot N}{60}\right)^2r$。

式中，$\omega$ 是旋转角速度，$N$ 是每分钟转头旋转的次数，即转速（r/min），$r$ 为离心半径。

在离心实验中，介质的阻力越小，离心沉降速度越快，同时微粒的沉降还受离心机转速的影响，转速越快，产生的离心力场越大，微粒沉降速度越快。

通常为了使离心力场与重力场相比较，研究者提出了相对离心力（简称 R.C.F）的概念，常用“数字 ×g”来表示。其表达式如下：

$$\text{R.C.F}=m\omega^2r/mg=\omega^2r/g$$

g 为地球重力场值 $9.80m\cdot s^{-2}$。

$$R.C.F=1.118\times10^{-5}\times N^2\times r(g)$$

由上式我们可以得到在不同 N(r/min)及不同平均半径 r(cm)时的相对离心力，平均半径 r 是同一转头离心管顶部和底部离心半径的平均值。因此，我们可根据离心沉降的微粒所需的相对离心力来选择合适的转头与转速。

3. **沉降系数**　沉降系数是指单位离心力场下的沉降速度，用 S 表示，单位是秒(s)。

$$S=\frac{dx/dt}{\omega^2 r}=\frac{m(1-\rho_0/\rho)}{f}$$

沉降系数反映在一定条件下沉降微粒的物理性质，通常定义纯水在 20℃时样品颗粒的沉降系数为 $S_{20w}$，许多生物大分子的值与测定时的浓度有关，所以又提出以浓度接近零的 $S_{20w}$ 的外推值来表示大分子的真正的沉降系数，用 $S^o_{20w}$ 表示。沉降系数以 s 为单位，对大部分生物大分子而言数值太大，表示不方便，因此以 $10^{-13}$ 为一个基本单位，又称 Svedberg 单位，用 S 表示，即 $1S=10^{-13}s$。

沉降系数与样品颗粒的质量和密度成正比。同一离心条件下，样品颗粒的质量或密度越大，它的沉降速度就越快。因此，我们可以利用它们沉降系数的差异，应用离心技术把它们分离。常见生物颗粒及大分子的沉降系数见表 35-1。

### （二）离心机的基本结构

1. **驱动与速度控制系统**　是所有离心机必不可少的组成部分。早期的高速和低速离心机(<40 000r/min)大多数采用串激式电机以及齿轮或皮带变速传动，运转的噪声很大，而且需要定期检查和更换电机的碳刷。超速离心机以及近年来新推出的高速离心机，无论是进口的还是国产的，大多数采用了变频电机和直接驱动方式，具有运转噪声小，无须更换碳刷等优点。速度控制部分，不同转速不同档次的离心机其控制方式以及控制的精确度都不同。

2. **制冷与温度控制系统**　为了保持离心样品的生物活性和减少离心转头与空气摩擦的温升，许多离心机都具有制冷与温度控制的功能。这个系统的组成与一般的空调设备差不多。在十年前生产的超速离心机上，会有两套制冷与温控装置，一套用在离心腔的温度控制上，另一套用在变频电机与扩散泵的降温上。新式的超速离心机均采用半导体(peltier)制冷和控温。

3. **真空系统**　超速离心机与高速、低速离心机在结构上的最大不同就是多了一套真空系统，它主要由一台转片式真空泵和一台油扩散泵以及真空控制电路组成。它的主要作用是减少转头离心时的空气阻力和减少空气的摩擦发热，使离心可以达到更高的转速。但由于离心腔的空气减少，达到了一定的真空度，所以不能用热电耦或热敏电阻来测转头温度，而要用红外辐射探头或传感器来测温。

4. **安全保护系统**　不同速度、不同类型以及不同厂家的离心机的安全系统设计是不同的，通常高速和超速离心机的安全系统比较完善，尤其是超速离心机。它们通常具有过速保护、装载不平衡保护等功能。

5. **主要附件**　转头和离心管是离心机必不可少的附件。在分子生物学实验室中常用的转头主要有水平转头和角转头，转头的材料主要有铝合金和钛合金，钛合金转头通常用在超速离心机上，因为钛合金转头的最大离心转速一般比铝合金转头高。离心管有不同大小

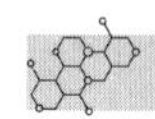

的规格以及由不同材料做成，要根据所选用的转头规格以及所装载的溶剂来选择。

**表 35-1　生物颗粒及大分子的沉降系数**

| 生物颗粒 | 沉降系数 | 生物颗粒 | 沉降系数 |
|---|---|---|---|
| 蛋白质 | 1~100 | 细胞内含物 | |
| 细胞色素 | 1.7 | 阿朴铁蛋白 | 17.6 |
| 肌红蛋白 | 1.82 | 铁蛋白 | 63 |
| 胰岛素 | 1.95 | 糖原 | $10^5$ |
| 胰蛋白酶 | 2.5 | 淀粉颗粒 | $10^6$~$10^7$ |
| 胃蛋白酶 | 2.8 | 细胞器 | 10~$10^7$ |
| 肌动蛋白 | 3.7 | 核小体 | 11 |
| 胶原 | 4.0 | 原核核糖体亚基 | 30 |
| 血红蛋白 | 4.1 | | 50 |
| 血浆白蛋白 | 4.5 | 真核核糖体亚基 | 40 |
| 肌球蛋白 | 6.4 | | 60 |
| 纤连蛋白 | 7.6 | 原核核糖体单体 | 70 |
| 核酸 | 4~100 | 真核核糖体单体 | 80 |
| tRNA | 4 | 多核糖体 | |
| mRNA | 9 | 二聚体 | 123 |
| T7 噬菌体 | 30 | 三聚体 | 154 |
| 原核 rRNA | 5 | 四聚体 | 183 |
| | 16 | 五聚体 | 211 |
| | 23 | 六聚体 | 237 |
| 真核 rRNA | 5 | 质膜碎片 | $10^2$~$10^4$ |
| | 5.8 | 质膜 | $10^5$ |
| | 18 | 滑面内质网 | $10^3$ |
| | 28 | 粗面内质网 | $10^3$ |
| 病毒 | 4~1 500 | 溶酶体 | $4 \times 10^3$~$2 \times 10^4$ |
| 脊髓灰质炎病毒 | 106 | 过氧化物酶体 | $4 \times 10^3$ |
| 烟花草叶病毒 | 180 | 线粒体 | $1 \times 10^4$~$7 \times 10^4$ |
| 兔乳头状瘤病毒 | 280 | 叶绿体 | $10^5$~$10^6$ |
| 噬菌体 | 490 | 细胞核 | $10^6$~$10^7$ |
| | 700 | 细胞 | $10^7$~$10^8$ |
| 流感病毒 | 700 | | |

## 二、离心方法与离心机的使用

### （一）离心方法

**1. 差速离心法**

差速离心法是利用样品中各种组分的沉降系数不同而进行分离的方法，又称差分离心或差级离心。当样品组分的沉降系数差在 10 倍以上，差速离心分离可以得到满意的效果。多次对沉淀物或上清液进行差速离心，可以把沉降系数有 10 倍以上差异的组分分离提纯，所以这个方法又称为分步离心法。

差速离心法的优点是样品的处理量大，可用于大量样品的初分离。其缺点是分离复杂样品和分离纯度要求较高时，离心次数多，操作繁杂。差速离心法主要用于大量样品的初步分离提纯。图 35-1 展示了差速离心法的原理。

**2. 密度梯度离心法**

密度梯度离心法又称为区带离心法，可以同时使样品中几个或全部组分分离，具有良好的分辨率。离心时先将样品溶液置于一个由梯度材料形成的密度梯度液柱中，离心后被分离的组分以区带层分布于梯度液柱中；按照离心分离原理，密度梯度离心又可分为速率区带离心法和等密度区带离心法。

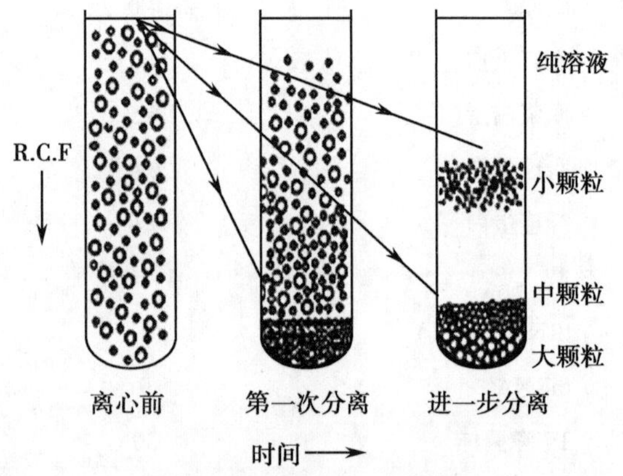

**图 35-1　差速离心示意图**

（1）速率区带离心法：根据样品中不同组分粒子所具有的不同的体积大小和不同的沉降系数进行分离提纯。在实际操作中，通常需要在溶剂中加入密度梯度材料，如氯化铯、溴化钠、蔗糖等。在离心管中的密度梯度液，底部的浓度大，顶部的浓度小，会形成一个连续的浓度梯度分布，可以把混合样品平铺在梯度液柱的顶部，选择合适的转速和时间进行离心。离心结束后，混合样品中不同的组分在梯度液柱的不同位置形成各自的区带，然后将区带取出。这样一次离心就可以把混合样品中的各组分分离提纯，其浓度和回收率都可以达到 100%（图 35-2）。

速率区带法要求样品粒子的密度必须大于梯度液柱中任一点的密度，否则得不到很好的分离区带。此法的关键在于离心时间的选择，必须保证离心过程在目标组分的区带到达管底前停止，即离心时间一定要选择在目标组分完全沉淀之前。

速率区带离心法的优点是一次分离纯化，沉降系数相差 20% 以上的组分可用此法分离。此法分辨力高，操作熟练者可以将沉降系数相差 5%~10% 的样品组分完全分离。但此法与差速离心法相比，处理的样品量要小。

（2）等密度区带离心法：根据样品组分的密度差别进行分离，一般是把样品均匀分布于梯度液柱中，密度梯度液柱的密度范围很大，液柱底部的密度明显大于样品中任何组分的密度。离心时，由于离心管底部的梯度液密度大于样品组分的密度，组分会上浮；离心管顶部的梯度液密度小于样品组分的密度，组分会下沉；总的结果是样品中各组分分别移动到梯度液的密度正好与该组分的密度相等的位置，由于组分在该处的受力为零，故不随离心时间的

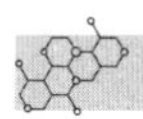

延长而移动。样品中的各组分形成了若干个分离的区带，收集各个区带即得到各个提纯的组分（图 35-3）。

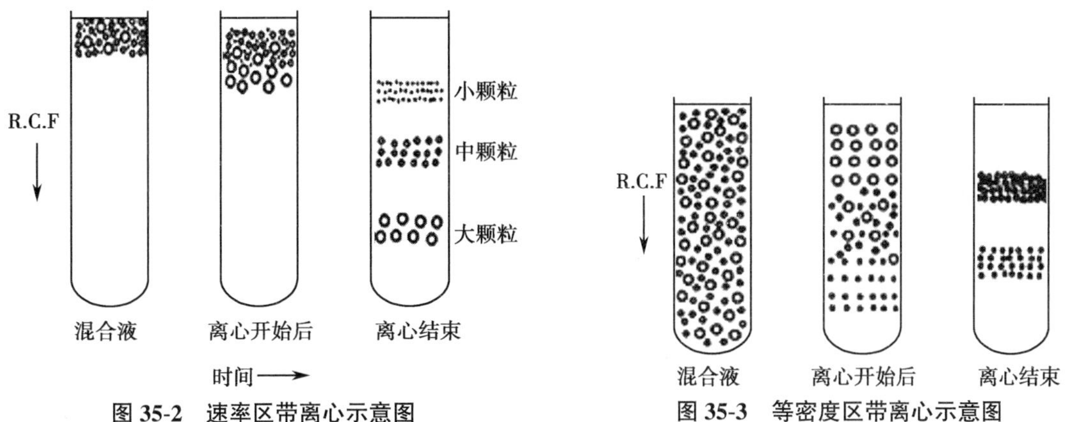


图 35-2　速率区带离心示意图

图 35-3　等密度区带离心示意图

等密度区带离心法的优点是能根据样品组分的密度差别进行离心分离，可以分离纯化密度差大于 0.005g/cm$^3$ 的样品组分，一次离心可得到接近 100% 的产率和纯度，样品处理量比差速离心法小但比速率区带离心法大。其主要缺点是等密度区带离心法是一种平衡离心法，达到平衡的时间很长，通常要十几到几十小时，因此限制了它的普及使用。另外，某些样品暴露于高浓度的梯度液中，可能引起损伤。等密度区带离心法主要用于密度不同的样品组分的分离和纯化。

综上所述，差速离心和速率区带离心主要是根据样品组分的沉降系数不同而进行分离的，而等密度区带离心则是根据样品组分的密度不同来分离的。许多生物样品的沉降系数和密度有差别，因此可用这些离心方法进行分离和分析。

### （二）离心机的使用

**1. 离心机的安装**　应根据离心机的类型选择合适的地点安放。一般低速离心机（台式）可放在平稳、坚固的台面上（它的底部装有橡皮吸脚，借助大气压力及仪器本身的重量紧贴于台面）；大容量低速离心机、高速冷冻离心机及超速离心机要安放在坚实的地面上，水平放置。供电电源必须满足离心机的供电要求。

**2. 选择合适的转头和与之配套的离心管**　分子生物学实验用的离心机一般配有角转头和水平转头。角转头由于有管壁效应，即在离心过程中靠近离心管外壁的部位会形成强烈对流和涡旋，影响分离，所以多用于差速离心；而水平转头在离心过程中，离心管的轴线与离心力的方向一致，减少了由于对流和涡旋而形成的管壁效应，同时使得样品具有相对最长的粒子移动距离，提高了分离纯度，所以适合用于速率区带离心和等密度区带离心。

选择转头要注意转头的最高使用转速，在下述情况下要降低转头的最高使用转速：①转头的运转时间和运转次数达到规定的寿命时，按规定每使用 5 年，该转头的最高转速应降低 10%；②当转头受到局部表面损伤或出现管孔内轻微腐蚀时；③使用不锈钢离心管、套管、厚壁管或离心瓶时；④样品平均密度超过 1.2g/cm$^3$ 时，可用最大转速 $N=N_{max}\times\sqrt{1.2}$ / 样本平均密度，其中 $N_{max}$ 为转头的标称最大转速。

离心管的选择除了考虑其容量要与所用的转头相配之外，最重要的就是要注意离心管的材料与所承装的样品溶液是否合适，所以使用前要查阅离心管的使用说明书，避免溶液把离心管溶解。

3. **转头的装载和离心参数的设定**　样品要平衡装载，重量偏差越小越好。超速离心机要求对称放入转头两边的离心管，样品溶液的重量偏差应小于 0.1g。离心管盖和转头盖要上好拧紧，防止溶液离心时从离心管中洒出而导致转头不平衡，损坏转头和离心机的转轴；由于超速离心机离心时离心腔被抽成一定程度的真空状态，所以如果转头盖没上紧，转头内也被抽成真空状态，离心后，转头盖就难以打开，如果强行打开，就会损坏转头。

对于离心分离的生物样品，为了保持其生物活性，往往要求在低温下离心，所以在离心前转头要先预冷。转头可以放在冰箱内预冷；对于有预冷功能的离心机，转头也可在离心腔内预冷。

离心机的参数设定是根据待分离的样品组分以及所用的离心方法所决定的。设定离心温度、转速、离心时间时，应根据实验要求选择加速和减速的快慢，是否采用“刹车”（brake）等。

## 三、离心机的发展与新功能的应用

随着现代科学技术的迅猛发展，离心设备也在不断地改进和提高，进一步发挥了它在生命物质分离纯化中的作用。

**1. 离心设备的进展**

（1）转速的提高：超速离心机的转速由 80 000r/min 提高到 100 000r/min。微量的超离转速可达 150 000r/min，离心力最大可达 1 050 000 × g。

（2）驱动系统的改进：变频电机以往只用在超速离心机上，现在无论是国产的还是进口的高速离心机，驱动电机已由原来有碳刷的直流电机改为变频电机，从而消除了碳粉对实验室的污染，运转时没有碳刷与电机转子摩擦的火花，减少了实验室使用易燃易爆气体和溶剂的危险性，在离心机维护方面减少了更换碳刷的烦琐操作，而且大大降低离心机的运转噪声。油阻尼式与悬挂式的防震系统设计使得驱动系统可忍受 5mm 的样品液面的装样量差异，所以只需要目视样品平衡即可。

（3）自我修正平衡转头的问世：一些新的转头具有“自我修正平衡”的功能，所以使用这类转头，也只需要“目视平衡”即可，就是有“装载不平衡监测”的离心机也不会检出不平衡而启动保护。

（4）新材料转头的出现：传统的转头由铝合金或钛合金做成，转头自身重量较重。近十年有一种新型材料——超轻碳纤维材料的转头问世，其重量只有传统转头的一半，大大提高了离心机的效率，同样装载容量的转头，新材料的转头与传统的转头相比，升速时间和降速时间大为减少。同一型号的离心机，可驱动比传统转头装载量更大的碳纤维转头，可用于更大容量的离心分离。目前碳纤维转头的最大容量为 6 × 1 000ml，最适合生产制备使用。碳纤维材料的比强度（强度 / 重量）比铝合金和钛合金更高，而且无金属疲劳，所以由碳纤维材料做的转头寿命更长，这种转头可以高温消毒。

还出现了更换转头无需工具或卡扣的全新的转头，只需要将转子放到离心机轴上，离心机运转时转子就会自动锁定在离心轴上，完全不用固定转子螺栓，大大简化了转头的安装和

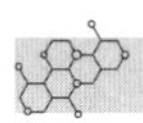

更换程序，更换不费力，尤其适用于在同一台离心机上使用多个（大于一个）转头的用户，大大节省了实验人员的时间和精力；除了简单和高效，更是高度的安全，不需要维护且可以避免人为的错误操作而导致转子安装不当的危险，也使不锈钢离心腔更容易清洁，降低了污染风险。

（5）制冷系统的改进：使用压缩机制冷的高速、大容量离心机和台式机都已实现了无氟制冷，并在最高转速运转时样品温度可保持在 5℃以下。20 世纪 90 年代起，Beckman 及 Hitachi 发明的超速离心机开始使用半导体制冷元件代替压缩机制冷。半导体（peltier）制冷具有体积小、噪声低、温控精度高的特点。

（6）软件及计算功能的增强：配合精准的计算软件自动管理转头，精密监测及登记每个转头的使用转数，根据使用的转速和时间，自动算出该转头实际的最大可用转速，自动延长转头的寿命，有效降低实验的成本和仪器维护的费用。

2. **离心机新功能的应用**　离心机除了用传统的离心方法对样品组分进行分离提纯外，还可以结合超滤技术对样品进行脱水、脱盐、去除小分子物质以及截留目标产物等操作，也可以应用于某些需要除蛋白的实验。方法是用一种特殊的离心管（分上下两截，有商品化的产品），把它旋开，中间可放入根据不同的需要而选择的不同截留分子量的超滤膜，可以把目标产物截留在上面，把不需要的小分子去除；也可以让目标产物通过，使干扰的大分子截留在上面从而被去除。

有些冷冻离心机配上了真空泵，还具有样品浓缩和干燥的功能。具体操作：离心管中的样品溶液不要装载太满，离心应该在低速下（如 1 300r/min）进行，此时，样品颗粒在离心力与重力的共同作用下，向离心管底部沉降，而不会由于真空的作用溅出离心管外。浓缩离心的时间由浓缩的程度决定。如果时间延长，样品就会从浓缩达到干燥。这种离心真空浓缩干燥方式的优点是适合液态样品，而冷冻真空干燥仪只能用于固态样品，所以上机前必须预先冻凝，而离心真空干燥则不需要，所以操作比较简单。

## 第二节　分光光度计、酶标仪及超微量分光光度计

紫外 - 可见分光光度法是一种历史悠久、应用广泛的方法，它具有灵敏度高、操作简单、准确及选择性好等特点。目前大部分的医学院校所开设的医学检验实验课程，在进行比色测定时普遍采用紫外 - 可见分光光度计作为检测仪器。分光光度计之所以受到广泛的使用主要有几个原因：①分光光度计检测原理简单，学生易于理解，而且是其他自动化分析仪的基础；②分光光度计相比其他仪器价格更便宜，适合在大多数实验室广泛使用；③分光光度计检测结果相对准确，能满足大部分教学实验的需要。分光光度计可广泛应用于低紫外区的 DNA、RNA 定量及纯度分析（$OD_{260}/OD_{280}$）和蛋白定量（$OD_{280}$/BCA/Braflod/Lowery），酶活性、酶动力学检测，酶联免疫测定（ELISAs），细胞增殖与毒性分析，细胞凋亡检测（MTT），报告基因检测及 G 蛋白偶联受体分析（GPCR）等。

随着科学技术的不断发展，紫外 - 可见分光光度计的性能有了很大的提高，在分析化学和分子生物学领域中占有重要地位。酶标仪的基本工作原理与主要结构和光电比色计基本

相同，都是实验室常用的分析测量工具，都是使用朗伯 - 比尔定律，测定的都是样本的光密度。近几年来，酶标仪和多功能酶标仪，甚至超微量生物检测仪也在国内各高校实验室逐渐推广开来。

## 一、分光光度计的基本原理和组成

1. **分光光度计的基本原理**　物质对光的吸收有选择性，其吸收光谱取决于物质的结构，这就是分光光度法定性分析的依据；其吸收光谱的强度，与物质的浓度有关，这是分光光度法定量分析的依据。

光的吸收定律：$A=-\lg T=Kbc$

式中，$A$ 为光密度，$T$ 为透光度，$K$ 为吸光系数，与物质的特性及实验条件有关，$b$ 为液层厚度，$c$ 为溶液浓度。这就是朗伯 - 比尔定律的数学表达式。它说明：当用一束单色光照射吸收物质的溶液时，其光密度与液层厚度及溶液浓度的乘积成正比。必须指出，当溶液浓度很大时，表现出分子之间的互相影响，该定律就不成立。

2. **分光光度计的组成**　紫外 - 可见分光光度计的种类很多，就其基本结构来说，都是由光源、单色器、吸收池、检测器和信号显示系统五个部分组成。

(1) 光源：提供入射光的装置，其基本要求是在广泛的光谱区域内发射连续光谱，并有足够的辐射强度和良好的稳定性。在紫外 - 可见分光光度计中，常用的光源有热辐射光源（包括钨灯和卤钨灯）和气体放电光源（包括氢灯和氘灯）两类。

(2) 单色器：一种把来自光源的复合光分解为单色光，并分离出所需光束的装置。它是分光光度计的关键部件，主要由入射狭缝、出射狭缝、色散元件和准直镜等组成。入射狭缝的主要作用是限制杂散光进入；色散元件的作用是将复合光分解为单色光，常用的有棱镜或光栅；准直镜的作用是把来自色散元件的平行光束聚集于出射狭缝上；出射狭缝的作用是将固定波长范围的光射出单色器。

单色器的性能直接影响出射光的纯度，从而影响测定的灵敏度、选择性及校正曲线的线性范围。单色器质量好坏，主要取决于色散元件的质量。

(3) 吸收池：又称比色皿，一般由玻璃、石英或熔凝石英等材料制成，是用来盛装被测溶液和决定透光液层厚度的器件。在紫外区测量时必须用石英或熔凝石英吸收池，如在可见光区测量，则可用玻璃吸收池。常用吸收池光程为 0.1~10cm，其中以 1cm 池最常用。所谓光程，也就是“透光厚度”，即两个透光面之间的距离。同一光程的吸收池的厚度，彼此应一致，否则将影响测定的准确度。因此对所用的一套吸收池应事先盛装同一种溶液，在同一波长下测定其透光度，彼此相差应在 0.5% 以内。指纹、油腻及池壁上的沉积物，都会影响吸收池的透光性能，因此在使用前后必须清洗干净。

(4) 检测器：在测量中须把光信号的变化转换成电信号的变化才能定量测量，这种把光信号转换成电信号的装置称为光电转换器 - 检测器。对检测器的要求主要包括：产生的电信号必须与照射到它上面的光束强度有恒定函数关系；必须能对一个很大的波长范围的光具有响应，否则应用会受到局限；灵敏度要高，响应速度要快，产生的电信号要易于检测或放大且噪声要低。在分光光度计中，通常采用光电管、光电倍增管或光电二极管作检测器。

(5) 信号显示系统：把放大的信号以适当方式显示或记录下来。常用的信号显示装置有直读检流计，电位调节回零装置以及自动记录和数字显示装置等。目前很多型号的分光光

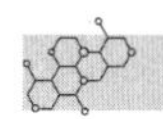

度计配有计算机系统，一方面可对分光光度计进行操作控制，另一方面可进行数据处理。

3. **分光光度计的分类**　紫外 - 可见分光光度计的型号很多，按其光学系统可分为单波长单光束分光光度计、双光束分光光度计和双波长分光光度计。

(1) 单波长单光束分光光度计：分光光度计中最简单的一种，它的特点是只有一条光束。通过交换“参比”和“样品”的位置，使其分别进入光路。

(2) 双光束分光光度计：单光束分光光度计虽然简单价廉，但使用上有诸多不便，且单光束分光光度计要求光源和检测系统必须有较高的稳定性，否则会给测定结果带来误差。双光束紫外可见分光光度计（图 35-4）是由光源发出的光经过单色器后变成单色光，然后分成两束光，分别通过参比池和样品池，光电倍增管接收此信号后转化为电信号，经过放大器放大，送到计算机进行处理计算并显示所测结果。由于样品和参比信号进行反复比较，消除了光源不稳、放大器增益变化及光学和电子元件对两路光路的影响，因此仪器性能有很大改善。

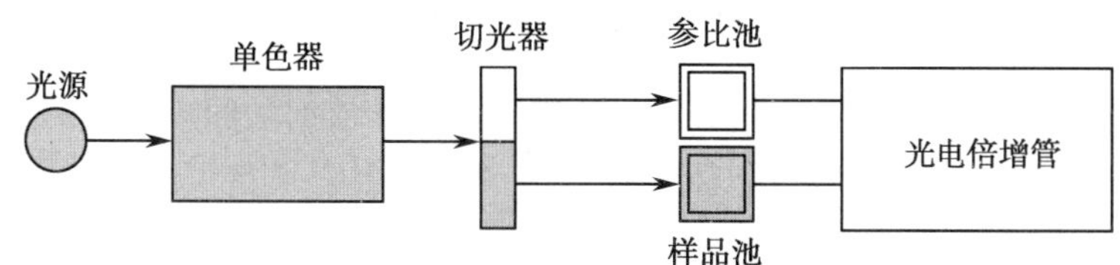


**图 35-4　双光束紫外可见分光光度计光路示意图**

(3) 双波长分光光度计：由于单、双光束分光光度计都不能克服非特征吸收信号（如试液混浊引起的散射，比色皿与空气界面和比色皿与溶液界面的折射差别等）带来的测定中的误差，科学家们为此设计了双波长分光光度计，它在测定高浓度试样和混浊试样以及多组分混合物的定量分析方面具有很大的优越性，从而提高了测量的灵敏度和准确度。其光路如图 35-5 所示。

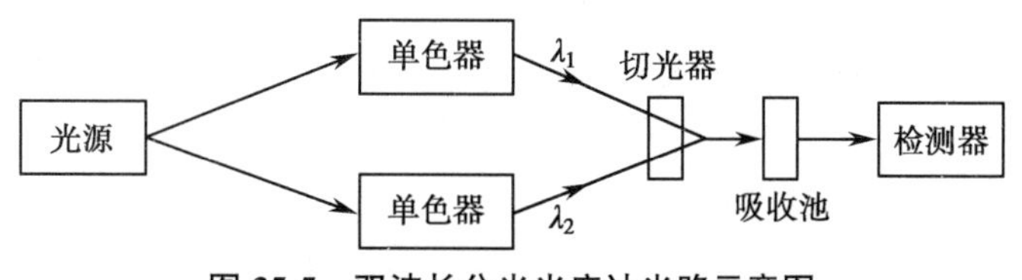


**图 35-5　双波长分光光度计光路示意图**

## 二、分光光度法的应用及引起误差的因素

1. **分光光度法的应用**　紫外 - 可见分光光度法应用范围很广，任何物质只要在紫外 - 可见光区中有吸收，原则上都可以用该方法来进行定性和定量分析。

(1) 定量分析：如果样品是单一组分，且遵循光的吸收定律，只要知道该组分的最大吸收波长，并在此波长下测量光密度值，就可用吸光系数法、标准曲线法、比较法等求得分析结果。对于含有多种吸光物质的样品，在测定波长下，其总光密度为各组分的光密度之和，可以通过解联立方程组的方法或利用双波长法对待测组分进行定量测定。

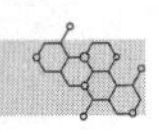


(2)定性分析：用光谱对照的方法，可对有机化合物作鉴定。分子结构完全相同的有机化合物，在实验条件完全相同时，它们的紫外吸收光谱完全相同，包括吸收光谱形状、最大吸收波长、摩尔吸光系数及吸收峰数目，以此可以对有机化合物作定性分析，用光谱的匹配程度来对某一化合物进行纯度检验，如图 35-6 所示。在纯化合物的吸收光谱与所含杂质的吸收光谱有差异时，可用紫外分光光度法检查其杂质。杂质检测的灵敏度取决于化合物与杂质之间摩尔吸光系数的差异程度。在分子生物学实验中，利用 $OD_{280}/OD_{260}$ 的值可以估计蛋白质和核酸的纯度：纯核酸 $OD_{280}/OD_{260}$=0.5；纯蛋白质 $OD_{280}/OD_{260}$=1.8。

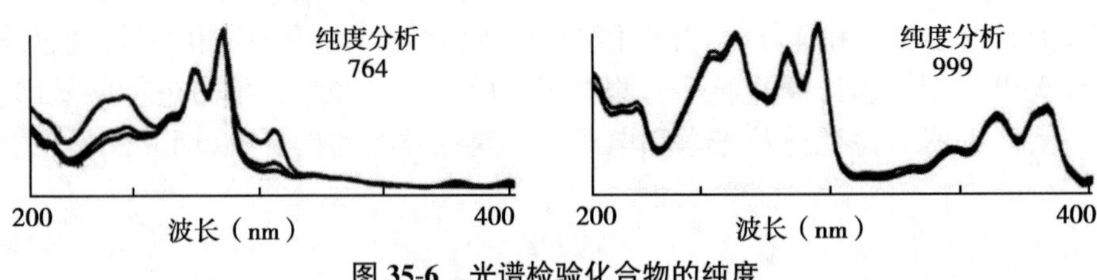

**图 35-6　光谱检验化合物的纯度**

2. **分光光度法引起误差的因素**　分光光度计的设计依据的原理是光的吸收定律，而导致分光光度计不准，造成对光吸收定律一定程度偏差的因素很多。由于仪器而引起的误差表现在以下几个方面。

(1)单色性不纯的影响：光吸收定律规定入射光为单色光，但实际上由单色器所产生的单色光是有一定谱带宽度的光谱，而不是纯的单色光，加上使用中出射狭缝调节过宽，就可能导致仪器读数不准(一般偏低)。

(2)杂散光的影响：杂散光主要有两种形式，一种是仪器元件表面对光的反射和散射使单色光中含有一定的杂散光；另一种是仪器光学系统的漏光、尘埃所引起的散射等。此时，如果光源能量低，检测器灵敏度下降，样品浓度高，则由杂散光所引起的相对误差就会增大。

(3)比色皿的影响：比色皿的质量不好或保管不当都会给测量结果带来误差。在使用和保存比色皿时注意不要污染光学面，安放时光学面要固定，且保持比色皿与光路垂直。

除上述几项影响准确度的因素之外，还有光密度读数引起的误差及温度效应、pH 效应、荧光等多种因素。

3. **分光光度法的使用注意事项**

(1)分光光度计属于精密仪器，须小心操作使用，要放置在固定的桌面上，不要随意搬动，防止振动、潮湿、强光直射和化学腐蚀。

(2)要保持比色皿的清洁及光学面的透明度。杯内液体不要添加过满，一般以容积的 2/3 为宜。每次加样后需要用软质地的吸水纸或擦镜纸将外部擦干净，保持比色杯外部的干燥和清洁。

(3)读取光密度值的时间应尽量缩短，以防光电系统疲劳。

(4)比色杯不要放置在仪器面板上，以免洒撒漏的液体腐蚀仪器表面。

(5)因为波长大幅调节时，光能量急剧变化，光电管响应缓慢，需耗费时间进行光响应平衡，所以，如果大幅度改变波长，需等数分钟后才能正常工作，使数字显示稳定后，重新进行测定。

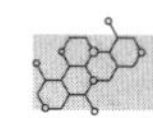

（6）比色溶液的光密度值应控制在0.05~1.00，这样所测得的读数误差较小。如溶液浓度太高，可稀释后再进行检测。

（7）分光光度计内须放置硅胶干燥袋，定期更换。

## 三、酶标仪

酶标仪实质上就是一台分光分度计或光电比色计，其工作原理是采用一个可以产生多个波长的光源，通过系列分光装置产生特定波长的光源，光源透过测试的样品后，部分光源会被吸收，可计算样品的光密度值，从而转化成样品的浓度。与传统分光分度计相比较，全自动酶标分析仪不需要通过人工方式读取浓度值，其具体数据会通过机器内部的AD转换直接以实际数值的方式显示出来，方便快捷。

具体而言，就是光源灯发出的光波经过滤光片或单色器变成一束单色光（图35-7），进入塑料微孔板中的待测标本。该单色光一部分被标本吸收，另一部分则透过标本照射到光电检测器上，光电检测器将这一待测标本不同而强弱不同的光信号转换成相应的电信号。电信号经前置放大、对数放大、模数转换等信号处理后送入微处理器进行数据处理和计算，最后由显示器和打印机显示结果。微处理机还通过控制电路，控制机械驱动机构X方向和Y方向的运动来移动微孔板，从而实现自动进样检测过程。而另一些酶标仪则是采用手工移动微孔板进行检测，因此省去了X、Y方向的机械驱动机构和控制电路，从而使仪器更小巧，结构也更简单。

微孔板是一种经事先包理、专用于放置待测样本的透明塑料板，板上有多排大小均匀一致的小孔，孔内都包埋着相应的抗原或抗体，微孔板上每个小孔可盛放零点几毫升的溶液。规格有40孔板、55孔板、96孔板等多种，不同的仪器选用不同规格的孔板，对其可进行一孔一孔的检测或一排一排的检测。

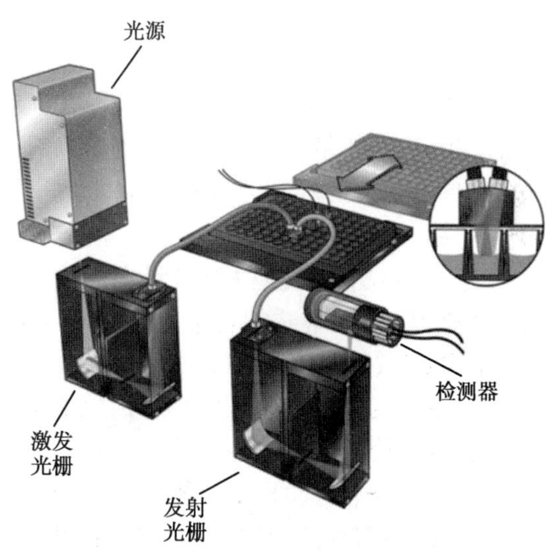

图35-7　基于滤光片的检测光路

酶标仪所用的单色光既可通过相干滤光片来获得，也可用和分光光度计相同的单色器来得到。在使用滤光片作滤波装置时与普通比色计一样，滤光片既可放在微孔板的前面，也可放在微孔板的后面，光线经过聚光镜、光栏后到达反射镜，经反射镜作90°反射后垂直通过比色溶液，然后再经滤光片送到光电管。

酶标仪和普通的分光光度计、光电比色计有以下几点差异。

（1）分光光度计用的是比色皿，酶标仪使用的是塑料微孔板（酶标板）。比色皿只能起到盛装溶液的作用，每个比色皿一次只能盛装一种溶液，而且样品体积较大，通常为3ml左右。酶标板常用透明的聚乙烯材料制成，对抗原抗体有较强的吸附作用，也可用它作为固相载体，酶标板通常为48孔或96孔，每个微孔可以盛装不同的溶液。

酶标仪测定一般要求测试液的最终体积在250μl以下，用一般光电比色计无法完成测试，对酶标仪中的光电比色计有特殊要求。

(2) 由于盛样本的塑料微孔板是多排多孔的，光线只能垂直穿过，因此酶标仪的光束都是垂直通过待测溶液和微孔板的，光束既可以是从上到下，也可以是从下到上穿过比色液。垂直光的特点是标本光密度受液体浓缩或稀释的影响小，不足之处是受被测样本液面是否水平、酶标板透光性、孔底是否平整等的影响较大。

(3) 由于光密度（OD 值）与吸光系数、待测组分的浓度以及光路长度成正比关系，分光光度计采用的比色杯的宽度通常是 1cm，所以光路长度固定为 1cm，不同仪器、不同批次测量的数据具有同样的可比性。而酶标仪采用的是垂直光路，所以光路的长度应该是液体液面的高度，测得的值受到样品的体积的影响。

酶标仪可分为单通道和多通道 2 种类型，单通道又有自动和手动 2 种之分。自动型的仪器有 X、Y 方向的机械驱动机构，可将微孔板的小孔一个个依次送入光束下面测试，手动型则靠手工移动微孔板来进行测量。

分光光度计检测波长范围较宽，加样量不一致对测量结果没有影响。酶标仪微孔板的每个孔加样量必须严格一致，对实验者的操作技能提出了更高的要求。

(4) 分光光度计检测工作量大，操作烦琐，耗时、耗试剂，结果稳定性差，对于微量物质也难以检测到。酶标仪一次性处理样品的量大，尤其是 96 孔板高通量的分光光度计，一次读数相当于一台普通分光光度计 24 倍的工作量，省时，样本、试剂用量少，一次测定所需试剂量由原来的最低 3ml 减少为最多 0.3ml，相差至少 10 倍，可以极大降低试剂成本；操作简单，重复性好，检测速度快、效率高。

另外，大部分酶标仪还可以设置温度控制，这对于酶类反应等需要保温的检测项目非常有利。例如在进行丙氨酸氨基转氨酶（ALT）活性测定时，以往由于实验教学主要采用手工分光光度计，一般不带有恒温装置，所以无法采用较为准确的连续监测法而只能采用准确性较差的终点法进行教学。连续监测法的准确性高于终点法，因此在临床上，具备自动化分析仪的医院实验室基本都是采用连续监测法测定酶活性。使用了酶标仪后，利用其温度控制的功能，可以较为方便地采用连续监测法测定酶活性，提高教学与临床实际应用的契合度，使学生学习到更加先进的技术。

**1. 酶标仪的使用操作方法**

(1) 酶标仪后部的电源开关打开，仪器将显示自检。

(2) 等待数秒后，荧屏显示“基础酶联，准备和时间”，工作人员必须详细阅读仪器操作使用说明书，将被测样品板放入酶标盘中，同时打开与酶标仪相连的打印机开关。

(3) 按“测量模式”键，进入选择波长程序，通过上下键选择单长波和双长波检测。

(4) 按“开始”键，启动阅读功能，酶标仪开始对样品板进行检测。

(5) 读数完毕，打印机开始打印结果。

**2. 酶标仪在使用过程中的注意事项**

(1) 场地：工作台面干燥、干净、水平，环境空气清洁，避免水汽、烟尘，防震，远离强磁场，避免干扰电压的影响，避免日光直接照射，应在机器两边留出足够的空间以保证空气流通。

(2) 为了保证酶标仪内部光学器件的清洁，除了平时加罩防尘罩外，应该定期对仪器表面进行清洁，可以用中性清洁剂和湿布擦拭。液晶显示器请用柔软的布清洁。工作台可以用中性清洁剂和湿布擦拭。请勿让任何有机溶剂、油脂类腐蚀性物质接触仪器，应避免任何

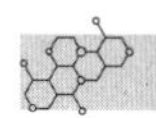

液体流入仪器内部。应防尘，防止其他外源性物质接触仪器，不要用手指触摸透镜表面、滤光片、光电检测器。

(3)用无绒布或透镜纸清洁滤光片，注意擦滤光片时不要用液体。载板架需要平整放入测量室，小心避免被卡住。

(4)使用加液器加液时，加液头不能混用。

(5)洗板要洗干净。如果条件允许，应使用洗板机洗板，避免交叉污染。

(6)严格按照试剂盒的说明书操作，反应时间准确。

(7)在测量过程中，请勿碰酶标板，以防酶标板传送时挤伤操作人员的手。

(8)如果使用的样品或试剂具有污染性、毒性和生物学危害，请严格按照试剂盒的操作说明，以防对操作人员造成损害。如果仪器接触过污染性或传染性物品，请进行清洗和消毒。

(9)不要在测量过程中关闭电源。

(10)对于因试剂盒问题造成的测量结果的偏差，应根据实际情况及时修改参数，以达到最佳效果。

## 四、超微量生物检测仪

超微量生物检测仪(超微量分光光度计)由氙灯光源、光纤、电路板、微量点样台、检测器、触控显示屏等组成。超微量紫外 - 可见分光光度法的原理也是基于朗伯比尔定律，将样品以液滴的形式加载在样品台上，闭合上盖，液滴进入超微量生物检测仪的光路；由氙灯光源发射出复色光(200~900nm)，穿过样品，产生光吸收，经镜面反射再次吸收，然后由分光器分光，由 3648 阵列 CCD 探测器检测各波长单色光的光密度值；通过特定波长下样品的光密度值计算样品浓度及纯度值。最小的样品体积可以小于等于 1μl。超微量生物检测仪是根据不同的被测物中的核酸、蛋白、细胞、细菌对不同光源的吸收值不一样的特性，从而计算出样品的光密度值，即 OD 值。分光光度计的光源波长范围为 190~850nm，光源波长以 1.0nm 的递增值，对标本进行全光谱扫描，并将检测物 OD 值矫正成高度为 1cm 以下的 OD 值。超微量生物检测仪可检测微量核酸(dsDNA、ssDNA、RNA 以及寡聚核苷酸等)样品的浓度及纯度，蛋白质的浓度(Lowry、Bradford、Biuret 等方法)及纯度；还有多波长扫描、动力学测定和细胞浓度测定等功能。

超微量生物检测仪的使用注意事项包括以下几点。

(1)样品在测量之前，请务必低速离心使样品混合均匀，否则会影响测量准确性。

(2)加样量一般为 2μl，但当样品较黏稠时，比较难加 2μl 的样品量，可适当提高样品量。但样品不可过量，须保证样品不向加样表面两边流下。

(3)测量时不要重复点“Measure”，如需要重复测量，请先擦去样品，重新再加相同样品进行测量。

(4)注意仪器放置环境，防潮，防霉，避免强光直射，不能靠近出风口。

(5)清洁：测量前、测量结束或连续使用仪器 3min 后，加 3~5μl 蒸馏水，放下上基座，浸泡 30s，然后清洁上下基座。

(6)每次开机，自检通过后，用超纯水润洗点样台 3 次；每次测量结束，用超纯水润洗点样台 3 次后，再关机。

(7) 每个月用 3~5μl 的 75% 乙醇加在点样台上浸泡 5min，再用超纯水润洗，为点样台做清洁维护。

(8) 每年做一次仪器的固件升级，可在官网下载安装包。

## 五、分光光度计、超微量生物检测仪的发展和应用展望

紫外 - 可见分光光度计与其他仪器一样，随着新材料、新元件、新工艺以及新技术的出现，发展日新月异，在灵敏度、准确度、使用范围以及自动化程度方面都有很大的提高。现今大部分临床实验室正在逐步实现半自动化乃至全自动化，对实验项目进行批量化、快速、准确的检测不单是临床实验室的要求，也是高等医学院校实验教学的要求。随着仪器的微机化、精密化和一机多用，酶标仪和超微量生物检测仪等先进的仪器逐步被研究者研发出来。

在单通道酶标仪的基础上，研究者们又研发了多通道酶标仪，此类酶标仪一般都是自动化型的。它设有多个光束和多个光电检测器，如 12 个通道的仪器设有 12 条光束或 12 个光源、12 个检测器和 12 个放大器，在 X 方向的机械驱动装置的作用下，12 个样品为一排被检测。多通道酶标仪的检测速度快，但其结构较复杂，价格也较高。

近年，还推出了功能强大的系列多功能酶标仪，配置基于四光栅 + 滤光片组合双系统的多功能微孔板检测平台，包括吸收光（UV/Abs）、荧光强度（FI）、化学发光（Lum）、荧光共振能量转移（FRET）、时间分辨荧光（TRF）、时间分辨荧光共振能量转移（TR-FRET）、生物发光共振能量转移（BRET）、均相时间分辨荧光（HTRF）、荧光偏振、Western blot，支持多种检测模式，包括终点法、动力学法、光谱扫描、孔扫描。除了可支持各种常见微孔板检测以外，它也可支持超微量板检测功能，为常规超微量检测提供了便利性。仪器嵌入大尺寸、高分辨率的触摸屏显示器，通过交互式界面调用内置软件程序，调用预制模板进行检测或根据需求修改模板进行相应实验，不需要外置专用的电脑，数据导出可利用仪器 USB 存储端口。通常，光源采用长寿命高能氙闪灯，保证光强度的同时提高使用寿命，大大提高了检测的灵敏度和动态范围。新型 −5℃制冷检测器能有效降低背景噪声，提高信噪比。仪器有效控温范围最高可至 66℃，可满足许多极端嗜热微生物或生物大分子的检测。仪器具有非常广泛的应用范围，从简单的生物化学分析到以细胞为基础的化合物分析，都能轻松应对。其目前的主要应用包括 DNA、RNA 及蛋白质的定量和纯度检测，利用超微量板对核酸和蛋白质进行定量检测，PicoGreen/NanoOrange/Bradford 实验，ELISAs/ 酶学动力学检测，离子通道检测，药物分解实验，细胞活力、细胞毒性、细胞增殖检测，caspase-3 和蛋白酶检测，CatchPoint cAMP 检测，受体 - 配体结合，SNP 基因定型，药物靶点研究，色氨酸自荧光检测，绿荧光蛋白检测，报告基因检测，ADME-Tox 实验，FluoroBlok™ 细胞迁移，激酶和 ATP 酶分析，生物发光荧光共振能量转移（BRET），Multi-Tox 细胞活力检测，HTRF 技术相关实验，Western Blotting 等。

超微量生物检测仪经典的方法是利用样品微小液滴的表面张力，对样品进行拉伸，与机器连接形成完整的光路来进行检测。最近，研究者又研发了样品压缩技术，样品经移液器加样后，在检测时被压缩为极薄的液膜，入射光穿过液膜被部分吸收，经上盖镜面反射再次穿过液膜被二次吸收，出射光由 CCD 检测器检测光强度，计算光密度及浓度。与传统的样品拉伸法不同，样品压缩技术不依赖于液体的表面张力，无须拉伸液柱进行检测，可检测较

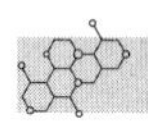

高温度、低盐、含表面活性剂的样品，样品兼容性广；全封闭的检测环境无外界光线干扰，样品无挥发，准确性好，可检测低至 0.3μl 的样品。尤其要注意的是，蛋白质样品相较于核酸而言，更容易出现表面张力降低的情况。因此，如果超微量分光光度计是采用样品拉伸原理的，即形成液柱的方法，对于一些样品而言，是难以进行测量的，这可能是造成测量准确性和重复性不好的最大原因。通常来说，液体的温度升高，由于分子间的引力减弱，表面张力会随之降低。这也解释了为何低温保存的核酸样品，张力较大，更易形成液柱。在夏天实验环境较热，或者是在制药用的恒温恒湿实验室里，温度是相对较高的，张力会随之下降。无机盐作为一种非表面活性剂，具有水合作用，趋向于把水分子拖入水中，因此会增大表面张力，反之亦然。因此，脱盐或低盐的样品表面张力会降低，常见于蛋白纯化的流程中。例如在进行蛋白质结构分析或质谱分析时，样品需要经过脱盐处理，这样的样品在进行浓度测量时，并不容易形成液柱。蛋白提取过程中经常使用的表面活性剂（清洁剂），如 SDS、Triton X100，以及在发酵过程中加入的消泡剂等成分，会大幅降低样品的表面张力。当使用移液器将微量样品加载到点样台后，会出现液体与固体的接触表面，点样台表面的亲水 / 疏水性质会影响液体的表面张力。采用样品压缩技术，检测时无须形成液柱，而是将液滴压缩为很薄的液膜，无论是核酸、蛋白，还是含有特殊成分的样品，都可以测量。而封闭式的检测环境，也很好地保护了样品，使样品免受挥发影响。

## 第三节 高效液相色谱仪

高效液相色谱（HPLC）作为一种十分重要的分离分析技术，自 20 世纪 70 年代初崛起以来，一直受到生命科学各界广大研究人员的高度重视，被认为是当今相关领域中最成熟、有效的手段之一。过去的三十年中，高效液相色谱以其在分辨率、选择性、灵敏度以及生物制品的纯化等方面所显示的独特能力吸引了不同专业的一大批优秀学者。他们从各个角度对其进行深入、卓有成效的研究，并展开广泛的应用探索，使该学科发展迅速、成果累累。这些工作又促进了 HPLC 的推广和普及，使它成为 20 世纪 80 年代以来国际分析化学界发展最快的一个分支之一，无论是仪器的销售额，还是论文的发表数，均位于同期所有分析仪器的前列。如今，HPLC 已成为各类生命科学实验室和医院中必不可少的基本仪器。

### 一、高效液相色谱仪的基本结构和原理

高效液相色谱仪依据分离的原理虽有不同的类型，如吸附、分配、离子交换、凝胶色谱等，但仪器组成并无太大的差异。图 35-8 为仪器结构简图，高效液相色谱仪一般由溶剂输送系统（泵）、进样系统（手动和自动进样器）、分离系统（色谱柱）、检测系统（检测器）和色谱工作站（系统控制与数据处理）等构成，此外根据实验需要还可能配置在线真空脱气机、温度控制系统（柱温箱）和馏分收集器等。

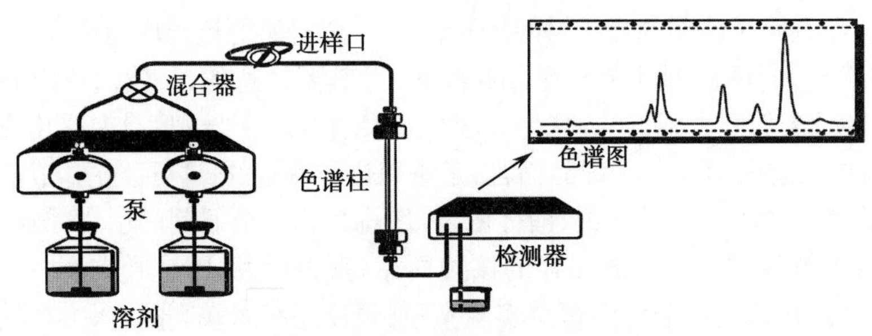

图 35-8 高效液相色谱仪结构简图

### (一) 溶剂输送系统

溶剂输送系统主要的部件是输液泵，它的作用是将流动相稳定地、准确地输送到色谱系统内。它主要的设置参数是流速（ml/min）和上限压力（bar 或 psi）。流速是一个影响分离效果的参数，主要是根据色谱柱的类型以及长度、直径、填料的粒径大小的不同进行设定；上限压力主要根据色谱柱的最大工作压力设定，目的是保护色谱柱，避免过压而使柱子受损。如需要梯度洗脱，必须配备两个输液泵或一个多元泵，由色谱工作站或控制器编辑时间程序进行梯度控制。

### (二) 进样系统

高效液相色谱仪的进样系统，要求能将样品准确地注入系统中，而不破坏在色谱柱和检测器里所建立的流量平衡，而且在不同的进样量下具有很宽的线性范围、很高的重现性、可以忽略的样品残留，常见的有手动进样器（六通阀）和自动进样器。

### (三) 分离系统

分离系统主要是色谱柱。它承担着样品分离的工作，是色谱仪最重要的部件之一。色谱柱的高效率是现代高效液相色谱仪的一个显著特点。为达到好的分离效果，色谱柱的选择尤为重要。

在色谱分离中，起分离作用的主要是流动相和固定相。调整固定相和流动相，可以改变样品各组分在两相间分配（或作用力）的差异，进而改善分离。在实际工作中调整固定相（更换色谱柱）不是十分方便。所以，分离条件的优化主要是通过流动相的溶剂选择及配比调整实现的。由于可用作流动相的溶剂很多，不同溶剂的性质（包括极性、浓度、pH 值、黏度等）均有较大的差异，因此适当地选择流动相，就可使样品组分在两相分配（或作用力）的差异有较大的变化，从而使分离效果得到很大改善。

正确选择流动相可依据下面几条基本原则进行。

(1) 溶剂具有稳定性，主要是指柱效或柱子的保留值要长期不变，注意保持溶剂的洁净和性质，不要污染、损坏柱子。

(2) 溶剂要适应所使用的检测器，不要在检测器中产生干扰信号。

(3) 溶剂能溶解待分离样品。

(4) 清洗方便。

(5) 溶剂黏度要小一些。黏度太大，会降低理论塔板数，增加分离时间。

### (四) 检测系统

在高效液相实验中所选用的检测器必须满足我们所分析样品中感兴趣组分的检测要

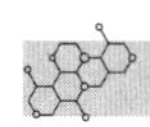

求，也就是说，对所关心的组分有较高的灵敏度和较好的选择性，有很低的最小检测量，有较宽的线性范围。常用的检测器主要有紫外及可见光检测器、荧光检测器和示差折光检测器几种。紫外及可见光检测器大多价格适中，一般用于蛋白纯化方面，适合用于一般的分析实验以及产品质量控制；其中高端的二极管阵列检测器则适合用于中草药、天然未知物的分析以及产品与方法的研究开发。荧光检测器用于荧光物质的检测，其选择性和灵敏度均优于紫外及可见光检测器。示差折光检测器是一种非选择性检测器，基本上对所有被测对象均有响应，但灵敏度较低，不适合用于痕量分析，也不适合用于梯度洗脱，多用于制备色谱和凝胶色谱，也用于糖类等无吸收物质的分析。除以上几种常见的检测器外，还有电化学检测器、电导检测器、蒸发光散射检测器、质谱检测器等。

### （五）柱温箱

柱温也是优化色谱条件的一个参数，现有的氨基酸分析方法都不是在室温条件下完成的。所以，一套功能完善的高效液相色谱仪不可缺少柱温箱。柱温箱有两种类型：一种是用发热丝（板）作为加热材料的，它的控温只能高于室温，控温精度为 ±0.5℃；另一种是用帕尔帖（peltier）作为控温材料的，它既可升温又可降温，控温可以从低于室温 10℃到 80℃，控温精度为 ±0.05℃。

### （六）HPLC 的工作过程

贮液瓶中的流动相（经过脱气）由梯度控制器按所需比例进行混合，在输液泵的作用下输送到色谱系统中。液态样品由进样器注入后，被来自输液泵的流动相带入色谱柱，并在其内的两相中进行反复多次的分配等过程，直至各组分分离后（这是理想状态，如果感兴趣的组分未能分开，则还须进一步优化色谱条件，使之达到分离），随流动相依次流过检测器的流动池被检测及记录。结果如图 35-9 所示。

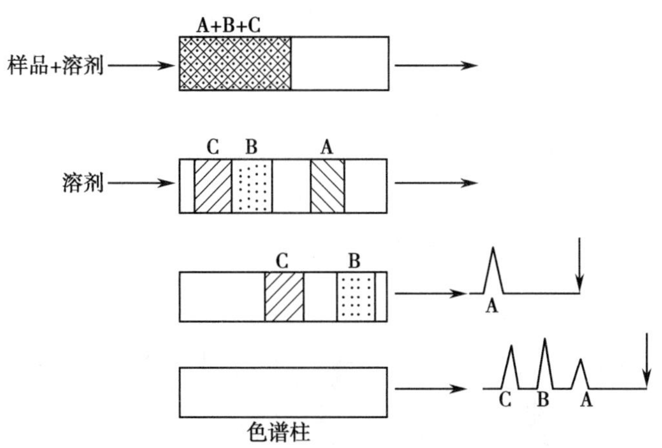


图 35-9　液相色谱的分离过程

### （七）色谱的流出曲线和定性定量分析的依据

在图 35-10 的色谱图中，色谱峰的峰高或峰面积是某一组分在该检测器的响应值，与这个组分的浓度相关，所以是色谱定量分析的依据。

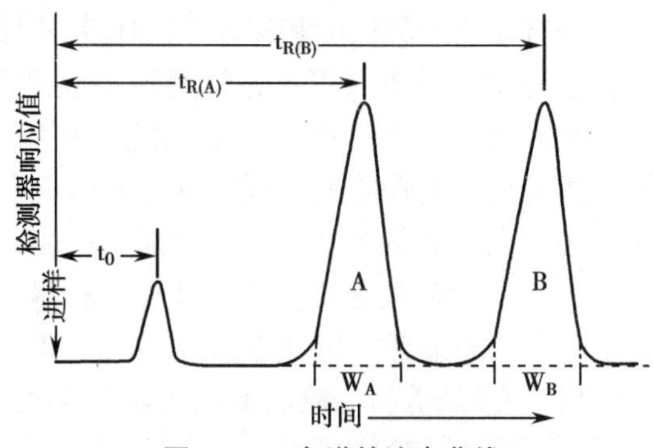


图 35-10　色谱的流出曲线

$t_0$：不保留组分的保留时间，即死时间，反映系统的死体积的大小。$t_R$：保留时间，是色谱定性分析，确定是否为某一组分的依据。W：峰宽，反映柱效的高低。

## (八) 色谱分离原理

**1. 吸附色谱法**　固定相是固体吸附剂，分离是基于吸附剂对混合物中诸组分的吸附作用力大小不同，在流动相带着样品各组分流过固定相时其移动速度有差异的特点而实现的(图 35-11)。

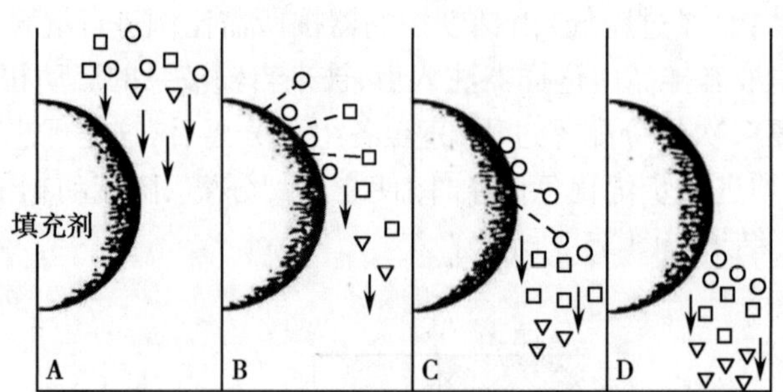


图 35-11　利用吸附原理分离示意图

**2. 分配色谱法**　在固体颗粒表面涂敷液体作为固定相，利用不同组分在流动相及固定相中的分配系数不同而实现分离。在固定相中分配系数小的组分先被分离出来，分配系数大的组分后被分离出来，从而实现混合物样品的分离(图 35-12)。

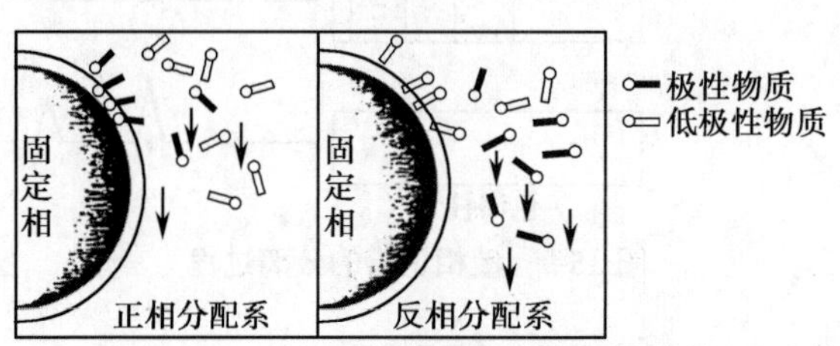


图 35-12　利用分配原理分离示意图

**3. 离子交换色谱法**　基于离子交换树脂上可电离的离子与流动相中具有相同电荷的溶质离子进行可逆交换的特点，依据这些离子对交换剂的不同亲和力而将它们分离。凡是在溶剂中能够电离的物质通常都可以用离子交换色谱法来分离。酸性化合物用阴离子交换

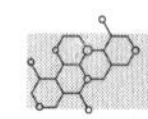

柱进行分离；碱性化合物用阳离子交换柱进行分离；分离不同的物质所用的洗脱液（流动相）也不同，原则是用一种更活泼的离子把交换上的物质再交换出来（图 35-13）。常用的洗脱剂为酸类、碱类或盐类的溶液，改变整个系统的酸碱度和离子强度，以使交换物质的交换性能发生变化，已交换上去的物质就逐渐洗脱下来。为了提高分辨率，常采用梯度洗脱法。

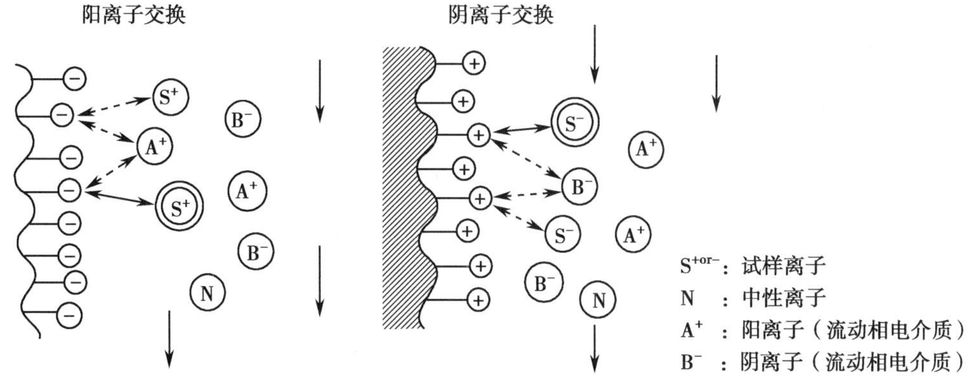


图 35-13　利用离子交换原理分离的示意图

4. **空间排阻色谱法**　也称凝胶色谱法，分离机制与其他色谱法不同，它类似于分子筛的作用，混合物中各组分按其分子大小不同而被分离。色谱柱内填充具有三维空间的多孔网状结构的凝胶。试样进入色谱柱后，随流动相在凝胶外部间隙以及凝胶网孔旁流过，体积大的分子不能渗透到凝胶孔隙里而受到排阻，因此较早地被冲洗出来。中等体积的分子产生部分渗透作用，小分子可渗透到网孔里，故流程长，移动速度慢而较晚被冲洗出来。这样，试样组分基本上是按其分子大小受到不同排阻而先后由柱中流出，从而实现分离的（图 35-14）。对同系物来说，洗脱体积是分子量的函数。洗脱次序将决定于分子量大小，分子量大的先流出色谱柱，分子量小的后流出。

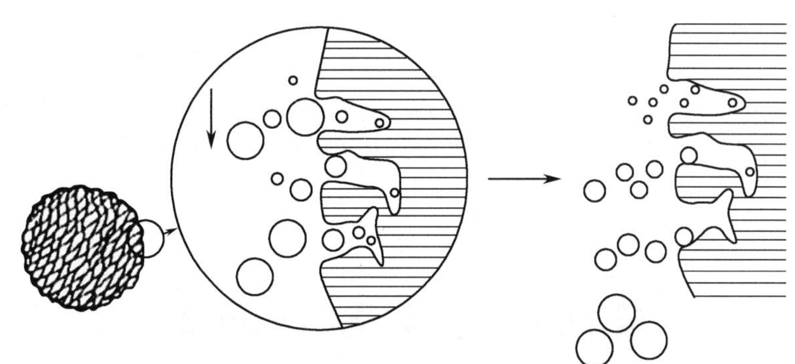

图 35-14　利用分子筛原理分离的示意图

## 二、高效液相色谱仪的操作方法与应用

高效液相色谱仪既是一种分离仪器，又是一种分析仪器。所以，它既是纯化蛋白、提取天然化合物的有用工具，又是对目标化合物进行定性定量分析的有用工具，因为分离是分析

的前提。如今,它已被广泛应用于制药、食品、化工等行业的品质控制,以及临床检验和分子生物学研究等领域。

### (一) 操作方法

高效液相色谱仪的操作方法包括实验方案的拟定,对样品的前处理,色谱柱的选择,流动相的准备,仪器系统的冲洗与平衡,进样预分析,优化色谱分离条件,使目标组分达到满意的分离。在定量分析时,需要进不同浓度的标样,计算响应因子,建立校正曲线,以便对未知样品进行定量。

### (二) 保养和使用注意事项

(1) 色谱柱长时间不用,存放时,柱内应充满溶剂,两端封死。

(2) 装层析柱时,层析柱标有流向,切勿装反。

(3) 流动相和样品使用前必须过滤,以防止系统管路堵塞。

(4) 不要使用多日存放的高纯水(易长菌),并且应将高纯水放在专门的棕色试剂瓶中。

(5) 流动相和高纯水使用前必须进行脱气处理,可用超声波振荡 10~15min。

(6) 配制 90% 水 -10% 异丙醇,以每分钟 2~3 滴的速度虹吸排出,溶剂不能干涸。

(7) 长时间不用系统和层析柱时,应 2 个月开机一次,更换系统内有机溶剂和层析柱的保存液。

## 三、高效液相色谱的发展和应用展望

目前高效液相色谱仪已发展成熟,应用也十分普遍。尤其是采用微处理器做单元设计,通过色谱工作站做系统控制及数据采集与数据分析后,既方便了色谱仪的使用,又提高了数据处理的能力与精度。同时液相色谱仪与质谱仪的联用也在不断发展。随着人类基因组计划和后基因组计划的进行,以及基因突变的研究,代表突变检测手段新进展的变性高效液相色谱分析(denaturing high performance liquid chromatography,DHPLC)技术,由于具有高效、简便、省时、无放射污染等优点,将会得到广泛的推广与应用。

DHPLC 主要是用来分析异质性双链结构,它不仅增强了分析的精确性和速度,而且不需要铺置凝胶。样品在变性条件下,泳动于 55℃的特殊吸附剂中,依靠双链碱基组成的构象差异,只需要泳动 5min,变异的有无最终表现为洗脱峰的差异。高效液相色谱仪在不涉及放射污染的条件下,通过自动化程序式操作即可完成对外显子大小的片段的全部检测。

# 第四节　自动化电泳仪器

电泳是指带电荷的溶质或粒子在电极的作用下在液体介质中泳动。电泳仪主要用于蛋白质和核酸的分离、鉴定以及定量等分析测定。几十年来,科学家们发展了采用不同支持物的电泳技术,其中包括滤纸电泳、醋酸纤维素膜电泳、淀粉凝胶电泳、琼脂糖凝胶电泳、聚丙烯酰胺凝胶电泳以及毛细管电泳等。各种类型的电泳仪器也先后问世。

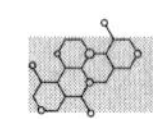

## 一、电泳仪器的基本结构和工作原理

自动电泳仪主要包括电源、电泳槽以及结果测定分析装置（或扫描仪）三个部分，电泳过程采用计算机控制操作，具有分析速度快、分离效果好、一次可同时分析的样品多、操作简便等特点，有的还设计有故障自动诊断和自动消除等功能。

### （一）基本原理

在某个设定的电场中，带电粒子在支持介质中可向与其所带电荷相反的电极方向移动。由于很多有机化合物是两性物质，在不同介质中的电荷受 pH 值的变化而不同。有机物中的蛋白质在其等电点以下时带正电荷，在等电点以上时带负电荷。它们迁移的速度取决于以下因素。

(1) 电荷：分子的净电荷越大，其移动速度越快。

(2) 分子的大小及形状：分子越大，其移动速度越慢。

(3) 电场强度：电压越高，分子移动速度越快。

(4) 支持介质的性质：小孔径的支持介质具有分子筛的作用，能够分离电荷相同而分子量不同的物质，支持介质的黏性可阻碍泳动并起吸附作用。

(5) 操作温度：温度升高，则泳动速度加快。

(6) 缓冲液的离子强度：离子强度高，则移动速度慢，电泳区带窄而清晰；离子强度低，则移动速度快，电泳区带宽而边缘模糊。

### （二）基本结构

1. **电源**　根据分析的需要，电泳仪的电源具有恒流、恒压或恒功率的功能。电泳中电流通过时，待分离的蛋白质的泳动速度会加快，同时水分挥发也会加速，水分的丢失使离子浓度增加而使电阻减少。欲减少此现象，应采用稳流方式，这样可维持泳动速度相对稳定。若此时采用稳压方式，则泳动速度会加快。

等电聚焦电泳采用的是稳压方式。电泳过程中当两性载体到达等电点时，电流会下降，因此此时需要对电压加以适当调整，所以稳流方式不适合等电聚焦电泳。

脉冲电源或脉冲电场技术可周期性地改变待测物质泳动的电场方向，在每一周期内，分子都需改变方向以适应新的电场，以便继续泳动。这一改变所需的时间与分子的大小有关，从而使以往用琼脂糖凝胶电泳或聚丙烯酰胺凝胶电泳无法分离的大分子物质（如大于 5 万个碱基对的 DNA 片段）的分离成为可能。

电场强度，即每厘米的电位下降，对于泳动速度起到了十分重要的作用。根据电场强度不同，可将电泳分为常压（100~500V）或高压（500~30 000V）电泳。

2. **电泳槽**　电泳槽一般有三个导电槽，两侧的导电槽分别注入缓冲液，并各连接电源的正、负极；中间槽常不注入缓冲液，只放置电泳支持物，与两侧的 2 个电泳槽内的缓冲液接触而工作。各种型号的自动电泳仪多将电源和电泳槽组合在一起。

3. **电泳条带的分析装置**　光密度扫描仪、凝胶成像系统等是自动电泳仪器常配的电泳条带扫描装置。光密度扫描仪可对电泳结果直接进行扫描，从而得出相对百分比，甚至可以绘制出曲线图，计算出相对面积。由计算机控制的自动电泳仪所带的光密度扫描装置可以分析多达 30 种不同的电泳条带，有的还可采用荧光法分析电泳条带，有多种的扫描方式可供选择，其结果可储存、传输和打印，并有质量控制和统计功能。

传统的核酸电泳方法是以电泳槽和凝胶透射仪进行电泳分析的，即在电泳完成后将凝胶放在分析仪上观测，这种方法一般只能看到最终的电泳结果，无法实时地观测电泳的全过程。后来也出现了一种新型的可见光凝胶电泳透射仪，整合了电泳槽和凝胶透射仪的功能，在电泳的同时可以对核酸样品进行实时观测。这套投射仪主要由电泳槽、投射仪和挡光罩组成，可以拆分和组合，实现"一机三用"，即可以分别作为电泳槽、凝胶透射仪及电泳 - 透射仪三种仪器单独使用。该仪器利用半导体发光技术，采用可见光作为仪器的光源，避免了紫外光对核酸样品和实验人员的伤害。因此，该仪器可以在电泳过程中一直对样品进行观测，而不会损害样品。该仪器可以和 GeneFinder、SYBR Green I GelStar 等染料配套使用。

### (三) 电泳所需的材料

1. **电泳支持物**　可分为两类。一类支持物为滤纸、醋酸纤维素膜、琼脂、琼脂糖等，其分离作用取决于颗粒所带的电荷，所带电荷数相同的颗粒泳动速度相同，分辨率相对较差。另一类支持物为淀粉胶、聚丙烯酰胺凝胶等，除有电泳的作用外，还有分子筛效应，所带净电荷数相同而形状大小不同的颗粒由于分子筛效应会在分离胶中被分开。聚丙烯酰胺凝胶适用范围广，具有更好的性能，已取代淀粉胶。电泳开始前，将准备好的电泳支持物放入电泳槽内，两端分别与缓冲液接触。注意除去电泳支持物表面过多的缓冲液，防止出现气泡。

2. **缓冲液**　电泳缓冲液中的离子有两个作用：一是使电流得以流动，二是维持一定的 pH 值。离子强度与泳动速度有关，并且会影响分离效果。离子强度一般以 0.02~0.20 为宜。缓冲液是微生物生长的良好环境，因此配制后应置于冰箱中保存。电泳后剩余的缓冲液，因电解质含量已变化而使 pH 值也改变，所以不宜再用。

3. **加样器**　电泳时的加样量应能满足电泳分离的要求。在自动化电泳仪中，有的采用自动直接加样方式，有的采用电泳专用的加样板加样，即先将样品加在带孔的塑料板上，这些孔和支持物上的加样孔位置相对应，然后将样品转移到支持物相应的位置上。用这种方法加样，避免了直接加样使分离条带边缘不整齐，在光密度扫描时形成假性峰的可能性，并使最小加样量可控制在 0.6~3.0μl，缩短电泳的时间。

4. **染料**　电泳后需要用某种染料对已分离的蛋白质组分进行染色，使之固定并成为肉眼可见的条带，可根据支持物或检测需要选择不同的染料。常用于蛋白质染色的染料有考马斯亮蓝 G-250（Coomassie brilliant blue G-250）和硝酸银（silver nitrate）。染色后应洗脱多余的染料并使支持物干燥，然后用光度法进行扫描测定。自动化电泳仪的染色、脱色步骤可按程序自动完成。

## 二、常用的电泳方法与操作

电泳技术发展迅速，电泳方法种类繁多，以下简单介绍几种电泳方法。

### (一) 滤纸电泳

滤纸电泳是最早使用的区带电泳技术，所谓滤纸电泳是指用滤纸作为支持载体的电泳方法，普通层析纸就适用于这种电泳。滤纸电泳装置结构简单，易于自制。

在水平式滤纸电泳装置中，将滤纸条水平地架设在两个装有缓冲溶液的容器之间，样品点于滤纸中央。当滤纸条被缓冲液润湿后，再盖上绝缘密封罩，即可由电泳电源输入直流电压（100~1 000V）进行电泳。电压越高，带电粒子移动速度越快，小分子扩散范围越小，样品分离时间越短，短时间可得到分离清楚的电泳谱带。但电压太高将产生大量的焦耳热，反而

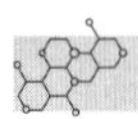

会因为蒸发加剧等原因使粒子的移动距离缩短。因此，当外加电压超过 500V 时，需要在滤纸下面放一个装有冰块的容器。为了获得更高的分辨能力，提高电泳速度，滤纸现在已被醋酸纤维膜所代替。

此外，还有许多由滤纸电泳法演变而来的电泳法，例如琼脂电泳、淀粉胶电泳、醋酸纤维膜电泳等。近年来，科学家们还发展了多种高分辨率的电泳方法，例如聚丙烯酰胺凝胶电泳、等电聚焦电泳、毛细管电泳等，这些方法目前已成为常用的电泳方法。

### （二）凝胶电泳

凝胶电泳是从区带电泳中派生出的一种用凝胶物质作支持物进行电泳的方式。电泳中常用的凝胶为葡聚糖、交联聚丙烯酰胺和琼脂糖，这些介质具有多孔性，因此它们有类似于分子筛的作用，流经凝胶的物质可按照分子的大小逐一分离。后两种凝胶电泳是普通电泳中应用最多的两种形式。聚丙烯酰胺凝胶电泳主要用于蛋白质的分离鉴定。在十二烷基硫酸钠 - 聚丙烯酰胺凝胶电泳（SDS-PAGE）中，粒子的迁移速率随蛋白质分子量的增加而递减，因此 SDS-PAGE 被广泛用来测定蛋白质的分子量。琼脂糖凝胶电泳主要用于核酸的分析鉴定。

### （三）等电聚焦电泳

许多与蛋白质类似的两性电解质分子，如氨基酸、多肽等，都有各自的等电点。在高 pH 值的溶液中，它们的净电荷为负；在低 pH 值溶液中，它们的净电荷为正。如果在一个具有稳定连续的线性 pH 梯度的介质（两性载体电解质）中进行分离，每一种被分离的两性物质都移向与它的等电点相一致的 pH 值的位置，到达那里后不再移动（称为聚焦）。由于在这时净电荷（正负抵消）为零，因而又称为等电聚焦。等电聚焦电泳的突出优点是浓缩效应，样品分离产生稳定而不扩散的狭区带。等电聚焦电泳对于一步分离、纯化和鉴别蛋白质很有用。因为这种电泳方法具有很高的分辨率，所以在等电点上只要有 0.01 的 pH 单位的差异就能得到满意的分离效果。

(1) 等电聚焦电泳的过程：为了在凝胶板上形成一个稳定、连续、线性的 pH 梯度，首先要在含有一定比例两性载体电解质的凝胶板上接入电源，建立电场。电泳刚开始时（称为预电泳），小分子量组成的两性载体电解质先行泳动，其中等电点低的分子带负的净电荷，向阳极移动；等电点高的分子带正的净电荷，向阴极移动。当它们移动到各自的等电点的位置时，因为净电荷为零而停止移动。因此，全部两性载体电解质分子将在阳极和阴极之间，按照等电点递增的顺序排列，即在阳极到阴极之间的凝胶板上逐渐形成一个稳定、连续、线性、均匀的 pH 梯度。随着凝胶 pH 梯度的形成，分子量较大的样品各组分也向着各自的等电点位置移动，并在各自的等电点位置上停止移动。最后，样品的各组分在各自的等电点聚焦成一条清晰而稳定的窄带。由此可见，等电聚焦电泳具有很高的分辨率，即使很少量的样品也能被分离。它比普通电泳的分辨率几乎高一个数量级。

(2) 等电聚焦电泳法的特点：①等电聚焦电泳法适用于中、大分子量（如蛋白质、肽类、同工酶等）生物组分的分离分析；②等电聚焦电泳法使用两性载体电解质，在电极之间形成稳定的、连续的、线性的 pH 梯度；③由于“聚焦效应”，即使很小的样品也能获得清晰的、鲜明的区带界面；④分辨率高，一般常规的血清蛋白电泳只能分辨 4~5 种组分，而等电聚焦电泳能分辨 30 种以上的组分，可获得 0.01pH 单位的分辨率，据报道，目前国际上等电聚焦电泳的最高分辨率已达到 0.002 5pH 单位；⑤电泳速度快，在高压场强（一般为 1.5~20kV）下，只需要 1.5~2h；⑥加入样品的位置可任意选择；⑦可用于测定蛋白质类物质的等电点。

### （四）等速电泳

等速电泳是一种“移动界面”电泳技术，载体是内径为 250~500μm 的毛细管。它采用两种不同的缓冲液系统，一种为前导缓冲液，充满整个毛细管柱，另一种为尾随缓冲液，置于一端的电泳槽中，前导缓冲液的迁移率高于任何样品组分，后者则低于任何样品组分，被分离的组分按其不同的迁移率夹在中间，以同一个速度移动，实现分离。一旦分离完毕，达到平衡，各区带都以与前导缓冲液中离子相同的速度向前移动，此时若有任何两个区带脱节，其间的阻抗增大，在恒流电源的作用下电场强度会迅速增加，迫使后一区带迅速赶上，保持电泳电流恒定。

所有谱带以同一速度移动是等速电泳的最大特点，此外，等速电泳还有两个特点，一是区带锐化，界面清晰，显示很高的分离能力，二是区带浓缩，即组分区带的浓度由前导缓冲液决定，一旦前导缓冲液浓度确定，各区带内离子浓度即为定值。如果在这时某一组分的离子浓度较小，就将被“浓缩”，反之亦然。

### （五）免疫电泳

这种电泳技术是利用凝胶电泳（主要是琼脂糖凝胶电泳）结合免疫扩散以提高对混合组分分辨率的一种免疫化学分析技术。它能通过抗原与同源抗体之间的特异沉淀反应来检测具有相同电泳迁移率的物质。免疫电泳在检测复杂的生物混合物中的抗原时，是一种非常有用的方法，用于对各种类型抗体进行定位或鉴定抗原的纯度和特异性。相反，应用纯化抗原也能鉴定免疫血清。免疫电泳最常用的介质是琼脂糖，也可使用聚丙烯酰胺凝胶等。

### （六）电泳的操作

各种凝胶电泳实验的三大步骤包括制胶、电泳、检测。许多自动化电泳仪的生产商都提供商品化的预制胶；电泳、检测在自动化电泳仪中都会按所设定的电泳条件（如恒流方式的电流、恒压方式的电压、控温温度、停止时间等）或按选定的程序自动完成。

## 三、电泳仪器的发展和应用展望

### （一）双向电泳

双向电泳（two-dimensional electrophoresis）于 1975 年前后开始被广泛应用。先根据待分离物所带电荷的不同进行第一向电泳，然后根据分子量的大小进行方向与第一向垂直的第二向电泳。第一向电泳常采用孔径较大的介质，如琼脂凝胶或聚丙烯酰胺凝胶，并加入两性载体；第二向电泳多在线性或梯度聚丙烯酰胺凝胶中进行。

O’Farrell 等在 20 世纪 70 年代采用等电聚焦 - 聚丙烯酰胺凝胶电泳（IEF-PAGE）为第一向，以 SDS-PAGE 为第二向，对在理论上可有 7 000 个多肽的大肠埃希菌蛋白质进行分析，采用反射自显影的方法可分离得到 1 100 个左右的斑点（蛋白质组分），用考马斯亮蓝染色后可测得 400 个左右的多肽。目前认为，IEF-PAGE/SDS-PAGE 可分离约 5 000 种不同的蛋白质，是分辨率最高的电泳方法，已成为当前分子生物学领域常用的分析技术之一。

### （二）毛细管电泳

毛细管电泳（capillary electrophoresis）是近年来发展起来的新技术，应用经典的区带电泳、等速电泳、等电聚焦电泳以及凝胶电泳技术，在长约 60cm，内径约 50μm 的石英毛细管内进行。采用毛细管的优点是散热效果好、操作方便、所需样品量少、条带窄、易于自动

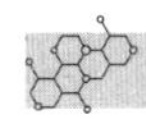

化等。

由于散热效果好，因此毛细管电泳可以采用 10 000~30 000V 的电压，加在毛细管两端，以产生 100~500V/cm 的高电场强度，大大增强了分离效果，同时节省了时间（分离时间仅需几分钟）。样品用量仅需 1~50nl。

毛细管电泳可采用多种分离模式，检测分析包括从生物大分子到小分子甚至离子等多种物质。

毛细管电泳适用多种检测器（如紫外、荧光、电化学、质谱等），甚至可检测到样品中 $10^{-20}$mol 的物质。

此外，毛细管电泳与其他分析方法的联用技术也得到了很大的发展，如毛细管电泳 - 质谱分析（CE-MS）。

# 第五节 PCR 基因扩增仪

PCR 技术是 20 世纪 80 年代后期迅速发展起来的快速体外基因扩增技术。这项技术虽然理论上并不十分复杂，但是技术效果却非常明显，它可以非常简便快速地采取体外扩增的方式从微量生物材料中获取大量特定的遗传物质，所以被迅速应用到生命科学、医学研究、遗传工程、疾病诊断、法医、考古学和临床检验等领域，被称为分子生物学实验技术发展的里程碑。随着这一技术的广泛应用，各种 PCR 技术实验设备也不断研制推出，扩增仪是这类设备的核心，发展尤其受到重视。

## 一、PCR 基因扩增仪的基本原理和结构

### （一）基本原理

PCR 扩增的原理类似于 DNA 的体内半保留复制过程，即在待扩增 DNA 片段的两侧设计两个人工合成的寡核苷酸引物，经高温变性（将待测样品中含有的双股 DNA 解离成单股 DNA）、低温退火（目的基因 DNA 片段与相应短链的引物结合）和适温延伸（在 DNA 聚合酶作用下，引物延伸，合成新的 DNA 链）3 个温度阶梯，形成一个扩增循环。每循环 1 次，两引物间 DNA 的量就增加 1 倍，从而使待扩增片段的量呈指数增加。经过上述 25~40 个循环后，靶序列可以扩增成 $10^6$~$10^8$。因此，PCR 反应仪器化的要点是使体积不大的 PCR 反应液在尽可能短的时间内迅速实现温度的变化，既要保证反应液达到要求的温度，又要使它迅速转换到下一温度阶梯，时间越短则扩增的特异性越好。PCR 反应的 5 个要素为模板（或样品 DNA）、引物（primer）、耐热 DNA 聚合酶、三磷酸脱氧核苷酸（dNTP）和镁离子（$Mg^{2+}$），其中最佳引物的设计是 PCR 反应成功的最关键步骤。

### （二）基本结构及性能特点

目前国产和进口的 PCR 仪品种众多，按变温方式可为三类，即变温铝块式、水浴式和变温气流式。

1. **变温铝块式 PCR 仪** 用电阻丝、导电热膜、热泵式珀尔帖（peltier）半导体作为热源，使带有凹孔的铝块升温，并用自来水、制冷压缩机或半导体降温。美国 Perkin-Elmer（PE）公

司的 480 型、9600 型 PCR 扩增仪均属于这类仪器。

优点：铝块的温度传导较快，铝块上各点温度均一，各管的扩增结果一致性好；如选用的反应管规格一致，可以不用石蜡油外涂，管外洁净；易用微电脑调节温度转换，可以设置各种变温程序，完成复杂的 PCR；如仪器装有制冷部件，可以在完成扩增后降温至 4℃，保存样品过夜。

缺点：铝块本身温度与管内反应液温度存在一定差异，如果显示的是铝块温度（如 PE480 型），则反应液温度有一定的滞后，甚至即使延长各步骤的时间，也不能使管内反应液达到预设的温度。有些仪器（如 PE9600 型）已改为显示反应液温度；必须使用特制的与铝块凹孔形状紧密吻合的薄壁 EP 反应管；由于铝块有一定的热容量，变温时需要克服这一热容量，所以变温速度会受影响，难以实现快速变温；半导体加热制冷需要高质量元件，否则冷热极间的焊接合金易变质；压缩机制冷则启动慢，重量大，滞后时间长，仪器体积大。

2. **水浴式 PCR 仪**　设置 3 个水浴，采用电子测控温度，并用机械装置将带有反应管的架子移位和升降，作温度循环。国产 1109 型、90A/B 型，英国 Grant 公司的产品均属于这类仪器。

优点：水为传热介质，温度易恒定，热容量大；如水浴内有搅拌器，可达到控温精确、各管温度一致的目标；反应管形状无特殊要求，可采用不同来源的 EP 反应管；温度转换较快，扩增效果稳定；具有较高的运行效率，扩增产物特异性好。

缺点：水面需要用石蜡油覆盖，否则高温水浴会不稳定；石蜡油沾污反应管外壁时，取出后要一一拭净后才能进行下一步操作；改变水浴温度需时较长，故不易实施复杂程序（如套式 PCR）的操作；仪器体积大；以室温为温度下限。

3. **变温气流式 PCR 仪**　根据空气流的动力学原理，以冷热气流为介质升降温度，如国产军事医学科学院放射所的 PTC-51 型等仪器。

优点：变温迅速，扩增效果好，适用于微量、快速 PCR；反应器不受形状限制，管外无需石蜡油，操作干净；测定管内液体温度作为控温依据，显示温度真实可靠；易于用微电脑设定复杂的变温程序；易于制成重量较轻的便携式仪器，适合外出作业。

缺点：以室温为温度下限，较难制成需要低温的装置；对空气流的动力学要求较高，需要精心设计才能使各管温度均一。

## 二、PCR 基因扩增仪的发展和应用展望

PCR 是一种功能极强且操作异常方便的核酸分析技术。当今科学界对凡能提高核酸分析灵敏度的任何技术都有强烈的需求，所以 PCR 技术一出现就得到了迅速发展。目前，PCR 仪器的性能已得到明显的改善。微量管管壁厚度变薄，减少了时间系数，加强了样品温度的平衡；微量管体积变小，使样品用量减少，实验费用明显降低；用加热盖取代油封的加热块型仪器，可防止在管盖上的冷凝作用，由于样品上方的空气体积较小，显著降低了微量管中样品内的温度梯度。反应加热块的构造和外形也在不断改进，加热盖在许多仪器上已经标准化，用于冷却的珀尔帖元件也更可靠，在有些场合可以简单地用它们作高温隔离。多种形式的载样系统不断出现，如微量管、微量滴定板、毛细管甚至载玻片都已用于 PCR 反应。目前，仪器需要进一步提高的是速度、准确性、重复性和自动化程度。

PCR 技术的发展除了微量化、快速、多样化之外，最重要的方向是发展定量 PCR（quant-

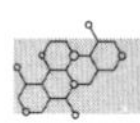

itative polymerase chain reaction, QPCR）技术。常用的 PCR 定量测定方法主要有下列几种：核素标记探针法、荧光标记引物法、荧光双标记探针法、荧光标记免疫法、内参照法和竞争法。定量 PCR 主要用于测定扩增前后双链 DNA 含量之差。

美国 PE 公司于 1993 年推出了定量 PCR 仪，采用电化学发光原理测定扩增的 DNA 量，其精度可用于测定基因缺失及单个碱基的变异。美国 AcnGen 公司研制的 AG-9600PCR 仪采用半套式引物作不对称 PCR 扩增，20 个循环后再加入有配体的引物继续扩增，然后进行在线检测，灵敏度在 0.1pmol 以上。

PE 公司于 1996 年和 1998 年分别推出了 7700 型和 5700 型实时定量 PCR 系统，它们利用 Ampli Taq 聚合酶的外切活性专利技术（Taqman™）结合 ABI PRISM 荧光检测系统，解决了以往做定量 PCR 的一些弊端。其原理为在常规 PCR 的两引物间加入一个两端带有荧光标记的寡聚核苷酸探针，该探针带有一个荧光发光基团和一个荧光猝灭基团，完整的探针在激光激发下，靠近 5' 端的报告荧光（reporter）基团的激发光被 3' 端的猝灭荧光（quencher）基团所猝灭。在 PCR 扩增过程中，Ampli Taq 聚合酶分子在 DNA 链延长的过程中可以通过自身的 5' → 3' 核酸外切酶降解与模板结合的特异性荧光探针，使荧光发光基团从探针上切下来而与荧光猝灭基团分开，从而在激光激发下产生特定波长的荧光，每合成一个模板，即释放一个报告荧光基团信号，这种荧光随 PCR 扩增过程而动态增强。通过全过程动态监测每一个循环，我们可以得到每一个样品的实际扩增曲线，找到 PCR 扩增的对数期。软件通过标准品和待测样品的对数期比较，能得到每一个样品中待定模板 DNA 的起始拷贝数。

2000 年，Roche 公司分子生化部推出的 Light Cycler™ PCR 系统是极具创意的定性和定量 PCR 系统。Light Cycler™ PCR 系统采用变温和高表面积 / 容量比例的微细管模式，使循环速度大大加快，30~40 个循环只需 20~30min。在一个运作过程中，该 PCR 系统可监控 32 个微细管，每一微细管在每一轮 PCR 操作前都会通过精细的机械将卡盘旋转并调整光学位置。该系统利用荧光化学法（配有 Rodenstock 光学仪的微容量荧光仪）作检测，由于荧光信号的强度和 PCR 产物的量直接相关，且系统在设定的时间量度荧光，每一循环作一次测量，因此，反应时可随时跟踪 PCR 反应，电脑监视器实时在线显示结果。Light Cycler™ PCR 系统对探针及引物设计的限制少，而且可方便地选用合适大小的扩增子（100~1 000db）。该系统采用密封的微细管系统，可避免在 PCR 期间及 PCR 之后产物受到污染。Light Cycler™ PCR 系统利用熔解曲线分析功能，可进一步作 PCR 后分析，如检测非特异性扩增并作矫正，无须采用测序凝胶就可鉴别基因型、检测点突变，并可利用双色检测及颜色补偿软件在同一反应中分析较复杂的突变。

1986 年以来，对 PCR 产物直接进行测序，以及利用 PCR 简化传统测序方法的技术一直是研究的焦点。直接 PCR 测序可以快速精确地鉴定不同序列间的一致性或变异性，因此可广泛应用于分子生物学和遗传学诊断等领域。PCR 和 DNA 测序结合，已成为一项常规技术，广泛应用这一方法的关键是开发计算机软件，这些软件应该能够对不同个体或物种的 DNA 片段进行比较分析，根据需要定制数据分析的软件包，这些软件包不仅能够提供储存和修复数据的功能，而且可以完成结构比较，并且能自动将一些数据译成有意义的遗传差异。

目前最新的 PCR 技术还有实时荧光定量 PCR 技术和数字 PCR。

### （一）实时荧光定量 PCR 技术

实时荧光定量 PCR（real-time quantitative PCR）技术是指在 PCR 反应体系中加入荧光

基团，通过荧光信号不断累积而实时监测 PCR 全程，然后通过标准曲线对未知模板进行定量分析的方法。在荧光定量 PCR 技术中有 2 个概念比较重要。

1. **荧光阈值(threshold)的设定** 以 PCR 反应的前 15 个循环的荧光信号作为荧光本底信号，荧光阈值的缺省设置是 3~15 个循环的荧光信号标准偏差的 10 倍。

2. **Ct 值** C 代表 cycle，t 代表 threshold，Ct 值的含义是每个反应管内的荧光信号到达设定的阈值时所经历的循环数。在实时荧光定量 PCR 中，对全程 PCR 扩增过程进行实时检测，反应时间和荧光信号的变化可以绘制成一条曲线。一般来说，整条曲线可以分 3 个阶段：荧光背景信号阶段、荧光信号指数扩增阶段和平台期。在荧光背景信号阶段，扩增的荧光信号与背景无法区分，无法判断产物量的变化。在平台期，扩增产物已不再呈指数级增加，所以反应终产物量与起始模板量之间已经不存在线性关系，通过反应终产物也算不出起始 DNA 拷贝数。只有在荧光产生进入指数期时，PCR 产物量的对数值与起始模板量之间才存在线性关系，所以应当在 PCR 反应处于指数期的某一点上时检测 PCR 产物的量，由此来推断模板最初的含量而进行定量分析。研究表明，每个模板的 Ct 值与该模板的起始拷贝数的对数存在线性关系，起始拷贝数越多，Ct 值越小。通过已知起始拷贝数的标准品可得到标准曲线，只要获得未知样品的 Ct 值，即可从标准曲线上计算出该样品的起始拷贝数。

实时荧光定量 PCR 常用的检测方法有 SYBR Green Ⅰ嵌合荧光法或 Tag Man 探针法。SYBR Green Ⅰ是一种具有绿色激发波长的染料，最大吸收波长约为 497nm，发射波长最大约为 520nm，可以和所有的 dsDNA 双螺旋小沟区域结合。在游离状态下 SYBR Green Ⅰ发出的荧光较弱，但是当它与双链 DNA 结合后，荧光就会大大增强，而且荧光信号的增加与 PCR 产物的增加完全同步。此法的优点是它可以监测任何 dsDNA 序列的扩增，检测方法较为简单，成本较低，但也正是由于荧光染料能和任何 dsDNA 结合，如非特异性扩增产物和引物二聚体也能与染料结合而产生荧光信号，使实验产生假阳性结果，因此其特异性不如探针法。因为非特异性产物和引物二聚体的变性温度要比目标产物的低，所以可以在熔解曲线(melting curve)反应过程中利用软件分析仪器收集到信号进行鉴别。

TaqMan 探针法是具有高度特异性的定量 PCR 技术。它的工作原理是在 PCR 反应体系中存在一对 PCR 引物和一条探针，探针的 5' 端标记有报告基团，3' 端标记有荧光猝灭基团，探针只与模板特异结合，其结合位点在两条引物之间。当探针完整的时候，报告基团的荧光能量被猝灭基团吸收，所以仪器收集不到信号，随着反应的进展，Taq 酶遇到探针，利用 3' → 5' 外切核酸酶的活性把探针切断，导致报告基团的荧光能量不能被猝灭基团吸收，产生了荧光信号，因此信号的强度就代表了模板 DNA 的拷贝数。

在实时荧光定量 PCR 中模板定量有两种：绝对定量和相对定量。绝对定量指的是用已知的标准曲线来推算未知的样本的量。绝对定量的标准样品一般是指含有和待测样品相同扩增片段的克隆质粒、含有和待测样品相同扩增片段的 cDNA、PCR 的产物，把它们分别稀释为不同的浓度，作为模板进行反应。横坐标为标准品拷贝数的对数值，纵坐标为得到的 Ct 值，可做出标准曲线，根据未知样本的 Ct 值，可在标准曲线中得到样本的拷贝数进而对未知样本进行定量。相对定量是在一定样本中靶序列相对于另一参照样本的量的变化，也就是比较经过处理的样本和未经处理的样本之间的相对基因表达差异。常用方法有标准曲线法和 $2^{-\Delta\Delta CT}$ 法，后者是分析基因表达相对变化的一种简便方法。

实时荧光定量 PCR 具有灵敏度高、特异性高和精确性高的优点，此项技术已被应用于

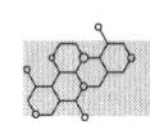

分子生物学、医学、食品检测和环境监测等多个领域，在医学领域的研究应用主要包括病原体检测、肿瘤基因检测、药物选择、疗效判断和优生优育诊断等，并逐渐成为病毒快速诊断的新的金标准。

### （二）数字 PCR 技术

低丰度、稀有突变的检测需求日益增大，第三代 PCR 分析技术——数字 PCR 技术应运而生。数字 PCR（digital PCR，dPCR）技术是一种核酸分子绝对定量技术。它将一个荧光定量 PCR 反应体系分配到大量微小的反应器中，在每个微反应器中包含或不包含 1 个或者多个拷贝的目标核酸分子（DNA 模板），进行“单分子模板 PCR 扩增”。扩增结束后，我们可以通过阳性反应单元（通过终点荧光信号判断）的数目和统计学方法计算原始样本中靶基因的拷贝数。数字 PCR 无须依赖对照样品和标准曲线就可以实现绝对定量的检测。数字 PCR 在进行结果判读时有“有 / 无”两种扩增状态，因此也无须检测荧光信号与设定阈值线，不依赖 Ct 值的判定。所以，数字 PCR 反应和结果判读受到扩增效率的影响大大降低，对 PCR 反应抑制物的耐受能力大大提高；数字 PCR 实验中标准反应体系分配过程可以极大程度上降低与目标序列有竞争作用的背景序列的浓度，因此，数字 PCR 特别适合在复杂背景下检测稀有突变。数字 PCR 具有比传统荧光定量 PCR 更加出色的灵敏度、特异性和准确性，它在极微量核酸样本检测、复杂背景下稀有突变检测、表达量微小差异鉴定和拷贝数变异检测方面表现出的优势已被普遍认可，而其在基因表达研究、miRNA 研究、基因组拷贝数鉴定、癌症标志物稀有突变检测、致病微生物鉴定、转基因成分鉴定、单细胞基因表达、NGS 测序文库精确定量与结果验证等诸多方面具有广阔前景。

以基因拷贝数检测为例，目前，用于分析基因拷贝数的方法主要有 Southern blot 方法、实时荧光 PCR 定量方法和数字 PCR 定量方法。Southern blot 也被称为凝胶电泳杂交技术。该方法利用了硝酸纤维素膜或尼龙膜的特性，可吸附 DNA 进行印迹实验，通过放射自显影设备来检测杂交结果，以检测 DNA 样品中包含的特定 DNA 序列。Southern 印迹法在检测靶基因的拷贝数，开发分子标记和筛选 DNA 文库中起重要作用。传统 Southern 印迹分析的探针通常用放射性同位素标记，技术的操作步骤繁杂，但可能会对操作人员和环境造成放射性危害。该法分析基因拷贝数的操作复杂、耗时长、工作量大且准确性相对较差。

实时荧光 PCR 相对定量检测方法是转基因检测中常用的方法之一。该方法具有特异性强、灵敏度高、可定量分析靶标序列含量等优点，相对于普通 PCR 来说，实时荧光 PCR 相对定量检测方法检出限更低。实时荧光 PCR 定量方法分析基因拷贝数较 Southern 方法耗时短，但依赖于标准品，需要同时构建内源基因和转化体特异性序列的标准曲线，是一种依赖于构建标准曲线的相对定量分析方法，检测结果也存在一定的不确定性。

微滴式数字 PCR 精准定量检测方法是配置 PCR 体系后，通过微滴生成器将混匀后的体系生成上万个油包水微滴，再放入 PCR 仪中进行扩增，最后放入微滴读取仪中读取阳性微滴和阴性微滴的个数，从而来精准定量靶标序列。微滴式数字 PCR 精准定量方法较前 2 种分析基因拷贝数的方法，操作更加简单，不需要标准物质，不依赖于标准曲线的构建，不仅可以更加准确地定量研究靶标序列，而且检测时间更短，结果由仪器判读也可避免操作人员的主观因素造成的误差，获取数据更加方便，结果也更加稳定可靠，实现了真正意义上的绝对定量。微滴式数字 PCR 精准定量检测方法的不足之处是比实时荧光 PCR 检测方法成本高。

相对于实时定量 PCR 方法，进行数字 PCR 检测时需要将样品进行分散，这是该方法最为关键的一步。根据样品的划分方式的差异，数字 PCR 技术可以分为 3 类：基于大规模集成微流控芯片、微反应室 / 孔板和液滴的数字 PCR。其中具有实用价值的数字 PCR 方法主要是芯片式数字 PCR 和微滴式数字 PCR。这两种数字 PCR 方法均在完成数十次 PCR 反应核酸扩增后采用终点检测方法，结合泊松分布获得样本的统计学结果。以上两种方法具有反应体积微量，放映单元可以自动划分，反应单元数量可达百万级别的优势。

数字 PCR 采用全新的核酸定量的方法，不需要标准品和标准曲线进行定量，对样本中含有的 PCR 反应的抑制剂灵敏度很低，检出限根据反应条件的优化情况能检出单拷贝，能够实现在医学各领域的早发现、早预警的作用。还可将数字 PCR 检测方法的研究和检测方法的标准化结合起来，制定战略化、系统化、具有完整性的标准体系，通过标准体系的制定推动该方法的普遍化、产业化，使该方法的标准化建设更加贴近应用实际。与第一、二代 PCR 技术相比，数字 PCR 具有很多优势：①特异性、灵敏度均显著提高；②在不依赖内参和标准曲线的前提下，可直接得到绝对量化指标；③微反应单元相互独立、封闭，避免了 PCR 抑制剂及不同核酸分子扩增产物间的相互干扰，准确度和可重复性较高。

在新冠疫情防控中，以 PCR（聚合酶链式反应）为代表的分子诊断技术发挥了关键作用，也取得了快速发展，尤其是第三代 PCR 技术——数字 PCR 技术优势明显、应用场景丰富，已成为第一、二代 PCR 技术的重要补充手段。

（1）用于病毒检测：第二代荧光定量 PCR 检测技术是目前新冠病毒检测的“金标准”，但由于病毒探针结合位点突变，样本病毒载量不足等原因，临床检测经常出现假阴性结果。相比之下，数字 PCR 具有更高的灵敏度和精准度，有研究表明，对新型冠状病毒（SARS-CoV-2）核酸进行检测，dPCR 的灵敏度和准确性均高于 qPCR，dPCR 能更好地适应痕量样本的检测，检测出荧光定量 PCR 未检测出的感染，可作为 qPCR 的补充。

（2）用于评估临床样本的病毒载量：在人群筛查及临床诊疗中，为科学选取采样方式，需要评估不同的临床样本，如鼻咽拭子、血、尿、粪便、肺泡灌洗液等的病毒载量。数字 PCR 可提供绝对量化指标，能够为采样方法的选取提供有效参考，从而提高病毒检出率。

（3）用于监测环境中的病毒载量：数字 PCR 可对低核酸丰度样本进行有效检测，包括从不同环境，如病房、医院卫生间、实验室等处取样的样本，在疫情防控中发挥了重要作用。此外，数字 PCR 的应用场景还包括不同病程阶段的病毒载量评估、核酸参考品制备、抗病毒药物研发等。

数字 PCR 技术为解决不同场景下的多样化核酸检测需求提供了新思路，尤其是在医学检验，如感染性疾病早期检测、癌症的液体活检、无创产前检查等领域展现出良好的应用前景。

## 第六节　全自动 DNA 序列测定仪和全自动核酸提取仪

分子生物学、分子遗传学和生物化学的迅速发展使人们对生物的认识逐步从器官、细胞水平深入分子水平，随之而来的问题是要清楚地了解基因的结构、序列和功能，因此，核酸序

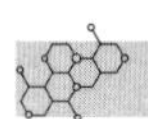

列的测定便成为一个迫切需要解决的问题。随着分子克隆技术的日臻完善，DNA 序列测定的简便方法和仪器设备应运而生，DNA 序列的测定也从手工测定逐步发展到半自动和全自动测定。

## 一、DNA 序列测定仪器的基本原理和结构

### （一）核酸序列分析的基本原理

核酸序列分析的关键是把各种不同长度的核酸片段，按大小有序地分离开并显示出来，凝胶电泳技术的发展正好解决这一问题。在弱碱性条件下，核酸分子中磷酸基团呈离子化状态，带负电荷，在电场中向正极移动。一般情况下，核酸分子的移动速度取决于核酸分子本身的大小和构型，分子量较小的 DNA 比同等分子量的松散型 DNA 或线型 DNA 分子迁移率快。同一分子在不同构型情况下，其迁移率也有差别。因此，测序时必须使核酸分子在完全变性的条件下电泳，才能保证核酸分子在凝胶中的迁移率与分子大小有关。

Sanger 等提出的酶法以及 Maxam 和 Gilbert 提出的化学降解法虽然有所不同，但同样生成互相独立的若干组带有标记物的寡核苷酸，每组寡核苷酸都有固定的起点，但随机终止于特定的一种或者多种残基上。由于 DNA 上每一个碱基出现在可变终止端的机会均等，因此上述每一组产物都是一些寡核苷酸的混合物，这些寡核苷酸的长度由某一特定碱基在原 DNA 全片段上的位置所决定，然后对各组寡核苷酸进行电泳，根据电泳结果即可直接读出 DNA 上核苷酸的顺序。

### （二）DNA 测序仪的基本结构

全自动 DNA 测序仪实际上是一台带有自动检测系统的高压电泳装置，PCR 反应后，样品可自动加样到凝胶中进行电泳。测序时所用的标记物为荧光素，由于不同的 ddNTP 标记了不同的荧光，样品可在同一孔中进行电泳，而不必分 4 个孔。在高压电场的作用下，DNA 片段按照分子大小依次穿过检测区。检测系统在电泳过程中实时进行信号扫描采集，检测窗口有激光器发出的光束，在凝胶中电泳的 DNA 片段上的荧光基团吸收激光束提供的能量而发射出具特征波长的荧光，该荧光被一个灵敏度极高的光电倍增管检测并转化为电信号，这些信号通过模数转换接口装置传入计算机处理。电泳结束后，计算机将其收集到的荧光信号的波长和强度，与空间坐标建立一个多维数据库，其软件可以该数据库为基础模拟显示电泳分离后的 DNA 排列图像并自动读出 DNA 序列。此外，计算机还可以比较同一样品的多次测序结果，以便操作者进一步校正测序结果。

### （三）DNA 序列测定仪器的发展和应用展望

目前的第一代 DNA 自动测序仪与原来的手工测序相比，具有速度快、准确性高、操作简单、分析片段长（可达 1 000bp）等特点。

而发展出来的第二代测序是真正的高通量测序，其突出特征是单次运行产出的序列数据量巨大。高通量测序目前主要在各大生物公司的测序平台进行。常用的 3 种测序平台的工作原理各不相同，其数据量产出、数据质量和单次运行成本也存在一定差异，但一般都由模板准备、测序和成像、序列组装和比对等部分组成。第二代测序技术由于其高通量和低成本的特点，现已广泛用于未知基因组的从头测序、已知基因组的重测序、整个转录组的整体测序、SNP 位点的确认、微小 RNA（miRNA）或非编码 RNA（ncRNA）的探查及测序、转录调控研究等诸多领域。相信随着第二代测序技术的成熟，研究者们用很少的经费就可以对自

己感兴趣的物种进行全基因组测序，在全面了解基因组序列样的基础上更有的放矢地进行科研活动。

近几年，第三代测序技术（也称为单分子测序技术）发展非常迅速，种类有 HeliScope 单分子测序技术、单分子实时测序技术、纳米孔单分子测序技术和 FRET 测序技术等。

单分子测序不需要对待测样品进行扩增，这不仅避免了因扩增而引起误差的可能性，还减少了试剂的使用，大大降低了测序成本，使人类基因组测序花费低于 1 000 美元的愿望变为可能。单分子测序技术虽然现在仍处在研发阶段，但已经显示出极其广阔的应用前景，将为基因组学和个体医学的发展带来划时代的影响。与第二代测序技术相比，单分子测序能够更直观地检测 DNA/RNA 分子的数量和序列结构，从而使核酸分子的检测更加精确。此外，纳米孔测序能够检测到模板序列的碱基修饰，这将对表观遗传学的研究产生极大的推动作用。随着单分子测序技术的逐渐成熟，个体基因组的测序价格会急剧下降，基因组测序有望走向临床诊断，从而推动个体化医疗的发展。

DNA 序列分析已应用在临床遗传病、传染疾病和肿瘤的基因诊断，以及农业、畜牧业的动植物育种，法医鉴定等领域，尤其值得一提的是在人类基因组计划中的应用，它为人类破译全部基因密码发挥了极其重要的作用，其应用前景是非常光明和难以估量的。

## 二、全自动核酸提取仪

在多样化、丰富化、快速化、专业化的分子诊断中，核酸提取作为分子技术分析的上游工作，是整体操作中的关键环节。从复杂多样的样本中提取特异性的、高质量、痕量的核酸，是整个医疗分子技术实验室迅速壮大发展的前提。核酸的自动制备不仅确保了提取核酸质量的一致性和稳定性，还能保护检测人员不受病毒感染威胁。自动化提取不仅大大降低了检验检疫部门的工作量，更减少了手工提取的操作失误，确保了提取核酸质量的一致性、稳定性，除了保护检测人员不受病毒感染威胁之外，还能提高检测速度，GP 自动化核酸提取平台配套利用预封装多样本的核酸提取试剂，仅用时 15min 就能得到高通量冠状病毒样本的核酸，全程检测人员只需要接触样本 1 次，大大减少了受感染的概率。

通过配备在 X、Y、Z 三个方向定位精度达到 0.1mm 的机械臂，八道液体处理工具的每个加样通道均独立编程，在 Z 轴方向独立运动，并可根据要求独立吸取不同体积的液体。

随着医学检验技术的发展和疾病控制力度的加强，原有纯手工化的核酸提纯方法已经难以满足疾控机构大规模、多品种、高通量的实验要求。国内外多项研究表明，磁珠核酸提取系统的效果大大优于手工操作的提取法，因此磁珠分离、可自动化的新型核酸处理技术将成为临床或科研实验室中高效、简便、安全的处理设备。

全自动核酸提取仪的纯化原理是硅胶膜吸附、真空抽滤法；上样体积是 10~500μl，可调节；洗脱体积是 30~600μl，可调节；搭载一次性吸头，也可搭载可洗式钢针进行移液分液操作，且可在一个无人值守的实验流程中自动按需切换使用，能够自动完成基于硅胶膜法和磁珠法的核酸抽提提取，从血液、动植物组织、干血片、小鼠尾巴等样本中全自动纯化基因组 DNA；能够从血清、血浆、拭子、鼻咽分泌物等样本中全自动纯化病毒总核酸。整个仪器结构设计精巧，透明的工作腔便于观察工作情况；大屏幕液晶面板美观大方，操作简单；有完善的保护功能，使用安全，更可靠；是临床基因检测和分子生物学实验室学科研究的得力"助手"。自动化核酸提取平台的通量高、手工操作少、稳定，非常适合用于临床实验室各种

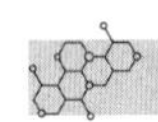

样本的核酸提取。不同的自动化核酸提取平台所用的技术可能存在差异,提取核酸的效率可能不同,评估其提取效果,有助于选择合适的核酸提取平台。

用全自动核酸提取仪进行核酸提取时,加热、剧烈振荡极易造成标本之间或者待检标本和阳性对照之间的交叉污染而出现假阳性结果。因此,每批次检测结束后,应使用紫外灯照射核酸提取仪以消毒。

# 第七节　生物分子图像分析系统

本节主要介绍用于核酸、蛋白质等生物分子的电泳条带、印迹分析和分子量分析的凝胶图像分析系统和用于染色体分析的原位杂交分析系统。

## 一、生物分子图像分析系统的基本结构和原理

### (一) 凝胶图像分析系统

1. **基本结构**　凝胶图像分析系统是用于对生物分子电泳图像进行图像摄取、分析测定和数据输出的一组仪器。此类仪器常由图像摄取、分析测定、数据输出 3 个相对独立的部分组成。图像摄取部分的作用是将电泳产生的图像通过摄像、扫描或储存式磷屏曝光等方式摄录下来,并将其转换成可供计算机分析的数字信号输入计算机。图像摄取通常使用摄像头、数码照相机或扫描仪完成。分析测定部分是把由成像系统产生的电讯号输入计算机后,由专用软件进行分析测定,得出定性或定量的结果。数据输出部分包括打印机、复制机等硬件设备,将分析结果打印成分析报告、照片或者复制成幻灯片、照相负片等。图像摄取、分析测定和数据输出 3 个部分既可集成于一体,组成单独 1 台仪器,又可分别模块化,便于根据需求灵活配置。

不同的凝胶图像分析系统虽然采用不同的技术,但其基本结构和工作原理仍有着相似之处,无论采用何种技术,凝胶图像分析系统最主要的不同在于图像的摄取方式的不同,这是由不同的待测信号所决定的,而图像采集以后的分析测定和数据输出部分则大同小异。

2. **原理**　下面对凝胶图像分析系统的工作原理按其基本结构的 3 个组成部分进行介绍。

(1) 图像摄取:包括可见信号的图像获取以及放射性信号和化学发光信号的获取。拍摄肉眼可见的图像通常可以采取直接拍摄的方法和扫描方法,因此这类仪器常使用摄像头、数码照相机和扫描仪。

使用摄像头和数码照相机的凝胶图像分析系统的结构比较简单,通常包括一台紫外 / 可见光透射仪以及一台摄像头或数码照相机,为了避免在拍摄荧光时受自然光的干扰,一般还包括一个暗箱。摄像头和数码照相机中的感光元件是一个电荷耦合器件(charge coupled device,CCD)。被检标本发出的光通过摄像头或数码照相机的镜头,聚焦于 CCD 上,CCD 将光信号转变为电信号。由 CCD 获得的电信号是模拟信号,须进行模 / 数转换,才可在计算机上作图像显示和分析。

使用摄像头的成像系统具有实时动态观察的优点,可以立即在显示器上获得图像,能随

时根据在显示器上所见的图像进行调整，以获得最佳图像。它的缺点是图像质量相对较差，因为一般的摄像头分辨率较低，一般只有 470lpi × 410lpi，44 万有效像素，而且对信号亮度要求高，可采用高解像度、低照度的冷 CCD 摄像头来弥补这一不足。目前使用的摄像头输出的视频信号是模拟信号，需要在计算机上加装视频捕捉卡，作模 / 数转换，才可以成为计算机所能识别的数字信号。

使用数码照相机的凝胶图像分析系统与使用摄像头的系统相比，优点是图像质量好，分辨率高，一般可实现 1 024lpi × 768lpi，80 万像素以上的分辨率。它能直接输出数字信号，不需要模 / 数转换，也不需加装其他设备。

使用扫描仪的凝胶图像分析系统的工作原理是通过激光发生器产生特定波长的激光，通过扫描头对标本进行扫描，经化学染色的标本发生光吸收，产生不同的光密度，这些光信号被光电倍增管所检测，转换成电信号，经计算机处理后，图像即可呈现在显示屏上。扫描仪具有快速、灵敏，定量准确和功能扩展性良好等优点，缺点是价格比较贵。以扫描仪作为成像仪器的生物分子图像成像系统主要用于荧光、化学染色的图像拍摄。若对扫描光源进行波长调整，并配置合适的储存式磷屏，还可用于放射性信号和化学发光信号的检测。

(2) 分析测定：图像的分析测定必须由计算机来完成，所以主要设备是计算机和专用的分析软件。因为在分析测定中有一定的图形处理和运算，这些处理和运算要求计算机有较高配置的硬件来支持。图像分析和测定的功能主要由专用软件完成，这些分析软件一般包括图像的优化、处理和分析功能，其中分析功能包括电泳结果的自动条带检测、图像转换、分子量计算、定量计算、类比分析和相对含量的分析等。软件的辅助功能有用户数据库系统和数据输出功能等。

(3) 数据输出：数据的输出形式有分析数据和图像数据两种，前者比较简单，使用一般打印机即可。图像的输出形式则较为丰富，一般可采用以下几种打印机：视频打印机，可以直接将显示器上所见的图像打印出来；热升华式打印机，可以打印出照片级的高清晰度图像；还有彩色喷墨打印机；也可以使用复制机直接制成幻灯片。

### （二）荧光原位杂交分析系统

**1. 基本结构**　荧光原位杂交分析系统的基本结构主要由硬件和软件两部分组成。硬件部分的结构组成除荧光显微镜以外，其余部分与凝胶图像分析系统的结构组成相同，如 CCD 摄像头、计算机和打印机等。本分析系统的软件通常包括图像摄取软件和分析软件，在此不作详细介绍。

**2. 原理**　荧光原位杂交（fluorescence in situ hybridization，FISH）技术是在原位杂交技术的基础上建立起来的，起初所用探针由放射性核素标记。1981 年，Bauman 首次应用荧光素标记 DNA 探针进行原位杂交，继而 Langer 成功地应用生物素标记的核苷酸探针进行原位杂交。FISH 的原理是固定于载玻片上的间期细胞核 DNA 或中期细胞染色体 DNA 经变性形成单链后与经生物素标记的探针进行杂交，经荧光素标记的亲和素与靶 DNA 的探针上的生物素产生反应，将信号放大，荧光分子被特定波长的光所激发，处于不稳定的高能态，当荧光分子由不稳定的高能态回复到稳定态时，会释放出一定波长的荧光，从而显示被检核酸的存在。

**3. 应用**　荧光原位杂交技术是分子细胞遗传学领域中一个重要的技术手段，其应用范围越来越广。目前这一技术主要用于：①观察染色体结构异常（包括遗传性疾病、先天性疾

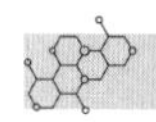

病的诊断和产前诊断，白血病标志染色体的鉴别、辅助诊断和鉴别诊断，白血病疗效判断和预后判断等）；②基因定位和基因制图；③病毒基因插入基因组部位的检测；④基因倍增和缺失的检测；⑤在转基因工程中的应用。除此之外，FISH 技术还应用于特定核酸序列在细胞内的分布的分析以及核酸复制过程的研究等。

荧光原位杂交分析系统的图像摄取、数据分析和输出的原理与凝胶图像分析系统的原理一致，在此不再重复讲述。

### 二、生物分子图像分析系统的发展和应用展望

图像分析系统作为一种工具，可对各种图像进行定性、定量分析，如用于 DNA、RNA 和蛋白质凝胶、印迹、各种杂交技术、各类显微图像、组织和细胞培养等方面。随着基因芯片技术和网络技术的发展，图像分析系统将实现基因芯片阅读和远程会诊图像交流等功能。生物研究技术的不断发展使对图像分析系统的要求朝着更清晰、更精确、功能更齐全和自动化程度更高的方向发展。因此，在对图像的清晰度及色彩还原程度，对光源的选择，对图像系统的硬件设备，对软件的分析功能以及对操作的自动化程度等方面提出了更高的要求。

## 第八节　生物芯片相关仪器

生物芯片（biochip 或 bioarray）是指包被在固相载体上的高密度 DNA、抗原、抗体、细胞或组织的微阵列（microarray），是可以用来完成检验分析、监测和化学合成等用途的精密微小化设备。它包括 DNA 芯片、抗原芯片、抗体芯片、细胞芯片和组织芯片等。狭义上的生物芯片是 DNA 芯片的代名词。微阵列表示 DNA、抗原、抗体、细胞或组织等样品的有序排列，狭义上是指 DNA 样品的有序排列。

生物芯片技术的核心是核酸杂交技术。生物芯片是生命科学、计算机与物理学等其他领域高级技术结合的产物，生物芯片技术的突出特点在于高度并行性、多样性、微型化和自动化。高度并行性不仅可以大大加快实验的进程，而且有利于芯片技术所显示图谱的快速对照和阅读。多样性是指在单个芯片中可以进行样品的多方面分析，从而大大提高分析的精确性，避免因不同实验条件产生的误差。微型化可以减少试剂用量和减少反应液体积，提高样品浓度和反应速率。自动化则可以降低制造芯片的成本和保证芯片制造质量的稳定。生物芯片的重要意义包括：①按照程序编进芯片里的 DNA 可以从化学的角度来识别真正的基因（天然的 DNA），而且精确度相当高，以至于可以显示出被测基因的活动程度和变异程度；②可以一次性检测上万个基因的活动，从而具备了进一步了解细胞工作复杂性的潜能。

### 一、生物芯片相关仪器介绍

生物芯片技术主要包括 3 个环节：芯片制备、杂交和结果分析，每一环节的操作都有相应的仪器支持。与生物芯片相关的仪器主要有点阵仪、杂交仪和扫描仪。

#### （一）点阵仪

点阵仪（arrayer）是制备芯片的仪器。点阵仪一般采用实心或空心点样针，点样的方式

有非接触喷点(ink-jet printing)和接触点样(contact printing)两种。

目前有两种非接触喷点技术用于DNA点样，一种是用压电晶体将液体从孔中喷出的压电技术(piezoeletric technology)，喷滴大小一般为50~500pl；另一种为注射器螺线管技术(syringe-solenoid technology)，这种技术是通过高分辨率注射器泵和微螺线管阀门的有机结合来精确控制液滴的。非接触喷点技术的优点为：①分注射体积可控；②分注机制与表面特性无关；③适用于有孔表面(如膜)的点样；④无来自表面的污染之忧；⑤对脆弱表面不会造成损伤。

使用非接触喷点技术点样时要考虑：①表面静电荷会影响液滴向表面活动的轨迹，这可以通过将表面离子化或在潮湿环境下操作加以克服；②液滴的黏稠度能影响点样大小，黏度大的液体易形成较大的点，喷点黏度过高的液体时偶尔会发生液体的飞溅。

接触点样是通过针点印制(pin printing)完成的。这种方式是用较为坚硬的针头浸到样品中，蘸取少量液体，当针头与固相表面接触时，液体会因针头、液体和玻片的表面张力落在玻片表面，点样体积的单位可以从皮升(pl)到纳升(nl)。点样针可以通过虹吸作用将样品从微孔板中吸出，针头向下运动接触玻片后产生的表面张力使样品滴于玻片上。点的大小取决于针向下运动和离开玻片的加速度以及玻片的表面张力。针向玻片运动的加速度与点的大小成正比，因此可以通过调节点阵器来控制点的大小。早期的针头是实心的，每次蘸取的液体只能点样一次，点样效率较低。目前根据需要发展的空心针(spilit pin)或羽毛针(quill pin)，一次点样可以点多个点。针点印制的优点是操作简便、相对便宜、点样点小和点样中样品浪费少。

### (二) 杂交仪

杂交是生物芯片操作过程中的关键部分。目前大多数情况下，杂交均在保湿盒内完成，使标记探针只能通过扩散作用进行杂交，反应极慢且操作时间长。

美国Genomic Solutions公司推出了GeneTACTM杂交仪，该系统是一种全自动的芯片杂交仪，能实现调节、加探针、漂洗和热循环的自动化，杂交在密闭环境进行，一次可以杂交2或12片芯片，最多可设置5种不同的洗涤液。该系统有6个独立的珀尔帖(Peltier)控温元件，在整个杂交过程中能精确地控制温度。液体处理使用真空输送系统结合高精度微流体通道，洗涤时间和热循环条件的精确控制使每片芯片之间和每日之间的杂交重复性极佳。杂交仪能进行原位振动，能使反应动力学加快和防止部分区域干涸，保证mRNA在整个杂交过程中的流动，提高了灵敏度。

### (三) 扫描仪

芯片杂交后荧光的观察可以通过CCD直接成像系统或激光共聚焦扫描仪分析结果。直接成像系统一般包括：①激光光源，一般为过滤的光谱(钨或弧光灯)光源，照射整张玻片；②高灵敏度的CCD摄像头与合适的光学器件和滤光片相配，CCD摄像头是一组光敏元件，可以摄取诱发的荧光，每点像素值代表相应点阵区的光强度。直接成像系统的优点是配置简便和数据获取快速，缺点是空间分辨率(spatial resolution)低和灵敏度差。灵敏度差是由于激发光强度低和从大面积范围内收集诱发荧光的效率较差。激光共聚焦扫描仪是用共聚焦荧光显微镜通过物镜将激光发射至玻片，并通过同一物镜扫描玻片收集诱发的荧光，物镜上方的二色镜可以同时检测到两种波长的诱发荧光。扫描系统的主要优点是高灵敏度和高空间分辨率，但是这种系统需要复杂的固定装置，以使对玻片的扫描准确无误。扫描系统

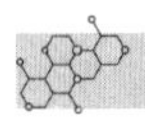

的分辨率一般为 10μm，灵敏度为 0.5 个分子 /$cm^2$ 的数量级。目前常用的激光发射波长为 543nm（Green HeNe）、637nm（HeNe）和 488/543nm（氩离子）。

## 二、生物芯片的发展和应用展望

生物芯片总的发展趋势是微型化（DNA 矩阵越来越小）、集成化（矩阵上的基因组越来越大）、多样化（测定范围越来越广）、微量化（测定样品量越来越少）、全自动化（样品制备到结果显示全部分析过程）和定量测定，并将形成 DNA 矩阵的基本信息库。另外，技术的更新速度将越来越快，计算机软件的功能也会越来越强大。未来的发展趋势是研制出高度集成化的集样品制备、基因扩增、核酸标记检测于一体的便携式生物分析系统。

毛细管电泳芯片技术、PCR 芯片技术、芯片细胞分析技术、缩微芯片实验室、微珠芯片技术、芯片免疫分析技术及采用芯片作平台的高通量药物筛选技术等高新技术发展极为迅速。

### （一）毛细管电泳芯片技术

毛细管电泳芯片经过不断的发展，已明显显示出其高质量和高速度的电泳分离的优势，毛细管电泳芯片已被用于分离荧光染料、荧光标记氨基酸、金属离子等，同时它也可以用于分离 DNA 样品，如 DNA 限制性片段、PCR 产物等。

### （二）PCR 芯片技术

由于目前所用的检测仪器的灵敏度还不够高，因此从生物体中得到的 DNA 在标记和应用前都需要扩增复制。如对一个肿瘤的活体解剖样品进行检测时，需要在几千个正常基因中寻找到一个异常的癌基因，很显然这需要对样品 DNA 进行必要和特定的放大才易于检测。

### （三）微缩芯片实验室

随着生物芯片检测自动化程度的不断提高，在生物芯片的基础上发展出了微流体芯片（microfluidics chip），也称微型全分析系统（micro total analytical system，MTAS）或缩微芯片实验室（lab-on-a-chip，LOC），这种芯片可能最接近生物芯片概念的核心理念。建立这种新型概念实验室的最终目的是通过集成电路制作中的半导体光刻加工那样的缩微技术，在一张芯片上完成样品（如血液、组织等）制备、化学反应、检测和数据分析等生命科学研究中的许多不连续的分析过程。缩微芯片实验室的核心技术是在芯片上含有 DNA 样品制备、纯化与检测等微电子结构，因而可以快速、精确地完成从样品制备到反应结果显示的全部分析过程，可以有效克服人工操作的实验误差，系统稳定性极佳。目前，含有加热器、微泵微阀、微流量控制器、电子化学和电子发光探测器的芯片已经研制出来，也已经出现了将样品制备、化学反应和分析检测部分结合的芯片，相信在不久的将来将出现包括全部实验过程的缩微芯片实验室，进一步结合卫星传输和网络生物信息学的技术资源，真正实现高通量、一体化和移动性的“未来型掌上实验室”的构想。

### （四）微珠芯片技术

微珠芯片（bead array）是一种随机排列、自组装的芯片，与其他类型的芯片相比，技术上有重大突破，表现出许多优异的特性。首先是芯片密度得到极大的提高，珠子的直径只有 3~5μm，珠子的密度可达到每平方毫米 5 万个，每平方厘米 400 万个，而每个珠子相当于原来芯片上的一个探针。其次是检测方便，玻璃珠的荧光信号可以通过光纤传到后面的分析装置，仪器体积可以很小，类似于生物传感器。另外，多个微珠芯片可以做在一个底盘上（array of array），同时检测 16 孔、96 孔、384 孔、1 526 孔板里的多个样品，通过一次操作可获得多个样品的数据，同时并行可获得每一个样品的成千上万个参数。

### （五）抗体和蛋白质阵列技术

随着蛋白质组学（proteomics）的兴起，一种基于芯片技术的蛋白质检测的先进方法——抗体和蛋白质阵列技术（antibody and protein-array technology）也在迅速发展，可望能够快速定量分析蛋白质，这可能是一种新的制备高质量抗体的方法，抗体可以像 cDNA 微阵列一样定位于芯片上，蛋白质组的鉴定将更加简便、大通量和高自动化，必将对蛋白质组学的发展产生巨大的推动作用，有可能使用蛋白质微矩阵监测健康状态和诊断疾病。生物芯片还可以直接对基于表达的产物进行检测。由于蛋白质微阵列技术不受抗原 - 抗体系统的限制，故可以为高效筛选基因表达产物及研究受体 - 配体的相互作用提供一条新的有效途径。

生物芯片将与电子及网络等技术相结合，产生更高效率的基因芯片，这是未来芯片发展的必经之路。重视和加强生物芯片与物理学、生物化学等多学科，以及和计算机、纳米等高新技术的交叉渗透，将为基因芯片的发展提供更为高精尖的手段。

# 第九节　生物质谱仪

科学家们为了解决生命科学研究中有关生物活性物质的分析问题，开发了生物质谱仪（biomass spectrometry），它主要是用于测定生物大分子，如蛋白质、核酸和多糖等的结构。生物质谱是目前质谱学中最活跃、最富生命力的研究领域之一，是质谱研究的前沿课题。它推动了质谱分析理论和技术的发展。

## 一、生物质谱仪的基本原理和结构

J.J.Thomson 于 1906 年发明质谱，20 世纪 20 年代质谱才逐渐成为一种分析手段为化学家所用，20 世纪 40 年代质谱开始广泛用于有机物质的分析。直到 20 世纪 80 年代，科学家发现新软电离技术能用于分析高极性、难挥发和热不稳定的样品，生物质谱才发展起来。目前用于生物大分子质谱分析的软电离质谱技术有电喷雾电离质谱（ESI-MS）、基质辅助激光解吸电离质谱（MALDI-MS）、快原子轰击质谱（FAB-MS）、离子喷雾电离质谱（ISI-MS）、大气压电离质谱（API-MS）等。

### （一）基本原理

质谱分析的基本原理是使所研究的混合物或单体形成离子，然后使形成的离子按质量，确切地讲按质荷比，进行分离。

### （二）基本结构

质谱仪主要由进样系统、离子源、质量分离器、离子检测器及真空系统组成。

1. **进样系统**　质谱仪的样品在几微克、高真空（$10^{-4}$~$10^{-3}$Pa）的条件下进样。进样方式分为加热进样（用于高沸点的液体或固体）和直接进样两种。近年来，在色谱质谱联用技术方面，气相色谱仪和液相色谱仪也是一种很有效的进样部件，经色谱柱分离的组分流过连接

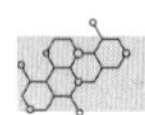

到真空系统的分子分离器，进入离子源。

2. **离子源** 质谱仪中最重要的组成部件之一，它的作用是使气化样品中的原子、分子电离成离子，经高电压加速后，进入质量分离器。离子源的性能对质谱仪的灵敏度和分辨本领有很大影响。在生物质谱仪上常见的离子源有电喷雾电离源（ESI）、基质辅助激光解吸电离源（MALDI）、快原子轰击电离源（FAB）、离子喷雾电离源（ISI）和大气压电离源（API）等。

3. **质量分离器** 质谱仪的重要组成部分，其作用是将离子室产生的离子，在电磁场的作用下，按照质荷比的大小分离开来。生物质谱常用的质量分离器有飞行时间分离器、四极杆质量分离器和离子阱质量分离器。

4. **离子检测器** 经过质量分离器分离后的离子，到达接收、检测系统进行检测，即可得到质谱图。在生物质谱中，对于离子的接收和检测，一般采用二次效应点检测法。二次效应点检测法由电子倍增管和放大器组合，质谱仪的检测灵敏度可达到 $10^{-19}$A。此法的特点是时间常数小，分析速度快，灵敏度高，稳定，能直接接收离子。

5. **真空系统** 真空状态是质谱仪不可缺少的工作条件。在质谱仪中凡是有样品分子和离子存在的区域都必须处于真空状态。否则，残余气体会与飞行中的离子碰撞，产生一系列干扰，如散射、离子飞行偏离、质谱图变宽等；而残余空气中的氧还会烧坏离子源的灯丝。但真空度不能过低，过低会使本底增高，甚至会引起分析系统内的电极之间放电。质谱仪的真空度一般保持在 $10^{-5}$~$10^{-4}$Pa。

## 二、生物质谱仪的发展和应用展望

蛋白质是生物体中含量最高、功能最重要的一类生物大分子。它存在于所有生物细胞中，约占细胞干质量的 50% 以上，它在生命科学中占据重要地位。它的结构分析是生命科学的重要课题，质谱法越来越引起人们重视。用质谱法分析蛋白质的高级结构将是生物质谱未来研究与发展的方向。

关于蛋白质和多肽分子量的测定，FAB 质谱只适用于分析分子量小于 6 000Da 的肽或小蛋白，如酶水解或化学降解的蛋白质或人工合成的寡肽；而更大分子量的多肽和蛋白质可用 MALDI 质谱或 ESI 质谱分析。

质谱法测定多肽和蛋白质序列，是依据其质谱中碎片离子而推导出来的。为了得到序列离子和更好地解释肽质谱中离子的结构，常采用串联质谱法（MS/MS）。“绘制肽图”是测定蛋白质序列的一个重要方法。所谓“绘制肽图”是将蛋白质进行酶解，将酶解产物用质谱分析，得出各肽段的分子量；根据酶解的选择性，将各组分与已知结构的肽对照，或用串联质谱法将各片段肽进行测序，然后推导整个蛋白质序列。

核酸是与蛋白质相似的一种生物大分子，核酸的构成单位不是氨基酸，而是核苷酸。核酸分为脱氧核糖核酸（DNA）和核糖核酸（RNA）两大类。DNA 是遗传信息的载体，RNA 则是蛋白质生物合成中起重要作用的物质。其结构分析是生命科学中一个非常重要的课题。近年来发现质谱是进行核酸一级结构分析的最有力手段。用质谱法检测核酸一级结构，就是检测其分子量和碱基排列顺序。

生物学家曾认为糖类的生物功能仅是为生物机体提供能源，维持生命。近年分子生物学、细胞生物学和生物化学等学科的发展，揭示了许多重要生物活性物质都含有糖成分。糖复合物作为信息分子，对于细胞的识别、增生、分异，以及维持生物体免疫系统、生殖系统、神经系统的正常功能和新陈代谢都具有重要作用，有些寡糖和多糖具有增强免疫力、抗辐射、抗肿瘤活性的功能，可以作为药物应用。于是糖类成为蛋白质和核酸之后，被人们所重视的生物大分子。生物学界在探索生物活性分子结构与功能的研究中，迫切要求测定糖的结构，而质谱法则是测定糖的结构的有用手段。FAB、ESI、MALDI 软电离技术都适用于分析高极性、难挥发、热不稳定的糖类。

## 第十节　流式细胞仪

细胞是组成有机体的形态和功能的基本单位，任何生物现象无不来自细胞的功能，不同分子体外检测实验得到的结果也需要细胞层面实验的进一步佐证。流式细胞术（flow cytometry，FCM）是一门综合了激光技术、计算机技术、半导体技术、流体力学、细胞化学等多种学科知识的自动分析技术，即利用流式细胞仪对悬浮的细胞或微粒（生物粒子）等进行快速、多参数的理化及生物学特性分析的方法。它集单克隆抗体技术、激光技术、计算机技术、细胞化学和免疫化学技术于一体，能同时检测单个细胞的多项指标，对细胞进行自动分析和分选。它可以快速测量、存贮、显示悬浮在液体中的分散细胞的一系列重要的生物物理、生物化学方面的特征参量，并可以根据预选的参量范围把指定的细胞亚群从中分选出来，因而已广泛应用于生命科学的各项研究领域中。其特点是测量速度快，最快可在 1 秒内测量数万个细胞；可以对同一个细胞做有关物理、化学特性的多参数测量，并具有明显的统计学意义，是一种高科技、综合性的实验技术和方法，它综合了激光技术、计算机技术、流体力学、细胞化学、图像技术等多领域的知识和成果，既是细胞分析技术，又是精确的分选技术。

### 一、流式细胞仪的基本结构和工作原理

流式细胞仪主要由液流系统、细胞分析仪（光学系统）和工作站（电子系统）三个组件构成（图 35-15）。

液流系统包含两个部分：流体容器和流体模块。流体容器至少包括两个，一个鞘液容器和一个废液容器，根据仪器运行要求调整鞘液和废液。流体模块位于细胞分析仪的右侧。在模块内部，除工作泵、阀门和导管之外，还有鞘液过滤器和深度清洁溶液瓶。液流系统有助于以稳定的速率将鞘液传输至流动室，形成一个层状流体系统，确保所测试的颗粒按顺序通过检测区域。

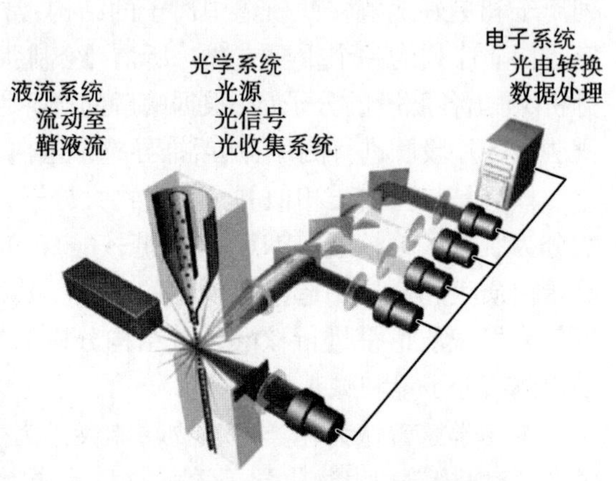

图 35-15　流式细胞仪的基本结构

细胞分析仪含有样品试管托架、进样针、清洗台和搅拌器等部件，内部安装光学系统，有一根或多根激光管，用于激发特异荧光染色的细胞或微粒，使其发出荧光，供收集检测。样品试管托架可以支撑样品试

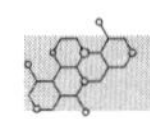

管以进行测试，例如 12mm × 75mm、1.5ml 和 2ml 微管。进样针可以将样品吸入并输送至流动室。清洗台和搅拌器可以在取样过程中自动摇晃并搅拌样品，当仪器进行回洗时，样品探针会自动清洁。细胞分析仪可以进行样本采集，生成并收集信号，还可以选配自动上样器用于样本批量采集。日常 QC 荧光微球是一种荧光微球悬浮液，可用于对流式细胞分析仪的光学校准和对流体系统进行日常验证。细胞分析仪最重要的是光学组件，光学组件位于细胞分析仪的上部，在打开顶盖后可见。光学组件包含三个部分：光学工作台、以波分多路复用器（WDM）为基础的检测仪阵列和光纤。每个 WDM 均包含滤光片和检测仪，用以检测来自特定激光器的通道荧光或散射光，确保滤光片和软件设置与每个通道相符合。光纤则针对特定的激光通道传输发出的荧光。光学组件内的激光器和信号检测仪等组件用于激发、传输并收集光学信号。光学工作台顶盖配有激光器联锁，除非顶盖紧闭，否则其会关闭激光器。

工作站可显示并控制工作站的内容，显示细胞分析仪生成的数据，控制仪器运行、实验数据采集以及结果分析。

流式细胞仪是以流式细胞术为基础，快速精确地对单个细胞的理化性质进行定量分析和分选。流式细胞仪的工作原理是将待测细胞经特异性荧光染料染色后放入样品管中，蠕动泵将样品抽取至充满鞘液的流动室，在鞘液的约束下细胞排成单列由流动室的喷嘴喷出，形成细胞柱，经过聚焦整形后的光束垂直照射在样品流上，被荧光染色的细胞在激光束的照射下，产生散射光和激发荧光，再转换成连续的电信号被计算机识别。

流式细胞仪以激光作为发光源。首先，待测细胞或微粒被制备成单细胞悬液，经特异性荧光染料染色后置于专用样品管中，在恒定的气体压力推动下被压入流动室，流动室内充满鞘液（不含细胞或微粒的缓冲液），在高压作用下鞘液从鞘液管喷出包裹细胞，使细胞排成单列，形成细胞液柱，依次通过检测区。然后，液柱与高度聚焦的激光束垂直相交，被荧光染料染色的细胞受到激光激发，产生荧光信号和散射光信号。这些荧光信号的强度代表了所测细胞膜表面抗原的强度或其核内物质的浓度，光信号通过波长选择的滤光片，由相应的光电管和电子检测器接收并转换成电信号。这两种信号同时被前向光电二极管和垂直方向的光电倍增管（PMT）接收。光散射信号在前向小角度进行检测，称为前向散射，这种信号基本上可反映细胞体积的大小；90° 散射光又称侧向散射，是指与激光束 - 液流平面垂直的散射光，其信号强度可反映细胞部分结构的信息。荧光信号的接收方向与激光束垂直，经过一系列双色性反射镜和带通滤光片的分离，形成多个不同波长的荧光信号。这些荧光信号的强度代表所测细胞膜表面抗原的强度或其细胞内、核内物质的浓度，经光电倍增管接收后可转换为电信号，再通过模 / 数转换器，连续的电信号转换为可被计算机识别的数字信号。计算机把所测量到的各种信号进行处理，将分析结果显示在屏幕上，也可以打印出来，还可以以数据文件的形式存储在硬盘上以备日后的查询或进一步分析。

## 二、流式细胞仪的操作方法与注意事项

具体的操作通常包括：开机—开机流程—启动质控—新建实验与样本采集—数据分析—每日清洗—关机。

### （一）开机

⑴开机前请检查鞘液是否充足，废液容器是否排空。

⑵打开流式细胞仪背面的开关(总电源上方),仪器进入2min自检程序。

⑶打开软件,确认软件最下方的指示灯状态,可进行下一步操作。

⑷开机流程(8~10min):点击软件的菜单栏细胞仪开机流程;按照指示,初始化—放置2ml去离子水—开始。

**(二)启动质控**

⑴样品准备:500μl去离子水加2~3滴日常QC荧光微球(加微球之前要充分摇匀)。

⑵点击菜单栏—启动质控—选择QC荧光微球所对应的批号,点击开始,结果显示质控通过,可进行下一步操作。

**(三)新建实验与样本采集**

⑴新建实验:菜单栏点击文件—新建实验或从模板新建实验,并选择保存途径。

⑵设置通道:菜单栏点击设置—设置通道,选择对应的实验通道,并应用于相应的样品管,点击确定。

⑶添加试管:选择添加的样品管。

⑷创建图形和门控:使用图形区域的绘图控制,以创建图形,生成图标,并确认坐标轴参数,可选直方图、点图、批量直方图、批量点图。

⑸开始实验:点击初始化—放置样品管—点击开始,即上样,记录数据,选择“记录”以显示并保存数据。使用“记录”避免用户之后修改数据。

**(四)采集参数设置**

根据实验,主要确定门控、阈值、增益、补偿等条件的设置。

**(五)每日清洗**

点击菜单栏的细胞仪—每日清洗,按照提示,首先上2ml清洁溶液,然后上2ml去离子水。清洁溶液可用含1%氯浓度的溶液代替。

**(六)关机**

⑴检查废液桶是否需要清理。

⑵退出软件,仪器进入待机状态。

⑶关闭计算机。

⑷关闭仪器的主电源开关。

**(七)在使用过程中的注意事项**

⑴使用前检查鞘液和废液容器,确认鞘液容器中有足够的鞘液且废液容器已排空。

⑵质控微球容易沉淀,加样和上样前一定要混匀。装有已稀释的日常QC荧光微球的孔板最多可在2~8℃的阴暗环境中存放3~5d。

⑶如果皮肤接触到废液容器、容器内容物和容器软管,会导致生物危害污染。废液容器及其相关软管可能含有残留生物材料,必须谨慎处理。应及时清洁溢出物。

⑷为了避免污染滤光片,操作时,请务必佩戴干净的实验室手套,轻拿轻放,勿用手指或其他物体触碰镜片表面。

⑸细胞分析仪激光器覆盖有防护罩,严禁取下这些防护罩。

⑹如果从反射面(例如镜子或闪亮金属表面)直接或间接查看,激光束可导致眼睛损伤。为了防止眼睛损伤,请避免直接暴露于激光束下。请勿直接查看或使用光学仪器查看。

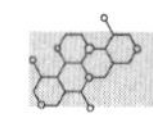

(7)即使每天工作 24h,也至少要关机一次,重新启动激光必须在仪器关闭 30min 之后。

(8)每次做完实验后应进行每日清洗操作。

(9)每周对样品台进行一次清洁。用有效氯浓度为 0.5% 左右的漂白水擦拭样品台表面以及半自动进样器底部。

(10)至少每两周执行一次深度清洗,仪器超过两周未使用时也建议进行深度清洗。深度清洗时应清洗仪器的流动室。每 2~4 周清洗一次空气滤膜。

(11)每月清洗鞘液盒一次,每 60d 清洗清洁液盒 1 次。清洗时,勿将次氯酸钠溶液留在鞘液容器中超过 10min。使用去离子水来冲洗废液容器和废液线束,确保无次氯酸钠残留。

(12)若细胞分析仪长时间处于闲置状态,则可能会出现错误结果。若系统长时间处于闲置状态,请进行充注。

(13)定期添加深度清洁溶液,更换鞘液过滤器,更换蠕动泵软管等。

### 三、流式细胞仪的发展和应用展望

流式细胞仪主要应用于分析细胞表面标志、细胞内抗原物质、细胞受体、肿瘤细胞的 DNA、RNA 含量和免疫细胞的功能等。目前流式细胞技术已经得到广泛应用,如在临床医学中用于淋巴细胞亚群分析、血小板分析、网织红细胞分析、白血病和淋巴瘤免疫分析、人白细胞抗原 B27 表型分析、阵发性睡眠性血红蛋白尿症诊断、人类同种异体器官移植、艾滋病的诊断和治疗、临床肿瘤学分析、临床微生物学分析等,在基础研究中用于 DNA 分析、细胞凋亡分析、树突状细胞研究、造血干 / 祖细胞研究、细胞膜电位测定、胞内钙离子测定、胞内 pH 值测定、细胞内活性氧检测、蛋白磷酸化检测、染色体分析等。

现在,流式细胞仪同时向两个方向发展。一方面,大型机越来越复杂,能检测和分选不同类型的细胞,也能检测一个细胞的多种信息,而且仪器越来越灵敏,分选速度越来越快。尽管如此,大型机仍然在继续发展,它的进步始终标志着该技术和方法学发展的最前沿。另一方面,台式机外形越来越小巧,功能越来越强大,光学系统和液流系统更稳定,调节更简单,更易于操作,并且增加了批量采集的高通量自动上样和自我检测等智能化功能,已经成为实验室必备的分析仪器。

## 第十一节　细胞成像系统

由于细胞的结构复杂及体积小,要完全搞清楚其亚结构以及它在原位活体状态下各组分间的相互作用有相当的难度。目前,由于成像技术及相关领域的发展,对细胞结构及功能的认识正发生着从个别到群体、从形态结构到亚结构、从稳定态到原位活体的转变。细胞成像技术经历了从简单的显微成像、具有荧光功能可拍摄视频的成像、具有高精度荧光长时间成像功能的显微镜组合成像到高通量实时活细胞成像分析几个不同的阶段。

传统荧光显微镜只能针对单一视野样本或少量细胞进行单一时间点分析,不具备统计学意义;此外,在进行活细胞分析时,多样本分析不能进行平行检测分析,不能保证各样本之间的环境条件一致性,平行检测时间长,系统误差大。活细胞成像技术对于活细胞实时、动态变化的观察使得研究人员对细胞运作的整个过程认识得更加深入，并且保证了实验结果的真实可靠，不仅能够在亚细胞水平观察线粒体、内质网等在细胞的动态变化，也能够在分子水平研究细胞的功能，具备了从基础的图像拍摄到高内涵分析的各项功能，同时操作简便，易于学习，不需要复杂耗时的培训，已经成为细胞生物学、发育生物学及医学研究中一项必不可少的技术。

## 一、细胞成像系统的基本结构和原理

所谓细胞成像就是指通过对细胞内部或外加的某些物质加以诱发，使细胞中某些特定部位在特定环境下发光，然后对其进行成像的过程。

活细胞成像技术主要是在活细胞状态下通过采集显微镜下的图像来研究活细胞的方法。一套完整的活细胞成像系统包括全电动荧光显微镜、合适的光源、高速电动荧光光闸、载物台、聚光镜、激发光 / 发射光的滤色片转轮、高速高灵敏冷 CCD、活细胞培养系统、控制软件等。活细胞成像系统的内部放置多种培养容器，在其下方有显微照相设备，通过显微拍照，实现对多组细胞的连续监测，为准确简便地分配试剂，可选配双注射器泵自动加样器。仪器支持同步分液和测量，从动力学反应起始就即时跟踪整个反应过程。这一功能在闪光反应、$Ca^{2+}$ 通道及其他快速动力学应用中尤其有意义，并且加液的步骤可以在实验的任何阶段，以任意顺序进行，这就可用于如 ATP 及报告基因等连续多步检测实验。

成像模式包括荧光、相差 & 数码相差、明场 & 高对比度明场、彩色明场动态成像与视频合成。荧光及明场检测满足 1.25 至 100 倍物镜成像的需求，荧光模式下可对细胞或其他标记样品进行多种不同荧光激发检测，实现多场叠加成像。明场成像可在非染色标记情况下对样品进行成像分析，并可以和其他荧光场图像进行叠加，同时也可以对 H&E 染色样品进行高清成像。成像方式包括单色、多色、图像拼接、时间延迟、Z- 轴层切叠加触发模式。活细胞成像技术可完成细胞样品静态成像；可进行长时间动态图像捕获，采集不同时间点的样品图像，并给出动态结果和动态视频；可对区域样品进行无缝图像拼接，获得样品整体图像结果；在 Z 轴方向可进行分层成像，并进行叠加，使样品具有 3D 成像效果。活细胞培养系统常具有优质的温控系统，并可以控制检测仓内 $CO_2$ 和 $O_2$ 的浓度，可进行连续性细胞动力学实验。仪器具有侧位和原位两种自动加样头可选，侧位加样头可以在加样后对细胞进行成像，适合常规生物学分析；原位加样头则可以在加样的同时进行成像，适用于快速生物学分析，如离子通道或钙流。在耗材兼容性上，6~1 536 孔板、显微镜玻片、细胞培养皿、培养瓶等均可使用，极大地拓展了产品在细胞生物学研究领域的应用范围。因此，高通量智能化分析的活细胞实时分析系统成为更适合科学研究、实验教学过程中细胞分析的细胞培养检测系统。该类系统的高端产品通常采用一体式机器设计，组合严密，使用管理简单，满足高速成像需求，实现高速孔板荧光信号检测。该类系统一般配备高精度电动扫描功能，可适配组织切片、细胞玻片、组织芯片和微流控芯片数字成像功能模块，从而极大地拓展了时间检测的应用空间，在今后必将带来非常大的灵活应用空间。

## 二、细胞成像系统的功能特点及使用

细胞成像分析系统是显微成像分析系统，它专门为活细胞检测所优化，最高可使用 100 倍的油镜，便于获得细胞内部的细节影像，具备明场、彩色明场、相差、荧光场检测模块，极大

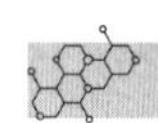

限度地满足各类细胞成像检测的需求。细胞成像分析系统基于图像的自动聚焦和激光聚焦，可实现高画质高通量静态成像、整体无缝拼接成像、Z 轴层切与叠加成像。由于可以配合气体、温度和湿度控制功能，细胞成像分析系统可保证细胞在最为理想的理化条件下进行长时间动态图像捕获，同时还可配置自动加样器，提供更为高端快速的成像体验。

使用时，可手动成像或自动成像，按相应控制软件的指示，选择成像孔板类型，进入成像界面，并依据顺序设置各参数后进行成像。实验结束后，务必保存全部实验信息。

该设备能够实现活细胞的长时间、实时动态成像观察及功能分析，成像过程中自动对焦，且可设定自动曝光时间以满足更多的实验要求；整个活细胞观察过程不需要让细胞离开培养箱，实现活细胞变化实时观察，实验周期不受限制；具有远程实验访问系统，连接局域网的任何一台计算机上都可以根据权限控制系统，连接图像和数据，并可设置多个用户，分析客户端无安装限制。

活细胞成像技术面临的一个最主要的挑战是如何在整个实验过程中保持细胞的活性，并使细胞的机能尽可能接近自然状态，还需要留意整个实验过程中的光照特别是荧光光照对细胞具有的光毒性。

在使用过程中需要注意以下几点。

1. 在手动模式下，选择高倍物镜前，先选择一个恰当的成像孔。同时，使用手动聚焦会比自动聚焦的效果更好。

2. 当使用高倍镜，如 20×、40× 和 60× 时，需要通过调整校正环来适应样品器皿底部的厚度。如果没有调整好校正环，将会导致自动聚焦出现困难，同时捕获的图片也会模糊不清。

3. 确认校正环已经调整到与器皿匹配的位置。

4. 如实验所用板高度与标准高度一致，则无须进行额外设置，可跳过以上参数设定步骤，直接进入手动成像步骤。孔板高度的设置非常关键，实验前需要确认。

5. 利用手动成像模式，在明场成像下测试样品的最佳扫描方法，以便获得优异的图片。首先在手动模式下获得样品 z 轴层切需要的最优参数，通常可根据物镜的景深来判断 z 轴层切的步径大小，然后将这些参数应用到实验模式中。

6. 为了防止将物镜弄脏，在更换配件时请佩戴手套。

7. 更换物镜、LED 和滤光片模块时，为了防止 LED 光源的功率过载，首先需要提前输入将要安装的 LED 模块的参数。

## 三、细胞成像系统的发展和应用展望

细胞成像分析系统是在保持细胞结构和功能完整性的前提下，对细胞和亚细胞层次进行高通量、多通道、多靶点的全面扫描，检测细胞形态、生长、分化、迁移、凋亡、代谢途径及信号转导等各个环节，在单一实验中获取大量相关信息。细胞成像分析软件基于强大的统计学处理功能，可实现大多数的生物学应用统计分析，包含细胞增殖分析、细胞周期分析、细胞凋亡分析、细胞毒性分析、细胞迁移分析、细胞侵袭分析、微核分析、神经生长、核质转位、彗星分析、质膜转位、多分子转位、GPCR 研究、血管生成、蛋白共定位、靶点激活、亚群分析、点探测、形态分析和模式生物研究等灵活的应用分析研究。

利用细胞成像分析系统进行细胞和基因的功能研究，是分子生物医学研究的新趋势。

固定细胞观察仅能提供固定瞬间细胞的静态信息，无法反映细胞在正常生理生化条件下的状态。活细胞成像分析系统可以对处于正常生理状况下的细胞进行高通量、全过程扫描和记录，获得其连续、全面、动态过程，更易于发现和确定细胞间相互作用和信号传导的过程，以及在活细胞水平上的生物分子间相互作用。

最新推出的细胞成像系统具备完备而灵活的成像方式，并具备强大的图像处理功能，满足用户高端的显微镜和成像系统的要求，并覆盖高内涵系统的绝大部分应用。它结合多功能检测系统，可完成多参数交互式快速分析筛选；配置全自动液体处理系统，如洗板机和分液器相互对接，全自动地完成一系列的流程操作，从 ELISA 的加样、孵育、洗板、检测，到长时间基于细胞学分析的换液、温度、气体控制以及成像或动态成像均能完成，用户只需要进行程序和条件的设置，即可完成长达 2 周的自动化实验，不需要人员值守。系统的自动化监控系统会实时告知仪器的运行状态，当有环境条件不符或程序运行故障时会自动发送邮件通知。自动化整合工作系统可以为实验人员节省大量的操作时间。

细胞成像系统在药物筛选、活细胞成像、3D 微组织成像、细胞增殖、细胞凋亡、细胞周期、细胞毒作用、信号转导、受体蛋白转位、蛋白相互作用等方面都有很好的应用，被证明是热病研究、癌症研究、心血管疾病研究、干细胞研究、神经细胞研究等领域的重要工具。当前活细胞成像技术的发展正在使人们对细胞的认识上升到一个新的境界，不仅可以解决长期以来悬而未解的问题，更为未来的研究提出新的问题，指出新的方向。

## 参考文献

[1] HOLTZMAN N A. Are genetic tests adequately regulated [J]. Science, 1999, 286 (5439): 409.

[2] LOCKHART DJ, WINZELER EA. Genomics, gene expression and DNA arrays [J]. Nature, 2000, 405 (6788): 827-836.

[3] DIEHN M, ALIZADEH AA, BROWN PO. Examining the living genome in health and disease with DNA microarrays [J]. JAMA, 2000, 283 (17): 2298.

[4] TALARY MS, BURT JP, PETHIG R. Future trends in diagnosis using laboratory-on-a-chip technologies [J]. Parasitology, 1998,: S191~203.

[5] Apedaile AE, Garrett C, Liu DY, et. Flow cytometry and microscopic acridine orange test: relationship with standard semen analysis [J]. Reprod Biomed Online. 2004, 8 (4): 398-407.

[6] 安钢力. 实时荧光定量 PCR 技术的原理及其应用 [J]. 中国现代教育装备, 2021, 301 (11): 19-21.

[7] 王体辉, 江亚娟, 范莹莹, 等. 应用数字 PCR 对新型冠状病毒核酸检测结果的分析 [J]. 中国检验检疫, 2021, 3 (8): 65-69.

（冯冬茹）

# 附录
# 分子生物学技术常用数据表

# 附录一　分子质量标准参照

高相对分子质量标准参照

| 蛋白质 | 相对分子质量 |
|---|---|
| 肌球蛋白 | 212 000 |
| *β*-半乳糖苷酶 | 116 000 |
| 磷酸化酶 B | 97 400 |
| 牛血清白蛋白 | 66 200 |
| 过氧化氢酶 | 57 000 |
| 醛缩酶 | 40 000 |

中相对分子质量标准参照

| 蛋白质 | 相对分子质量 |
|---|---|
| 磷酸化酶 B | 97 400 |
| 牛血清白蛋白 | 66 200 |
| 谷氨酸脱氢酶 | 55 000 |
| 卵白蛋白 | 42 700 |
| 醛缩酶 | 40 000 |
| 碳酸酐酶 | 31 000 |
| 大豆胰蛋白酶抑制剂 | 21 500 |
| 溶菌酶 | 14 400 |

低相对分子质量标准参照

| 蛋白质 | 相对分子质量 |
|---|---|
| 碳酸酐酶 | 31 000 |
| 大豆胰蛋白酶抑制剂 | 21 500 |
| 马心肌球蛋白 | 16 900 |
| 溶菌酶 | 14 400 |
| 肌球蛋白（F1） | 8 100 |
| 肌球蛋白（F2） | 6 200 |
| 肌球蛋白（F3） | 2 500 |

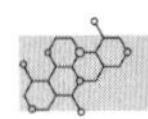

# 附录二　遗传密码表

| 密码子的第一位5'端 | 密码子的第二位 U | C | A | G | 密码子的第三位3'端 |
|---|---|---|---|---|---|
| U | UUU　Phe | UCU　Ser | UAU　Tyr | UGU　Cys | U |
| | UUC　Phe | UCC　Ser | UAC　Tyr | UGC　Cys | C |
| | UUA　Leu | UCA　Ser | UAA　终止(赭石) | UGA　终止(乳白) | A |
| | UUG　Leu | UCG　Ser | UAG　终止(琥珀) | UGG　Trp | G |
| C | CUU　Leu | CCU　Pro | CAU　His | CGU　Arg | U |
| | CUC　Leu | CCC　Pro | CAC　His | CGC　Arg | C |
| | CUA　Leu | CCA　Pro | CAA　Gln | CGA　Arg | A |
| | CUG　Leu | CCG　Pro | CAG　Gln | CGG　Arg | G |
| A | AUU　Ile | ACU　Thr | AAU　Asn | AGU　Ser | U |
| | AUC　Ile | ACC　Thr | AAC　Asn | AGC　Ser | C |
| | AUA　Ile | ACA　Thr | AAA　Lys | AGA　Arg | A |
| | AUG　Met | ACG　Thr | AAG　Lys | AGG　Arg | G |
| G | GUU　Val | GCU　Ala | GAU　Asp | GGU　Gly | U |
| | GUC　Val | GCC　Ala | GAC　Asp | GGC　Gly | C |
| | GUA　Val | GCA　Ala | GAA　Glu | GGA　Gly | A |
| | GUG　Val | GCG　Ala | GAG　Glu | GGG　Gly | G |

# 附录三　各种 pH 值的 Tris 缓冲液的配制

| 所需 pH(25℃) | 0.1mol/L HCl 的体积 /ml | 所需 pH(25℃) | 0.1mol/L HCl 的体积 /ml |
|---|---|---|---|
| 7.10 | 45.7 | 7.70 | 36.6 |
| 7.20 | 44.7 | 7.80 | 34.5 |
| 7.30 | 43.4 | 7.90 | 32.0 |
| 7.40 | 42.0 | 8.00 | 29.2 |
| 7.50 | 40.3 | 8.10 | 26.2 |
| 7.60 | 38.5 | 8.20 | 22.9 |

续表

| 所需 pH（25℃） | 0.1mol/L HCl 的体积 /ml | 所需 pH（25℃） | 0.1mol/L HCl 的体积 /ml |
|---|---|---|---|
| 8.30 | 19.9 | 8.70 | 10.3 |
| 8.40 | 17.2 | 8.80 | 8.5 |
| 8.50 | 14.7 | 8.90 | 7.0 |
| 8.60 | 12.4 | | |

# 附录四　染料在非变性聚丙烯酰胺凝胶中的迁移速度

| 凝胶浓度 /% | 溴酚蓝 /bp | 二甲苯青 FF/bp |
|---|---|---|
| 3.5 | 100 | 460 |
| 5.0 | 65 | 260 |
| 8.0 | 45 | 160 |
| 12.0 | 20 | 70 |
| 15.0 | 15 | 60 |
| 20.0 | 12 | 45 |

# 附录五　染料在变性聚丙烯酰胺凝胶中的迁移速度

| 凝胶浓度 /% | 溴酚蓝 /bp | 二甲苯青 FF/bp |
|---|---|---|
| 5.0 | 35 | 140 |
| 6.0 | 26 | 106 |
| 8.0 | 19 | 75 |
| 10.0 | 12 | 55 |
| 20.0 | 8 | 28 |

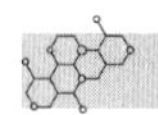

# 附录六　琼脂糖凝胶浓度与线性 DNA 分辨范围

| 凝胶浓度 /% | 线性 DNA 长度 /bp |
|---|---|
| 0.5 | 1 000~30 000 |
| 0.7 | 800~12 000 |
| 1.0 | 500~10 000 |
| 1.2 | 400~7 000 |
| 1.5 | 200~3 000 |
| 2.0 | 50~2 000 |

# 附录七　温度对 50mmol/L Tris-HCl 液 pH 值的影响

| 4℃ | 25℃ | 37℃ |
|---|---|---|
| 8.1 | 7.5 | 7.2 |
| 8.2 | 7.6 | 7.3 |
| 8.3 | 7.7 | 7.4 |
| 8.4 | 7.8 | 7.5 |
| 8.5 | 7.9 | 7.6 |
| 8.6 | 8.0 | 7.7 |
| 8.7 | 8.1 | 7.8 |
| 8.8 | 8.2 | 7.9 |
| 8.9 | 8.3 | 8.0 |
| 9.0 | 8.4 | 8.1 |
| 9.1 | 8.5 | 8.2 |
| 9.2 | 8.6 | 8.3 |
| 9.3 | 8.7 | 8.4 |
| 9.4 | 8.8 | 8.5 |

# 附录八　常见的市售酸碱的浓度

| 溶质 | 分子式 | 相对分子质量 | 浓度 /(mol/L) | 浓度 /(g/L) | 重量百分比 /% | 密度 | 配制 1mol/L 溶液的加入量 /(mol/L) |
|---|---|---|---|---|---|---|---|
| 冰乙酸 | $CH_3COOH$ | 60.05 | 17.4 | 1 045 | 99.5 | 1.05 | 57.5 |
| 乙酸 | $CH_3COOH$ | 60.05 | 6.27 | 376 | 36 | 1.045 | 159.5 |
| 甲酸 | HCOOH | 46.02 | 23.4 | 1 080 | 90 | 1.20 | 42.7 |
| 盐酸 | HCl | 36.5 | 11.6 | 424 | 36 | 1.18 | 86.2 |
| | | | 2.9 | 105 | 10 | 1.05 | 344.8 |
| 硝酸 | $HNO_3$ | 63.02 | 15.99 | 1 008 | 71 | 1.42 | 62.5 |
| | | | 14.9 | 938 | 67 | 1.40 | 67.1 |
| | | | 13.3 | 837 | 61 | 1.37 | 75.2 |
| 高氯酸 | $HClO_4$ | 100.5 | 11.65 | 1 172 | 70 | 1.67 | 85.8 |
| | | | 9.2 | 923 | 60 | 1.54 | 108.7 |
| 磷酸 | $H_3PO_4$ | 80.0 | 18.1 | 1 445 | 85 | 1.70 | 55.2 |
| 硫酸 | $H_2SO_4$ | 98.1 | 18.0 | 1 776 | 96 | 1.84 | 55.6 |
| 氢氧化铵 | $NH_4OH$ | 35.0 | 14.8 | 251 | 28 | 0.898 | 67.6 |
| 氢氧化钾 | KOH | 56.1 | 13.5 | 757 | 50 | 1.52 | 74.1 |
| | | | 1.94 | 109 | 10 | 1.09 | 515.5 |
| 氢氧化钠 | NaOH | 40.0 | 19.1 | 763 | 50 | 1.53 | 52.4 |
| | | | 2.75 | 111 | 10 | 1.11 | 363.4 |

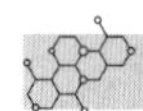

# 附录九　分子克隆常见缓冲液

TE

pH7.4

10mmol/L Tris-HCl（pH7.4）

1mmol/L EDTA（pH8.0）

pH7.6

10mmol/L Tris-HCl（pH7.6）

1mmol/L EDTA（pH8.0）

pH8.0

10mmol/L Tris-HCl（pH8.0）

1mmol/L EDTA（pH8.0）

STE（也称 TEN）

0.1mol/L NaCl

10mmol/L Tris-HCl（pH8.0）

1mmol/L EDTA（pH8.0）

STET

0.1mol/L NaCl

10mmol/L Tris-HCl（pH8.0）

1mmol/L EDTA（pH8.0）

5% Triton X-100

TNT

10mmol/L Tris-HCl（pH8.0）

150mmol/L NaCl

0.05% Tween 20

# 附录十　磷酸缓冲液

| pH | 1mol/L $K_2HPO_4$/ml | 1mol/L $KH_2PO_4$/ml |
|---|---|---|
| 5.8 | 8.5 | 91.5 |
| 6.0 | 13.2 | 86.8 |
| 6.2 | 19.2 | 80.8 |
| 6.4 | 27.8 | 72.2 |
| 6.6 | 38.1 | 61.9 |
| 6.8 | 49.7 | 50.3 |
| 7.0 | 61.5 | 38.5 |
| 7.2 | 71.7 | 28.3 |
| 7.4 | 80.2 | 19.8 |
| 7.6 | 86.6 | 13.4 |
| 7.8 | 90.8 | 9.2 |
| 8.0 | 94.0 | 6.0 |

# 附录十一　常见的电泳缓冲液

| 缓冲液 | 使用液 | 浓贮存液 /L |
|---|---|---|
| Tris- 乙酸（TAE） | 1×：0.04mol/L Tris- 乙酸<br>0.001mol/L EDTA | 50×：242g Tris 碱<br>57.1ml 冰乙酸<br>100ml 0.5mol/L EDTA（pH8.0） |
| Tris- 磷酸（TPE） | 1×：0.09mol/L Tris- 磷酸<br>0.002mol/L EDTA | 10×：108g Tris 碱<br>15.5ml 85% 磷酸（1.679g/ml）<br>40ml 0.5mol/L EDTA（pH8.0） |
| Tris- 硼酸（TBE）(1) | 0.5×：0.045mol/L Tris- 硼酸<br>0.001mol/L EDTA | 5×：54g Tris 碱<br>27.5g 硼酸<br>20ml 0.5mol/L EDTA（pH8.0） |
| 碱性缓冲液(2) | 1×：50mmol/L NaOH<br>1mmol/L EDTA | 1×：5ml 10mol/L NaOH<br>2ml 0.5mol/L EDTA（pH8.0） |
| Tris- 甘氨酸(3) | 1×：25mmol/L Tris<br>250mol/L 甘氨酸<br>0.1% SDS | 5×：15.1g Tris 碱<br>94g 甘氨酸（电泳级）（pH8.3）<br>50ml 10%SDS（电泳级） |

（1）TBE 浓溶液长时间存放后会形成沉淀物，应予以废弃。

（2）碱性缓冲液应现用现配。

（3）Tris- 甘氨酸缓冲液用于 SDS-PAGE。

# 附录十二　凝胶加样缓冲液

| 缓冲液类型 | 6× 缓冲液 | 贮存温度 |
|---|---|---|
| Ⅰ | 0.25% 溴酚蓝<br>0.25% 二甲苯青 FF<br>40%（W/V）蔗糖水溶液 | 4℃ |

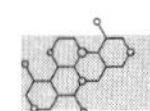

续表

| 缓冲液类型 | 6× 缓冲液 | 贮存温度 |
|---|---|---|
| Ⅱ | 0.25% 溴酚蓝<br>0.25% 二甲苯青 FF<br>15% 聚蔗糖（Ficoll400） | 室温 |
| Ⅲ | 0.25% 溴酚蓝<br>0.25% 二甲苯青 FF<br>30% 甘油水溶液 | 4℃ |
| Ⅳ | 0.25% 溴酚蓝<br>40%（W/V）蔗糖水溶液<br>300mmol/L NaOH<br>6mmol/L EDTA | 4℃ |
| Ⅴ<br>（碱性加样缓冲液） | 18% 聚蔗糖（Ficoll400）<br>0.15% 溴甲酚绿<br>0.25% 二甲苯青 FF | 4℃ |

# 附录十三　常见溶液的配制

| 溶液 | 配制方法 |
|---|---|
| 30% 丙烯酰胺[1] | 将 29g 丙烯酰胺和 1g N,N'- 亚甲双丙烯酰胺溶于总体积为 60ml 的水中。加热至 37℃溶解之，补加水至终体积为 100ml。用 Nalgene 滤器（0.45μm 孔径）过滤除菌，查证该溶液的 pH 应不大于 7.0，置棕色瓶中保存于室温 |
| 40% 丙烯酰胺[2] | 把 380g 丙烯酰胺（DNA 测序级）和 20g N,N'- 亚甲双丙烯酰胺溶于总体积为 600ml 的蒸馏水中。继续按上述配制 30% 丙烯酰胺溶液的方法处理，但加热溶解后应以蒸馏水补足至终体积为 1L |
| 放线菌 D[3] | 把 20mg 放线菌素 D 溶解于 4ml 100% 乙醇中，1∶10 稀释贮存液，用 100% 乙醇作空白对照读取 $OD_{440}$ 值。放线菌素 D（相对分子质量为 1 255）纯品在水溶液中的摩尔消光系数为 21 900，故而 1mg/mL 的放线菌素 D 溶液在 440nm 处的吸光值为 0.182，放线菌素 D 的贮存液应放在包有箔片的试管中，保存于 -20℃ |
| 0.1mol/L 腺苷三磷酸（ATP） | 在 0.8ml 水中溶解 60mg ATP，用 0.1mol/L NaOH 调 pH 至 7.0，用蒸馏水定容至 1ml，分装成小份保存到 -70℃ |
| 10mol/L 乙酸铵 | 把 770g 乙酸铵溶解于 800ml 水中。加水定容至 1L 后过滤除菌 |
| 10% 过硫酸铵 | 把 1g 过硫酸铵溶解于终容量为 10ml 的水溶液中，该溶液可在 4℃保存数周 |
| BCIP | 把 0.5g 的 5- 溴 -4- 氯 -3- 吲哚磷酸二钠盐（BCIP）溶解于 10ml 100% 的二甲基甲酰胺中，保存于 4℃ |

续表

<table>
<tr><th>溶液</th><th>配制方法</th></tr>
<tr><td>2×BES 缓冲盐溶液</td><td>用总体 90ml 的蒸馏水溶解 1.07g BES［N,N- 双(2- 羟乙基)-2- 氨基乙磺酸］、1.6g NaCl 和 0.027g $Na_2HPO_4$，室温下用 HCl 调节该溶液的 pH 至 6.96，然后加入蒸馏水定容至 100mL，用 0.22μm 滤器过滤除菌，分装成小份，保存于 -20℃</td></tr>
<tr><td>1mol/L $CaCl_2$</td><td>在 200ml 纯水中溶解 54g $CaCl_2·6H_2O$，用 0.22μm 滤器过滤除菌，分装成 1ml 小份贮存于 -20℃</td></tr>
<tr><td>2.5mol/L $CaCl_2$</td><td>在 20ml 蒸馏水中溶解 13.5g $CaCl_2·6H_2O$，用 0.22μm 滤器过滤除菌，分装成 10ml 小份贮存于 -20℃</td></tr>
<tr><td>1mol/L 二硫苏糖醇（DTT）</td><td>在 20ml 0.01mol/L 乙酸钠溶液（pH5.2）溶解 3.09g DTT，过滤除菌后分装成 1ml 小份贮存于 -20℃</td></tr>
<tr><td>脱氧核苷三磷酸（dNTP）</td><td>把每一种 dNTP 溶解于水至各浓度为 100mmol/L 左右，用微量移液器吸取 0.05mol/L Tris 碱分别调节每一 dNTP 溶液的 pH 试纸检测，把中和后的每种 dNTP 溶液各取一份适当稀释，在下表中给出的波长下读取光密度计算出每种 dNTP 的实际浓度，然后用水稀释成终浓度为 50mmol/L 的 dNTP，分装成小份贮存于 -70℃
<table>
<tr><th>碱基</th><th>波长 /nm</th><th>消光系数(ε)/［L/(mol·cm)］</th></tr>
<tr><td>A</td><td>259</td><td>$1.54 \times 10^4$</td></tr>
<tr><td>G</td><td>253</td><td>$1.37 \times 10^4$</td></tr>
<tr><td>C</td><td>271</td><td>$9.10 \times 10^3$</td></tr>
<tr><td>T</td><td>260</td><td>$7.40 \times 10^3$</td></tr>
<tr><td colspan="3">比色杯光径为 1cm 时，吸光度 =εM</td></tr>
</table></td></tr>
<tr><td>0.5mol/L EDTA（pH8.0）</td><td>在 800ml 水中加入 186.1g 二水乙二胺四乙酸二钠（EDTA-Na·$2H_2O$），在磁力搅拌器上剧烈搅拌，用 NaOH 调节溶液的 pH 至 8.0（约需 20g NaOH 颗粒），然后定容至 1L，分装后高压灭菌备用</td></tr>
<tr><td>溴化乙锭[(4)]（10mg/mL）</td><td>在 100ml 水中加入 1g 溴化乙锭，磁力搅拌数小时以确保其完全溶解，然后用铝箔包裹容器或转移至棕色瓶中，保存于室温</td></tr>
<tr><td>2×HEPES 缓冲盐溶液</td><td>用总量为 90ml 的蒸馏水溶解 1.6g NaCl、0.074g KCl、0.027g $Na_2HPO_4·2H_2O$、0.2g 葡聚糖和 1g HEPES，用 0.5mol/L NaOH 调节 pH 至 7.05，再用蒸馏水定容至 100mL。用 0.22μm 滤器过滤除菌，分装成 5ml 小份，贮存于 -20℃</td></tr>
<tr><td>IPTG</td><td>IPTG 为异丙基硫代 -β-D- 半乳糖苷（相对分子质量为 238.3），在 8ml 蒸馏水中溶解 2g IPTG 后，用蒸馏水定容至 10ml，用 0.22μm 滤器过滤除菌，分装成 1 ml 小份贮存于 -20℃</td></tr>
<tr><td>1 mol/L 乙酸镁</td><td>在 800ml 水中溶解 214.46 四水乙酸镁，用水定容至 1L，过滤除菌</td></tr>
</table>

续表

| 溶液 | 配制方法 |
|---|---|
| 1mol/L $MgCl_2$[5] | 在 800ml 水中溶解 203.3g $MgCl_2·6H_2O$，用水定容至 1L，分装成小份并高压灭菌备用 |
| β- 巯基乙醇（BME）[6] | 一般得到的是 14.4mol/L 溶液，应装在棕色瓶中保存于 4℃ |
| NBT | 把 0.5g 氯化氮蓝四唑溶解于 10ml 70% 的二甲基甲酰胺中，保存于 4℃ |
| 酚 / 氯仿[7] | 把酚和氯仿等体积混合后用 0 1mol/L Tris-HCl（pH7.6）抽提几次以平衡这一混合物，置棕色玻璃瓶中，上面覆盖等体积的 0.01mol/L Tris-HCl（pH7.6）液层，保存于 4℃ |
| 10mmol/L 苯甲基磺酰氟（PMSF）[8] | 用异丙醇溶解 PMSF 成 1.74mg/ml（10mmol/L），分装成小份贮存于 -20℃。如有必要可配成浓度高达 17.4mg/ml 的贮存液（100mmol/L） |
| Tris 缓冲盐溶液（TBS）（25mmol/L Tris） | 在 800ml 蒸馏水中溶解 8g NaCl、0.2g KCl 和 3g Tris 碱、加入 0.015g 酚红并用 HCl 调 pH 至 7.4，用蒸馏水定容至 1L，分装后在 15 $lbf/in^2$（$1.034 \times 10^5$Pa）高压下蒸气灭菌 20min，于室温保存 |
| X-gal | X-gal 为 5- 溴 -4- 氯 -3- 吲哚 -β-D- 半乳糖苷。用二甲基甲酰胺溶解 X-gal 配制成 20mg/ml 的贮存液。保存于一玻璃管或聚丙烯管中，装有 X-gal 溶液的试管需用铝箔封裹以防因受光照而被破坏，并应贮存于 -20℃。X-gal 溶液无须过滤除菌 |

（1）丙烯酰胺具有很强的神经毒性并可通过皮肤吸收，其作用具累积性。称量丙烯酰胺和亚甲双丙烯酰胺时应戴手套和面罩。聚丙烯酰胺无毒，但也应谨慎操作，因为它还可能会含有少量未聚合材料。

一些价格较低的丙烯酰胺和亚甲双丙烯酰胺通常含有一些金属离子，在丙烯酰胺贮存液中加入大约 0.2 体积的单床混合树脂（MB-l Mallinckrodt），搅拌过夜，然后用 Whatman 1 号滤纸过滤以纯化之。

在贮存期间，丙烯酰胺和亚甲双丙烯酰胺会缓慢转化成丙烯酰和双丙烯酸。

（2）40% 丙烯酰胺溶液用于 DNA 序列测定。

（3）放线菌素 D 是致畸剂和致癌剂，配制该溶液时必须戴手套并在化学通风橱内操作，而不能在开放的实验桌面上进行，谨防吸入药粉或让其接触到眼睛或皮肤。

药厂提供的作治疗用途的放线菌素 D 制品常含有糖或盐等添加剂。只要通过测量贮存液在 440nm 波长处的光吸收确定放线菌素 D 的浓度，这类制品便可用于抑制自身引导作用。

（4）溴化乙锭是强诱变剂并有中度毒性，使用含有这种染料的溶液时务必戴上手套，称量染料时要戴面罩。

（5）$MgCl_2$ 极易潮解，应选购小瓶（如 100g）试剂，启用新瓶后勿长期存放。

（6）BME 或含有 BME 的溶液不能高压处理。

（7）酚腐蚀性很强，并可引起严重灼伤，操作时应戴手套及防护镜，穿防护服。所有操作均应在化学通风橱中进行。与酚接触过的部位应用大量的水清洗，并用肥皂和水洗涤，忌用乙醇。

（8）PMSF 严重损害呼吸道黏膜、眼睛及皮肤，吸入、吞进或通过皮肤吸收后有致命危险。一旦眼睛或皮肤接触了 PMSF，应立即用大量水冲洗。凡被 PMSF 污染的衣物应予丢弃。

PMSF 在水溶液中不稳定。应在使用前从贮存液中现用现加入裂解缓冲液中。PMSF 在水溶液中的活性丧失速率随 pH 的升高而加快，且 25℃的失活速率高于 4℃。pH 为 8.0 时，20μmol/L 的 PMSF 水溶液的半衰期大约为 85min。这表明将 PMSF 溶液调节为碱性（pH>8.6）并在室温放置数小时后，可安全地予以丢弃。